STAHLBETONBAU IN BEISPIELEN
TEIL 2

STAHLBETONBAU IN BEISPIELEN TEIL 2

Bemessung von Flächentragwerken nach EC 2
Konstruktionspläne für Stahlbetonbauteile

6. aktualisierte Auflage

Bearbeitet von

Dr.-Ing. Denis Busch
Prof. Dr.-Ing. Carina Neff

Begründet von

Univ.-Prof. Dr.-Ing. Ralf Avak

Fortgeführt ab der 4. Auflage von

Prof. Dr.-Ing. René Conchon
Dr.-Ing. Markus Aldejohann

Reguvis

Bibliografische Information der Deutschen Nationalbibliothek
Die Deutsche Nationalbibliothek verzeichnet diese Publikation in der Deutschen Nationalbibliografie; detaillierte bibliografische Daten sind im Internet über http://dnb.dnb.de abrufbar.

Reguvis Fachmedien GmbH · Amsterdamer Straße 192 · 50735 Köln
Internet: www.reguvis.de

Beratung und Bestellung:
Tel.: +49 221 97668-306
Fax: +49 221 97668-236
E-Mail: bau-immobilien@reguvis.de

ISBN (Print): 978-3-8462-1318-6

Satz: Reemers Publishing Services GmbH, Krefeld
Druck und buchbinderische Verarbeitung: Appel & Klinger Druck und Medien GmbH, Schneckenlohe

Printed in Germany

Vorwort

Die Umstellung der nationalen auf europäische Bemessungsnormen ist im Betonbau zwischenzeitlich erfolgreich umgesetzt. Die Bemessungsgrundlagen für den Stahlbetonbau sind mit der Einführung der Eurocodes und hierbei insbesondere der DIN EN 1992-1-1 (EC 2-1-1) und der DIN EN 1992-1-2 (EC 2-1-2) gegeben. Die Erläuterungen zum Normentext liegen im Heft 600 des DAfStb vollständig vor.

Mit der Bearbeitung der 6. Auflage fand ein weiterer Autorenwechsel statt. Wir danken Herrn Professor Avak, auf dessen Vorarbeit und Manuskript wir aufbauen konnten, für sein Vertrauen und hoffen, dass es uns gelingt, das Buch in seinem Sinne weiterzuführen. Des Weiteren bedanken wir uns bei Herrn Professor Conchon und Herrn Dr.-Ing. Aldejohann für die sorgfältige Bearbeitung der 4. und 5. Auflage.

Die Struktur des Buches sowie das erfolgreiche Konzept, nach Darstellung der Theorie, die praktische Bemessung anhand von Beispielen zu veranschaulichen, wurde beibehalten. Insbesondere Lesern, die mit früheren Auflagen dieses Buches vertraut sind, wird es hierdurch hoffentlich leichter fallen, sich in die neuen normativen Regelungen einzuarbeiten. Generell hoffen wir, dass „Stahlbetonbau in Beispielen" weiterhin sowohl Studierenden als auch Praktikern ein nützliches Hilfsmittel bei der täglichen Arbeit sein wird.

Ein ganz besonderer Dank gilt Frau Dipl.-Ing. (FH) Klaudia Emrich von der Hochschule Kaiserslautern, die sämtliche Bewehrungszeichnungen und Texte bezüglich der konstruktiven Durchbildung überarbeitet hat.

Abschließend möchten wir uns beim Bundesanzeiger Verlag für die sehr angenehme Zusammenarbeit bedanken.

Bochum / Kaiserslautern, im Mai 2023

Denis Busch
Carina Neff

Inhaltsverzeichnis

1 Bewehren mit Betonstahlmatten

1.1 Begriff und Anwendung

Unter dem Begriff „Betonstahlmatte"[1] (mesh wire; weld mesh) ist ein Bewehrungsnetz aus rechtwinklig zueinander verlaufenden Stäben zu verstehen, wobei die Kreuzungspunkte der Stäbe durch maschinelle Widerstandspunktschweißung miteinander verbunden wurden. Die Oberfläche des Stahls für Betonstahlmatten ist profiliert oder gerippt. Sie bestehen aus einem als normalduktil oder hochduktil eingestuften Stahl B500.

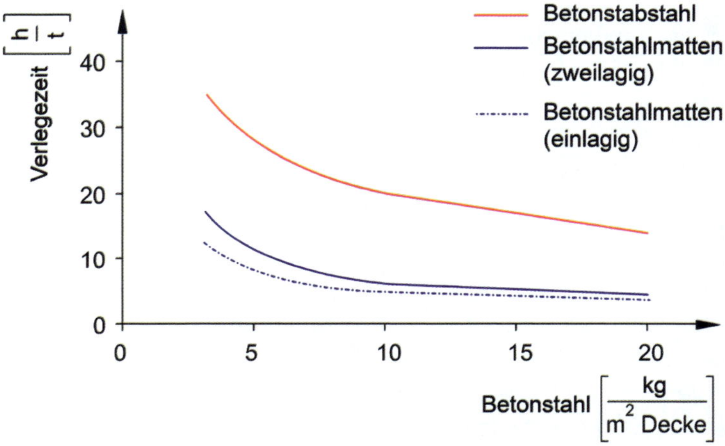

Abb. 1.1 *Gesamtzeitbedarf (inkl. Nebenarbeiten) für das Verlegen von Bewehrung (nach [IFA – 75])*

Betonstahlmatten (Kurzname: Matten) können zur Bewehrung von flächenartigen Bauteilen, wie z.B. Platten und Wänden, benutzt werden. Sie werden meistens ungebogen verwendet. Matten können aber auch in gebogener Form für Stabbauteile, wie z.B. Balken und Stützen, herangezogen werden. Betonstahlmatten sind besonders bei kleinem Bewehrungsgrad und damit dünnen Stabdurchmessern wirtschaftlicher als eine Bewehrung aus Betonstabstahl, da hierbei der höhere Betonstahlpreis durch Einsparung von Verlegekosten mehr als ausgeglichen wird (**Abb. 1.1**). Neben wirtschaftlichen Vorteilen bieten Betonstahlmatten auch technische Vorzüge:

- zwischen Beton und Stahl tritt eine sehr gute Verbundwirkung auf, da die aufgeschweißten Querstäbe wie Widerhaken wirken;
- durch die aufgeschweißten Querstäbe sind standardmäßig kürzere Verankerungslängen als bei Stabstahl möglich;
- kleinere Stabdurchmesser bei engerer Stabanordnung bieten konstruktive Vorteile (z.B. bei der Rissbreitenbeschränkung);

1 In der Praxis wird häufig von „Baustahlgewebe-Matten" im Sinne von Betonstahlmatten gesprochen. Bei dem Namen „Baustahlgewebe" handelt es sich jedoch um den Firmennamen des ersten Herstellers von Matten. Heute gibt es auf dem Markt diverse Anbieter von Betonstahlmatten; deshalb sollte der Begriff „Betonstahlmatte" verwendet werden.

- stabile Bewehrungselemente ermöglichen steifere Bewehrungskörbe als bei einer Anordnung von Bügeln und Längsstäben (kein Verschieben beim Betonieren und sichereres Einhalten der Betondeckung).

Betonstahlmatten lassen sich in zwei Hauptgruppen einteilen:

- *Lagermatten*

  sind Betonstahlmatten mit festgelegten Abmessungen und standardisiertem Mattenaufbau für häufig vorkommende Anwendungsfälle. Diese Matten werden bestellerunabhängig gefertigt und können direkt beim Betonstahlhändler abgerufen werden.

- *Nichtlagermatten*

  sind Betonstahlmatten, die bauwerksbezogen nach Angaben des Bestellers gefertigt werden.

1.2 Beschreibung von Matten

1.2.1 Mattenaufbau

Mattenabmessungen

Die Mattenlänge L ist unabhängig von der statischen Tragrichtung stets die längere Abmessung der Betonstahlmatte. Die Mattenbreite B ist stets die kürzere Abmessung **(Abb. 1.2)**. Die Mattenlängen sind i.d.R. zwischen 4,00 m und 14,00 m, die Mattenbreiten zwischen 1,85 m und 2,80 m frei wählbar. Andere Längen und Breiten erhält man auf Anfrage. Aus Transportgründen sollte die Mattenlänge 14,0 m und die Mattenbreite 3,0 m nicht überschreiten.

Stabdurchmesser

In Deutschland werden Betonstahlmatten i.d.R. nach DIN 488-1, Tabelle 3, mit Stabdurchmessern 6 mm $\leq \varnothing \leq$ 12 mm aus gerippten Stählen hergestellt. Hierbei werden geschweißte Betonstahlmatten in den Stahlsorten B500A (normalduktil) und B500B (hochduktil) nach DIN 488-4 verwendet. Die Stahlsorten lassen sich durch die Anordnung der Rippen unterscheiden (→ Teil 1, Kap. 2.4.1). Alternativ zur DIN 488-4 können die mechanischen und technischen Eigenschaften von Betonstahlmatten in bauaufsichtlichen Zulassungen geregelt sein.

Die Stäbe der Längs- bzw. der Querrichtung sind:

- Einfachstäbe *und/oder*
- Doppelstäbe.

Doppelstäbe sind dicht nebeneinander liegende Stäbe gleichen Durchmessers und gleicher Länge. Betonstahlmatten dürfen Doppelstäbe nur in der *fertigungstechnischen* Längsrichtung[2] enthalten. Für die Stabdurchmesser der Längs- und Querrichtung ist ein bestimmtes Dickenverhältnis vorgeschrieben, um die Stäbe miteinander verschweißen zu können (DIN 488-4, 6.3.2.4).

2 Sofern die Mattenlänge $L \leq 3{,}0$ m ist, kann diese als Querrichtung gefertigt werden. In diesem Fall sind die Querstäbe die fertigungstechnischen Längsstäbe. Dies ist eine sog. „Umkehrmatte".

Stababstände

Längsstababstand P_L und Querstababstand P_C sind die Achsabstände der benachbarten Stäbe bzw. der gemeinsamen Hauptachse von Doppelstäben. Bei Längsstäben kann der Stababstand in einem Raster von 50 mm gewählt werden, bei Querstäben in einem Raster von 25 mm bei einem Mindestabstand von 50 mm. In flexiblen Mattenschweißanlagen sind die Raster beliebig bei einem Mindestabstand von ca. 33 mm.

Stabüberstände

Als Längsstabüberstände u_1, u_2 und Querstabüberstände u_3, u_4 werden die Stabenden bezeichnet, die über die Achsen der äußersten Quer- und Längsstäbe überstehen (**Abb. 1.2**).

Randeinsparung

An den Mattenrändern übergreifen sich zwei oder mehr Betonstahlmatten. Um nicht senkrecht zur Übergreifungsrichtung doppelt so viel Bewehrungsstahl wie erforderlich zu erhalten, wird eine „Randeinsparung" ausgebildet. Im Bereich der Randeinsparung beträgt der Stahlquerschnitt etwa 50 % des Stahlquerschnitts im mittleren Bereich. Bei Doppelstäben werden zu diesem Zweck im Randbereich Einfachstäbe gleichen Durchmessers, bei Einfachstäben kleinere Stabdurchmesser verwendet. Randeinsparungen können bei Längs- und Querstäben ausgebildet werden.

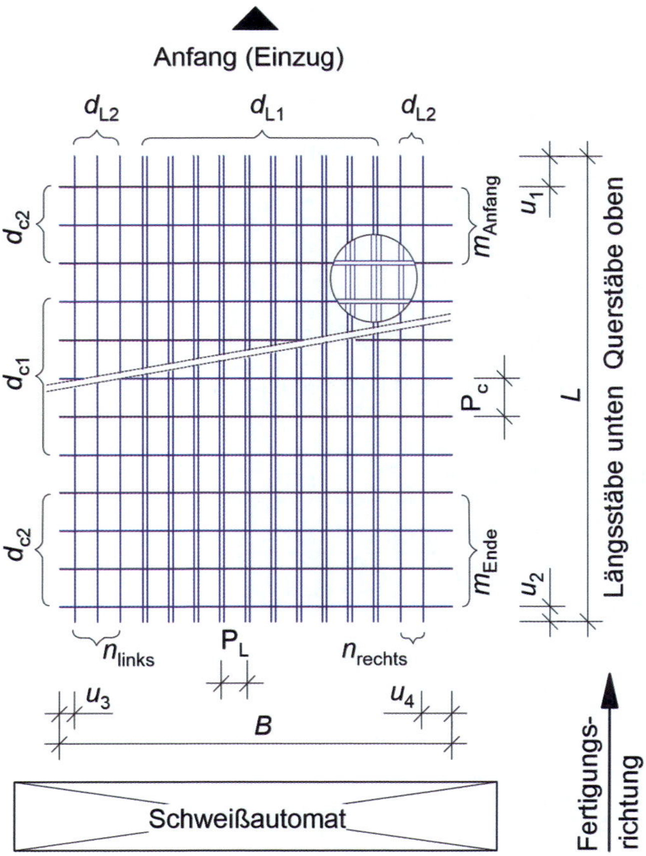

Abb. 1.2 *Schematische Darstellung einer Betonstahlmatte*

1.2.2 Mattenbezeichnung bei durchgehender Längsbewehrung

Zur eindeutigen Beschreibung des Mattenaufbaus wird eine nach Längs- und Querrichtung (longitudinal – and transverse direction) achsengetrennte Schreibweise verwendet. Sie reicht in den allermeisten Fällen aus, eine Betonstahlmatte ohne Skizze eindeutig zu definieren. Die Schreibweise ist in DIN 488-4 genormt.

$$\frac{\text{Längsrichtung}}{\text{Querrichtung}} \quad \frac{P_L \cdot d_{L1}/d_{L2} - n_{links}/n_{rechts}}{P_c \cdot d_{c1}/d_{c2} - m_{Anf.}/m_{Ende}} \; \frac{L}{B} \; \frac{u_1/u_2}{u_3/u_4} \qquad (1.1)$$[3]

P_L	Abstand der Längsstäbe in mm
P_c	Abstand der Querstäbe in mm
d_{L1}	Durchmesser der Längsstäbe im Innenbereich in mm
d_{L2}	Durchmesser der Längsstäbe im Randbereich in mm
d_{c1}	Durchmesser der Querstäbe im Innenbereich in mm
d_{c2}	Durchmesser der Querstäbe im Randbereich in mm
d	Der Buchstabe „d" wird bei Doppelstabmatten hinter die Durchmesserzahl gesetzt
n_{links}/n_{rechts}	Anzahl der Längs-Randstäbe in der Randeinsparung links und rechts in Fertigungsrichtung
$m_{Anf.}/m_{Ende}$	Anzahl der Quer-Randstäbe in der Randeinsparung am Anfang und am Ende in Fertigungsrichtung
L	Mattenlänge in m
B	Mattenbreite in m
u_1/u_2	Längsstabüberstände am Mattenanfang/-ende in mm
u_3/u_4	Querstabüberstände am Mattenrand links/rechts in mm

Beispiel 1.1: Beschreibung einer Betonstahlmatte

gegeben: Mattenbezeichnung $\frac{150 \cdot 6{,}0\text{d}/6{,}0 - 3/2 - 4{,}50 - 150/100}{250 \cdot 7{,}0/5{,}0 - 3/4 - 2{,}30 - 25/175}$

gesucht: Skizze der Matte

3 Es werden die Bezeichnungen nach DIN 488-4 verwendet; bei sinngemäßer Anwendung des EC 2-1-1 müsste für den Abstand der Stäbe s geschrieben werden und die Stabdurchmesser mit ∅ bezeichnet werden.

Lösung:

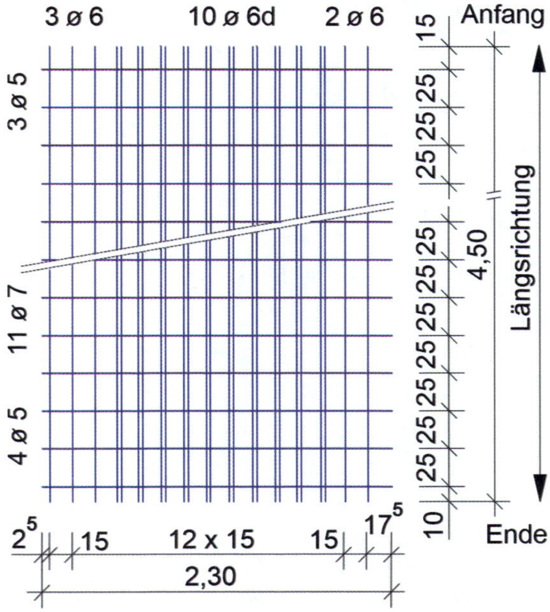

1.2.3 Mattenbezeichnung bei Feldsparmatten

Zusätzlich zu Betonstahlmatten mit durchgehender Längsbewehrung gibt es solche, bei denen nur ein Teil der Längsbewehrung vom Mattenanfang bis zum Mattenende durchläuft. Sie werden Feldsparmatten (FeMa) genannt und sind z.B. bei einer Staffelung der Bewehrung nach der Zugkraftlinie (→ Teil 1, Kap. 10) sinnvoll. Es werden zwei Varianten von Feldsparmatten angeboten (**Abb. 1.3**).

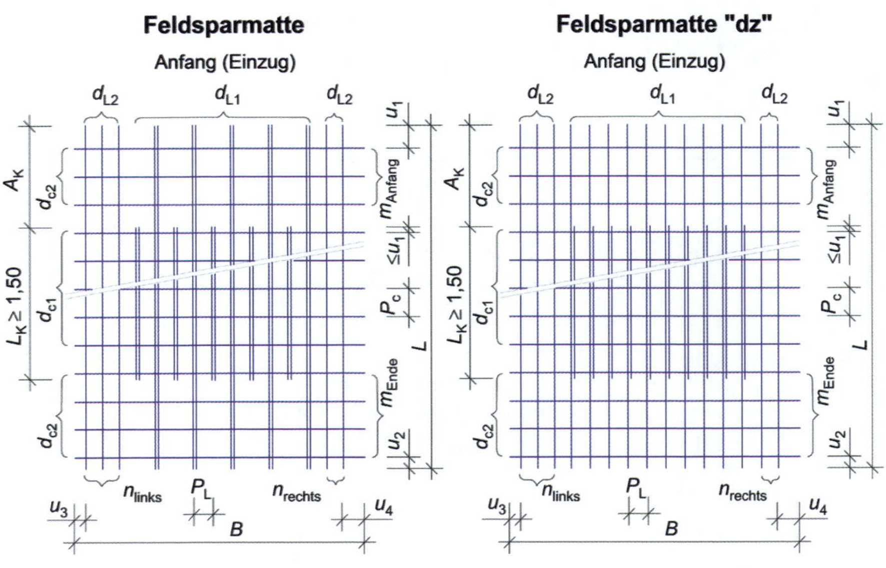

Abb. 1.3 *Mattenaufbau der Feldsparmatte und der Feldsparmatte dz*

Zur Beschreibung der nicht durchgehenden Längsstäbe sind zwei zusätzliche Angaben erforderlich. Diese werden der achsengetrennten Schreibweise vorangestellt.

$$\frac{\text{Längsrichtung}}{\text{Querrichtung}} \qquad \frac{A_K / L_K}{\text{FeMa (dz)}} \; \frac{P_L \cdot d_{L1}/d_{L2} - n_{links}/n_{rechts}}{P_c \cdot d_{c1}/d_{c2} - m_{Anf.}/m_{Ende}} \; \frac{L}{B} \; \frac{u_1/u_2}{u_3/u_4} \qquad (1.2)$$

FeMa Feldsparmatte

(dz) Wahlweise Angabe für Mattentyp „dz"

A_K Abstand der kurzen Längsstäbe vom Mattenanfang in m

L_K Länge der kurzen Längsstäbe in m

1.3 Lagermatten

1.3.1 Lieferprogramm

Lagermatten (prefabricated and stored mesh wire) sind kurzfristig vom Stahlhandel als „Lagerware" lieferbar. Alle Mattentypen haben festgelegte Mattenabmessungen (**Tafel 1.1**):

- Mattenlänge $L = 6{,}00$ m
- Mattenbreite $B = 2{,}30$ m (bzw. 2,35 m bei Q636).

Typ (Mattenkurzbezeichnung)	Länge / Breite	Randeinsparung (Längsrichtung)	Mattenaufbau in Längsrichtung / Querrichtung: Stababstände	Stabdurchmesser: Innenbereich	Stabdurchmesser: Randbereich	Anzahl der Längsrandstäbe: links	Anzahl der Längsrandstäbe: rechts	Querschnitte längs / quer	Gewichte je Matte	Gewichte je m²
	m		mm	mm				cm²/m	kg	
Q188			150	· 6,0				1,88	41,7	3,02
			150	· 6,0				1,88		
Q257		ohne	150	· 7,0				2,57	56,8	4,11
			150	· 7,0				2,57		
Q335			150	· 8,0				3,35	74,3	5,38
	6,00 / 2,30		150	· 8,0				3,35		
Q424			150	· 9,0	/ 7,0	– 4	/ 4	4,24	84,4	6,11
		mit	150	· 9,0				4,24		
Q524			150	· 10,0	/ 7,0	– 4	/ 4	5,24	100,9	7,31
			150	· 10,0				5,24		

Typ (Mattenkurzbezeichnung)	Länge / Breite	Randeinsparung (Längsrichtung)	Mattenaufbau in Längsrichtung / Querrichtung: Stababstände	Stabdurchmesser: Innenbereich	Stabdurchmesser: Randbereich	Anzahl der Längsrandstäbe: links	Anzahl der Längsrandstäbe: rechts	Querschnitte längs / quer	Gewichte je Matte	Gewichte je m²
	m		mm	mm				cm²/m	kg	
Q636	6,00 / 2,35	mit	100	· 9,0	/ 7,0	– 4	/ 4	6,36	132,0	9,36
			125	· 10,0				6,28		
R188	6,00 / 2,30	ohne	150	· 6,0				1,88	33,6	2,44
			250	· 6,0				1,13		
R257			150	· 7,0				2,57	41,2	2,98
			250	· 6,0				1,13		
R335			150	· 8,0				3,35	50,2	3,63
			250	· 6,0				1,13		
R424		mit	150	· 9,0	/ 8,0	– 2	/ 2	4,24	67,2	4,86
			250	· 8,0				2,01		
R524			150	· 10,0	/ 8,0	2	/ 2	5,24	75,7	5,48
			250	· 8,0				2,01		

Der Gewichtsermittlung der Lagermatten liegen folgende Überstände zugrunde:

	Überstände längs:	Überstände quer:
Q188 bis Q524:	75/75 mm	25/25 mm
Q636:	62,5/62,5 mm	25/25 mm
R188 bis R524:	125/125 mm	25/25 mm

Tafel 1.1 *Lieferprogramm Lagermatten*

Wenn Lagermatten verwendet werden, müssen daher i.d.R. einige Matten geschnitten werden. Für Lagermatten genügt eine Kurzbezeichnung (**Tafel 1.1**), um die Betonstahlmatte eindeutig zu bestellen, sodass die achsengetrennte Schreibweise i. Allg. nicht benutzt werden muss. Die Kurzbezeichnung besteht aus einem Buchstaben, der die Lagermattenart beschreibt, und einer anschließenden Zahlenangabe, die den 100fachen Stahlquerschnitt (in cm²/m) in Mattenlängsrichtung angibt:

z.B. Q257 A Q-Matte (Stahlsorte B500A) mit a_s = 2,57 cm²/m in Längsrichtung

Es gibt drei verschiedene Lagermattenarten, wobei jede Art für einen anderen Verwendungszweck konzipiert wurde.

Q-Matten

sind Betonstahlmatten für zweiachsig gespannte Bauteile (→ Kap. 6) (z.B. Quadratplatten). Sie weisen in Querrichtung eine ebenso große Bewehrung wie in Längsrichtung auf.

R-Matten

sind Betonstahlmatten für einachsig gespannte Bauteile (z.B. Rechteckplatten). Sie weisen in der Querrichtung mindestens 33 % der Längsbewehrung auf. Die für einachsig gespannte Platten erforderliche Querbewehrung von 20 % der Längsbewehrung (EC 2-1-1, 9.3.1.1) ist somit bei allen R-Mattentypen abgedeckt.

N-Matten

sind Betonstahlmatten für Nichtstatische Zwecke (z.B. als Schwindbewehrung in Estrichen, auf denen Fliesen verlegt werden sollen). N-Matten haben Stäbe mit glatter Oberfläche und Durchmesser $d_s = 3{,}0$ mm.

R-Matten und Q-Matten weisen bei den stärkeren Mattenquerschnitten Randeinsparungen auf (**Tafel 1.1**).

1.3.2 Schneideskizzen

In der Regel werden Lagermatten vom Stahlhandel als geschnittene oder unbearbeitete Matten auf die Baustelle geliefert. Die Mattenart ist an einem kleinen Blech- oder Kunststoffschild zu erkennen, das die Mattenkurzbezeichnung (z.B. Q257 A) und den Namen des Herstellers angibt.

Nicht alle Lagermatten können in der Liefergröße 6,00/2,30 m eingebaut werden. Sie müssen vorher beschnitten werden. Hierzu wird vom Tragwerksplaner im Rahmen der Erstellung des Bewehrungsplanes (→ Kap. 4) neben der Stahlliste eine Schneideskizze angefertigt. In ihr werden die zu schneidenden Matten skizziert. Geeignete DIN A4-Formulare mit den bereits vorgezeichneten Lagermattenabmessungen werden von den Mattenherstellern zur Verfügung gestellt (**Abb. 1.4**). Sofern der Bewehrungsplan mit CAD erstellt wird, wird i.d.R. die Schneideskizze vom Programm automatisch angefertigt, wobei gleichzeitig eine Restminimierung erfolgt, um den Verschnitt möglichst gering zu halten, da laut VOB nur die eingebauten Massen vom Bauherrn zu vergüten sind.

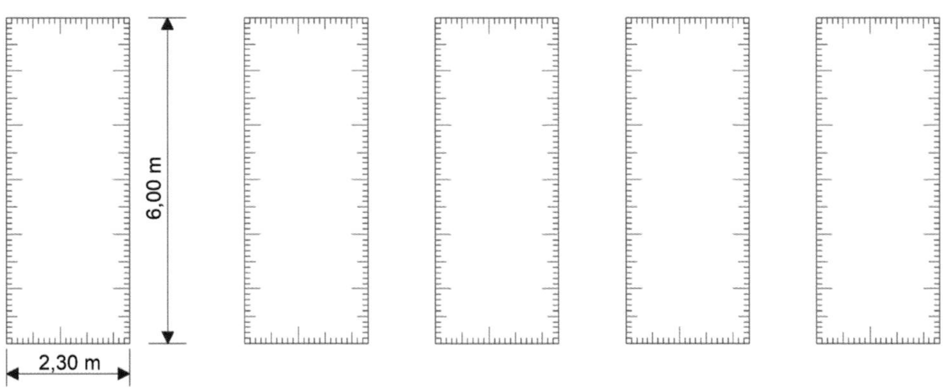

Abb. 1.4 *Formblatt für Schneideskizzen*

Beispiel 1.2: Bewehrungswahl mit Lagermatten

gegeben:
- Deckenplatte laut Skizze
- erforderliche untere Biegezugbewehrung
- Feld 1: a_{sx} = 2,5 cm²/m; a_{sy} = 1,6 cm²/m
- Feld 2: a_{sx} = 5,1 cm²/m; a_{sy} = 0,2 · 5,1 = 1,0 cm²/m

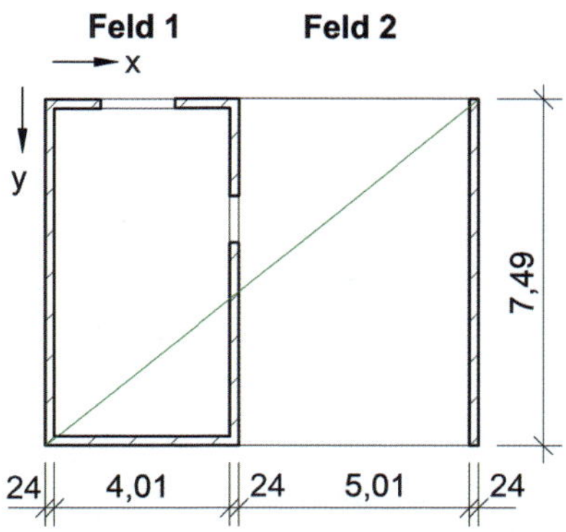

gesucht: Wahl der unteren Biegezugbewehrung, bestehend aus Lagermatten

Lösung:

Feld 1:

gew: Q257 A — Bewehrung in beiden Richtungen annähernd gleich, daher Q-Matte

$a_{s,vorh} = 2{,}57\ \text{cm}^2/\text{m} > 2{,}5\ \text{cm}^2/\text{m} = a_{sx}$ — $a_{s,vorh} \geq a_s$

$a_{s,vorh} = 2{,}57\ \text{cm}^2/\text{m} > 1{,}6\ \text{cm}^2/\text{m} = a_{sy}$ — $a_{s,vorh} \geq a_s$

Feld 2:

gew: R524 A — Bewehrung in der Querrichtung 20 % der Hauptrichtung, daher R-Matte

$a_{s,vorh} = 5{,}24\ \text{cm}^2/\text{m} > 5{,}1\ \text{cm}^2/\text{m} = a_{sx}$ — $a_{s,vorh} \geq a_s$

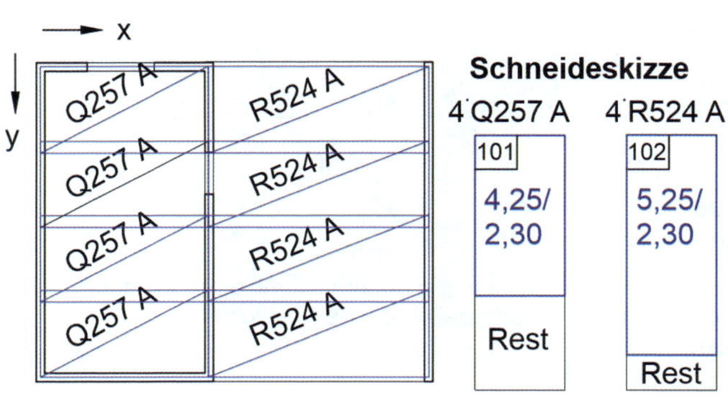

Anmerkungen:

- Q-Matten und R-Matten benötigen unterschiedliche Übergreifungslängen in Querrichtung (→ Kap. 1.8). Aus Gründen der Bewehrungsrationalisierung (→ Kap. 1.3.4) wurden die Stöße so breit ausgeführt, dass nur ganze Matten eingebaut werden müssen.
- Das Kürzen der Matten in Längsrichtung könnte in diesem Beispiel auch entfallen, da ein Hinüberführen von Betonstahlmatten über Mauerwerkswände problemlos möglich ist.

(Fortsetzung mit Beispiel 4.5)

1.3.3 Bügelmatten

Die Querkraftbewehrung von Stahlbetonbalken muss nicht mit Bügeln aus Stabstahl ausgeführt werden. Oftmals ist eine Bewehrung aus Betonstahlmatten preiswerter. Für eine Querkraftbewehrung aus Betonstahlmatten werden meist R-Matten (Bügelstäbe = Längsstäbe) oder Listenmatten verwendet.

Bei der Verwendung von Lagermatten als Bügelmatten ist darauf zu achten, dass der maximal zulässige Längsabstand $s_{l,max}$ der Querkraftbewehrung (Bügelabstände) mindestens 15 cm betragen muss (= Abstand der Längsstäbe bei R-Matten). Lagermäßig lieferbar sind auch Standard-Bügelmatten. Sie weisen als offene Bügel eine einheitliche Bügelkorblänge von 2,45 m auf und werden hauptsächlich zur Randeinfassung von freien Deckenrändern (→ Kap. 5.5.3) bei Teilfertigdecken (→ Kap. 5.7) verwendet.

1.3.4 Rationelle Bewehrungstechnik mit Lagermatten

Die Verlegeleistung von Betonstahlmatten auf der Baustelle kann gesteigert werden, wenn einige Punkte bei der Wahl und Anordnung von Matten beachtet werden.

Bei der Auswahl von Betonstahlmatten für die konstruktive Bewehrung soll darauf geachtet werden, dass Reststücke aus der Schneideskizze verwendet werden. Nicht verwertbare zu kleine Reststücke sind zu vermeiden, indem die Matte z.B. nicht beschnitten wird (**Abb. 1.5**).

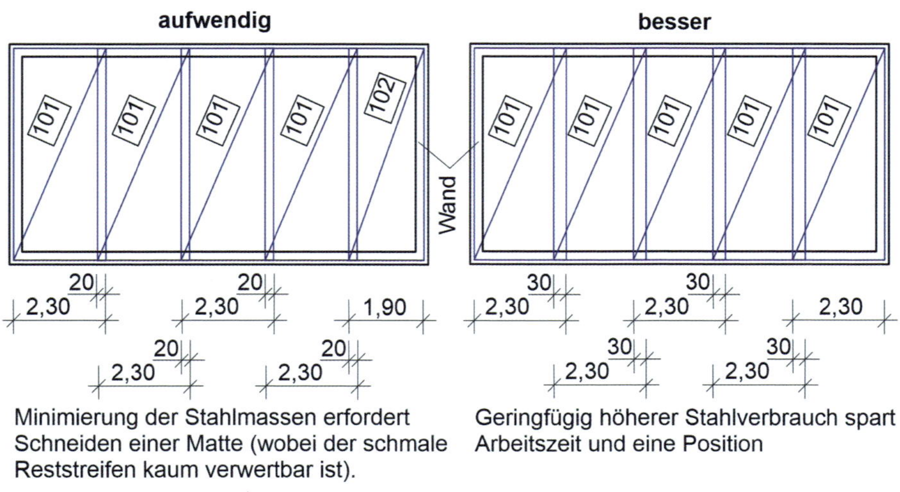

Abb. 1.5 *Verminderung von Positionen*

Ist aufgrund örtlich höherer Beanspruchung mehr Bewehrung erforderlich, kommen zwei Ausführungsvarianten in Betracht. Bei Variante 1 wird im Bereich der höheren Beanspruchung eine Betonstahlmatte mit größerem Bewehrungsquerschnitt als im restlichen Bereich eingelegt. Bei Variante 2 werden zur durchgehenden Grundbewehrung Zulagen aus Stabstahl im Bereich der höheren Beanspruchung angeordnet. Dabei ist zu überprüfen, ob die erforderliche Querbewehrung in diesem Bereich durch die Grundbewehrung eingehalten ist (**Abb. 1.6**). Evtl. ist auch eine Zulage aus einer Betonstahlmatte möglich.

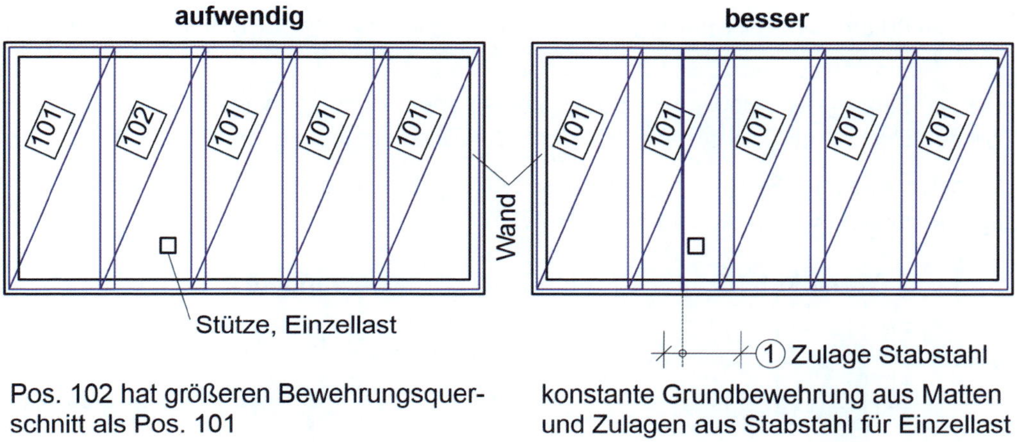

Abb. 1.6 *Kombination von Betonstahlmatten und Betonstabstahl*

Eine zweilagige Bewehrung vermindert den Verlegezeitvorteil von Betonstahlmatten gegenüber Stabstahl sehr stark. Eine Minimierung des Stahlverbrauchs z.B. durch eine Zugkraftdeckung sollte nicht zu zweilagiger Bewehrung führen (**Abb. 1.7**). Eine zweilagige Bewehrung aus Lagermatten ist nur sinnvoll, sofern der erforderliche Bewehrungsquerschnitt so groß ist, dass er bei einlagiger Bewehrung nicht lieferbar ist.

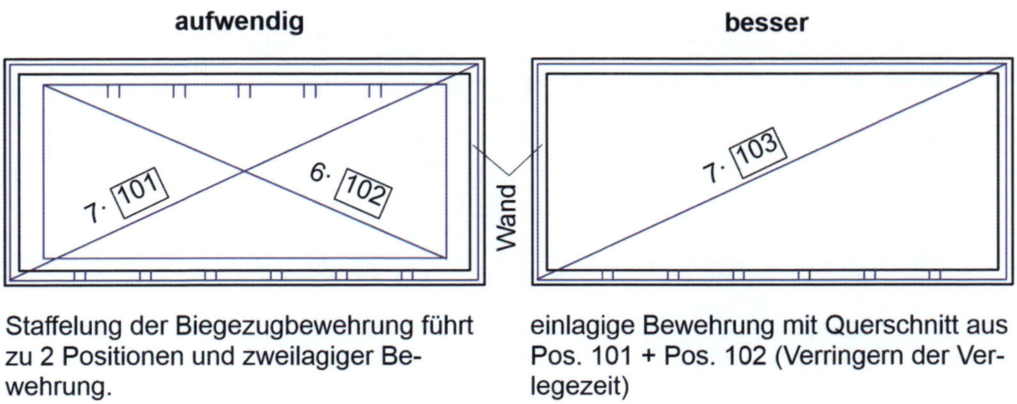

Abb. 1.7 *Ein- oder zweilagige Bewehrung*

Ein Verlegen von Betonstahlmatten in Platten, die auf Mauerwerkswänden aufliegen, ist problemlos möglich. Sofern die Platte jedoch durch einen Unterzug oder eine Stahlbetonwand gestützt wird, kann die Bewehrung dieses Bauteils beim Verlegen der Lagermatten stören, sodass Querstäbe der unteren Plattenbewehrung nachträglich herausgeschnitten werden müssen (**Abb. 1.8**). Das Herausschneiden der Querstäbe gemäß Variante 1 sollte auf den Ausführungszeichnungen vermerkt werden. Bei der Variante 2 werden die Matten der unteren Plattenbewehrung bündig eingebaut. Die Verankerung am Zwischenauflager erfolgt über eine Zulagebewehrung in Form von Stabstahl. Die durchgehenden Bewehrungsstäbe können auch positive Momente aufnehmen (EC 2-1-1, 9.2.1.5).

Eine Anhäufung vieler Bewehrungslagen übereinander ist zu vermeiden. Daher sollen bei üblichen Hochbauten nicht mehr als drei Matten übereinander liegen (**Abb. 1.9**).

Um bei zweilagiger Bewehrung die statische Nutzhöhe *d* zu vergrößern, soll die zweite Lage gewendet eingebaut werden (**Abb. 1.10**).

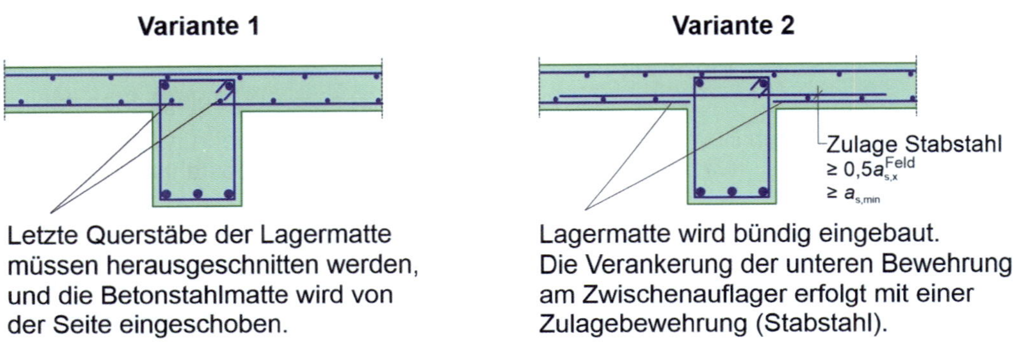

Abb. 1.8 *Einbindung einer Platte in einen Unterzug*

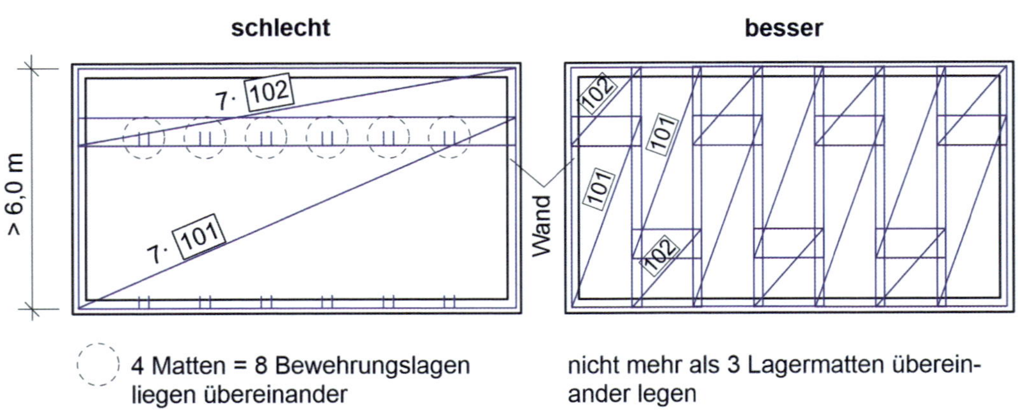

Abb. 1.9 *Anordnung von maximal drei Betonstahlmatten übereinander*

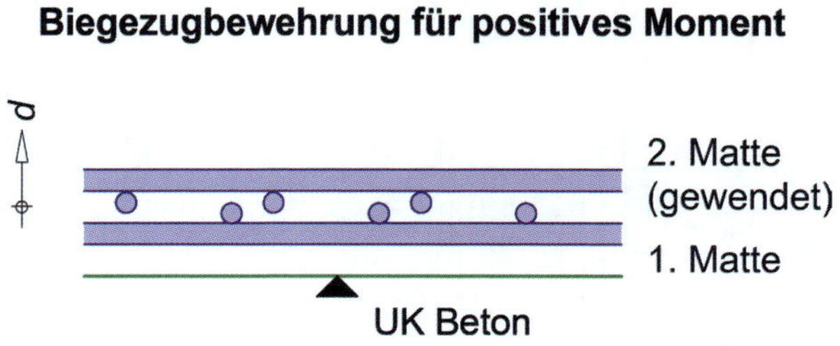

Abb. 1.10 *Wenden der zweiten Matte bei mehrlagiger Bewehrung*

Wenn bei zweiachsig gespannten Platten (→ Kap. 6) in der Querrichtung ca. 60 % der Bewehrung der Haupttragrichtung benötigt werden, könnten zweilagig R-Matten eingesetzt werden, wobei die zweite Lage um 90° gedreht zur ersten verlegt wird.

Betonstahlmatten sind möglichst groß zu verarbeiten. Bei einer Auflagerung der Platte auf Mauerwerk kann die Matte problemlos über mehr als ein Feld reichen.

1.4 Nichtlagermatten

1.4.1 Eigenschaften

Nichtlagermatten werden nach den Wünschen des Bestellers bauwerksbezogen gefertigt. Hierdurch ergibt sich eine Lieferzeit von ca. 10 bis 12 Arbeitstagen. Im Einzelfall sind geringere Lieferzeiten, in Zeiten sehr guter Baukonjunktur aber auch längere möglich. Dies kann ein Nachteil sein, da die Vorlaufzeit der Tragwerksplanung zur Bauausführung manchmal geringer ist. Um Nichtlagermatten rationell fertigen zu können, muss das Positionsgewicht mindestens 500 kg/Pos. betragen. Diesen potenziellen Nachteilen in Bezug auf die Lagermatte steht eine Reihe von Vorteilen gegenüber.

Die Matten müssen auf der Baustelle nicht mehr beschnitten werden. Sie werden bereits in den Einbaumaßen geliefert.

Es können größere Matten als die Lagermatten geliefert werden, i.d.R. bis zu einer Mattenlänge L = 12,0 m und einer Mattenbreite B = 3,0 m. Unnötige Bewehrungsstöße werden vermieden. Durch weniger, aber größere Matten wird ein schnellerer Verlegefortschritt erzielt.

Der maximal realisierbare Stabquerschnitt beträgt das ca. 2,5-fache von Lagermatten (bis zu 22,6 cm^2/m).

Es ist eine sehr gute Anpassung des vorhandenen Stahlquerschnitts an die erforderliche Bewehrungsmenge möglich (**Abb. 1.11**). Hierdurch verringern sich die Stahlmassen um 10 bis 30%.

Im Vergleich zu Lagermatten sind keine Zwei-Ebenen-Stöße (→ Kap. 1.8) erforderlich. Die Übergreifungslänge wird kürzer. Außerdem entstehen keine hohen Bewehrungspakete im Stoßbereich, die eine sichere Einhaltung der Betondeckung gefährden könnten.

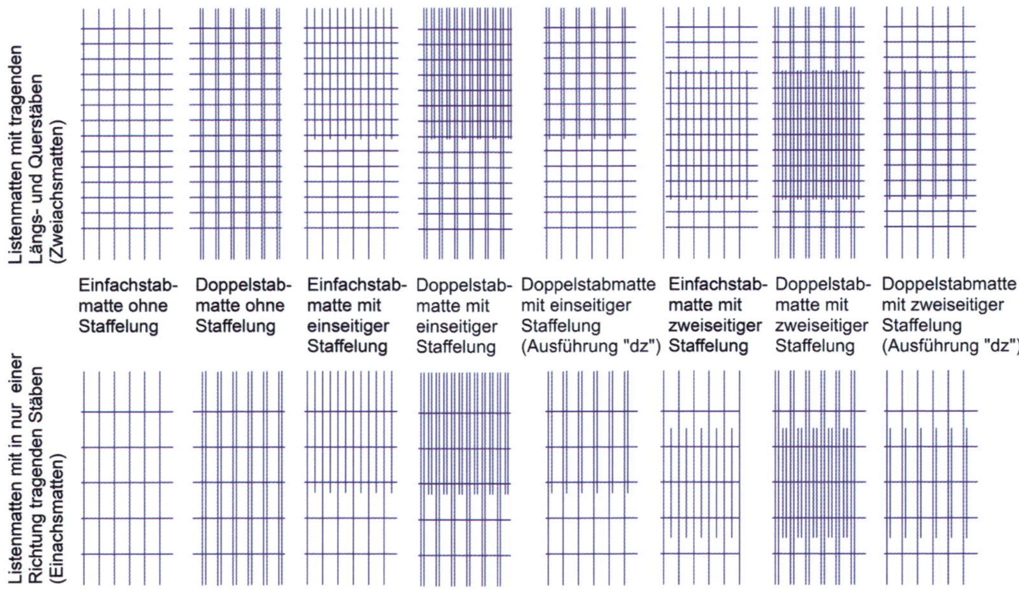

Abb. 1.11 *Varianten für eine mit der achsengetrennten Schreibweise darstellbare Listenmatte*

1.4.2 Listenmatten

Listenmatten (scheduled mesh wire) und Listen-Feldsparmatten können mit der achsengetrennten Schreibweise vollständig beschrieben werden. Sie weisen konstante Längs- und Querstababstände auf. Diese können 50 mm, 75 mm oder ein Vielfaches davon betragen. Die Längs- und Querstäbe von Listenmatten können unter Beachtung ihrer Verschweißbarkeit (welding ratio) miteinander aus **Tafel 1.2** frei gewählt werden. Der effektive Nennquerschnitt in Längs- oder Querrichtung ist aus dieser Tabelle direkt zu entnehmen. Das genaue Mattengewicht ergibt sich aus der Summe aller Längs- und Querstäbe. Es kann aufgrund der Randsparbereiche vom Konstrukteur nur näherungsweise mit vertretbarem Zeitaufwand berechnet werden.

Abstände der											
Längsstäbe [mm]	50 100 d*	– 150 d*	100 200 d*	–	150	–	200	–	250	**Grenzen der Verschweißbarkeit für**	
Querstäbe [mm]	50	75	100	125	150	175	200	225	250	Einfachlängsstäbe	Doppellängsstäbe
Stabdurchmesser[4] *d* in mm	**Querschnitt einer Stabrichtung cm²/m bei Abständen der Stäbe in mm**									**des Stabdurchmessers der 1. Spalte verschweißbar mit Einfachquerstäben**	
6,0	5,65	3,77	2,82	2,26	1,88	1,62	1,41	1,26	1,13	6,0–8,5	6,0–8,5
6,5	6,64	4,43	3,31	2,65	2,21	1,90	1,66	1,47	1,33	6,0–9,0	6,0–9,0
7,0	7,70	5,13	3,85	3,08	2,57	2,20	1,92	1,71	1,54	6,0–10,0	6,0–10,0
7,5	8,84	5,89	4,42	3,53	2,95	2,52	2,20	1,96	1,77	6,0–10,5	6,0–10,5
8,0	10,05	6,70	5,03	4,02	3,35	2,87	2,51	2,23	2,01	6,0–11,0	6,5–11,0
8,5	11,35	7,57	5,67	4,54	3,78	3,24	2,84	2,52	2,27	6,0–12,0	7,0–12,0
9,0	12,72	8,48	6,36	5,09	4,24	3,63	3,18	2,83	2,54	6,5–12,0	7,5–12,0
9,5	14,18	9,45	7,09	5,67	4,73	4,05	3,54	3,15	2,83	7,0–12,0	8,0–12,0
10,0	15,71	10,47	7,85	6,28	5,24	4,49	3,92	3,49	3,14	7,0–12,0	8,0–12,0
10,5	17,32	11,55	8,66	6,93	5,77	4,95	4,33	3,85	3,46	7,5–12,0	8,5–12,0
11,0	19,01	12,67	9,50	7,60	6,34	5,43	4,74	4,22	3,80	8,0–12,0	9,0–12,0
11,5	20,77	13,85	10,39	8,31	6,92	5,93	5,19	4,61	4,15	8,5–12,0	9,5–12,0
12,0	22,62	15,08	11,31	9,04	7,54	6,46	5,66	5,02	4,52	8,5–12,0	10,0–12,0
d* = Doppelstäbe nur als Längsstäbe											

Tafel 1.2 *Nennquerschnitte von Listenmatten (für vorrangig zu verwendende Stabquerschnitte und Abstände)*

$$g_{\text{Matte}} \approx 0{,}785\left(a_{\text{sl}} + a_{\text{st}}\right) \qquad (1.3)$$

a_{sl}; a_{st} vorhandener Stahlquerschnitt in Längs- und Querrichtung in cm²/m

Wenn Bügelkörbe aus Listenmatten hergestellt werden, sind die in Mattenlängsrichtung (= Korblängsrichtung) vorhandenen Stäbe Montagestäbe. Bei einer Bügelmatte sind mindestens drei Längsstäbe vorzusehen. Der Abstand der Längsstäbe in Korbumfangsrichtung sollte ca. 50 cm nicht überschreiten.

4 Bezeichnung nach DIN 488-4, gemäß EC 2-1-1 wird der Stabdurchmesser mit ∅ bezeichnet.

Neben den frei zu wählenden Listenmatten wird zusätzlich eine Vorzugsreihe mit festliegendem Querschnitt in Längs- und Querrichtung angeboten. Der Besteller kann bei diesen Matten nur noch die Länge, Breite, Überstände und die Anzahl der Randsparstäbe wählen.

Die Mattenbreite wird bei Listenmatten an die aktuellen Baumaße angepasst, damit kein Verschnitt auftritt. Sie ist so groß wie möglich zu wählen, um durch Verminderung von Stößen den Stahlverbrauch zu minimieren. Nach Möglichkeit ist eine ganzzahlige Mattenanzahl zu wählen. Halbe Betonstahlmatten sollten nur verwendet werden, wenn z.B. bei zweilagiger Bewehrung die Stöße versetzt werden sollen. Der einseitige Stabüberstand *u* wird so gewählt, dass ein Ein-Ebenen-Stoß möglich ist (→ Kap. 1.8). Mattenbreiten sind in jeder mm-Breite bestellbar. Unter Vorgabe der gewählten Mattenanzahl *n* und der Mattenanordnung kann die Mattenbreite *B* (**Abb. 1.12**) mit Hilfe der folgenden Gleichungen bestimmt werden:

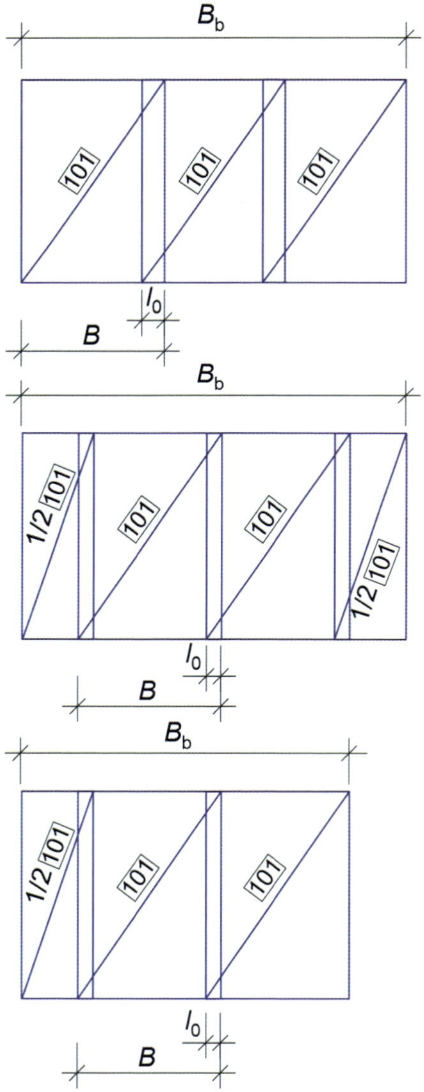

Abb. 1.12 *Bestimmung der Mattenbreite*

nur ganze Matten:

$$B = \frac{B_b - l_0}{n} + l_0 \quad (1.4)$$

2 halbierte Matten:

$$B = \frac{B_b}{n + 1} + l_0 \quad (1.5)$$

1 halbierte Matte:

$$B = \frac{B_b - 0{,}5\, l_0}{n + 0{,}5} + l_0 \quad (1.6)$$

B_b	Breite des durch Matten abzudeckenden Bereichs
N	Anzahl der nicht halbierten (ganzen) Matten
l_0	Übergreifungslänge nach Kap. 1.8

Beispiel 1.3: Bewehrungswahl mit Listenmatten

gegeben:
- Deckenplatte laut Skizze von Beispiel 1.2
- erforderliche untere Biegezugbewehrung
- Feld 1: $a_{sx} = 2{,}5$ cm²/m; $a_{sy} = 1{,}6$ cm²/m
- Feld 2: $a_{sx} = 5{,}1$ cm²/m; $a_{sy} = 0{,}2 \cdot 5{,}1 = 1{,}0$ cm²/m

gesucht: Wahl der unteren Biegezugbewehrung, bestehend aus Listenmatten

Lösung:

Die erforderliche Längsbewehrung in Feld 2 ist hier annähernd doppelt so groß wie in Feld 1. Außerdem unterscheidet sich die erforderliche Querbewehrung in beiden Feldern wenig. Daher wird hier eine Feldsparmatte vorgesehen, wobei der verstärkte Bereich als Bewehrung des Feldes 2 dient.

$d_{L1} = 7{,}0$ mm $\qquad P_L = 75$ mm

$a_{s,vorh} = 5{,}13$ cm²/m — **Tafel 1.2**

$$a_{sx,vorh} = \frac{5{,}13}{2} = 2{,}56 \text{ cm}^2/\text{m} > 2{,}5 \text{ cm}^2/\text{m} = a_{sx}$$

$a_{s,vorh} \geq a_s$ (Feld 1)

$$a_{sx,vorh} = 5{,}13 \text{ cm}^2/\text{m} > 5{,}1 \text{ cm}^2/\text{m} = a_{sx}$$

$a_{s,vorh} \geq a_s$ (Feld 2)

$$A_K = 0$$

$$L_K = 5{,}30 \text{ m}$$

$n_{links} = n_{rechts} = 0$ — es wird ein einseitig liegender Ein-Ebenen-Stoß ausgebildet

$d_{c1} = 6{,}0$ mm $\qquad P_c = 200$ mm

$a_{s,vorh} = 1{,}41\ \text{cm}^2/\text{m}$	**Tafel 1.2**
$a_{sy,vorh} = 1{,}41\ \text{cm}^2/\text{m} > 1{,}0\ \text{cm}^2/\text{m} = a_{sy}$	$a_{s,vorh} \geq a_s$ (Feld 2)
$m_{Anf.} = 0$	
$d_{c2} = 6{,}5$ mm $P_c = 200$ mm	
$a_{s,vorh} = 1{,}66\ \text{cm}^2/\text{m}$	**Tafel 1.2**
$a_{sy,vorh} = 1{,}66\ \text{cm}^2/\text{m} > 1{,}6\ \text{cm}^2/\text{m} = a_{sy}$	$a_{s,vorh} \geq a_s$ (Feld 1)
$\frac{4{,}25}{0{,}20} = 21{,}3 \rightarrow m_{Ende} = 23$	Feld 1 und mittlere Stützung
$L = 4{,}01 + 5{,}01 + 3 \cdot 0{,}24 - 2 \cdot 0{,}03 = 9{,}68\ \text{m}$	$L = l_{ges} - 2\,c_{nom}$
$B_b = 7{,}49 - 2 \cdot 0{,}03 = 7{,}43\ \text{m}$	$B_b = l_{ges} - 2\,c_{nom}$
$n = 3$	geschätzte Mattenanzahl
$B = \frac{7{,}43 - 0{,}50}{3} + 0{,}50 = 2{,}81\ \text{m}$	(1.4): $B = \frac{B_b - l_0}{n} + l_0$
Mattenbezeichnung: $\frac{0/5{,}30}{\text{FeMa}}\ \frac{75 \cdot 7{,}0/\ \ -\ 0/0}{200 \cdot 6{,}0/6{,}5 - 0/23}\ \frac{9{,}68}{2{,}81}\ \frac{40/40}{25/535}$	(1.2): $\frac{A_K/L_K}{\text{FeMa (dz)}} \ldots$[5]
Mattengewicht: $g_{Matte} \approx 0{,}785(5{,}13 + 1{,}41) = 5{,}13\ \text{kg/m}^2$	(1.3): $g_{Matte} \approx 0{,}785\left(a_{sl} + a_{st}\right)$

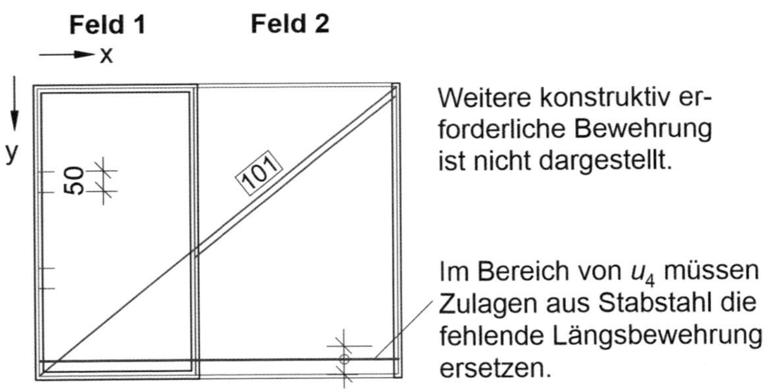

1.4.3 Sonstige Nichtlagermatten

Zeichnungsmatten

Wenn eine Betonstahlmatte einen unregelmäßigen Aufbau z.B. infolge unterschiedlicher Längs- oder Querstababstände hat, reicht die achsengetrennte Schreibweise zur vollständigen Beschreibung der Matte nicht aus. Für ihre Herstellung ist daher eine Skizze mit allen erforderlichen Angaben notwendig. Mit Zeichnungsmatten kann der vor-

5 Grundsätzlich ist auch eine zweite spiegelbildliche Lösung möglich und gleichwertig.

handene Stahlquerschnitt noch besser an den erforderlichen angepasst werden. Zeichnungsmatten werden hauptsächlich beim Einsatz von flexiblen Mattenschweißanlagen eingesetzt, wobei infolge der CAM-Steuerung eine Zeichnung im herkömmlichen Sinn nicht existiert.

Die Vorteile gegenüber der Listenmatte sind die weitere Stahleinsparung von 10 bis 20%, da Längs- und Querbewehrung stufenlos in Abstand, Länge und Durchmesser (6 bis 16 mm) gestaffelt werden können (**Abb. 1.13**). Die flexible Automatisierung gestattet auch kleine Positionsgewichte bis hin zur Einzelmatte. Diese Matten eignen sich insbesondere als Bewehrungselemente für Elementplatten (→ Kap. 5.7).

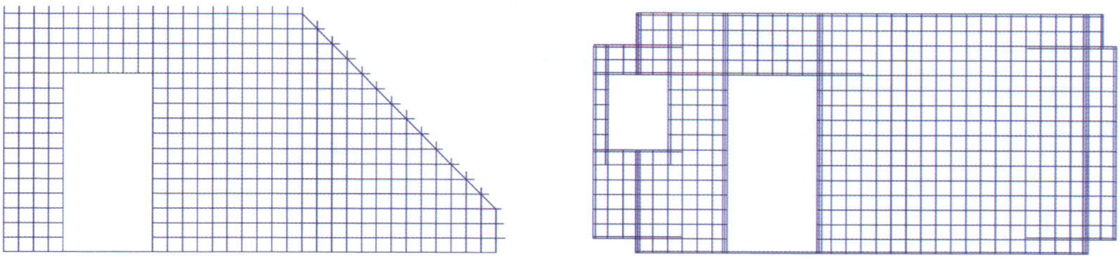

Abb. 1.13 *Beispiele für Zeichnungsmatten*

Einachsmatten:

Sofern nur die Längsstäbe einer Matte als statisch tragende Bewehrung genutzt werden, und die Querstäbe nur Montagestäbe sind, spricht man von „Einachsmatten". Sie eignen sich erst bei großen Bewehrungsquerschnitten, da sie zwangsläufig zu einer zweilagigen Bewehrung führen (**Abb. 1.14**).

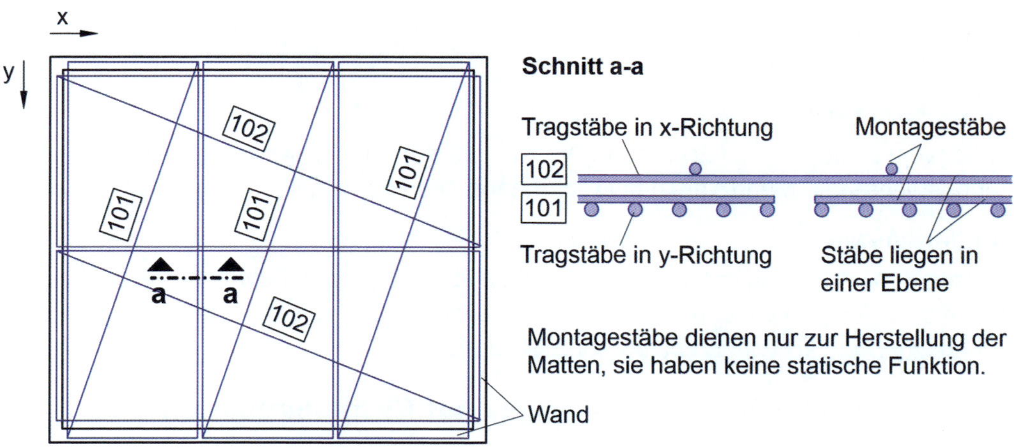

Abb. 1.14 *Verlegen von Einachsmatten bei einer zweiachsig gespannten Platte*

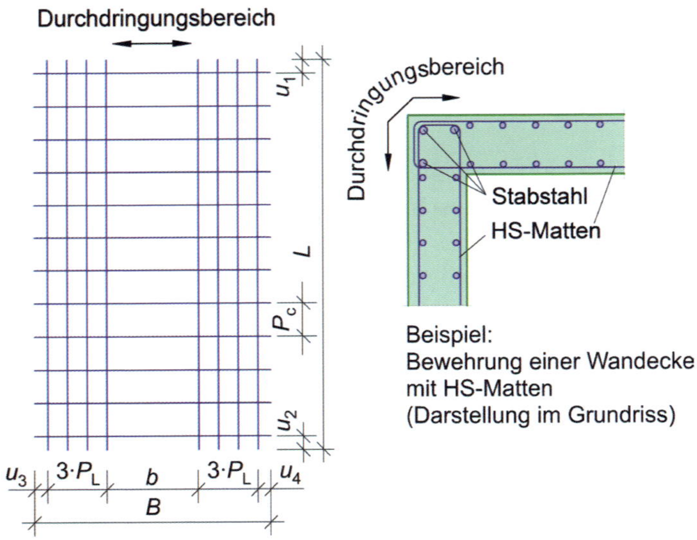

Abb. 1.15 *Ausbildung von HS-Matten*

HS-Matten:

Zwei normale Matten können sich aufgrund der Querstäbe nicht durchdringen. Bei HS-Matten fehlen diese im mittleren Bereich (**Abb. 1.15**). Hierdurch können Durchdringungen in Ecken und Knotenpunkten gut ausgebildet werden. Standardisierte HS-Matten werden unter der Typenbezeichnung HS auch als Lagermatten angeboten.

Listen-Bügelmatten:

Diese Betonstahlmatten sind Listenmatten, bei denen die Querstäbe für Bügel verwendet werden. Es gelten die allgemeinen Festlegungen bezüglich Stabraster und Stabdurchmesser wie bei Listenmatten.

Fahrbahnmatten:

Diese Matten dienen zur Bewehrung von Betonfahrbahnen. Sie weisen eine verstärkte Randbewehrung auf und sind auf die Fahrbahnbreiten der Regelquerschnitte abgestimmt.

Sonderdyn-Matten:

Bei diesen Matten sind die Längs- und Querstäbe nur in den Randbereichen miteinander verschweißt. Sie werden bei dynamischer Beanspruchung verwendet und haben eine höhere zulässige Schwingbreite als normale Matten.

1.4.4 Rationelle Bewehrungstechnik mit Nichtlagermatten

Wie bei Lagermatten kann durch eine sinnvolle Mattenwahl die Wirtschaftlichkeit von Betonstahlmatten weiter erhöht werden. Neben den für Lagermatten geltenden Regeln sollten einige Punkte bei der Anordnung von Nichtlagermatten beachtet werden.

Betonstahlmatten sollten möglichst groß (breit und lang) gewählt werden. Matten bis zu einer Länge von ca. 8 m können von Hand verlegt werden, bei größeren Matten werden die Matten mit dem Kran verlegt[6]. Eine Matte kann auch über zwei Felder durchlaufen (**Abb. 1.16**).

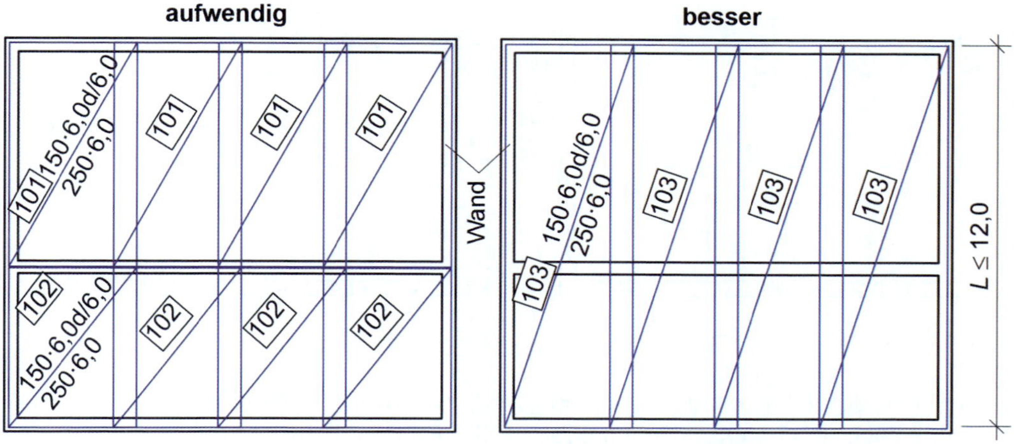

Sofern in zwei Feldern annähernd derselbe Stahlquerschnitt benötigt wird, sind beide Felder mit einer durchgehenden Matte zu bewehren. Dies ist auch möglich, wenn in einem Feld eine ungefähr doppelt so große Bewehrung benötigt wird. Hierfür können dann Feldsparmatten verwendet werden (vgl. Beispiel 1.3).

Abb. 1.16 *Bewehrung mehrerer Felder mit einer Matte*

Bei schmalen Feldern ($B \leq 3{,}00$ m) können Umkehrmatten verwendet werden, um die Mattenanzahl zu verringern (**Abb. 1.17**).

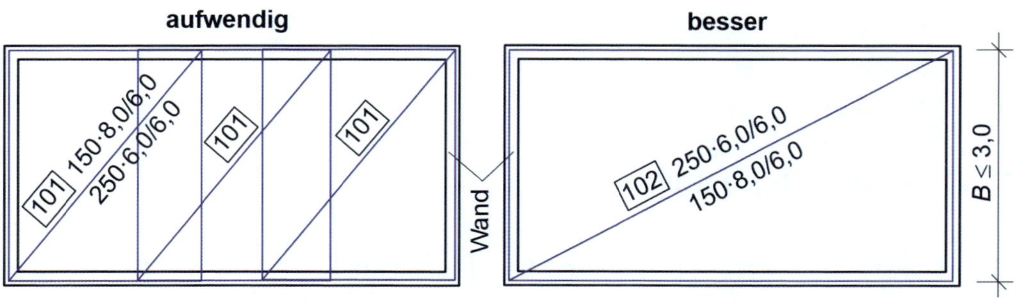

Abb. 1.17 *Verwenden von Umkehrmatten*

6 Beachte: Der Kran steht dann während der Zeit der Bewehrungsarbeiten nicht für andere Gewerke zur Verfügung. Daher sollten Mattenlängen > 8 m nur bei Kenntnis der Baustellenorganisation verwendet werden.

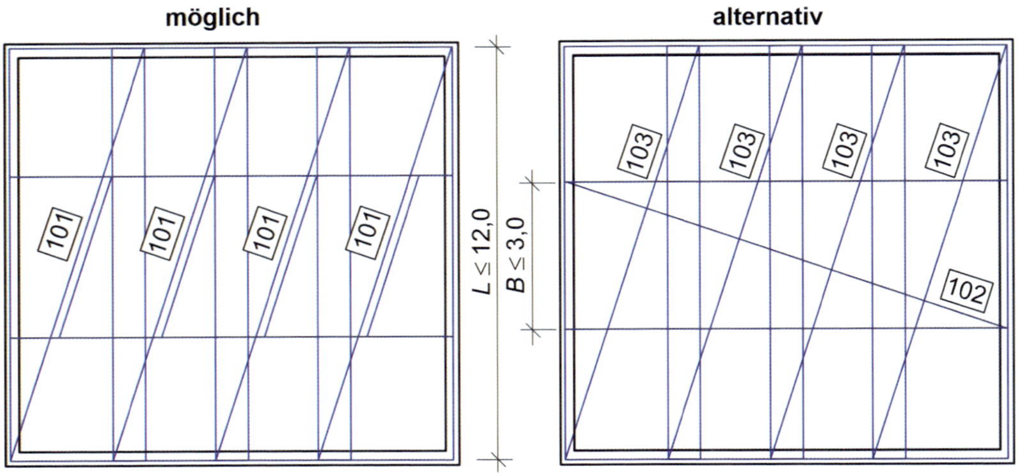

Abb. 1.18 *Vermeiden zweilagiger Bewehrung durch Feldsparmatten*

Sofern eine Zugkraftdeckung durchgeführt wird, sollen Feldsparmatten anstatt einer zweilagigen Bewehrung benutzt werden (**Abb. 1.18**). Feldsparmatten sind ab ca. 6 m Länge und ca. 5 cm²/m Stahlquerschnitt sinnvoll. Bei einem nur örtlich höheren Stahlbedarf verwendet man eine durchlaufende Bewehrung aus Listenmatten und Zulagen aus Stabstahl oder Lagermatten.

Sofern zweiachsig gespannte Platten (→ Kap. 6) bewehrt werden sollen, ergeben sich bei sehr großen Platten viele Stöße in der Querrichtung. Hier bieten sich ab einem Stahlquerschnitt in Querrichtung von ca. 6,0 cm²/m Einachsmatten an (**Abb. 1.14**).

Die Überstände von Nichtlagermatten sollten so ausgebildet werden, dass ein Ein-Ebenen-Stoß (→ Kap. 1.8) möglich ist. Hierdurch sind eine Verkürzung der Übergreifungslänge und eine größere statische Nutzhöhe als bei dem Zwei-Ebenen-Stoß möglich.

1.5 Unterstützungskörbe

1.5.1 Anwendungsbereich

Für die obere Plattenbewehrung ist i.d.R. eine Montagebewehrung erforderlich. Hierfür sind Unterstützungskörbe aus speziellen Betonstahlmatten zweckmäßig. Diese werden von diversen Anbietern hergestellt. Im Folgenden werden die Körbe nach DBV-Merkblatt „Unterstützungen" [DBV – 11/2] näher erläutert. Hierbei wird zwischen auf der Schalung stehenden und auf der unteren Bewehrung stehenden Unterstützungskörben unterschieden. Die Unterstützungskörbe werden in Höhen bis zu 40 cm mit einheitlicher Länge von 2,0 m geliefert, womit Bauteildicken bis zu ca. 50 cm ausgeführt werden können. Sie werden linienförmig und lückenlos quer zur Mattenrichtung verlegt. Der Achsabstand der Unterstützungskörbe richtet sich nach dem Längsstabdurchmesser der auf der Unterstützung liegenden Matte (**Tafel 1.3**). Alternativ ist eine punktförmige Unterstützung möglich. Hierbei gelten die Achsabstände sowohl in Längs- als auch in Querrichtung nach **Tafel 1.3**.

Bei größeren Bauteildicken (≥ 50 cm) werden z.B. in [BAUSTAHLGEWEBE] „Design Elemente“ für auf der Bewehrung stehende Unterstützungskörbe mit Unterstützungshöhen bis zu 120 cm angeboten.

Bei Unterstützungshöhen > 120 cm sind aufgrund der hohen Lasten aus Bewehrung und Betonierbetrieb gesonderte Überlegungen anzustellen.

Die Unterstützungskörbe werden vor der Montage der oben liegenden Bewehrung verlegt. Der zu verwendende Typ und die Stückzahl sind in die Stahlliste aufzunehmen.

Verlegeanordnung (Grundriss)

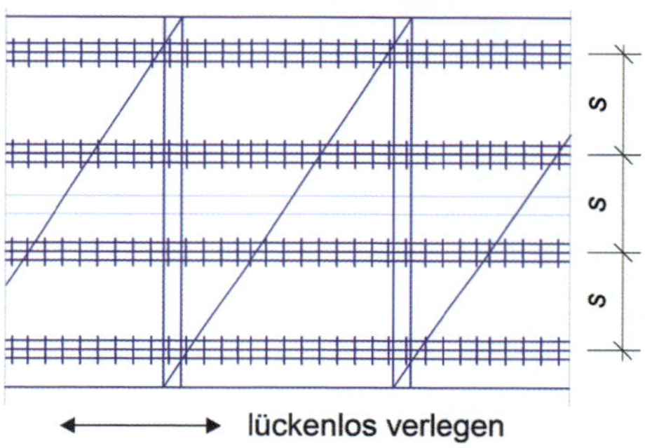

Verlegeabstände (Achsabstände) für linienförmige Unterstützungen

Stabdurchmesser der zu stützenden Bewehrung in mm	Achsabstand s in cm
≤ 6,5	50
7,0 bis 12,0	70
> 12,0	70[a]

a Alternativ kann ein rechnerischer Nachweis geführt werden (zulässige Belastung für linienförmige Unterstützungen: F_{Rd} = 0,67 kN/m). Die Durchbiegung der unterstützten Bewehrungsstäbe ist zu beschränken.

Tafel 1.3 *Verlegeabstände für Unterstützungskörbe (nach DBV-Merkblatt [DBV – 11/2])*

1.5.2 Auf der Schalung stehende Unterstützungskörbe

Dieser Typ ist bei fehlender unterer Bewehrung oder bei sehr dünnen Stabdurchmessern in der unteren Bewehrung zu empfehlen. Um den Stahl des Unterstützungskorbes im Bereich der Betondeckung vor Korrosion zu schützen, sind auf die Standfüße Kunststoffkappen gestülpt (**Abb. 1.19,** Typ BK). Die Unterstützungskörbe BK 8 bis BK 24 nach **Tafel 1.4** werden als Lagerware geliefert, größere Unterstützungshöhen werden auf Bestellung hergestellt. Die Unterstützungshöhe h ist der lichte Abstand zwischen der Schalung und der oberen Bewehrung.

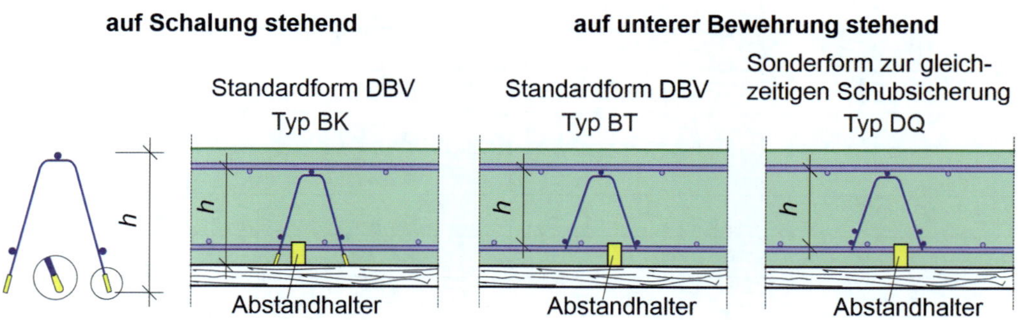

Abb. 1.19 *Aussehen und Einbau von Unterstützungskörben (siehe [BAUSTAHLGEWEBE])*

Die Bezeichnung nach DBV-Merkblatt [DBV – 11/2] lautet z.B.:

DBV-BK-16-S-L

BK: Typenbezeichnung

16: Unterstützungshöhe h = 16 cm

S: auf der Schalung stehend

L: linienförmige Konstruktionsart

Unterstützungskörbe BK		**Unterstützungskörbe BT**	
Typ[a]	**Gewicht je Korb in kg**	**Typ**[b]	**Gewicht je Korb in kg**
BK 8	0,961	BT 5	0,731
BK 9	1,006	BT 6	0,768
BK 10	1,050	BT 7	0,806
BK 11	1,094	BT 8	0,843
BK 12	1,138	BT 9	0,881
BK 13	1,183	BT 10	0,919
BK 14	1,229	BT 11	0,985
BK 15	1,423	BT 12	1,023
BK 16	1,468	BT 13	1,058
BK 17	1,899	BT 14	1,095
BK 18	1,963	BT 15	1,295
BK 19	2,027	BT 16	1,337
BK 20	2,091	BT 17	1,381
BK 21	2,261	BT 18	1,425
BK 22	2,322	BT 19	1,469
BK 23	2,383	BT 20	1,513
BK 24	2,444	BT 21	1,829
BK 25	3,163	BT 22	1,881
BK 26	3,256	BT 23	1,932
BK 27	3,349	BT 24	1,985
BK 28	3,440	BT 25	2,038
		BT 26	2,363
		BT 27	2,427
		BT 28	2,491
		BT 29	2,555
		BT 30	2,619
		BT 31	2,683

Unterstützungskörbe BK		Unterstützungskörbe BT	
Typ[a]	Gewicht je Korb in kg	Typ[b]	Gewicht je Korb in kg
		BT 32	2,747
		BT 33	2,871
		BT 34	2,934
		BT 35	2,996
		BT 36	3,058
		BT 37	3,121
		BT 38	3,183
		BT 39	3,245
		BT 40	3,307
a.	Bezeichnung BK... gibt die Unterstützungshöhe *h* in cm an		
b.	Bezeichnung BT... gibt den Unterstützungsabstand *h* in cm an		

Tafel 1.4 *Unterstützungskörbe (Lagerware)*

1.5.3 Auf der Bewehrung stehende Unterstützungskörbe

Dieser Typ ist bei starker unterer Bewehrung zu empfehlen (**Abb. 1.19,** Typ BT und DQ). Da die Körbe die untere Betonoberfläche nicht berühren bzw. durchdringen, sind sie geeignet für Sichtbeton und für Platten mit unten eingelegter Wärmedämmung.

Die Korbgrößen BT 5 bis BT 40 nach **Tafel 1.4** sind Lagerware, größere Unterstützungskörbe werden auf Bestellung gefertigt. Die Typenbezeichnung gibt den Unterstützungsabstand zur unteren Bewehrung an:

DBV-BT-13-B-L

BT:	Typenbezeichnung
13:	Unterstützungsabstand h = 13 cm
B:	auf der Bewehrung stehend
L:	linienförmige Konstruktionsart

Weiterhin sind nach DBV-Merkblatt schlangenförmige auf der Bewehrung stehende Unterstützungskörbe vom Typ BS zertifiziert. Die Korbgrößen BS 2 bis BS 40 sind hierbei Lagerware.

In [BAUSTAHLGEWEBE] werden für Unterstützungsabstände von 41 cm bis 120 cm Design-Unterstützungselemente vom Typ DTV angeboten.

Sollen die Unterstützungselemente auch als Querkraftzulage verwendet werden, können die Design-Unterstützungselemente vom Typ DQ nach [BAUSTAHLGEWEBE] verwendet werden (**Abb. 1.19,** Typ DQ).

1.6 Biegen von Betonstahlmatten

1.6.1 Mindestabmessungen

Betonstahlmatten können auch in stabförmigen Bauteilen sinnvoll eingesetzt werden, sofern sie gebogen werden. Hierzu sind besondere Mattenbiegemaschinen erforderlich. Mit den beim Stahlhandel installierten Maschinen können Lagermatten gebogen werden. Listenmatten werden im Mattenwerk gebogen.

Die Beanspruchungen im Beton und im Stahl bei Krümmungen von Betonstahlmatten unterscheiden sich nicht von Stabstahl. Daher gelten in beiden Fällen auch dieselben Mindestwerte des Biegerollendurchmessers D_{min} (→ Teil 1, Kap. 4.2). Im Unterschied zu Stabstahl ist jedoch nicht jeder Mindestdurchmesser realisierbar, da Mattenbiegemaschinen normalerweise nur mit wenigen unterschiedlichen Biegerollendurchmessern ausgerüstet sind. Folgende Biegerollendurchmesser sind möglich bei

- Biegen außerhalb des Mattenwerks: D = 19; 28; 40; 56; 75; 110 mm
- Biegen im Mattenwerk: D = 32; 40; 60; 80; 100; 120; 140; 160; 180 mm.

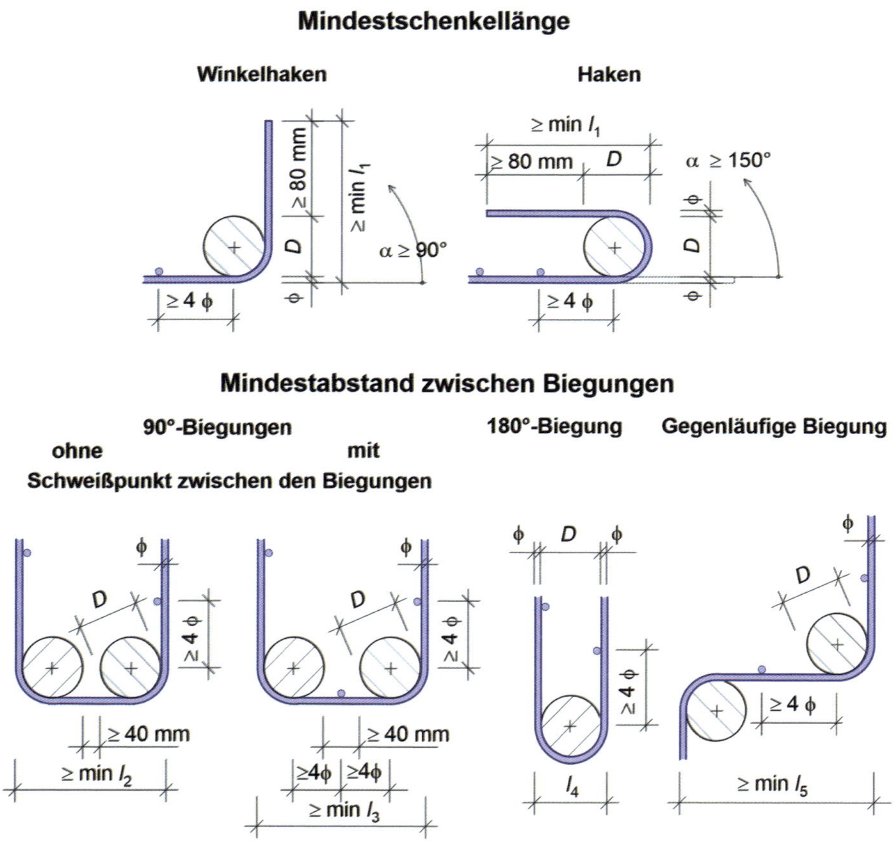

Abb. 1.20 *Mindestabmessungen für gebogene Betonstahlmatten*

Bei Verwendung von Biegerollendurchmessern $D > 80$ mm ist i.d.R. ein Abstand der Stäbe von $s \geq 100$ mm erforderlich.

Um die Biegerolle im Bereich der Krümmung ansetzen zu können, darf hier kein angeschweißter Querstab vorhanden sein. Um die Punktschweißung nicht zu zerstören, darf auch auf der Außenseite kein Querstab vorhanden sein. Querstäbe müssen einen Mindestabstand[7] von

$$\min s_{\mathrm{t}} = 4\varnothing \tag{1.7}$$

aufweisen. Jede Biegung erfordert für den Anschlag der Biegevorrichtung eine Mindestschenkellänge min l_1 des zu biegenden Stabes (**Abb. 1.20**, **Abb. 1.21**):

$$\min l_1 \cong D + 80 \; in \; \mathrm{mm} \tag{1.8}$$

Für den Anschlag der Biegevorrichtung zwischen zwei Biegungen ist ebenfalls eine Mindeststablänge min l_2 erforderlich (**Abb. 1.20**):

- *ohne Schweißpunkt zwischen den Biegungen:*

  $$\min l_2 = 2 \cdot (D + \varnothing) + 40 \quad [\mathrm{mm}] \tag{1.9}$$

- *mit Schweißpunkt zwischen den Biegungen:*

  $$\min l_3 = 2 \cdot (D + \varnothing) + 40 \geq D + 10\varnothing \quad [\mathrm{mm}] \tag{1.10}$$

- *bei einer 180°-Biegung:*

  Zwei Biegungen in einem kleineren Abstand als min l_2 sind nicht möglich. Es kann dann nur eine Biegung um 180° ausgeführt werden. Bei dieser Biegung ist für die Stabfederung beim Biegen ein zusätzliches Abmaß von 5 mm vorzusehen.

  $$l_4 = D + 2\varnothing + 5 \quad [\mathrm{mm}] \tag{1.11}$$

- *gegenläufige Biegungen:*

  $$\min l_5 \approx D + 125 \quad [\mathrm{mm}] \tag{1.12}$$

7 Abweichend von DIN 488-4 werden die Bezeichnungen nach EC 2-1-1 verwendet.

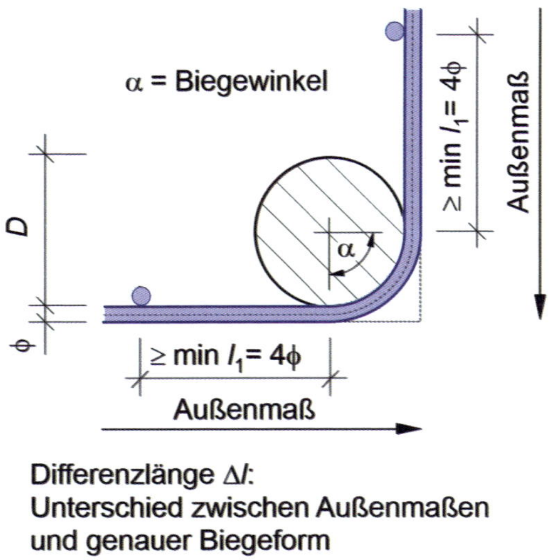

Abb. 1.21 *Differenzlängen für maßgenaue Biegeformen*

Im Bewehrungsplan werden Biegeformen mit ihren Außenmaßen angegeben. Bei gekrümmten Stäben ergibt sich damit aus den Längen der Außentangenten und der gekrümmten Mittellinie gebogener Stäbe eine Differenzlänge Δl (**Abb. 1.21**). Bei Passstäben ist diese Differenzlänge zu ermitteln und in der Gesamtlänge zu berücksichtigen. Dies geschieht nach Gl. (1.13). Diese Gleichung ist in **Tafel 1.5** und **Tafel 1.6** ausgewertet.

Ø	D ≥ 4 Ø						D ≥ 10 Ø						D ≥ 15 Ø					
	D	Biegewinkel α in °					D	Biegewinkel α in °					D	Biegewinkel α in °				
in mm	in mm	30	45	60	75	90	in mm	30	45	60	75	90	in mm	30	45	60	75	90
6,0	32	2	3	6	9	14	60	2	4	7	12	20	100	2	5	9	17	29
6,5	32	2	4	6	9	15	80	2	5	8	15	25	100	2	5	9	17	29
7,0	32	2	4	6	10	15	80	2	5	9	15	26	120	3	6	11	20	34
7,5	32	2	4	6	10	16	80	3	5	9	16	26	120	3	6	11	20	35
8,0	32	3	4	7	11	17	80	3	5	9	16	27	120	3	6	12	21	35
8,5	40	3	5	8	12	19	100	3	6	11	19	32	140	3	7	13	23	40
9,0	40	3	5	8	12	20	100	3	6	11	19	32	140	3	7	13	24	41
9,5	40	3	5	8	13	20	100	3	6	11	20	33	160	4	8	15	26	46
10,0	40	3	5	8	13	21	100	3	7	12	20	34	160	4	8	15	27	46
10,5	60	3	6	10	16	26	120	4	7	13	23	39	160	4	8	15	27	47
11,0	60	3	6	10	16	26	120	4	7	13	23	39	180	4	9	17	30	52
11,5	60	4	6	10	17	27	120	4	8	14	24	40	180	4	9	17	30	53

Tafel 1.5 *Differenzlängen Δl in mm je Biegung für Biegen im Mattenwerk (unter Berücksichtigung der verfügbaren Biegerollendurchmesser)*

∅	D ≥ 4 ∅						D ≥ 10 ∅						D ≥ 15 ∅					
	D	Biegewinkel α in °					D	Biegewinkel α in °					D	Biegewinkel α in °				
in mm	in mm	30	45	60	75	90	in mm	30	45	60	75	90	in mm	30	45	60	75	90
6,0	28	2	3	5	8	13	75	2	4	8	13	23	110	2	5	10	18	31
6,5	28	2	3	6	9	14	75	2	4	8	14	24	110	2	5	10	18	32
7,0	28	2	4	6	9	15	75	2	5	8	14	25	110	3	6	10	19	32
7,5	40	2	4	7	11	18	75	3	5	9	15	25	110	3	6	11	19	33
8,0	40	2	4	7	12	18	110	3	6	11	19	33						

Tafel 1.6 *Differenzlängen Δl in mm je Biegung für Biegen außerhalb des Mattenwerks (unter Berücksichtigung der verfügbaren Biegerollendurchmesser)*

$$\Delta l = (D + \varnothing) \cdot \left(\tan \frac{\alpha}{2} - \frac{\pi \cdot \alpha}{360°}\right) + \varnothing \cdot \tan \frac{\alpha}{2} \quad \text{in mm} \qquad (1.13)$$

$$l' = l - \Delta l \quad \text{in mm} \qquad (1.14)$$

1.6.2 Ausführungsformen von Bügelkörben

Offener Bügelkorb mit Winkelhaken:

Der offene Bügelkorb mit nach innen gebogenen Winkelhaken (**Abb. 1.22**, Bügelform a) ist für Rechteckquerschnitte in der Druckzone möglich, wenn er mit Kappenbügeln geschlossen wird. Er hat jedoch den Nachteil schlechter Stapelbarkeit. Der gerade Schenkel des Winkelhakens muss mindestens 10 ∅ lang sein. Sofern diese Biegeform bei schmalen Rechteckquerschnitten nicht möglich ist, sollten hierfür Bügel aus Stabstahl vorgesehen werden. Der offene Bügelkorb mit nach außen gebogenen Winkelhaken (**Abb. 1.22**, Bügelform d) ist i.d.R. die beste Bügelform für Plattenbalken. Der offene Bügelkorb wird durch die oben liegende Biegezugbewehrung der Platte geschlossen. Durch die gegenläufigen Biegungen muss der Korb bei der Herstellung zwar gedreht werden, er bietet jedoch bei der Bauausführung folgende Vorteile:

- Der Korb ist stapelbar und damit transportgeeignet.
- Die restliche Bewehrung des Unterzuges kann in den Korb leicht eingebaut werden.
- Das Verlegen der Plattenbewehrung im Bereich des Plattenbalkens wird nicht erschwert.
- Das Einbringen und Verdichten des Betons im Bereich des Unterzuges ist leicht zu bewerkstelligen.

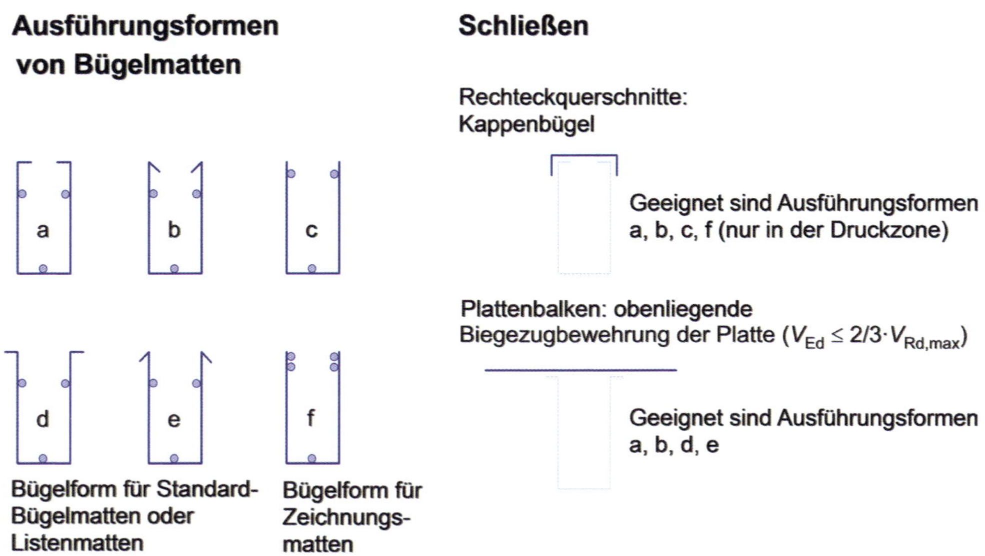

Abb. 1.22 *Ausführungsformen von Bügelkörben*

Offener Bügelkorb mit angeschweißten Bewehrungsstäben:
Die hakenlose Bügelform (**Abb. 1.22**, Bügelform c und f) ist für Rechteckquerschnitte gut geeignet. Der offene Bügelkorb wird durch Kappenbügel geschlossen. Allerdings muss die Betondeckung *c* ausreichend dick sein, damit die im Bereich der Verankerung auftretenden Querzugspannungen nicht zu einem Abplatzen des Betons führen.

$$c_{\min} \geq 3\,\varnothing_{\text{bü}} \geq 50 \text{ mm} \tag{1.15}$$

Sofern nur ein angeschweißter Stab als Verankerungselement verwendet wird, muss dessen Durchmesser das 1,4fache des Bügeldurchmessers betragen.

Die Bügelform mit angeschweißten Querstäben kann auch bei Plattenbalken verwendet werden. Bei Plattenbalken sind die angeschweißten Querstäbe jedoch hinderlich, da sie das Verlegen der unteren Plattenbewehrung erschweren, sofern die untere Plattenbewehrung nicht über ausreichende Überstände verfügt. Sie sind bei Plattenbalken daher nur einsetzbar, wenn Listenmatten für die untere Plattenbewehrung vorgesehen werden und die Listenmatten zumindest einseitig über einen langen Überstand verfügen.

1.7 Verankerung von Betonstahlmatten

Die Wirkung der Verankerung von gerippten Betonstahlmatten ist die gleiche wie bei Stabstahl (Teil 1, Kap. 4.3). Daher wird auch die Verankerungslänge wie bei Betonstabstahl berechnet.

	Ø in	gute Verbundbedingungen						mäßige Verbundbedingungen					
	mm	C20/25	C25/30	C30/37	C35/45	C40/50	C50/60	C20/25	C25/30	C30/37	C35/45	C40/50	C50/60
Einfachstäbe	6,0	28	24	21	19	18	15	40	35	31	28	25	22
	6,5	30	26	23	21	19	17	43	37	33	30	27	24
	7,0	33	28	25	23	21	18	47	40	36	32	30	25
	7,5	35	30	27	24	22	19	50	43	38	35	32	27
	8,0	37	32	29	26	24	20	54	46	41	37	34	29
	8,5	40	34	30	27	25	22	57	49	43	39	36	31
	9,0	42	36	32	29	27	23	60	52	46	41	38	33
	9,5	44	38	34	31	28	24	64	55	49	44	40	35
	10,0	47	40	36	32	30	25	67	58	51	46	42	36
	10,5	49	42	38	34	31	27	70	61	54	48	44	38
	11,0	52	44	39	35	33	28	74	63	56	51	46	40
	11,5	54	46	41	37	34	29	77	66	59	53	48	42
	12,0	56	48	43	39	35	31	80	69	61	55	51	44
Doppelstäbe	6,0	40	34	30	27	25	22	57	49	43	39	36	31
	6,5	43	37	33	30	27	23	62	53	47	42	39	33
	7,0	46	40	35	32	29	25	66	57	51	46	42	36
	7,5	50	43	38	34	31	27	71	61	54	49	45	39
	8,0	53	46	40	36	33	29	76	65	58	52	48	41
	8,5	56	49	43	39	35	31	80	69	61	55	51	44
	9,0	60	51	45	41	38	32	85	73	65	59	54	46
	9,5	63	54	48	43	40	34	90	77	69	62	57	49
	10,0	66	57	51	46	42	36	95	82	72	65	60	51
	10,5	70	60	53	48	44	38	99	86	76	68	63	54
	11,0	73	63	56	50	46	40	104	90	79	72	66	57
	11,5	76	66	58	52	48	41	109	94	83	75	69	59
	12,0	79	68	61	55	50	43	114	98	87	78	72	62

Tafel 1.7 *Grundwert der Verankerungslänge $l_{b,rqd}$ von Betonstahlmatten in cm (häufig verwendete Betonfestigkeitsklassen, Betonstahlspannung $\sigma_{sd} = f_{yd} = 435$ N/mm²)*

Bei Doppelstabmatten ist anstatt des tatsächlichen Durchmessers der Vergleichsdurchmesser $Ø_n$ (Teil 1, Kap. 4.3) zu verwenden. Damit ergeben sich die Grundmaße der Verankerungslänge nach **Tafel 1.7**. Die erforderliche Verankerungslänge l_{bd} ist bei Betonstahlmatten i.d.R. kürzer als bei Stabstählen gleichen Durchmessers, da durch vorhandene Querstäbe der Beiwert $\alpha_4 = 0{,}7$ angesetzt werden kann (Teil 1, Kap. 4.3). Somit entfällt auch bei kurzen Auflagern die Notwendigkeit eines Hakens oder Winkelhakens.

1.8 Stöße von Betonstahlmatten

1.8.1 Allgemeines

Generell gilt, dass Stöße möglichst nicht im Bereich maximaler Beanspruchung vorzusehen sind, sondern dort, wo der Bewehrungsstahl zu nicht mehr als 80 % ausgenutzt wird. Bei Betonstahlmatten sind nur indirekte Stöße üblich (→ Teil 1, Kap. 4.4). Man unterscheidet:

- die Ausbildung des Stoßes, d.h., ob ein Ein-Ebenen- oder Zwei-Ebenen-Stoß (**Abb. 1.23**) vorliegt;
- die Funktion des Stoßes, d.h., ob ein Stoß in Längs- oder Querrichtung des Tragwerks vorliegt.

Angeschweißte Querstäbe haben keinen wesentlichen Einfluss auf die Übergreifungslänge l_0. Daher wird diese wie bei Stabstählen mit dem Grundwert der Verankerungslänge bestimmt. Die Querstäbe wirken jedoch günstig im Hinblick auf die Querzugspannungen.

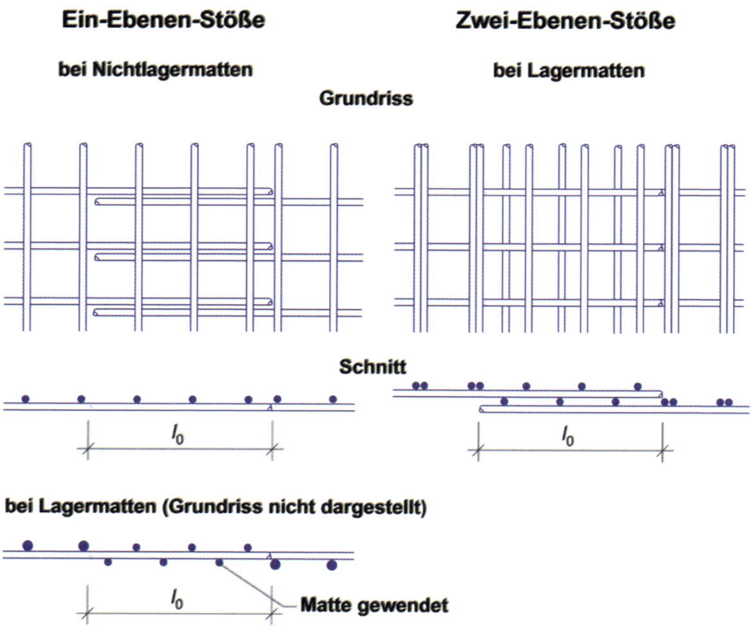

Abb. 1.23 *Unterschied zwischen dem Ein-Ebenen- und Zwei-Ebenen-Stoß*

1.8.2 Ausbildung des Stoßes in einer rechnerisch tragenden Richtung

Unter der rechnerisch tragenden Richtung ist/sind

- bei stabförmigen Bauteilen die Längsrichtung
- bei einachsig gespannten Platten (→ Kap. 5) die Richtung mit der kürzeren Stützweite
- bei zweiachsig gespannten Platten (→ Kap. 6) beide Tragrichtungen
- bei Wänden (→ Kap. 13) i.d.R. die senkrechte Richtung

zu verstehen.

Die Ausbildung des Tragstoßes kann als Ein-Ebenen- oder Zwei-Ebenen-Stoß erfolgen (**Abb. 1.23**). Beim Ein-Ebenen-Stoß liegen die zu stoßenden Stäbe direkt neben- oder übereinander. Beim Zwei-Ebenen-Stoß liegen dagegen im Stoßbereich zwischen den zu stoßenden Stäben senkrecht hierzu verlaufende Stäbe. Vom Tragverhalten her ist der Ein-Ebenen-Stoß günstiger, da die zu übertragenden Kräfte im Betonstahl auf kurzem Weg direkt in den jeweils anschließenden Stab übertragen werden können. Zum Ein-Ebenen-Stoß zählt jeder Stoß von Betonstabstahl (→ Teil 1, Kap. 4.4). Der Zwei-Ebenen-Stoß muss bei der Verwendung von Lagermatten ausgeführt werden, sofern nicht eine Matte um 180° gedreht wird. Dies hätte allerdings negative Auswirkungen auf die statische Höhe. Bei Listenmatten können die Überstände so ausgebildet werden, dass ein Ein-Ebenen-Stoß möglich ist.

Ein-Ebenen-Stoß (one-level-joint)

Die Übergreifungslänge l_0 wird wie bei Betonstahl berechnet, die angeschweißten Querstäbe werden nicht beachtet. Die Querbewehrung im Übergreifungsbereich von Tragstäben ist wie bei Stabstählen zu dimensionieren (→ Teil 1, Kap. 4.4).

Zwei-Ebenen-Stoß (two-level-joint)

Die Übergreifungslänge (lap length) wird nach EC 2-1-1, 8.7.5 bestimmt. Der Anteil der ohne Längsversatz maximal möglichen zu stoßenden Bewehrung hängt vom gesamten Stahlquerschnitt ab:

$$a_s \leq 12{,}0\ \mathrm{cm^2/m} \tag{1.16}$$

Die gesamte Bewehrung kann in einem Querschnitt gestoßen werden (= 100 %-Stoß).

$$a_s > 12{,}0\ \mathrm{cm^2/m} \tag{1.17}$$

Stöße sind nur in der inneren Lage bei mehrlagiger Bewehrung zulässig, wobei der gestoßene Anteil nicht mehr als 60 % des erforderlichen Bewehrungsquerschnitts betragen darf.

Zwei-Ebenen-Stöße ohne bügelartige Umfassung der Längsbewehrung sind zulässig, wenn der zu stoßende Mattenquerschnitt $a_s \leq 6{,}0\ \mathrm{cm^2/m}$ beträgt. In der Regel sollte der Stoß in Bereichen liegen, in denen die Stahlspannung im Grenzzustand der Tragfähigkeit nicht mehr als 80 % des Bemessungswertes der Stahlfestigkeit beträgt. Bei Betonstahlmatten mit $a_s > 6{,}0\ \mathrm{cm^2/m}$ und $\sigma_{sd} > 0{,}8 \cdot f_{yd}$ ist deshalb ein erforderlicher Nachweis der Rissbreitenbegrenzung im Grenzzustand der Gebrauchstauglichkeit nach EC 2-1-1/NA, 7.3.1 mit einer um 25 % erhöhten Betonstahlspannung zu führen. Eine bügelartige Umfassung der Längsbewehrung ist dann auch nicht erforderlich.

Beim Stoß mehrerer Lagen sind die Stöße um 1,3 l_0 in Längsrichtung gegeneinander zu versetzen. Die Übergreifungslänge zugbeanspruchter Stäbe ist nach den folgenden Gleichungen zu ermitteln.

$$l_0 = \alpha_7 \cdot l_{b,rqd} = \alpha_7 \cdot l_{b,rqd}(\sigma_{sd} = f_{yd}) \cdot \frac{a_{s,erf}}{a_{s,vorh}} \geq l_{0,min} \tag{1.18}$$

$$l_{0,min} = 0{,}3 \cdot \alpha_7 \cdot l_{b,rqd}(\sigma_{sd} = f_{yd}) \geq \max \begin{cases} s_t \\ 200\ \mathrm{mm} \end{cases} \tag{1.19}$$

$$\alpha_7 = 0{,}4 + \frac{a_{s,vorh}}{8} \begin{cases} \geq 1{,}0 \\ \leq 2{,}0 \end{cases} \quad (1.20)$$

$a_{s,vorh}$ in cm²/m

$l_{b,rqd}$ Grundwert der Verankerungslänge nach **Tafel 1.7**. In Gleichung (1.18) darf zur Ermittlung von $l_{b,rqd}$ die tatsächlich vorhandene Betonstahlspannung σ_{sd} angesetzt werden. In Gleichung (1.19) ist $l_{b,rqd}$ mit der Betonstahlspannung σ_{sd} = 435 N/mm² = f_{yd} zu bestimmen.

s_t Abstand der angeschweißten Bewehrungsstäbe in Querrichtung

1.8.3 Ausbildung des Stoßes in einer rechnerisch nichttragenden Richtung

Eine rechnerisch nichttragende Richtung ist die Querrichtung bei einachsig gespannten Platten und bei Wänden. Der Stoß darf als Ein-Ebenen- oder Zwei-Ebenen-Stoß ausgebildet werden. Die Querbewehrung darf vollständig in einem Schnitt gestoßen werden. Die Mindestübergreifungslänge l_0 wird nach **Tafel 1.8** ermittelt. Hiermit befinden sich im Stoßbereich mindestens zwei Stäbe der Längsbewehrung.

Stabdurchmesser der Querbewehrung	Mindestübergreifungslänge l_0
∅ ≤ 6,0 mm	≥ 150 mm; jedoch mindestens 1 Mattenmasche
6,0 mm <∅ ≤ 8,5 mm	≥ 250 mm; jedoch mindestens 2 Mattenmaschen
8,5 mm <∅ ≤ 12,0 mm	≥ 350 mm; jedoch mindestens 2 Mattenmaschen
∅> 12,0 mm	≥ 500 mm; jedoch mindestens 2 Mattenmaschen

Tafel 1.8 *Mindestübergreifungslänge für Stöße der Querbewehrung (EC 2-1-1, Tab. 8.4)*

1.8.4 Übergreifungslängen bei Betonstahlmatten

Die Mindestübergreifungslängen, die sich aus den Bedingungen von Kapitel 1.8.2 und Kapitel 1.8.3 ergeben, sind in Anlehnung an [Holschemacher – 19] für die Längs- und Querrichtung in **Tafel 1.9** bis **Tafel 1.12** zusammengestellt.

Q-Matten – Tragstoß in Längsrichtung [cm], aufgerundet									
Matten-typ	Betonfestigkeitsklasse C								
	20/25	25/30	30/37	35/45	40/50	45/55	50/60	55/67	60/75
Q188	29	25	22	20	20	20	20	20	20
	41	35	31	28	26	24	22	22	21
Q257	33	29	25	23	21	20	20	20	20
	47	41	36	33	30	28	26	25	24

Q-Matten – Tragstoß in Längsrichtung [cm], aufgerundet									
Matten-typ	Betonfestigkeitsklasse C								
	20/25	25/30	30/37	35/45	40/50	45/55	50/60	55/67	60/75
Q335	38	33	29	26	24	22	21	20	20
	54	47	41	37	34	32	30	29	28
Q424	43	37	33	29	27	25	23	23	22
	61	52	46	42	38	36	33	32	31
Q524	50	43	38	34	32	29	27	26	26
	71	61	54	49	45	42	39	37	36
Q636	51	44	39	35	32	30	28	27	26
	72	62	55	50	46	42	40	38	37

gute Verbundbedingungen (obere Zeile)
mäßige Verbundbedingungen (untere Zeile)

Tafel 1.9 *Mindestübergreifungslänge für Stöße von Q-Matten in Längsrichtung in Anlehnung an [Holschemacher – 19]*

Q-Matten – Tragstoß in Querrichtung [cm], aufgerundet									
Matten-typ	Betonfestigkeitsklasse C								
	20/25	25/30	30/37	35/45	40/50	45/55	50/60	55/67	60/75
Q188	29	25	22	20	20	20	20	20	20
	41	35	31	28	26	24	22	22	21
Q257	33	30	30	30	30	30	30	30	30
	47	41	36	33	30	30	30	30	30
Q335	38	33	30	30	30	30	30	30	30
	54	47	41	37	34	32	30	30	30
Q424	43	37	35	35	35	35	35	35	35
	61	52	46	42	38	36	35	35	35
Q524	50	43	38	35	35	35	35	35	35
	71	61	54	49	45	42	39	37	36
Q636	56	48	43	39	35	35	35	35	35
	80	69	61	55	50	47	43	42	41

gute Verbundbedingungen (obere Zeile)
mäßige Verbundbedingungen (untere Zeile)

Tafel 1.10 *Mindestübergreifungslänge für Stöße von Q-Matten in Querrichtung in Anlehnung an [Holschemacher – 19]*

R-Matten – Tragstoß in Längsrichtung [cm], aufgerundet									
Matten-typ	**Betonfestigkeitsklasse C**								
	20/25	**25/30**	**30/37**	**35/45**	**40/50**	**45/55**	**50/60**	**55/67**	**60/75**
R188	29	25	25	25	25	25	25	25	25
	41	35	31	28	26	25	25	25	25
R257	33	29	25	25	25	25	25	25	25
	47	41	36	33	30	28	26	25	25
R335	38	33	29	26	25	25	25	25	25
	54	47	41	37	34	32	30	29	28
R424	43	37	33	29	27	25	25	25	25
	61	52	46	42	38	36	33	32	31
R524	50	43	38	34	32	29	27	26	26
	71	61	54	49	45	42	39	37	36
gute Verbundbedingungen (obere Zeile) mäßige Verbundbedingungen (untere Zeile)									

Tafel 1.11 *Mindestübergreifungslänge für Stöße von R-Matten in Längsrichtung in Anlehnung an [Holschemacher – 19]*

R-Matten – Verteilerstoß in Querrichtung [cm]									
Matten-typ	**Betonfestigkeitsklasse C**								
	20/25	**25/30**	**30/37**	**35/45**	**40/50**	**45/55**	**50/60**	**55/67**	**60/75**
R188	15	15	15	15	15	15	15	15	15
	15	15	15	15	15	15	15	15	15
R257	15	15	15	15	15	15	15	15	15
	15	15	15	15	15	15	15	15	15
R335	15	15	15	15	15	15	15	15	15
	15	15	15	15	15	15	15	15	15
R424	30	30	30	30	30	30	30	30	30
	30	30	30	30	30	30	30	30	30
R524	30	30	30	30	30	30	30	30	30
	30	30	30	30	30	30	30	30	30
gute Verbundbedingungen (obere Zeile) mäßige Verbundbedingungen (untere Zeile)									

Tafel 1.12 *Mindestübergreifungslänge für Stöße von R-Matten in Querrichtung in Anlehnung an [Holschemacher – 19]*

Beispiel 1.4: Verankerungs- und Übergreifungslängen bei Betonstahlmatten

gegeben:
- Bewehrungspositionen 10 bis 16 im Bewehrungsplan des Beispiels 6.10
- Baustoffgüten C25/30; B500A

gesucht:
- Verankerungslängen
- Übergreifungslängen

Lösung:

Verankerungslängen:	Die Verankerungslängen der Pos. mit dem größten Stabdurchmesser werden nachgewiesen für die geringste Auflagertiefe. Dann sind auch alle anderen Verankerungslängen eingehalten.
Pos. 10:	
$d_{L1} = d_{c1} = \varnothing = 8{,}0$ mm	**Tafel 1.1**: Q335 A; **Abb. 1.2**
$l_{b,rqd}(\sigma_{sd} = f_{yd}) = 32$ cm	**Tafel 1.7**: gute Verbundbedingungen; C25/30
$l_{bd} = \alpha_1 \cdot \alpha_4 \cdot \alpha_5 \cdot l_{b,rqd} \cdot \frac{a_{s,erf}}{a_{s,vorh}} \geq l_{b,min}$	Teil 1, Kap. 4.3.3: Bemessungswert der Verankerungslänge im vorliegenden Fall
$\alpha_1 = 1{,}0;\ \alpha_4 = 0{,}7;\ \alpha_5 = \frac{2}{3}$	Teil 1, **Tafel 4.6** und Gl. (4.11): gerades Stabende, mindestens ein angeschweißter Querstab, direktes Auflager,
$\frac{a_{s,erf}}{a_{s,vorh}} = 1{,}00$	ohne weiteren Nachweis wird volle Ausnutzung angenommen (sichere Seite)
$l_{b,min} = 0{,}3 \cdot 1{,}0 \cdot 0{,}7 \cdot 32 = \underline{6{,}7\text{ cm}} \geq 5{,}4\text{ cm} = 6{,}7 \cdot 0{,}8$	Teil 1: Kap. 4.3.3: $l_{b,min} = 0{,}3\,\alpha_1 \cdot \alpha_4 \cdot l_{b,rqd}(\sigma_{sd} = f_{yd}) \geq 6{,}7\,\varnothing$ (direkte Lagerung)
$l_{bd} = 1{,}0 \cdot 0{,}7 \cdot \frac{2}{3} \cdot 32 \cdot 1{,}0 = \underline{15\text{ cm}} \geq 6{,}7$ cm	$l_{bd} = \alpha_1 \cdot \alpha_4 \cdot \alpha_5 \cdot l_{b,rqd}(\sigma_{sd} = f_{yd}) \cdot \frac{a_{s,erf}}{a_{s,vorh}}$
$\min l_{bd,vorh} = 24{,}0 - 4{,}0 = 20\text{ cm} > 15\text{ cm} = l_{bd}$	$\min l_{bd,vorh} = t - c_{nom}$
Übergreifungsstöße:	
Pos. 10 - Pos. 11 Ost-West-Richtung:	Zwei-Ebenen-Stoß in rechnerisch tragender Richtung

$a_{s,vorh} = 3{,}35\ \text{cm}^2/\text{m} < 12{,}0\ \text{cm}^2/\text{m}$ → 100 % Zwei-Ebenen-Stoß zulässig	(1.16): $a_s \leq 12{,}0\ \text{cm}^2/\text{m}$
$d_{L1} = d_{c1} = Ø = 8{,}0\ \text{mm}$	**Tafel 1.1**: Q335 A; **Abb. 1.2**
$l_{b,rqd}(\sigma_{sd} = f_{yd}) = 32\ \text{cm}$	**Tafel 1.7**: gute Verbundbedingungen; C25/30
$\frac{a_{s,erf}}{a_{s,vorh}} = 1{,}00$	ohne weiteren Nachweis wird volle Ausnutzung angenommen (sichere Seite)
$\alpha_7 = 0{,}4 + \frac{3{,}35}{8} = 0{,}82 < \begin{cases} 1{,}0 \\ 2{,}0 \end{cases}$	(1.20): $\alpha_7 = 0{,}4 + \frac{a_{s,vorh}}{8} \begin{cases} \geq 1{,}0 \\ \leq 2{,}0 \end{cases}$
$s_t = P_c = 150\ \text{mm}$	**Tafel 1.1**: Q335 A; **Abb. 1.2**
$l_{0,min} = 0{,}3 \cdot 1{,}0 \cdot 32 = 9{,}6\ \text{cm} < \max \begin{cases} 15\ \text{cm} \\ \underline{20\ \text{cm}} \end{cases}$	(1.19): $l_{0,min} = 0{,}3 \cdot \alpha_7 \cdot l_{b,rqd}\left(\sigma_{sd} = f_{yd}\right) \geq max \begin{cases} s_t \\ 200\ \text{mm} \end{cases}$
$l_0 = 1{,}0 \cdot 32 \cdot 1{,}0 = \underline{32\ \text{cm}} > 20\ \text{cm} < 50\ \text{cm} = l_{0,vorh}$	(1.18): $l_0 = \alpha_7 \cdot l_{b,rqd} \cdot \left(\sigma_{sd} = f_{yd}\right) \cdot \frac{a_{s,erf}}{a_{s,vorh}} \geq l_{0,min}$ identischer Stoß zwischen Pos. 10 und Pos. 11

Alternativ kann die Übergreifungslänge von Pos. 10 und 11 auch mit Hilfe der **Tafeln 1.9** bis **1.12** bestimmt werden:

$l_0 = \underline{33\ \text{cm}} < 50\ \text{cm} = l_{0,vorh}$	**Tafel 1.9**: Q335, C25/30, Längsrichtung, gute Verbundbedingungen

Im Folgenden werden zur Bestimmung der Übergreifungslängen nur noch die **Tafeln 1.9** bis **1.12** verwendet.

Pos. 12 - Pos. 13 Nord-Süd-Richtung:	Zwei-Ebenen-Stoß in rechnerisch tragender Richtung
$l_0 = \underline{25\ \text{cm}} < 40\ \text{cm} = l_{0,vorh}$	**Tafel 1.11**: R188, C25/30, Längsrichtung, gute Verbundbedingungen
Pos. 12 - Pos. 12 Ost-West-Richtung:	Rechnerisch nichttragende Richtung
$l_0 = \underline{15\ \text{cm}} < 27\ \text{cm} = l_{0,vorh}$	**Tafel 1.12**: R188, C25/30, Querrichtung, gute Verbundbedingungen
	identischer Stoß zwischen Pos. 12 und Pos. 19
Pos. 16 - Pos. 16 Ost-West-Richtung:	Rechnerisch nichttragende Richtung

$l_0 = \underline{30 \text{ cm}} < 42 \text{ cm} = l_{0,\text{vorh}}$ | **Tafel 1.12**: R524, C25/30, Querrichtung, gute Verbundbedingungen

Die restlichen Verankerungs- und Übergreifungslängen werden analog ermittelt.

1.9 Vorgehensweise bei der Bewehrung mit Betonstahlmatten

In den vorangegangenen Abschnitten wurden einzelne Regeln für Betonstahlmatten erarbeitet. In der Praxis treten kompliziertere Grundrisse als in den zuvor gezeigten Fällen auf. Es ergeben sich dann auch innerhalb des Grundrisses stark variierende Bewehrungsquerschnitte. Im Folgenden wird die ingenieurmäßige Vorgehensweise bei der Erstellung eines Bewehrungsplanes (→ Kap. 4) mit Bewehrung aus Betonstahlmatten für kompliziertere Fälle beschrieben.

1. *Wahl der Ausführungsart*

   Entscheidung, ob die Bewehrung in Betonstabstahl, Lager- oder Listenmatten ausgeführt werden soll (zur Entscheidungshilfe vgl. **Tafel 1.13**).

2. *Gliederung der Bewehrungsfläche in Mattenblöcke*

   Mattenblöcke sind großflächige Bereiche mit gleichartigen Matten. Die Einteilung erfolgt unter Beachtung der geometrischen Verhältnisse und des erforderlichen Stahlbedarfs. Bei der heutzutage üblichen Berechnung nach der Finite-Elemente-Methode (→ Kap. 5.4) ist zu beachten, dass im Bereich örtlicher erforderlicher Bewehrungsmaxima ein Plastifizieren des Querschnitts ausgenutzt werden kann (vgl. **Abb. 5.10**). Im Bereich örtlicher Bewehrungsminima wird der Bewehrungsquerschnitt großzügig durchgeführt. So werden lohnkostensteigernde Staffelungen in der Bewehrung vermieden, die zu vielen Bewehrungspositionen führen (→ Kap. 4.5).

3. *Einteilen der Mattenblöcke in einzelne Matten*

   Die Mattenlänge ist (meistens) die kürzere Seite des Mattenblocks. Die Mattenbreite ermittelt man durch das Aufteilen in einzelne Matten mit einer zunächst geschätzten Mattenzahl (→ Kap. 1.4.2).

4. *Bewehren der durch Mattenblöcke nicht abgedeckten Restflächen*

   Die zwischen Mattenblöcken evtl. verbleibenden Zwickel werden durch Stabstahl oder bei Verwendung von Listenmatten (unter 2.) auch durch einzelne Lagermatten bewehrt.

		Stabstahl	Lagermatten	Listenmatten
Tragwerksplanung	Anwendungsbreite	sehr groß	eingeschränkt	groß
	Anpassung statisch	genau	in Stufen	genau
	Anpassung konstruktiv	variabel	nicht möglich	möglich
	Konstruktion	einfach	einfach bis aufwändig (konstruktiv oft problematisch durch Lagenanhäufungen und Schneidearbeiten)	bei Kenntnis und Erfahrungen mit Listenmatten sowie geeigneten (CAD-) Hilfsmitteln einfach
	Stahlbedarf	gering	erhöht	gering
Baustelle	Zwischenlagerung	unübersichtlich, erhöhter Platzbedarf	übersichtlich	übersichtlich, bei Verlegung direkt von LKW kein Platzbedarf
	Verlegezeit	hoch	gering, jedoch zusätzliche Arbeitszeit für Schneidearbeiten	sehr gering
	Verlegequalität	Einzelstabverlegung erfordert Kontrolle von Durchmesser und Abstand (fehleranfällig)	gut (bei einlagiger Bewehrung)	gut und fehlerunanfällig

Tafel 1.13 *Vergleich verschiedener Bewehrungssysteme für Ortbetondecken*

Beispiel 1.5: Vorgehensweise bei der Mattenauswahl

gegeben:
- 6-geschossiges Bürogebäude mit dem dargestellten Deckengrundriss im 1. bis 5. OG, h = 0,24 cm
- Errichtung in Ortbetonbauweise[8]
- Biegebemessungsergebnisse einer FE-Berechnung in Form von erforderlichen A_s-Werten (aus darstellungstechnischen Gründen wurden in der Skizze nur die interessierenden Werte angegeben).

8 Der Grundriss bietet sich auch für eine Ausführung als Elementdecke an.

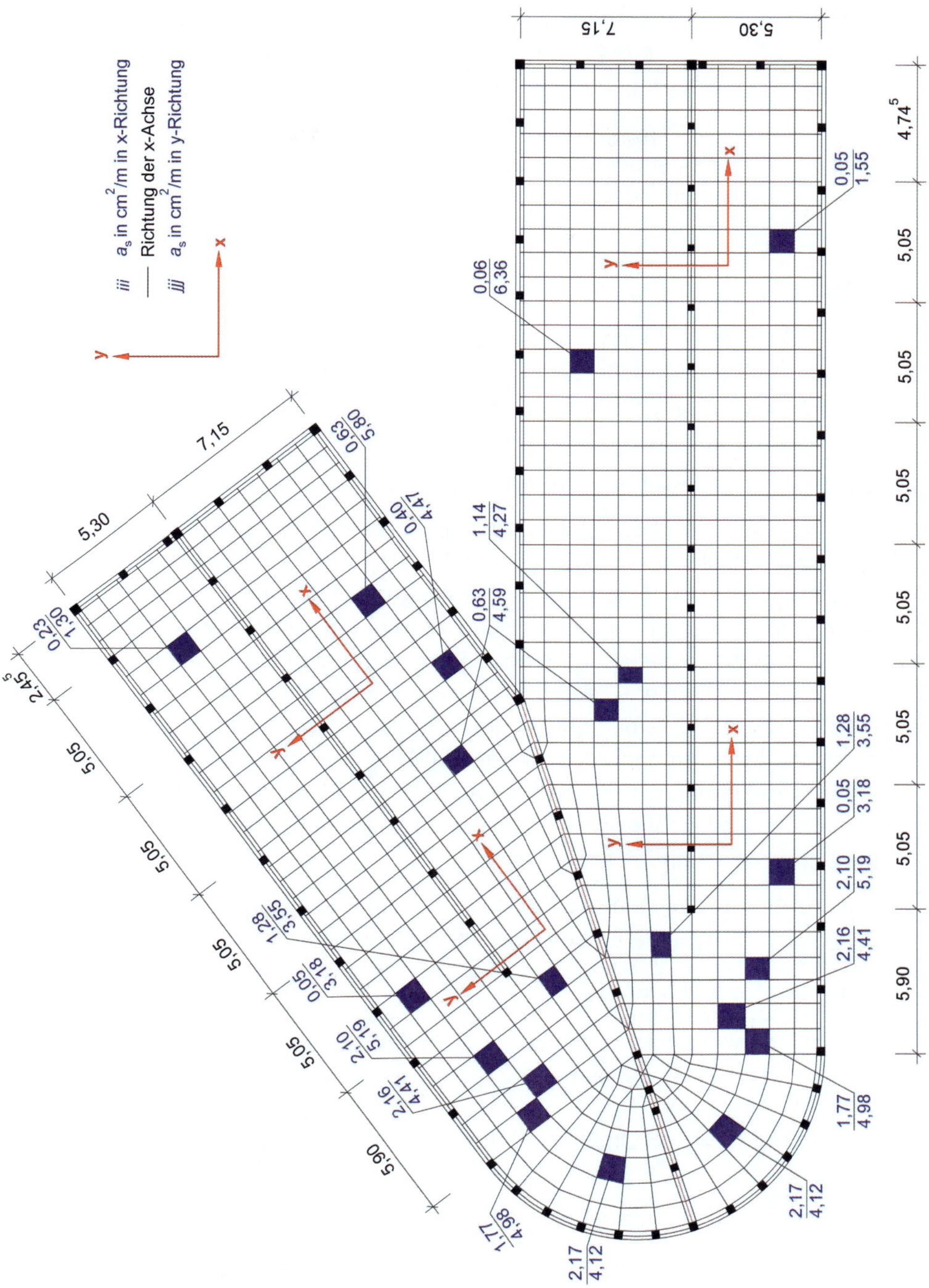

gesucht: Wahl und Planung der unteren Biegezugbewehrung für die statisch erforderliche (= vorgegebene) Bewehrung

Hinweis: Die Formalien bei der Bearbeitung eines Bewehrungsplanes und die Darstellungsweise werden in Kap. 4 behandelt. Konstruktiv erforderliche Bewehrungen für Platten (→ Kap. 5) werden im Rahmen dieses Beispiels nicht dargestellt.

Im Folgenden wird ausschließlich die Vorgehensweise für Betonstahlmatten behandelt.

Lösung:

Wahl der Ausführungsart:

Es liegen im Beispiel sechs gleichartige Bürogeschosse vor. Hierdurch lassen sich große Positionsgewichte erzielen, sodass eine Bewehrung mit (überwiegend) Listenmatten gewählt wird.

Gliederung der Bewehrungsfläche in Mattenblöcke:

Es ist zu erkennen, dass sich das Gebäude in zwei Flügel und einen Verschneidungsbereich unterteilen lässt. In den beiden Flügeln können die Bewehrungen gleichartig ausgebildet werden (Pos. 1 bis Pos. 3). Aufgrund des unterschiedlichen Stahlbedarfs ist *eine* durchlaufende Matte (im Flügelbereich) über beide Felder nicht sinnvoll. Zudem ergibt sich hier bei getrennter Bewehrung der beiden Felder die Möglichkeit unterschiedlich großer Mattenblöcke, was im Verschneidungsbereich interessant ist. Die Mattenblöcke werden nun so gewählt, dass kleinere Schwankungen der erforderlichen Bewehrung ignoriert werden und erst dort ein neuer Mattenblock beginnt, wo der Bewehrungsunterschied $\Delta a_s > 1{,}0$ cm²/m ist. Die einzelnen Mattenblöcke werden so ausgerichtet, dass sie sich bestmöglich der Haupttragrichtung anpassen (Pos. 1 bis Pos. 4 und Pos. 5 + Pos. 6).

Um konstruktiv einwandfreie Stöße in Querrichtung ausbilden zu können, wird bei den Pos. 1, 3, 4 auf denselben Querstababstand geachtet.

Pos. 1: $a_{sl} = 1{,}55$ cm²/m

gew: $d_{L1} = \varnothing = 6{,}0$ mm
$a_l = P_L = 150$ mm

Tafel 1.2, **Abb. 1.2**

$a_{s,vorh} = 1{,}88$ cm²/m > 1,55 cm²/m

Maximale Bewehrungsabstände nach **Tafel 6.6** sind zu beachten.

$a_{st} = 0{,}2 \cdot 1{,}55 = 0{,}31$ cm²/m bzw.

$a_{st} = 0{,}23$ cm²/m (nicht maßgebend)

Auf die Einhaltung der Verschweißbarkeitsgrenzen ist zu achten (**Tafel 1.2**).

gew: $d_{c1} = \varnothing = 6{,}0$ mm
$a_t = P_c = 250$ mm

$a_{st,vorh} = 1{,}13$ cm²/m > 0,31 cm²/m

Pos. 2:	$a_{sl} = 6{,}36\ \text{cm}^2/\text{m}$	
	gew: $d_{L1} = \varnothing = 9{,}0$ mm $a_l = P_L = 100$ mm	**Tafel 1.2, Abb. 1.2**
	$a_{s,vorh} = 6{,}36\ \text{cm}^2/\text{m} = a_{sl}$	
	$a_{st} = 0{,}2 \cdot 6{,}36 = 1{,}27\ \text{cm}^2/\text{m}$ bzw. $a_{st} = 1{,}14\ \text{cm}^2/\text{m}$ (nicht maßgebend)	
	gew: $d_{c1} = \varnothing = 6{,}5$ mm $a_t = P_c = 250$ mm	**Tafel 1.2, Abb. 1.2**
	$a_{st,vorh} = 1{,}33\ \text{cm}^2/\text{m} > 1{,}27\ \text{cm}^2/\text{m}$	
Pos. 3:	$a_{sl} = 3{,}18\ \text{cm}^2/\text{m}$	
	gew: $d_{L1} = \varnothing = 8{,}0$ mm $a_l = P_L = 150$ mm	**Tafel 1.2, Abb. 1.2**
	$a_{s,vorh} = 3{,}35\ \text{cm}^2/\text{m} > 3{,}18\ \text{cm}^2/\text{m}$	
	$a_{st} = 0{,}2 \cdot 3{,}18 = 0{,}64\ \text{cm}^2/\text{m}$ bzw. $a_{st} = 0{,}05\ \text{cm}^2/\text{m}$ (nicht maßgebend)	
	gew: $d_{c1} = \varnothing = 6{,}0$ mm $a_t = P_c = 250$ mm	**Tafel 1.2, Abb. 1.2**
	$a_{st,vorh} = 1{,}13\ \text{cm}^2/\text{m} > 0{,}64\ \text{cm}^2/\text{m}$	
Pos. 4:	$a_{sl} = 4{,}98\ \text{cm}^2/\text{m}$	
	gew: $d_{L1} = \varnothing = 8{,}0$ mm $a_l = P_L = 200$ mm	**Tafel 1.2, Abb. 1.2**
	$a_{st,vorh} = 5{,}03\ \text{cm}^2/\text{m} > 4{,}98\ \text{cm}^2/\text{m}$	
	$a_{st} = 0{,}2 \cdot 4{,}98 = 1{,}00\ \text{cm}^2/\text{m}$ bzw. $a_{st} = 2{,}16\ \text{cm}^2/\text{m}$ (maßgebend)	
	gew: $d_{c1} = \varnothing = 9{,}0$ mm $a_t = P_c = 250$ mm	**Tafel 1.2, Abb. 1.2**
	$a_{st,vorh} = 2{,}54\ \text{cm}^2/\text{m} > 2{,}16\ \text{cm}^2/\text{m}$	
Pos. 5:	$a_{sl} = 4{,}59\ \text{cm}^2/\text{m}$	
	gew: $d_{L1} = \varnothing = 8{,}0$ mm $a_l = P_L = 200$ mm	**Tafel 1.2, Abb. 1.2**
	$a_{s,vorh} = 5{,}03\ \text{cm}^2/\text{m} > 4{,}59\ \text{cm}^2/\text{m}$ $a_{st} = 0{,}2 \cdot 4{,}59 = 0{,}92\ \text{cm}^2/\text{m}$ bzw. $a_{st} = 0{,}63\ \text{cm}^2/\text{m}$ (nicht maßgebend)	Aufgrund der schrägen Kreuzung der Bügel der Mittelunterzüge wird ein großer Stababstand mit Doppelstäben gewählt.

gew: $d_{c1} = \varnothing = 6{,}0$ mm
$a_t = P_c = 250$ mm

$a_{st,vorh} = 1{,}13$ cm²/m > 0,92 cm²/m

Tafel 1.2, **Abb. 1.2**

Pos. 6: $a_{sl} = 4{,}12$ cm²/m

gew: $d_{c1} = \varnothing = 10{,}5$ mm
$a_t = P_c = 200$ mm

$a_{s,vorh} = 4{,}33$ cm²/m > 4,12 cm²/m

$a_{st} = 2{,}17$ cm²/m

gew: $d_{L1} = \varnothing = 8{,}5$ mm
$a_l = P_L = 250$ mm

$a_{st,vorh} = 2{,}27$ cm²/m > 2,17 cm²/m

Um die mögliche Mattenlänge besser auszunutzen, wird hier eine Umkehrmatte gewählt.

Tafel 1.2, **Abb. 1.2**

Das Einteilen der Mattenblöcke in einzelne Matten wird beispielhaft für die Pos. 2 im rechten Tragwerksbereich gezeigt.

Pos. 2: $d_{c1} = \varnothing = 6{,}5 \text{ mm} \leq 8{,}5 \text{ mm}$

$6{,}0 < \varnothing \leq 8{,}5$

$u_3 = u_4 = 25 \text{ mm};\ P_L = 100 \text{ mm}$

Abb. 1.2

Tafel 1.8: Z. 2

$$l_0 \geq \max \begin{cases} \underline{250 \text{ mm}} \\ 2 \cdot 100 = 200 \text{ mm} \end{cases}$$

$l_0 \geq 250$ mm;

mindestens 2 Mattenmaschen:
$l_0 \geq 2 \cdot P_L$

gew: 9 Matten

Es sollen nur ganze Matten gewählt werden

$$B = \frac{25{,}0 - 0{,}25}{9} + 0{,}25 = 3{,}00 \text{ m}$$

(1.4): $B = \frac{B_b - l_0}{n} + l_0$

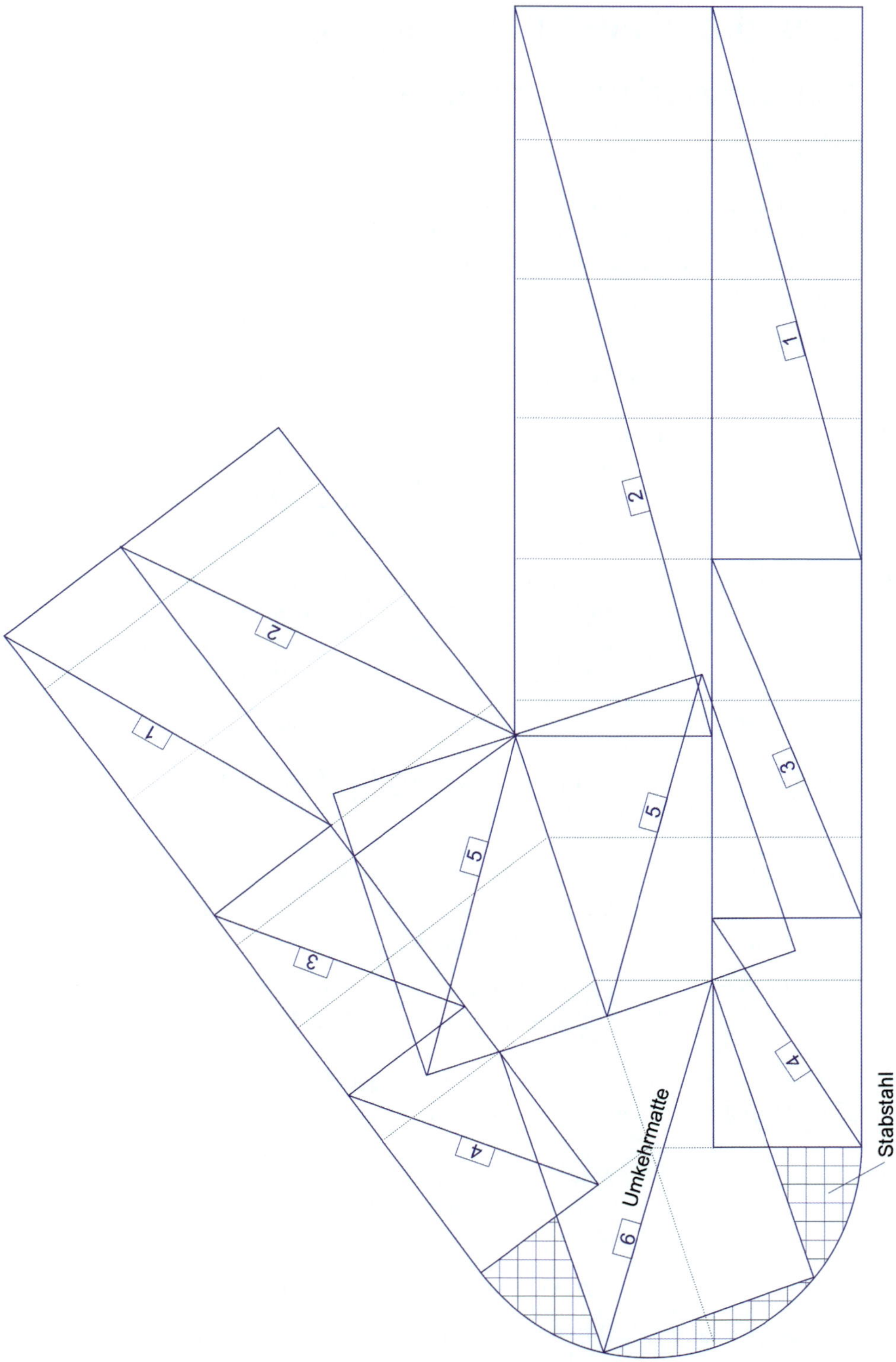
1
2
3
4
5
6
Umkehrmatte
Stabstahl

2 Grundlagen der Konstruktion

2.1 Maßabweichungen beim Bauen

2.1.1 Begriffe

Bei der Planung eines Bauteils denken wir zunächst an ein „ideales" Bauteil, bei dem Vorstellung und Wirklichkeit übereinstimmen. Dies ist jedoch nicht der Fall. Eine Deckenplatte in einem Hochbau ist weder horizontal noch absolut eben, und sie hat auch nicht genau die Abmessungen, die bei der Planung vorgesehen wurden. Sie ist also mit Maßabweichungen behaftet.

Maßabweichungen können unterschiedliche Ursachen haben, wie z.B.:

- *herstellungsbedingt* — ungenaues Übertragen der Entwurfsmaße auf das reale Schalmaß; Längenänderung der (Holz-) Schalung durch Quellen bei Feuchtigkeit; Verschleiß an Systemschalungen; Verformungen der Schalung infolge Schalungsdruck des Frischbetons
- *lastabhängig* — Durchbiegung eines Balkens aus Eigenlast und veränderlicher Last; die Stauchung bei Innenstützen eines Gebäudes ist größer als bei Außenstützen gleicher Abmessungen infolge größerer Lasteinflussflächen und damit größerer Lasten
- *zeitabhängig* — Kriechen und Schwinden (→ Teil 1, Kap. 2.3.6)

Maßabweichungen haben oftmals Auswirkungen auf die Ausbildung des Bauteils und damit auf die Konstruktion, z.B.:

- *Schalung* — Bei einer Rippendecke wird die Rippe mit geneigten Stegseiten ausgeführt, um ein Verklemmen der Schalung zu vermeiden (**Abb. 2.1**).
- *Bewehrung* — Passstäbe werden vermieden, um die Betondeckung sicher einhalten zu können (**Abb. 2.1**).

Die zur Beschreibung von Toleranzen notwendigen Begriffe sind in [DIN 18 202 – 19] definiert. Hiernach ist zu unterscheiden zwischen (vgl. auch **Abb. 2.2**):

- Nennmaß — Maß, das zur Kennzeichnung von Größe, Gestalt und Lage eines Bauteils angegeben und in Zeichnungen eingetragen wird.
- Istmaß — durch Messung festgestelltes Maß
- Maßabweichung — Differenz zwischen Istmaß und Nennmaß
- Höchstmaß — größtes zulässiges Maß

- Mindestmaß — kleinstes zulässiges Maß
- Grenzabweichung — Differenz zwischen Mindestmaß und Nennmaß oder Höchstmaß und Nennmaß
- Maßtoleranz — Differenz zwischen Höchstmaß und Mindestmaß

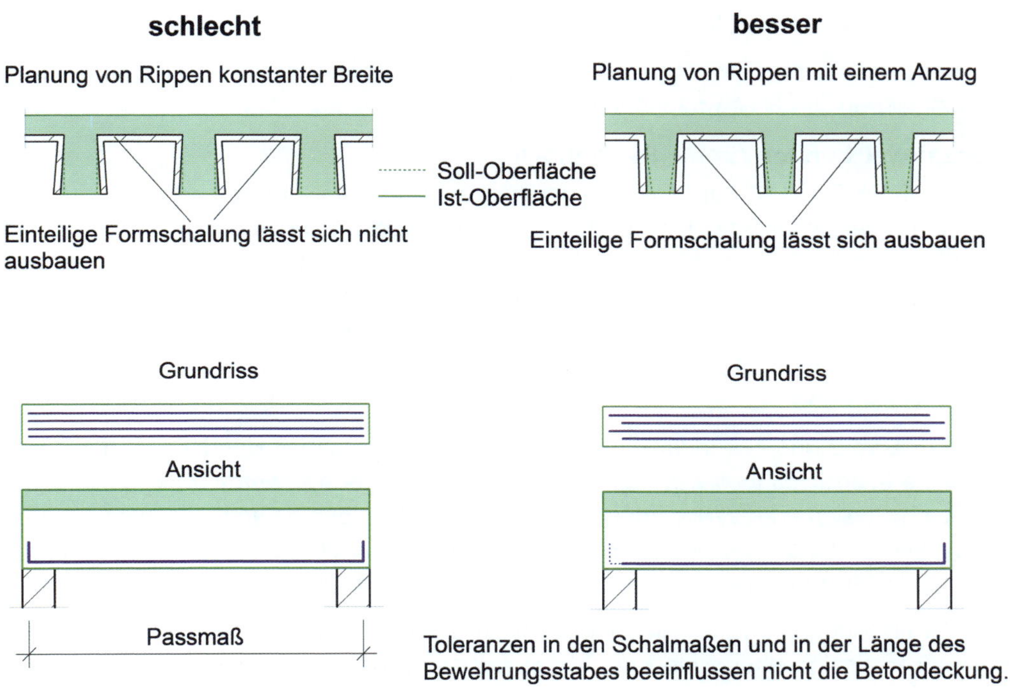

Abb. 2.1 *Auswirkungen von Abweichungen*

Bezüglich weiterer Einzelheiten zu den Definitionen und zur Toleranzberechnung wird auf [Bludau et al. – 02] und auf [Ertl – 08] verwiesen.

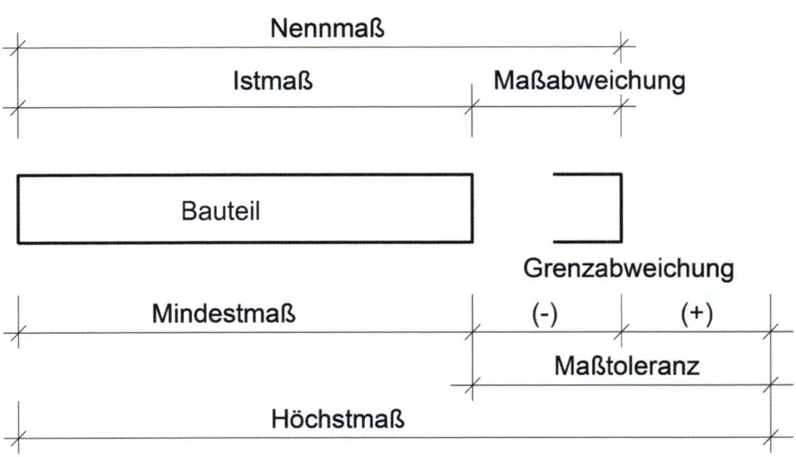

Abb. 2.2 *Zeichnerische Erläuterung der Toleranzbegriffe*

2.1.2 Zulässige Maßabweichungen von Stahlbetonbauteilen

Im Stahlbetonbau sind folgende Maßabweichungen zu beachten:

- Grenzabweichungen für die *Passgenauigkeit* dienen dem funktionsgerechten Zusammenfügen von Bauteilen ohne Nacharbeiten und sind baustoffunabhängig. Es gelten die Festlegungen von [DIN 18 202 – 19].
- Grenzabweichungen für die *Tragsicherheit und die Gebrauchstauglichkeit*

  dienen dem Einhalten des normgemäßen Sicherheitsniveaus. Hierfür gelten die Regelungen von DIN EN 13 670 in Verbindung mit DIN 1045-3.

Grenzabweichungen für die Passgenauigkeit

Die in [DIN 18 202 – 19] angegebenen zulässigen Maßabweichungen betreffen nur diejenigen aus der Herstellung. Last- und zeitabhängige Verformungen sind nicht erfasst und objektbezogen festzulegen. Die in den Normen festgelegten Herstellungstoleranzen sind bei üblicher Sorgfalt einzuhalten. Sofern höhere Genauigkeiten vom Auftraggeber verlangt werden, sind diese im Leistungsverzeichnis anzugeben, da sie die Herstellkosten eines Bauteils stark verteuern können. Die wesentlichen Maßabweichungen bei Stahlbetontragwerken sind

- Maßabweichungen in den Abmessungen infolge ungenauen Übertragens der Schalmaße (hierfür können als Faustwert ca. ±5 mm angesetzt werden). Abweichungen durch Quellen oder Verformung der Schalung sind bei den heute i. Allg. verwendeten Systemschalungen gegenüber der Vergangenheit geringer geworden. Die zulässigen Maßabweichungen werden größer mit wachsenden Abmessungen.
- Abweichungen in der Ebenflächigkeit nicht geschalter Oberflächen von Flächentragwerken infolge eines schlechten Abziehens der Oberfläche und/oder eines zu hohen Wasserzementwertes[1].

Für Betonfertigteile sind die zulässigen Maßabweichungen in [DIN 18 203-1 – 97] angegebenen. Jedoch wurde 2014 die DIN 18203-1 aus formalen Gründen zurückgezogen. Die Toleranzwerte aus DIN 18203-1 entsprechen jedoch weiterhin dem Stand der Technik.

Grenzabweichungen für die Tragsicherheit und die Gebrauchstauglichkeit

Die Regelungen gemäß DIN EN 13 670 und DIN 1045-3 haben außer der Passgenauigkeit auch die Tragsicherheit und die Gebrauchstauglichkeit eines Bauwerks und seiner Bauteile zum Ziel. Angegeben werden dort Werte für die zulässigen Abweichungen für die Toleranzklasse 1. Diese Werte beziehen sich auf die in EC 2-1-1 angegebenen Teilsicherheitsbeiwerte für Baustoffe im Grenzzustand der Tragfähigkeit. DIN EN 13 670 und DIN 1045-3 geben die zulässigen Werte beispielsweise für die Schiefstellung von Stützen und Wänden oder deren Auslenkung zwischen benachbarten Geschossebenen an. Hinsichtlich der Querschnitte tragender Bauteile werden die zulässigen Abweichungen der Querschnittsabmessungen, der Betondeckung und der Lage der Bewehrung definiert. Bezüglich der

1 Ein zu hoher Wasserzementwert bewirkt ein Absinken der Zuschlagstoffe und Absetzen von Wasser auf der Oberfläche, bevor der Frischbeton ansteift. Daneben beeinflusst ein zu hoher Wasserzementwert die Dauerhaftigkeit des Bauteils negativ (→ Teil 1, Kap. 2.5).

Betondeckung sei darauf hingewiesen, dass durch die Wahl der Vorhaltemaße gemäß EC 2-1-1 ein jeweils angemessener Quantilwert für die Einhaltung der Mindestbetondeckung sichergestellt wird (10% für XC 1, 5% für XC 2 bis XC 4, XD und XS). Das DBV-Merkblatt „Betondeckung und Bewehrung nach Eurocode 2" [DBV – 15] enthält Angaben, wie der Nachweis der Einhaltung der Mindestbetondeckung am fertigen Bauteil mit Hilfe von Messungen und einer statistischen Auswertung der Messergebnisse zu führen ist.

2.2 Planung von Bauvorhaben

Die Realisierung eines Bauvorhabens erfolgt schrittweise aufgrund einer Bauabsicht eines Bauherrn. Die wesentlichen Stufen sind hierbei

- Planung
  - Grundlagenermittlung
  - Vorentwurf
  - Entwurf
  - Erstellung des Baugesuchs
  - Ausführungsplanung
- Ausführung
  - Ausschreibung und Vergabe
  - Bauausführung
  - Bauwerksübergabe an den Bauherrn

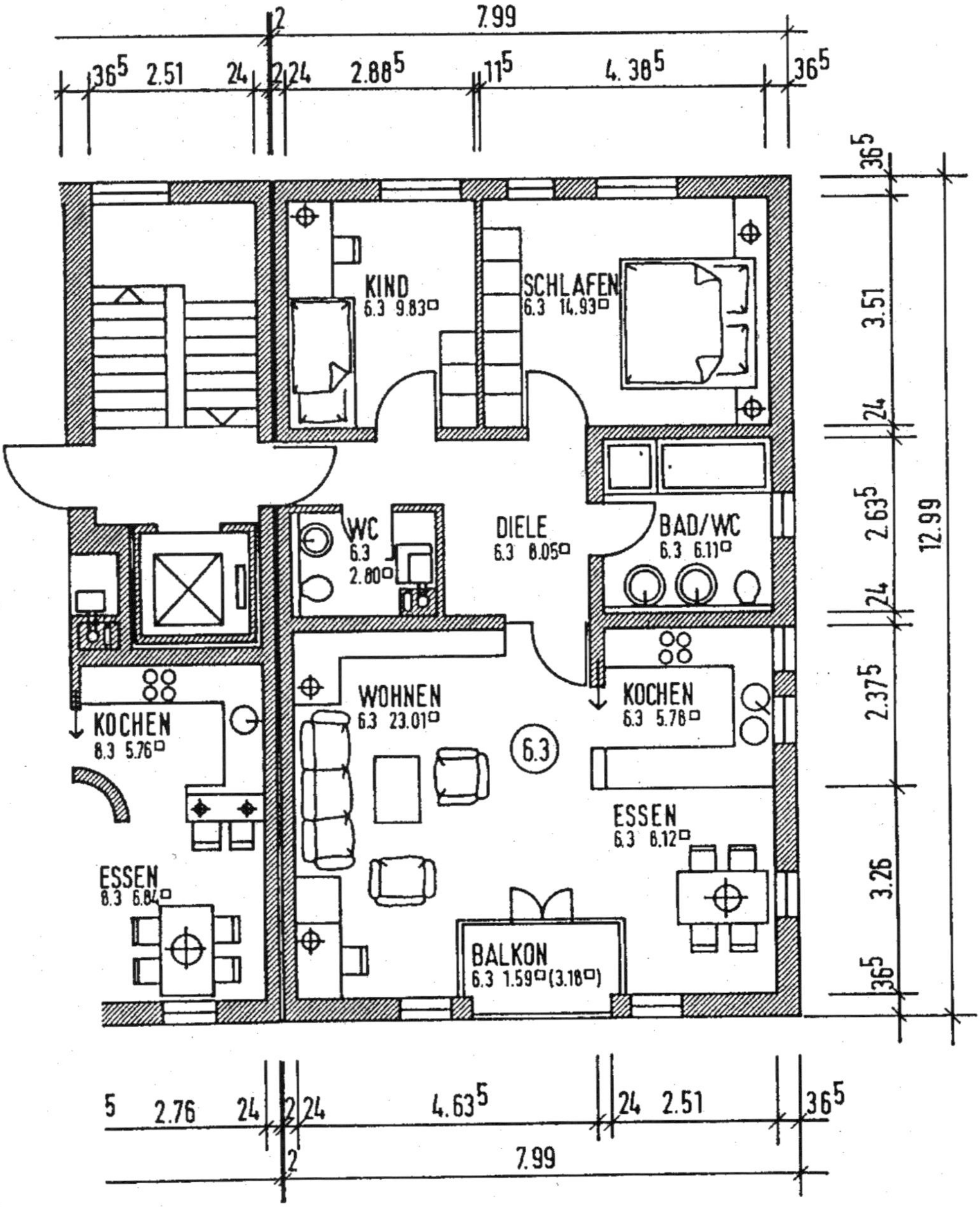

Abb. 2.3 *Ausgangsplan für eine Tragwerksplanung (3. Obergeschoss des in* **Abb. 2.4** *gekennzeichneten Hauses)*

Planungsbeteiligte bei der Realisierung eines Bauvorhabens sind i.d.R. Architekten und Ingenieure. Von der Art des Bauwerks hängt im Wesentlichen ab, wie die o.g. Stufen auf beide Partner verteilt werden. Die hier zu behandelnde Tragwerksplanung ist ein Teil der Ausführungsplanung. Sie wird bei Hochbauten i. Allg. von einem Architekten gesteuert, der Werkpläne erarbeitet und weitere Fachleute einschaltet:

- Ausführungsplanung
  - Werkplanung
  - Tragwerksplanung:
    - statische Berechnung
    - Konstruktionspläne
  - Ausbauplanung:
    - Heizung
    - Sanitär
    - Elektro und evtl. weitere.

Ausgangspunkt der Tragwerksplanung ist ein Werkplan des Objektplaners (meistens im Maßstab 1:50) oder ein entsprechender Plan aus dem Baugesuch (meistens im Maßstab 1:100, vgl. **Abb. 2.3**). Im Zuge der Tragwerksplanung von Massivbauten werden folgende Pläne bearbeitet:

- Positionspläne (→ Kap. 2.4)
- Schalpläne oder Rohbauzeichnungen (→ Kap. 3)
- Bewehrungspläne (→ Kap. 4).

Hierzu können je nach Art und Ausführung des Bauwerks weitere Pläne kommen, z.B.:

- Fertigteilverlegepläne
- Vorspannpläne
- Dübelpläne usw.

Abb. 2.4 *Üblicher Hochbau (Das Bauvorhaben ist Grundlage vieler folgender Beispiele)*

2.3 Bauzeichnungen

2.3.1 Grundlagen

Unter Bauzeichnungen versteht man zunächst alle Pläne, die im Zusammenhang mit der Realisierung eines Bauwerks erstellt werden ([DIN ISO 7519 – 92]). An dieser Stelle wird besonders auf Positions-, Schal- und Bewehrungspläne eingegangen. Angaben zur Darstellungsweise und zu den Anforderungen sind zwar in [DIN 1356-1 – 18] und [DIN EN ISO 3766 – 04] enthalten, die Anfertigung eines Planes ist jedoch eine individuelle Aufgabe. In der Praxis weisen sie daher in der Darstellungsweise oftmals Unterschiede auf.

2.3.2 Schriftfeld

Jede Zeichnung hat auf der rechten unteren Ecke das Schriftfeld. Das Schriftfeld ist 18,5 cm breit und nach Möglichkeit nicht höher als 29 cm, damit es auch bei gefaltetem Plan vollständig sichtbar ist. Das Schriftfeld enthält folgende Angaben:

- allgemein
  - Bezeichnung des Bauvorhabens (Name und Ort)
  - Namen des Bauherrn
  - Namen des Planaufstellers; dies kann ein Ingenieurbüro oder das Technische Büro der bauausführenden Firma sein.
- planspezifisch
  - Namen des Planverfassers und Verantwortlichen (der i. Allg. den Plan gegenzeichnet) mit Datum
  - Beschreibung des Planinhalts
  - alle auf dem Plan verwendeten Maßstäbe
  - Plannummer; bei kleinen Bauvorhaben (z.B. Einfamilienhaus) werden die Pläne entsprechend der Herstellungsreihenfolge durchnummeriert. Plannummern dürfen innerhalb eines Bauvorhabens nicht doppelt vergeben werden. Bei größeren Bauvorhaben (z.B. Bürogebäude, Brücke) werden die Plannummern systematisch vergeben. So kann z.B. die 1. Ziffer für die Planart (Schalung, Bewehrung usw.), die 2. Ziffer für die Lage (Stockwerk, Bauabschnitt usw.), die 3. und 4. Ziffer für die Herstellungsreihenfolge stehen.

Über dem Schriftfeld befindet sich das Änderungsregister, in das die Planänderungen eingetragen werden. Im Änderungsregister wird die Änderung in Stichworten beschrieben, der Name des ändernden Konstrukteurs und das Änderungsdatum werden vermerkt. Alternativ zur Änderungsbeschreibung können auch kleine Pfeile auf den Plan direkt an die Stelle der Änderung geklebt werden. Bei der ersten Änderung wird an die Plannummer der Buchstabe „a“ angehängt. Mit jeder weiteren Bearbeitung wird der Buchstabe im Alphabet fortlaufend geändert. Weiterhin ist über dem Schriftfeld der Prüf- und Freigabevermerk für die Ausführung angegeben. Diese Angabe kann auch direkt in das Schriftfeld aufgenommen werden. Über diesen Angaben befindet sich die Legende. Sie enthält ein Verzeichnis der zugehörigen Pläne und je nach Art des Plans (Schalung, Bewehrung) weitere Angaben.

Beispiel 2.1: Schriftfeld einer Bauzeichnung (vgl. hierzu auch Beispiel 3.1 und Beispiel 3.2)

gegeben: Schalplan von Beispiel 3.2

gesucht: Schriftfeld für diesen Schalplan

Lösung:

Zugehörige Pläne: 1.302 / 3.302

Änderungsregister

Index	Datum	Name	Betrifft
a	14.02.2022	Schulz	Aussparungen Achse B/20
b			
c			
d			

Projekt :	**Wohnanlage „Am See“**	Strandweg 11 88400 Biberach / Riss
Bauherr:	GEWOBAU	Gesellschaft für Wohnungsbau Bergallee 111 89081 Ulm/Donau
Planaufsteller:		**PLANEN + BAUEN** Müller-Straße 103 88400 Biberach/Riss Tel. 07351/000001

Gezeichnet:	Geprüft:	Gesehen:
24.01.2022 Müller	01.02.2022 Meier	

Planinhalt:		Maßstab: **1 : 50**
Haus Ost	**Decke 3. OG** **Schalplan**	Plan-Nr.: **2.302a**

Anmerkungen zum Schriftfeld:

Bei den zugehörigen Plänen müssten zusätzlich die Werkpläne des Objektplaners aufgeführt werden, da im Schalplan die Maße für das Mauerwerk nicht angegeben werden.

Vor Ausführungsbeginn müsste der Plan mit einem Freigabevermerk versehen werden und erhielte dann z.B. den Index a, wenn Angaben vom Prüfingenieur ergänzt wurden.

Für die Decken von Haus Mitte und Haus West (vgl. **Abb. 2.4**) z.B. die Plannummern 2.312 und 2.322 verwenden (keine identischen Plannummern innerhalb eines Bauvorhabens!).

2.3.3 Linienbreiten

Linien-gruppe	Linienbreite in mm		
	breit	mittelbreit	schmal
I	0,5	0,25	0,18
II	0,5 (0,7)	0,35	0,25
III	1,0	0,50	0,35
IV	1,0 (1,4)	0,70	0,50

Tafel 2.1 *Liniengruppen*

In Bauzeichnungen sind nicht mehr als drei Linienbreiten in einem Plan zu verwenden. Die Linienbreiten (breit, mittelbreit und schmal) sind in dem ungefähren Verhältnis 4:2:1 (oder 2:1:0,7) gestuft. Man unterscheidet vier Liniengruppen (**Tafel 2.1**). Die Auswahl der passenden Liniengruppe hängt vom Maßstab der Zeichnung ab. Die Linienbreiten jeder Gruppe sind so festgelegt, dass man durch Multiplikation/Division mit √2 von einer Gruppe in die benachbarte gelangt. Liniengruppe I sollte nicht verwendet werden, da im Falle einer Verkleinerung des Plans auf ein kleineres Format die Strichstärke 0,18 mm dann nicht mehr zu erkennen ist. Die Liniengruppen II bis IV sind problemlos anwendbar und können auch um jeweils eine Stufe verkleinert werden.

Bei den Linienarten wird unterschieden in Volllinie, Strichlinie, Strichpunktlinie, Punktlinie und Freihandlinie. Ihre Bedeutung ist je nach Planart unterschiedlich.

2.3.4 Bemaßung

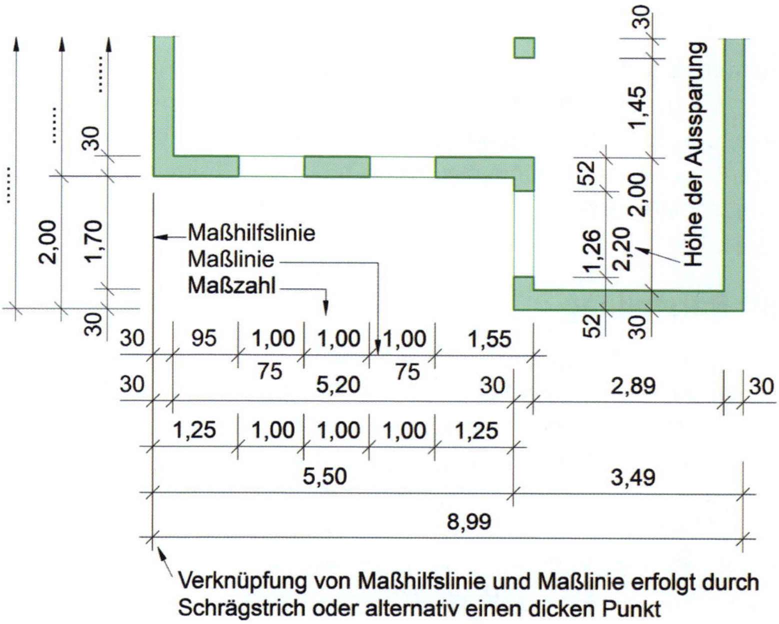

Abb. 2.5 *Beispiel für eine Bemaßung*

Eine Bemaßung besteht aus Maßlinie, Maßhilfslinie und Maßzahl (**Abb. 2.5**). Maßhilfs- und Maßlinien sind dünne Volllinien. Die Maßzahl gibt bei den hier besprochenen Plänen zur Tragwerksplanung das Rohbaumaß an. Die Maßzahl wird i. Allg. über die Maßlinie geschrieben. Wenn zusätzlich eine weitere Maßzahl unter der Maßlinie steht, bezieht sich dieses Maß entweder auf eine Abmessung senkrecht zur Zeichenebene (z.B. bei Stützen *b*/*h*) oder auf eine Höhe (z.B. bei einer Fensteröffnung) (**Abb. 2.5**). Können Maßzahlen bei kleinen Maßen und damit dicht aufeinander folgenden, verschiedenen Maßzahlen aus Platzgründen nicht nebeneinander über der Maßlinie angeordnet werden, so werden sie abwechselnd über und unter die Maßlinie geschrieben. Sofern das Maß das letzte in einer Maßkette ist, wird es links bzw. rechts außerhalb der Maßhilfslinie angegeben.

Bemaßung	**Maße**	
in Maßeinheit	< 1,0 m	≥ 1,0 m
cm und m	85^5	$2{,}24^5$
cm	85,5	224,5

Tafel 2.2 *Übliche Maßeinheiten für Schalpläne*

Als Maßeinheiten werden im Massivbau Zentimeter und Meter verwendet (**Tafel 2.2**). Die Maßangabe erfolgt entweder in Zentimeter oder in einer gemischten Schreibweise von Zentimeter und Meter.

2.4 Positionspläne

2.4.1 Zweck

Positionspläne (item reference drawings) sind ein Teil der statischen Berechnung. Sie zeigen diejenigen Bauteile, für die eine Berechnung und Bemessung durchgeführt wurde. Jedes berechnete Bauteil bekommt eine eigene Positionsnummer. Somit ist die bauliche Zuordnung einer Berechnung für den Prüfingenieur oder für andere Tragwerksplaner als den Aufsteller (z.B. beim Umbau nach einigen Jahren oder für die technische Bearbeitung von Elementplatten) schnell ersichtlich.

2.4.2 Hinweise zur Darstellung

Die Positionierung der berechneten Bauteile erfolgt sinnvoll in einer systematisch-chronologischen Kombination. In einem Hochbau werden z.B. getrennte Hunderter-Nummern (1. Ziffer) für die unterschiedlichen Geschosse vergeben, beginnend mit 100 für das Dach, 200 für das darunter liegende Obergeschoss usw. Innerhalb des Geschosses werden die Bauteile dann in der Reihenfolge positioniert, wie sie in der statischen Berechnung bearbeitet werden. Bei größeren Bauten kann auch hier noch einmal eine systematische Unterteilung in Unterzüge, Stützen, Wände usw. sinnvoll sein. Bei einer derartigen Positionierung verbleiben zwischen vergebenen Nummern immer noch freie Nummern, die bei Änderungen oder Ergänzungen der Ausführungsplanung vergeben werden können. Gleichartige Bauteile in unterschiedlichen Geschossen sollen[2] die gleichen Endziffern tragen, um die Übersichtlichkeit für die Lastzusammenstellungen zu steigern.

Positionspläne werden i. Allg. in Form eines Grundrisses für jedes Geschoss dargestellt. Als Maßstab wird 1:100 gewählt. In den Grundriss wurden die Achsbezeichnungen des Architektenplanes übernommen. Es ist zweckmäßig, bei Decken zusätzlich zu den tragenden Wänden und Stützen des darunter liegenden Geschosses auch die (nicht durch den Trennwandzuschlag erfassten) Wände des darüber liegenden Geschosses (gestrichelt) einzutragen. Dann ist sofort ersichtlich, welche Bauteile die Decke belasten. Ein Positionsplan muss mindestens folgende Angaben (Linienbreiten gemäß **Tafel 2.3**) enthalten:

- Lage, Abstände und Bezeichnung der Achsen;
- alle tragenden Bauteile einer Konstruktion (Decken, Unterzüge, Stützen, Wände) mit den Querschnittsabmessungen, die der statischen Berechnung zugrunde liegen;
- Art und Güte der verwendeten Baustoffe, sofern dies nicht einheitlich und zweifelsfrei an anderer Stelle festgelegt wurde;
- bei Platten die Spannrichtung durch Pfeile; hiermit ist auch erkennbar, ob die Platte ein- oder zweiachsig (**Abb. 5.1**) gespannt ist.

Bei kleinen Bauvorhaben mit wenigen Positionsnummern und einem einfachen Schalplan können Positions- und Schalplan zusammengefasst werden.

2 Dies ist nur bei einem regelmäßigen Tragwerksaufbau in den unterschiedlichen Geschossen eines Stahlbetonskelettbaus möglich.

Linienart	Verwendung	Linienbreite in mm
Volllinie (breit)	Überschriften, Achsbezeichnungen	0,50
Volllinie (mittelbreit)	Kanten geschnittener Bauteile und sichtbare Kanten nicht geschnittener Bauteile. Positionsnummern und Maßzahlen	0,35
Volllinie (schmal)	Maßhilfs- und Maßlinien, Bezugslinien, Diagonallinien zur Angabe von Plattendicken	0,25
Strichlinie (mittelbreit)	unsichtbare Kanten von Bauteilen	0,35

Tafel 2.3 *Festlegung der Linienarten und -breiten für Positionspläne*

Nachfolgend werden die Positionsnummern der Stahlbetonbauteile entsprechend den Farben für Beton nach Kap. 17.1 farbig hinterlegt. Farbige Bezeichnungsweisen sind bisher nicht genormt.

Beispiel 2.2: Positionsplan

gegeben: Geschoss des Wohngebäudes von **Abb. 2.3**

gesucht: Positionsplan für dieses Geschoss, um eine statische Berechnung durchführen zu können.

Lösung:

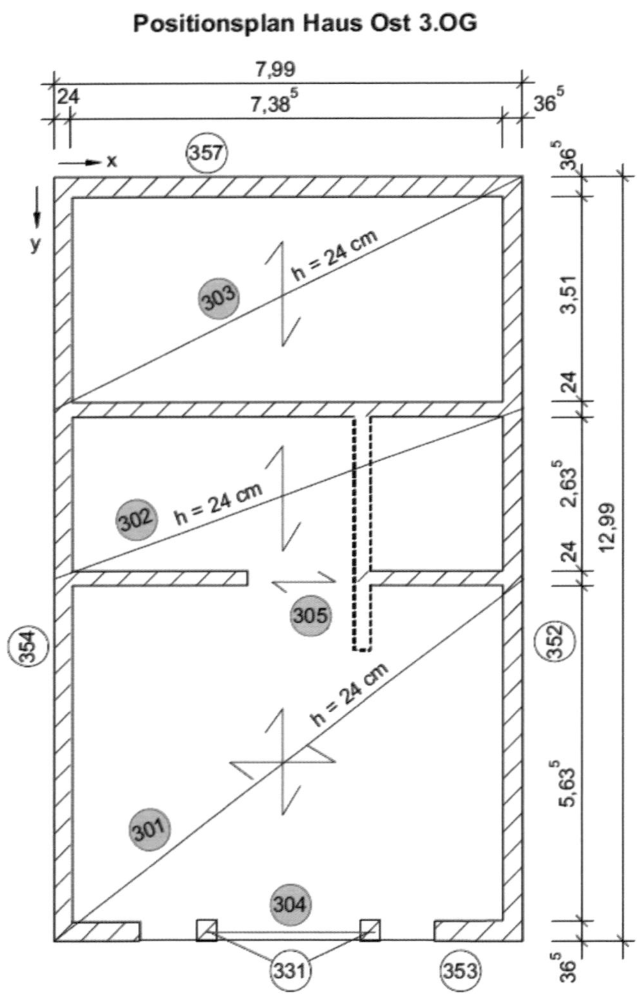

Erläuterung zum Positionsplan:

Das Gebäude hat vier Etagen. Über der zu berechnenden 3. Etage befinden sich das Dach und das 4. OG. Daher wird mit Dreihunderter-Positionsnummern gearbeitet. Die eingetragene Spannrichtung der Decken wird in Kap. 5 und 6 erläutert. Die gestrichelten Wände werden rechnerisch nicht berücksichtigt.

(Fortsetzung mit Beispiel 3.1)

3 Schalpläne und Rohbauzeichnungen

3.1 Begriff und Zweck

In jüngerer Zeit wird begrifflich zwischen Schalplänen und Rohbauzeichnungen[1] unterschieden ([DIN 1356-1 – 18], um entsprechend den Festlegungen der HOAI Unklarheiten über die vom Tragwerksplaner zu erbringende Leistung zu vermeiden.

Schalpläne (formwork drawings) sind die Grundlage für das Einschalen der Beton-, Stahlbeton- und Spannbetonbauteile in *Ergänzung der Ausführungszeichnungen des Objektplaners*. Schalpläne müssen mindestens die folgenden Angaben enthalten:

- Maße des Bauwerks, der Bauteile, auch Höhenkoten und ggf. Bauwerksachsen;
- Aussparungen innerhalb dieser Bauteile, soweit sie für das Tragverhalten von Bedeutung sind;
- Auflager der einzuschalenden Bauteile, wie z.B. Umrisse der tragenden Mauerwerkswände oder Kopfplatten von Stahlstützen, sowie tragende Einbauteile, die in der Schalung verlegt werden;
- Arten und Festigkeitsklassen der Baustoffe, ggf. besondere Zuschläge, Zusatzmittel oder Zusatzstoffe.

Rohbauzeichnungen (structure drawings) sind die *Grundlage für die Ausführung* des Tragwerks, *ohne* dass hierfür auf der Baustelle noch *weitere Zeichnungen* benötigt werden. Rohbaupläne müssen mindestens die folgenden Angaben enthalten:

- alle für den Schalplan geforderten Mindestinhalte;
- in Beton oder Mauerwerk einbindende Bauteile, die selbst Bestandteile des Tragwerks sind oder zur späteren Befestigung von Ankerplatten usw. dienen. Hierzu gehört auch die genaue Lage beim Einbau einschließlich der Bemaßung;
- Aussparungen;
- Arbeitsfugen, soweit sie für die Konstruktion erforderlich sind;
- Oberflächenbeschaffenheit, z.B. Abfasungen, Waschbeton;
- Lager und Übergangskonstruktionen, soweit sie nicht in besonderen Zeichnungen dargestellt sind.

Einfache Bauten (z.B. Einfamilienhäuser) werden nach Plänen des Objektplaners und den Bewehrungsplänen gebaut. Bauten mittleren Schwierigkeitsgrades (allgemeine Hochbauten) werden ebenfalls nach den Plänen des Objektplaners errichtet, die jedoch durch die Schal- und Bewehrungspläne ergänzt werden. Ingenieurbauwerke (Sonderbauten im

1 In der Praxis werden Rohbauzeichnungen im Schriftfeld des Plans häufig auch mit „Schalplan" bezeichnet.

Hoch- und Tiefbau, Brücken) werden nach den Rohbauzeichnungen und Bewehrungsplänen des Tragwerksplaners gebaut.

3.2 Hinweise zur Darstellung

3.2.1 Grundsätzliches

Die Art der Darstellung in Schalplänen und Rohbauzeichnungen ist identisch. Beide stellen Ansichten der zu schalenden Bauteile dar. Die Grundrisse werden als Draufsicht auf die Deckenschalung dargestellt (Blick eines auf der Schalung stehenden Betrachters in die leere Schalung[2], wobei die Darstellungsart jedoch nicht in allen Einzelheiten konsequent ist, z.B. werden unter der Decke liegende Stützen und Wände geschnitten dargestellt). Die Grundrisse werden ergänzt durch Schnitte und Details. Sie sind oftmals für eine eindeutige Darstellung zwingend erforderlich (**Abb. 3.1**). Schnitte werden nach Möglichkeit mit Blickrichtung von vorne bzw. von rechts nach links geführt. Die Schnittführung ist dabei so zu legen, dass alle Konstruktionsteile (Abmessungssprünge, Öffnungen usw.) erfasst werden.

Die Kanten geschnittener Bauteilflächen sind gemäß [DIN 1356-1 – 18] in Schalplänen hervorzuheben. Bei der üblichen Bearbeitung von Schalplänen mit CAD ist auch eine Schraffur der geschnittenen Bauteile üblich. Stahlbetonbauteile werden unter 45° abwechselnd mit einer Volllinie und einer Strichlinie, Betonbauteile unter 45° mit einer Strichlinie dargestellt. Große geschnittene Flächen werden nur am Rand angelegt bzw. schraffiert.

Nachfolgend werden geschnittene Stahlbetonbauteile entsprechend den Farben für Beton nach Kap. 17.1 dargestellt. Farbkennzeichnungen sind bisher nicht genormt. Gegebenenfalls enthalten die Rechtsverordnungen der Länder diesbezüglich konkrete Forderungen.

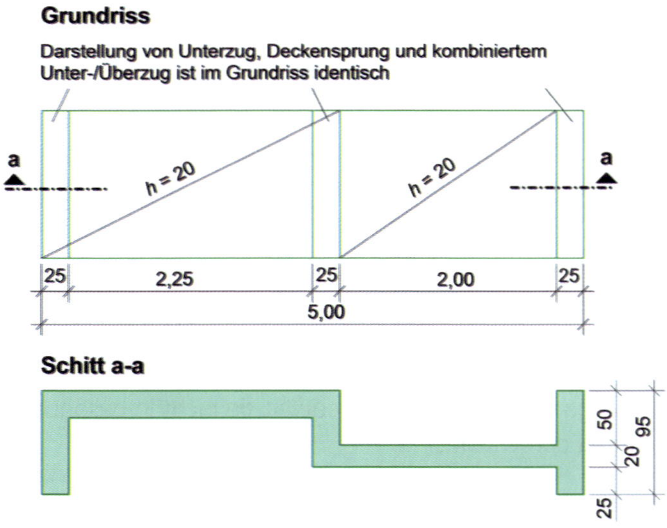

Abb. 3.1 *Unterschiedliche Bedeutung von parallelen Volllinien im Grundriss wird erst durch Schnitt eindeutig*

2 Die in der Tragwerksplanung übliche Betrachtungsweise bei Schalplänen ist ein gedachter Schnitt dicht unterhalb der Decke und die sich in diesem Schnitt ergebende Ansicht von unten gegen die Decke.

In Schalplänen und Rohbauzeichnungen wird nur die Rohkonstruktion dargestellt, Teile des Ausbaus (z.B. schwimmender Estrich) werden in den Werkplänen des Objektplaners dargestellt. Wärmedämmungen sind in die Schalpläne aufzunehmen, sofern sie vor dem Betonieren in die Schalung gelegt werden und somit bereits im Rohbau vorhanden sind.

Beim manuellen Zeichnen ist die Größe des Blattes so zu wählen, dass sämtliche Konstruktionsteile klar dargestellt werden können. Zur besseren Verständlichkeit ist bei größeren Objekten ein Achsennetz zu verwenden (Achsbezeichnungen mit großen Buchstaben in *x*-Richtung und arabischen Ziffern in *y*-Richtung). Falls die Pläne des Objektplaners bereits Achsbezeichnungen tragen, sind diese zu übernehmen. In die Zeichnung ist zur Orientierung der Nordpfeil einzutragen.

3.2.2 Linienarten und Linienbreiten

In **Tafel 3.1** werden je nach verwendetem Maßstab (oder Hauptmaßstab, sofern auf einem Plan mehrere Maßstäbe verwendet werden) beispielhaft Linienstärken vorgeschlagen. Als Maßstab von Schalplänen wird bei üblichen Bauteilen für

- Grundriss und Schnitte — Maßstab 1:50, 1:25
- Details (soweit sie erforderlich sind) — Maßstab 1:25, 1:10, 1:5

verwendet.

3.2.3 Legende

Über dem Schriftfeld sind ergänzende Erläuterungen aufzuführen. Bei größeren Bauvorhaben wird eine Übersichtsskizze gezeichnet, in der die auf dem Plan dargestellten Bauteile farblich hinterlegt oder schraffiert sind. Somit ist die Lage des Bauteils schnell zu lokalisieren.

Weiterhin werden die zugehörigen Pläne vermerkt und Angaben zum Einschalen (z.B. für die Oberflächenstruktur und Kantenausbildung des Betons) gegeben. Die Bezugshöhenkote wird angegeben. Sofern im Bauteil Einbauteile vorgesehen werden, wird eine Einbauteilliste vorgesehen. Jedes Einbauteil erhält eine Positionsnummer. Diese Positionsnummer wird im Grundriss oder Schnitt am vermaßten Einbauort angegeben. In der Einbauteilliste wird das Teil genau beschrieben und die Stückzahl der einzubauenden Position angegeben.

Sofern der Schalplan von der bauausführenden Firma angefertigt wird, können für die Abrechnung benötigte Angaben wie Betonvolumen und Schalfläche angegeben werden. Bei Fertigteilen wird das Gewicht angeben, um einen Hinweis für das zu verwendende Hebezeug zu geben.

Sofern für die Oberfläche der Betonbauteile eine spezielle Beschaffenheit vorzusehen ist, müssen verwendete Symbole (→ Kap. 3.2.7) erklärt werden. Bei Rohbauplänen werden die zu verwendenden Baustoffe angegeben.

Linienart	Wichtigste Anwendung	Liniengruppe			
		IV	III	II	I
		Vorzugsweise zu wählende Linienbreite in mm abhängig vom Maßstab der Zeichnung			
		1:1	1:5 1:10	1:25 1:50	1:100
Volllinie (breit)	Begrenzung von Flächen geschnittener Bauteile	1,0 (1,4)	1,0	0,5 (0,7)	0,5
Volllinie (mittelbreit)	Sichtbare Kanten von Bauteilen, Begrenzung schmaler oder kleiner Flächen geschnittener Bauteile, Maßzahlen, kleinste Beschriftung	0,7	0,5	0,35	0,25
Volllinie (schmal)	Rasterlinien, Maßlinien, Maßhilfslinien, Hinweislinien, Pfeile, Lauflinien, Höhenlagen, Schraffuren, Hinweisschilder	0,5	0,35	0,25	0,18
Strichlinie (mittelbreit)	Verdeckte Kanten und verdeckte Umrisse von Bauteilen	0,7	0,5	0,35	0,25
Strichlinie (schmal)	Nebenrasterlinien	0,5	0,35	0,25	0,18
Strichpunktlinie (breit)	Kennzeichnungen von Schnittebenen	1,0 (1,4)	1,0	0,5 (0,7)	0,5
Strichpunktlinie (mittelbreit)	Stoffachsen, Symmetrieachsen	0,7	0,5	0,35	0,25
Strichpunktlinie (schmal)	Kennzeichnung von Änderungen im Schnittverlauf	0,5	0,35	0,25	0,18
Freihandlinie (schmal)	Kennzeichnung von Holz im Schnitt	0,5	0,35	0,25	0,18
Punktlinie (schmal)	abzubrechende oder nebensächliche Bauteile, Bauteile vor bzw. über der Schnittebene	0,5	0,35	0,25	0,18

Tafel 3.1 *Linienarten und -breiten für Schalpläne*

3.2.4 Schrifthöhen

Eine Zeichnung wird durch unterschiedliche Schrifthöhen mit den entsprechenden Linienbreiten gegliedert. Die kleinste Schrifthöhe darf nicht zu klein gewählt werden, damit der Plan auf der Baustelle noch gelesen werden kann. Die kleinste auf Plänen zu verwendende Schrifthöhe ist 2,5 mm. Innerhalb eines Plans sollten maximal drei verschiedene Schrifthöhen verwendet werden (**Tafel 3.2**).

Beispiel 3.1: Legende einer Bauzeichnung (vgl. hierzu auch Beispiel 2.1 und Beispiel 3.2)

gegeben: Schalplan von Beispiel 3.2

gesucht: Legende für diesen Schalplan

Lösung:

Einbauteile		
Nummer	**Einh.**	**Beschreibung**
E1	7 St.	Schöck Isokorb Typ K30-CV30-V10-h240-R120
E2	6,35 qm	Schalung NOEplast 566800 London
Höhenbezug	±0,00 = 624,30 m ü. NN	

(Fortsetzung mit Beispiel 3.2)

3.2.5 Bemaßung

Bauteile, die im Grundriss oder in der Ansicht dargestellt werden, benötigen i. Allg. drei bis vier Maßlinien (**Abb. 3.2**):

- die Achsmaße
- das Gesamtaußenmaß
- die Bauteilmaße und Lichtmaße
- Detailmaße (Vermaßung der Aussparungen, Einbauteile usw.)

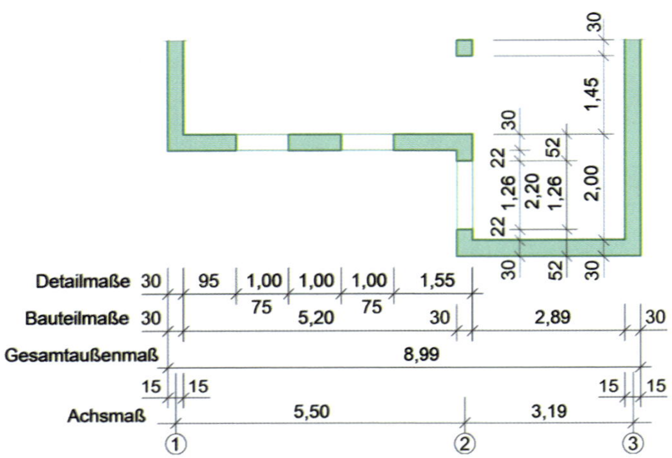

Abb. 3.2 *Anordnung von Maßlinien*

Die Achsmaße stehen dabei ganz außen, die Maßkette mit den kleinsten Maßen steht innen (= am dargestellten Bauteil). Die Maßketten sollen dabei direkt die zum Einschalen benötigten Maße angeben, um Rechenoperationen auf der Baustelle zu vermeiden. Alle Winkel (mit Ausnahme des rechten Winkels) sind durch die entsprechenden Kathetenmaße zu beschreiben.

Höhenmaße werden nicht als tatsächliches Absolutmaß angegeben, sondern beziehen sich auf eine Bezugshöhe ±0,00, die für ein Gebäude einmal festgelegt wird und in der Legende zu finden ist (**Abb. 3.3**). Im Regelfall ist dies die Oberkante der Fertigfußbodenhöhe des Erdgeschosses. Die Höhenkote der Rohbaukonstruktion wird mit einem ausgefüllten Dreieck angegeben.

Wichtigste Anwendung	**Vorzugsweise zu wählende Schrifthöhe in mm abhängig vom Maßstab der Zeichnung**	
	1:10; 1:25	1:50
Überschriften (Grundriss, Ansicht, Schnitt)	10	7
Maßangaben	5	3,5
Erläuternde Texte	3,5	3,5; (2,5)

Tafel 3.2 *Schrifthöhen in Schalplänen*

Bezug	Abkürzung	Beschreibung
Maß	OK	Oberkante
	UK	Unterkante
Bauteil	W	Wand
	D	Decke
	F	Fundament
	UZ	Unterzug
	ÜZ	Überzug
	RFB	Rohfußboden
	FFB	Fertigfußboden
Form	D	Durchbruch
	S	Schlitz
Herstellungsreihenfolge	BA	Betonierabschnitt
	AF	Arbeitsfuge

Tafel 3.3 *Übliche Abkürzungen in Schalplänen*

3.2.6 Aussparungen und Nischen

Nischen sind Aussparungen, deren Tiefe kleiner als die Bauteildicke ist. Wenn die Tiefe der Aussparungen der Bauteildicke entspricht, handelt es sich somit um eine Öffnung. Nischen werden durch die Diagonale von links unten nach rechts oben, Aussparungen durch beide Diagonalen eines Rechtecks beschrieben (**Abb. 3.4**). Sie sind auf im Rohbauzustand sichtbare Kanten zu vermaßen.

Wenn zwischen Aussparungen unterschieden wird, die offen bleiben, und solchen, die während des weiteren Baufortschritts geschlossen werden, ist folgende Darstellung sinnvoll:

- *nach Fertigstellung offen:*

  Die das geschnittene Bauteil beschreibende Volllinie wird im Bereich der Aussparung unterbrochen, die Kanten der Aussparung werden als sichtbare Kanten (Volllinie mittelbreit) dargestellt.

- *nach Fertigstellung geschlossen:*

  Die das geschnittene Bauteil beschreibende Volllinie wird auch im Bereich der Aussparung durchgezogen.

3.2.7 Abkürzungen und Symbole

Für häufig vorkommende Beschreibungen sind in Bauteilen Abkürzungen zu verwenden. Sofern die verwendete Abkürzung nicht allgemein üblich ist, wird sie in der Legende erklärt. Einige allgemein übliche Abkürzungen, die nicht erklärt werden müssen, enthält die Zusammenstellung in **Tafel 3.3**.

Sofern eine Stahlbetonoberfläche mit einer besonderen Struktur hergestellt werden soll, ist dies auf dem Plan zu vermerken. Hierzu sind Symbole zu verwenden (**Tafel 3.4**). Wenn unterschiedliche Oberflächenstrukturen aneinander grenzen, sind die Teilflächen durch Diagonalstriche im Plan einzutragen. Sofern auf dem Plan jeweils nur die Standardausführungen verwendet werden, muss die Oberflächenbeschaffenheit nicht eingetragen werden.

Kanten von Sichtbetonbauteilen sind abzufasen, indem eine Dreiecksleiste in die Schalungsecke genagelt wird. Die Kathetenlänge dieser Leiste beträgt i. Allg. 1 cm. Arbeitsfugen von Sichtbetonbauteilen werden durch eine auf die Schalung zu nagelnde Trapezleiste optisch verschleiert, so dass dadurch die Arbeitsfuge im Schatten (infolge der Nut) liegt.

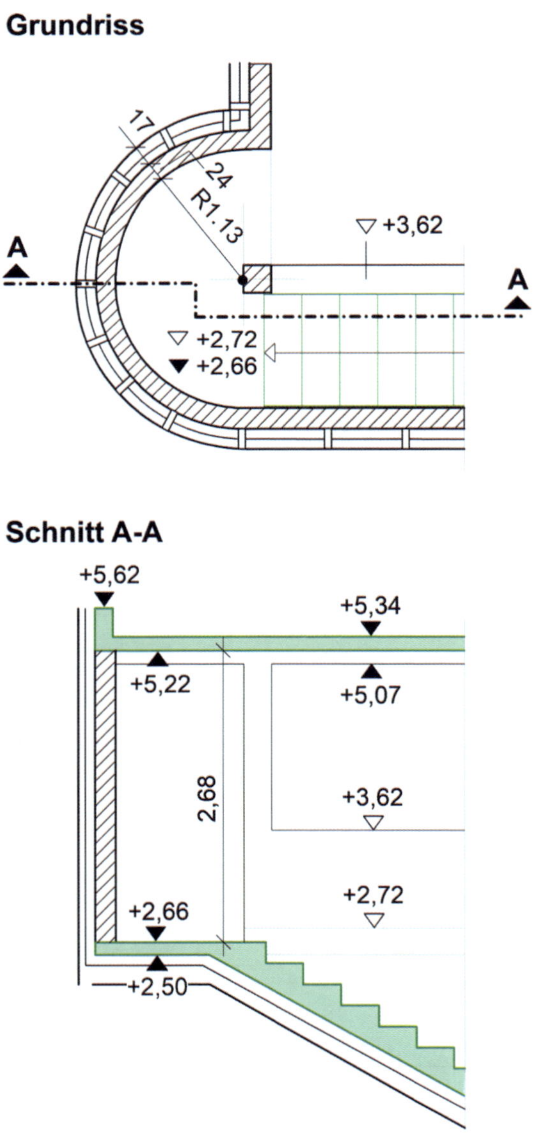

Abb. 3.3 *Höhenangaben in Grundrissen und Schnitten*

Fläche		Eigenschaften
geschalt	abgezogen	
		maßgenau, rau (kein Sichtbeton)
		porenfrei, glatt, anstrichfähig (übliche Standardausführung)
		porenfrei, glatt, gleichfarbig, fleckenfrei (Sichtbeton)
		maßgenau, rau, abgezogen
		maßgenau, glatt, verrieben (übliche Standardausführung)
		geglättet, Oberfläche geschlossen, Kellenansätze noch feststellbar, Farbunterschiede möglich
		feingeglättet, Oberfläche gespachtelt, Sichtbeton-Eigenschaften
		bei strukturierten oder werksteinmäßig bearbeiteten Oberflächen folgende Abkürzungen im Kästchen eintragen:
		B Besenstrich; G geglättet
		GF geglättet und gefilzt; W Waschbeton
		S Sonderausführung
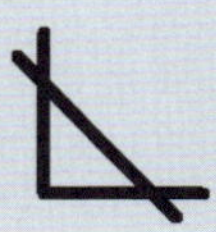		Kante fasen (Standardmaß 1 cm)

Tafel 3.4 *Symbole für die Oberflächenbeschaffenheit von Stahlbetonbauteilen*

3.3 Rationelle Schaltechnik

3.3.1 Allgemeine Grundsätze

Die Rohbaukosten stellen nur einen geringen Teil (25 bis 40 %) der gesamten Baukosten dar. Die größten Einsparungen lassen sich in der Entwurfsphase und bei gesamter Betrachtung[3] des Bauwerks erreichen. Je weiter die Planung fortgeschritten ist, desto geringer werden die Einsparmöglichkeiten. Eine konzeptionelle Betrachtung des Bauwerks ist nicht Gegenstand der nachfolgenden Ausführungen, sondern die Optimierung im Rahmen der Ausführungsplanung.

Baukosten lassen sich verringern, wenn bezüglich der Bauteile folgende Punkte beachtet werden. Die Herstellkosten setzen sich aus Lohn- und Materialkosten zusammen. Die Lohnkosten sind in Mitteleuropa jedoch der wesentliche Anteil. Eine Einsparung (und umgekehrt ein Mehrverbrauch) von Material wirken sich kaum auf die Herstellkosten aus. Ziel ist daher, Arbeitsabläufe und Lohnkosten zu optimieren. Innerhalb eines Bauvorhabens sind möglichst viele gleiche Bauteile mit identischen Abmessungen anzustreben, um Schalungen häufig umsetzen zu können und Schalungsumbauten zu vermeiden. Gleichzeitig bewirkt dies eine häufige Wiederholung gleicher Arbeitsgänge, und die Produktivität des Bauarbeiters steigt.

Der persönliche Kontakt zwischen dem Planenden (Bearbeiter der Statik, Konstrukteur) und dem Ausführenden (Bauleiter, Polier) ist wichtig, um die Erfahrungen aus vorherigen Objekten des Ausführenden einfließen zu lassen (viele Rationalisierungsüberlegungen sind mannschafts- und firmenbezogen).

Um Systemschalungen verwenden zu können, sollten Schalmaße nur im 5-cm-Raster gewählt werden. Maße in mm sind grundsätzlich zu vermeiden.

Bauteile, die sich durchdringen, sollten nicht die gleichen Abmessungen aufweisen, da dann kreuzende Bewehrungen schwer aneinander vorbei geführt werden können (**Abb. 3.5**). Die schlechtere Ästhetik fällt nicht auf, da Bauteile im Hochbau verkleidet werden (z.B. abgehängte Decke).

Die vom Tragwerksplaner festgelegten Arbeitsfugen sind einzutragen, hierauf ist auch die Bewehrungsführung im Bewehrungsplan abzustimmen.

3 Bei vielen Bauvorhaben wird dies nicht beachtet, sondern lediglich die (Vergabe-)Kostenminimierung jedes einzelnen Gewerkes (auch der Planungsleistungen) betrieben. Die Minimierung der Planungskosten ist nicht Ziel der HOAI und wird hier nicht betrachtet.

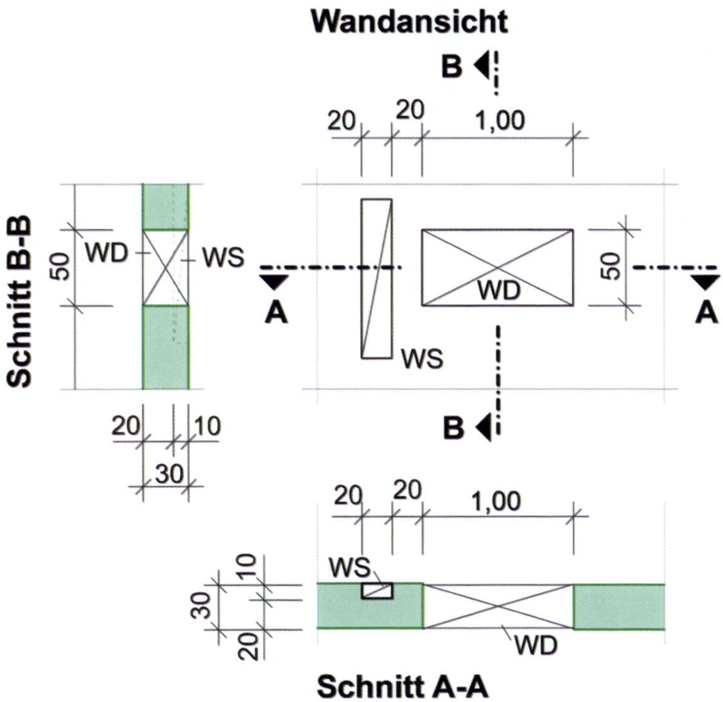

Abb. 3.4 *Darstellung von Aussparungen und Nischen*

3.3.2 Bauteilbezogene Grundsätze

Decken:

In Skelettbauten und bei der Verwendung von Elementplatten (→ Kap. 5.7) sind einachsig gespannte Decken gegenüber den zweiachsig gespannten vorzuziehen, da bei ihnen in nur einer Richtung Unterzüge auftreten und die Bewehrungsführung einfacher ist. Zweiachsig gespannte Decken sollten daher nur verwendet werden, wenn dies aufgrund der Lichtweiten und der zur Verfügung stehenden Bauteildicke unumgänglich ist. In Büro- und Geschäftsbauten kommen üblicherweise Flachdecken (→ Kap. 9) zum Einsatz.

Unterzüge:

Die Breite der Unterzüge ist auf die Stützenabmessungen abzustimmen, um die Kreuzung der Bewehrung zu vereinfachen. Sofern Unterzüge sehr dicht nebeneinander liegen, erleichtert ein leichter Anzug des Querschnitts das Ausschalen. Bei Haupt- und Nebenunterzügen sollten die Nebenunterzüge eine kleinere Bauteildicke haben (**Abb. 3.5**).

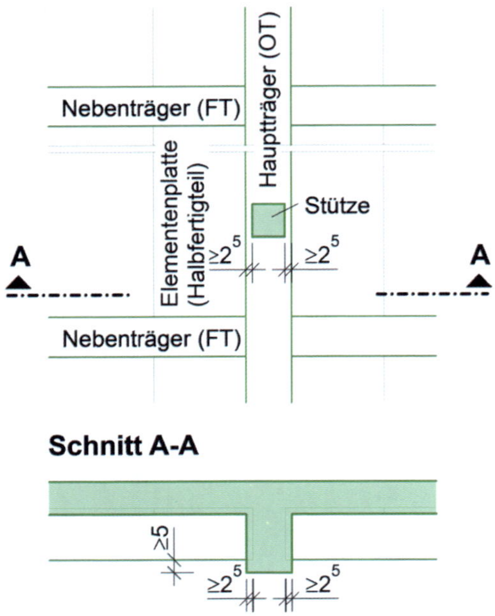

Abb. 3.5 *Staffelung der Bauteilabmessungen bei Unterzügen und Stützen*

Stützen

Anzustreben sind gleichbleibende Querschnitte, die auch geschossweise möglichst wenig wechseln. Unterschiedliche Lasten werden durch unterschiedliche Bewehrung aufgenommen. Wenigstens eine Seitenabmessung der Stützen sollte in allen Geschossen gleichbleibend sein.

Treppen

Die Fertigteillösung ist bei Treppen wirtschaftlicher als eine Ortbetonausführung. Bei Hochbauten werden die Treppenläufe als Fertigteile mit herausstehender Anschlussbewehrung (oder speziellen Anschlusselementen zur zusätzlichen Trittschalldämmung) ausgebildet. Die Fertigteile werden in die Schalung der Podestplatten gelegt.

Die Knickpunkte auf der Unterseite zwischen Podestplatte und Treppenlauf werden im Grundriss durch eine mittelbreite Volllinie dargestellt. Die Treppenstufen auf der Oberseite werden durch eine mittelbreite Strichlinie bezeichnet. Die Höhenlage der Stufen wird im Schnitt festgelegt. Bei der Stufenhöhe ist darauf zu achten, dass der schwimmende Estrich auf den Podestplatten zu einer höheren Antrittsstufe und einer niedrigeren Endstufe des Treppenrohbaus führt (**Abb. 10.1**).

Fundamente

Wenn es sich um ein bewehrtes Fundament handelt, ist unter dem Fundament eine „Sauberkeitsschicht" vorzusehen. Dies ist eine 5 bis 10 cm dicke Magerbetonschicht, die die Betondeckung auf der Fundamentunterseite sicherstellen soll. Die Sauberkeitsschicht ist umlaufend 10 cm größer als das Fundament. Sie wird im Fundamentschnitt eingetragen. Der Überstand ist an mindestens einer Stelle auf dem Plan zu vermaßen. Anstatt eine Sauberkeitsschicht anzuordnen, kann auch eine Folie auf das Erdreich gelegt werden. In diesem Fall ist die Mindestbetondeckung um 50 mm zu erhöhen.

Einzelfundamente sollten möglichst gleiche Abmessungen aufweisen. Sofern Fundamente mittig unter Stützen oder Wänden stehen, werden sie lagemäßig nicht vermaßt, da ihre Lage eindeutig aus dem Plan des Kellergeschosses hervorgeht. Die Fundamentabmessungen werden seitlich (Breite/Dicke) an das Streifenfundament geschrieben. Fundamente haben eine horizontale Oberfläche.

Beispiel 3.2: Schalplan einer Deckenplatte (Fortsetzung von Beispiel 3.1)

gegeben: Wohnhausdecke im 3. OG gemäß **Abb. 2.3**

gesucht: Schalplan

Lösung:

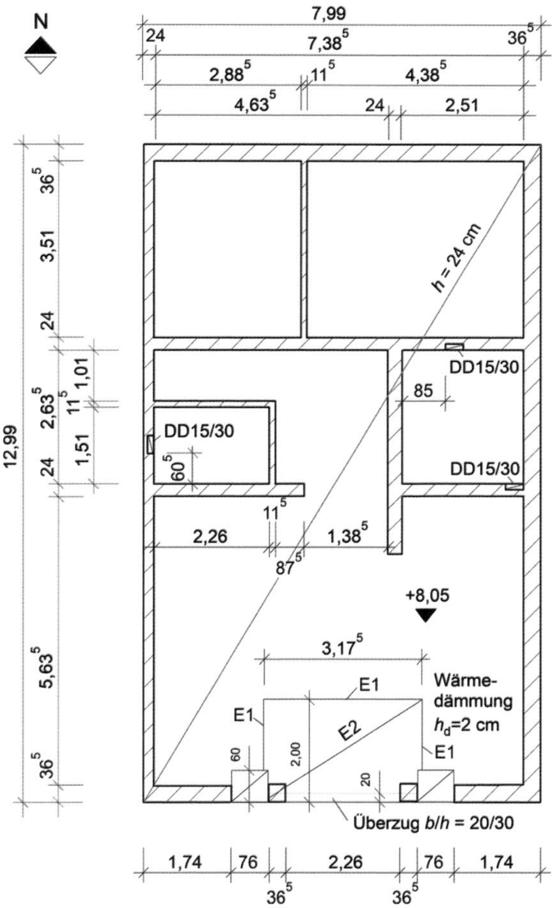

Anmerkungen zum Schalplan:

Die Maße für das Mauerwerk werden dem Werkplan des Objektplaners entnommen.

Im Bereich des Balkons wird eine Strukturschalung verwendet.

Beispiel 3.3: Schalplan einer Treppe

gegeben: Treppenhaus vom 2. OG in das 3. OG gemäß **Abb. 2.3**

gesucht: Schalplan

Lösung:

Grundriss

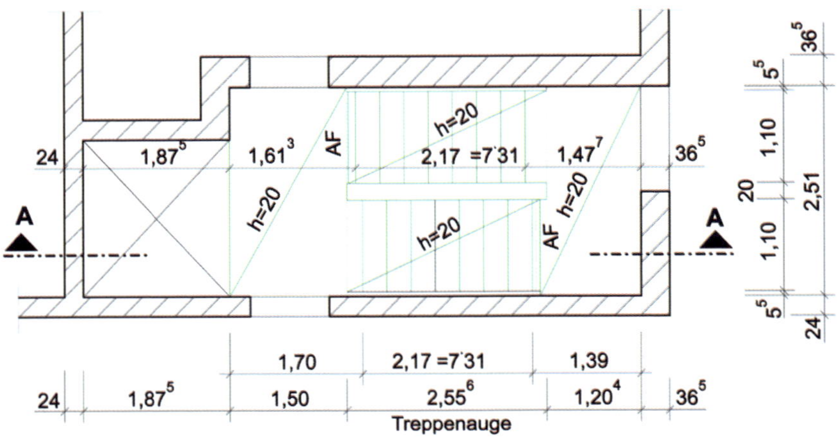

Schnitt A-A

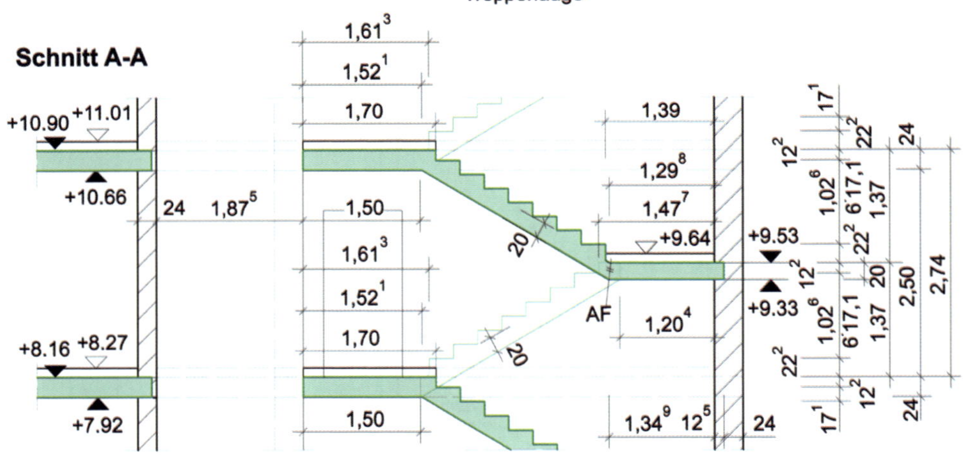

Anmerkungen zum Schalplan:

Die beiden Treppenläufe sollten so angeordnet werden, dass die Knickpunkte in der Deckenuntersicht der Podeste auf einer Geraden liegen. Dies wurde hier nicht erreicht, da die Dicke der Treppenläufe gegenüber der Architektenplanung erhöht werden musste.

Aufgrund des unterschiedlichen Fußbodenaufbaus der Treppenläufe und Podeste haben die erste und die letzte Stufe eines Laufs eine andere Höhe als die restlichen Stufen.

Arbeitsfugen werden zumindest an jedem Hauptpodest vorgesehen. Oftmals (wie hier) wird auch eine Arbeitsfuge am Zwischenpodest vorgesehen. Die Arbeitsfuge wird in den Knickpunkt gemäß 1. gelegt.

Aus Gründen des Schallschutzes werden die Treppenläufe von der Wand durch einen Spalt getrennt.

Das Zwischenpodest wird an der Außenwand nicht bis außen geführt, um einen einheitlichen Putzgrund außen zu gewährleisten (**Abb. 7.5**). Das Auflager des Zwischenpodestes ragt nur 12^5 cm in die Wand. Hierdurch kann diese wie alle anderen Wände geschossweise gemauert werden. Der Bauablauf wird nicht durch das Betonieren des Zwischenpodestes behindert, die Treppe kann zu einem beliebigen Zeitpunkt geschalt und betoniert werden.

(Fortsetzung mit Beispiel 10.1)

4 Bewehrungspläne

4.1 Aufbau von Bewehrungsplänen

4.1.1 Grundsätzliches

Bewehrungspläne (reinforcement drawings) stellen Ansichten der zu bewehrenden Bauteile dar. Sie dienen dem Biegebetrieb zum Herstellen der Bewehrung (Ablängen und Biegen) und dem Flechter zum Einbau derselben. Da die Konstruktion des Bauteils aus der Rohbauzeichnung ersichtlich ist, werden im Bewehrungsplan nur noch die Bauteilumrisse gezeichnet. Diese können dem Schalplan (oder der Rohbauzeichnung) direkt entnommen werden, wenn die weiteren Angaben (Einbauteile, Detailmaße) auf anderen Layern[1] verborgen werden. Hiermit wird dann der weitere Bewehrungsplan gezeichnet. Um die Widerspruchslosigkeit innerhalb der Pläne zu gewährleisten und die Übersichtlichkeit zu steigern, ist das auf der Rohbauzeichnung verwendete Achsennetz auf dem Bewehrungsplan zu übernehmen.

Bewehrungspläne müssen alle Angaben enthalten, die zum Herstellen und Verlegen der Bewehrung erforderlich sind. Die Darstellungsweise ist in [DIN EN ISO 3766 – 04] genormt. Die genormten und zu verwendenden Symbole werden nachfolgend beschrieben.[2]

Für Bewehrungspläne von Decken werden i. Allg. zwei Grundrisse (je einer für die untere und die obere Bewehrung), für Bewehrungspläne von Wänden zwei Ansichten (je eine für die vordere und die hintere Bewehrung) gezeichnet. Hinzu kommen die erforderlichen Schnitte und Details. Bei sehr einfachen Bewehrungen können auch beide Bewehrungslagen in einem Grundriss (bzw. einer Ansicht) dargestellt werden. Die Blickrichtung auf den Plänen und die Blickrichtung des Flechters sollen übereinstimmen. Der Tragwerksplaner hat somit zu überlegen, welche Wandschalung zuerst gestellt wird (bei Außenwänden ist dies die Außenschalung, weil hier von innen bewehrt wird; bei Kernen die Ansicht von außen, weil die Kerninnenschalung zuerst gestellt wird). Die Bewehrung wird in den Grundrissen, Ansichten und Schnitten dargestellt. Zusätzlich wird ein Stahlauszug erstellt, wobei für die Form des Stahlauszuges mehrere Darstellungsweisen möglich sind (→ Kap. 4.3).

1 Begriff „Layer" → z.B.: [Meiner – 92].

2 Mit den Möglichkeiten von farbigen Plottern ergeben sich auch verbesserte Darstellungsmöglichkeiten durch farbige Bewehrungszeichnungen. Diese sind bisher nicht genormt und werden individuell festgelegt. Nachfolgend werden die Farben für Beton und Betonstahl nach Kap. 17.1 verwendet.

Linienart	Wichtigste Anwendung	Liniengruppe		
		IV	III	II
		Vorzugsweise zu wählende Linienbreite in mm abhängig vom Maßstab der Zeichnung		
		(1:1)	1:5 1:10	1:25 1:50
Volllinie (breit)	Stabstahl im Bauteil und im Stahlauszug	1,0 (1,4)[a]	1,0[a]	0,5 (0,7)
Volllinie (mittelbreit)	Schalkanten (Ansichts- oder Schnittkanten), Umrisse der Positionsnummern, Umrisse und Diagonalen von Matten	0,7	0,5	0,35
Volllinie (schmal)	Maßlinien, Verlegelinien, Bezugslinien	0,5	0,35	0,25
Strichlinie (mittelbreit)	Anschlussbewehrung, verdeckte Schalkanten	0,7	0,5	0,35
Strichlinie (schmal)	Suchlinie	0,5	0,35	0,25
Strichpunktlinie (breit)	Kennzeichnung von Schnittebenen	1,0 (1,4)	1,0	0,5 (0,7)
Strichpunktlinie (mittelbreit)	Stoffachsen, Symmetrieachsen	0,7	0,5	0,35

[a] Linienbreite 0,35 mm, wenn der Stab mit zwei Linien dargestellt wird.

Tafel 4.1 *Linienarten und -breiten für Bewehrungspläne*

4.1.2 Linienarten und Linienbreiten

In **Tafel 4.1** sind Vorschläge für zu verwendende Linienbreiten je nach verwendetem Maßstab angegeben. Übliche Maßstäbe sind:

1:50 für Grundrisse von Decken, Ansichten von Wänden und Bauteile mit einfachen Bewehrungen;

1:25 für Schnitte, Grundrisse und Ansichten von komplizierten Bauteilen, Bewehrungsdarstellung stabförmiger Bauteile (Balken, Stützen);

1:10; *1:5* für Details.

Der Maßstab 1:1 kann verwendet werden, wenn im Ausnahmefall die Einbaufähigkeit der Bewehrung mit der genauen Einbaufolge gezeigt werden soll.

Bei dichter Bewehrung (= hohem geometrischem Bewehrungsgrad) ist bezüglich der Einbaufähigkeit von Stabstahl zu beachten, dass der reale Durchmesser aufgrund der Rippen größer als der Nenndurchmesser ist (→ Teil 1, Kap. 4.1).

4.1.3 Legende

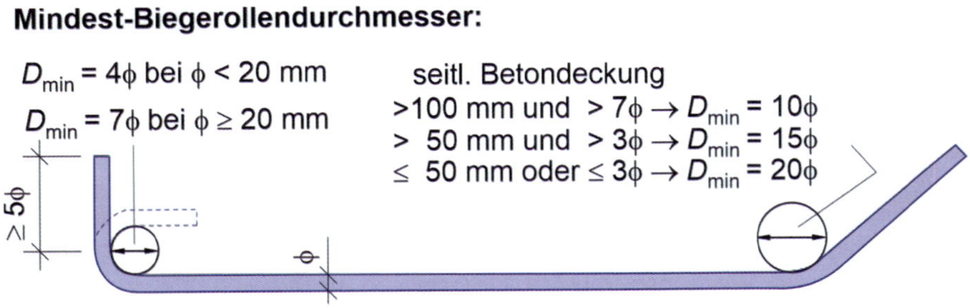

Abb. 4.1 *Beispiel für eine Biegeanweisung nach EC 2-1-1/NA, Tabelle 8.1DE*

Wie bei Rohbauzeichnungen wird bei größeren Bauvorhaben über dem Schriftfeld eine Übersichtsskizze gezeichnet, die die Lage des im Plan dargestellten zu bewehrenden Bauteils angibt. Weiterhin gibt es folgende Informationen (EC 2-1-1/NA, NA.2.8.2):

- Angaben zum Beton
  - Beton *C20/25*
  - [3]maßgebende Expositionsklasse X*C3*
  - Anforderungen an den Beton nach DIN EN 206-1 und DIN 1045-2[4], 5
  - Vorhaltemaß der Betondeckung Δc_{dev} = *15* mm
- Angaben zum Stahl
  - Betonstahl B500*B*
  - Listennummer (= Zeichnungsnr.) der zugehörigen Stahlliste
  - Biegeanweisung als CAD-Element (**Abb. 4.1**)
- Maßnahmen zur Qualitätssicherung
  - Nennung der [DIN EN ISO 3766 – 04] als Grundlage der Listenfestlegung und Schlüsselnummern
  - evtl. Forderung nach bestimmten Nachbehandlungsmethoden
- zugehörige Pläne
  - zugehöriger Schalplan und evtl. weitere Detailpläne, Anschluss-pläne usw.

4.1.4 Schrifthöhen

Innerhalb des Bewehrungsplanes sollten maximal drei verschiedene Schrifthöhen verwendet werden (**Tafel 4.2**). Die Schrifthöhe 2,5 mm darf nur verwendet werden, sofern der Plan nicht verkleinert werden soll.

3 Die *kursiven* Angaben sind für den aktuellen Plan anzupassen.
4 Anwendungsregeln zu DIN EN 206-1.Verlegemaß der Betondeckung c_v = *35* mm

4.1.5 Bemaßung

Für das Bauteil sind nur die Achsmaße und die Hauptabmessungen anzugeben. Einbauteile und Aussparungen sind nur einzuzeichnen, wenn sie die Bewehrung beeinflussen. Sie sind nicht zu vermaßen, da dies bereits auf der Rohbauzeichnung erfolgt ist.

Wichtigste Anwendung	**Vorzugsweise zu wählende Schrifthöhe in mm abhängig vom Maßstab der Zeichnung**	
	1:10; 1:25	1:50
Überschriften (Grundriss, Ansicht, Schnitt)	10	7
Angaben zur Positionsnummer	5	3,5
Maße, erläuternde Texte	3,5	3,5; (2,5)

Tafel 4.2 *Schrifthöhen bei Bewehrungsplänen*

Für die Bewehrung

- sind alle Längenangaben des Stabes erforderlich;
- ist die Einbaulage des Bewehrungsstabes anzugeben, sofern die Bewehrung nicht an eine Abschalung oder Bauteilkante grenzt.

Die Biegeformen sind durch Angabe der Teillängen und der Biegewinkel zu bemaßen. Für die Teillängen gilt: Bei Biegestellen mit einem Winkel

- *unter 90°* ist bis zu den Schnittpunkten der Tangenten an die Stabachse zu messen;
- *bei 90°* ist bis zu den Schnittpunkten der äußeren Tangenten zu messen;
- *über 90°* ist der Biegewinkel in einen rechten und einen spitzen Winkel aufzuteilen und die Teillängen sind entsprechend zu bemaßen, d.h., im Scheitel ist für den rechten Winkel die äußere Tangente und für den spitzen Winkel die Tangente an die Stabachse maßgebend.

Passmaße werden in Klammern gesetzt. Sie sind Außenmaße.

4.1.6 Abkürzungen und Symbole

Über die bei den Rohbauzeichnungen erläuterten Abkürzungen (**Tafel 3.3**) hinausgehend, sind für Bewehrungspläne einige weitere Abkürzungen üblich, die keiner weiteren Erklärung in der Legende bedürfen (**Tafel 4.3**).

	Abkürzung	Beschreibung	Erklärung der Abkürzung
Lage	o	außen	outside
	i	innen	inside
	N	vorne	near
	F	hinten	far back
	T	oben	top
	B	unten	bottom
	1	1. Lage	1. Lage
	2	2. Lage	2. Lage
Sonstiges	∅	Stabdurchmesser	
	MS	Montagestab	
	(2,50)	2,50 m ist eine Passlänge	

Tafel 4.3 *Abkürzungen in Bewehrungsplänen [DIN EN ISO 3766 – 04]*

4.2 Bewehrungen aus Betonstabstahl

4.2.1 Positionierung

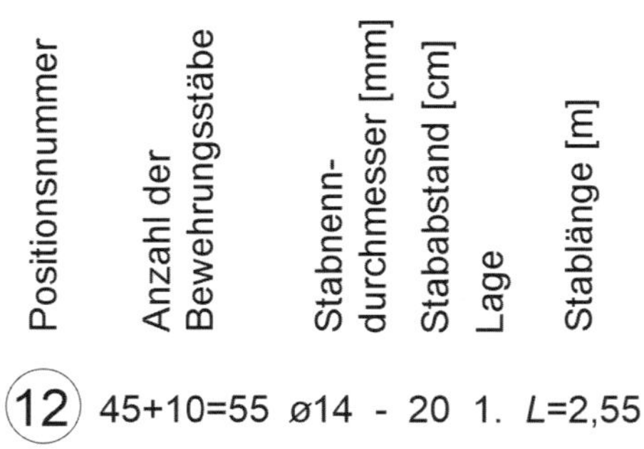

Abb. 4.2 *Beispiel für die Kennzeichnung eines Betonstabstahls*

Bewehrungsstäbe mit demselben Durchmesser und derselben Biegeform innerhalb einer Zeichnung werden unabhängig vom Einbauort zu *einer* Position zusammengefasst. Die vollständige Kennzeichnung mit der Anzahl aller zu einer Position gehörenden Stäbe muss auf dem Bewehrungsplan einmal angegeben werden. Sie steht am Stahlauszug oder, wo dies nicht möglich ist, an Hinweislinien, die den Zusammenhang mit der zugehörigen Bewehrung herstellen. Zu einer Position gehören folgende Angaben in der aufgezählten Reihenfolge (**Abb. 4.2**):

- die Positionsnummer, die mit einem Kreis zu umschließen ist;
- die Anzahl der Bewehrungsstäbe (bei mehreren Einbauorten werden zunächst die Teilanzahlen und danach die Summe angegeben);

- das Durchmesserzeichen mit Stabnenndurchmesser [in mm];

und soweit es erforderlich ist, sind außerdem anzugeben:

- der Stababstand [in cm];
- die Kennzeichnung der Lage;
- die abgewickelte Stablänge [in m].

Wenn sich Bauteilabmessungen kontinuierlich ändern, und Bewehrungsstäbe an diese sich ändernden Abmessungen angepasst werden müssen (z.B. Bügel bei einem gevouteten Balken), werden die unterschiedlichen Stäbe zu einer Position zusammengefasst, wobei die Positionsnummer mit einer Dezimalnachkommastelle erweitert wird. Die variablen Maße und die Teilstückzahlen werden in einer Tabelle aufgeführt (**Abb. 4.3**).

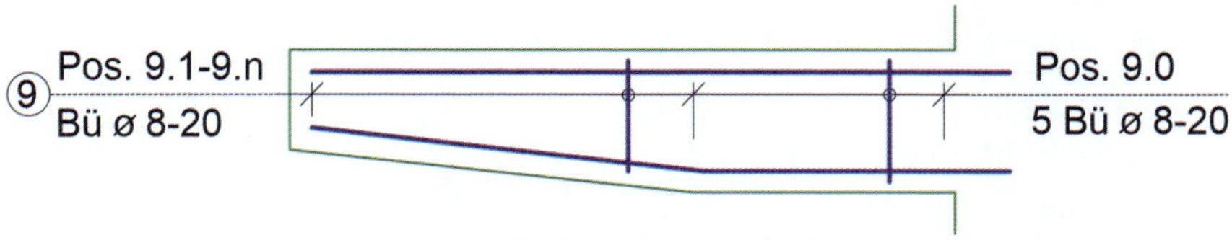

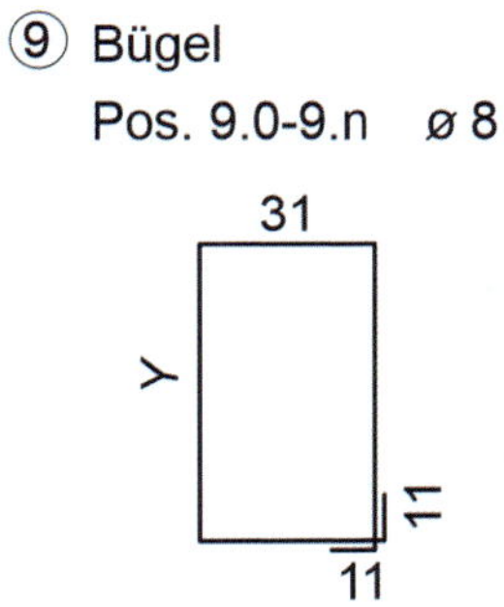

Pos.	St.	Y	L/St.
9.0	5	52	1.88
9.1	1	50	1.84
9.2	↓	48	1.80
⋮		⋮	⋮
9.n		30	1.44

Abb. 4.3 *Positionierung bei variablen Stablängen*

Je nach verwendeter Biegeform und Lage im Bauteil wird ein Bewehrungselement unterschiedlich dargestellt. In [DIN EN ISO 3766 – 04] ist die Darstellungsweise von Bewehrungselementen genormt (**Tafel 4.4**).

4.2.2 Darstellung der Bewehrung in Plänen

Die Darstellungsform ist in vielen Einzelheiten [DIN EN ISO 3766 – 04] zu entnehmen. Im Folgenden werden diese Angaben zusammen mit weiteren Hinweisen wiedergegeben.

Ansicht von einzelnen Bewehrungsstäben:

Der Einzelstab wird im Bauteil an der entsprechenden Stelle gezeichnet. Falls es bei mehreren in derselben Ebene liegenden Positionen erforderlich ist, können die Stabenden durch Schrägstrich und Positionsnummer markiert werden (**Tafel 4.4**).

Einzelne gleiche Bewehrungsstäbe:

Bei einzelnen gleichen Bewehrungstäben braucht die Kennzeichnung nur einmal angegeben zu werden. Die Positionsnummer wird mit den zugehörigen Stäben durch Hinweislinien verbunden (**Abb. 4.4**). Die Position der Stäbe wird durch einen kurzen Querstrich an der Hinweislinie gekennzeichnet.

Beschreibung		Vereinfachte Darstellung	
		Ansicht	Schnitt
Gerader Bewehrungsstab	Allgemein für Einzelstab Stabbündel (3 Stäbe)	 	●
	Als Anschlussbewehrung (Stab ist bereits auf anderer Zeichnung dargestellt und positioniert)		○
Gerade Verankerung	Sofern notwendig, werden hintereinander liegende Stäbe durch Schrägstriche mit Positionsnummer gekennzeichnet	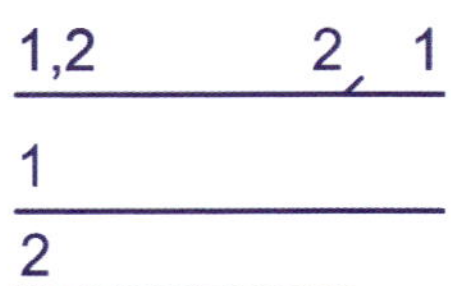	● ○
Endhakenverankerung	Haken ($\alpha \neq 90°$)		
	Winkelhaken ($\alpha = 90°$)		
	Schlaufe ($\alpha = 180°$)		
Verankerung mit Ankerkörper		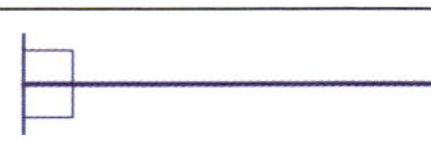	⊙ ⊡
Aus der Zeichenebene gebogene Stäbe	Aus Zeichenebene rechtwinklig nach hinten gebogen		
	Aus Zeichenebene rechtwinklig nach vorne gebogen		
Indirekter Stoß	Hintereinander liegende Stäbe werden durch Schrägstriche mit Positionsnummer gekennzeichnet		● ○

Beschreibung		Vereinfachte Darstellung	
		Ansicht	Schnitt
Direkter Stoß	allgemein Muffenverbindung Zug		
	Muffenverbindung Druck		
	Schraubverbindung mit zylindrischem Gewinde (WD)	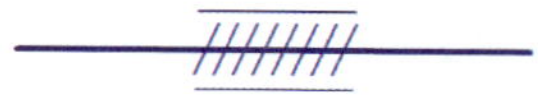	
	Schraubverbindung mit Kegelgewinde (LENTON)	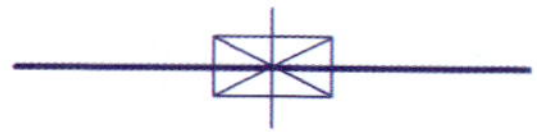	
	Schraubverbindung mit gewindeförmig ausgebildeten Rippen (GEWI)	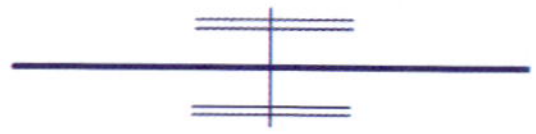	
	Verbindung mit Stiftschrauben (MBT)	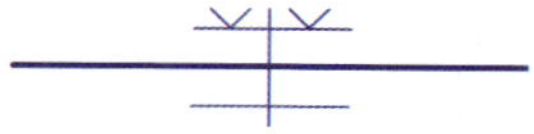	
	Pressmuffenstoß		
	geschweißter Kontaktstoß		

Tafel 4.4 *Darstellung von Betonstabstahl*

Gruppen gleicher Bewehrungsstäbe:

Wenn eine Gruppe gleicher Bewehrungsstäbe in einem Verlegebereich auftritt, wird ein Stab maßstäblich gezeichnet. Der Verlegebereich wird durch eine Querlinie dargestellt. Er wird durch kurze Quer- und Schrägstriche begrenzt. Die Zuordnung des Stabes und des Verlegebereichs erfolgt durch einen Nullenkreis im Schnittpunkt von Stab und Querlinie (**Abb. 4.5**). Wenn mehrere Gruppen gleicher Bewehrungsstäbe auftreten, so werden die Gruppen durch eine unterbrochene Querlinie zusammengefasst. In jedem Verlegebereich wird die Teilstabzahl (in runden Klammern) und bei unterschiedlichen Stababständen der zugehörige Stababstand angegeben. Die Abstände zwischen den Verlegebereichen sind zu vermaßen, wobei mindestens ein Stab maßstäblich gezeichnet wird. Wenn Gruppen gleicher Stäbe in versetzter Anordnung verlegt werden sollen, wird zusätzlich zum maßstäblich gezeichneten Stab der versetzte Stab gezeichnet und an dieselbe Querlinie angebunden (**Abb. 4.6**).

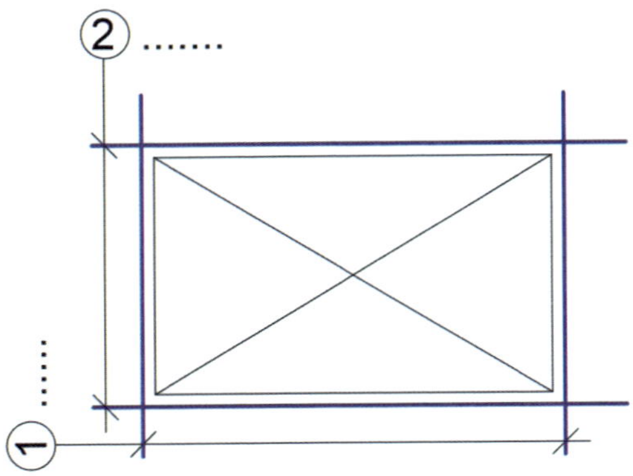

Abb. 4.4 *Einzelne gleiche Bewehrungsstäbe*

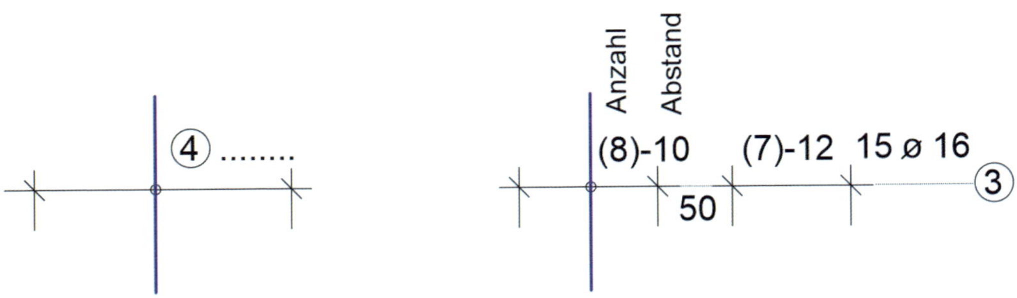

Abb. 4.5 *Gruppen gleicher Bewehrungsstäbe*

Gruppen verschiedener Bewehrungsstäbe:

Wenn innerhalb eines Bereichs verschiedene Positionen verlegt werden sollen, wird jede Position einmal maßstäblich gezeichnet und an ihre Querlinie angebunden, wobei die unterschiedlichen Querlinien möglichst nahe beieinander liegen. Der Bezug von jeweiligem Stab und Querlinie erfolgt durch den Nullenkreis (**Abb. 4.6**).

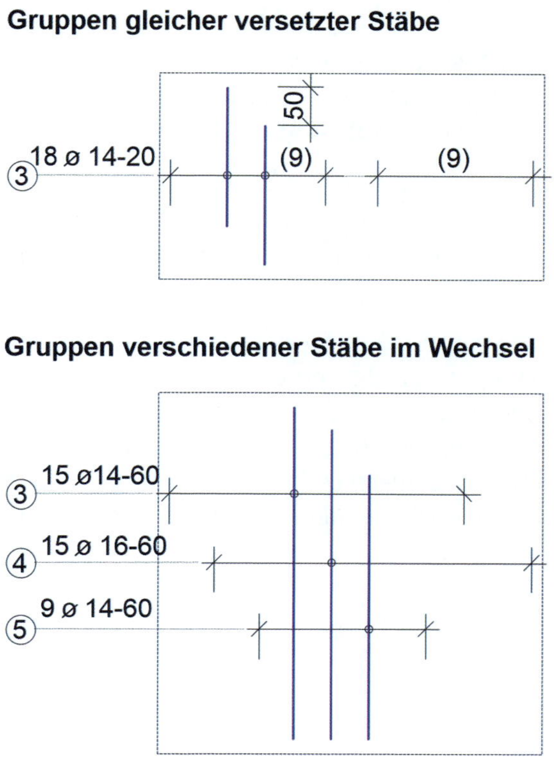

Abb. 4.6 *Wechselweise Anordnung von Stäben*

Auf- und abgebogene Bewehrungsstäbe:

Die Biegestellen für die Aufbiegung oder Abbiegung werden durch kurze Querstriche in der Grundrissdarstellung des Stabes bezeichnet. Der in der Zeichenebene liegende Teil des Stabes wird mit einer breiten Volllinie dargestellt. Der außerhalb der Zeichenebene liegende restliche Teil wird durch eine breite Strichlinie dargestellt. Wenn der Stab nur in der Draufsicht und nirgends im Schnitt dargestellt wird, ist die Biegeform schematisch hinter der Positionskennzeichnung darzustellen (**Abb. 4.7**).

Abb. 4.7 *Auf- und abgebogene Bewehrungsstäbe*

Gestoßene Stäbe:

Ein Übergreifungsstoß von zwei Bewehrungsstäben kann entweder durch zwei nebeneinander gezeichnete Stäbe oder durch einen Vollstrich mit Markierung der Stabenden durch Schrägstrich und Positionsnummer dargestellt werden (**Abb. 4.8**).

Bügelanordnungen:

Bügelanordnungen, die nicht eindeutig der Bewehrungsdarstellung im Schnitt entnommen werden können, sind zusätzlich hinter der Positionsnummer schematisch darzustellen (**Abb. 4.9**).

Lagekennzeichen:

Wird bei Decken und Wänden auf eine getrennte Darstellung der oben und unten liegenden bzw. vorn und hinten liegenden Bewehrung verzichtet, so ist an den Positionsbezeichnungen die Angabe der Lage (oben, unten, vorn, hinten) zu ergänzen. Hierzu sind die Abkürzungen entsprechend zu verwenden. Eventuelle Endmarkierungen von Stäben werden für die untere Bewehrung aufwärts bzw. nach links und für die obere Bewehrung abwärts bzw. nach rechts gezeichnet.

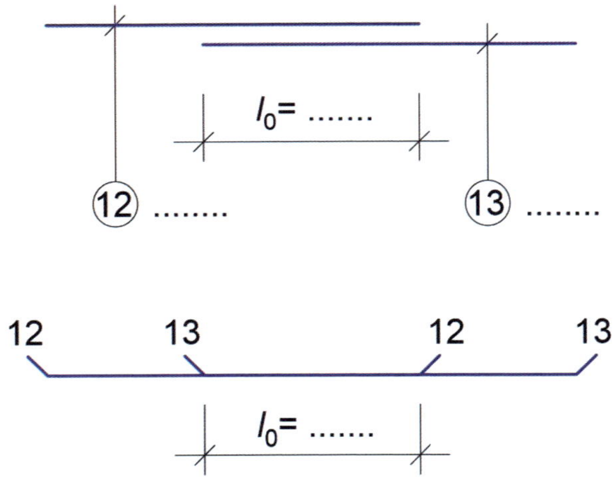

Abb. 4.8 *Übergreifungsstoß von Bewehrungsstäben*

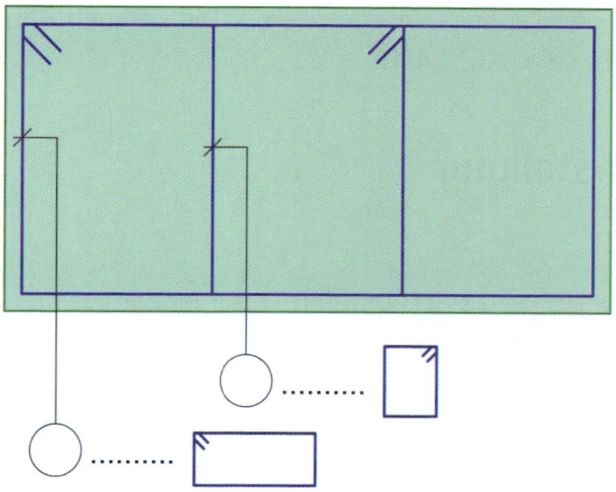

Abb. 4.9 *Kennzeichnung der Bügelform*

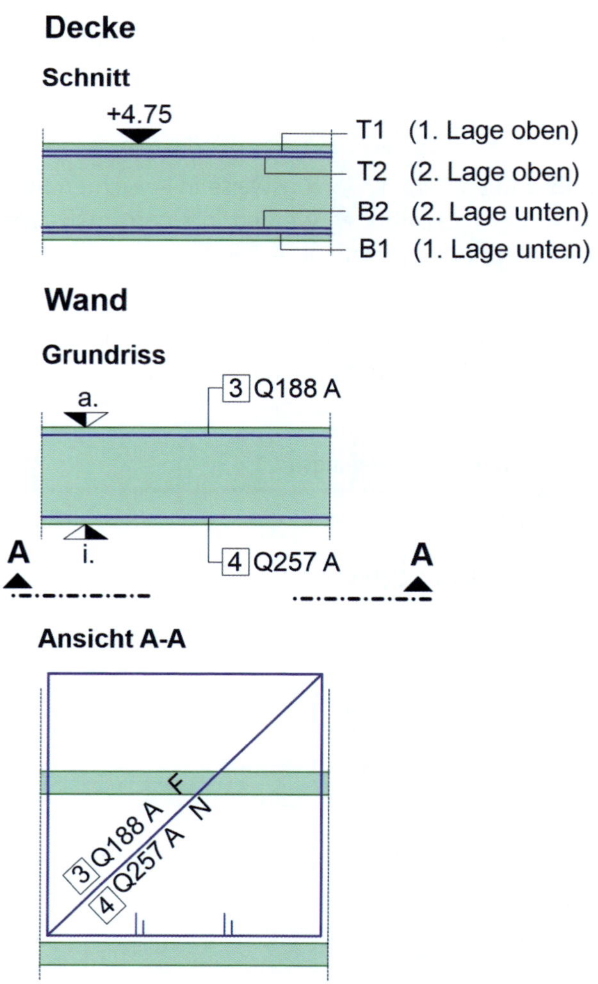

Abb. 4.10 *Definition für die obere, untere, innere und äußere Bewehrung*

Bei mehrlagiger Bewehrung sind die einzelnen Lagen zu nummerieren. Die Zählrichtung muss auf der Zeichnung eindeutig festgelegt sein (**Abb. 4.10**).

4.3 Arten der Bewehrungsdarstellung

4.3.1 Allgemeines

In der zurückgezogenen DIN 1356-10 [DIN 1356-10 – 91] wurden verschiedene Darstellungsarten festgelegt. Die Darstellungsarten 1 und 2 sind immer noch allgemein üblich und können vom Tragwerksplaner wahlweise angewendet werden. Hierbei dürfen innerhalb eines Planes jedoch nicht Darstellungsart 1 und 2 gemischt werden. Darstellungsart 3 aus [DIN EN ISO 3766 – 04] ist eine verkürzte Darstellung, die sich insbesondere für stationäre CAM-Fertigung von Fertigteilen eignet.

Als baustellentauglichste Variante hat sich Darstellungsart 1 erwiesen. Darstellungsart 2 ist mitunter unübersichtlich und bedarf einer längeren Zeit für die Erfassung der Zeichnung und Umsetzung auf der Baustelle. Darstellungsart 3 ist nur für vorzufertigende Bauteile im Fertigteilwerk empfehlenswert.

4.3.2 Darstellungsart 1

Bei der Darstellungsart 1 wird die Bewehrung im Bauteil, vorzugsweise in Ansichten und Schnitten, maßstäblich dargestellt. Die einzelnen Positionen werden in einem maßstäblichen Stahlauszug herausgezogen und vollständig vermaßt. Die Bewehrung wird nach dem Plan gebogen.

Sofern die Bewehrung nur in der Ansicht, nicht im Grundriss, dargestellt wird, kann die oben liegende Bewehrung zur Steigerung der Übersichtlichkeit oberhalb, die unten liegende Bewehrung unterhalb des Bauteils herausgezogen werden.

Beispiel 4.1: Bewehrungsplan mit Betonstabstahl nach Darstellungsart 1

(vgl. hierzu auch Beispiel 4.2 und Beispiel 4.3)

gegeben:

- Bauteil gemäß dem skizzierten Schalplan
- Biegezugbewehrung
  - Feld 1: 5 ∅25
  - Feld 2: 5 ∅20
  - Stütze: 2 ∅25 + 6 ∅20 + 2 ∅16
- Querkraftbewehrung
  - Bügel ∅10 in wechselnden Abständen gemäß Querkraftdeckung
- Betonstahl B500B
- Betondeckung: $c_v = 2{,}5$ cm

Längsschnitt M 1:100

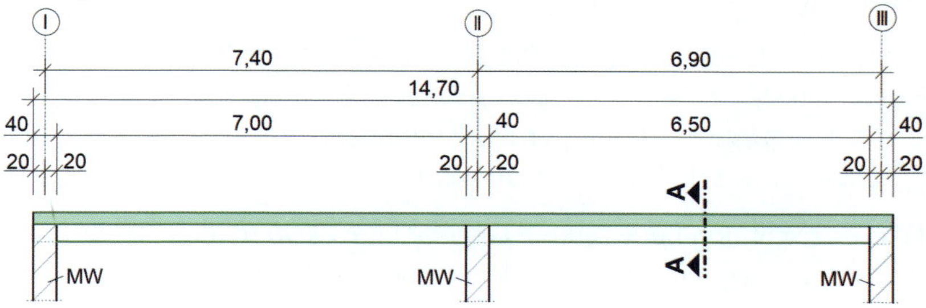

Schnitt A-A M 1:50

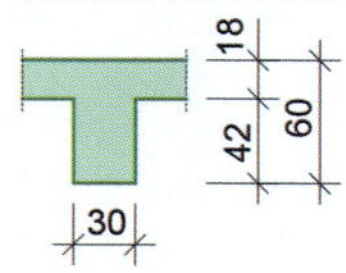

gesucht: Bewehrungsplan nach Darstellungsart 1

Lösung:

Ansicht M = 1:100

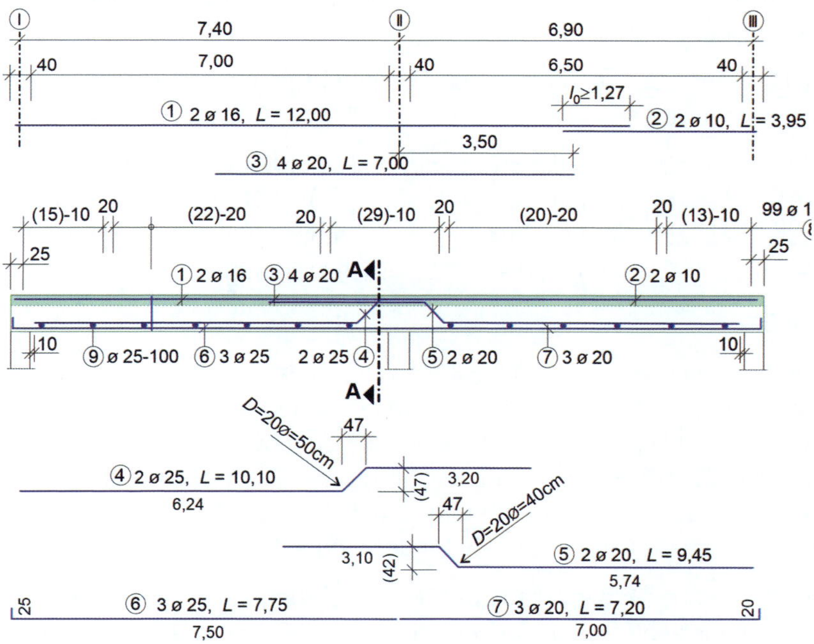

Schnitt A-A
M = 1:20

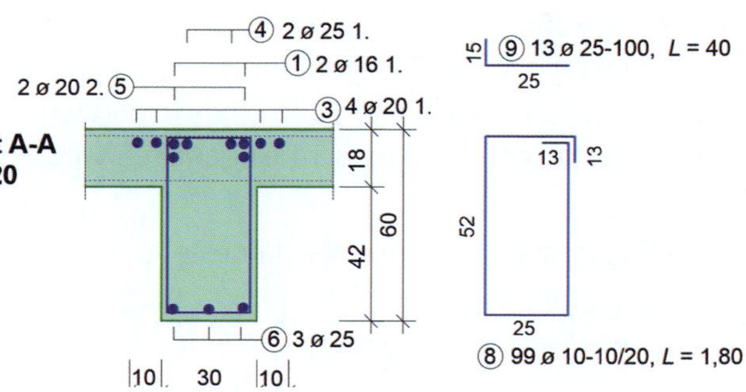

Anmerkungen zum Bewehrungsplan:

Pos. 1 Die Stäbe sind über der Stütze statisch erforderlich, im Feld dienen sie als Montagestäbe. Der Einsatz von separaten Montagestäben dünneren Durchmessers lohnt sich aufgrund der geringen Stahlersparnis, dafür aber erforderlichen zusätzlichen Position nicht.

Pos. 2 In dieser Zeichnung betragen die Lagerlängen 12,00 m. Pos. 1 muss daher gestoßen werden. Als Montagestäbe eignen sich ∅10.

Pos. 3 Die Stäbe grenzen nicht an eine Schalung, ihre genaue Einbaulage ist daher zu vermaßen. Die Stäbe werden außerhalb des Stegbereichs angeordnet, um eine Rüttelgasse freizuhalten.

Pos. 4 Sofern an Biegestellen keine Angabe des Biegerollendurchmessers erfolgt, gelten die Mindestwerte 4∅ bei Stabdurchmesser $\varnothing < 20$ und 7∅ bei Stabdurchmesser $\varnothing \geq 20$. Hier erfolgt eine randnahe Schrägaufbiegung mit größerem Biegerollendurchmesser (→ Teil 1, Kap. 4), daher wird der Biegerollendurchmesser angegeben. Da die Stäbe über der Stütze infolge der Aufbiegung oben angeordnet sind, müssen sie im Stegbereich liegen. Die Stäbe beginnen oder enden nicht an einer Schalkante, sodass sie lagemäßig zu vermaßen sind.

Pos. 5 Stäbe liegen über der Stütze in der zweiten Lage. Ansonsten gelten die Bemerkungen von Pos. 4.

Pos. 6 Mindestens ein Viertel der erforderlichen Feldbewehrung ist bis über ein Zwischenauflager zu führen (EC 2-1-1, 9.2.1.4(1)). 2 ∅ 25 würden hierzu zwar ausreichen, dies würde jedoch für den dritten Stab eine zusätzliche Position bedeuten. Daher wurden die 3 ∅ 25 gleich ausgeführt.

Pos. 7 wie Pos. 6

Pos. 8 Die Bügel werden in unterschiedlichen Abständen angeordnet, diese und die jeweilige Stückzahl werden an einer Maßlinie angegeben. Sofern der obere Bügelschenkel erst nach dem Verlegen auf der Baustelle heruntergebogen werden soll, ist dieser unter ca. 30° nach oben geöffnet zu zeichnen. Bei der Bügelhöhe wurde berücksichtigt, dass die obere Bewehrung der Platte (hier: Betonstahlmatte) ausreichend Betondeckung aufweist.

Pos. 9 Montagestäbe für die 2. Lage der Feldbewehrung. Sie könnten in diesem Beispiel auch entfallen, da in der 2. Lage nur 2 Stäbe liegen und diese an den vertikalen Bügelschenkeln befestigt werden können. Die geraden Montagestäbe haben in der Bauausführung den Nachteil, dass aufgrund schlechter Befestigungsmöglichkeiten und eines fehlenden „Anschlags" oftmals die Betondeckung zur Stegseite nicht eingehalten wird.

Die zugehörige Biegeliste ist in **Tafel 4.9** dargestellt.

(Fortsetzung mit Beispiel 4.4)

4.3.3 Darstellungsart 2

Bei der Darstellungsart 2 ist die Bewehrung im Bauteil, vorzugsweise in Ansichten und Schnitten, maßstäblich darzustellen. Die Stabenden sind nach **Tafel 4.4** zu markieren. *Entgegen Darstellungsart 1 werden die einzelnen Positionen nicht maßstäblich herausgezogen*, sondern durch kleinere skizzenartige Darstellungen der bemaßten Biegeformen bei den Positionsnummern ersetzt (**Abb. 4.11**). Die Darstellungsart 2 hat den Vorteil einer schnelleren Planherstellung. Sie kann bei einfachen Bauvorhaben auch zu einer geringeren Plananzahl führen. In der Praxis hat sich jedoch Darstellungsart 1 mit dem maßstäblichen Stahlauszug bewährt, da diese Darstellungsart die Umsetzung auf der Baustelle erleichtert und Fehlinterpretationen entgegenwirkt.

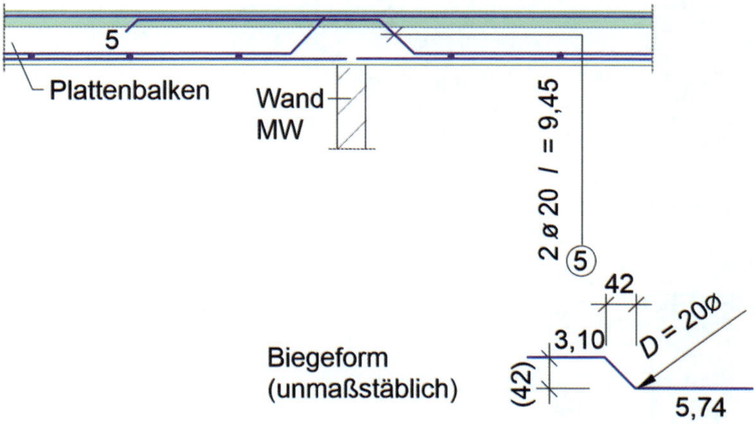

Abb. 4.11 *Darstellung der Biegeform an der Positionsnummer*

Wird eine Position mehrfach herausgezogen, so ist nur ein Auszug davon zu bemaßen und mit der vollständigen Kennzeichnung zu versehen. In diesem Fall sind alle auf der Bewehrungszeichnung vorkommenden Positionsnummern, bei denen eine vollständige Kennzeichnung einschließlich bemaßter Biegeform angegeben ist, besonders hervorzuheben.

Die Stahlliste kann auf dem Bewehrungsplan zusammen mit einer Biegeliste oder getrennt angefertigt werden. Die Bewehrung wird nach der Bewehrungszeichnung gebogen.

Beispiel 4.2: Bewehrungsplan mit Betonstabstahl nach Darstellungsart 2

(Das Beispiel ist bis auf die Darstellungsart 2 identisch mit Beispiel 4.1)

gegeben:
- Bauteil gemäß dem skizzierten Schalplan von Beispiel 4.1
- Biegezug- und Querkraftbewehrung wie in Beispiel 4.1

gesucht:
- Bewehrungsplan nach Darstellungsart 2

Lösung:

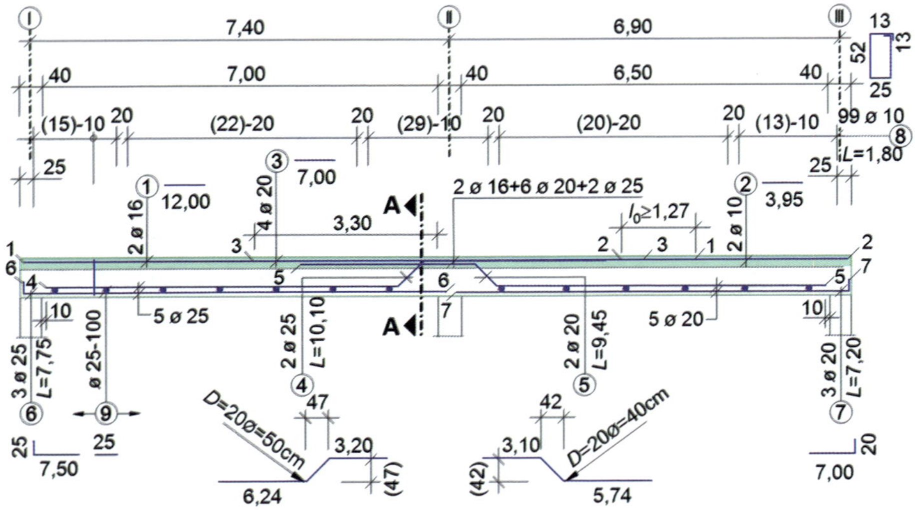

Schnitt A-A

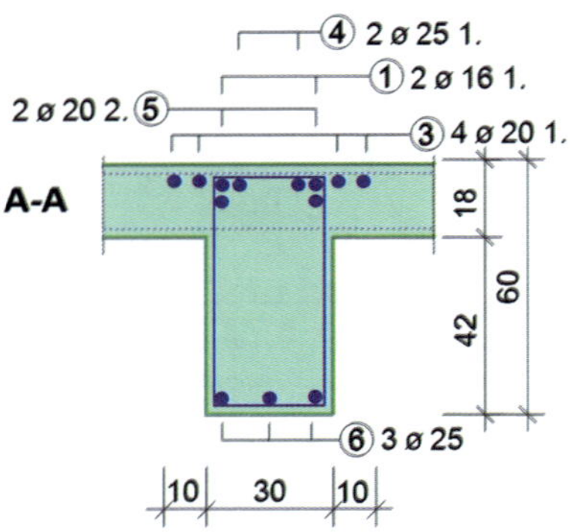

Anmerkungen zum Bewehrungsplan:

Pos. 1 Im Balken liegen oben die Positionen 1 bis 3. Zur eindeutigen Darstellung sind daher die Stabenden dieser Positionen zu markieren. Die Biegeform ist unmaßstäblich dargestellt. Um Verwechslungen auszuschließen, wird die Stablänge in cm angegeben.

Pos. 2 Die Übergreifungslänge ist vermaßt. Durch die Stabendmarkierungen von Pos. 1 und Pos. 2 ist der Bezug zur Übergreifungslänge angegeben.

Pos. 3 Die Stäbe grenzen nicht an eine Schalung, ihre Einbaulänge ist daher zu vermaßen. Der Maßbezug wird durch die Stabendmarkierung erreicht.

Pos. 4 Stabkrümmungen werden im Stahlauszug nicht ausgerundet, der Biegerollendurchmesser wird durch eine Gleichung angegeben. Die Gesamtstablänge wird hinter die Durchmesser- bzw. Abstandsangabe geschrieben, da dies die Lesbarkeit der Pläne auf der Baustelle erhöht.

Die zugehörige Biegeliste ist in **Tafel 4.9** dargestellt.

4.3.4 Darstellungsart 3

Die Unterschiede zur Darstellungsart 2 sind die fehlende Bemaßung der Biegeformen und eine zusätzliche *Schlüsselnummer in der Positionsnummer für die Biegeform* (**Abb. 4.12**). Die Bewehrung wird unabhängig von der Bewehrungszeichnung anhand einer kombinierten Formen- und Biegeliste gebogen. Diese Art der Darstellung bewirkt dann einen wirtschaftlichen Vorteil, wenn mit einer rechnergestützten Tragwerksplanung *und* Fertigung die Stahlliste per DV übergeben wird und danach das Ablängen und Biegen der Bewehrung automatisch erfolgen. Eine Anwendung der Darstellungsart 3 bei Baustellenfertigung ist gegenwärtig noch nicht sinnvoll.

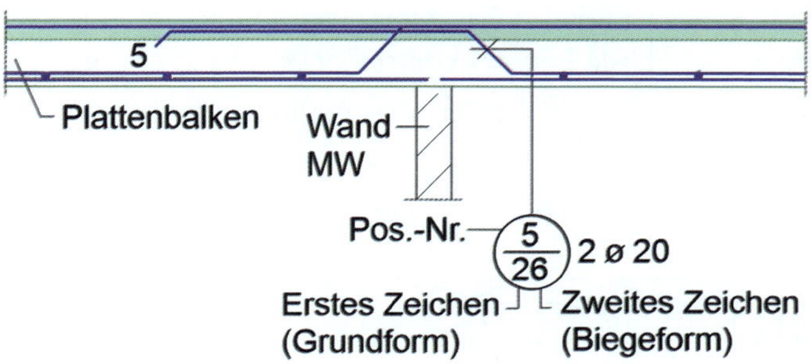

Abb. 4.12 *Darstellung der Biegeform in der Positionsnummer*

Die Schlüsselnummer für die Stabform besteht aus zwei Zeichen (**Tafel 4.5**). Das erste Zeichen gibt die Anzahl der Bögen oder die Art des Bogens bzw. der Bögen, das zweite Zeichen gibt die Biegerichtung des Bogens bzw. der Bögen an. Die Schlüsselnummern dürfen um Parameter für die Endhaken ergänzt werden. Die Schlüsselnummern selbst werden dabei nicht geändert oder verlängert. Sie werden durch zwei Ziffern definiert, die erste bezeichnet den Endhaken am Maß *a*. Das Vorzeichen dieser Ziffern ist positiv, wenn die Biegerichtung des benachbarten Bogens gleichgerichtet ist. Die Endhaken haben die Länge *h*. Folgende Zahlen sind möglich (Beispiele siehe **Tafel 4.6**):

0 kein Endhaken

1 Endhaken 90°

2 Endhaken zwischen 90° und 180°, abhängig von Referenznormen

3 Endhaken 180°

Erstes Zeichen		Zweites Zeichen	
0	keine Bögen (optional)	0	gerader Stab (optional)
1	ein Bogen[b]	1	90° Bogen/Bögen mit genormtem Radius, alle Bögen in derselben Richtung gebogen
2	zwei Bögen[b]	2	90° Bogen/Bögen mit ungenormtem Radius, alle Bögen in derselben Richtung gebogen

Erstes Zeichen		Zweites Zeichen	
3	drei Bögen[b]	3	180° Bogen/Bögen mit ungenormtem Radius, alle Bögen in derselben Richtung gebogen
4	vier Bögen[b]	4	90° Bogen/Bögen mit genormtem Radius, nicht alle Bögen in derselben Richtung gebogen
5	fünf Bögen[b]	5	Bögen < 90° mit genormtem Radius, alle Bögen in derselben Richtung gebogen
6	Kreisabschnitte	6	Bögen < 90° mit genormtem Radius, nicht alle Bögen in derselben Richtung gebogen
7	vollständige Windungen	7	Kreisabschnitte oder vollständige Windungen
9[a]	kann nur mit 9 kombiniert werden	9[a]	kann nur mit 9 kombiniert werden

a) Spezielle nicht genormte Formen werden durch eine Skizze definiert. Formschlüssel 99 muss für alle nicht genormten Formen verwendet werden. Biegeradien und Formschlüssel 99 müssen als genormt angenommen werden, sofern sie nicht anderweitig festgelegt sind.

b) Die Anzahl der Bögen beinhaltet nicht Bögen der Endhaken, sofern sie nicht anderweitig festgelegt sind.

Tafel 4.5 *Aufbau des Formenschlüssels nach [DIN EN ISO 3766 – 04]*

Schlüssel-nummer	Stabform	Beispiel für die Stabform	
		ohne Endhaken	mit Endhaken
00	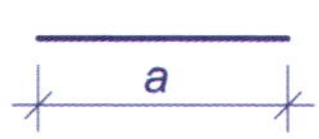		
	00-0-0-*a*-*h*	00-0-0-3600	00-0-1-3600-120
11	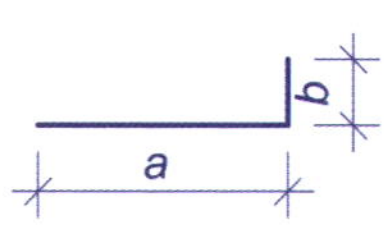	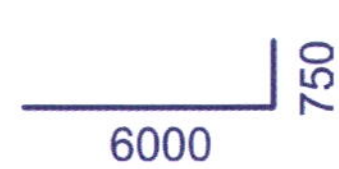	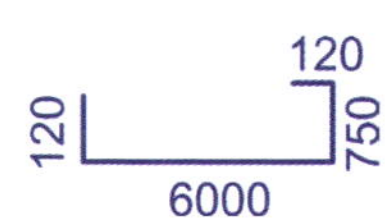
	11-0-0-*a*-*b*-*h*	11-0-0-6000-750	11-1-1-6000-750-120

Schlüssel-nummer	**Stabform**	Beispiel für die Stabform	
		ohne Endhaken	mit Endhaken
26	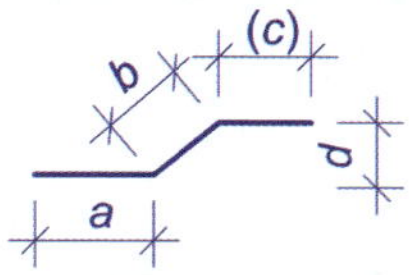	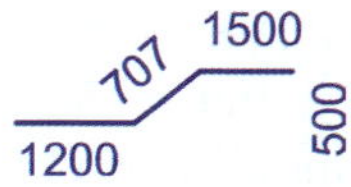	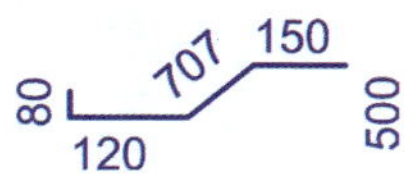
	26-0-0-*a*-*b*-*c*-*d*-*h*	26-0-0-1200-707-1500-500	26-1-0-120-707-150-500-80
51	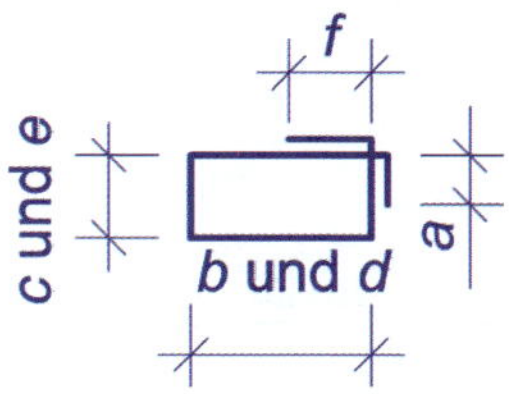	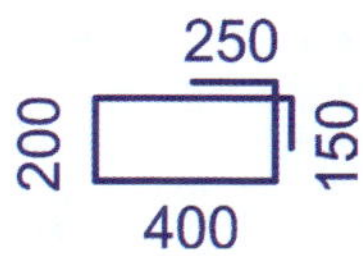	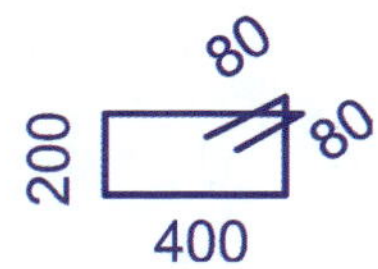 *beachte:*
	51-0-0-*a*-*b*-*c*-*d*-*e*-*f*-*h*	51-0-0-150-400-200-400-200-250	31-2-2-400-200-400-200-80
77	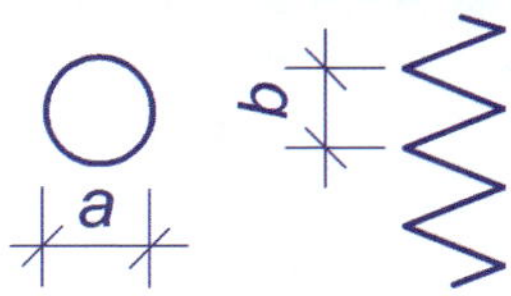 c Anzahl der Windungen	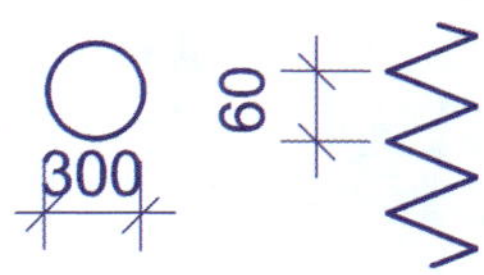	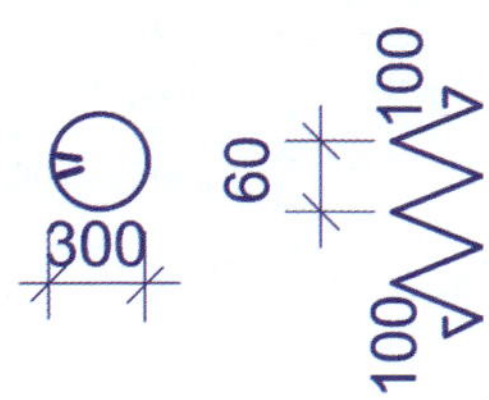
	77-0-0-*a*-*b*-*c*-*h*	77-0-0-300-60-45	77-1-1-300-60-45-100

Tafel 4.6 *Biegeformen mit Formenschlüssel nach [DIN EN ISO 3766 – 04]*

Beispiel 4.3: **Bewehrungsplan mit Betonstabstahl nach Darstellungsart 3**

(Das Beispiel ist bis auf die Darstellungsart 3 identisch mit Beispiel 4.1)

gegeben:
- Bauteil gemäß dem skizzierten Schalplan von Beispiel 4.1
- Biegezug- und Querkraftbewehrung wie in Beispiel 4.1

gesucht:
- Bewehrungsplan nach Darstellungsart 3

Lösung:

Anmerkungen zum Bewehrungsplan:

Pos. 1 bis Pos. 9 Bei einfachen Plänen (wie hier) können Skizzen der Biegeformen entfallen. Sofern die Eindeutigkeit nicht gegeben ist, kann ein unmaßstäblicher Stahlauszug hinter der Positionsnummer hilfreich sein. Zum Lesen des Planes ist die Formenliste nach **Tafel 4.7** heranzuziehen. In die Formenliste könnte auch die Stahlliste integriert werden.

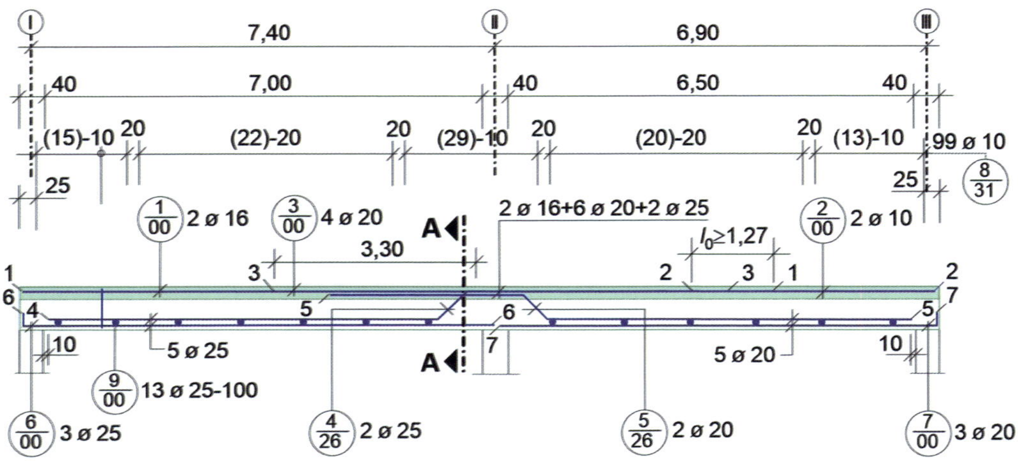

Schnitt A-A

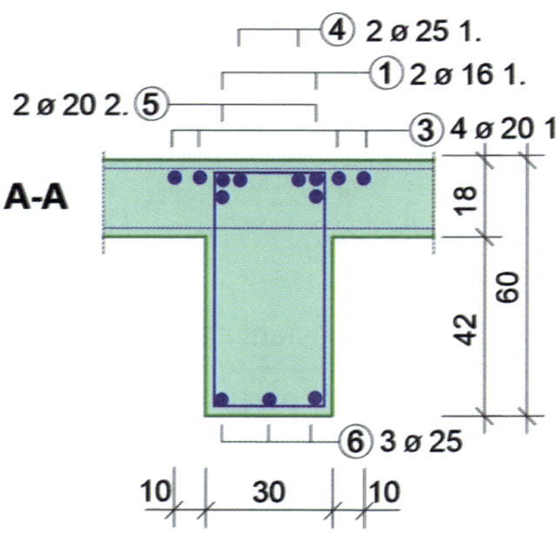

Pos.	Betonstahlsorte	∅ in mm	Einzelstablänge in m	Anzahl	Gesamtlänge in m	Stabform	Endhaken		Stabformparameter in mm				
									a	*b*	*c*	*d*	*h*
1	B500B	16	12,00	2	24,00	00	0	0	12000				
2	B500B	10	3,95	2	7,90	00	0	0	3950				
3	B500B	20	7,00	4	28,00	00	0	0	7000				
4	B500B	25	10,10	2	20,20	26	0	0	6240	630	3230	470	
5	B500B	20	9,41	2	18,90	26	0	0	5740	566	3100	420	
6	B500B	25	7,75	3	23,25	00	1	0	7500				250

Pos.	Betonstahlsorte	∅ in mm	Einzelstablänge in m	Anzahl	Gesamtlänge in m	Stabform	Endhaken		Stabformparameter in mm				
									a	*b*	*c*	*d*	*h*
7	B500B	20	7,20	3	21,60	00	1	0	7000				200
8	B500B	10	1,80	99	178,20	31	2	2	520	200	520	200	130
9	B500B	25	0,25	13	3,25	00	0	0	250				

Tafel 4.7 *Formenliste für Beispiel 4.3*

4.3.5 Stahllisten

Alle auf einem Bewehrungsplan dargestellten Bewehrungsstäbe (und auch Betonstahlmatten) sind in einer Stahlliste zusammenzufassen. Die Stahlliste dient zur Vergütung der Leistung des Bauausführenden. Es werden *Formenlisten* für Darstellungsart 3 (**Tafel 4.7**), *Biegelisten*, *Gewichtslisten* sowie kombinierte Listen (**Tafel 4.9**) unterschieden. Sofern die Darstellungsart 3 gewählt wird, muss die Stahlliste eine Formenliste umfassen, um für den Biegebetrieb die erforderlichen Angaben zu enthalten. Aus der im Format DIN A4 gefertigten Stahlliste müssen folgende Angaben hervorgehen:

Stahlliste für Darstellungsart 1 und 2:

- Allgemeine Angaben
  - Name des Bauvorhabens
  - zugehöriges Bauteil
  - Listennummer (= zugehörige Plannummer mit Index)
  - Seitennummerierung
  - Erstellungsdatum
  - Änderungsindex
- Angaben zur Bewehrung
  - Positionsnummer
  - Betonstahlsorte und Duktilitätsklasse (einmalige Angabe ausreichend, sofern alle Positionen identisch sind)
  - Stabdurchmesser
  - Stablänge
  - Anzahl der Bauteile bzw. Anzahl der Baugruppen (optional)
  - Anzahl der Stäbe in jedem Bauteil bzw. jeder Baugruppe
  - Gesamtanzahl der Stäbe
  - Gesamtlänge der Position und/oder Positionsgewicht
- Angaben zur Abrechnung
  - Gewicht je Durchmesser (optional)
  - Gesamtgewicht (je verwendeter Stahlsorte)

Formenliste für Darstellungsart 3:

- Allgemeine Angaben werden wie für Darstellungsart 1 bzw. 2 angegeben
- Angaben zur Bewehrung
  - zugehöriges Bauteil
  - Positionsnummer
  - Betonstahlsorte und Duktilitätsklasse
  - Stabdurchmesser
  - Stablänge
  - Anzahl der Bauteile bzw. Anzahl der Baugruppen
  - Anzahl der Stäbe in jedem Bauteil bzw. jeder Baugruppe
  - Gesamtanzahl der Stäbe
  - Gesamtlänge der Position und/oder Positionsgewicht
  - Stabform (Schlüsselnummer)
  - Endhakendefinition
  - Stabformparameter (Teillängen) in mm

Das Stahlgewicht wird aufgrund der Länge des Stabes und des gewählten Stabdurchmessers mit **Tafel 4.8** ermittelt.

Nenndurchmesser Ø in mm	6	8	10	12	14	16	20	25	28	32
Nennquerschnitt A_s in cm²	0,283	0,503	0,785	1,13	1,54	2,01	3,14	4,91	6,16	8,04
Nenngewicht *G* in kg/m	0,222	0,395	0,617	0,888	1,21	1,58	2,47	3,85	4,83	6,31

Tafel 4.8 *Abmessungen und Gewichte von Betonstabstahl*

Pos.	**Anzahl**	**Ø in mm**	**Einzellänge in m**	***D* in cm**		**Bemaßte Biegeform (unmaßstäblich)**	**Gesamtlänge in m**	**Gewicht je Pos. in kg**
				Haken, Winkelhaken, Schlaufen, Bügel	**sonstige Biegestellen**			
1	2	16	12,00			1200	24,00	37,9
2	2	10	3,95			395	7,90	4,9
3	4	20	7,00			700	28,00	69,2
4	2	25	10,10		50	323 / 63 / (47) / 45° / 624	20,20	77,8

Pos.	Anzahl	∅ in mm	Einzellänge in m	*D* in cm: Haken, Winkelhaken, Schlaufen, Bügel	*D* in cm: sonstige Biegestellen	Bemaßte Biegeform (unmaßstäblich)	Gesamtlänge in m	Gewicht je Pos. in kg
5	2	20	9,41		40	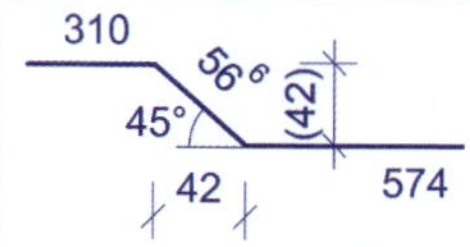	18,90	46,7
6	3	25	7,75	17,5		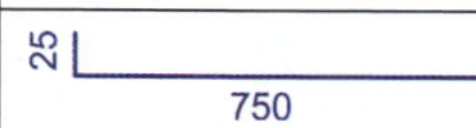	23,25	89,5
7	3	20	7,20	14,0		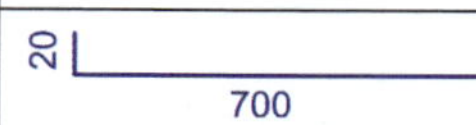	21,60	53,4
8	99	10	1,80	4,0		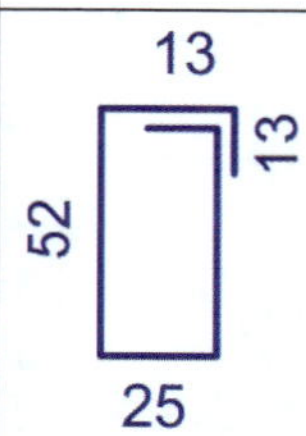	178,20	109,94
9	13	25	0,25			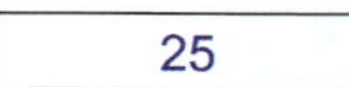	3,25	12,5
						Gesamtgewicht in kg	**501,8**	

Tafel 4.9 *Biegeliste zum Bewehrungsplan von Beispiel 4.1 und Beispiel 4.2*

Beispiel 4.4: Stahlliste zum Bewehrungsplan (Fortsetzung von Beispiel 4.1)

gegeben: Bewehrungsplan von Beispiel 4.1

gesucht: Stahlliste zum Bewehrungsplan

Lösung:

STAHLLISTE Nr. 3.005a	**Projekt: Bürogebäude XY-AG**			**Plan: 3.005a**
Nr. 3.005a	**Bauteil: Unterzug EG Achse 4**			**Seite: 1**
Position	**∅ in mm**	**Einzellänge in m**	**Anzahl**	**Gesamtlänge in m**
1	16	12,00	2	24,00
2	10	3,95	2	7,90
3	20	7,00	4	28,00
4	25	10,10	2	20,20

STAHLLISTE Nr. 3.005a	**Projekt: Bürogebäude XY-AG**			**Plan: 3.005a**
Nr. 3.005a	**Bauteil: Unterzug EG Achse 4**			**Seite: 1**
Position	**∅ in mm**	**Einzellänge in m**	**Anzahl**	**Gesamtlänge in m**
5	20	9,45	2	18,90
6	25	7,75	3	23,25
7	20	7,20	3	21,60
8	10	1,80	99	178, 20
9	25	0,25	13	3,25

∅ in mm	10	16	20	25		
Gesamtlänge in m	191,05	24,00	68,5	46,7		
Gesamtgewicht in kg	117,9	37,9	169,2	179,8		

	Datum	Name	**Gesamtgewicht** (ohne Verschnitt und Walztoleranz)
aufgestellt	04.02.23	Müller	**ΣG =** 501,8 kg – B500B

Anmerkungen zur Stahlliste:

Auf eine Angabe der Stahlgüte für jede Position wurde verzichtet, da nur hochduktiler Betonstahl B500B verwendet wird. Die einmalige Angabe ist ausreichend.

Innerhalb der Stahlliste werden die Summen der Längen und Gewichte nach Durchmessern geordnet zusammengestellt. Dies ist sinnvoll, sofern innerhalb eines Auftrags der Stahlpreis des Biegebetriebs/Lieferanten vom Durchmesser abhängig ist.

4.4 Bewehrungen aus Betonstahlmatten

4.4.1 Positionierung

Innerhalb einer Zeichnung erhalten gleiche Betonstahlmatten dieselbe Positionsnummer. Die Positionsangaben erfolgen entlang der Diagonalen, die die Matte beschreibt. Zur Positionsangabe gehört Folgendes (**Abb. 4.13**):

- die Positionsnummer, die mit einem Rechteck (oder Achteck) zu umschließen ist (zur Unterscheidung vom Betonstabstahl);
- bei Lagermatten die Mattenkurzbezeichnung;
- bei Listenmatten die den Mattenaufbau kennzeichnenden Daten für beide Bewehrungsrichtungen (aus Platzgründen evtl. nur Pos. Nr. möglich);
- die Anzahl der Betonstahlmatten, sofern die Position mehr als eine Matte umfasst;
- die Kennzeichnung der Lage.

Betonstahlmatten werden gemäß **Tafel 4.10** dargestellt. Neben dieser Darstellungsform ist nach Vereinbarung auch eine achsenbezogene Darstellung möglich.

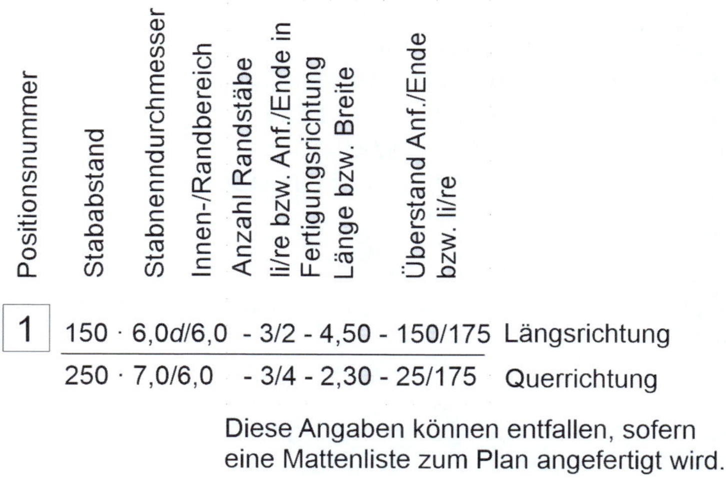

Abb. 4.13 *Beispiel für die Kennzeichnung einer Listenmatte*

Beschreibung	Darstellung
Ansicht einer Matte oder Teilansicht einer gebogenen Matte. Falls erforderlich, darf ein Strich, der die Diagonallinie kreuzt, die Richtung der Hauptbewehrung angeben.	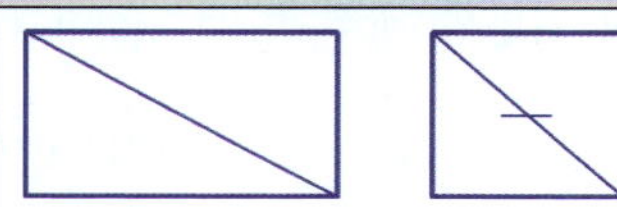
Schnitt durch eine Matte in Regeldarstellung. Die Punkte zur Angabe der Querbewehrung dürfen teilweise entfallen, falls deren Lage nicht zweifelhaft oder eine Verwechslung ausgeschlossen ist.	
Schnitt durch eine Matte in vereinfachter Darstellung. Falls die Lage der Querbewehrung nicht zweifelhaft oder ohne Bedeutung ist, dürfen die Punkte ganz entfallen.	

Tafel 4.10 *Darstellung von Betonstahlmatten*

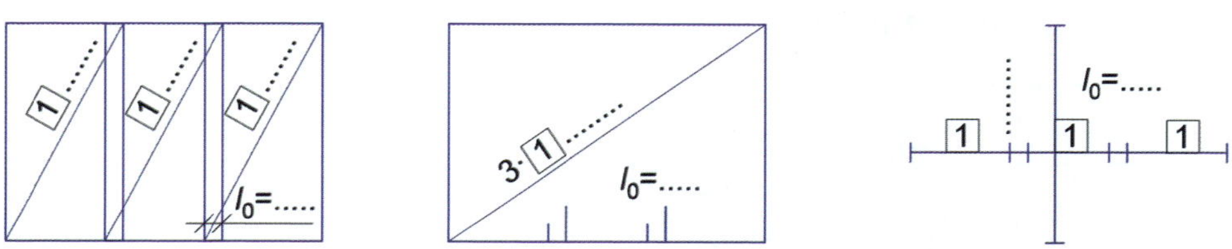

herkömmliche Darstellung: einzelne Matten | genormte Darstellung: gleiche Matten zusammengefasst | nicht genormte Darstellung: achsbezogene Bezeichnung

Abb. 4.14 *Draufsicht auf eine Lage gleicher Matten*

4.4.2 Darstellung der Bewehrung in Plänen

Draufsicht auf eine Lage gleicher Matten:

Gleiche Matten werden in ihren äußeren Umrissen in der Darstellungsweise [DIN EN ISO 3766 – 04] durch ein Rechteck mit einer Diagonalen dargestellt (mittlere Darstellung in **Abb. 4.14**). Daneben wird manchmal eine sogenannte achsenbezogene Darstellung verwendet. Sie wurde entwickelt, um die Zeichenarbeit (von Hand) zu verringern, ist bei Verwendung von CAD jedoch nicht sinnvoll und wird daher kaum noch eingesetzt. Kennzeichen ist die Anordnung der Positionsnummer im Achsenkreuz (**Abb. 4.15**).

Darstellung der Tragrichtung:

Die Tragrichtung bei R-Matten (→ Kap. 1.3.1) muss nur dann angegeben werden (**Tafel 4.10**), wenn bei annähernd quadratischen Mattenstücken die Gefahr eines Vertauschens der Verlegerichtung besteht.

Feldsparmatten:

Feldsparmatten weisen auf einem Teil der Länge eine verstärkte Längsbewehrung auf (→ Kap. 1.2.3). Dieser Bereich wird durch einen 2. Strich dargestellt (**Abb. 4.15**).

Zweilagige Bewehrung:

Bei der genormten Darstellung wird die Bewehrung in der 2. Lage durch einen gegenläufigen Diagonalstrich dargestellt (**Abb. 4.15**). Bei der achsengetrennten Darstellung erfolgt die Zuordnung durch die in den Kreuzungspunkt geschriebene Positionsnummer.

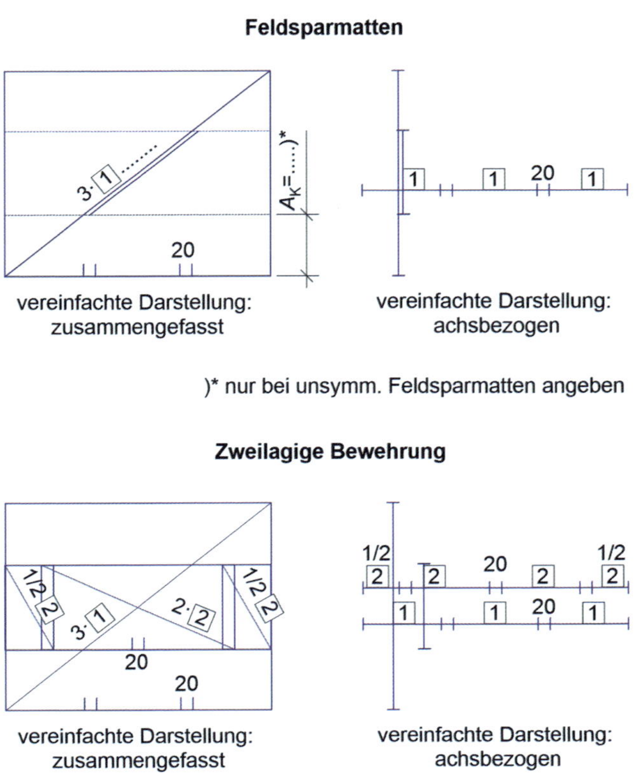

Abb. 4.15 *Darstellung von Feldsparmatten und zweilagiger Mattenbewehrung*

4.4.3 Mattenliste

Alle auf einem Bewehrungsplan dargestellten Betonstahlmatten sind in einer Mattenliste (dies ist eine Stahlliste für Matten) zusammenzufassen. In die Mattenliste ist auch die Montagebewehrung (z.B. Unterstützungskörbe) aufzunehmen. Sofern die Matten beschnitten werden müssen, gehört zur Mattenliste die Schneideskizze (→ Kap. 1.3.2).

Beispiel 4.5: Bewehrungsplan mit Betonstahlmatten in Normaldarstellung (Fortsetzung von Beispiel 1.2)

gegeben: Bewehrungswahl der unten liegenden Feldbewehrung nach Beispiel 1.2

gesucht: Bewehrungsplan der unten liegenden Bewehrung für die Platte in genormter Darstellung mit Mattenliste

Lösung:

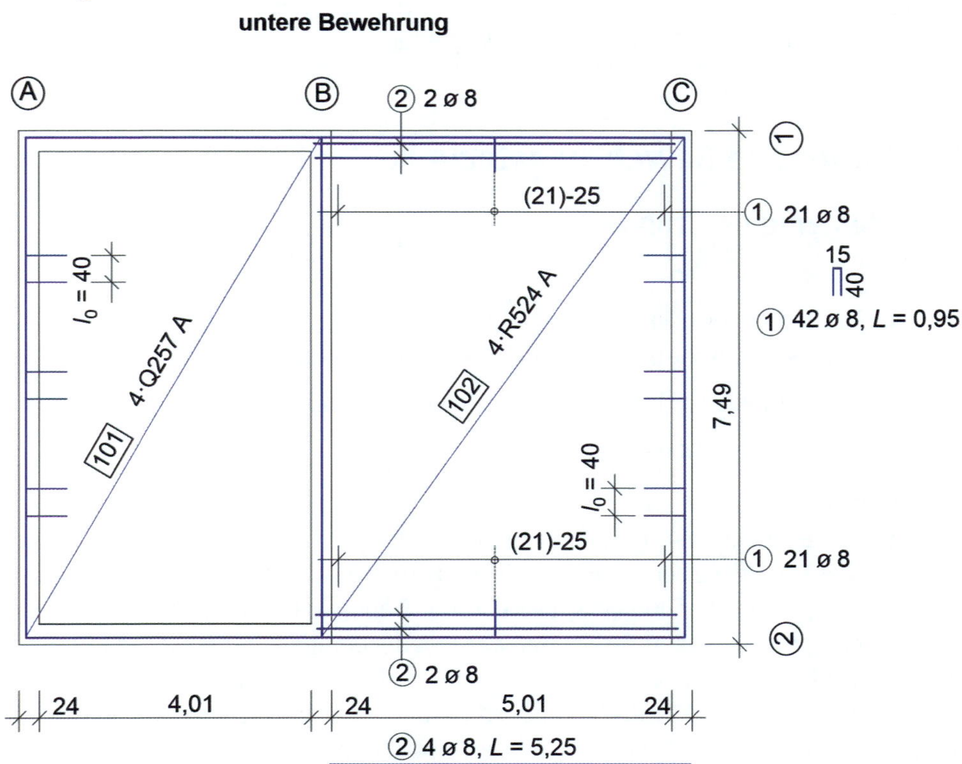

MATTEN-LISTE Nr. 3.006			Projekt: Bürogebäude XY-AG								Plan: 3.006	
			Bauteil: Decke EG								Seite: 1	
Bemerkungen	Position	Anzahl	Mattenaufbau Längsrichtung / Querrichtung					$\frac{L}{B}$	Überstände		Gewicht in $\frac{\text{kg}}{\text{Matte}}$	Pos.-Gewicht in kg
			$\frac{P_L}{P_c}$	$\frac{d_{L1}}{d_{c1}}$	$\frac{d_{L2}}{d_{c2}}$	$\frac{n_{li}}{m_{Anf.}}$	$\frac{n_{re}}{m_{Ende}}$		$\frac{u_1}{u_3}$	$\frac{u_2}{u_4}$		
	101	4	Q257 A					$\frac{4{,}25}{2{,}30}$			56,8	160,9
	102	4	R524 A					$\frac{5{,}25}{2{,}30}$			75,7	265,0

	Datum	Name	**Gesamtgewicht** (ohne Verschnitt)
aufgestellt	07.02.22	Mayer	**ΣG =** 425,9 kg – B500A

Die Schneideskizze ist in Beispiel 1.2 dargestellt.

4.5 Rationelle Bewehrungstechnik

4.5.1 Allgemeine Grundsätze

Ein guter Bewehrungsplan

- ermöglicht der Baustelle ein wirtschaftliches Bewehren infolge eindeutiger und leichter Lesbarkeit sowie fertigungsgerechter Konstruktion und Darstellung;
- berücksichtigt alle Forderungen der maßgebenden Normen;
- ist zeitsparend hergestellt.

Positionierung:
Eine Vielzahl an Positionen erschwert die Herstellung im Biegebetrieb, benötigt auf der Baustelle viel Lagerplatz, erschwert das Heraussuchen aus dem Stahllager der Baustelle und verlangsamt das Verlegen der Bewehrung. Daher sollen möglichst wenige Bewehrungsformen und Positionen verwendet werden. Bei geraden Stäben sollen ähnlich lange Stäbe geringer Stückzahl zu einer Position mit der längsten Stablänge zusammengefasst werden. Sofern eine Zugkraftdeckung durchgeführt wird, soll nicht jeder Stab eine andere Länge aufweisen. Ein geringer Mehrverbrauch von Betonstahl hat keine Auswirkungen:

schlecht: 2 ∅10 l = 6,70 m + 3 ∅10 l = 6,50 m + 1 ∅10 l = 6,00 m ΣG = 24,0 kg

besser: 6 ∅10 l = 6,70 m ΣG = 24,8 kg Mehrverbrauch ΔG = 0,8 kg

Diese Vereinfachung ist nicht praktikabel bei Passstäben oder wenn eine sehr große Anzahl von jeder Länge benötigt wird.

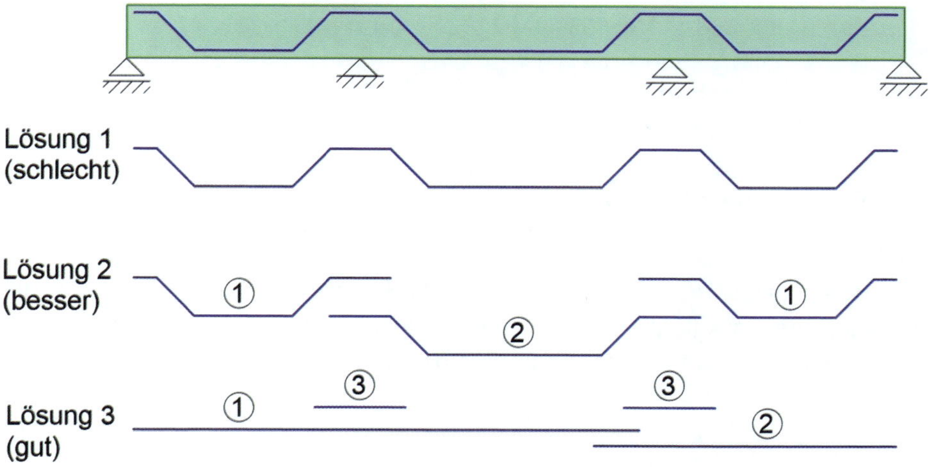

Abb. 4.16 *Vereinfachung von Biegeformen*

Stabdurchmesser

Mit steigendem Stabdurchmesser verringert sich (bei konstantem Stahlquerschnitt) die Anzahl der zu verlegenden Stäbe; der Verlegefortschritt steigt. Die Stabdurchmesser sind daher so groß zu wählen, wie es die Vorschriften ermöglichen (Rissbreitenbeschränkung → Teil 1, Kap. 12).

Biegeformen

Nach Möglichkeit sollen einfache Biegeformen verwendet werden. Bewehrungsstäbe mit mehr als zwei Aufbiegungen sind zu vermeiden (**Abb. 4.16**). Aufgebogene Bewehrungsstäbe sind möglichst nur über ein Feld zu führen. Alle Biegemaße sind Außenmaße.

Schnittlängen

Schnittlängen können im Zuge der automatischen Bearbeitung in jeder beliebigen Schnittlänge ausgeführt werden. Bei gebogenen Stäben wird die Schnittlänge im Biegebetrieb verändert, um den Hakenabzug (im Bereich der Krümmungen) zu erfassen.

Stabdurchmesser bis 14 mm stehen im Biegebetrieb als Endlosmaterial (Duktilitätsklasse A) zur Verfügung. Bei größeren Durchmessern sind die Lagerlängen zu beachten, sie betragen 12 m oder 14 m. Längere Stäbe (= Überlängen) sind wegen des höheren Tonnagepreises, des schwierigeren Transports und Verlegens zu vermeiden. Stattdessen sind Stöße (evtl. mit Muffen) vorzusehen.

Transport

Der Bewehrungsstahl wird verlegefertig von einem Biegebetrieb auf die Baustelle transportiert. Da somit der gebogene Stahl transportiert werden muss, ist die Bewehrungsabmessung nicht größer als die Ladefläche eines LKW-Sattelschleppers zu wählen (**Abb. 4.17**).

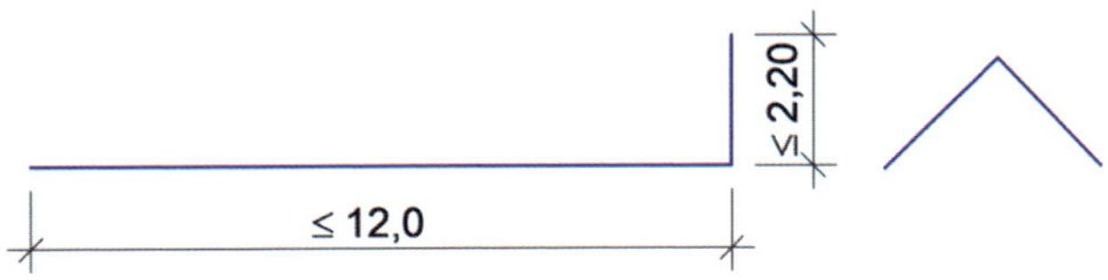

Abb. 4.17 *Maximale Transportabmessungen*

Passformen

Passstäbe sind nur dann vorzusehen, wenn dies unvermeidlich ist (z.B. bei Bügeln). Um Biegeungenauigkeiten ausgleichen zu können, sollte die Gesamtlänge der Biegeform möglichst 5 cm kürzer als das Lichtmaß zwischen den Begrenzungskanten sein.

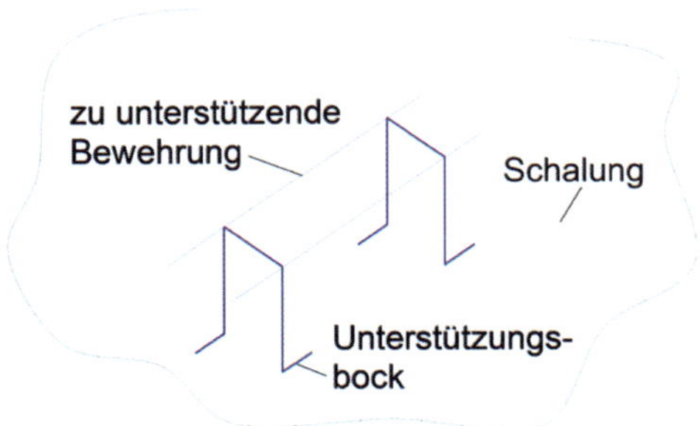

Abb. 4.18 *Unterstützungsböcke*

Montagebewehrung

Montagebewehrung ist vorzusehen, sofern die Bewehrung nicht über Abstandshalter auf der Schalung liegt oder an einer anderen befestigt werden kann. Für die Abstände der zu unterstützenden Bewehrung gilt:

- Unterstützung von Stabstahl im Abstand von ca. 1 m durch Böcke (**Abb. 4.18**) oder Unterstützungskörbe **(Tafel 1.4)**;
- Unterstützung von Betonstahlmatten nach **(Tafel 1.3)**.

Betonstahlmatten

Die Ausbildung der Matten richtet sich nach der Mattenart (→ Kap. 1.3.4; Kap. 1.4.4).

4.5.2 Bauteilbezogene Grundsätze

Decken

In Deckenplatten mit oberer Bewehrung in engem Abstand müssen Rüttelgassen im Abstand von ca. 1 m vorgesehen werden (→ Teil 1, **Abb. 7.3**). Bei Deckenplatten, die durch Unterzüge gestützt werden, ist auf die Verankerung der unteren Plattenbewehrung zu achten (**Abb. 4.20**) und (**Abb. 1.8**).

Treppen

Die Bewehrungsführung des Treppenlaufs hängt von den Arbeitsfugen ab (→ Kap. 10.2.3). Um einspringende Ecken darf wegen der Umlenkkräfte keine Zugbewehrung geführt werden (→ Teil 1, **Abb. 4.3**). Hier ist eine Bewehrungsführung wie für abgeknickte Balken oder Rahmenecken vorzusehen. Die Stäbe der Biegezugbewehrung werden an einspringenden Ecken von Treppenläufen gekreuzt und einzeln verankert (**Abb. 4.19**). Hier bietet sich die ausführlichere Darstellungsart 1 mit maßstäblichem und vollständig vermaßtem Stahlauszug an.

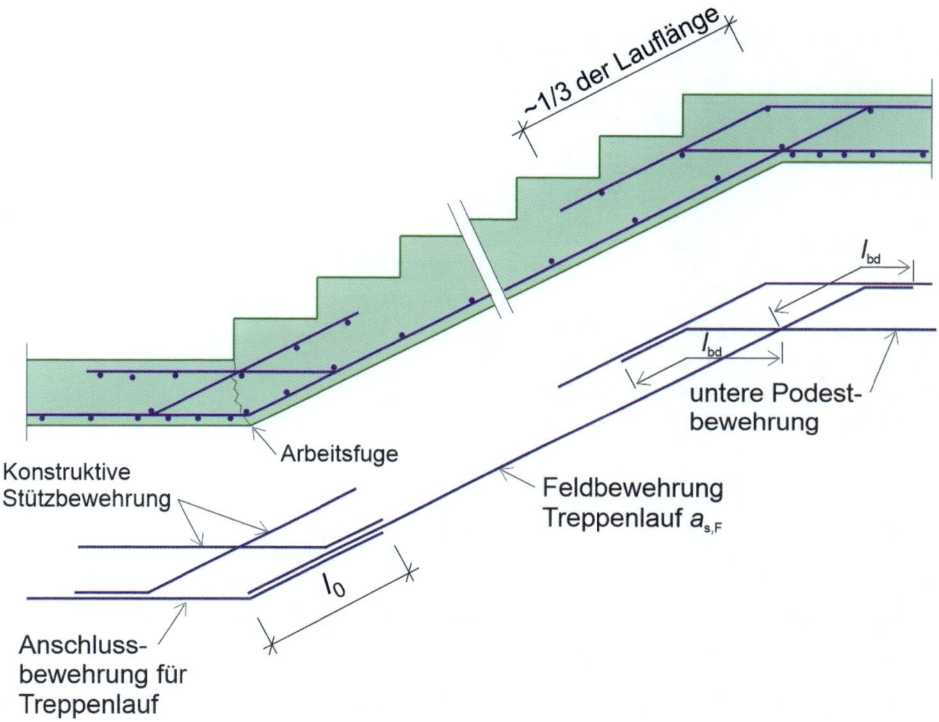

Abb. 4.19 *Bewehrungsführung eines Treppenlaufs*

Unterzüge

Die Bügelform hängt davon ab, ob die Bewehrung vorgeflochten (geschlossener Bügel) oder das Bauteil in der Schalung bewehrt wird (offener Bügel). Wenn die obere Plattenbewehrung (aus Matten) auf die Bügel des Unterzuges gelegt wird, ist die Bügelhöhe entsprechend zu vermindern (**Abb. 4.20**). Andernfalls wäre an der Oberseite des Unterzuges keine ausreichende Betondeckung vorhanden. Dabei sind bei Lagermatten auch die notwendigen Zwei-Ebenen-Stöße zu berücksichtigen. In den oberen beiden Ecken eines Balkens ist je ein Montagestab vorzusehen, auch wenn hier aus statischen Gründen keine Bewehrung erforderlich ist. Der Durchmesser des Montagestabes ist ca. 1 bis 2 Stufen größer als der Bügeldurchmesser zu wählen (in normalen Hochbauten ∅10; ∅12).

Infolge dieser Bewehrung liegen die Biegezugbewehrung der Platte und die Bügel des Balken nicht nebeneinander, sondern übereinander.

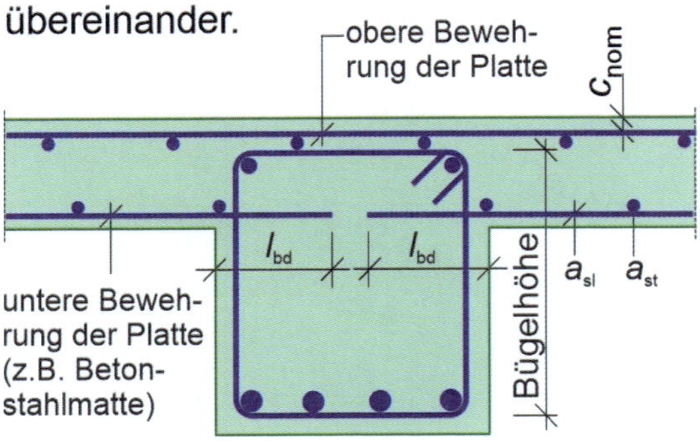

Um die erforderliche Verankerungslänge l_{bd} zu gewährleisten müssen ggf. die Verteilereisen der Betonstahlmatten (a_{st}) der unteren Bewehrung der Platte durchgeschnitten werden.
Alternativ:
Stabstahl als Zulagebewehrung (l_o mit a_{sl})

Abb. 4.20 *Bügelhöhe bei durchlaufender oberer Plattenbewehrung*

Stützen

Das Innere von Stützen (ebenso von Wänden) ist von mehrlagiger Bewehrung freizuhalten, um Platz für das Schüttrohr und den Rüttler beim Einbringen des Betons zu schaffen.

Die Verankerungsstellen der Querbewehrung bei Stützen sollen entlang der Stützenachsen versetzt werden. Bei Stützen mit kleinem Querschnitt kann es bei Verwendung der üblichen 150°-Haken zu Problemen beim Betoniervorgang kommen. Hier sollten besser 90°-Haken verwendet werden. Dabei ist mindestens eine der nachfolgenden Maßnahmen zu berücksichtigen:

- $\varnothing_{Bü}$ um 2 mm vergrößern
- $s_{Bü}$ halbieren
- Anordnung von angeschweißten Querstäben (Bügelmatten)
- Winkelhakenlänge $\geq 15\ \varnothing$

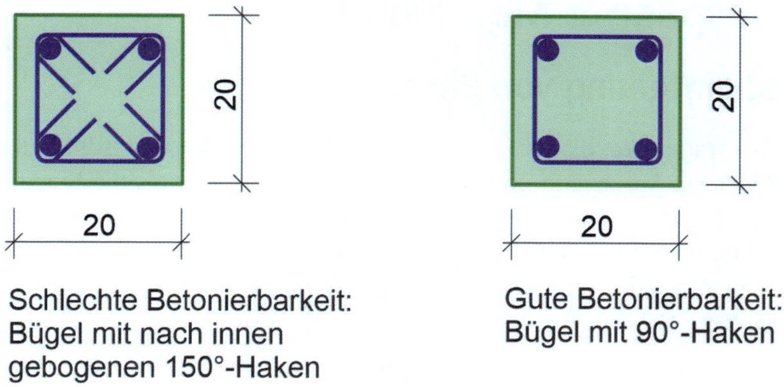

Abb. 4.21 *Stahlbetonstütze mit kleinem Querschnitt*

Fundamente

Bei Fundamenten mit engem Bewehrungsabstand sind Rüttelgassen im Abstand von ca. 1 m vorzusehen. Bei hohen Fundamenten mit Bügeln muss ein Ausstiegsloch für die Flechter vorhanden sein.

5 Einachsig gespannte Massivplatten

5.1 Begriffe und Einteilung von Platten

Platten sind ebene Flächentragwerke, die senkrecht zu ihrer Ebene belastet sind. Als Platte gilt ein Bauteil, dessen kleinste Stützweite und dessen Breite nicht kleiner als die 5fache Bauteilhöhe sind. Der Baustoff Stahlbeton kann insbesondere bei Flächentragwerken eine optimale Leistungsfähigkeit erreichen. Platten können an einem oder an mehreren Rändern gestützt werden. Die Stützung kann kontinuierlich, unterbrochen oder punktförmig erfolgen. Daher werden

- *kontinuierlich gestützt*e Platten (continuously supported slabs → Kap. 5 und 6),
- Platten mit *unterbrochene*r *Stützung* (discontinuously supported slabs → Kap. 7.1),
- *punktförmig gestützte* Platten (concentrated supported slabs → Kap. 9)

unterschieden (**Abb. 5.1**). Häufig wird die geometrische Form als Bezeichnung verwendet (Kreisplatte, Quadratplatte, Rechteckplatte, Dreiecksplatte usw.). Hinsichtlich der Tragwirkung werden weiterhin Oberbegriffe gebildet:

- *einachsig gespannt*e Platten (one-way spanning slabs)
- *zweiachsig gespannt*e Platten (two-way spanning slabs → Kap. 6).

Einachsig gespannte Platten tragen ihre Lasten im Wesentlichen in *einer* Richtung (= „Spannrichtung") ab, während zweiachsig gespannte Platten die Lasten in *zwei* Richtungen abtragen.[1] In Skizzen der Tragwerksplanung wird die rechnerische Tragrichtung durch Pfeile gekennzeichnet (**Abb. 5.1**). Die zweiachsig gespannte Platte ist hinsichtlich der Baustoffnutzung leistungsfähiger. Einachsig gespannte Platten sind schneller berechenbar, die Bewehrung kann besser automatisch im Konstruktionsplan umgesetzt werden. Sie ist auch schneller zu verlegen, insbesondere wenn mit heute üblichen Teilfertigdecken[2] gearbeitet wird. Eine einachsig gespannte Platte liegt vor, wenn

- eine Platte nur an zwei gegenüberliegenden Rändern gestützt ist;
- eine Platte, die an drei oder vier Rändern gestützt ist und das Verhältnis der längeren Stützweite l_y (= $l_{eff,y}$) zur kürzeren l_x (= $l_{eff,x}$) folgenden Grenzwert einhält (**Abb. 5.2**):

$$l_y/l_x \geq 2 \tag{5.1}$$

---

1 Die Unterscheidung in ein- und zweiachsig gespannte Platten hat historische Gründe, da die einachsig gespannten Platten mit der Balkentheorie berechenbar sind. Letztendlich trägt jedoch *jede* Platte zweiachsig, da die Idealisierung von Gleichflächenlasten nur bei Schüttgütern zutrifft. Im Hoch- und Brückenbau treten jedoch örtlich konzentrierte Lasten auf, die zumindest örtlich eine zweiachsige Tragwirkung bewirken.

2 Teilfertigdecken (andere übliche Bezeichnung: Elementplatten) bestehen aus einem ca. 5 cm dicken Fertigteil mit der unteren Bewehrung (der Haupttragrichtung) und Aufbeton, in dem die Bewehrung der Nebentragrichtung und die oben liegende Bewehrung angeordnet sind. Im Endzustand unterscheidet sich das Tragverhalten kaum von einer Ortbetonplatte.

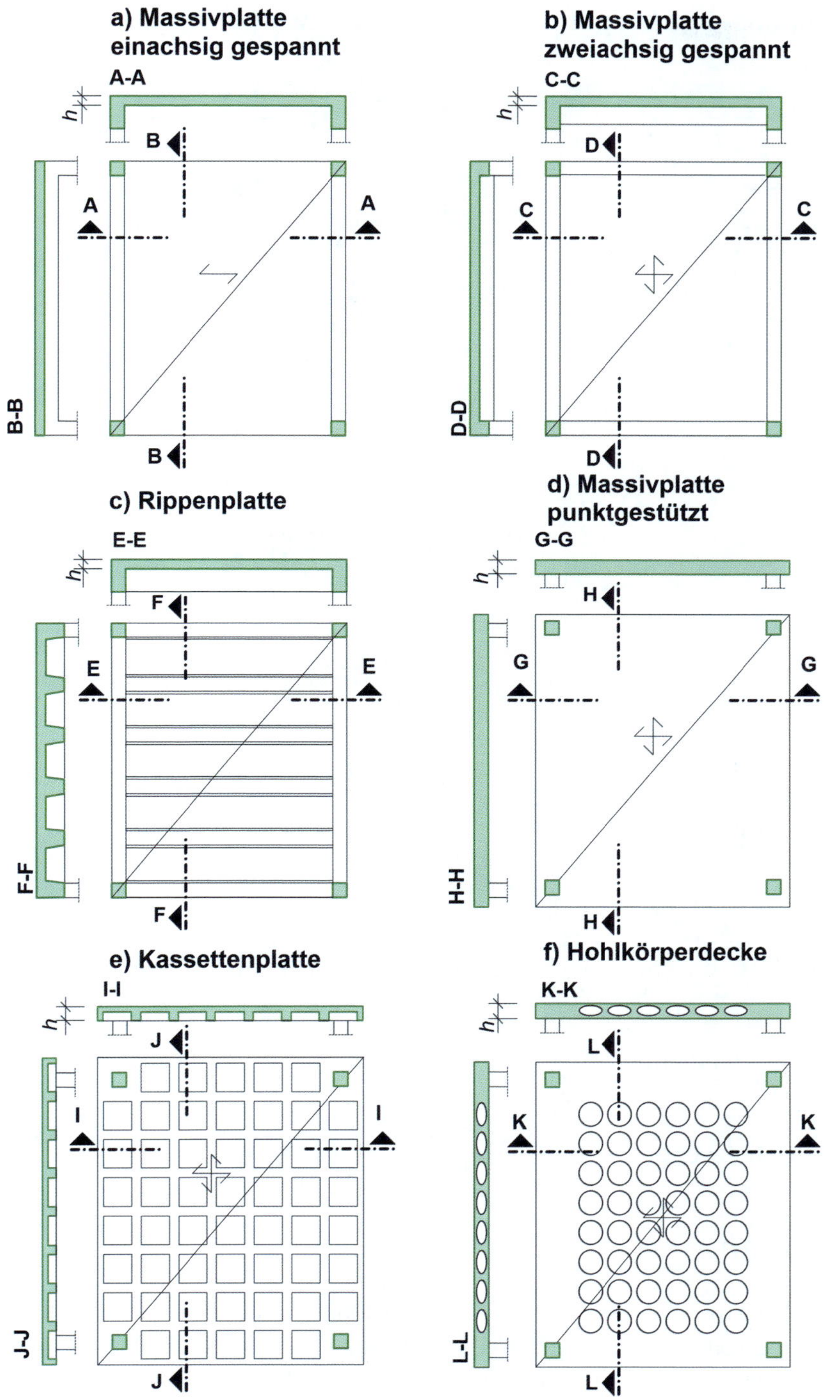

a bis c: linienförmig gestützt **d bis f: punktförmig gestützt**

a und c: einachsig gespannt **b und d bis f: zweiachsig gespannt**

Abb. 5.1 *Unterschiedliche Plattentypen*

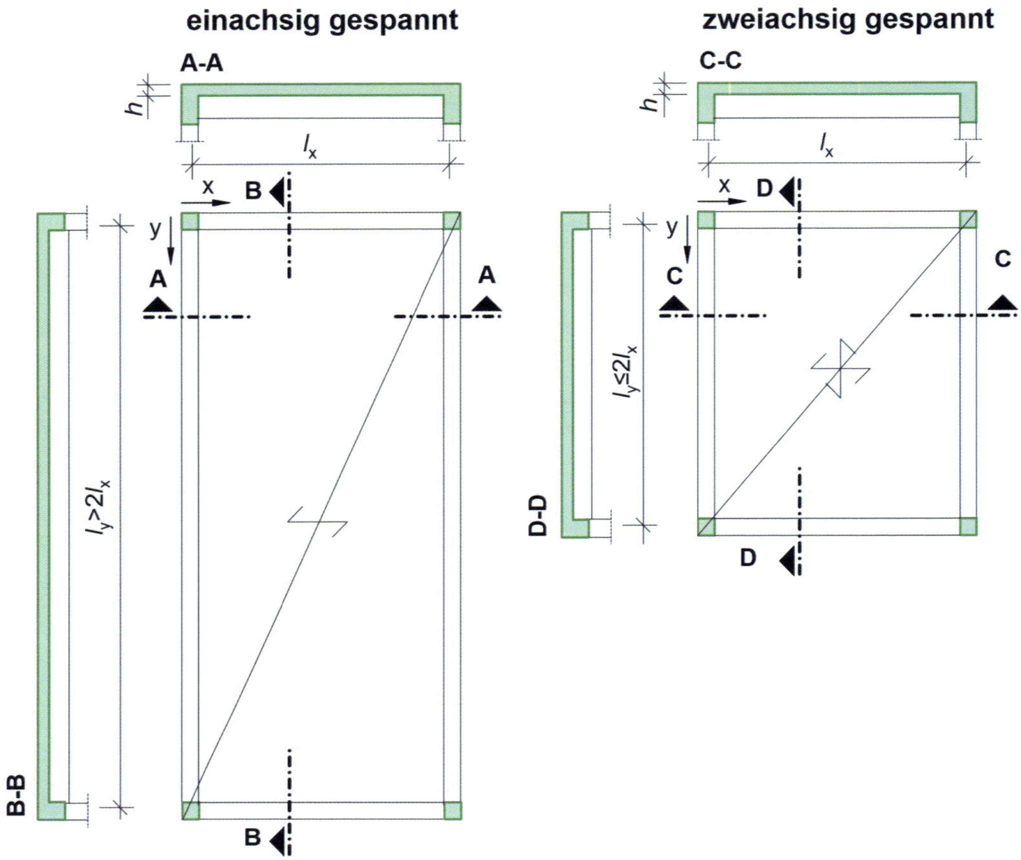

Abb. 5.2 *Vierseitig gestützte Platten*

Einachsig gespannte Platten werden in allen Bereichen des Bauwesens eingesetzt, z.B. für

- Geschossdecken im Hochbau
- Brückenüberbauten (Plattenbrücken)
- Stützwände
- Tunnel (in offener Bauweise).

5.2 Tragverhalten

Vergleicht man die Verformung eines Balkens unter Streckenlast mit der Durchbiegung einer Platte gleicher Stützweite, Bauteildicke und Last (äquivalente Gleichflächenlast), so verhalten sich beide Tragwerke in der Längsrichtung (= „Spannrichtung") gleich (**Abb. 5.3**). Man kann sich eine einachsig gespannte Platte aus einer Vielzahl von frei nebeneinander liegenden Balken vorstellen. Eine Platte unter Gleichflächenlast könnte also berechnet und bemessen werden wie ein Rechteckquerschnitt der Breite b = 1,0 m.

$$m = \frac{M_b}{b} = \frac{M}{1} \text{ in kNm/m} \tag{5.2}$$

$$v = \frac{V_b}{b} = \frac{V}{1} \text{ in kN/m} \tag{5.3}$$

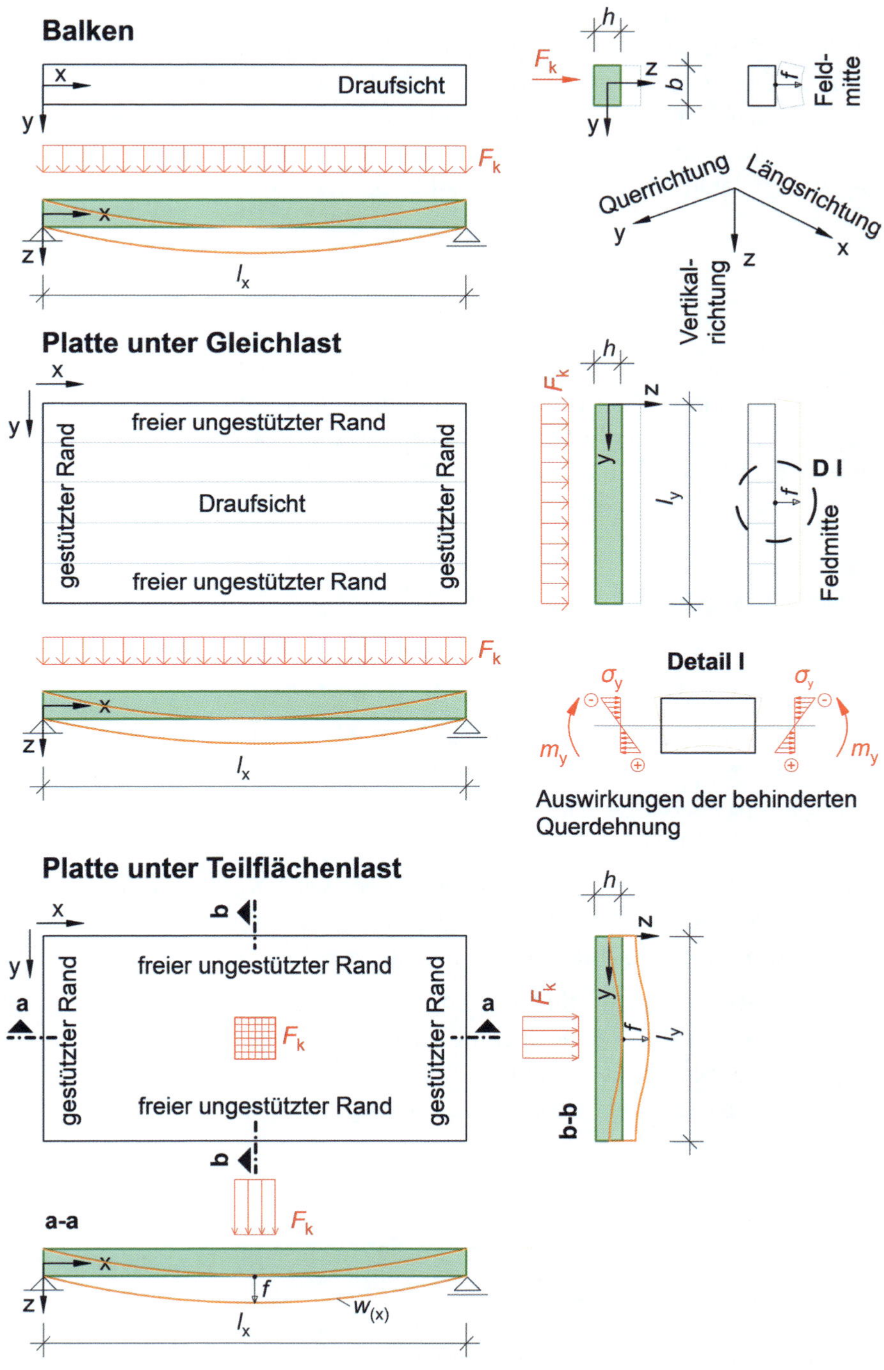

Abb. 5.3 *Vergleich von Balken und Platte unter Gleichlast sowie Teilflächenlast*

Die Richtung, in der die Schnittgrößen mit den o.g. Gleichungen berechnet werden, ist die Längsrichtung (auch mit „Haupttragrichtung" bezeichnet). Die Koordinatenachse *x* zeigt in diese Längsrichtung. Die Richtung senkrecht hierzu ist die Querrichtung (auch als „Nebentragrichtung" bezeichnet). Durch die Verformung entsteht eine Druckspannung in *x*-Richtung an der Plattenoberseite. Quer dazu hat der Beton das Bestreben sich auszudehnen. An der Plattenunterseite hingegen entsteht in *x*-Richtung eine Zugkraft und damit verbunden in Querrichtung eine Verkürzung (siehe **Abb. 5.3** oben, Verformung in Feldmitte). In der Querrichtung ist jedoch bei der Platte im Gegensatz zum Balken die Querdehnung behindert, sodass sich die Verformungen nicht einstellen können. Dies führt zu Spannungen σ_y und damit zu Momenten m_y[3] (**Abb. 5.3**).

$$\sigma_y = \mu \cdot \sigma_x \tag{5.4}$$

$$m_y = \mu \cdot m_x \tag{5.5}$$

Aufgrund dieses einfachen Zusammenhangs braucht bei Gleichflächenlasten keine Berechnung und Bemessung in Querrichtung durchgeführt zu werden. Die erforderliche Bewehrung kann (bei Linearisierung) näherungsweise direkt aus Gl. (5.5) berechnet werden. Die Querdehnzahl beträgt für ungerissenen Beton (EC 2-1-1, 3.1.3, (4)):

$$\mu = 0{,}2 \tag{5.6}$$

Für gerissenen Beton gilt gemäß EC 2-1-1, 3.1.3, (4):

$$\mu \approx 0 \tag{5.7}$$

Bei Einzellasten oder ungleichmäßigen Flächenlasten treten auch in der Querrichtung Krümmungen auf; die Platte verteilt die Teilflächenlast in der Querrichtung (**Abb. 5.3**). Aus diesem Tragmechanismus ergeben sich in Querrichtung Momente, die größer als 20 % der Momente in Längsrichtung sind.

Der Einfluss der Querkräfte ist bei Platten nicht so bedeutend wie bei Stahlbetonbalken, da Risse sich nicht über die gesamte Plattenbreite erstrecken. Daher darf in bestimmten Fällen auf eine Querkraftbewehrung verzichtet werden (→ Kap. 5.6).

Wenn Platten über mehrere Felder durchlaufen, werden sie durch Unterzüge oder Mauerwerkswände unterstützt. Bei einer Unterstützung durch Unterzüge sind die Platten in diese streng genommen elastisch eingespannt. Diese Einspannung wird jedoch vernachlässigt, und eine gelenkige Lagerung wird angesetzt.[4] Dies gilt bei Innen- und Randstützen.

3 Ein Biegemoment m_y erzeugt Längsspannungen in *y*-Richtung.

4 Eine elastische Einspannung der Platte hätte im Unterzug Torsionsmomente zur Folge. Der Torsionswiderstand in Stahlbetonbauteilen ist jedoch nur schwer wirklichkeitsnah abzuschätzen. Daher werden Torsionsmomente nicht angesetzt, wenn sie nicht unbedingt für einen Gleichgewichtszustand erforderlich sind (→ Teil 1, Kap. 10).

5.3 Schnittgrößenermittlung auf Basis der Differentialgleichung des Balkens

5.3.1 Allgemeines

Massivplatten verfügen über die ausgezeichnete Fähigkeit, Schnittgrößen aufgrund der mit der Rissbildung verbundenen Steifigkeitsänderung in Längs- und Querrichtung umzulagern. Daher ist es nicht notwendig, die Schnittgrößen möglichst genau (nichtlinear oder nach der Elastizitätstheorie) zu ermitteln. Sinnvoller ist eine sorgfältige konstruktive Bearbeitung der Bewehrungsführung unter Beachtung eines möglichen Gleichgewichtszustandes.

Einachsig gespannte Platten dürfen nach denselben Verfahren wie Balken (→ Teil 1, Kap. 5.4) berechnet werden. Im Grenzzustand der Tragfähigkeit ist die lineare Berechnung mit und ohne Momentenumlagerung üblich. Sofern die Balkenstatik aufgrund von Plattensingularitäten (→ Kap. 5.4.3, **Abb. 5.9**) nicht ausreicht, wird in der Praxis die Finite-Elemente-Methode (FEM) verwendet (→ Kap. 5.4).

Zur Berücksichtigung einer vorgenommenen Idealisierung des Tragwerks muss die Bemessung von Einspannmomenten mindestens für 65 % des mit der lichten Weite l_n ermittelten Festeinspannmomentes erfolgen (→ Teil 1, Kap. 5.5).

5.3.2 Gleichflächenlasten

Die Schnittgrößenermittlung einachsig gespannter Platten kann mit den für Stabtragwerke zulässigen Verfahren durchgeführt werden, sofern sie überwiegend durch gleichmäßig verteilte Lasten beansprucht werden. Dies ist im Hochbau wegen der Eigenlast und der veränderlichen Flächengleichlast immer der Fall. Die Schnittgrößen werden nach Gln. (5.2) bis (5.3) wie für Stabtragwerke, unter Berücksichtigung eines 1 m breiten Streifens, berechnet.

5.3.3 Teilflächenlasten, Linienlasten und Einzellasten

Für die Berechnung einachsig gespannter Platten unter Teilflächen-, Linien- und Einzellasten sind in [DAfStb Heft 631 – 19] Hilfsmittel[5] angegeben. Hierzu wird zunächst die idealisierte Lastaufstandsbreite t_y der Last berechnet. Dies ist die Lastaufstandsbreite in der Systemachse (Mittelebene des Konstruktionsbetons) unter Berücksichtigung der Lastausbreitung (**Abb. 5.4**).

$$t_y = b_0 + 2\,h_1 + h \qquad (h_1\text{: lastverteilende Deckschicht}) \tag{5.8}$$

Aus der idealisierten Lastaufstandsbreite kann mit **Tafel 5.1** und **Tafel 5.2** die mittragende Lastverteilungsbreite b_m bestimmt werden. Sie ist rechtwinklig zur Stützweite und symmetrisch zum Lastschwerpunkt anzunehmen. Dies ist besonders bei randnahen Lasten zu beachten (**Abb. 5.5**). Wenn die mittragende Lastverteilungsbreite über die reale Platte hinausgeht, ist sie nach Gl. (5.9) zu reduzieren. Die der Bemessung zugrunde zu legenden Schnittgrößen werden aus den durch die mittragende Lastverteilungsbreite zu dividierenden Balkenschnittgrößen nach Gl. (5.10) und (5.11) gewonnen.

5 Die im Folgenden verwendeten Bezeichnungen wurden an die übliche Schreibweise von EC 2-1-1 angepasst.

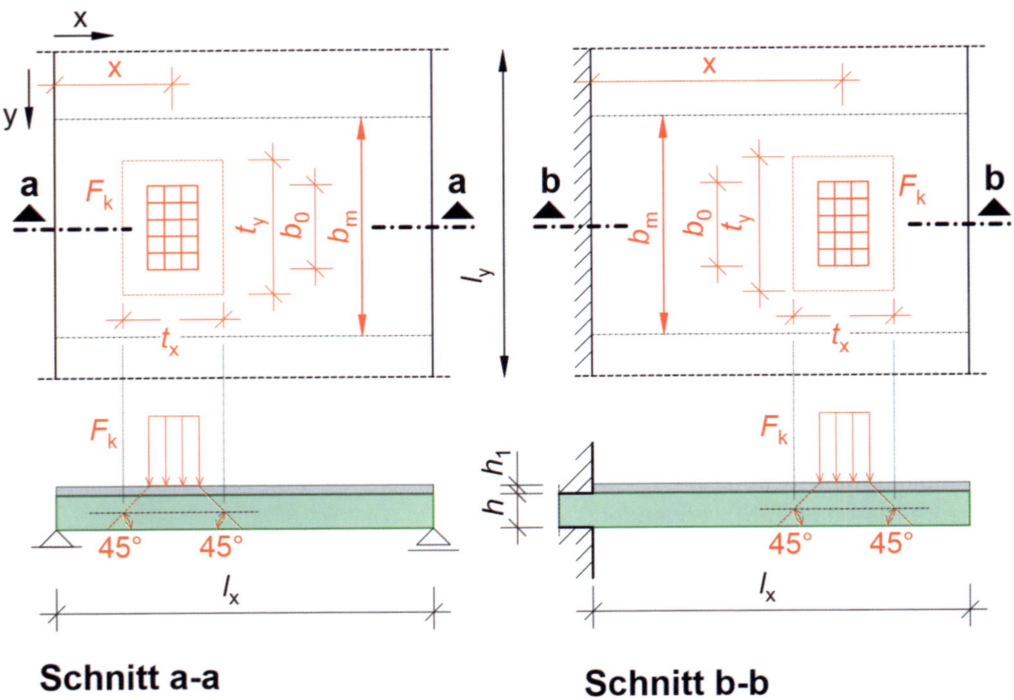

Abb. 5.4 *Mittragende Lastverteilungsbreite b_m bei einer Einzel- oder Teilflächenlast*

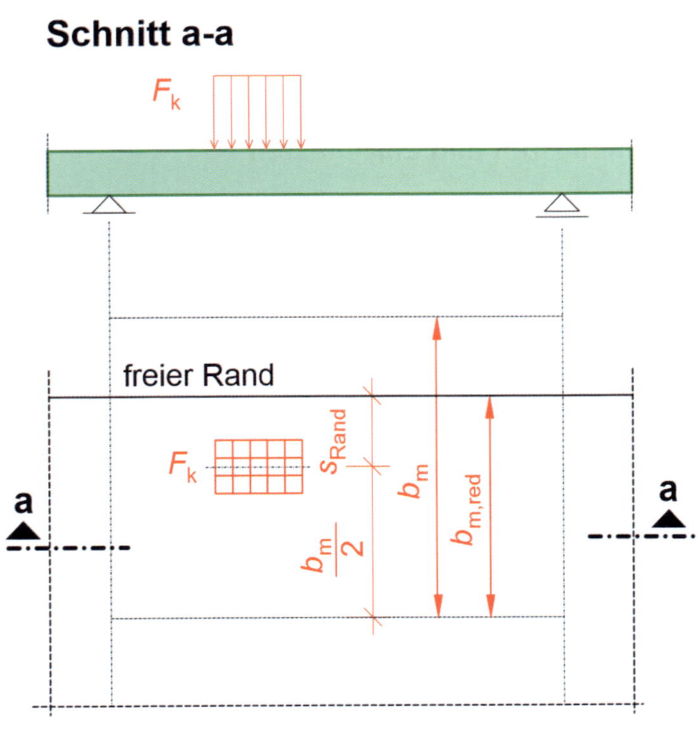

Abb. 5.5 *Reduzierte mittragende Lastverteilungsbreite bei Lasten in Randnähe*

$$b_{\text{m,red}} = \frac{b_{\text{m}}}{2} + s_{\text{Rand}} \tag{5.9}$$

vorhandenes statisches System und Schnittgröße, für die b_m berechnet wird		durchgehende **Linienlast** ($t_x = l_{eff}$)	
		$\frac{t_y}{l_{eff}} = 0{,}05$	$\frac{t_y}{l_{eff}} = 0{,}10$
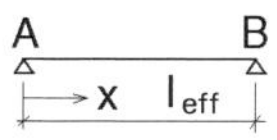	m_F	$b_m = 1{,}36\, l_{eff}$	$b_m = 1{,}36\, l_{eff}$
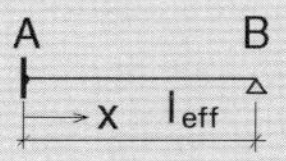	m_F	$b_m = 1{,}01\, l_{eff}$	$b_m = 1{,}01\, l_{eff}$
	m_S^A	$b_m = 0{,}67\, l_{eff}$	$b_m = 0{,}67\, l_{eff}$
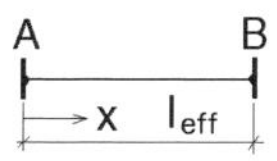	m_F	$b_m = 0{,}86\, l_{eff}$	$b_m = 0{,}86\, l_{eff}$
	m_S^A	$b_m = 0{,}52\, l_{eff}$	$b_m = 0{,}52\, l_{eff}$
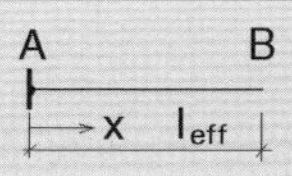	m_S	$b_m = 1{,}35\, l_{eff}$	$b_m = 1{,}35\, l_{eff}$

Tafel 5.1 *Mittragende Lastverteilungsbreite von einachsig gespannten Platten unter Linienlasten (nach [DAfStb Heft 631 – 19])*

$$m = \frac{M}{b_{\text{m,M}}} \quad \text{kNm/m} \tag{5.10}$$

$$v = \frac{V}{b_{\text{m,V}}} \quad \text{kN/m} \tag{5.11}$$

vorhandenes statisches System und Schnittgröße, für die b_m berechnet wird		rechteckförmige Lastgrundrisse für eine Teilflächenlast			
		mittragende Lastverteilungsbreite b_m	**Gültigkeitsgrenzen**		
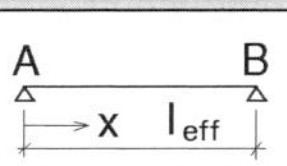	m_F	$b_m = t_y + 2{,}5x \cdot \left(1 - \frac{x}{l_{eff}}\right)$	$0 < \frac{x}{l_{eff}} < 1$	$\frac{t_y}{l_{eff}} \leq 0{,}8$	$\frac{t_x}{l_{eff}} \leq 1$
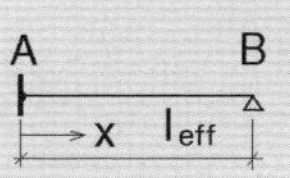	m_F	$b_m = t_y + 1{,}5x \cdot \left(1 - \frac{x}{l_{eff}}\right)$	$0 < \frac{x}{l_{eff}} < 1$	$\frac{t_y}{l_{eff}} \leq 0{,}8$	$\frac{t_x}{l_{eff}} \leq 1$
	m_S^A	$b_m = t_y + 0{,}5x \cdot \left(2 - \frac{x}{l_{eff}}\right)$	$0 < \frac{x}{l_{eff}} < 1$	$\frac{t_y}{l_{eff}} \leq 0{,}8$	$\frac{t_x}{l_{eff}} \leq 1$
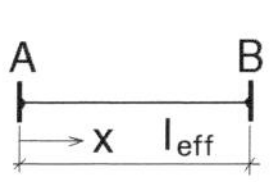	m_F	$b_m = t_y + x \cdot \left(1 - \frac{x}{l_{eff}}\right)$	$0 < \frac{x}{l_{eff}} < 1$	$\frac{t_y}{l_{eff}} \leq 0{,}8$	$\frac{t_x}{l_{eff}} \leq 1$
	m_S^A	$b_m = t_y + 0{,}5x \cdot \left(2 - \frac{x}{l_{eff}}\right)$	$0 < \frac{x}{l_{eff}} < 1$	$\frac{t_y}{l_{eff}} \leq 0{,}4$	$\frac{t_x}{l_{eff}} \leq 1$

vorhandenes statisches System und Schnittgröße, für die b_m berechnet wird		rechteckförmige Lastgrundrisse für eine Teilflächenlast			
		mittragende Lastverteilungsbreite b_m	Gültigkeitsgrenzen		
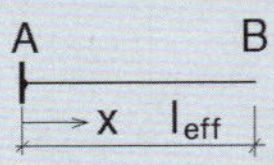	m_s	$b_m = 0{,}2\,l_{eff} + 1{,}5x$	$0 < \frac{x}{l_{eff}} < 1$	$\frac{t_y}{l_{eff}} \leq 0{,}2$	$\frac{t_x}{l_{eff}} \leq 1$
		$b_m = t_y + 1{,}5x$		$0{,}2 \leq \frac{t_y}{l_{eff}} \leq 0{,}8$	

Tafel 5.2 *Mittragende Lastverteilungsbreite von einachsig gespannten Platten unter Einzel- und Teilflächenlasten (nach [DAfStb Heft 631 – 19])*

Die mittragende Breite für die Querkraftbemessung ist unabhängig vom statischen System und kann allgemein gemäß Gl. (5.12) und im Falle einer auflagernahen Einzellast ($x \leq 2{,}5d$) gemäß Gl. (5.13) ermittelt werden.

$$b_{m,V} = 7\,d_F + 0{,}5\,b_0 \tag{5.12}$$

$$b_{m,V} = 7\,d_F + b_0 \tag{5.13}$$

mit

$d_F \leq 0{,}4$ m Statische Nutzhöhe im Bereich der Einzellast.

b_0 Breite der Last senkrecht zur Lastabtragungsrichtung.

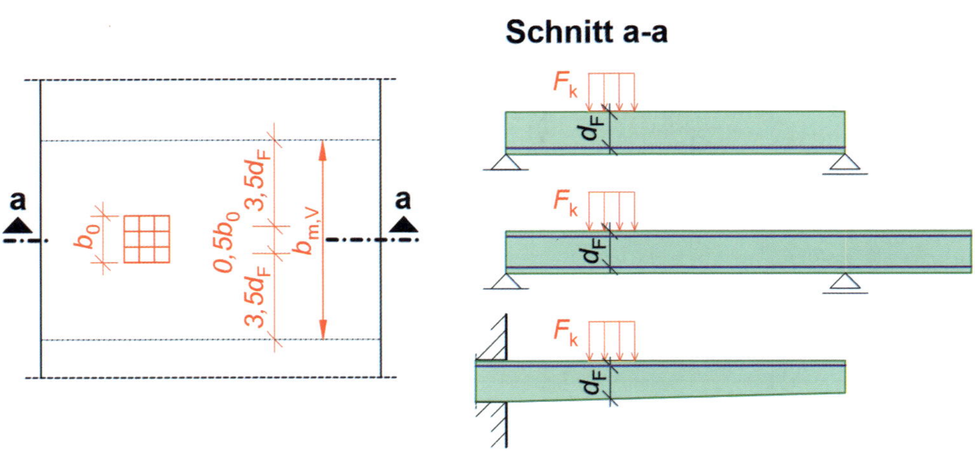

Abb. 5.6 *Mittragende Lastverteilungsbreite b_m bei einer Einzel- oder Teilflächenlast für die Querkraftbemessung*

Für die Ermittlung der mittragenden Breite beim Angriff mehrerer Einzellasten sei auf [DAfStb Heft 631 – 19] verwiesen.

Die zuvor erläuterten Methoden eignen sich auch zu einer Überprüfung von Finite-Elemente-Rechnungen, um z.B. für einen besonders stark belasteten Deckenstreifen die

Schnittgrößen nach oben abzuschätzen (die Berechnung für Einzellasten unterschätzt die Tragwirkung in Querrichtung). Bei einer Handrechnung wird man im Zuge der Überlagerung zu Extremalmomenten i.d.R. näherungsweise die Extremalmomente der einzelnen Lastfälle addieren, auch wenn sie an unterschiedlichen Stellen in Längsrichtung auftreten. Für die Mindestmomente in den Feldern und über den Stützen gelten dieselben Angaben wie bei Balken (→ Teil 1, Kap. 5.5).

Beispiel 5.1: Schnittgrößen einer einachsig gespannten Decke mit Einzellast

gegeben:
- 2-feldrige Decke laut Skizze
- Bauteilnutzung Wohngebäude, zusätzliche leichte Trennwände brauchen nicht vorgesehen zu werden
- Baustoffgüten C20/25; B500

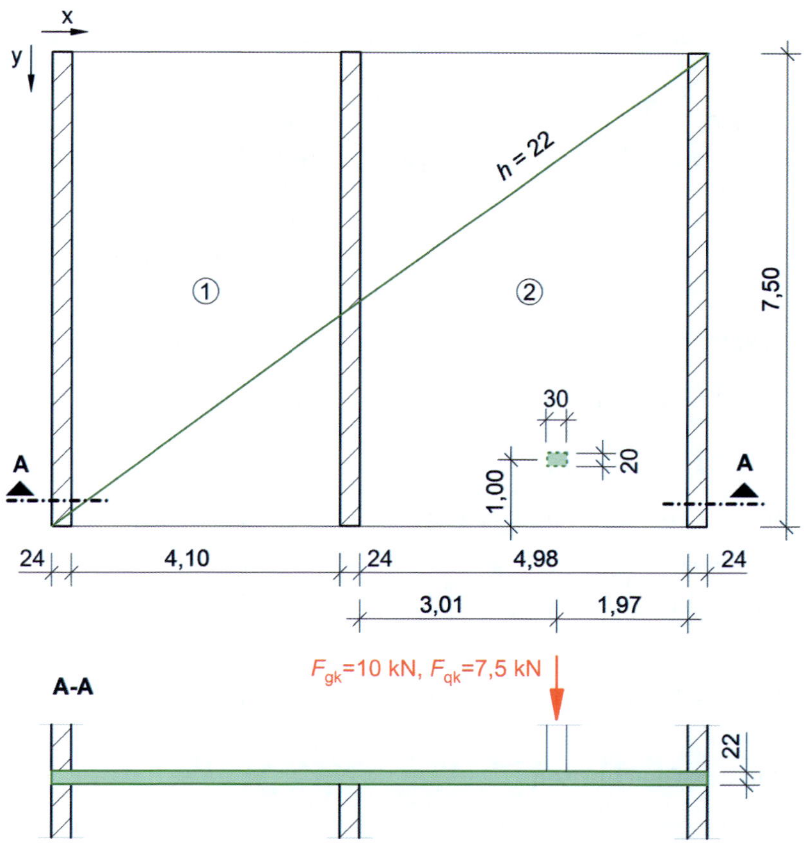

gesucht: Schnittgrößen der Platte

Lösung:

Lasten:

Eigenlast der Decke		
Kunststoffbelag 1,0 cm	$0{,}15 \cdot 1{,}0 = 0{,}15\ \mathrm{kN/m^2}$	EC 1-1-1/NA, Tab. NA.A.18
Gussasphaltestrich 4 cm	$0{,}23 \cdot 4{,}0 = 0{,}92\ \mathrm{kN/m^2}$	EC 1-1-1/NA, Tab. NA.A.18
Konstruktionsbeton	$25 \cdot 0{,}22 = 5{,}50\ \mathrm{kN/m^2}$	EC 1-1-1, Tab. A.1
abgehängte Decke	$0{,}30\ \mathrm{kN/m^2}$	inkl. Unterkonstruktion
	$g' = 6{,}87\ \mathrm{kN/m^2}$	Wert wird aufgerundet
	$g_k = 7{,}00\ \mathrm{kN/m^2}$	
Veränderliche Last der Decke	$q_k = 5{,}00\ \mathrm{kN/m^2}$	EC 1-1-1/NA, Tab. 6.1DE
Eigenlast der Stütze	$F_{gk} = 10{,}0\ \mathrm{kN}$	Diese Werte werden innerhalb einer Statik aus einer vorher bearbeiteten Positionsnummer übernommen, im Rahmen des Beispiels wurden sie vorgegeben.
Veränderliche Last der Stütze	$F_{qk} = 7{,}5\ \mathrm{kN}$	

Statisches System → Teil 1, Kap. 5.2.2

Feld 1:

$a_1 = \frac{0{,}22}{2} = 0{,}11\ \mathrm{m}$ $\quad a_i = \min\left(\frac{h}{2}; \frac{t}{2}\right)$

$a_2 = \frac{0{,}24}{2} = 0{,}12\ \mathrm{m}$ $\quad a_i = \frac{t}{2}$

$l_{eff,1} = 4{,}10 + 0{,}11 + 0{,}12 = 4{,}33\ \mathrm{m}$ $\quad l_{eff} = l_n + a_1 + a_2$

Feld 2:

$a_1 = \frac{0{,}24}{2} = 0{,}12\ \mathrm{m}$ $\quad a_i = \frac{t}{2}$

$a_2 = \frac{0{,}22}{2} = 0{,}11\ \mathrm{m}$ $\quad a_i = \min\left(\frac{h}{2}; \frac{t}{2}\right)$

$l_{eff,2} = 4{,}98 + 0{,}12 + 0{,}11 = 5{,}21\ \mathrm{m}$ $\quad l_{eff} = l_n + a_1 + a_2$

Schnittgrößen aus Gleichlasten

Die Schnittgrößen können mit einem beliebigen auf der Elastizitätstheorie basierenden Verfahren (Kraftgrößenverfahren, Weggrößenverfahren) oder mit Software ermittelt werden. Hier soll ein Programm für Durchlaufträger verwendet werden. Da dieses nicht die mittragenden Breiten für die Einzellasten ermittelt, wird die ungünstigste mittragende Breite vorab bestimmt und die Einzellast durch diese mittragende Breite dividiert. Da hier (aus Erfahrung) erkannt wird, dass die Querkräfte für die Bemessung nicht maßgebend werden, und somit auch die mittragenden Breiten für die Querkräfte außer Acht gelassen werden können, werden nur die mittragenden Breiten für das Feld- und Stützmoment untersucht.

$t_y = 0{,}20 + 2 \cdot 0 + 0{,}22 = 0{,}42$ m

(5.8): $t_y = b_0 + 2\,h_1 + h$

Feldmoment:

$b_m = 0{,}42 + 1{,}5 \cdot 3{,}13 \cdot \left(1 - \frac{3{,}13}{5{,}21}\right) = 2{,}29$ m

Tafel 5.2, Zeile 2:
$b_m = t_y + 1{,}5x \cdot \left(1 - \frac{x}{l_{eff}}\right)$
(Wert wird maßgebend)

$b_{m,red} = \frac{2{,}29}{2} + 1{,}0 = 2{,}15$ m

(5.9): $b_{m,red} = \frac{b_m}{2} + s_{Rand}$

Stützmoment:

$b_m = 0{,}42 + 0{,}5 \cdot 3{,}13 \cdot \left(2 - \frac{3{,}13}{5{,}21}\right)$
$= 2{,}61 \text{ m} > 2{,}29$ m

Tafel 5.2, Zeile 3:
$b_m = t_y + 0{,}5x \cdot \left(2 - \frac{x}{l_{eff}}\right)$

$\text{cal}\,F_{gk} = \frac{10}{2{,}15} = 4{,}65$ kN/m

$\text{cal}\,F_{qk} = \frac{7{,}5}{2{,}15} = 3{,}49$ kN/m

Division der Einzellasten durch die kleinste mittragende Einflussbreite

(5.10): $m = \frac{M}{b_{m,M}}$

Die nach der Elastizitätstheorie ermittelten und anschließend (für das Stützmoment) um 15 % umgelagerten Schnittgrößen sind nachfolgend aufgetragen. Die Teilsicherheitsbeiwerte für den Grenzzustand der Tragfähigkeit ($\gamma_G = 1{,}35$; $\gamma_Q = 1{,}50$) wurden berücksichtigt.

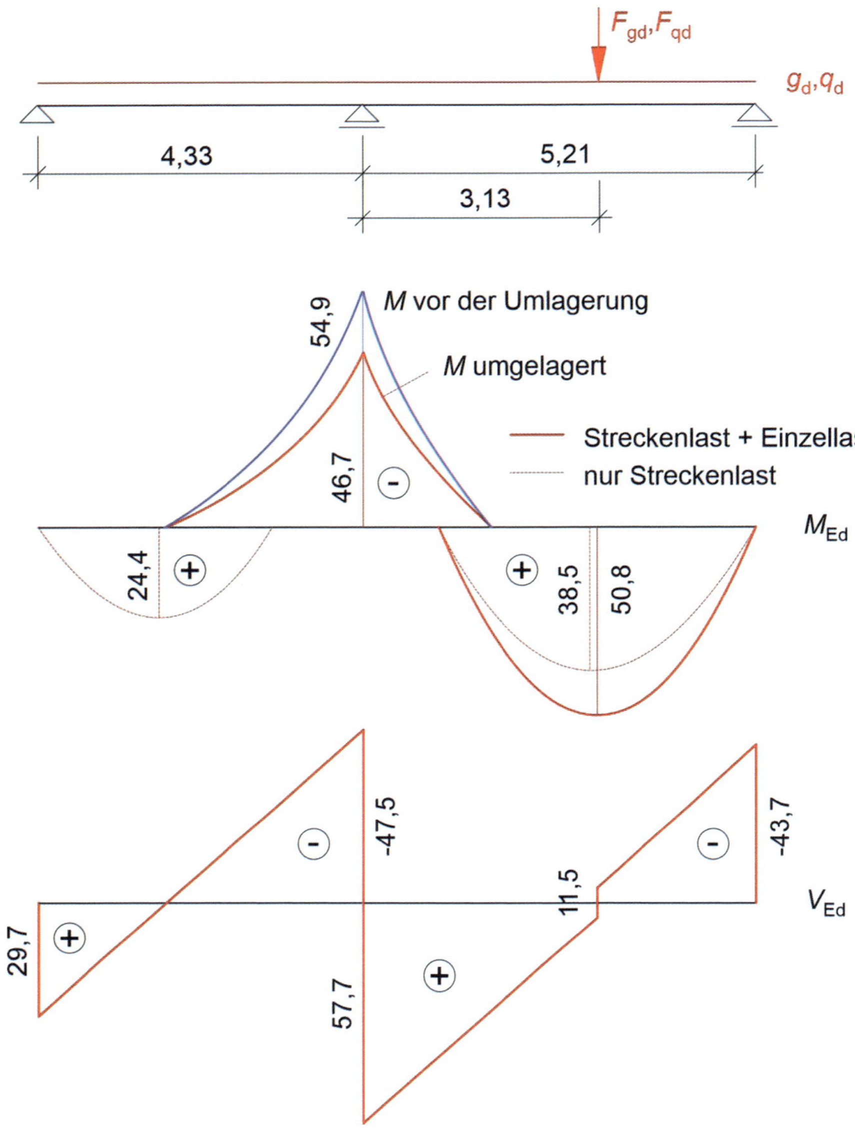

(Fortsetzung mit Beispiel 5.3)

5.4 Schnittgrößenermittlung mit der Finite-Elemente-Methode

5.4.1 Das Prinzip der FEM

Seit Einführung des PC zu Beginn der 1990er Jahre wird die Tragwerksplanung auch in kleinen Büros mit Unterstützung der Informationstechnologie durchgeführt. Durch die rasant gestiegene Rechenleistung und leistungsfähige Netzgeneratoren sind auch komplexe FE-Systeme schnell berechenbar. Daher ist es zunehmend der Regelfall, dass Platten mit der FEM berechnet werden. Für eine zutreffende Berechnung mit der FEM fehlen jedoch oftmals die nachfolgenden zwei Voraussetzungen:

- Ungeschultes Personal wendet das Programm an. Formal können die Programme auch durch Laien benutzt werden. Diesen (oder auch Berufsanfängern) fällt jedoch die Interpretation der Ergebnisse schwer. Nur diejenigen, die gute theoretische Kenntnisse im Plattentragverhalten (auf Basis der Elastizitätstheorie *und* für den nichtlinearen Stahlbeton) aufweisen, können FE-Berechnungen zutreffend interpretieren. Daneben ist eine ausreichende Erfahrung mit dem benutzten Programm wichtig.[6]
- Notwendige Kontrollen des Berechnungsergebnisses entfallen aufgrund von Zeitdruck bei der technischen Bearbeitung.

Die folgenden Gedanken sollen auf wesentliche Gesichtspunkte hinweisen, die für die praktische Anwendung wichtig sind. Hinsichtlich der mathematischen Zusammenhänge der FEM wird auf Spezialliteratur ([Link – 14], [Werkle – 01], [Stempniewski/Eibl – 96]) verwiesen.

Bei der Berechnung mit der FEM wird ein Tragwerk (oder Bauteil) in endlich viele örtlich begrenzte (= finite) Elemente zerlegt (= diskretisiert). Jedes Element weist eine bestimmte Anzahl von Knoten (abhängig vom Elementtyp) auf. Die einzelnen Elemente sind in den Knoten miteinander verbunden. Die Berechnung erfolgt nun in zwei Schritten:

1. Beschreibung der Verformungen für die Einzelelemente und der Kraftgrößen, die (über das Werkstoffgesetz) zu den Verformungen gehören.
2. Zusammenbau der Verformungen des Gesamtsystems aus den Verformungen der Einzelelemente in einem Gleichungssystem, dessen Lösung folgende Bedingungen erfüllen muss:
   - *Verformungsbedingungen* — Die Einzelelemente müssen lediglich diskontinuierlich zusammenpassen und die resultierende Gesamtverformung muss die Lagerungs- und Randbedingungen erfüllen.

6 Wer einen Führerschein (= Diplom/Bachelor/Master) hat, kann noch lange nicht Auto fahren (= ist noch kein Bauingenieur).

- *Gleichgewichtsbedingungen* Die äußeren Lasten müssen mit den Beanspruchungen in den Elementknoten widerspruchsfrei im Gleichgewicht stehen.

Aus dem Rechenablauf wird sofort klar, dass die gefundene Lösung nur die Bedingungen in den Knotenpunkten erfüllt. Die *FEM ist ein Näherungsverfahren*. Sie konvergiert exakt gegen die elastische Lösung, wenn (zufällig) der Verformungsansatz der Elemente dem tatsächlichen Verformungsverlauf entspricht.[7] Die Qualität der Lösung (= Schnittgrößen) wird somit maßgeblich von der Wahl des richtigen Elementtyps, einer richtigen Anordnung der Knotenpunkte und einer genügenden Anzahl von Elementen (bzw. Netzverdichtung) beeinflusst. Sofern diese drei Gesichtspunkte richtig beachtet werden, nähert sich die Lösung des FE-Systems an die Lösung für das tatsächliche Bauteil baupraktisch ausreichend gut an. Daher besteht die eigentliche Ingenieuraufgabe in der Beachtung dieser Gesichtspunkte bei der Elementierung (= Netzgenerierung) und in der richtigen Interpretation des Ergebnisses. Beide Aspekte werden nachfolgend behandelt.

5.4.2 Lagerungsbedingungen

Insbesondere Stützmomente werden wesentlich von der Modellierung der Lagerung beeinflusst. Für einachsig gespannte linienförmig gestützte Platten sind in **Abb. 5.7** unterschiedliche Modellierungsmöglichkeiten gezeigt. Das folgende Beispiel zeigt die Qualitätsunterschiede.

Beispiel 5.2: FE-Modellierung von Beispiel 5.1

gegeben: Platte laut Skizze von Beispiel 5.1 ohne die Einzellast

gesucht: Vergleich des Ergebnisses von FE-Berechnungen mit der Lösung nach der Differentialgleichung des Balkens

Lösung:

Die Berechnung erfolgte mit mb AEC Software MicroFE 2011.004 bei ausreichend feiner Elementeinteilung und ergab folgende Ergebnisse:

Rechenverfahren und Lagerungsart nach Abb. 5.7	M_1	$M_{S,li}$	M_S	$M_{S,re}$	M_2
	in kNm bzw. Abweichung gegenüber der Handrechnung				
Handrechnung nach Elastizitätstheorie	24,9	–44,4	–50,2	–43,7	39,2

7 Da der Verformungsansatz in praktischen Fällen niemals mit allen Verformungs- und Schnittgrößenverläufen übereinstimmt, wird die mathematisch exakte elastische Lösung niemals gleichzeitig für *M*, *N* und *V* erreicht.

Rechenverfahren und Lagerungsart nach Abb. 5.7	M_1	$M_{S,li}$	M_S	$M_{S,re}$	M_2
	in kNm bzw. Abweichung gegenüber der Handrechnung				
FEM / Lagerungsart 1	24,2	–43,8	–49,7	–43,2	39,0
	2,5%	1,2%	1,0%	1,1%	0,5%
FEM / Lagerungsart 2	22,0	–37,0	16,8	–53,9	31,7
	11,4%	16,6%	–	23,3%	19,2%
FEM / Lagerungsart 3	24,5	–42,3	–45,6	42,7	39,0
	1,5%	4,6%	9,2%	2,4%	0,7%
FEM / Lagerungsart 4	24,4	–41,6	–48,4	42,9	38,7
	1,7%	6,1%	3,5%	1,8%	1,4%
FEM / Lagerungsart 5	21,7	–37,6	–	54,7	31,3
	12,7%	15,2%	–	25,2%	20,2%

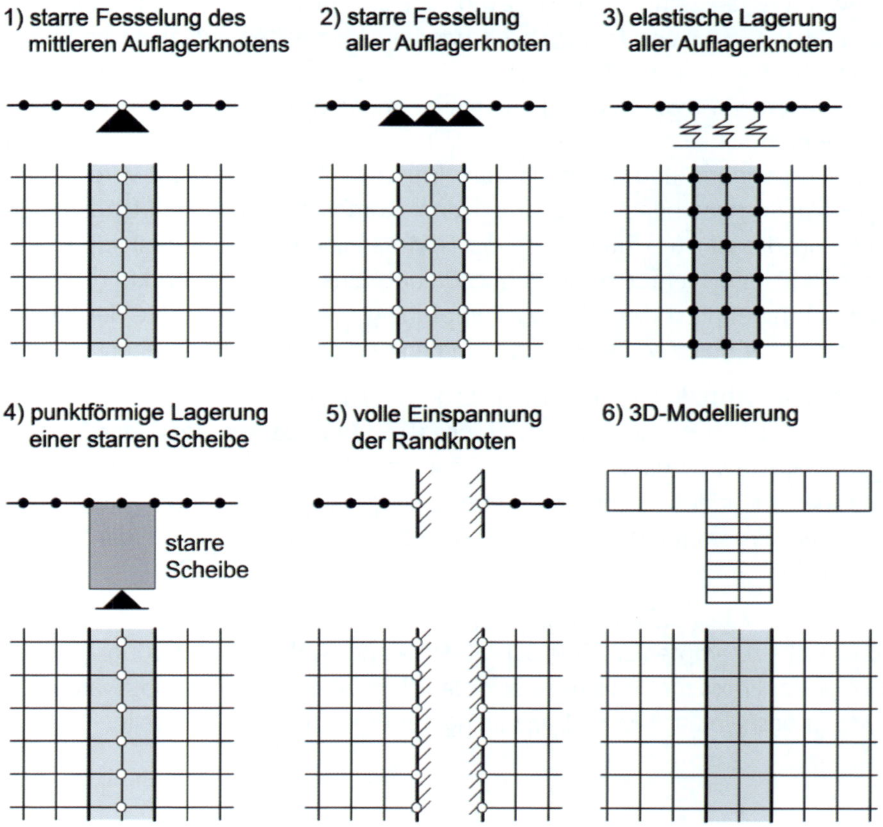

Abb. 5.7 *Möglichkeiten für die Modellierung eines Linienlagers an einer Innenstützung einer durchlaufenden Platte*

Man erkennt, dass die starre Linienlagerung (**Abb. 5.7:** Lagerungsart 1) (für streng einachsig tragende Platten) gute Ergebnisse[8] liefert. Für die spätere Bemessung ist jedoch eine Momentenausrundung erforderlich. Hierzu bieten FE-Programme entweder eine Interpolationsmöglichkeit zwischen zwei Knoten entsprechend der tatsächlichen Lagerbreite an oder am Auflagerrand ist ein Knoten anzuordnen. Eine punkt- bzw. linienförmige Fesselung mehrerer nebeneinander liegender Knoten ergibt jedoch sehr schlechte Ergebnisse (**Abb. 5.7:** Lagerungsart 2). Dies liegt an den realitätsfremden Zwängen für die Biegelinie im Auflagerbereich.

Die elastische Lagerung (**Abb. 5.7:** Lagerungsart 3) liefert ebenfalls zutreffende Ergebnisse insbesondere auch hinsichtlich der Momentenausrundung. Wesentlich ist der Einfluss der Federsteifigkeit. Die Federsteifigkeit *k* kann mit

$$k = \frac{E_{\text{Wand}} \cdot b_{\text{Wand}}}{h_{\text{Wand}}} \qquad \text{in kN/m}^2 \qquad (5.14)$$

abgeschätzt werden. *Die elastische Stützung* ist insbesondere an Singularitäten (z.B. einspringenden Ecken) sinnvoll. Diese Lagerungsform ist insbesondere auch im Hinblick auf den zweiachsigen Lastabtrag *gegenüber der starren Linienlagerung* zu *bevorzugen*. Hinsichtlich der größeren Abweichung des Stützmomentes gegenüber Lagerungsart 1 sollte bedacht werden, dass eine starre Stützung (und sich hieraus ergebende Momente nach der Elastizitätstheorie) nicht dem tatsächlichen Bauteilverhalten entspricht und insofern der theoretische Wert nur scheinbar exakt ist. Sofern Lagerungsart 3 an Endauflagern über Mauerwerkswänden verwendet wird und hierbei mehrere Knoten über die Auflagertiefe gefesselt werden, ist sicherzustellen, dass nicht über die Kombination Druck- und Zugfedern eine Einspannung und damit ein unrealistisches Ergebnis erzeugt wird. Wenn mit elastischer Lagerung gearbeitet wird, ist bei einer Kombination von Punktstützungen und Linienlagerung darauf zu achten, dass die FEM-Berechnung keine Rissbildung der Platte berücksichtigt[9] und hierdurch die Punktstützung eine geringere Wirkung als am realen Tragwerk entfaltet. In diesem Fall wird empfohlen, die Federkonstante der Punktstützung gegenüber der üblichen Berechnung um den Faktor 3 bis 5 zu erhöhen.

Die Lagerungsart 4 aus **Abb. 5.7** (punktförmige Lagerung) mit einer Scheibe kann verwendet werden. Bei dieser Lösung ist zu beachten (insbesondere wenn anstelle der Scheibe ein Unterzug modelliert wird), dass die Bauteile im ebenen FE-Modell nicht untereinander, sondern ineinander (mit identischem Schwerpunkt) liegen. Die Flächenmomente 2. Ordnung werden je nach Programm unterschiedlich gebildet und sind hinsichtlich der Steiner-Anteile zu überprüfen.

Die Lagerungsart 5 aus **Abb. 5.7** mit voller Einspannung der Knoten liefert keine guten Ergebnisse und ist nicht zu empfehlen. Eine 3D-Modellierung (**Abb. 5.7**: Lagerungsart 6) ist aufwändig und in der Praxis meistens nicht erforderlich bzw. aufgrund der Software nicht möglich. Es erfolgt deshalb auch keine Darstellung der Ergebnisse in der Tabelle.

8 Bezugsmaßstab bei dieser Aussage ist die Elastizitätstheorie. Stahlbetontragwerke verhalten sich nichtlinear. Eine vertikal unverschiebliche Stützung ist ebenfalls nicht realisierbar.

9 Hinsichtlich der Querdehnzahl → siehe Kap. 6.3.

Bei einer Platte ist auch zu beachten, dass auf derselben stehende Stahlbetonwände Lager bilden, die das Tragverhalten grundsätzlich verändern können. Weitere Ausführungen hierzu sind in [Avak/Scheck – 04] zu finden.

5.4.3 Netzgenerierung

Der Entwurf eines FE-Netzes hängt vom verwendeten Elementtyp und der Elementgröße ab. Für jedes Bauteil (Balken, Platten, Schalen, Scheiben usw.) gibt es eine Vielzahl von Elementtypen mit unterschiedlicher Knotenanzahl und unterschiedlichen Verschiebungsansätzen. Der Softwarehersteller verwendet aus den möglichen Elementen für jeden Bauteiltyp (mindestens) eines und implementiert dieses in das Programm. Die Elemente basieren auf der MINDLINschen Plattentheorie oder wie bei der Plattenberechnung mit Tafelwerken auf der klassischen KIRCHHOFFschen Plattentheorie (Voraussetzung dünne Platten → Differentialgleichung Kap. 6.1). Sie unterscheiden sich je nach Verschiebungsansatz. Der häufigste verwendete Ansatz für Flächenelemente ist das „4-Knoten-Element". Es erlaubt eine gute Approximation der zu modellierenden Geometrie und besitzt eine gute Genauigkeit für Biegemomente und Durchbiegungen (in Bezug auf die erforderliche Rechenzeit). Letztere Aussage gilt nur eingeschränkt für Querkräfte.

Die Wahl des Anwenders beschränkt sich auf die im Programm angebotenen Elemente. Die wesentlichen Kriterien sind hierbei

- *Geometrie* stabförmige Elemente (für Stabtragwerke wie Balken, Stützen) oder Flächenelemente (für Flächentragwerke wie Platten, Schalen, Scheiben)
- *Beanspruchung* Scheiben-, Platten- oder Schalenbeanspruchung.

Bei der Wahl der Elementanzahl und der Anordnung der Knotenpunkte sind folgende Regeln zu beachten:

Elementanzahl in Kontinuitätsbereichen

Die Anzahl ist ein Kompromiss zwischen minimalen Rechenzeiten (= Kosten) und maximaler Genauigkeit. Die Rechenzeit steigt (aufgrund des zu lösenden Gleichungssystems) exponentiell mit der Anzahl der Elemente. Für eine Bemessung im Stahlbetonbau interessieren i. Allg. die Schnittgrößen und weniger die Verformungen. Daher sind die Elemente so anzuordnen, dass an den (vermuteten) Stellen der Extremalschnittgrößen je ein Elementausgabepunkt für diese bzw. die Bewehrung liegt. Die Ausgabepunkte für die Schnittgrößen hängen vom verwendeten Element ab und sind dem Programmhandbuch zu entnehmen. Die Ausgabepunkte sind entweder die Knotenpunkte oder der Elementschwerpunkt (numerischer Integrationspunkt) oder interpolierte Werte.

Die Ausgabestellen der Schnittgrößen haben Einfluss auf die Netzgenerierung, da an den Stellen der erwarteten Extrema Ausgabestellen liegen sollen. Schnittgrößen in Kontinuitätsbereichen infolge von Flächenlasten werden grob bei einer Aufteilung von 5 bis 6 Elementen, gut bei einer Aufteilung von 8 bis 11 Elementen zwischen den Stützungen ermittelt (vgl. **Abb. 5.8**). Bei den Ergebnissen für die Feldmomente ist zu bedenken, dass der

Ausgabepunkt (hier Knotenpunkt im Programm) nur in der Nähe der Stelle des Momentenmaximums liegt.

Elementanzahl im Feld 1 in Spannrichtung	Fehler für m_x in %	
	Feld 1	Innenstütze
3	+8,0	-5,2
4	-3,2	-3,2
5	+2,4	-2,2
6	-1,2	-1,8
10	-2,8	-0,8

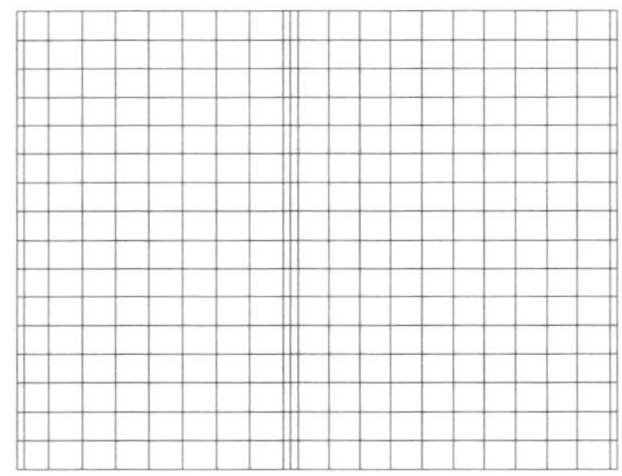

Abb. 5.8 *Abweichung einer FE-Berechnung für die einachsig gespannte Platte mit Gleichlast von der Lösung auf Basis der Differentialgleichung der Platte (Beispiel 5.1 ohne Einzellast gerechnet mit mb AEC Software MicroFE 2011.004)*

Netzverdichtung an Singularitätsstellen

Elementnetze sind zunächst regelmäßig aufgebaut (z.B. bei einer Einfeldplatte 4/4; 6/6 Rechteckelemente mit Ausgabe in den Ecken). Diese Netze sind ausreichend für die Beschreibung von Kontinua, jedoch nicht geeignet für Diskontinuitätsstellen (Singularitäten). Platten weisen Singularitäten an folgenden Stellen auf (**Abb. 5.9**):

- Stellen mit *Einzellasten*
- Punktförmige Stützungen
- Unterbrochene Stützungen
- Öffnungen
- Ein- und ausspringende *Ecken*
- *Wandenden* innerhalb einer Platte
- *Steifigkeitssprünge* innerhalb einer Platte.

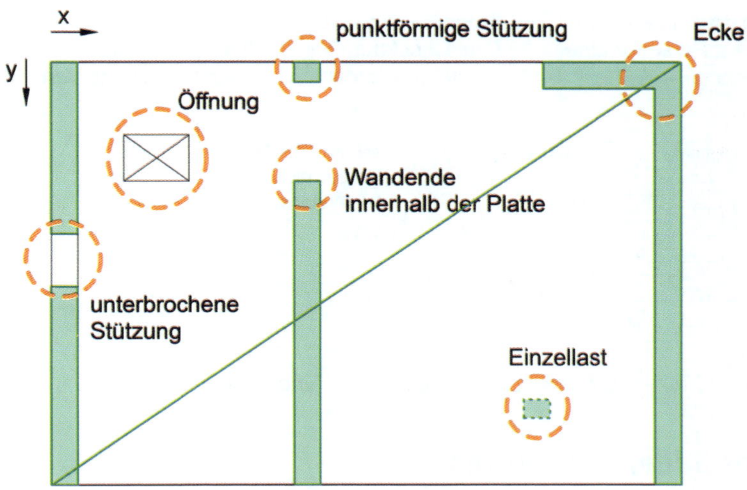

Abb. 5.9 *Singularitätsstellen in einer Platte*

Die Kennzeichen von Singularitäten sind ein großer Gradient in den Beanspruchungen bzw. Verformungen und ein indefiniter Extremalwert. Die Verformungen des Gesamtsystems werden durch Interpolation aus den Verformungen der Elemente berechnet. Deshalb wird die Lösung besser, wenn im Bereich großer Verformungsgradienten kleinere Elemente verwendet werden. Hier wird das Netz verdichtet. Generell werden zwei Strategien zur Erfassung von Singularitäten betrieben:

- *Vermeiden von Singularitäten*

  Ist sinnvoll z. B. bei Einzellasten. Diese breiten sich bis zur Systemfläche aus (**Abb. 5.4**) und werden innerhalb der FE-Rechnung in mehrere Knotenlasten (Teilflächenlast) verteilt. Eine andere Möglichkeit ist das Ausrunden von Ecken bei Öffnungen. Diese Möglichkeit ergibt bei Realisierung eine Qualitätsverbesserung der tatsächlichen Konstruktion.

- *Netzverdichtung im Bereich von Singularitäten*

  Für die sinnvolle Form der Netzverdichtung gibt das erwartete Ergebnis (z. B. der vom fachkundigen Bauingenieur erwartete Gradient des Momentenverlaufs aufgrund der Elastizitätstheorie) die Elementgröße und -verdichtung vor (**Abb. 5.10**). Das Verhältnis der Seitenlängen innerhalb von Elementen bzw. aneinandergrenzender Elemente sollte nicht größer als 1:2 (maximal 1:3) sein. Aufgrund dieser Bedingung entstehen Standardformen der Netzverdichtung wie in **Abb. 5.10** und Beispiel 6.9 gezeigt. Als Elementlängen in Bereichen großer Gradienten ist ca. l_{eff} /20 sinnvoll.

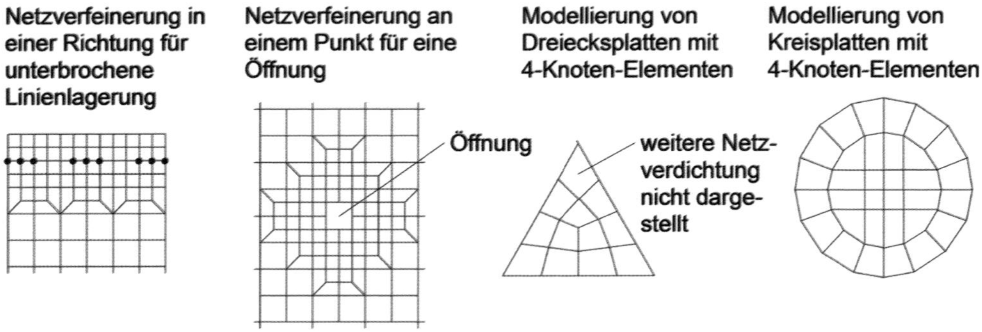

Abb. 5.10 *Elementierung und Netzverdichtung für unterschiedliche Singularitäten*

5.4.4 Regeln für das Bilden von Netzen

Aus der vorangehend erläuterten Problemkreise lassen sich folgende Regeln formulieren:

1. Es wird empfohlen, ein regelmäßiges Netz zu wählen. Rechteckelemente sind Dreieckselementen i.d.R. vorzuziehen. Das Verhältnis der Seitenlängen innerhalb von Elementen bzw. aneinandergrenzender Elemente sollte nicht größer als 1:2 sein. Die Elementlänge sollte nicht größer als die 4fache Plattendicke sein.
2. An den erwarteten Stellen der Beanspruchungsextrema müssen Ausgabestellen des Netzes liegen.
3. In Bereichen wenig veränderlicher Biegemomente (Feldmomente) reicht ein $l_{eff}/8$ bis $l_{eff}/11$ (8 bis 11 Elemente). In Bereichen mit großen Momentengradienten (Stützmomente) reichen Elementlängen von ca. $l_{eff}/20$ (ca. 20 Elemente).
4. An Singularitäten ist das Netz zu verdichten. Steifigkeitssprünge (z. B. infolge Änderung der Plattendicke) erfordern ebenfalls eine Netzverdichtung.
5. Lagerungsbedingungen haben entscheidenden Einfluss auf das Ergebnis. Sinnvoll ist eine elastische Stützung.
6. Die Bezugsfläche unter Einzellasten/Teilfächenlasten ist diejenige in der Plattenmittelfläche (Systemfläche) bei Lastausstrahlung unter 45°.

5.4.5 Interpretation von Ergebnissen aus FE-Berechnungen

Die Deutung der Rechenergebnisse verlangt sowohl ausreichende Kenntnisse als Tragwerksplaner als auch ausreichende Erfahrung im Umgang mit dem betreffenden FE-Programm. Sofern bei der Deutung der Ergebnisse Unsicherheiten bestehen, ist eine zweite Rechnung mit veränderter Elementteilung zu empfehlen.

Ausgabepunkte von FE-Schnittgrößen

Alle Ausgabemöglichkeiten haben Vor- und Nachteile. Daher sind die Ausgabepunkte softwareabhängig; mögliche Ausgabepunkte sind:

- *Elementmitten* (liefert numerisch die größte Stabilität, jedoch nicht die Maximalmomente an Einspannungen, über Lagern oder bei Teilflächenlasten)

- *Knotenpunkte* (liefert Widerspruch für die Schnittgrößen aus zwei benachbarten Elementen; es werden daher Mittelwerte ausgegeben. Sprünge in Schnittgrößen aus einer entsprechenden Belastungsfunktion werden nicht erkannt!)
- *Beliebige Stellen im Element* bedeuten eine Interpolation aus mehreren Werten (Fehler bei nichtlinearen Funktionen).

Genauigkeit der Ergebnisse

FE-Programme ermöglichen heute auch die Berechnung von Platten, die elastisch gestützt auf dem Baugrund, auf Mauerwerk oder Unterzügen liegen. Diese Lagerungsarten verändern das Plattentragverhalten und täuschen eine Genauigkeit vor, die nicht realisierbar ist. Der Tragwerksplaner sollte z.B. daran denken, dass durch Regen während der Bauausführung der Fundamente ein bindiger Boden aufweichen kann und damit zu einer anderen Bettung führt als in der besten Rechnung angenommen.

Weiterhin können in den Berechnungen Bauzustände eines Gebäudes meist nur unzureichend erfasst werden. Auf eine Decke kann z.B. eine Betonierlast aus einem darüber liegenden Geschoss abgesetzt werden, die sich in Größe und Verteilung wesentlich von der Nutzlast im Endzustand unterscheidet. Die hierdurch eintretende Rissbildung verändert die Steifigkeit in der Platte, was auch (nicht berücksichtigte) Rückwirkungen auf die (berechneten) Schnittgrößen für den Endzustand hat. Die Schnittgrößen (oder Bewehrungsmengen bzw. A_s-Werte) einer FE-Berechnung müssen daher in *sinnvolle* Bewehrungsanordnungen umgesetzt werden.

Bewehrung im Bereich steiler Verformungsgradienten

An Stellen großer Verformungsgradienten ändern sich auch die Schnittgrößen sehr stark. An diesen Stellen (z.B. Punktstützung einer Platte) ergeben sich große Biegemomente bzw. Bewehrungsquerschnitte. Sofern diese Bewehrungsquerschnitte quer zur Bewehrungsrichtung nur im Dezimeterbereich anzuordnen sind, kann die Rotationsfähigkeit des Stahlbetons ausgenutzt werden, indem in Querrichtung unter Wahrung der Gesamtbewehrungsmenge quasi in die Biegezugkraftlinie eingeschnitten wird (**Abb. 5.11**).

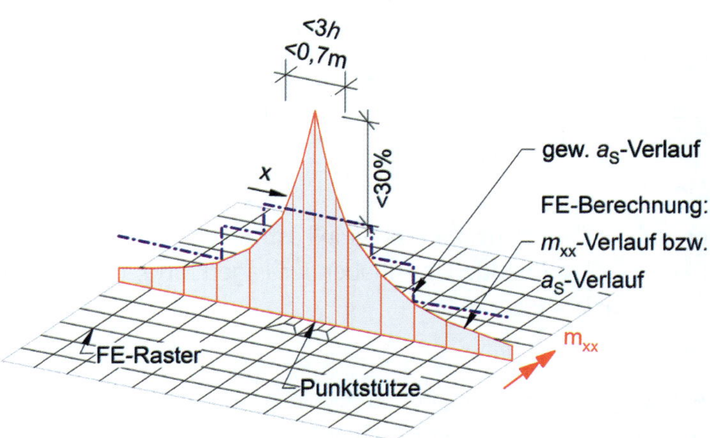

Abb. 5.11 *Gewählte Bewehrungsquerschnitte aufgrund der Ergebnisse einer FE-Berechnung*

Bewehrung im Bereich geringer Beanspruchung

Ein Nachfahren der „Schnittgrößen- oder A_s-Gebirge" auch im Bereich der geringen Beanspruchungen (= „Täler") ist weder in konstruktiver Hinsicht sinnvoll, noch führt dies zu einer Baukostenersparnis (unübersichtliche Pläne mit erhöhtem Zeitaufwand beim Verlegen). Besser ist es, darauf zu achten, dass in weiten Bereichen einer Platte eine Grundbewehrung angeordnet wird, die nur an *wenigen*, örtlich begrenzten und hoch beanspruchten Stellen durch Zulagen ergänzt wird. Die FE-Ergebnisse bewirken leider oftmals beim Konstrukteur einen gegenteiligen Effekt.

Querkräfte

Die Güte der Berechnung der Querkraft hängt maßgeblich vom verwendeten Elementtyp ab. Querkräfte sind die 1. Ableitung der Biegemomente und werden daher ungenauer als diese berechnet. Bei einem linearen Ansatz des Momentenverlaufs innerhalb eines Elementes ergibt sich ein konstanter Querkraftverlauf. An einem zu zwei Elementen gehörenden Knoten liegt somit bei Gleichlast ein Widerspruch vor! Zur Beseitigung dieses Widerspruchs bieten einige Programme Glättungsfunktionen an, die auf einer Mittelwertbildung basieren. Die Ergebnisse der FE-Berechnung sind hinsichtlich der Querkräfte besonders kritisch zu betrachten.

Die mit der FEM errechnete Querkraftbeanspruchung von Platten ist oftmals höher als nach der Elastizitätstheorie. Sofern die Biegebemessung mit Ergebnissen aus der FEM erfolgte, sind auch die (geglätteten) Querkräfte bei der Bemessung zu berücksichtigen.

Kontrollen

Die häufigste Ursache für Fehler sind nicht die aus den Unzulänglichkeiten der Finiten Elemente resultierenden Fehler, sondern vom Anwender verursachte Eingabe- oder Interpretationsfehler. Daher sollten folgende Kontrollen durchgeführt werden:

- Kontrolle der *Eingabewerte*

  In der grafischen Darstellung am Bildschirm ist zu prüfen, ob Plattenbereiche nicht elementiert wurden (Löcher), ob die Lagerung richtig ist, ob die Lastfunktionen vollständig sind.

- Kontrollen der *Verformungen*

  zeigen ebenfalls vergessene Lager oder falsche Lagerungsbedingungen oder Löcher im FE-Netz.

- *Gleichgewichtskontrollen*

  zwischen äußeren Lasten und Auflagern decken Fehler in Lastfunktionen auf. Wichtig ist hierbei auch die Wirkung evtl. vorhandener abhebender Lagerkräfte, die die tatsächliche Konstruktion nicht übertragen kann.

- *Plausibilität der Biegemomente*

  ist durch Überschlagsrechnungen zu prüfen. Bei einachsig gespannten Platten sind entsprechend der Balkenstatik am Einfeld- oder Durchlaufträger Überschlagsrechnungen durchzuführen. Für zweiachsig gespannte Platten ist z. B. das Streifenkreuzverfahren sinnvoll (→ Kap. 6.2.2).

- *Konvergenzkontrollen*

  an Singularitätsstellen sollte in Zweifelsfällen eine Netzverdichtung und anschließende Neuberechnung geführt werden.

- *Übereinstimmung mit der Konstruktion*

  ist zu prüfen. Dies bedeutet, dass innerhalb eines Bewehrungsplanes nicht nur die statisch erforderliche, sondern auch die konstruktiv erforderliche Bewehrung vorhanden sein muss. Hier sind oftmals Mängel vorhanden, wenn das FE-Programm eine automatische Bemessung und daran anschließend eine Planerstellung durchführt. Sinnvolle Gesamtbewehrungsmengen (vgl. **Abb. 5.11**) sollten je Bereich gebildet werden.

- *Kontrollen bei nachträglichen Planungsänderungen*

  sollten zu einer nochmaligen Durchführung aller o.g. Kontrollschritte führen. Schwere Fehler treten häufig durch nachträglich scheinbar kleine Änderungen ein.

5.4.6 Dokumentation von FE-Berechnungen

FE-Berechnungen sind – wie andere Berechnungen auch [Ri-EDV-AP – 01] – so zu dokumentieren, dass sie bautechnisch geprüft werden können. Hierzu gehören *mindestens*:

- *Eingabewerte*

  Bezeichnung und Version des Programms, verwendete Elementtypen, grafische Darstellung des Systems mit Abmessungen und Auflagerbedingungen, Materialkennwerte, Netzeinteilung mit Zuordnung der Materialkennwerte, grafische Darstellung der Lasteingabe (Knotenpunkte), Überlagerungsanweisung der Lastgruppen

- *Berechnungsergebnisse*

  vollständige Auflagerkräfte, grafische Darstellung der Schnittgrößen (A_s-Werte) mit Extremwerten und als Zahlenwerte für die maßgebende Beanspruchung, grafische Darstellung der Verformungen.

5.4.7 Nichtlineare FE-Berechnungen

Stahlbetontragwerke haben die ausgezeichnete Eigenschaft des nichtlinearen Materialverhaltens infolge von Rissbildung und Plastifizierung. Diese Eigenschaften dürfen berücksichtigt werden. Sie führen dann zu geringerem Baustoffbedarf, sofern der Grenzzustand der Tragfähigkeit für die Bemessung maßgebend ist (→ Kap. 8). Daher gibt es erste kommerzielle Software, die nichtlineare Eigenschaften des Stahlbetons berücksichtigt. Ihre Anwendung bedingt jedoch einen erheblich höheren Aufwand bei der Tragwerksplanung, da aufgrund des nicht mehr gültigen Superpositionsgesetzes und der für das Endergebnis wichtigen Steifigkeitsverteilungen das gesuchte Ergebnis schon für die Eingabe sehr gut abgeschätzt sein muss. Dies kann durch eine vorangegangene elastische Rechnung geschehen.

Nichtlineare Berechnungen haben daher gegenwärtig und sicherlich auch im nächsten Jahrzehnt nur im Bereich der Forschung und bei der Lösung von Sonderaufgaben (z. B. Kernkraftwerksbau) oder bei Detailfragen (z. B. Spannungsfluss um einen Dübel) eine Bedeutung. Die nichtlineare FE-Berechnung wird in absehbarer Zeit nicht zum Standardwerkzeug jedes Bauingenieurs werden.

5.5 Biegebemessung

5.5.1 Längsrichtung

Die Schnittgrößen von Platten wurden für einen 1 m breiten Streifen bestimmt. Die Biegebemessung hat daher für einen Rechteckquerschnitt der Breite b = 1,0 m zu erfolgen. Die Bemessungsgleichungen gehen direkt aus denen für einen 1 m breiten Rechteckquerschnitt hervor, wobei die entsprechenden Bemessungstabellen verwendet werden können. Für das ω-Verfahren (→ Teil 1, Kap. 7.5.2) ergibt sich z.B.:

$$m_{\mathrm{Eds}} = m_{\mathrm{Ed}} - n_{\mathrm{Ed}} \cdot z_{\mathrm{s}} \tag{5.15}$$

$$\mu_{\mathrm{Eds}} = \frac{m_{\mathrm{Eds}}}{d^2 \cdot f_{\mathrm{cd}}} \tag{5.16}$$

$$a_{\mathrm{s}} = \frac{\omega \cdot d \cdot f_{\mathrm{cd}} + n_{\mathrm{Ed}}}{\sigma_{\mathrm{sd}}} \quad \text{in cm}^2/\text{m} \tag{5.17}$$

Die Bewehrung wird dabei so angeordnet, dass die statische Nutzhöhe in der Tragrichtung d_x groß ist (**Abb. 5.12**). Die Biegezugbewehrung ist bei Gleichlasten gleichmäßig im gesamten Plattenbereich anzuordnen. Sofern infolge einer Einzellast (oder Teilflächenlast) unter dieser eine verstärkte Bewehrung erforderlich ist, muss diese im Bereich der Querverteilung (Breite b_y) angeordnet werden.

$$b_{\mathrm{y}} = 0{,}5\, b_{\mathrm{m}} \geq t_{\mathrm{y}} \tag{5.18}$$

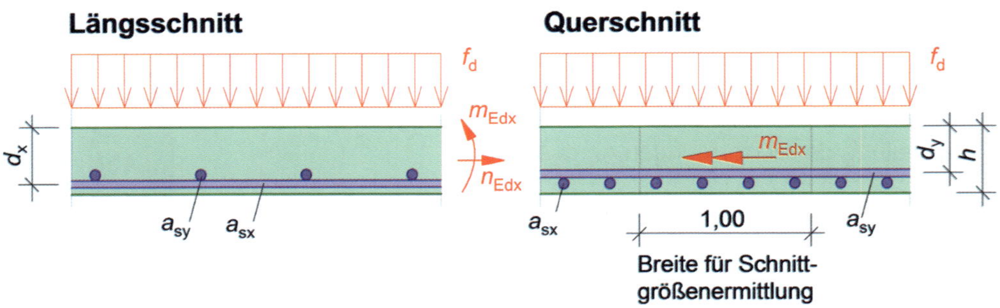

Abb. 5.12 *Bewehrungsanordnung für positive Momente einer Platte*

5.5.2 Biegebemessung in Querrichtung

In Querrichtung müssen keine Schnittgrößen ermittelt werden, auch die Biegebemessung entfällt. Für die Querbewehrung bei Gleichlasten gilt:

$$a_{\mathrm{sy}} = 0{,}2 \cdot a_{\mathrm{sx}} \tag{5.19}$$

Die zusätzliche Querbewehrung Δa_{sy} unter Einzel-, Strecken- und Teilflächenlasten sollte mindestens 60 % des durch die Einzellast bedingten Anteils der Hauptbewehrung betragen. Sie soll die Lastverteilung auf die mittragende Breite sicherstellen.[10] Diese Bewehrung ist über die Breite b_x zu verteilen und hat mindestens die Länge l_t. Die Anordnung geht aus **Abb. 5.13** hervor.

$$\Delta a_{sx} = a_{sx}^{F+f} - a_{sx}^{f} \tag{5.20}$$

$$\Delta a_{sy} = 0{,}6 \cdot \Delta a_{sx} \tag{5.21}$$

$$b_x = 0{,}5\, b_m \geq t_x \tag{5.22}$$

$$l_t \geq b_m + 2\, l_{bd} \tag{5.23}$$

a_{sx}^{F+f} Bewehrung in Haupttragrichtung infolge Gleichlast und Teilflächenlast

a_{sx}^{f} Bewehrung in Haupttragrichtung infolge Gleichlast

l_{bd} erforderliche Verankerungslänge (→ Teil 1, Kap. 4)

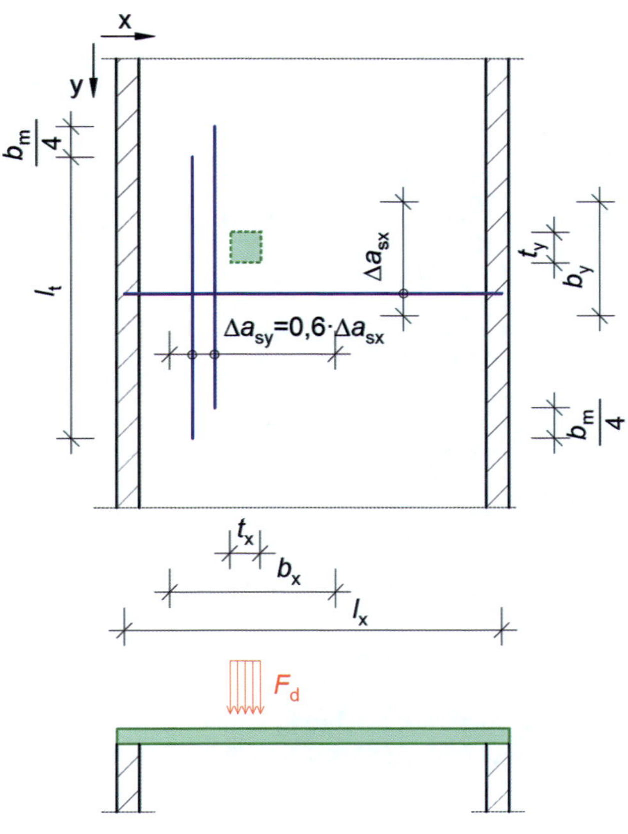

Abb. 5.13 *Querbewehrung unter Einzellasten*

10 Daher wird die Bewehrung umgangssprachlich oft als „Verteilerbewehrung" bezeichnet.

5.5.3 Konstruktionsregeln

Mindestabmessungen:

Bei der praktischen Arbeit bestimmt sich die erforderliche Plattendicke h meistens nicht aus der Mindestabmessung (**Tafel 5.3**), sondern aus der Begrenzung der Verformungen (→ Teil 1, Kap. 13) und des Schallschutzes.

Mindestbiegezugbewehrung:

Die konstruktiven Regelungen für die Mindestbewehrung in Längsrichtung entsprechen denen für Balken. Der maximal zulässige Abstand der Bewehrung ist **Tafel 5.4** zu entnehmen. Für die Querbewehrung ergibt sich die Mindestbewehrung aus dem maximal zulässigen Abstand bei kleinstmöglichem Bewehrungsdurchmesser, sofern nicht Gl. (5.19) maßgebend ist.

Zugkraftdeckung:

Die Biegezugbewehrung darf zwar bei Platten gestaffelt werden, wird i.d.R. jedoch nicht durchgeführt, da sie negative Folgen bei der Querkraftbemessung hat und zu Querkraftbewehrung führen kann (der Beiwert zur Berücksichtigung der Längsbewehrung sinkt). Die Hälfte der Feldbewehrung ist über die Auflager zu führen. Das Versatzmaß (→ Teil 1, Kap. 10.1) beträgt für Platten ohne Querkraftbewehrung $a_l = 1{,}0\ d$.

Bauteil und Bewehrungsart	h_{min} in mm
Allgemein	70
Platten mit Querkraftbewehrung (aufgebogen)	160
Platten mit Querkraftbewehrung (Bügel) oder Durchstanzbewehrung	200

Tafel 5.3 *Mindestbauteilhöhe h_{min} von Platten (EC 2-1-1/NA, 9.3.1.1 und 9.3.2)*

Bewehrungsrichtung	s_{max} in mm
Längsbewehrung bei Plattendicke	$h \leq 150$ mm: $s_{max} = 150$ mm
	150 mm $< h <$ 250 mm: $s_{max} = h$
	$h \geq 250$ mm: $s_{max} = 250$ mm
Querbewehrung	$s_{max} = 250$ mm

Tafel 5.4 *Maximaler Bewehrungsabstand s_{max} (EC 2-1-1/NA, 9.3.1.1)*

Da bei der Verankerung von Stabdurchmessern ⌀ ≥ 16 mm eine *außen* liegende Querbewehrung vorhanden sein sollte, sind die zu verankernden Stäbe aufzubiegen (**Abb. 5.14**). Sofern diese Aufbiegungen gleichzeitig als Querkraftbewehrung eingesetzt werden sollen, sind die Höchstabstände der Querkraftbewehrung zu beachten (EC 2-1-1/NA, 9.3.2).

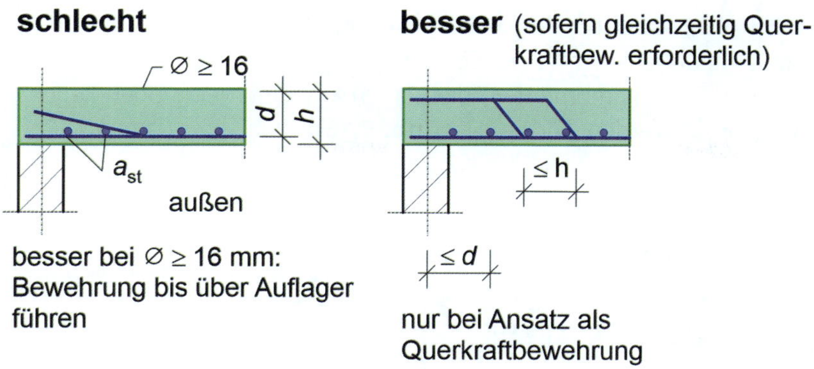

Abb. 5.14 *Verankerung von Stabdurchmessern Ø ≥ 16 mm*

Endauflager

Zur Deckung des Momentes aus einer rechnerisch nicht berücksichtigten Einspannung ist auf der Plattenoberseite eine Bewehrung anzuordnen (**Abb. 5.15**). Diese Bewehrung ist an der Oberseite normal zu verankern, wobei günstig wirkende Querpressungen aus aufgehenden Wänden zur Abminderung der Verankerungslänge berücksichtigt werden dürfen (Teil 1, Kap. 4.3.2).

$$a_{sx}^{Rand} \geq 0{,}25\, a_{sx}^{Feld} \tag{5.24}$$

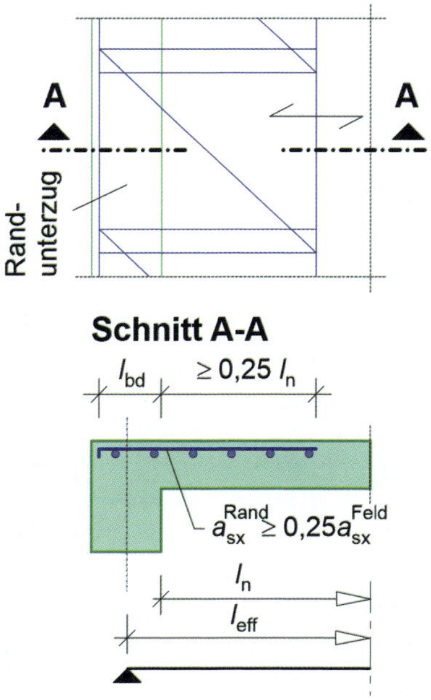

Abb. 5.15 *Konstruktive Einspannbewehrung*

Parallel zur Spannrichtung verlaufende Unterstützungen

Unbeabsichtigte Unterstützungen parallel zur Spannrichtung führen bei in Querrichtung durchlaufenden Systemen zu Stützmomenten, die konstruktiv durch eine oben liegende Abreißbewehrung abgedeckt werden. Für sie gilt (**Abb. 5.16**):

$$a_{sy} \geq 0{,}6\, a_{sx}^{\text{Feld}} \geq \varnothing 6 - 20 \tag{5.25}$$

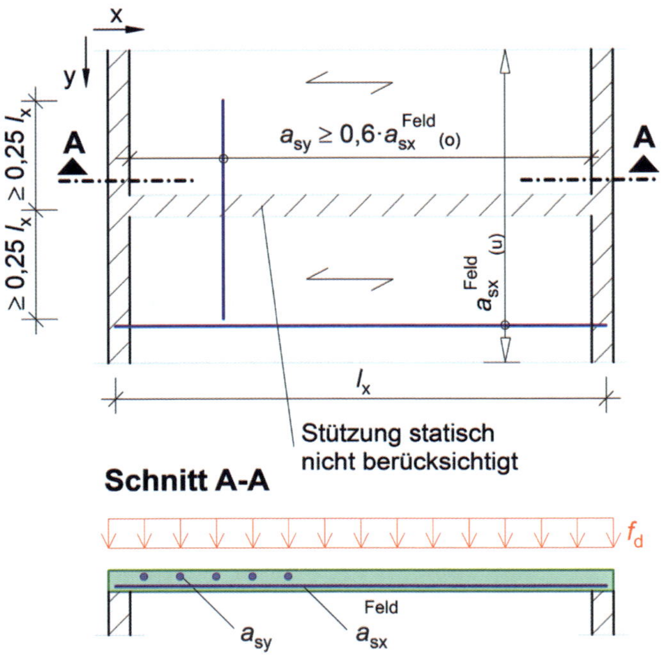

Abb. 5.16 *Abreißbewehrung für unbeabsichtigte Stützungen*

Bewehrung an freien Rändern

Freie Ränder sind bügelartig einzufassen, um Randlasten, Temperatur- und Schwindspannungen aufnehmen zu können (**Abb. 5.17**). Der hierfür vorzusehende Steckbügelquerschnitt B500 kann nach den folgenden Gln. abgeschätzt werden [Leonhardt – 77/2]:

$$h \leq 30 \text{ cm} \quad a_{sy} \approx 1{,}0 \text{ cm}^2/\text{m} \tag{5.26}$$

$$h \geq 80 \text{ cm} \quad a_{sy} \approx 3{,}0 \text{ cm}^2/\text{m} \tag{5.27}$$

Zwischenwerte können interpoliert werden. Parallel zum freien Rand ist oben, in der Mitte und unten eine verstärkte Längsbewehrung vorzusehen (bei Verwendung von Betonstabstahl z.B. je 2 bis 3 übereinander liegende Stäbe der normalen Feldbewehrung).

Bei Fundamenten und innenliegenden Bauteilen des üblichen Hochbaus braucht eine Bewehrung am freien Rand gemäß EC 2-1-1/NA, 9.3.1.4 nicht angeordnet zu werden. Bei innenliegenden Bauteilen ist eine Randeinfassung jedoch empfehlenswert, um beispielsweise Abplatzungen am Rand bei Befestigung eines Geländers zu vermeiden.

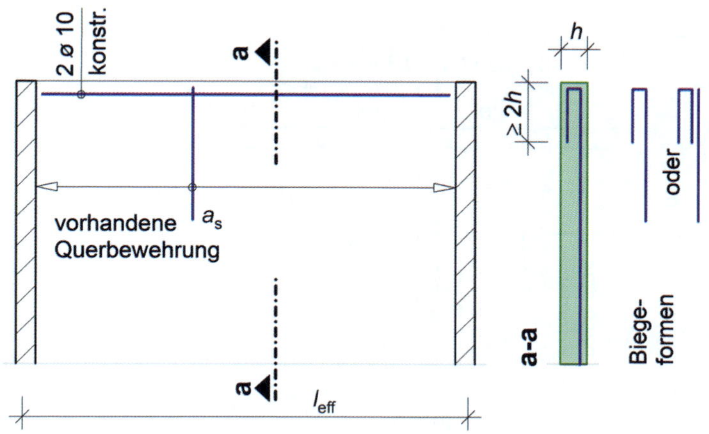

Abb. 5.17 *Bewehrung am freien ungestützten Rand*

Drillbewehrung

Wenn in einer Plattenecke zwei gelenkig gelagerte Ränder zusammenstoßen (z.B. infolge von zwei unter der Platte befindlichen Wänden), ist eine Drillbewehrung erforderlich. (Eine exakte Erläuterung zur Drilltragwirkung folgt in Kap. 6.1.) Üblich ist eine orthogonal verlaufende Bewehrung oben und unten (**Abb. 5.18**) mit folgendem Querschnitt:

$$a_{sx}^{o} = a_{sy}^{o} = a_{sx}^{u} = a_{sy}^{u} = 1{,}0 \cdot a_{sx}^{Feld} \qquad (5.28)$$

Die Drillbewehrung entfällt, wenn eine monolithische Verbindung mit Randunterzügen vorliegt, da hier schon eine konstruktive Einspannbewehrung (**Abb. 5.15**) vorgesehen wird. Sie entfällt ebenfalls bei Plattenrändern mit statisch berücksichtigter Einspannung. In Plattenecken, in denen ein frei aufliegender und ein eingespannter Rand zusammenstoßen, ist die Hälfte der bei gelenkig gelagerten Rändern erforderlichen Bewehrung rechtwinklig zum freien Rand einzulegen. In der Richtung der Einspannung wird die statisch erforderliche Bewehrung a_{sx} eingelegt.

$$a_{sy}^{o} = a_{sy}^{u} = 0{,}5 \cdot a_{sx}^{Feld} \qquad (5.29)$$

Die Drillbewehrung ist auch bei entsprechend gestützten zweiachsig gespannten Platten vorzusehen.

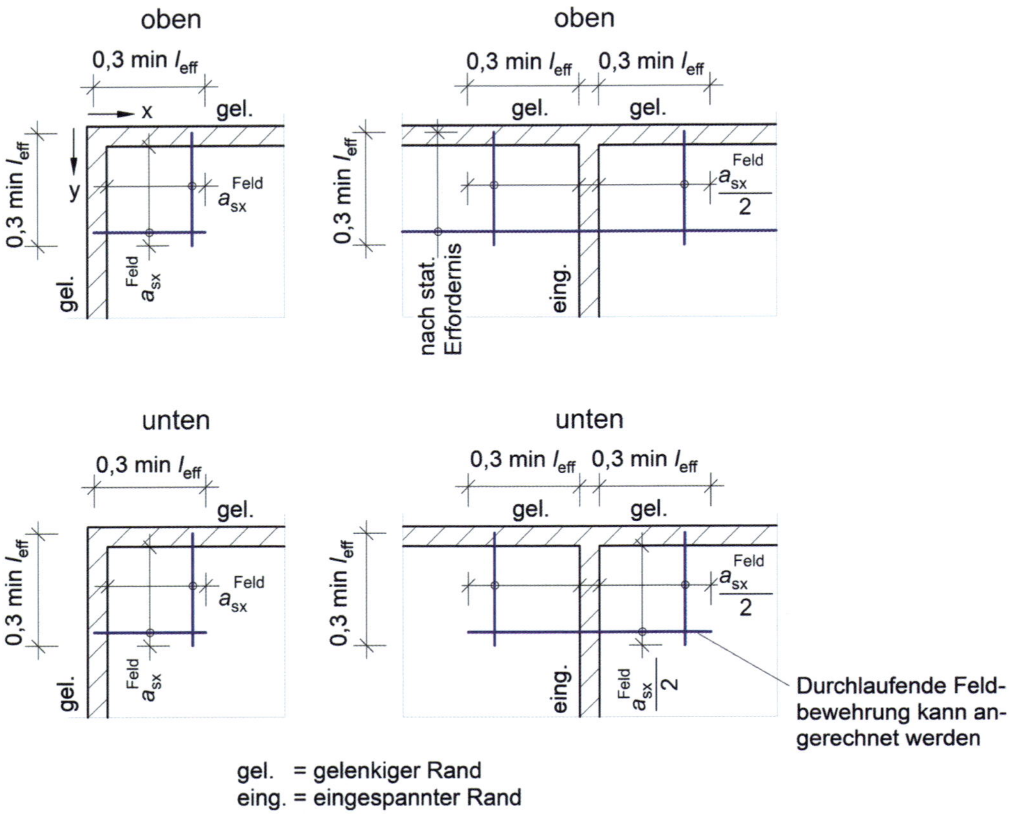

Abb. 5.18 *Drillbewehrung*

Beispiel 5.3 Biegebemessung einer Platte (Fortsetzung von Beispiel 5.1)

gegeben: Ergebnisse von Beispiel 5.1

gesucht: Bemessung der Decke

Lösung:

Biegebemessung:

Für die Bemessung wird der Bereich außerhalb der Einzellast (entlastende Wirkung) zugrunde gelegt, da dies der ungünstigste Fall ist.

Feld 1:

$$m_{\text{Eds}} = 24{,}4 - 0 \cdot 0{,}08 = 24{,}4 \text{ kNm/m}$$

(5.15): $m_{\text{Eds}} = m_{\text{Ed}} - n_{\text{Ed}} \cdot z_{\text{s}}$

$$f_{\text{cd}} = \frac{0{,}85 \cdot 20}{1{,}5} = 11{,}3 \text{ N/mm}^2$$

$f_{\text{cd}} = \dfrac{\alpha_{\text{cc}} \cdot f_{\text{ck}}}{\gamma_{\text{C}}}$

$$\mu_{\text{Eds}} = \frac{24{,}4 \cdot 10^{-3}}{0{,}19^2 \cdot 11{,}3} = 0{,}060$$

(5.16): $\mu_{\text{Eds}} = \dfrac{m_{\text{Eds}}}{d^2 \cdot f_{\text{cd}}}$

$\omega \approx 0{,}0621;\ \sigma_s = 457\ \text{N/mm}^2$

Teil 1, **Tafel 7.1**

$a_s = \dfrac{0{,}0621 \cdot 19 \cdot 11{,}3 + 0}{457} \cdot 10^2 = 2{,}92\ \text{cm}^2/\text{m}$

(5.17): $a_s = \dfrac{\omega \cdot d \cdot f_{cd} + n_{Ed}}{\sigma_{sd}}$

gew.: R335 A

(im Bewehrungsplan Pos. 6 + 7)

Feld 2 (außerhalb des Bereichs der Einzellast):

$\mu_{Eds} = \dfrac{38{,}5 \cdot 10^{-3}}{0{,}19^2 \cdot 11{,}3} = 0{,}094$

(5.16): $\mu_{Eds} = \dfrac{m_{Eds}}{d^2 \cdot f_{cd}}$

$\omega \approx 0{,}1058;\ \sigma_s = 455\ \text{N/mm}^2$

Teil 1, **Tafel 7.1**

$a_s = \dfrac{0{,}1058 \cdot 19 \cdot 11{,}3 + 0}{455} \cdot 10^2 = 5{,}0\ \text{cm}^2/\text{m}$

(5.17): $a_s = \dfrac{\omega \cdot d \cdot f_{cd} + n_{Ed}}{\sigma_{sd}}$

gew.: R524 A

(im Bewehrungsplan Pos. 1)

Feld 2 (im Bereich der Einzellast):

Die statische Nutzhöhe wird verringert, da Stabzulagen für die verstärkte Bewehrung vorgesehen werden sollen.

$\mu_{Eds} = \dfrac{50{,}8 \cdot 10^{-3}}{0{,}18^2 \cdot 11{,}3} = 0{,}139$

(5.16): $\mu_{Eds} = \dfrac{m_{Eds}}{d^2 \cdot f_{cd}}$

$\omega \approx 0{,}1519;\ \sigma s = 447\ \text{N/mm}^2$

Teil 1, **Tafel 7.1**

$a_s = \dfrac{0{,}1519 \cdot 18 \cdot 11{,}3 + 0}{447} \cdot 10^2 = 6{,}91\ \text{cm}^2/\text{m}$

(5.17): $a_s = \dfrac{\omega \cdot d \cdot f_{cd} + n_{Ed}}{\sigma_{sd}}$

gew.: R524 A + ∅8-15

(im Bewehrungsplan jeweils Pos. 1)

$a_{s,vorh} = 5{,}24 + \dfrac{100}{15} \cdot 0{,}503 = 8{,}59\ \text{cm}^2/\text{m}$

Stabanteil:

$a_{s,vorh} = \dfrac{l_B}{s} \cdot A_{s,ds}$

Aufgrund der relativ geringen Auswirkung der Einzellast wird die gesamte Auflagerlinie für das betragsmäßig größte Moment bemessen.

Stütze B:

$\Delta M_{Ed} = (47{,}5 + 57{,}7) \cdot \dfrac{0{,}24}{8} = 3{,}2\ \text{kNm/m}$

$\Delta M_{Ed} = F_{Ed,sup} \cdot \dfrac{t}{8}$

(Auflagerung auf Mauerwerk)

$M_{Ed} = 46{,}7 - 3{,}2 = 43{,}5\ \text{kNm/m}$

$M_{Ed} = |M_{el}| - |\Delta M|$

$\mu_{Eds} = \dfrac{43{,}5 \cdot 10^{-3}}{0{,}19^2 \cdot 11{,}3} = 0{,}107$

(5.16): $\mu_{Eds} = \dfrac{m_{Eds}}{d^2 \cdot f_{cd}}$

$\omega \approx 0{,}1170;\ \sigma_s = 452\ \text{N/mm}^2;\ \xi = 0{,}145$

Teil 1, **Tafel 7.1**

$a_s = \dfrac{0{,}1170 \cdot 19 \cdot 11{,}3 + 0}{452} \cdot 10^2 = 5{,}56\ \text{cm}^2/\text{m}$

(5.17): $a_s = \dfrac{\omega \cdot d \cdot f_{cd} + n_{Ed}}{\sigma_{sd}}$

gew.: R524 B

(im Bewehrungsplan Pos. 4)

Der Nachweis, dass diese Bewehrung ausreicht, erfolgt in Beispiel 8.1.

Überprüfung der zulässigen Momentenumlagerung für Duktilitätsklasse A:

$$\delta = 0{,}85 = \begin{cases} 0{,}76 = 0{,}64 + 0{,}8 \cdot 0{,}145 \\ \underline{0{,}85} \end{cases} = \delta_{\text{lim}}$$

$$\delta_{\text{lim}} = \begin{cases} 0{,}64 + 0{,}8\xi \\ 0{,}85 \end{cases}$$

Konstruktive Bewehrungen:

zusätzliche Bewehrung infolge Einzellast im Feld 2:

$\Delta a_{\text{sx}} = 6{,}91 - 5{,}0 = 1{,}91\ \text{cm}^2/\text{m}$

(5.20): $\Delta a_{\text{sx}} = a_{\text{sx}}^{\text{F+f}} - a_{\text{sx}}^{\text{f}}$

$\Delta a_{\text{sy}} = 0{,}6 \cdot 1{,}91 = 1{,}15\ \text{cm}^2/\text{m}$

(5.21): $\Delta a_{\text{sy}} = 0{,}6 \cdot \Delta a_{\text{sx}}$

gew.: ∅8-25

(im Bewehrungsplan Pos. 2)
Der Stababstand von 25 cm wird wegen des Mattenstababstandes in Querrichtung gewählt.

$a_{\text{s,vorh}} = \frac{100}{25} \cdot 0{,}50 = 2{,}0\ \text{cm}^2/\text{m}$

$a_{\text{s,vorh}} = \frac{l_{\text{B}}}{s} \cdot A_{\text{s,ds}}$

$b_{\text{x}} = 0{,}5 \cdot 2{,}15 = 1{,}08\ \text{m} > 0{,}40\ \text{m}$

(5.22): $b_{\text{x}} = 0{,}5\, b_{\text{m}} \geq t_{\text{x}}$

$l_{\text{bd}} = 37\ \text{cm}$

Tafel 1.7: ∅8, C20/25, gute Verbundbedingungen

$l_{\text{t}} \geq 2{,}15 + 2 \cdot 0{,}37 = 2{,}89\ \text{m}$

(5.23): $l_{\text{t}} \geq b_{\text{m}} + 2\, l_{\text{bd}}$

Konstruktive Einspannbewehrung am Endauflager:

wird nur für die maximale Feldbeanspruchung ermittelt

$a_{\text{sx}}^{\text{Rand}} \geq 0{,}25 \cdot 6{,}91 = 1{,}73\ \text{cm}^2/\text{m}$

(5.24): $a_{\text{sx}}^{\text{Rand}} \geq 0{,}25\, a_{\text{sx}}^{\text{Feld}}$

gew.: R188 A

(im Bewehrungsplan Pos. 2)

Bewehrung am freien Rand:

$h = 22\ \text{cm} \leq 30\ \text{cm}\ a_{\text{sy}} \approx 1{,}0\ \text{cm}^2/\text{m}$

(5.26): $h \leq 30\ \text{cm}\ a_{\text{sy}} \approx 1{,}0\ \text{cm}^2/\text{m}$

gew.: R188 A

(im Bewehrungsplan Pos. 5)

Um einen möglichst geringen Verschnitt bei den Lagermatten zu erhalten, wurden die Übergreifungslängen in Querrichtung im Bewehrungsplan auf nachfolgender Seite größer als statisch erforderlich gewählt. Um Verwechselungen auf der Baustelle zu vermeiden, wurden nur Matten der Duktilitätsklasse B verwendet.

Bewehrungsplan:

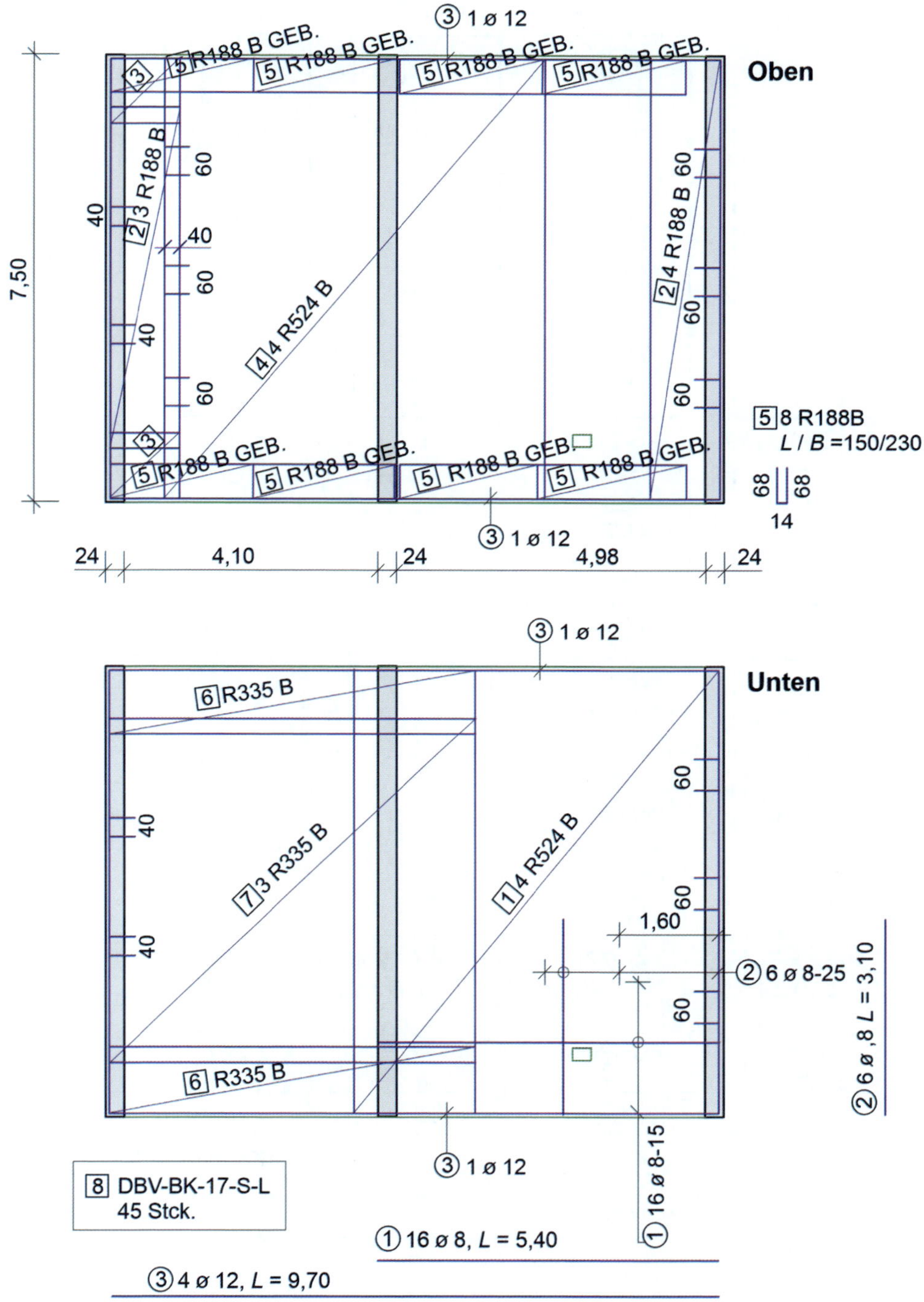

Mattenliste zum Bewehrungsplan:

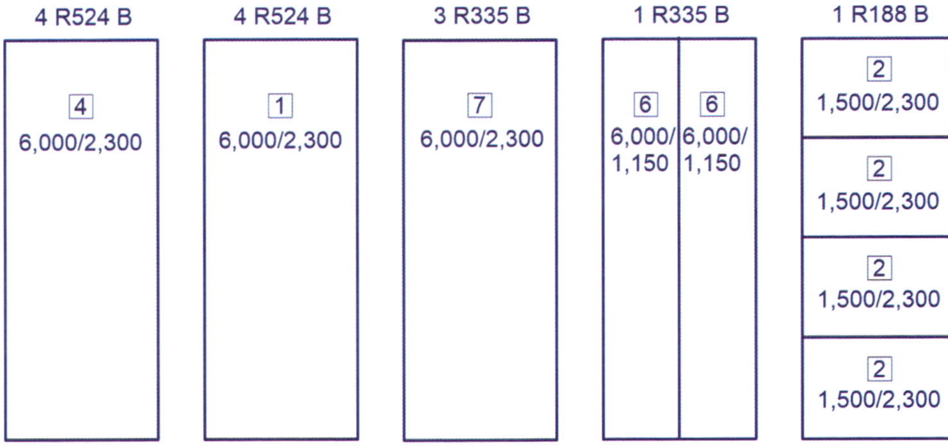

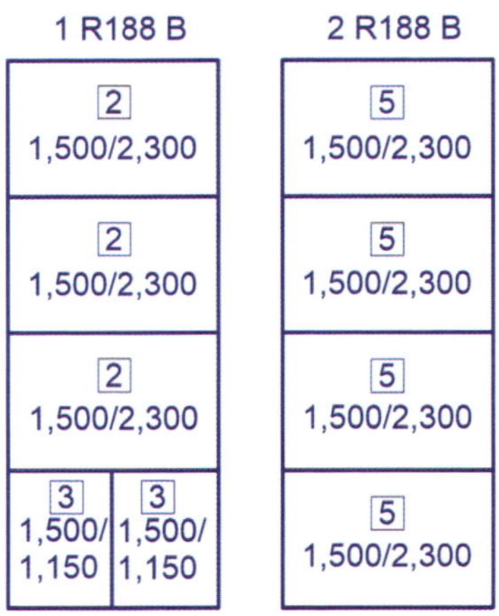

Anzahl	Bezeichnung	Gewicht kg
8	R524 B	605,60
4	R335 B	200,80
4	R188 B	134,40
16	Gesamt	940,80

Stahlliste:

Pos.	Stück	∅	Einzellänge in m	Bemaßte Biegeform (unmaßstäblich)	Gesamtlänge in m	Gewicht in kg
1	16	8	5,40	540	86,40	34,1
2	6	8	3,10	310	18,60	7,35
3	4	12	9,70	970	38,80	34,5
					Gesamtgewicht in kg	**75,95**

(Fortsetzung mit Beispiel 5.4)

5.6 Querkraftbemessung

5.6.1 Vorgehensweise

Wenn möglich, wird bei Decken die Bauteilhöhe so groß gewählt, dass keine zusätzliche Querkraftbewehrung erforderlich ist. Bewehrungsstäbe in den Zugstreben des Fachwerkmodells sind gegenüber Bauteilen größerer Höhe weniger wirksam, da in den Knotenpunkten bei den dünnen Platten relativ gesehen größerer Schlupf als bei höheren Balken auftritt. Sofern eine Querkraftbewehrung bei Platten unumgänglich ist, erschwert sie auch die Verlegearbeiten der Biegezugbewehrung, da sie selbige umfassen soll und somit zumindest eine Lage der Biegezugbewehrung durch die Bügel oder Gitterträger gefädelt werden muss.

Wenn nur der Nachweis geführt werden soll, dass keine Querkraftbewehrung erforderlich ist, genügt *ein* Nachweis an der maximal auf Querkräfte beanspruchten Stelle der Platte. Der Querkraftnachweis von Platten wird hierbei wie für Balken (der Breite 1 m) geführt (→ Teil 1, Kap. 8).

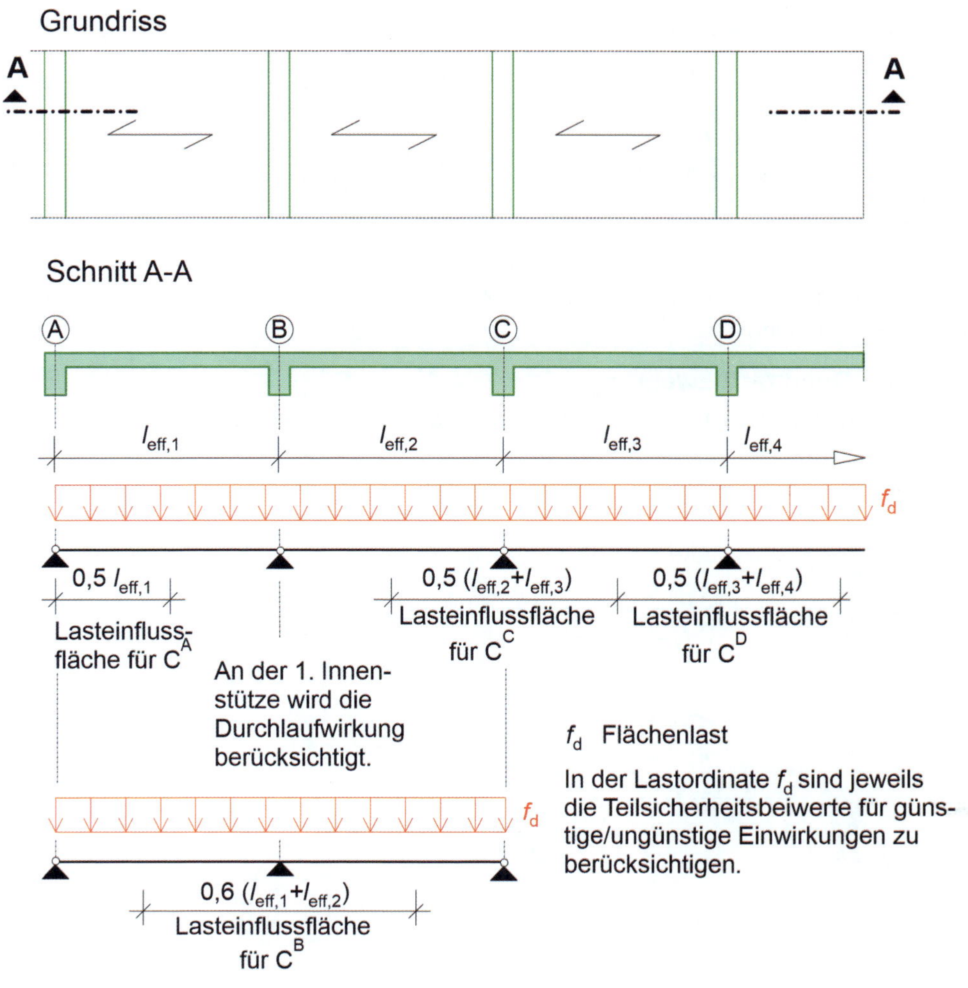

Abb. 5.19 *Lastanordnung für die überschlägige Auflagerkraftermittlung*

Einachsig gespannte Platten geben ihre Beanspruchungen im Regelfall auf darunter liegende stützende Bauteile ab. Zur Bemessung dieser stützenden Bauteile werden die maximalen Auflagerkräfte der Platte benötigt. Diese sind für die ungünstigste Lastkombination unter Beachtung der maßgebenden Teilsicherheitsbeiwerte zu bestimmen und können meistens aus den extremalen Querkräften gewonnen werden.

Da dies eine genaue Berechnung aller Bauteile voraussetzt, bevor Fundamente (deren Konstruktionspläne auf der Baustelle jedoch zuerst benötigt werden) bearbeitet werden können, sind eine Lastabschätzung unter Vollast mit einem Teilsicherheitsbeiwert $\gamma_F = 1{,}5$ (**Abb. 5.19**) und die Beachtung der Lastminderungsbeiwerte für die Weiterleitung oftmals unumgänglich.

5.6.2 Querkraftnachweis

Bauteile ohne Querkraftbewehrung

Das Tragverhalten und die Nachweisform von Bauteilen ohne Querkraftbewehrung wurden in Teil 1, Kap. 8.3 beschrieben. Die Nachweisgleichungen sind auf einen Streifen der Breite $b_w = 1$ m zu übertragen.

$$v_{Ed} \leq \begin{cases} v_{Rd,c} \\ v_{Rd,max} \end{cases} \tag{5.30}$$

$$v_{Rd,c} = \left[C_{Rd,c} \cdot k \cdot \left(100\rho_1 \cdot f_{ck}\right)^{\frac{1}{3}} + k_1 \cdot \sigma_{cp}\right] \cdot d \geq (v_{min} + k_1 \cdot \sigma_{cp}) \cdot d \tag{5.31}$$

$$v_{Rd,max} = 0{,}5 \cdot d \cdot \nu \cdot f_{cd} \tag{5.32}$$

Der Nachweis der Druckstrebe gemäß Gl. (5.32) wird bei nicht vorgespannten Tragwerken i.d.R. nicht maßgebend.

Bauteile mit Querkraftbewehrung

Die Bemessung erfolgt ebenfalls wie in Teil 1, Kap. 8.4 beschrieben für die Breite $b_w = 1$ m.

$$v_{Ed} \leq \begin{cases} v_{Rd,s} \\ v_{Rd,max} \end{cases} \tag{5.33}$$

$$v_{Rd,s} = a_{sw} \cdot z \cdot f_{ywd} \cdot \sin\alpha \cdot (\cot\theta + \cot\alpha) \tag{5.34}$$

$$v_{Rd,cc} = 0{,}24 \cdot f_{ck}^{1/3} \cdot \left(1 - 1{,}2 \cdot \frac{\sigma_{cd}}{f_{cd}}\right) \cdot z \tag{5.35}$$

$$1{,}0 \leq \cot\theta \leq \frac{1{,}2 + 1{,}4 \cdot \frac{\sigma_{cd}}{f_{cd}}}{1 - \frac{v_{Rd,cc}}{v_{Ed}}} \leq 3{,}0 \tag{5.36}$$

$$v_{Rd,max} = z \cdot \nu_1 \cdot f_{cd} \cdot \frac{(\cot\theta + \cot\alpha)}{1 + \cot^2\theta} \tag{5.37}$$

Für $\alpha = 90°$ gilt:

$$v_{Rd,max} = \frac{z \cdot \nu_1 \cdot f_{cd}}{\cot\theta + \tan\theta} \tag{5.38}$$

Insbesondere bei dünnen Bauteilen muss sichergestellt werden, dass die oberen Knoten des Fachwerkmodells nicht in der Betondeckung liegen, sondern von der Querkraftbewehrung umfasst werden. Daher wird der Hebelarm der inneren Kräfte gegenüber Balken weiter beschränkt.

$$z \leq \min \begin{cases} 0{,}9\,d \\ max \begin{cases} d - 2\,c_{\mathrm{v,l}} \\ d - c_{\mathrm{v,l}} - 30\ \mathrm{mm} \end{cases} \end{cases} \tag{5.39}$$

Hinsichtlich der baulichen Durchbildung gelten gemäß EC 2-1-1, 9.3.2 ergänzende Regelungen. In Platten mit $v_{\mathrm{Ed}} \leq 1/3\ v_{\mathrm{Rd,max}}$ darf die Querkraftbewehrung vollständig aus Schrägstäben oder Querkraftzulagen bestehen. Der größte zulässige Bewehrungsabstand ist gemäß **Tafel 5.5** zu bestimmen.

Sofern die Plattenbreite $b > 5\ h$ ist, muss die 0,6fache Mindestbewehrung von Balken angeordnet werden (**Tafel 5.6**). Bauteile mit $b < 4\ h$ sind hinsichtlich der Mindestbewehrung wie Balken zu behandeln. Im Bereich $4 \leq b/h \leq 5$ kann linear interpoliert werden.

		Bügel	Schrägstäbe
Längsrichtung	$v_{\mathrm{Ed}}/\ v_{\mathrm{Rd,max}} \leq 0{,}30$	$s_{\max} = 0{,}7\,h$	$s_{\max} = h$
	$0{,}30 < v_{\mathrm{Ed}}/\ v_{\mathrm{Rd,max}} \leq 0{,}60$	$s_{\max} = 0{,}5\,h$	
	$v_{\mathrm{Ed}}/\ v_{\mathrm{Rd,max}} > 0{,}60$	$s_{\max} = 0{,}25\,h$	
Querrichtung		$s_{\max} = h$	

Tafel 5.5 *Obere Grenzwerte der zulässigen Abstände für Bügelschenkel und Querkraftzulagen in Längs- und Querrichtung (EC 2-1-1/NA, 9.3.2)*

C12/15	C16/20	C20/25	C25/30	C30/37	C35/45	C40/50	C45/55
0,31	0,37	0,42	0,50	0,56	0,61	0,67	0,73

C50/60	C55/67	C60/75	C70/85	C80/95	C90/105	C100/115
0,79	0,80	0,85	0,88	0,92	0,96	1,00

Tafel 5.6 *Mindestquerkraftbewehrungsgrad für Platten (in ‰) für B500 (EC 2-1-1/NA, 9.3.2)*

Beispiel 5.4 Querkraftbemessung einer Platte (Fortsetzung von Beispiel 5.3)

gegeben: Ergebnisse von Beispiel 5.3

gesucht:
- Querkraftbemessung
- Nachweis der Biegeschlankheit

Lösung:

Querkraftbemessung des linken Feldes (ohne Einzellast):

Im Rahmen dieser Aufgabe wird vermutet, dass keine Querkraftbewehrung erforderlich ist. Der Nachweis wird daher in der Weise geführt, dass die Querkraft an den maximal beanspruchten Stellen der Platte über der Mittelstützung nachgewiesen wird.

$$v_{Ed} = 47{,}5 - (1{,}35 \cdot 7{,}0 + 1{,}5 \cdot 5{,}0) \cdot (0{,}12 + 0{,}19) = 42{,}2 \text{ kN/m}$$

Es liegt eine unmittelbare Lagerung vor. Querkraft im Abstand d zur Auflagerkante.

$$v_{Ed} = \text{extr.}\, v_{Ed} - p_d \cdot (t/2 + d)$$

$$k = 1 + \sqrt{\frac{200}{190}} = 2{,}03 \begin{cases} > 1{,}0 \\ \leq \underline{2{,}0} \end{cases}$$

$$k = 1 + \sqrt{\frac{200}{d}} \begin{cases} \geq 1{,}0 \\ \leq 2{,}0 \end{cases}$$

$$a_{s,vorh} = 5{,}24 \text{ cm}^2/\text{m}$$

über der Stütze B ist vorhanden: R524 B

$$\rho_l = \frac{5{,}24}{100 \cdot 19} = 0{,}00276 < 0{,}02$$

$$\rho_l = \frac{A_{sl}}{b_w \cdot d} \leq 0{,}02$$

$$v_{Rd,c} = \begin{bmatrix} 0{,}10 \cdot 2{,}0 \cdot (100 \cdot 0{,}00276 \cdot 20)^{\frac{1}{3}} \\ +0{,}12 \cdot 0 \end{bmatrix} \cdot 0{,}19 = 0{,}0672 \text{ MN/m} = 67{,}2 \text{ kN/m}$$

(5.31): $$v_{Rd,c} = \begin{bmatrix} 0{,}10\,k\left(100\rho_l \cdot f_{ck}\right)^{\frac{1}{3}} \\ +0{,}12\,\sigma_{cp} \end{bmatrix} \cdot d \geq \left(v_{min} + 0{,}12 \cdot \sigma_{cp}\right) \cdot d$$

für $d < 600$ mm:

$$v_{min} = \frac{0{,}0525}{1{,}5} \cdot 2{,}0^{3/2} \cdot 20^{1/2} = 0{,}443 \text{ MN/m}^2$$

$$v_{min} = \frac{0{,}0525}{\gamma_C} \cdot k^{3/2} \cdot f_{ck}^{\ 1/2}$$

$$(0{,}443 + 0{,}12 \cdot 0) \cdot 0{,}19 = 0{,}0842 \text{ MN/m} = 84{,}2 \text{ kN/m} > 67{,}2 \text{ kN/m}$$

$$\left(v_{min} + 0{,}12 \cdot \sigma_{cp}\right) \cdot d$$

$$v_{Ed} = 42{,}2 \text{ kN/m} < 84{,}2 \text{ kN/m} = v_{Rd,c}$$

(5.30): $$v_{Ed} \leq \begin{cases} v_{Rd,c} \\ v_{Rd,max} \end{cases}$$

Der Nachweis der Druckstrebe gemäß Gl. (5.32) wird bei nicht vorgespannten Tragwerken i.d.R. nicht maßgebend. Dennoch wird der Nachweis hier exemplarisch geführt.

EC 2-1-1/NA, 6.2.2, (6):

$$\nu = 0{,}675$$

$$v_{Rd,max} = 0{,}5 \cdot 0{,}19 \cdot 0{,}675 \cdot 11{,}3 = 0{,}725 \text{ MN/m} = 725 \text{ kN/m} > 47{,}5 \text{ kN/m} = v_{Ed}$$

(5.32): $$v_{Rd,max} = 0{,}5 \cdot d \cdot \nu \cdot f_{cd}$$

Für den Nachweis der Druckstrebe wird hier vereinfacht v_{Ed} in der Auflagerlinie berechnet. Gemäß EC 2-1-1/NA, 6.2.1, (8) darf der Nachweis bei unmittelbarer Lagerung sogar am Auflagerrand geführt werden.

Querkraftbemessung des rechten Feldes (mit Einzellast):

Die Querkraft rechts von der Mittelstützung ergab sich in Beispiel 5.1 zu extr. v = 57,7 kN/m. Da in diesem Wert der Einzellastanteil mit der (für die Querkraftbemessung nicht korrekten) mittragenden Breite für Biegemomente enthalten ist, wird die Querkraft im Verhältnis $b_{m,M}/b_{m,V}$ verzerrt (Wert wird damit auf der sicheren Seite zu groß abgeschätzt).

$$b_{\mathrm{m,V}} = 7 \cdot 0{,}19 + 0{,}5 \cdot 0{,}2 = 1{,}43\ \mathrm{m}$$

(5.12): $b_{\mathrm{m,V}} = 7 \cdot d_{\mathrm{F}} + 0{,}5 \cdot b_0$

$$v = \frac{2{,}15}{1{,}43} \cdot 57{,}7 = 86{,}8\ \mathrm{kN/m}$$

(5.11): $v = \dfrac{V}{b_{\mathrm{m,V}}}$

$$v_{\mathrm{Ed}} \equiv 86{,}8 - (1{,}35 \cdot 7{,}0 + 1{,}5 \cdot 5{,}0) \cdot (0{,}12 + 0{,}19) = 81{,}5\ \mathrm{kN/m}$$

Es liegt eine unmittelbare Lagerung vor.

$v_{\mathrm{Ed}} = \mathrm{extr.}\, v_{\mathrm{Ed}} - p_{\mathrm{d}} \cdot (t/2 + d)$

$$v_{\mathrm{Ed}} = 81{,}5\ \mathrm{kN/m} < 84{,}2\ \mathrm{kN/m} = v_{\mathrm{Rd,c}}$$

(5.30): $v_{\mathrm{Ed}} \le \begin{cases} v_{\mathrm{Rd,c}} \\ v_{\mathrm{Rd,max}} \end{cases}$

Auch für das rechte Randfeld ist keine Querkraftbewehrung erforderlich. Im Rahmen dieses Beispiels soll dennoch zur Verdeutlichung der Vorgehensweise eine Querkraftbewehrung ermittelt werden. Für die Querkraftbewehrung werden Bügel gewählt.

$$h_{\mathrm{min}} = 200\ \mathrm{mm} < 220\ \mathrm{mm} = h$$

Tafel 5.3

$$\varnothing_{\mathrm{Bü}} = 6\ \mathrm{mm}$$

Betondeckung Bügel in der Druckzone (Plattenunterseite)

XC 1 (Innenbauteil)

$$c_{\mathrm{nom,Bü}} = 10 + 10 = 20\ \mathrm{mm}$$

$c_{\mathrm{nom}} = c_{\mathrm{min}} + \Delta c_{\mathrm{dev}}$

$$\varnothing = 10\ \mathrm{mm}$$

Betondeckung Längsbewehrung

$$c_{\mathrm{nom,l}} \ge 10 + 10 = 20\ \mathrm{mm} > c_{\mathrm{nom,Bü}} + \varnothing_{\mathrm{Bü}} = 20 + 6 = 26\ \mathrm{mm}$$

Verlegemaß Längsbewehrung (Plattenunterseite), 5-mm-Raster (Es werden Abstandhalter für die Längsbewehrung gewählt)

$$c_{\mathrm{v,l}} = 30\ \mathrm{mm}$$

$$z \le \min \begin{cases} 0{,}9 \cdot 190 = 171\ \mathrm{mm} \\ max \begin{cases} 190 - 2 \cdot 30 = 130\ \mathrm{mm} \\ 190 - 30 - 30 = 130\ \mathrm{mm} \end{cases} \end{cases}$$

(5.39): $z \le \min \begin{cases} 0{,}9\, d \\ max \begin{cases} d - 2\, c_{\mathrm{v,l}} \\ d - c_{\mathrm{v,l}} - 30\mathrm{mm} \end{cases} \end{cases}$

$$v_{Rd,cc} = 0{,}24 \cdot 20^{1/3} \cdot (1 - 1{,}2 \cdot 0) \cdot 0{,}130 = 0{,}0847 \text{ MN/m} = 84{,}7 \text{ kN/m}$$

(5.35): $v_{Rd,cc} = 0{,}24 \cdot f_{ck}^{1/3} \cdot \left(1 - 1{,}2 \cdot \frac{\sigma_{cp}}{f_{cd}}\right) \cdot z$

$$\cot\theta = \frac{1{,}2 + 0}{1 - \frac{0{,}0847}{0{,}0815}} = -30 < 1{,}0$$

(5.36): $1{,}0 \leq \cot\theta \leq \frac{1{,}2 + 1{,}4 \cdot \frac{\sigma_{cp}}{f_{cd}}}{1 - \frac{v_{Rd,cc}}{v_{Ed}}} \leq 3{,}0$

$$\cot\theta = 3{,}0$$

In beiden Fällen $\cot\theta \leq 1{,}0$ oder $\cot\theta \geq 3{,}0$ ist für $\cot\theta = 3{,}0$ zu wählen.

(5.37) und EC 2-1-1/NA, 6.2.3:

$$v_1 = 0{,}75$$

$v_1 = 0{,}75 \cdot v_2$
mit
$v_2 = (1{,}1 - f_{ck}/500) \leq 1{,}0$

$$v_{Rd,max} = \frac{0{,}13 \cdot 0{,}75 \cdot 11{,}3}{3{,}0 + 1/3{,}0} = 0{,}331 \text{ MN/m} = 331 \text{ kN/m}$$

(5.38): $v_{Rd,max} = \frac{z \cdot v_1 \cdot f_{cd}}{\cot\theta + \tan\theta}$

$$v_{Ed} = 86{,}8 \text{ kN/m} < 331 \text{ kN/m} = v_{Rd,max}$$

(5.33): $v_{Ed} \leq \begin{cases} v_{Rd,s} \\ v_{Rd,max} \end{cases}$

$$a_{sw} = \frac{81{,}5}{0{,}130 \cdot 435 \cdot 1{,}0 \cdot (3{,}0 + 0)} \cdot 10 = 4{,}8 \text{ cm}^2/\text{m}^2$$

(5.34): $a_{sw} = \frac{v_{Ed}}{z \cdot f_{ywd} \cdot \sin\alpha \cdot (\cot\theta + \cot\alpha)}$

vorh: Ø6 – 15 in Querrichtung 5 Schenkel/m

$$a_{sw,vorh} = \frac{100}{20} \cdot \frac{100}{15} \cdot 0{,}283 = 9{,}4 \text{ cm}^2/\text{m}^2$$

$a_{sw,vorh} = n \cdot \frac{l_B}{s_w} \cdot A_{s,ds}$

$$a_{sw,vorh} = 9{,}4 \text{ cm}^2/\text{m}^2 > 4{,}8 \text{ cm}^2/\text{m}^2 = a_{sw,erf}$$

$a_{sw,vorh} \geq a_{sw,erf}$

$$\frac{v_{Ed}}{v_{Rd,max}} = \frac{81{,}5}{331} = 0{,}25 < 0{,}30$$

$v_{Ed}/v_{Rd,max} \leq 0{,}30$

$$s = 15 \text{ cm} < 15{,}4 \text{ cm} = 0{,}7 \cdot 22$$

Tafel 5.5: $s_{max} = 0{,}7h$

Querrichtung:

$$s = 20 \text{ cm} < 22 \text{ cm} = h$$

$s_{max} = h$

$$\rho_{w,min} = 0{,}42 \cdot 10^{-3}$$

Tafel 5.6: C20/25; B500

$$a_{sw,min} = 0{,}42 \cdot 10^{-3} \cdot 100 \cdot \sin 90 \cdot 10^2 = 4{,}2 \text{ cm}^2/\text{m} \leq 9{,}4 \text{ cm}^2/\text{m} = a_{sw,vorh}$$

$a_{sw,min} \geq \rho_{w,min} \cdot b_w \cdot \sin\alpha$

Nachweis der Biegeschlankheit:

→ Teil 1, Kap. 13.3.1

$$0{,}8 < \frac{5{,}21}{4{,}33} = 1{,}20 < 1{,}25$$

$0{,}8 \leq \frac{l_{eff,1}}{l_{eff,2}} \leq 1{,}25$

Näherungsverfahren anwendbar

Feld 2 maßgebend

$l_{eff,2} = 5{,}21 \text{ m}$

$K = 1{,}3$	Endfeld
$a_{\text{s1,erf}} = 6{,}91\ \text{cm}^2/\text{m} \qquad d = 0{,}18\ \text{m}$	Beispiel 5.3, Feld 2
$\rho = 6{,}91/18 = 0{,}384\ \%$	$\rho = a_{\text{s1}}/d$
$\rho_0 = 10^{-3} \cdot \sqrt{20} \cdot 100 = 0{,}447\ \%$	$\rho_0 = 10^{-3} \cdot \sqrt{f_{\text{ck}}}$
$0{,}384\ \% \leq 0{,}447\ \%$	$\rho \leq \rho_0$
$\frac{l}{d} \leq 1{,}3 \left[11 + 1{,}5\sqrt{20} \cdot \frac{0{,}447}{0{,}384} + 3{,}2\sqrt{20} \cdot \left(\frac{0{,}447}{0{,}384} - 1\right)^{3/2} \right] = 25{,}7$	$\frac{l}{d} \leq K \left[11 + 1{,}5\sqrt{f_{\text{ck}}} \cdot \frac{\rho_0}{\rho} + 3{,}2\sqrt{f_{\text{ck}}} \cdot \left(\frac{\rho_0}{\rho} - 1\right)^{3/2} \right]$
$310/\sigma_{\text{s}} = a_{\text{s,prof}}/a_{\text{s,req}} = 8{,}59/6{,}91 = 1{,}24$	$310/\sigma_{\text{s}} = a_{\text{s,prof}}/a_{\text{s,req}}$
$\frac{l}{d} \leq 25{,}7 \cdot 1{,}24 = 31{,}9$	zulässige Biegeschlankheit
$\frac{l}{d} = \frac{5{,}21}{0{,}18} = 28{,}9 \leq 31{,}9$	vorhandene Biegeschlankheit
	zusätzliche Grenzwerte:
$\frac{l}{d} = 28{,}9 \leq 1{,}3 \cdot 35 = 45{,}5$	allgemein: $\frac{l}{d} \leq \left(\frac{l}{d}\right)_{\max} = K \cdot 35$
	leichte Trennwände (verformungsempfindliche Ausbauelemente):
$\frac{l}{d} = 28{,}9 \leq 1{,}3^2 \cdot 150/5{,}21 = 48{,}7$	$\frac{l}{d} \leq \left(\frac{l}{d}\right)_{\max} = K^2 \cdot 150/l$
Nachweis erbracht.	

(Fortsetzung mit Beispiel 5.5)

5.7 Nachträglich mit Ortbeton ergänzte Platten

5.7.1 Herstellung und Montage

Als Teilfertigdecken (semi-finished slabs) bezeichnet man Massivplatten, deren unterer Teil aus einem 40 bis 60 mm dicken Fertigteil besteht, welches durch eine mindestens 40 mm dicke Ortbetonschicht ergänzt wird. Im Bauzustand (= Betonierzustand) trägt das Fertigteil die Frischbetonlasten ab. Im Endzustand wirken Fertigteil und Ortbetonergänzung zusammen als *ein* tragendes Bauteil, dessen Arbeitsfuge durch den Gitterträger (lattice girder) bewehrt ist (**Abb. 5.20**). Andere Bezeichnungen für Teilfertigdecken sind Elementplattendecken, Elementdecken, Halbfertigteildecken, Gitterträgerdecken oder Filigrandecken nach dem Namen des ersten Herstellers in der Bundesrepublik Deutschland. Dieser hat im Jahr 1964 diese Deckenart auf dem deutschen Markt eingeführt [Weiler – 89].

Die Elementplattendecken verbinden die wirtschaftlichen Vorteile der Fertigteilbauweise mit den konstruktiven Vorzügen des Ortbetons. Seit ihrer Einführung haben sie daher ihren Marktanteil ständig steigern können. Besonders während der 1990er Jahre haben sie im Hochbau eine marktführende Stellung erreichen können und stellen zwischenzeitlich im Wohnungsbau und im gewerblichen Bau die Regellösung dar [Schwarzkopf – 94]. Dies ist im Wesentlichen auf zwei Hauptgründe zurückzuführen:

- Bauwerke, in denen Elementplatten verwendet werden sollen, bedürfen keiner besonderen Vorplanung des Tragwerks wie bei einer reinen Fertigteilkonstruktion oder einer Vollmontagedecke. Für den entwerfenden Architekten bewirken sie daher keinerlei einschränkende Randbedingungen. Eine Entscheidung über die Bauart – Ortbeton oder Halbfertigteil – muss daher erst bei der Ausschreibung bzw. Vergabe erfolgen.
- Elementplatten sind wirtschaftlicher als Ortbetondecken. Sie werden heute in hochmodernen Fertigteilwerken hergestellt, die nahezu vollautomatisch unter Einsatz von Robotern äußerst rationell fertigen. Elementplatten sind daher auch im Vergleich zu modernen Deckenschalungssystemen wirtschaftlich überlegen, insbesondere wegen ihrer unterseitigen streichfertigen Sichtbetonoberfläche, die einen Deckenputz erübrigt. Elementplatten sind besonders wirtschaftlich bei Grundrissen, die vom Rechteck abweichen, da der hierdurch erforderliche Schalungsaufwand für die Restzwickel nicht auftritt. Der Kostenvorteil von Elementplatten ist in allgemeiner Form schwer zu beziffern, da nicht nur der Preis für die Deckenkonstruktion einfließt, sondern auch die Sichtbetonunterfläche der Platte (Entfall des Deckenputzes) oder die Bauzeitverkürzung. Mustervergleichsrechnungen enthält [Fachverband – 96]. Angaben zur Kalkulation wurden von [Müller – 97] veröffentlicht.

Die Gitterträger werden im Betonstahlwerk in ähnlicher Form wie Betonstahlmatten mittels Punktschweißung vorgefertigt. Hierbei werden i.d.R. zwei Untergurtstäbe und ein Obergurtstab mittels zweier fachwerkartig gebogener Diagonalstäbe miteinander verbunden (**Abb. 5.20**). Man unterscheidet verschiedene Ausführungsformen:

- Schubtragwirkung ausschließlich über Diagonalen (D-Träger); diese Träger sind richtungsungebunden;
- Schubtragwirkung über Diagonalen und Vertikalpfosten (D+V-Träger); diese Träger sind richtungsgebunden, die Diagonalen müssen jeweils zum Auflager hin ansteigen;
- Träger mit Stahlblechprofil als Obergurt (Montaquick®). Dieser Obergurt wird beim Betonieren der Elementplatten mit ausbetoniert. Sie sind daher besonders biegesteif und können Stützweiten bis ca. 5 m ohne Montageunterstützungen überspannen. Das System ist insbesondere bei hohen Geschosshöhen wirtschaftlich, wenn Rüstkosten erspart werden können.

Die Elementplatten werden auf umlaufenden Paletten oder auf Stahlbahnen gefertigt. Die Breite der Normalelemente beträgt 2,40 m bis 3,00 m, die Länge entspricht der Spannrichtung der Platte. Bei kleineren Räumen können die Elementplatten auch über mehrere Räume reichen. Der Produktionsprozess beginnt mit der robotergesteuerten Reinigung der Schalung und dem Aufbringen des Trennmittels. Anschließend werden die Abschalungen und Einbauteile eingebaut. Nach dem Auflegen der Abstandhalter wird die Bewehrung verlegt, die in einem Nebenprozess aus Ringware automatisch gerichtet, abgelängt, verschweißt und im Bedarfsfall gebogen wurde. Hierzu gehört auch das Ablängen der Gitterträger. Die Biegezugbewehrung wird in Spannrichtung aus der Elementplatte herausgeführt, um die erforderliche Verankerungslänge über dem Auflager zu gewährleisten (**Abb. 5.20**).

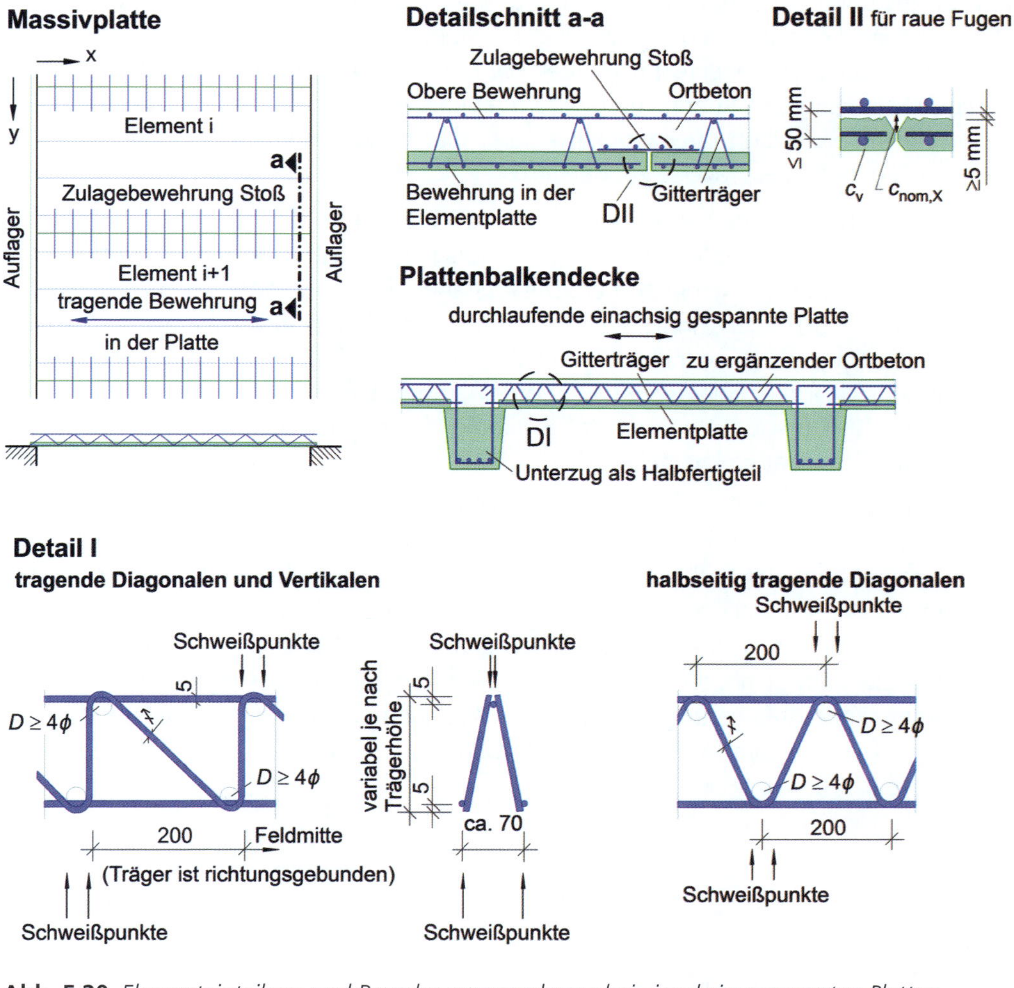

Abb. 5.20 *Elementeinteilung und Bewehrungsanordnung bei einachsig gespannten Platten*

An der Betonierstation wird die Betonmenge so zugemessen, dass keine Fehlmengen auftreten. Das Verdichten erfolgt durch den Rütteltisch, auf dem die Palette lagert. Die erforderliche Rauigkeit in der späteren Arbeitsfuge zum Ortbeton wird durch nachlaufende Stahllamellen erzielt. Die Fugenrauigkeit darf jedoch nicht überbewertet werden [Daschner – 86]. Nach der Erhärtung wird die junge Elementplatte aus der Schalung gehoben und gelagert bzw. direkt auf das Transportfahrzeug zur Baustelle verladen. Die Palette steht für einen erneuten Produktionszyklus zur Verfügung.

Der Transport auf die Baustelle erfolgt im Allgemeinen mittels LKW, wobei die Platten auf dem Fahrzeug in derjenigen Reihenfolge von oben nach unten gestapelt werden, dass sie direkt von der Ladefläche ohne nochmalige Zwischenlagerung entsprechend dem Verlegeplan verlegt werden können. Dies erspart außerdem Lagerfläche auf der Baustelle, was besonders bei innerstädtischen Bauvorhaben von großem Vorteil ist.

Um Beschädigungen an der Sichtbetonunterfläche zu vermeiden, dürfen die Elementplatten nicht direkt übereinander gestapelt werden. Die Fertigteile werden hierbei in den äußeren Fünftelpunkten unterstützt (bei Elementlängen > 6 m mit zusätzlicher Zwischenunterstützung). Die Unterstützungen müssen bei gestapelten Elementen übereinander liegen, um unplanmäßige Biegebeanspruchungen der Elemente zu vermeiden. Das Krangehänge (Ausgleichsgehänge) ist in den Fertigteilfünftelpunkten in den Diagonalen, keinesfalls an den Gitterträgerobergurten anzuschlagen. Bei sehr großen Elementplattenlängen ist es zweckmäßig, mit einer Traverse zu arbeiten.

Neben ihrer Aufgabe im Endzustand sollen die Gitterträger die notwendige Montagesteifigkeit der Elementplatte sicherstellen und auch für die erforderliche Biegesteifigkeit während des Betoniervorgangs sorgen. Die Abstände der vor dem Verlegen zu stellenden Montageunterstützungen sind hierbei dem Verlegeplan oder der allgemeinen bauaufsichtlichen Zulassung zu entnehmen. Der Abstand der Montageunterstützungen hängt von Bauhöhe, Stabdurchmesser und Bauart der Gitterträger ab und liegt zwischen ca. 2 m und 3,5 m (für Obergurte in Betonstahl). Randjoche und Zwischenunterstützungen sind quer zu den Gitterträgern zu stellen.

Die Ausbildung des Auflagers ist in **Abb. 5.21** dargestellt. Im Regelfall werden die Elementplatten mit einer Auflagertiefe 3,5 cm aufgelagert, da dann eine trockene Auflagerung möglich ist. Bei Auflagertiefen über 4 cm ist ein Mörtelbett mit 1 bis 2 cm Dicke erforderlich. Die Fertigteile sollen sich beim Auflegen gleichmäßig in das frische Mörtelbett drücken. Eine satte gleichmäßige Auflagerung ist jedoch schwer zu erreichen, da schon ein geringfügig schräg abgesetztes Deckenelement den Mörtel einseitig wegdrückt. Daher wird die trockene Auflagerung bevorzugt. Bei Auflagertiefen < 3,5 cm ist eine Hilfsunterstützung in unmittelbarer Auflagernähe erforderlich.

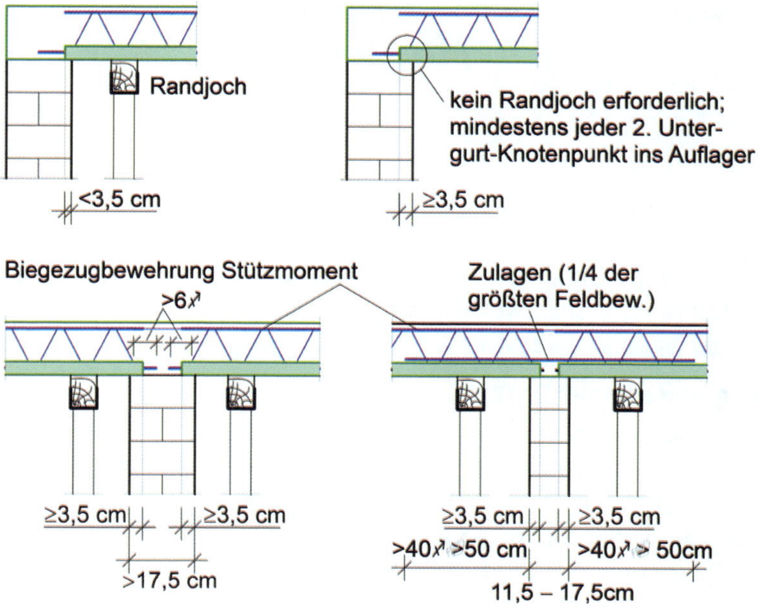

Abb. 5.21 *Ausbildung von End- und Zwischenauflagern bei direkter Lagerung und Unterstützung im Montagezustand*

Nach dem Verlegen der Elementplatten werden evtl. noch die Joche nachjustiert, um eine ebene streichfertige Untersicht herzustellen. Dann werden die untere Zulagebewehrung und die obere Bewehrung verlegt. Anschließend wird die Ortbetonergänzung eingebracht. Sofern die Elementplatten nicht knirsch verlegt wurden, sind die Fugen zu dichten, sodass der Zementleim nicht durch dieselben entweichen kann. Bei Sichtbetonoberflächen sind eventuell aufgetretene Verunreinigungen durch Abspritzen mit Wasser zu säubern.

5.7.2 Konstruktionsart und Schnittgrößenermittlung

Die einachsig gespannte Platte als ebene Massivplatte ist die einfachste Verwendungsmöglichkeit von Elementplatten. Hierbei wird die unten liegende Bewehrung in der Längsrichtung und der Querrichtung in die Elementplatten gelegt (**Abb. 5.20**). Nur im Bereich der Fugen zwischen den Platten wird die Querbewehrung durch *direkt* auf die Elementplatten zu legende Bewehrung ergänzt. Der Höhenversatz der Querbewehrung in der Fuge braucht rechnerisch nicht verfolgt zu werden.

Da sich Elementplattendecken im Endzustand nicht von Ortbetonkonstruktionen unterscheiden, gelten die hierfür anzuwendenden Vorschriften und die Regeln der Schnittgrößenermittlung grundsätzlich in gleicher Weise. Dies gilt für die Ermittlung der Stützweiten, Umlagerungsmöglichkeit von Biegemomenten, Mindestmomenten usw. Auch für die Anwendungsgrenzen gelten diejenigen des Ortbetons (z.B.: Stützweite < 8 m).

5.7.3 Bemessung

Biege- und Querkraftbemessung unterscheiden sich nicht grundsätzlich von der Ortbeton-Bemessung. Sofern sich die Festigkeitsklassen im Ortbeton und Fertigteil unterscheiden, ist die niedrigere zu verwenden. Die Dicke der Ortbetonschicht muss mindestens 40 mm betragen (EC 2-1-1, 10.9.3). Die nachfolgend beschriebenen Regeln können für unterschiedliche Gitterträger variieren. Die Angaben der bauaufsichtlichen Zulassung sind einzuhalten.

Biegebemessung:

Die Untergurte dürfen auf die Biegezugbewehrung angerechnet werden. Sofern es sich um glatte Untergurtstäbe handelt, ist f_{yk} = 420 N/mm². Abweichend hiervon dürfen bei Innenbauteilen (Expositionsklasse XC1) die Untergurte der Gitterträger aus glatten Stäben mit f_{yk} = 500 N/mm² in Rechnung gestellt werden, wenn mindestens 50 % der erforderlichen Längsbewehrung aus Rippenstahl bestehen.

Schubkraftübertragung in der Fuge:

Für die Platte ist zunächst nachzuweisen, dass die Schubkraftübertragung in der Fuge sichergestellt ist (Teil 1, Kap. 8.7). Hierbei darf der Bemessungswert der Schubkraft v_{Edi} den Bemessungswert der Schubtragfähigkeit v_{Rdi} nicht überschreiten (Gl. (5.40) und (5.41). (Eine Erläuterung zu den Gleichungen finden Sie im Teil 1, Kapitel 8.7.) Die Fuge wird hinsichtlich ihrer Rauigkeit meist rau oder glatt ausgeführt. Auch wenn der Bemessungswiderstand der Verbundfuge ohne Verbundbewehrung nicht überschritten wird, ist in bestimmten Fällen (EC 2-1-1/NA, 10.9.3, (NA.17)) eine Verbundsicherungsbewehrung erforderlich. In der Regel wird immer eine Verbundsicherungsbewehrung eingelegt, da die Gitterträger für den Montagezustand gebraucht werden. Die Unterkante des Obergurts der Verbundsicherungsbewehrung muss einen Abstand von der Oberkante des Fertigteils von mindestens 2 cm aufweisen.

$$v_{Edi} = \beta \cdot v_{Ed}/z \qquad (5.40)$$

$$v_{Rdi} = c \cdot f_{ctd} + \mu \cdot \sigma_n + \rho \cdot f_{yd} \cdot (1{,}2 \cdot \mu \cdot \sin\alpha + \cos\alpha) \leq 0{,}5 \cdot \nu \cdot f_{cd} \qquad (5.41)$$

Für den Abstand s_t der Gitterträger untereinander (Querrichtung) gilt:

$$s_t \leq s_{max} = 75 \text{ cm} \leq 5h \qquad (5.42)$$

Für den maximalen Randabstand gilt der halbe Wert.

Liegen ermüdungswirksame Einwirkungen (Teil 1, Kap. 14) vor, darf in Gl. (5.41) nur der Traganteil der Fugenbewehrung angesetzt werden.

Bemessung für Querkraft:

Sofern Gl. (5.31) in (5.30) nicht eingehalten wird, ist eine Querkraftbewehrung (berechnet nach Gl. (5.34)) erforderlich. Zur Bestimmung des Druckstrebenwinkels θ nach Gl. (5.36) mit (5.35) sind planmäßige Längsdruckspannungen (σ_{cd}> 0) zu null zu setzen. Für die weitere Bemessung ist bei der Verwendung von Gitterträgern der Bemessungswiderstand der Druckstrebe gemäß EC2 9.3.2 (3) zu modifizieren:

$$v_{Rd,GT,max} = \frac{1}{3} \cdot v_{Rd,max} = \frac{1}{3} \cdot z \cdot \nu_1 \cdot f_{cd} \cdot \frac{\cot\theta + \cot\alpha}{1 + \cot^2\theta} \qquad (5.43)$$

Die Gitterträger müssen bis in die oberen Knoten des Fachwerkmodells reichen. Die Höhe der Gitterträger (bzw. die Lage der oberen Biegezugbewehrung) und der Querkraftdeckungsgrad der Gitterträger hängen von Grenzwerten ab:

- $v_{Ed} \leq 0{,}5 \cdot v_{Rd,GT,max}$ (5.44)

  Die Untergurte der Gitterträger liegen in derselben Höhe wie die untere Längsbewehrung. Auf den Obergurten der Gitterträger wird zuerst die obere Querbewehrung verlegt, die obere Längsbewehrung wird auf der Querbewehrung angeordnet.

- $0{,}50 \cdot v_{Rd,GT,max} < v_{Ed} \leq 1{,}00 \cdot v_{Rd,GT,max}$ (5.45)

  Die Obergurte der Gitterträger liegen in derselben Höhe wie die obere Längsbewehrung, die Querbewehrung darf auf der Längsbewehrung liegen. In diesem Fall verringert sich die statische Nutzhöhe der Biegezugbewehrung für negative Momente und die Bewehrung ist auf der Baustelle unter die Querbewehrung zu fädeln. Um dies sicherzustellen, ist die Lage des Gitterträgerobergurtes in Bezug auf die obere Längs- und Querbewehrung detailliert darzustellen.

  In vielen Fällen kann diese umständliche Verlegearbeit vermieden werden, wenn mit der größtmöglichen Druckstrebenneigung nach Gl. (5.36) gearbeitet wird, wodurch $v_{Rd,max}$, aber auch die erforderliche Querkraftbewehrung ansteigt.

- Höhere Ausnutzung des Bemessungswiderstandes der Druckstrebe gemäß Gl. (5.37)

  Die Querkraftbewehrung muss aus Bügeln in Verbindung mit Gitterträgern bestehen. Hierbei müssen mindestens 50 % der aufzunehmenden Querkraft durch Bügel abgedeckt werden.

Der Abstand der Diagonalen in Stützrichtung ist in Abhängigkeit vom Winkel der Druckstrebe θ zu begrenzen:

$$s \leq s_{max} = (\cot\theta + \cot\alpha) \cdot z \leq 20 \text{ cm} \quad (5.46)$$

Für den Abstand s_t der Gitterträger untereinander (Querrichtung) gilt:

$$h \leq 40 \text{ cm}: \; s_t \leq s_{max} = 40 \text{ cm} \quad (5.47)$$

$$h > 40 \text{ cm}: \; s_t \leq s_{max} = \min\begin{cases} h \\ 80 \text{ cm} \end{cases} \quad (5.48)$$

Beispiel 5.5 Querkraftbemessung einer nachträglich mit Ortbeton ergänzten Platte (Fortsetzung von Beispiel 5.4)

gegeben: Ergebnisse von Beispiel 5.4

gesucht: Querkraftbemessung bei Verwendung von Kaiser-Gitterträgern KT 800 gemäß Zulassung Nr. Z-15.1-1

Lösung:

In Beispiel 5.4 wurde festgestellt, dass keine Querkraftbewehrung erforderlich ist, für Feld 2 wurde trotzdem beispielhaft eine Bewehrung ermittelt.

Feld 1: | Ergebnisse aus Beispiel 5.4

In Feld 1 ist keine Querkraftbewehrung erforderlich, sodass nur die Schubkraftübertragung in der Fuge nachgewiesen werden muss.

Schubkraftübertragung in der Fuge:

$v_{Ed} = 42{,}2\ \mathrm{kN/m}$ | → Beispiel 5.4

$z = 0{,}9 \cdot 0{,}19 = 0{,}171\ \mathrm{m}$ | $z = 0{,}9 \cdot d$

$v_{Edi} = 1{,}00 \cdot 0{,}0422/0{,}171 = 0{,}245\ \mathrm{MN/m^2}$ | (5.40): $v_{Edi} = \beta \cdot v_{Ed}/z$

$\beta = F_{cdi}/F_{cd} \leq 1{,}00$

β: Verhältniswert der in der Fuge wirkenden Längskraft. Hier $\beta = 1{,}0$.

Ermittlung Verbundbewehrung | (5.41): $\rho = A_s/A_i = a_{sw}$

$\mu = 0{,}7$ und $c = 0{,}4$ | Fuge: rau (siehe Teil 1 Kap. 8.7)

$f_{ctd} = 0{,}85 \cdot \frac{1{,}5}{1{,}5} = 0{,}85\ \mathrm{MN/m^2}$ | $f_{ctd} = \alpha_{ct} \cdot \frac{f_{ctk;0,05}}{\gamma_C}$

$v_{Edi} = 0{,}245\ \mathrm{MN/m^2} \leq c \cdot f_{ctd} = 0{,}4 \cdot 0{,}85 = 0{,}340\ \mathrm{MN/m}$ | $v_{Edi} \leq c \cdot f_{ctd}$ mit $\sigma_n = 0$ und $\rho = 0$

Zur Sicherstellung der Schubkraftübertragung in der Fuge ist keine Bewehrung erforderlich.

Nachweis der Druckstrebe

$v_{Ed} = 47{,}5\ \mathrm{kN/m}$ | → Beispiel 5.4

$v_{Edi} = 1{,}00 \cdot 0{,}0475/0{,}171 = 0{,}276\ \mathrm{MN/m^2}$ | (5.40): $v_{Edi} = \beta \cdot v_{Ed}/z$

$v = 0{,}5$ (siehe Teil 1 Kap. 8.7) | Fuge: rau

$v_{Rdi,max} = 0{,}5 \cdot 0{,}5 \cdot 11{,}3 = 2{,}83\ \mathrm{MN/m^2}$ | $v_{Rdi,max} = 0{,}5 \cdot v \cdot f_{cd}$ gemäß Zulassung Z–15.1–1

$v_{Rdi,max} \leq 2{,}4\ \mathrm{MN/m^2}$

$v_{Edi} = 0{,}276\ \mathrm{MN/m^2} \leq 2{,}4\ \mathrm{MN/m^2} = v_{Rdi,max}$

Konstruktive Verbundsicherungsbewehrung

gew.: KT 800 mit $h_{GT} = 110\,\mathrm{mm}$ | Gitterträgerhöhe

$\alpha = 50{,}9°$

Neigung, Durchmesser und Stahlgüte der Diagonalen nach Z–15.1–1 bzw. Herstellerangabe

$\varnothing_{GT} = 6\ \text{mm}\ f_{yk} = 420\ \text{MN/m}^2$

gew.: $s_t = 750\ \text{mm}$

Gitterträgerabstand s_t

nach Gl. (5.42): $s_t \leq$
$s_{max} = 75\ \text{cm} \leq 5h = 110\ \text{cm}$

Abstand Diagonale des Gitterträgers:

Z-15.1-1

$s = 200\ \text{mm}$

$a_{sw,vor} = 2 \cdot \frac{1}{0{,}20 \cdot 0{,}75} \cdot \pi \cdot \frac{0{,}6^2}{4} = 3{,}8\ \text{cm}^2/\text{m}^2$

$a_{sw} = n \cdot \frac{A_{s,ø}}{s \cdot s_t}$

Feld 2:

Ergebnisse aus Beispiel 5.4

In Feld 2 wird angenommen, dass Querkraftbewehrung erforderlich ist, sodass die Schubkraftübertragung in der Fuge und die Querkrafttragfähigkeit nachgewiesen werden müssen. Die Gitterträger sollen als Verbund- und Querkraftbewehrung fungieren. Die obere Quer- und Längsbewehrung wird auf den Obergurten der Gitterträger verlegt.

Schubkraftübertragung in der Fuge:

$h_{GT} \approx 22 - 2{,}0 - 1{,}0 - 0{,}8 - 3{,}0 = 15{,}2\ \text{cm}$

$h_{GT} \leq h - c_{nom,o} - \varnothing_{x,o} - \varnothing_{y,o} - c_{v,l,u}$

gew.: KT 800 mit $h_{GT} = 150\ \text{mm}$

Gitterträgerhöhe

$\alpha = 60{,}1°$

$\varnothing_{GT} = 6\ \text{mm}\ f_{yk} = 420\ \text{MN/m}^2$

Neigung, Durchmesser und Stahlgüte der Diagonalen nach Z–15.1–1 bzw. Herstellerangabe

$$z \leq \min \begin{cases} 0{,}9 \cdot 190 = 171\ \text{mm} \\ max \begin{cases} 190 - 2 \cdot 30 = 130\ \text{mm} \\ 190 - 30 - 30 = 130\ \text{mm} \end{cases} \end{cases}$$

(5.39): $z \leq \min \begin{cases} 0{,}9d \\ max \begin{cases} d - 2\,c_{v,l} \\ d - c_{v,l} - 30\text{mm} \end{cases} \end{cases}$

$v_{Ed} = 81{,}5\ \text{kN/m}$

→ Beispiel 5.4

$v_{Edi} = \beta \cdot v_{Ed}/z = 1{,}00 \cdot 0{,}0815/0{,}130$
$= 0{,}627\ \text{MN/m}^2$

(5.40): $v_{Edi} = \beta \cdot v_{Ed}/z$

$\mu = 0{,}7$ und $c = 0{,}4$

Fuge: rau (siehe Teil 1 Kap. 8.7)

$f_{ctd} = 0{,}85 \cdot \frac{1{,}5}{1{,}5} = 0{,}85\ \text{MN/m}^2$

$f_{ctd} = \alpha_{ct} \cdot \frac{f_{ctk;0,05}}{\gamma_C}$

Ermittlung Verbundbewehrung

$v_{Edi} = 0{,}627\ \text{MN/m}^2 > 0{,}340\ \text{MN/m}^2$

Verbundbewehrung erforderlich

$$v_{Rdi} = c \cdot f_{ctd} + \mu \cdot \sigma_n + \rho \cdot f_{yd} \cdot \left(1{,}2 \cdot \mu \cdot \sin\alpha + \cos\alpha\right)$$

Aufgelöst nach ρ ergibt sich:

$$\rho = \frac{v_{Edi} - c \cdot f_{ctd} - \mu \cdot \sigma_n}{f_{yd} \cdot (1{,}2 \cdot \mu \cdot \sin\alpha + \cos\alpha)}$$

$$a_{sw} = \frac{v_{Edi} - c \cdot f_{ctd}}{f_{yd} \cdot (1{,}2 \cdot \mu \cdot \sin\alpha + \cos\alpha)}$$

$$a_{sw} = \frac{0{,}627 - 0{,}4 \cdot 0{,}85}{\frac{420}{1{,}15} \cdot \left(1{,}2 \cdot 0{,}7 \cdot \sin 60{,}1 + \cos 60{,}1\right)} \cdot 10^4$$

$$a_{sw} = \frac{v_{Edi} - c \cdot f_{ctd}}{f_{yd} \cdot (1{,}2 \cdot \mu \cdot \sin\alpha + \cos\alpha)}$$

$$a_{sw} = 6{,}4 \text{ cm}^2/\text{m}^2$$

Nachweis der Druckstrebe

$v_{Ed} = 86{,}8$ kN/m → Beispiel 5.4

$v_{Edi} = 1{,}00 \cdot 0{,}0868/0{,}130 = 0{,}668$ MN/m²

$v_{Edi} = 0{,}668 \text{ MN/m}^2 \leq 2{,}40 \text{ MN/m}^2 = v_{Rdi,max}$ → Feld 1

Bemessung für Querkraft:

Nachweis Druckstrebe

$\cot\theta = 3{,}0$ → Beispiel 5.4

$$v_{Rd,GT,max} = \frac{1}{3} \cdot 0{,}13 \cdot 0{,}75 \cdot 11{,}3 \cdot \frac{(3{,}0 + \cot 60{,}1°)}{1 + 3{,}0^2} = 131 \text{ kN/m}$$

(5.43): $v_{Rd,GT,max} = \frac{1}{3} \cdot z \cdot v_1 \cdot f_{cd} \cdot \frac{(\cot\theta + \cot\alpha)}{1 + \cot^2\theta}$

$$0{,}50 \cdot 131 = 65 \text{ kN/m} < v_{Ed} = 86{,}8 \text{ kN/m} \leq 1{,}00 \cdot 131 = 131 \text{ kN/m}$$

(5.44): $0{,}50 \cdot v_{Rd,GT,max} < v_{Ed} \leq 1{,}00 \cdot v_{Rd,GT,max}$

Zur Erleichterung der Verlegearbeit wird durch Vergrößerung der Druckstrebenneigung θ

$v_{Ed} \leq 0{,}5 \cdot v_{Rd,GT,max}$ angestrebt.

→ Erläuterungen zu den Gleichungen (5.44) und (5.45)

gew: $\cot\theta = 2{,}0$

$$v_{Rd,GT,max} = \frac{1}{3} \cdot 0{,}13 \cdot 0{,}75 \cdot 11{,}3 \cdot \frac{(2{,}0 + \cot 60{,}1°)}{1 + 2{,}0^2} \cdot 10^3 = 189 \text{ kN/m}$$

(5.43): $v_{Rd,GT,max} = \frac{1}{3} \cdot z \cdot v_1 \cdot f_{cd} \cdot \frac{(\cot\theta + \cot\alpha)}{1 + \cot^2\theta}$

$v_{Ed} = 86{,}8 \text{ kN/m} \leq 0{,}5 \cdot 189 = 94{,}5 \text{ kN/m}$

(5.44): $v_{Ed} \leq 0{,}5 \cdot v_{Rd,GT,max}$

Die Obergurte der Gitterträger müssen nicht in derselben Höhe wie die obere Längsbewehrung liegen, die obere Quer- und Längsbewehrung wird auf den Obergurten der Gitterträger verlegt.

→ Erläuterung zu Gleichung (5.44)

Nachweis Querkraftbewehrung

$$a_{sw} = \frac{0{,}0815}{0{,}13 \cdot \frac{420}{1{,}15} \cdot \sin 60{,}1° \cdot (2{,}0 + \cot 60{,}1°)} \cdot 10^4$$
$$= 7{,}7 \text{ cm}^2/\text{m}^2$$

(5.34): $a_{sw} = \dfrac{v_{Ed}}{z \cdot f_{ywd} \cdot \sin\alpha \cdot (\cot\theta + \cot\alpha)}$

$\varnothing_{GT} = 6$ mm

Diagonale Gitterträger, KT 800

$h_{GT} = 150$ mm

gew.: $s_t = 300$ mm

Gitterträgerabstand

Z-15.1-1

Abstand Diagonale des Gitterträgers: $s = 200$ mm

$$a_{sw,vor} = 2 \cdot \frac{1}{0{,}20 \cdot 0{,}30} \cdot \pi \cdot \frac{0{,}6^2}{4} = 9{,}4 \text{ cm}^2/\text{m}^2$$

$a_{sw} = n \cdot \dfrac{A_{s,\varnothing}}{s \cdot s_t}$

$$a_{sw,vor} = 9{,}4 \text{ cm}^2/\text{m}^2 \geq \begin{cases} 6{,}4 \text{ cm}^2/\text{m}^2 \text{ - Verbundbewehrung} \\ 7{,}7 \text{ cm}^2/\text{m}^2 \text{ - Schubbewehrung} \end{cases}$$

$a_{sw,vor} \geq a_{sw,erf}$

$s_t = 30 \text{ cm} < s_{max} = 40$ cm

(5.47): $h \leq 40$ cm:
$s_t \leq s_{max} = 40$ cm

$s = s_{max} = 20 \text{ cm} < 33{,}5 \text{ cm} = (2{,}0 + \cot 60{,}1°) \cdot 13$

(5.46):
$s \leq s_{max} = (\cot\theta + \cot\alpha) \cdot z \leq 20$ cm

(Fortsetzung mit Beispiel 8.1)

5.7.4 Konstruktive Durchbildung der Auflager

Wenn Elementplatten verwendet werden, ist der auf das Auflager zu führenden unteren Biegezugbewehrung besondere Aufmerksamkeit zu schenken. Bei direkter Auflagerung (**Abb. 5.21**) wird die Bewehrung oftmals zu kurz ausgeführt (< 6Ø). Bei indirekter Auflagerung ist eine Aufhängebewehrung erforderlich (→ Teil 1, Kap. 8.10). Diese kann mit Steckbügeln aus Stabstahl oder Matten oder auch mit Gitterträgern ausgeführt werden (**Abb. 5.2**).

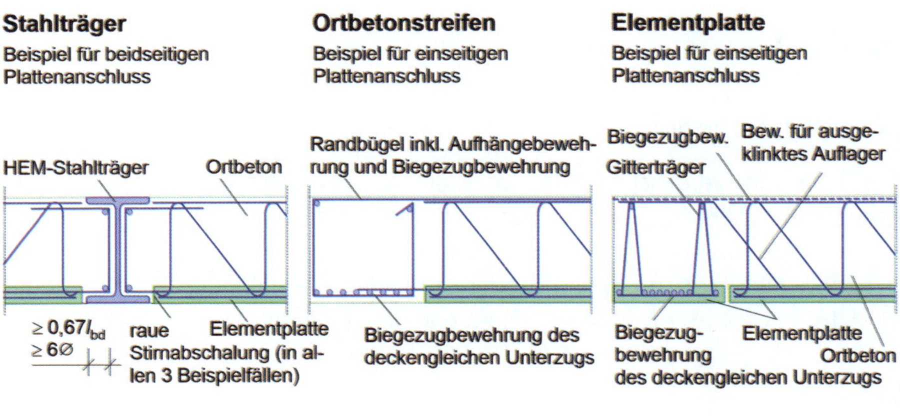

Abb. 5.22 *Ausbildung von Zwischenauflagern bei indirekter Lagerung (z. B. bei unterbrochenen Stützungen)*

5.8 Rippenplatten

5.8.1 Tragverhalten

Wenn die Stege nebeneinander liegender Plattenbalken so dicht zusammenliegen, dass sich ein statischer Nachweis der Platte erübrigt, handelt es sich um eine Rippenplatte[11] (**Abb. 5.1**). Eine Rippenplatte (ribbed floor) weist in engem Abstand liegende Rippen in nur einer Richtung auf. Sie trägt ihre Lasten auch nur in dieser Richtung ab. Rippenplatten können allerdings in großen Abständen Querrippen zur Lastverteilung aufweisen.

Das Tragverhalten der Rippenplatte in Längsrichtung entspricht dem eines Plattenbalkens. Die Betondruckzone ist durch die Platte vorhanden, in der gerissenen Zugzone ist nur so viel Beton (= Stegquerschnitt) vorhanden, wie zur Einbettung der Bewehrung und zur Aufnahme der Querkräfte erforderlich ist.

In Querrichtung trägt die Rippenplatte über Gewölbewirkung. Eine Querbewehrung für positive und negative Momente ist daher nicht erforderlich. Es genügt eine einlagige Querbewehrung, die als Zugband aus unterschiedlichem Horizontalschub bei ungleichmäßiger Belastung wirkt (**Abb. 5.23**).

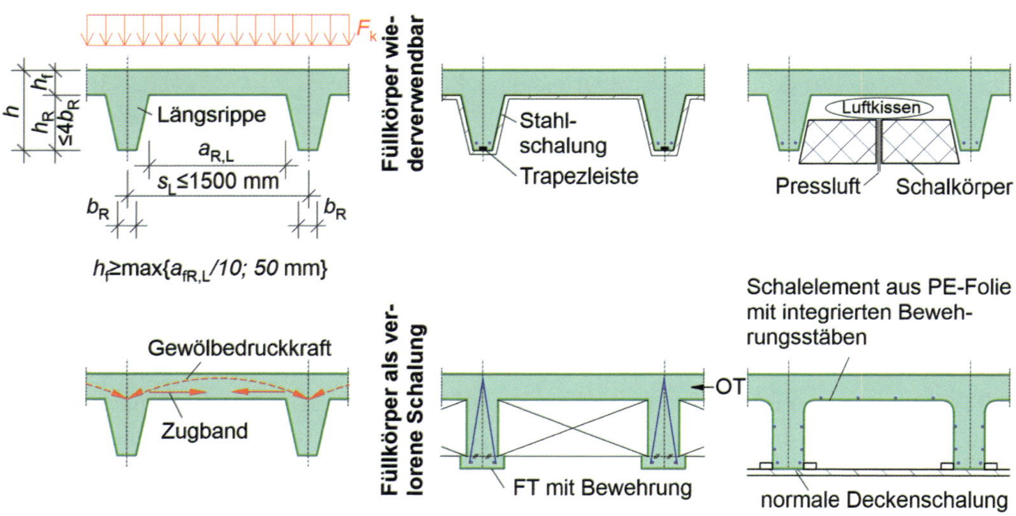

Abb. 5.23 *Bezeichnungen bei Rippenplatten, Tragwirkung und Ausführungsformen*

5.8.2 Konstruktionsregeln

Rippenplatten haben im Vergleich zu Massivplatten eine geringere Eigenlast, benötigen aber eine große Bauteilhöhe *h*. Sie eignen sich für große Stützweiten (8 m ≤ l_{eff} ≤ 15 m). Rippenplatten werden rationell mit Spezialschalungen hergestellt. Die Rippendeckenhohlkörper (hollow filler blocks) können wiederverwendbare Schalungen aus Stahl oder Glasfaserkunststoff (GFK) oder verlorene Schalungen aus geschäumten Kunststoffen sein

11 Anderer Ausdruck: Rippendecke.

(**Abb. 5.23**). Die Schalkörper für die Plattenbereiche können sich dabei auf eine durchgehende Schalung, eine Sparschalung nur im Bereich der Rippen oder Teilfertigteile der Rippen abstützen. Wenn verlorene Schalkörper verwendet werden, müssen diese aus Gründen des Brandschutzes mindestens schwer entflammbar sein. Bei wiederverwendbaren Schalkörpern erhalten die Stege einen Anzug, um das Ausschalen zu erleichtern. Die Schalkörper werden mittels Einblasen von Pressluft zwischen Beton und Schalung oder durch Aufblasen eines Kissens zwischen Beton und Schalung ausgeschalt. Bei Sichtbetonbauteilen sind die Kontaktstellen zwischen verschiedenen Schalkörpern durch Trapezleisten abzudecken, damit eine optisch saubere Schalfläche entsteht.

Ein statischer Nachweis der Platte ist bei Rippenplatten i.d.R. nicht erforderlich, da unter Einhaltung der nachfolgend aufgeführten Randbedingungen siehe EC2 5.3.1 (6) in Querrichtung eine Gewölbetragwirkung erzeugt werden kann (**Abb. 5.23**):

Rippenabstand: $a_{RL} \leq 1500\text{ mm}$

In DIN 1045-88 wurde noch ein maximaler Rippenabstand von $a_{RL} \leq 700\text{ mm}$ gefordert. (5.49)

Verhältnis "Rippenplatte unter Gurtplatte" zu "Rippenbreite" (vgl. **Abb. 5.23**):
$h_R \leq 4b_R$ (5.50)

Dicke der Gurtplatte: $h_f \geq a_{RL}/10 \geq 50\text{ mm}$ (5.51)

Querrippen mit lichtem Abstand $\leq 10h$ (Deckendicke) (5.52)

$q_k \leq 5{,}0\text{ kN/m}^2$ und $b_r \geq 50\text{ mm}$ gemäß [DIN 1045 -88] (5.53)

Durch die Querschnittsform kann die mitwirkende Platte sehr gut positive Momente übertragen. Bei negativen Momenten und damit unten liegender Druckzone steht jedoch nur ein schmaler Rippensteg zur Verfügung. Bei durchlaufenden Rippenplatten sind die Biegemomente über den Stützen oftmals nicht aufnehmbar. Hier können dann folgende Maßnahmen helfen:

- Es darf die durchgeführte Feldbewehrung als Druckbewehrung in Rechnung gestellt werden. Der rechnerisch maximal zu berücksichtigende mögliche geometrische Bewehrungsgrad beträgt hierbei $\rho \leq 1\ \%$.
- Die Schnittgrößen werden nach linear elastischer Berechnung mit begrenzter Momentenumlagerung ermittelt (→ Teil 1, Kap. 5.4.3), wobei die Stützmomente vermindert werden.
- Die Rippenstege werden verbreitert, indem die Schalkörper nicht bis zum Auflager geführt werden, sondern bereits früher enden (**Abb. 5.24**). In diesem Fall darf für die Rippe eine horizontal verlaufende Voute mit der maximalen Ausbreitung 1:3 angenommen werden. Je nach erforderlicher Rippenbreite können die Schalkörper zusätzlich versetzt enden. Die Stelle, an der ein Schalkörper enden muss, weil die Rippe verbreitert wird, kann über das Tragmoment des Rippen-(Rechteck-)querschnitts ermittelt werden. Die zugehörige Stelle kann aus der graphischen Darstellung des Biegemomentenverlaufs ermittelt werden.

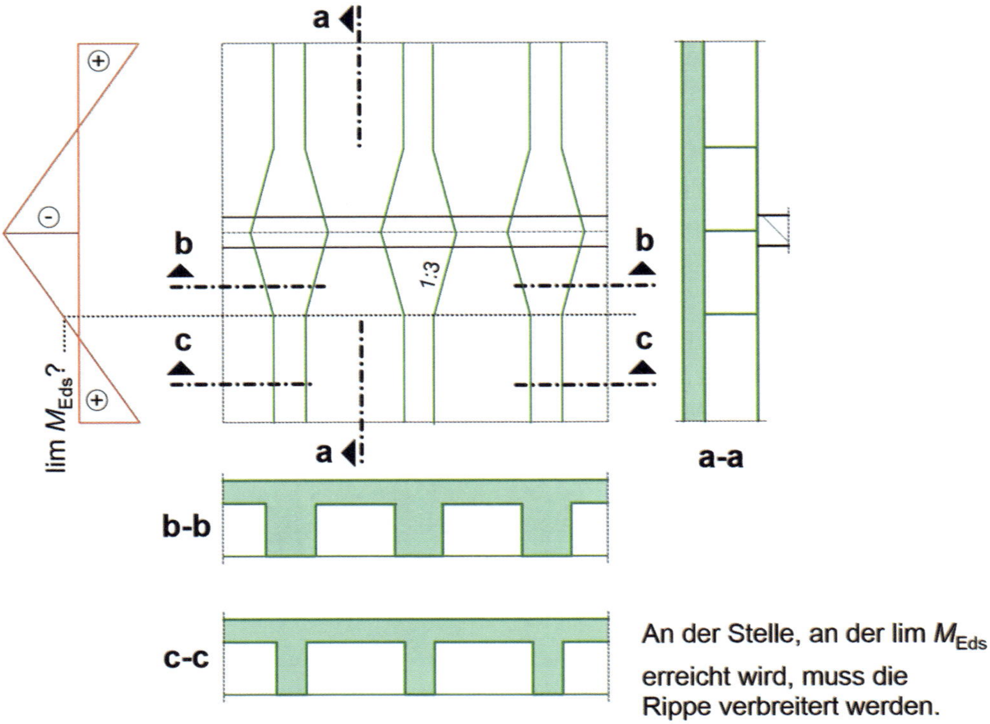

Abb. 5.24 *Durchlaufende Rippenplatte im Bereich der Stützung*

5.8.3 Bemessung

In EC 2-1-1 existieren keine besonderen Regeln, um Rippenplatten zu bemessen. In [DIN 1045 – 88] wurden Konstruktionsregeln benannt, die auch weiterhin sinnvoll sind. Zur Anwendung von Rippenplatten in Verbindung mit Gitterträgern liegen aktuelle bauaufsichtliche Zulassungen vor, wobei die Bemessungsregeln aus [DIN 1045 – 88] dort größtenteils übernommen wurden. In EC 2-1-1, 5.3.1 und 10.9.3 werden lediglich Hinweise zur vereinfachten Schnittgrößenermittlung von Rippen- und Kassettendecken bzw. Hohl- und Füllkörperdecken ohne Aufbeton angegeben.

Platte:

Aufgrund der geringen Rippenabstände ist die Beanspruchung der Platte auf Biegung und Querkraft gering. Die Mindestplattendicke ist aufgrund von Gl. (5.51) zu bestimmen. Es wird eine Bewehrungslage in Form einer Betonstahlmatte vorgesehen (**Abb. 5.25**), deren Hauptbewehrung quer zu den Längsrippen verläuft. Um den Einfluss in der statischen Berechnung nicht berücksichtigter Einzellasten ohne Nachweis zu erfassen, ist für die Richtung quer dazu (also in Richtung der Rippen) ein Bewehrungsanteil von 60 % sinnvoll. Damit sind folgende Matten sinnvoll:

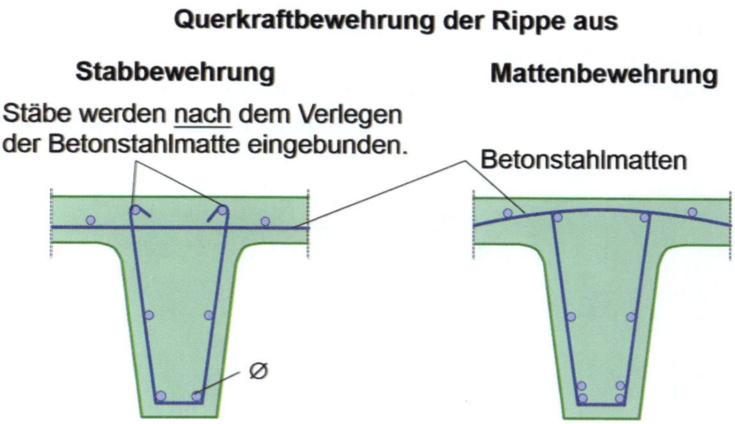

Abb. 5.25 *Bewehrungsmöglichkeiten für die Rippen*

Lagermatte: Q188A

Listenmatte: $\dfrac{P_L \cdot d_{L1}/d_{L2} - n_{links}/n_{rechts} \; L \; u_1/u_2}{P_c \cdot d_{c1}/d_{c2} - m_{Anf.}/m_{Ende} \; B \; u_3/u_4} = \dfrac{250 \cdot 5/5 - \ldots}{250 \cdot 5/5 - \ldots}$

Längsrippen

Die Bemessung erfolgt in Längsrichtung für einen normalen Plattenbalken mit der mitwirkenden Plattenbreite $b_{eff} = s_L$ bei positiven Momenten und für einen Rechteckquerschnitt bei negativen Momenten (→ Teil 1, Kap. 7). Sofern der Anzug des Steges stark ist, kann die Bemessung für einen Rechteckquerschnitt mit einer mittleren Breite für die Druckzone durchgeführt werden.

Von der Biegezugbewehrung des Feldes darf am Auflager jeder 2. Stab nach oben aufgebogen werden, wenn in der Rippe mindestens 2 Stäbe liegen. Wird die Rippenplatte am Auflager durch tragende Wände belastet, so dürfen die Rippen nicht über das Auflager geführt werden, sondern sind mindestens im Auflagerbereich auszubetonieren. In den Rippen sind Bügel (entsprechend der Querkraftbemessung) wie bei Plattenbalken anzuordnen. Sie können aus Stabstahl oder Betonstahlmatten bestehen. Bei Betonstahlmatten wird die Querbewehrung auf die Bügelmatten gelegt (**Abb. 5.25**).

Querrippen

In Rippenplatten sind gemäß EC2 Querrippen mit einem maximalen Abstand von zehnmal die Deckendicke anzuordnen (Gl. (5.52)). In DIN 1045–88 wird angegeben, dass in Wohngebäuden mit $q_k \leq 2{,}8$ kN/m² Querrippen bei einer Spannweite von $l_{eff} \leq 6{,}0$ m entbehrlich sind.

Bei Stützweiten $l_{eff} > 6{,}0$ m und veränderlichen Lasten $q_k > 2{,}80$ kN/m² ist mindestens eine Querrippe erforderlich. Der Abstand der Querrippen s_T ist begrenzt. Die größten zulässigen Abstände von Querrippen zul s_T werden entsprechend den aktuellen bauaufsichtlichen Zulassungen nach **Tafel 5.7** ermittelt.

$$s_T \leq \text{zul}\, s_T \tag{5.54}$$

Die Querrippen sollten in etwa dieselbe Bauteilhöhe wie die Längsrippen aufweisen. Für die Querrippen sollte die Bewehrung für veränderliche Lasten q_k > 3,50 kN/m² für die *vollen* Schnittgrößen, sonst für *die halben* Schnittgrößen der Längsrippe ermittelt werden (siehe DIN 1045-88). Die Biegezugbewehrung, die sich aus dieser Bemessung ergibt, wird oben und unten eingelegt (**Abb. 5.26**).

Art der Belastung in kN/m²	Größter Querrippenabstand s_T	
	$s_L \leq \frac{l_{eff}}{8}$	$s_L > \frac{l_{eff}}{8}$
Lasten aus dem Wohnungsbau und Schnee ≤ 2,80	– –	12 *h*
andere Lasten > 2,80	10 *h*	8 *h*

Tafel 5.7 *Zulässiger Querrippenabstand zul* s_T

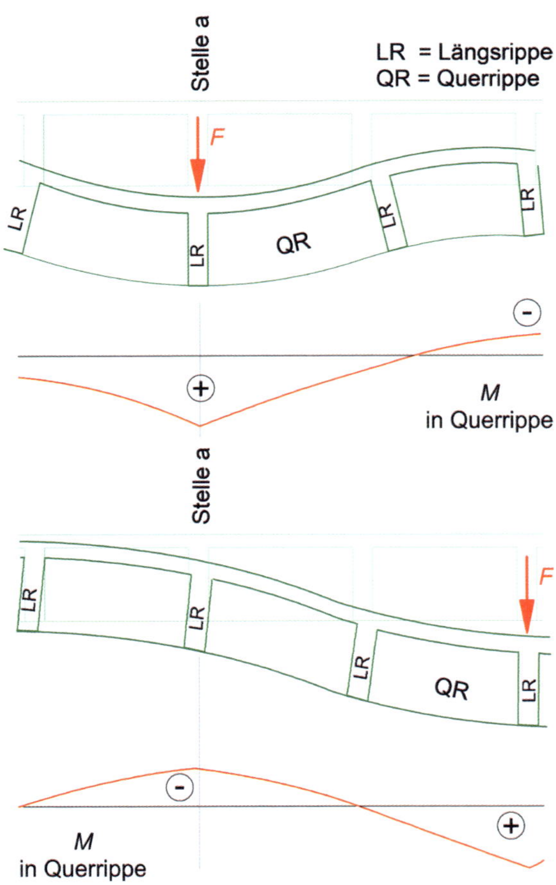

Abb. 5.26 *Verformungen und Biegemomente der Querrippen infolge unterschiedlicher Laststellungen*

Beispiel 5.6 Bemessung einer Rippenplatte

gegeben:
- 2-feldrige Rippenplatte laut Skizze, einachsig gespannt
- Einwirkungen je Rippe g_k = 4,00 kN/m; q_k = 3,5 kN/m

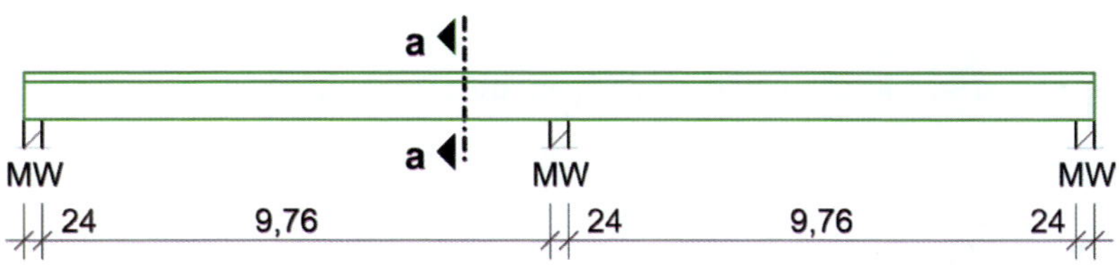

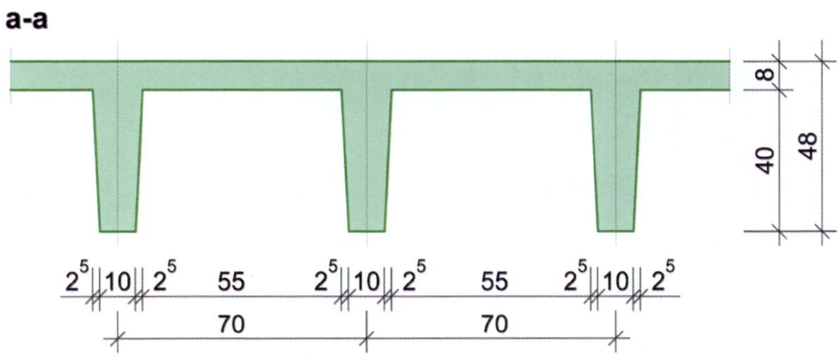

gesucht:
- 2-feldrige Rippenplatte laut Skizze, einachsig gespannt

Lösung:

Querschnittswerte:	
$A_c = 1060\ \text{cm}^2$	Werte für eine Rippe mit anteiliger Platte
$I_y = 204 \cdot 10^3\ \text{cm}^4$	
$z_{su} = 33{,}3\ \text{cm}$	
Geometrische Bedingungen Rippenplatte:	
$q_k = \frac{3{,}5}{0{,}7} = 5{,}0\ \text{kN/m}^2$	(5.53): $q_k \leq 5{,}0\ \text{kN/m}^2$
$a_{RL} = 600\ \text{mm} < 1500\ \text{mm}$	(5.49): $a_{RL} \leq 1500\ \text{mm}$
$h_R = 400\ \text{mm} \leq 4 \cdot 100 = 400 = 4\,b_R$	(5.50): $h_R \leq 4\,b_R$
$h_f = 80\ \text{mm} \geq 600/10 = 60\ \text{mm} \geq 50\ \text{mm}$	(5.51): $h_f \geq a_{RL}/10 \geq 50\ \text{mm}$

Die geometrischen Bedingungen sind erfüllt; es liegt eine Rippenplatte vor.

Schnittgrößen und Bemessung:[12]

12 *Das vorliegende Beispiel wurde in [Avak/Goris – 94], Beispiel 5 inkl. aller Nachweise nach [DIN V ENV 1992-6 – 92] bemessen.*

Die Biege- und Querkraftbemessung erfolgt wie für Balken. Im Folgenden werden nur die Ergebnisse angegeben:

Biegezugbewehrung: Feld unten: $A_s = 5{,}7\ \text{cm}^2$	gew.: 4∅14 im Plan Pos. 1-3
Stütze oben: $A_s = 7{,}3\ \text{cm}^2$	gew.: 2∅10 + 4∅14 im Plan Pos. 2; 4; 5
Querkraftbewehrung: Mittelstütze $a_{sw} = 2{,}07\ \text{cm}^2/\text{m}$	gew.: R188 A 2-schnittig im Plan Pos. 9
Bemessung der Querrippen:	Ausführung mit Breite b = 15 cm
$q_k = 5{,}0\ \text{kN/m}^2 > 2{,}80\ \text{kN/m}^2$	$q_k > 2{,}80\ \text{kN/m}^2$
Querrippen gemäß [DIN 1045-88] erforderlich	
$q_k = 5{,}0\ \text{kN/m}^2 > 3{,}50\ \text{kN/m}^2$	$q_k > 3{,}50\ \text{kN/m}^2$
Bemessung für die vollen Schnittgrößen der Längsrippen erforderlich.	$M_{Ed} = 94{,}1$ kNm; $V_{Ed} = 68{,}8$ kN
$s_L = 0{,}7\ \text{m} < \frac{10{,}00}{8} = 1{,}25\ \text{m}$	$s_L \leq \frac{l_{eff}}{8}$
$\text{zul}\ s_T = 10 \cdot 0{,}48 = 4{,}80\ \text{m}$	**Tafel 5.7**: $\text{zul}\ s_T = 10h$
gew.: 2 Querrippen	
$s_T = \frac{10{,}0}{3} = 3{,}33\ \text{m} < 4{,}80\ \text{m} = \text{zul}\ s_T$	(5.54): $s_T \leq \text{zul}\ s_T$
$\mu_{Eds} = \frac{94{,}1 \cdot 10^{-3}}{0{,}15 \cdot 0{,}44^2 \cdot \frac{0{,}85 \cdot 30}{1{,}5}} = 0{,}191$	$\mu_{Eds} = \frac{M_{Eds}}{b \cdot d^2 \cdot f_{cd}}$
$\omega = 0{,}215;\ \sigma_s = 442\ \text{N/mm}^2$	Teil 1, **Tafel 7.1**
$A_s = \frac{1}{442}(0{,}215 \cdot 15 \cdot 44 \cdot 17 + 0) = 5{,}46\ \text{cm}^2$	$A_s = \frac{1}{\sigma_{sd}}\left(\omega \cdot b \cdot d \cdot f_{cd} + N_{Ed}\right)$
gew.: 4 ∅ 14 (oben und unten)	im Plan Pos. 7
$A_{s,vorh} = 6{,}2\ \text{cm}^2 > 5{,}46\ \text{cm}^2$	$A_{s,vorh} \geq A_s$
$V_{Ed} = 68{,}8 - (1{,}50 \cdot 4{,}0 + 1{,}35 \cdot 3{,}5) \cdot 0{,}56 = 62{,}8$ kN m	$V_{Ed} = \lvert\text{extr}\ V_d\rvert - F_d \cdot x_V$
$z \approx 0{,}9 \cdot 0{,}44 = 0{,}396\ \text{m}$	$z \approx 0{,}9d$
$V_{Rd,cc} = 0{,}24 \cdot 30^{1/3}\left(1 - 1{,}2\frac{0}{17}\right) \cdot 0{,}15 \cdot 0{,}396 = 0{,}0442\ \text{MN}$	$V_{Rd,cc} = 0{,}24 \cdot f_{ck}^{1/3} \cdot \left(1 - 1{,}2\frac{\sigma_{cp}}{f_{cd}}\right) \cdot b_w \cdot z$
$\cot\theta = \frac{1{,}2 + 0}{1 - \frac{0{,}0442}{0{,}0628}} = 4{,}05 \leq \underline{3{,}0}$	$1{,}00 \leq \cot\theta \leq \frac{1{,}2 + 1{,}4\frac{\sigma_{cp}}{f_{cd}}}{1 - \frac{V_{Rd,cc}}{V_{Ed}}} \leq 3{,}0$

$$V_{Rd,max} = \frac{0{,}15 \cdot 0{,}396 \cdot 0{,}75 \cdot 17{,}0}{3{,}0 + 1/3{,}00} = 0{,}227 \text{ MN}$$

$$V_{Rd,max} = \frac{b_w \cdot z \cdot v_1 \cdot f_{cd}}{\cot\theta + \tan\theta}$$

$$V_{Ed} = 68{,}8 \text{ kN} < 227 \text{ kN} = V_{Rd,max}$$

$$V_{Ed} \leq \begin{cases} V_{Rd,sy} \\ V_{Rd,max} \end{cases}$$

$$a_{sw} = \frac{62{,}8}{0{,}396 \cdot 435 \cdot \sin 90(3{,}0 + 1/3)} \cdot 10 = 1{,}1 \text{ cm}^2/\text{m}$$

$$a_{sw} = \frac{V_{Ed}}{z \cdot f_{yd} \cdot \sin\alpha(\cot\theta + \cot\alpha)}$$

gew.: Bü 4 ∅ 8-25 2-schnittig

im Plan Pos. 8

$$a_{sw,vorh} = 2 \cdot \frac{100}{25} \cdot 0{,}50 = 4{,}0 \text{ cm}^2/\text{m} > 1{,}1 \text{ cm}^2/\text{m}$$

$$a_{sw,vorh} \geq a_{sw}$$

$$a_{sw,min} = 0{,}00093 \cdot 0{,}15 \cdot 1{,}0 \cdot 10^4 = 1{,}4 \text{ cm}^2/\text{m}$$

$$a_{sw,min} = \rho_{w,min} \cdot b_w \cdot \sin\alpha$$

$$a_{sw,vorh} = 4{,}0 \text{ cm}^2/\text{m} \geq a_{sw,min} = 1{,}4 \text{ cm}^2/\text{m}$$

$$a_{sw,vorh} \geq a_{sw,min}$$

Bewehrungsplan:

Pos. 1: Winkelhaken ist am Endauflager nicht erforderlich, um die Verankerungslänge einzuhalten, sondern wurde aus konstruktiven Gründen gewählt.

Pos. 2: Die Bewehrung wird für Feld- und Stützbewehrung benutzt. Da die Schrägaufbiegung nicht zur Querkraftdeckung herangezogen wurde, muss kein Maximalabstand zum Auflager eingehalten werden.

Pos. 4: Wird außerhalb der Rippe angeordnet, damit Pos. 2 in der Rippe aufgebogen werden kann. Pos. 4 wird auf Pos. 9 gelegt und nicht darunter gebunden, da somit ein schnellerer Verlegefortschritt möglich ist. Die Bügelhöhe von Pos. 9 ist hierauf abzustimmen.

Pos. 5:
Pos. 6: Die im Feldbereich erforderliche Montagebewehrung ∅ 10 wird über die Stütze geführt und dient als Biegezugbewehrung. Die Stäbe werden nicht 10,0 m lang (und symmetrisch) ausgeführt, damit über der Stütze kein Stoß auftritt. Hierdurch wird jedoch Pos. 6 erforderlich.

Pos. 7: Die obere Bewehrung der Querrippen wird zwischen die Stäbe der Pos. 10 gelegt. Im Rahmen des Beispiels wurde keine Angabe über die Querrichtung der Platte gemacht; daher ist hier auch keine Aussage über die Stablänge möglich. Infolge der Bügelmatte (Pos. 9) muss die Bewehrung der Querrippen durch die Pos. 9 gefädelt werden.

Pos. 8: Geschlossene Bügel sind erforderlich, damit die obere Bewehrung (Pos. 7) umschlossen werden kann. Bügelmatten sind aufgrund der kurzen Abstände zwischen den Längsrippen nicht sinnvoll.

Pos. 9: Es wird eine ¼ R188 A gewählt.

Pos. 10: Die Längsstäbe der R188 A umschließen gleichzeitig (konstruktiv) die Bügel der Längsrippen im Bereich negativer Momente.

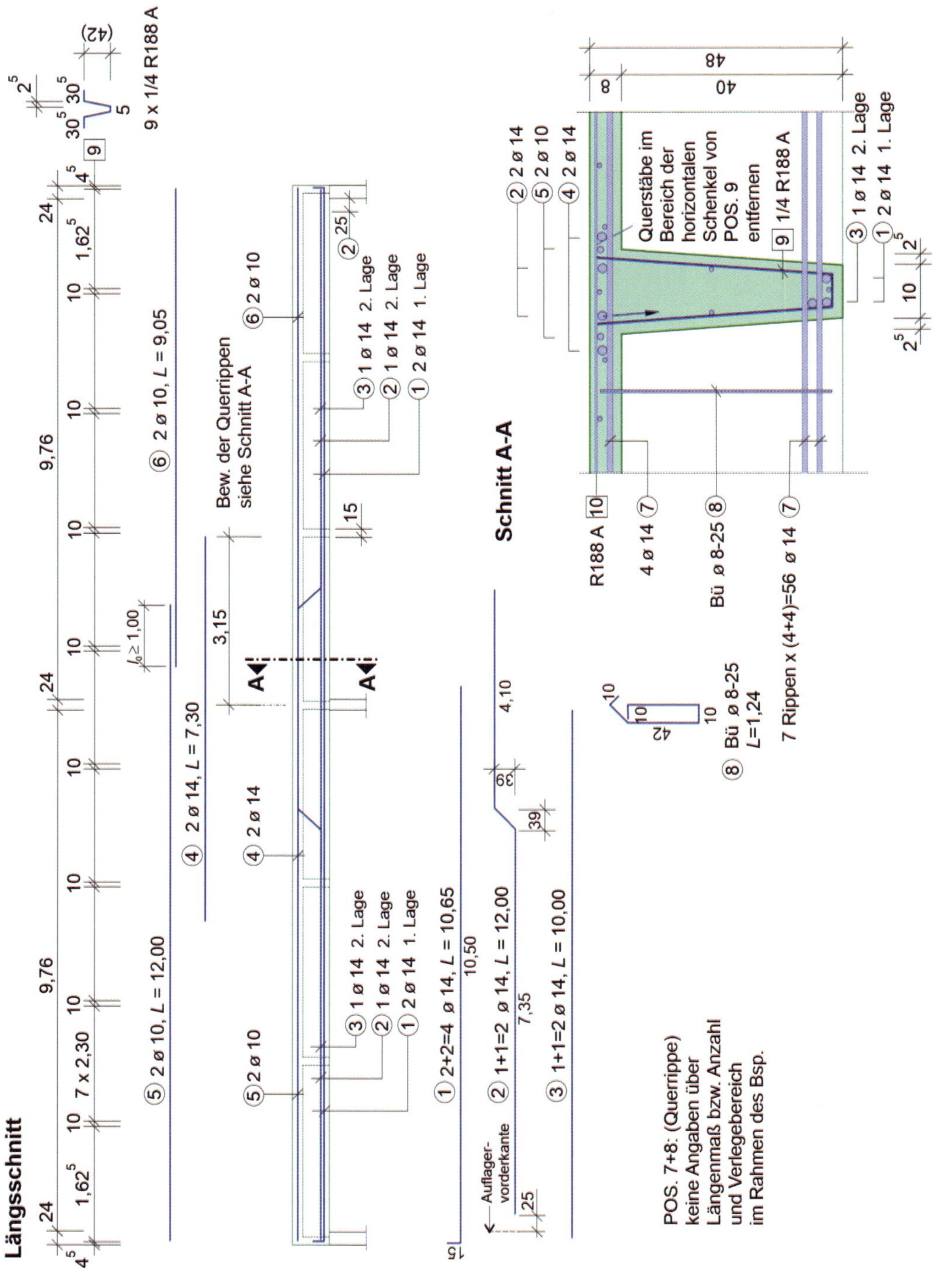
Längsschnitt
9,76
24
1,62⁵
7 x 2,30
9 x 1/4 R188 A
(42)
$l_0 \geq 1,00$
⑤ 2 ø 10, L = 12,00
⑥ 2 ø 10, L = 9,05
④ 2 ø 14, L = 7,30
3,15
Bew. der Querrippen siehe Schnitt A-A
⑤ 2 ø 10
④ 2 ø 14
⑥ 2 ø 10
③ 1 ø 14 2. Lage
② 1 ø 14 2. Lage
① 2 ø 14 1. Lage
① 2+2=4 ø 14, L = 10,65
10,50
② 1+1=2 ø 14, L = 12,00
7,35
③ 1+1=2 ø 14, L = 10,00
4,10
Auflager-vorderkante
Schnitt A-A
R188 A 10
4 ø 14 ⑦
Bü ø 8-25 ⑧
7 Rippen x (4+4)=56 ø 14 ⑦
⑧ Bü ø 8-25 L=1,24
Querstäbe im Bereich der horizontalen Schenkel von POS. 9 entfernen
9 1/4 R188 A
② 2 ø 14
⑤ 2 ø 10
④ 2 ø 14
③ 1 ø 14 2. Lage
① 2 ø 14 1. Lage
40
48
POS. 7+8: (Querrippe) keine Angaben über Längenmaß bzw. Anzahl und Verlegebereich im Rahmen des Bsp.

5.9 Brandschutz

Grundlage für die Bemessung von Stahlbetonplatten für den Brandlastfall ist EC 2-1-2. Der Nachweis kann vereinfacht mit tabellarischen Daten nach Stufe 1 gemäß EC 2-1-2, 5.7 geführt werden. In den Tabellen werden Mindestachsabstände der Bewehrung vom Bauteilrand und Mindestabmessungen für die Feuerwiderstandsklasse R 30 bis R 240 festgelegt. Die in den Tabellen festgelegten Mindestwerte werden i.d.R. erst ab der Feuerwiderstandsklasse R 90 bemessungsrelevant.

Weiterhin besteht die Möglichkeit der Nachweisführung mit vereinfachten und allgemeinen Rechenverfahren nach Stufe 2 bzw. Stufe 3 (→ Teil 1, Kap. 16.2).

6 Zweiachsig gespannte, kontinuierlich gestützte Massivplatten

6.1 Tragverhalten

Zweiachsig gespannte Platten tragen ihre Last planmäßig in *zwei* Richtungen, also in Längs- und Querrichtung (x- und y-Richtung), ab. Durch den zweiachsigen Lastabtrag steigt der Bauteilwiderstand gegenüber den einachsig lastabtragenden Platten erheblich. Man unterscheidet linien- und punktförmig gestützte Platten (**Abb. 5.1**). Zu den linienförmig gestützten, zweiachsig gespannten Platten zählen:

- vierseitig gelagerte Platten,
- dreiseitig gelagerte Platten,
- zweiseitig über Eck gelagerte Platten (→ [Stiglat/Wippel – 83]),

wenn die Abmessungen folgende Gl. erfüllen:

$$\frac{l_{\mathrm{eff,y}}}{l_{\mathrm{eff,x}}} \leq 2 \text{ bzw. in Kurzschreibweise[1]: } \frac{l_{\mathrm{y}}}{l_{\mathrm{x}}} \leq 2 \tag{6.1}$$

$l_{\mathrm{eff,x}}$ bzw. $l_{\mathrm{eff,x'}}$	kürzere Stützweite
$l_{\mathrm{eff,y}}$ bzw. $l_{\mathrm{eff,y'}}$	längere Stützweite

Bei Mehrfeldplatten ist hierbei für jedes Feld ein lokales Koordinatensystem x'-y' anzuordnen, wobei die x'-Richtung in die kürzere Stützweite zeigt. Bei einem Stützweitenverhältnis $l_y/l_x = 2$ betragen die Biegemomente in der Nebentragrichtung ca. 25 % derjenigen der Haupttragrichtung (bei gleichen Lagerungsbedingungen aller vier Ränder). Das Tragverhalten entspricht daher ungefähr demjenigen der einachsig gespannten Platte, bei der die Biegemomente der Querrichtung 20 % von denen der Längsrichtung betragen. Bei diesem Stützweitenverhältnis wird deshalb die Grenze zwischen ein- und zweiachsig gespannten Platten festgelegt. In zweiachsig gespannten Platten werden die Biegemomente nach der Richtung bezeichnet, aus deren Längsspannungen sie entstehen:

- σ_x führt zu Biegemomenten m_x (auch mit m_{xx} bezeichnet) in kNm/m
- σ_y führt zu Biegemomenten m_y (auch mit m_{yy} bezeichnet) in kNm/m.

Weiterhin treten in Platten Drillmomente m_{xy} (in kNm/m) auf. Die Querkräfte werden mit v_x (in kN/m) und v_y (in kN/m) bezeichnet. Der Zusammenhang zwischen der Belastung einer Platte und deren Verformungen wird durch eine partielle Differentialgleichung, die Differentialgleichung der Platte oder kurz „Plattengleichung", beschrieben.

$$\frac{\partial^4 w}{\partial x^4} + 2\frac{\partial^4 w}{\partial x^2 \partial y^2} + \frac{\partial^4 w}{\partial y^4} = \frac{F_{\mathrm{k}}(x,y)}{N} \tag{6.2}$$

---

1 Im Folgenden wird für $l_{\mathrm{eff,x}} = l_x$ und für $l_{\mathrm{eff,y}} = l_y$ geschrieben.

$$m_x = -N\left(\frac{\partial^2 w}{\partial x^2} + \mu\frac{\partial^2 w}{\partial y^2}\right) \tag{6.3}$$

$$m_y = -N\left(\frac{\partial^2 w}{\partial y^2} + \mu\frac{\partial^2 w}{\partial x^2}\right) \tag{6.4}$$

$$m_{xy} = -N(1-\mu)\frac{\partial^2 w}{\partial x \partial y} \tag{6.5}$$

$$N = \frac{E \cdot h^3}{12(1-\mu^2)} \quad \text{Plattensteifigkeit} \tag{6.6}$$

Die Differentialgleichung lässt sich lösen, wenn die Randbedingungen der Platte berücksichtigt werden [Girkmann - 86]. Dies soll an dieser Stelle jedoch nicht geschehen; die Gleichung soll stattdessen anschaulich mit **Abb. 6.1** gedeutet werden. Denkt man sich die Platte als Scharen von nebeneinander liegenden Streifen in *x*- und *y*-Richtung, so stellt der erste Summand in Gl. (6.2) die Differentialgleichung eines Balkens in *x*-Richtung dar; der dritte Summand die Differentialgleichung eines Balkens in *y*-Richtung. Sie bewirken die Biegemomente nach den Gln. (6.3) und (6.4). Der zweite Summand entspricht dem Anteil, der die Verwindung der Streifen beschreibt (vgl. **Abb. 6.1**). Diese Verwindung führt zum Drillmoment m_{xy} nach Gl. (6.5). Eine zweiachsig gespannte Platte trägt somit über drei Traganteile: zwei sich kreuzende Balken in *x*- und *y*-Richtung *und* über Drillwirkung. Der Anteil der Drillmomente am gesamten Lastabtrag soll mit folgendem Beispiel abgeschätzt werden.

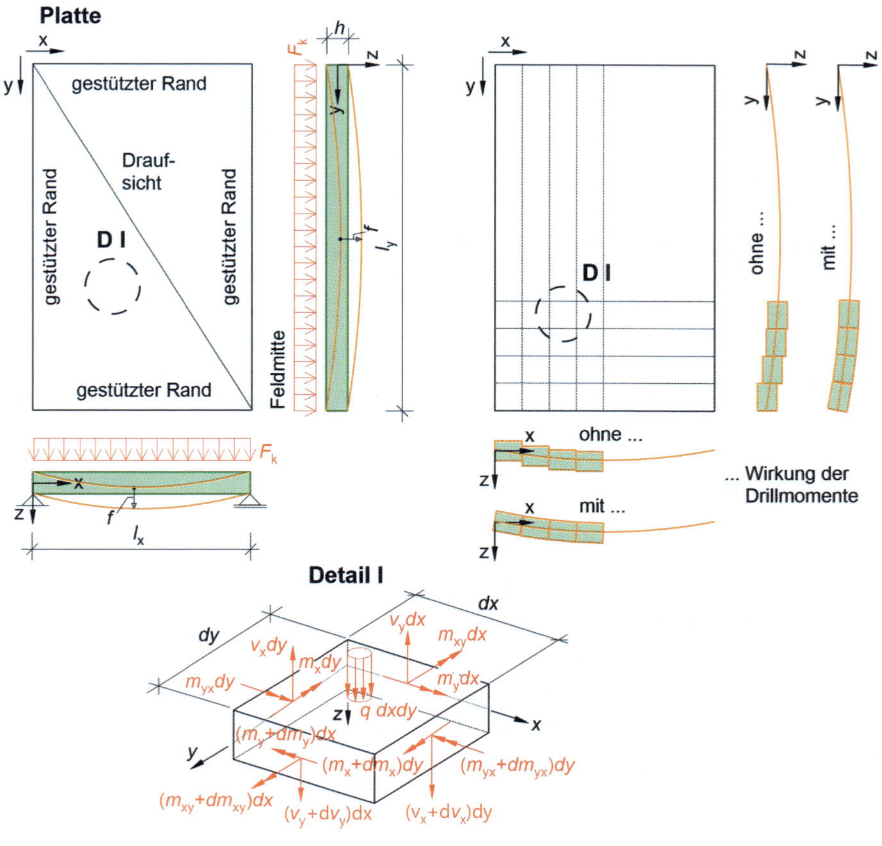

Abb. 6.1 *Tragwirkung einer zweiachsig gespannten kontinuierlich gestützten Platte unter Gleichlast*

Beispiel 6.1: Drilltragwirkung einer Quadratplatte

gegeben:
- quadratische Platte mit konstanter Plattendicke
- $\mu = 0$ (Querdehnzahl)
- Gleichlast $F_d = \text{const.}$
- Ränder gelenkig gelagert

gesucht: Durchbiegung in Plattenmitte ohne und mit Wirkung der Drillmomente unter Voraussetzung elastischen Materialverhaltens

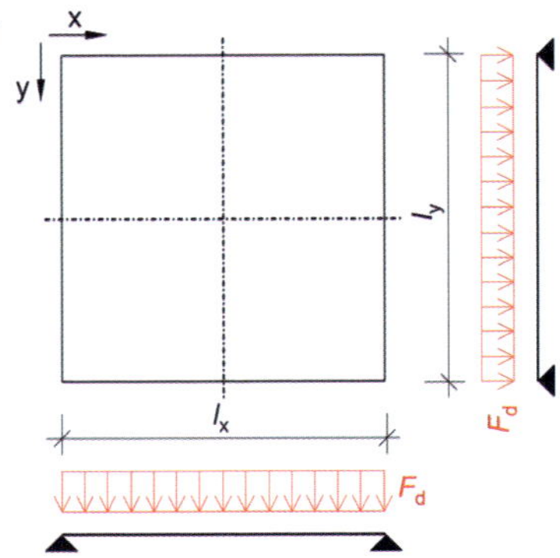

Lösung:

Ohne Wirkung der Drillmomente:

Es werden je ein Streifen in *x*- und *y*-Richtung in Feldmitte betrachtet.

$$F_{dx} = F_{dy} = \frac{1}{2} F_d$$

Lastaufteilung auf Streifen in *x*- und *y*-Richtung.

Einfeldträger unter Gleichlast (z.B. [Schneider/Albert – 20]

$$f = f_x = f_y = \frac{5}{384} \frac{0{,}5\, F_d \cdot l_x^4}{EI} = 0{,}00651 \frac{F_d \cdot l_x^4}{EI}$$

$$f = \frac{5}{384} \frac{F_{dx} \cdot l_{eff}^4}{EI}$$

Mit Wirkung der Drillmomente:

$$f = 0{,}00406 \frac{F_d \cdot l_x^4}{EI}$$

z.B. [Girkmann – 86]

$$\Delta f = (0{,}00651 - 0{,}00406) \frac{F_d \cdot l_x^4}{EI}$$

$$= 0{,}00245 \frac{F_d \cdot l_x^4}{EI} \triangleq 37{,}6\,\%$$

Die Drillmomente vermindern die Durchbiegung in diesem Fall um 37,6 %.

Die Drillmomente bewirken eine Wölbung der Plattenfläche. Diese hat zur Folge, dass sich die Platte an den Ecken von ihrer Unterstützung abhebt, sofern nicht genügend Auflast an den Plattenecken vorhanden ist (**Abb. 6.2**). Dieses Tragverhalten erfordert in den Ecken eine zusätzliche Bewehrung, die „Drillbewehrung" (**Abb. 5.17**) und die Verhinderung des „Aufschüsselns" der Plattenecken. Hierzu muss entweder eine ausreichende Auflast vorhanden sein (→ Kap. 6.2.3 und 6.2.5), oder die Plattenecken müssen durch Zuganker gegen Abheben gesichert sein.

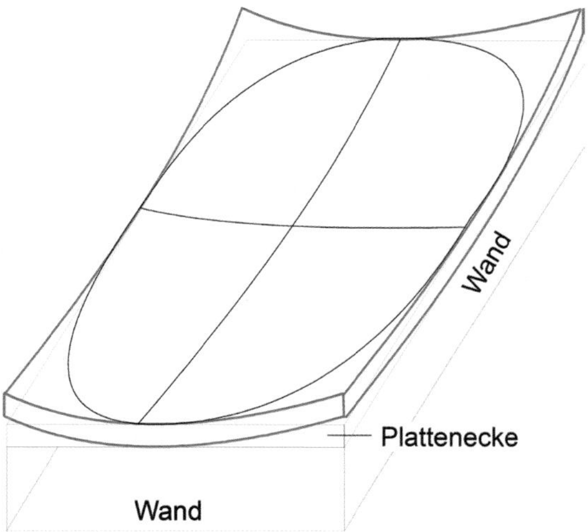

Abb. 6.2 *Aufschüsseln der Plattenecken*

6.2 Schnittgrößen

6.2.1 Berechnungsmethoden

Platten können nur unter gleichzeitiger Berücksichtigung der Verformungen und der Gleichgewichtsbedingungen berechnet werden. Für die praktische Tragwerksplanung werden folgende Verfahren verwendet:

- Berechnung mit der FEM oder der Differenzenmethode. Im Hochbau wird heutzutage aufgrund der Plattengeometrien (und der preiswerten Verfügbarkeit von Hard- und Software) der weit überwiegende Anteil aller Platten mit der FEM berechnet (→ Kap. 6.3).
- Gleichgewichtslösungen als vereinfachte Verfahren, die statisch zulässige Spannungszustände nutzen und die Randbedingungen erfüllen, jedoch nicht die Differentialgleichung der Platte (Gl. (6.2)) lösen. Gleichgewichtslösungen vernachlässigen Teile des Bauteilwiderstands und liefern einen unteren Grenzwert für die Traglast einer Platte. Sie eignen sich daher zur Vorbemessung oder Kontrolle von FEM-Berechnungen. Das Streifenkreuzverfahren, welches in Kap. 6.2.2 beschrieben wird, ist ein Verfahren mit einer Gleichgewichtslösung.
- Berechnung mit Tabellenwerken, die auf der Lösung der Differentialgleichung für Platten basieren ([Stiglat/Wippel – 00], [Czerny – 99]). Hierzu zählen das Verfahren von PIEPER/MARTENS und das Belastungsumordnungsverfahren (→ Kap. 6.2.4).

6.2.2 Streifenkreuzverfahren

Das (einfache) Streifenkreuzverfahren[2] wurde von MARCUS entwickelt [Marcus – 29]. Das Streifenkreuzverfahren ist ein Handrechenverfahren für zweiachsig gespannte Platten. Es eignet sich hervorragend für Überschlagsrechnungen. Außerdem kann hiermit das Tragverhalten zweiachsig gespannter Platten gut studiert werden. Es wird daher zunächst behandelt.

Den Grundgedanken des Verfahrens bilden zwei (oder mehr) sich kreuzende Streifen, die gemeinsam die Last der Platte abtragen. Die Drillmomente werden vernachlässigt. Die Lastaufteilung auf die beiden Streifen wird aus der Bedingung gewonnen, dass die Durchbiegung für beide Streifen an einer Stelle (z.B. in Feldmitte) gleich sein muss (**Abb. 6.3**). Damit ergeben sich die Lastanteile. Die einzelnen Plattenstreifen werden dann wie einachsig gespannte Platten berechnet.

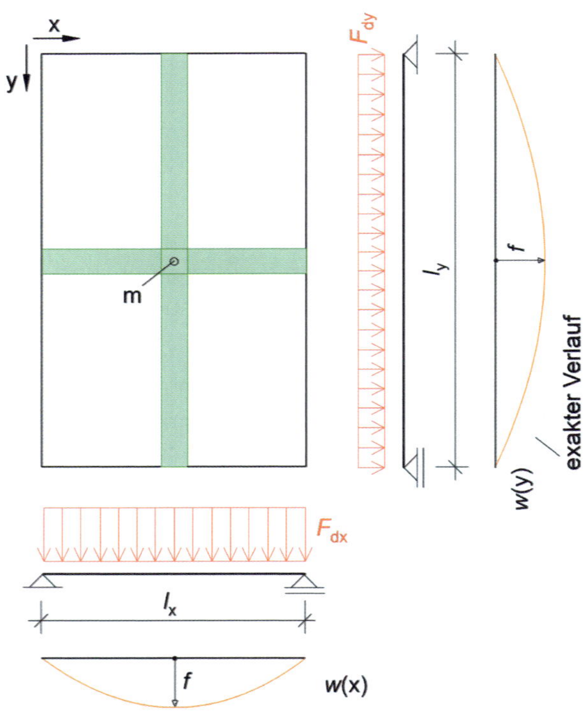

Abb. 6.3 *Längs- und Querstreifen beim Streifenkreuzverfahren*

$$F_d = F_{dx} + F_{dy} \tag{6.7}$$

$$f = \max w(x) = \max w(y) \tag{6.8}$$

2 Die Streifenkreuzmethode wurde zunächst für Flächenlasten und kontinuierliche Stützung von MARCUS entwickelt. Als „erweitertes" Streifenkreuzverfahren können damit auch Einzellasten und punktförmige Stützungen erfasst werden.

Mit dem geschilderten Vorgehen kann die Lastaufteilung von vierseitig gestützten Platten für unterschiedliche Lagerungsbedingungen (**Abb. 6.4**) allgemein bestimmt werden (**Tafel 6.1**).

$$F_{dx} = \frac{F_d}{TW} \tag{6.9}$$

TW: Tafelwert nach **Tafel 6.1**

$$F_{dy} = F_d - F_{dx} \tag{6.10}$$

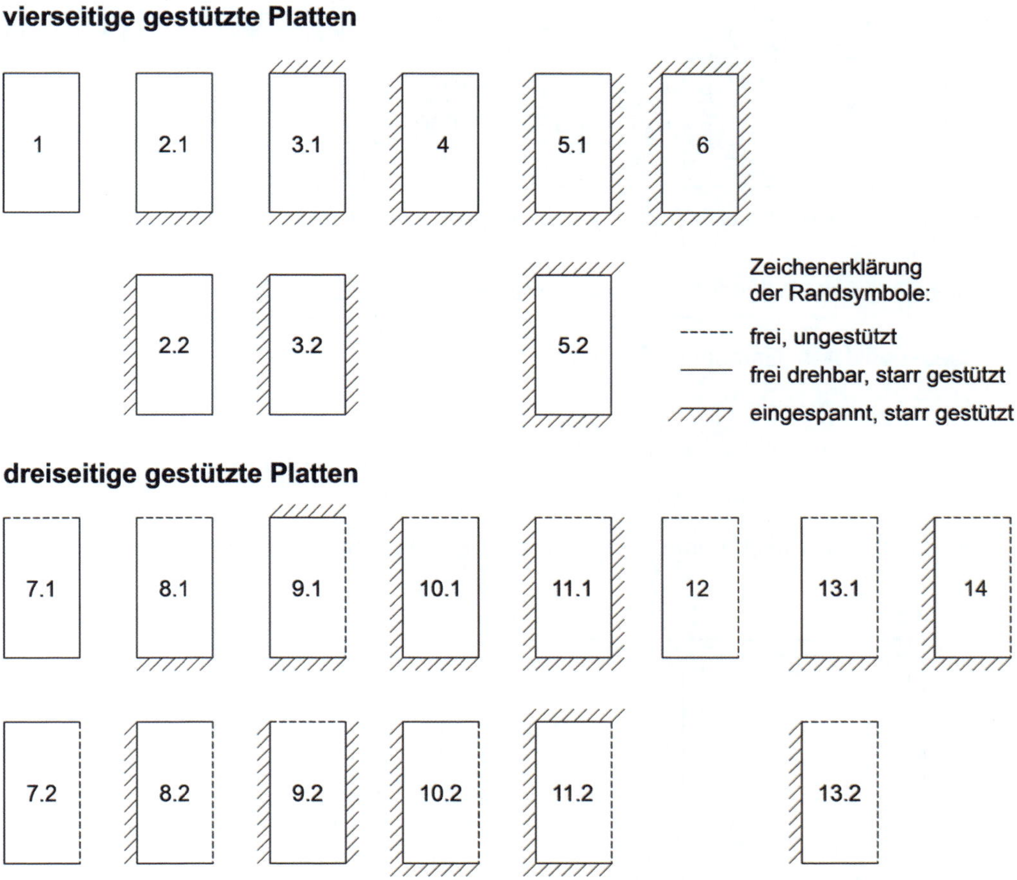

Abb. 6.4 *Lagerungsmöglichkeiten von zweiachsig gespannten Einfeldplatten*

$\frac{l_y}{l_x}$	Stützungsart nach Abb. 6.4								
	1	**2.1**	**2.2**	**3.1**	**3.2**	**4**	**5.1**	**5.2**	**6**
1,0	2,000	3,500	1,400	6,000	1,200	2,000	1,500	3,000	2,000
1,1	1,683	2,703	1,273	4,415	1,137	1,683	1,342	2,364	1,683
1,2	1,482	2,210	1,193	3,410	1,096	1,482	1,241	1,965	1,482
1,3	1,350	1,879	1,140	2,751	1,070	1,350	1,175	1,700	1,350
1,4	1,260	1,650	1,104	2,298	1,052	1,260	1,130	1,521	1,260
1,5	1,198	1,494	1,079	1,999	1,040	1,198	1,099	1,396	1,198
1,6	1,153	1,382	1,061	1,764	1,031	1,153	1,076	1,305	1,153
1,7	1,120	1,299	1,048	1,598	1,024	1,120	1,060	1,240	1,120
1,8	1,096	1,239	1,038	1,487	1,019	1,096	1,048	1,191	1,096
1,9	1,077	1,191	1,031	1,384	1,015	1,077	1,038	1,153	1,077
2,0	1,062	1,156	1,025	1,313	1,012	1,062	1,031	1,125	1,062

Tafel 6.1 *Lastanteilzahlen für vierseitig gestützte Platten (ohne Berücksichtigung der Drillwirkung)*

Beispiel 6.2: Anwendung des Streifenkreuzverfahrens für eine Einfeldplatte

gegeben:
- Garagendecke laut Skizze
- $\mu = 0$
- Nutzung als Dachterrasse
- Ränder gelenkig gelagert

gesucht: Biegemomente in Plattenmitte ohne Wirkung der Drillmomente

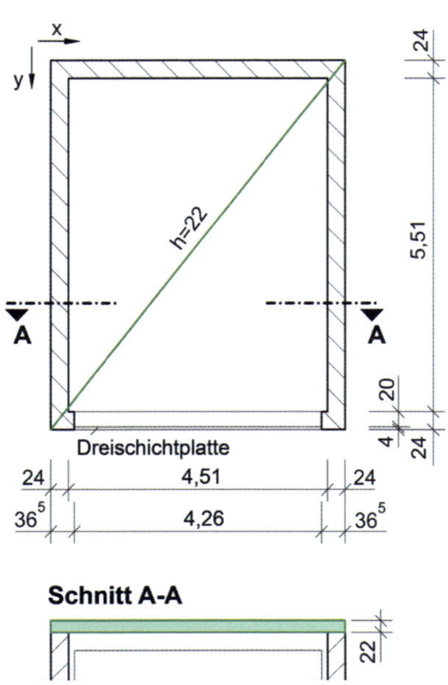

Lösung:

Einwirkungen:

Eigenlast

Gussasphalt 6,0 cm 0,23 · 6,0	= 1,38 kN/m²	EC 1-1-1/NA, Tabelle NA.A.18
Bitumenschweißbahn 2-lagig 2 · 0,07	= 0,14 kN/m²	EC 1-1-1/NA, Tabelle NA.A.27
Konstruktionsbeton 25 · 0,22	= 5,50 kN/m²	EC 1-1-1, Tabelle A.1
$g_k \approx$	7,00 kN/m²	
Veränderliche Last $q_k =$	4,00 kN/m²	EC 1-1-1/NA, Tabelle 6.1DE

Tragwerksidealisierung:

x-Richtung:	$h = 0{,}22 \text{ m} < t = 0{,}24 \text{ m}$
$a_1 = a_2 = \frac{0{,}22}{2} = 0{,}11 \text{ m}$	$a_i = \min\left(\frac{h}{2}; \frac{t}{2}\right)$
$l_{eff} = 4{,}51 + 0{,}11 + 0{,}11 \approx 4{,}75 \text{ m}$	$l_{eff} = l_n + a_1 + a_2$
y-Richtung:	$h = 0{,}22 \text{ m} < t = 0{,}24 \text{ m}$
$a_1 = a_2 = \frac{0{,}22}{2} = 0{,}11 \text{ m}$	$a_i = \min\left(\frac{h}{2}; \frac{t}{2}\right)$
$l_{eff} = 5{,}51 + 0{,}11 + 0{,}11 \approx 5{,}75 \text{ m}$	$l_{eff} = l_n + a_1 + a_2$
$\frac{l_y}{l_x} = \frac{5{,}75}{4{,}75} = 1{,}21 < 2 \rightarrow$ Platte zweiachsig gespannt	(6.1): $\frac{l_{eff,y}}{l_{eff,x}} \leq 2$
	Abb. 6.4 Stützungsart 1

Beanspruchungen (Schnittgrößen):

$\frac{l_y}{l_x} = 1{,}21 \approx 1{,}2 \rightarrow \text{TW} = 1{,}482$	**Tafel 6.1**
$F_{dx} = \frac{1{,}35 \cdot 7{,}0 + 1{,}5 \cdot 4{,}0}{1{,}482} = 10{,}43 \text{ kN/m}^2$	(6.9): $F_{dx} = \frac{F_d}{\text{TW}}$
$F_{dy} = (1{,}35 \cdot 7{,}0 + 1{,}5 \cdot 4{,}0) - 10{,}43 = 5{,}02 \text{ kN/m}^2$	(6.10): $F_{dy} = F_d - F_{dx}$
$m_{Edx} = \frac{10{,}43 \cdot 4{,}75^2}{8} = 29{,}4 \text{ kNm/m}$	$m_{Edx} = \frac{F_{dx} \cdot l_x^2}{8}$
$v_{Edx} = \frac{10{,}43 \cdot 4{,}75}{2} = 24{,}8 \text{ kN/m}$	$v_{Edx} = \frac{F_{dx} \cdot l_x}{2}$
$m_{Edy} = \frac{5{,}02 \cdot 5{,}75^2}{8} = 20{,}7 \text{ kNm/m}$	$m_{Edy} = \frac{F_{dy} \cdot l_y^2}{8}$
$v_{Edy} = \frac{5{,}02 \cdot 5{,}75}{2} = 14{,}4 \text{ kN/m}$	$\max v_{Edy} = \frac{F_{dy} \cdot l_y}{2}$

Die Ergebnisse können mit Beispiel 6.4 verglichen werden, das die genaueren Schnittgrößen aufgrund der Plattentheorie liefert.

(Fortsetzung mit Beispiel 6.4)

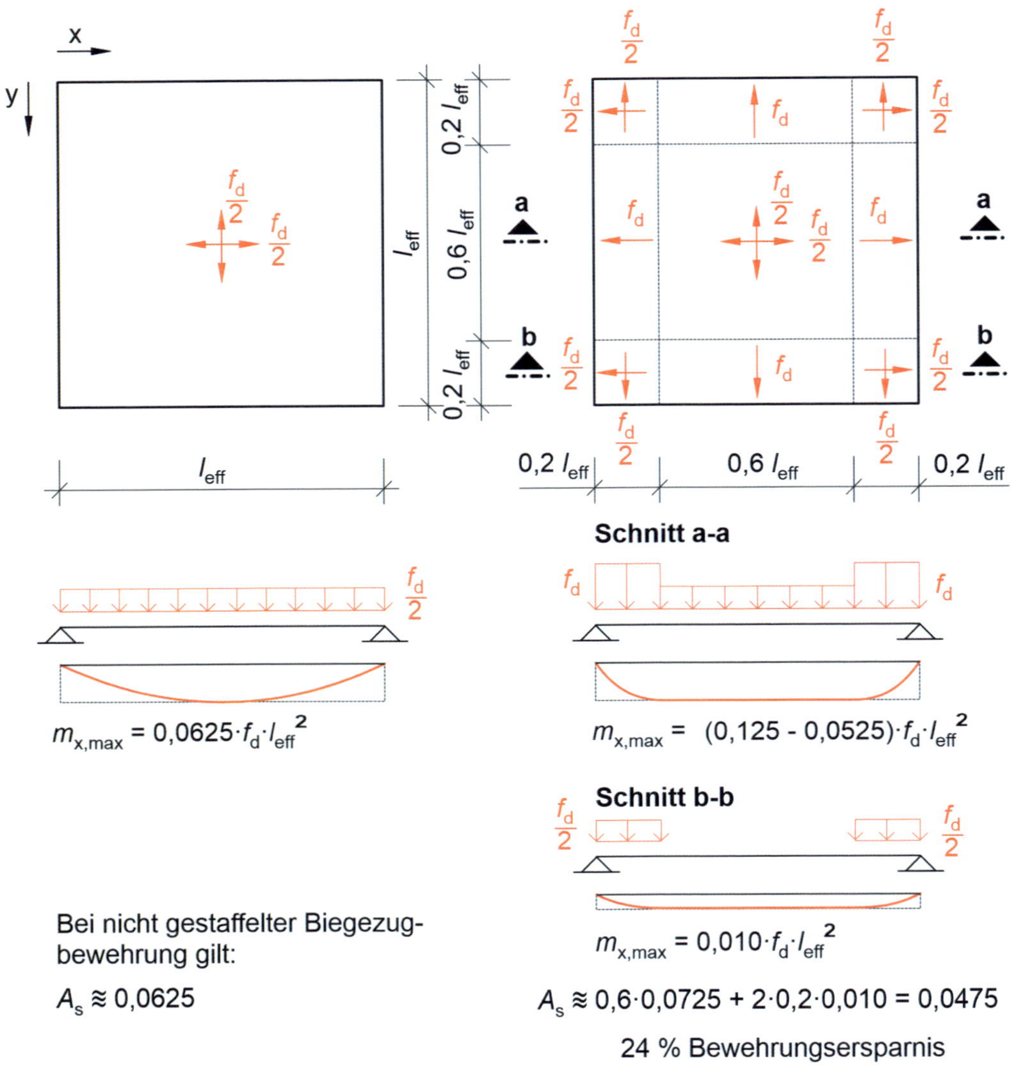

Abb. 6.5 *Bewehrungseinsparung durch Lastaufteilung im Sinne der Plastizitätstheorie am Beispiel der vierseitig gelenkig gestützten Quadratplatte unter Gleichflächenlast*

Während MARCUS in seinen Überlegungen noch davon ausging, dass die Lastaufteilung in einem bestimmten (von der elastischen Durchbiegung abhängigen) Verhältnis erfolgen muss, hat HILLERBORG [Hillerborg – 75] gezeigt, dass die Belastung frei und an jeder Stelle der Platte unterschiedlich gewählt werden darf. Sofern die Lastaufteilung hierbei sinnvoll gewählt wird, d.h. wie für ein elastoplastisches Tragwerk zu erwarten, kann ein nicht unerheblicher Teil an Bewehrung gegenüber der elastischen Lösung eingespart werden (**Abb. 6.5**).

Die Erkenntnis der freien (sinnvollen) Lastaufteilung lässt sich für über mehrere Plattenfelder durchlaufende Systeme gut nutzen, indem die Lastaufteilungsbeiwerte von **Tafel 6.1** für Durchlaufsysteme angewandt werden. Die Randbedingungen der Lagerung werden (für die Lastaufteilung) nur näherungsweise erfasst, der Lastaufteilungsfaktor ist ein Näherungswert.

Beispiel 6.3: Anwendung des Streifenkreuzverfahrens für eine Mehrfeldplatte

gegeben: Mehrfeldplatte (siehe auch Beispiel 6.9) mit Ergebnis der FE-Berechnung aus Beispiel 6.9

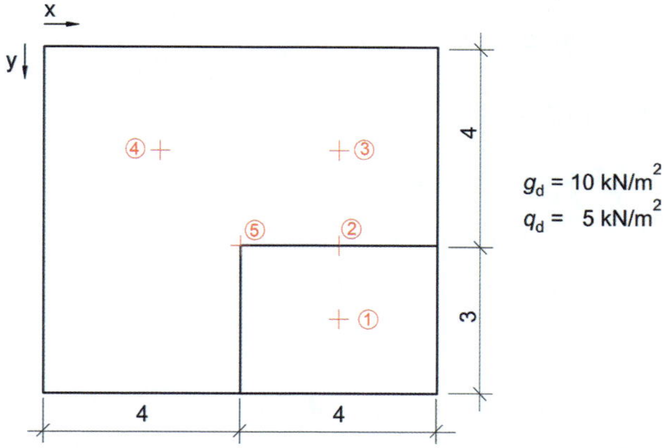

gesucht: überschlägige Kontrolle der FE-Ergebnisse (maximale Momente)

Lösung:

Die Überschlagsberechnung soll mit dem Streifenkreuzverfahren erfolgen, wobei die Lastaufteilung in *x*- bzw. *y*-Richtung mit den Lastanteilszahlen nach **Tafel 6.1** ermittelt wird. Die Schnittgrößen werden am 2-Feld-Träger mit ungleichen Stützweiten berechnet. Die Tendenz des Ergebnisses im Vergleich zur FE-Berechnung wird angegeben.

Stelle 1:

Die Kontrollrechnung wird in der Tendenz zu große Biegemomente m_x und m_y ergeben, da in *y*-Richtung ein größeres Feld anschließt und daher zusätzliche Lastanteile auf die Stelle 2 mit einem entsprechend betragsmäßig größeren Stützmoment gezogen werden.

Das lokale Koordinatensystem ist um 90° gegenüber dem globalen gedreht.

$$\frac{l'_y}{l'_x} = \frac{4{,}00}{3{,}00} = 1{,}33$$

Tafel 6.1 Plattentyp 4 (interpoliert)

$$\text{TW} = 1{,}35 + \left(1{,}26 - 1{,}35\right) \cdot \frac{1{,}33 - 1{,}3}{1{,}4 - 1{,}3} = 1{,}32$$

(6.9): $F_{dx} = \frac{F_d}{\text{TW}}$

$$F_{dy,g} = \frac{10}{1{,}32} = 7{,}6 \text{ kN/m}^2$$

$$F_{dy,q} = \frac{5}{1{,}32} = 3{,}8 \text{ kN/m}^2$$

(6.10): $F_{dy} = F_d - F_{dx}$

$$F_{dx,g} = 10 - 7{,}6 = 2{,}4 \text{ kN/m}^2$$

$$F_{dx,q} = 5 - 3{,}8 = 1{,}2 \text{ kN/m}^2$$

y-Richtung: $l_1 : l_2 = 3:4 = 1:1{,}33$

$m_{Edy,max} = (0{,}051 \cdot 7{,}6 + 0{,}099 \cdot 3{,}8) \cdot 3^2$
$= 6{,}87\ kNm/m$

zum Vergleich gegenüber FEM: +36,3 %

x-Richtung: $l_1 : l_2 = 4:4 = 1:1$

$m_{Edx,max} = (0{,}070 \cdot 2{,}4 + 0{,}096 \cdot 1{,}2) \cdot 4^2$
$= 4{,}53\ kNm/m$

zum Vergleich gegenüber FEM: +42,9 %

[Schneider/Albert – 20], S. 4.17:

$M = TW \cdot F_d \cdot l_1^2$

$m_{Edy} = 5{,}04\ kNm/m$
(Beispiel 6.9, starre Lagerung)

[Schneider/Albert – 20], S. 4.17:

$M = TW \cdot F_d \cdot l_1^2$

$m_{Edx} = 3{,}17\ kNm/m$
(Beispiel 6.9)

Stelle 2:

Aus den Ergebnissen von Stelle 1 kann auch das Stützmoment bestimmt werden, das dann in der Tendenz betragsmäßig zu klein ist.

y-Richtung: $l_1 : l_2 = 1:1{,}33$

$m_{Edy,min} = -0{,}181 \cdot (7{,}6 + 3{,}8) \cdot 3^2 = -18{,}6\ kNm/m$

zum Vergleich gegenüber FEM: -1,6 %

[Schneider/Albert – 20], S. 4.17:

$M = TW \cdot F_d \cdot l_1^2$

$m_{Edy} = -18{,}89\ kNm/m$
(Beispiel 6.9)

Stelle 3:

Es wird eine Platte der Größe 4/4 m angesetzt, deren linke Lagerung fehlt. Dieser fehlende Rand wird für die Lastanteilzahlen gelenkig angesetzt. Somit ist zu erwarten, dass m_y zu klein abgeschätzt wird. Die fehlende Lagerung hat für die x-Richtung zur Folge, dass die Momente bei FE-Berechnungen größer sein müssen als bei Ansatz einer Linienstützung (in Form eines versteckten Unterzuges).

$$\frac{l'_y}{l'_x} = \frac{4{,}00}{4{,}00} = 1{,}00$$

$$TW = 1{,}40$$

$$F_{dy,g} = \frac{10}{1{,}40} = 7{,}1\ kN/m^2$$

$$F_{dy,q} = \frac{5}{1{,}40} = 3{,}6\ kN/m^2$$

$$F_{dx,g} = 10 - 7{,}1 = 2{,}9\ kN/m^2$$

$$F_{dx,q} = 5 - 3{,}6 = 1{,}4\ kN/m^2$$

Das lokale Koordinatensystem ist um 90° gegenüber dem globalen gedreht.

Tafel 6.1 Plattentyp 2.2

(6.9): $F_{dx} = \frac{F_d}{TW}$

(6.10): $F_{dy} = F_d - F_{dx}$

y-Richtung: $l_1 : l_2 = 1:1{,}33$

$m_{\mathrm{Edy,max}} = (0{,}141 \cdot 7{,}1 + 0{,}164 \cdot 3{,}6) \cdot 3^2 = 14{,}3\ \mathrm{kNm/m}$

zum Vergleich gegenüber FEM: +3,3 %

x-Richtung: $l_1 : l_2 = 1:1$

$m_{\mathrm{Edx,max}} = (0{,}070 \cdot 2{,}9 + 0{,}096 \cdot 1{,}4) \cdot 4^2 = 5{,}40\ \mathrm{kNm/m}$

zum Vergleich gegenüber FEM: -10,2 %

[Schneider/Albert – 20], S. 4.17: $M = \mathrm{TW} \cdot F_{\mathrm{d}} \cdot l_1^2$

$m_{\mathrm{Edy}} = 13{,}86\ \mathrm{kNm/m}$ (Beispiel 6.9)

[Schneider/Albert – 20], S. 4.17: $M = \mathrm{TW} \cdot F_{\mathrm{d}} \cdot l_1^2$

$m_{\mathrm{Edx}} = 6{,}01\ \mathrm{kNm/m}$ (Beispiel 6.9)

Stelle 4:

Der Plattenbereich ist an den Außenrändern gelenkig gelagert und an der Innenecke gestützt. Schnittgrößen derartiger Platten sind in [Stiglat/Wippel – 83] vertafelt.

$$\frac{l'_{\mathrm{y}}}{l'_{\mathrm{x}}} = \frac{4{,}00}{4{,}00} = 1{,}00$$

$\mathrm{TW} = 16{,}7$ — [Stiglat/Wippel – 83], Platte II/10/a

$$m_{\mathrm{Edx,m}} = m_{\mathrm{ym}} = \frac{15 \cdot 4^2}{16{,}7} = 14{,}4\ \mathrm{kNm/m}$$

(6.11): $m = \{\pm\}\dfrac{F_{\mathrm{d}} \cdot l_{\mathrm{x}}^2}{\mathrm{TW}}$

zum Vergleich gegenüber FEM: -6,9 % bzw. -4,2 %

$m_{\mathrm{Edx}} = 13{,}42\ \mathrm{kNm/m}$, $m_{\mathrm{Edy}} = 13{,}78\ \mathrm{kNm/m}$ (Beispiel 6.9)

Stelle 5:

Diese Stelle kann aufgrund des großen Gradienten nicht geprüft werden. Allerdings lässt sich eine obere Grenze für das über die mittragende Breite eines fiktiven Plattenstreifens nach **Abb. 7.2** integrierte Biegemoment abschätzen:

$$f_{\mathrm{d}} = (10 + 5) \cdot \frac{4}{2} = 30\ \mathrm{kN/m}$$

Last aus dem linken oberen Plattenfeld näherungsweise dreieckförmig als Streckenlast

$$\alpha = \frac{2}{4} = 0{,}5$$

[Schneider/Albert – 20], S. 4.10: $\alpha = \dfrac{a}{l_{\mathrm{eff}}}$

$$M_{\mathrm{Edx,min}} = M_{\mathrm{Edy,min}} = -(7 - 3 \cdot 0{,}5^2)(1 + 0{,}5) \cdot \frac{30 \cdot 4^2}{120} = -37{,}5\ \mathrm{kNm}$$

$$M_{\mathrm{s}} = -(7 - 3\alpha^2)(1 + \alpha) \cdot \frac{f_{\mathrm{d}} \cdot l_{\mathrm{eff}}^2}{120}$$

$b_{\mathrm{M,S}} = 0{,}25 \cdot 4 = 1{,}0\ \mathrm{m}$ — (7.10): $b_{\mathrm{M,S}} = 0{,}25\, l_{\mathrm{B}}$

$$m_{\mathrm{Edx,min}} = m_{\mathrm{Edy,min}} = \frac{-37{,}5}{1{,}0} = -37{,}5\ \mathrm{kNm/m}$$

(5.10): $m = \dfrac{M}{b_{\mathrm{m,M}}}$

Hierzu ist der auf den mittragenden Streifen direkt wirkende Lastanteil zu addieren. | vgl. Stelle 2

$$m_{\text{Edx,min}} \approx m_{\text{Edy,min}} = -37{,}5 - 18{,}6 = -56{,}1 \text{ kNm/m}$$

Das auf dem Streifen der Breite $b_{\text{M,S}}$ wirkende Moment der FE-Berechnung kann durch Integration der Knotenwerte (→ Beispiel 6.9) mit der Trapezregel bestimmt werden:

$$m_{\text{Edx,min}}^{\text{FEM}} = \frac{1}{0{,}50}\left\{\frac{\frac{0{,}50}{3}}{2}\cdot(-98{,}5 - 2\cdot(21{,}5 + 17{,}7) - 17{,}0)\right\} = -32{,}3 \text{ kNm/m}$$

$$\int_A dA \approx \frac{\Delta s}{2}\left(A_0 + 2\sum_{i=1}^{n-1} A_i + A_n\right)$$

Das ersatzweise am Balken bestimmte Biegemoment ist somit betragsmäßig um 73,6 % größer. Es ist somit deutlich, dass hier keine zutreffende Kontrolle mit dem Streifenkreuzverfahren möglich ist.

6.2.3 Lösungen auf Basis der Differentialgleichung der Platte

Drillsteife Platten:

Drillsteife Massivplatten liegen vor, wenn die Ecken gegen Abheben gesichert sind oder genügend Auflast vorhanden ist und somit die Drillmomente wirken können. Gegenüber dem Streifenkreuzverfahren berücksichtigt die Differentialgleichung der Platte zusätzlich diese Drillmomente. Schnittgrößen für rechteckige Platten dieser Art wurden von [Czerny - 99] angegeben für die Stützungsarten 1 bis 12 (**Abb. 6.4** und **Tafel 6.2** beispielhaft für Stützungsart 1). Diese Tafeln wurden mit folgenden Voraussetzungen aufgestellt:

- die Differentialgleichung für Platten wird erfüllt;
- die Tafeln wurden mit der Querdehnzahl $\mu = 0$ erstellt;
- die Tafeln gelten für konstante Bauteilhöhe h (für einige Lagerungsfälle gibt es auch Tafeln für veränderliche Plattenhöhe);
- Belastung Gleich- und Dreiecksflächenlast.

In den Tafeln werden folgende Werte angegeben:

- *Momente*

  Biegemomente m_x und m_y, Drillmomente m_{xy} in kNm/m
- *Kräfte*

  Stützkräfte an den Plattenrändern $\bar{v}$, Querkräfte in der Platte v in kN/m
  Einzelkraft in der Ecke R von zwei gelenkig zusammentreffenden gelagerten Rändern in kN
- *Durchbiegung* f in Plattenmitte in mm.

l_y/l_x		**1,00**	**1,05**	**1,10**	**1,15**	**1,20**	**1,25**	**1,30**
$m_{x,m}$	$= F \cdot l_x^2$ / TW	27,2	24,5	22,4	20,7	19,1	17,8	16,8
$m_{y,max}$	$= F \cdot l_x^2$ / TW	27,2	27,5	27,9	28,4	29,1	29,9	30,9
m_{xye}	$= \pm F \cdot l_x^2$ / TW	21,6	20,6	19,7	19,0	18,4	17,9	17,5
R_e	$= F \cdot l_x^2$ / TW	10,8	10,3	9,85	9,50	9,20	8,95	8,75
$v_{x,rm}$	$= \pm F \cdot l_x$ / TW	2,96	2,87	2,78	2,71	2,64	2,58	2,52
$\bar{v}_{x,rm}$	$= F \cdot l_x$ / TW	2,19	2,15	2,11	2,07	2,04	2,02	2,00
$v_{y,rm}$	$= \pm F \cdot l_x$ / TW	2,96	2,92	2,89	2,86	2,84	2,82	2,80
$\bar{v}_{y,rm}$	$= F \cdot l_x$ / TW	2,19	2,14	2,09	2,05	2,02	1,99	1,96
f_m	$= [(F \cdot l_x^4)/(E \cdot h^3)] \cdot$ TW	0,0487	0,0536	0,0584	0,0631	0,0678	0,0728	0,0767
l_y/l_x		**1,35**	**1,40**	**1,45**	**1,50**	**1,55**	**1,60**	**1,65**
$m_{x,m}$	$= F \cdot l_x^2$ / TW	15,8	15,0	14,3	13,7	13,2	12,7	12,3
$m_{y,max}$	$= F \cdot l_x^2$ / TW	31,8	32,8	33,8	34,7	35,4	36,1	36,7
m_{xye}	$= \pm F \cdot l_x^2$ / TW	17,1	16,8	16,5	16,3	16,1	15,9	15,7
R_e	$= F \cdot l_x^2$ / TW	8,55	8,40	8,25	8,15	8,05	7,95	7,85
$v_{x,rm}$	$= \pm F \cdot l_x$ / TW	2,47	2,43	2,39	2,36	2,33	2,30	2,27
$\bar{v}_{x,rm}$	$= F \cdot l_x$ / TW	1,98	1,97	1,96	1,95	1,94	1,93	1,92
$v_{y,rm}$	$= \pm F \cdot l_x$ / TW	2,78	2,76	2,75	2,75	2,74	2,73	2,73
$\bar{v}_{y,rm}$	$= F \cdot l_x$ / TW	1,94	1,92	1,90	1,89	1,88	1,87	1,86
f_m	$= [(F \cdot l_x^4)/(E \cdot h^3)] \cdot$ TW	0,0809	0,0850	0,0890	0,0927	0,0963	0,0997	0,1029
l_y/l_x		**1,70**	**1,75**	**1,80**	**1,85**	**1,90**	**1,95**	**2,00**
$m_{x,m}$	$= F \cdot l_x^2$ / TW	11,9	11,5	11,3	11,0	10,8	10,6	10,4
$m_{y,max}$	$= F \cdot l_x^2$ / TW	37,3	37,9	38,5	38,9	39,4	39,8	40,3
m_{xye}	$= \pm F \cdot l_x^2$ / TW	15,6	15,5	15,4	15,3	15,3	15,2	15,1
R_e	$= F \cdot l_x^2$ / TW	7,80	7,75	7,70	7,65	7,65	7,60	7,55
$v_{x,rm}$	$= \pm F \cdot l_x$ / TW	2,25	2,23	2,21	2,19	2,18	2,16	2,15
$\bar{v}_{x,rm}$	$= F \cdot l_x$ / TW	1,92	1,92	1,92	1,92	1,92	1,92	1,92
$v_{y,rm}$	$= \pm F \cdot l_x$ / TW	2,73	2,72	2,72	2,71	2,71	2,70	2,70
$\bar{v}_{y,rm}$	$= F \cdot l_x$ / TW	1,85	1,84	1,83	1,82	1,82	1,82	1,82
f_m	$= [(F \cdot l_x^4)/(E \cdot h^3)] \cdot$ TW	0,1060	0,1093	0,1118	0,1145	0,1169	0,1195	0,1215

Tafel 6.2 *Tafel nach CZERNY (Stützungsart 1, einspannungsfreie Lagerung der vier Ränder) [Czerny – 99]*

Bei der praktischen Berechnung sind dabei die Biegemomente, die Querkräfte und die Einzelkraft in der Ecke für die Plattenbemessung interessant. Im Fußzeiger der angegebenen Größe werden Richtung und Wirkungsort bezeichnet:

$m_{x,m}$	x	Richtungsangabe
	m	Ortsangabe

Hierbei stehen folgende Abkürzungen in den Fußzeigern für die bezeichneten Orte (**Abb. 6.6**):

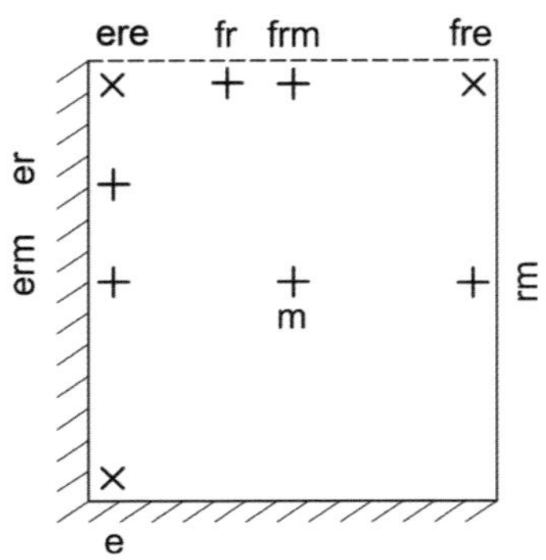

Abb. 6.6 *Ortsbezeichnungen in den Tafeln nach Czerny*

m	Plattenmitte	
max	Ort des Maximalwertes	
min	Ort des Minimalwertes	
e	Plattenecke	
er	eingespannter Rand	beliebige Stelle am starr eingespannten Plattenrand
erm	eingespannter Rand Mitte	Randmittelpunkt des starr eingespannten Plattenrandes
ere	eingespannter und freier Rand Ecke	Plattenecke, an der ein freier und ein eingespannter Rand zusammentreffen
fre	freier und gelenkiger Rand Ecke	Plattenecke, an der ein freier und ein frei drehbarer Plattenrand zusammentreffen
rm	Rand Mitte	Randmittelpunkt des gelenkig gestützten Plattenrandes
frm	freier Rand Mitte	Randmittelpunkt des freien (ungestützten) Plattenrandes
fr	freier Rand	beliebige Stelle am freien (ungestützten) Rand

Die Tafeln erlauben auf einfache Art die Schnittgrößenermittlung.

Momente	$m = \{\pm\}\frac{F_d \cdot l_x^2}{TW}$	in kNm/m	(6.11)
Einzelkraft in der Ecke	$R = \{\pm\}\frac{F_d \cdot l_x^2}{TW}$	in kN	(6.12)
Querkräfte, Stützkräfte	$v = \{\pm\}\frac{F_d \cdot l_x}{TW}$	in kN/m	(6.13)
Durchbiegung	$f = \frac{F_d \cdot l_x^4}{Eh^3} \cdot TW$	in m	(6.14)

hinsichtlich der Genauigkeit von Durchbiegungen nach Elastizitätstheorie
→ Teil 1, Kap. 13

$\{\pm\}$	Vorzeichen je nach gesuchter Schnittgröße
F_d	jeweils maßgebende Belastung
TW	Tafelwert

Bei der Schnittgrößenermittlung darf näherungsweise mit der Querdehnzahl $\mu = 0$ oder genauer mit $\mu = 0{,}2$ gerechnet werden. Bei Stahlbetonplatten kann sich die Querdehnzahl aber nur auf die Betondruckzone auswirken, da die Zugzone gerissen ist und die orthogonal verlaufende Biegezugbewehrung sie nicht beeinflusst. Daher werden die mit μ berechneten Schnittgrößen in Stahlbetonplatten nicht in voller Größe auftreten. Sofern die Druckzone des Stahlbetonquerschnitts nicht voll ausgenutzt wird (= Regelfall, da die Bauteilhöhe sich aus der Durchbiegung bestimmt), reichen nach Meinung des Verfassers die mit $\mu = 0$ ermittelten Schnittgrößen vollständig aus. Sollen die mit $\mu = 0$ ermittelten Momente auf Werte umgerechnet werden, die für $\mu = 0{,}2$ gelten, so kann diese Umrechnung mit einem in [Grasser/Thielen – 91], Kap. 2.3.2 angegebenen Näherungsverfahren erfolgen:

$$m_{x,\mu} = m_{x,\mu=0} + \mu \cdot m_{y,\mu=0} \quad (6.15)$$

$$m_{y,\mu} = m_{y,\mu=0} + \mu \cdot m_{x,\mu=0} \quad (6.16)$$

$$m_{xy,\mu} = (1 - \mu) \cdot m_{xy,\mu=0} \quad (6.17)$$

Beispiel 6.4: Zweiachsig gespannnte Einfeldplatte berechnet mit CZERNY-Tafeln (Fortsetzung von Beispiel 6.2)

gegeben:
- Ergebnisse von Beispiel 6.2
- Garagendecke laut Skizze von Beispiel 6.2
- Baustoffe C20/25; B500

gesucht: • Schnittgrößen der Garagendecke mit den CZERNY-Tafeln

a) mit $\mu = 0$

b) mit $\mu = 0{,}2$

Lösung:

Die Lastzusammenstellung und die Ermittlung der Stützweiten erfolgen wie in Beispiel 6.2, die Platte ist zweiachsig gespannt.

$\frac{l_y}{l_x} = \frac{5{,}75}{4{,}75} = 1{,}21 \approx 1{,}2$	Tafelwerte werden für dieses Stützweitenverhältnis entnommen (Stützungsart 1, **Tafel 6.2**).
$F_d = 1{,}35 \cdot 7{,}00 + 1{,}5 \cdot 4{,}00 = 15{,}45 \text{ kN/m}^2$	$E_d = \gamma_G \cdot E_{Gk} + \gamma_Q \cdot E_{Qk}$
a) mit $\mu = 0$	
$m_{Edx,m} = \frac{15{,}45 \cdot 4{,}75^2}{19{,}1} = 18{,}3 \text{ kNm/m}$	(6.11): $m = \{\pm\}\frac{F_d \cdot l_x^2}{TW}$
$m_{Edy,max} = \frac{15{,}45 \cdot 4{,}75^2}{29{,}1} = 12{,}0 \text{ kNm/m}$	(6.11): $m = \{\pm\}\frac{F_d \cdot l_x^2}{TW}$
$m_{Edxy,e} = \pm\frac{15{,}45 \cdot 4{,}75^2}{18{,}4} = \pm 18{,}9 \text{ kNm/m}$	(6.11): $m = \{\pm\}\frac{F_d \cdot l_x^2}{TW}$
$R_{Ed} = \frac{15{,}45 \cdot 4{,}75^2}{9{,}2} = 37{,}9 \text{ kN}$	(6.12): $R = \{\pm\}\frac{F_d \cdot l_x^2}{TW}$
$v_{Edx,rm} = \pm\frac{15{,}45 \cdot 4{,}75}{2{,}64} = \pm 27{,}8 \text{ kN/m}$	(6.13): $v = \{\pm\}\frac{F_d \cdot l_x}{TW}$
$v_{Edy,rm} = \pm\frac{15{,}45 \cdot 4{,}75}{2{,}84} = \pm 25{,}8 \text{ kN/m}$	(6.13): $v = \{\pm\}\frac{F_d \cdot l_x}{TW}$
$\bar{v}_{Edx,rm} = \pm\frac{15{,}45 \cdot 4{,}75}{2{,}04} = \pm 36{,}0 \text{ kN/m}$[3]	(6.13): $v = \{\pm\}\frac{F_d \cdot l_x}{TW}$
$\bar{v}_{Edy,rm} = \pm\frac{15{,}45 \cdot 4{,}75}{2{,}02} = \pm 36{,}3 \text{ kN/m}$	(6.13): $v = \{\pm\}\frac{F_d \cdot l_x}{TW}$
$f = \frac{15{,}45 \cdot 4{,}75^4}{30000 \cdot 0{,}22^3} \cdot 0{,}0678 = 1{,}7 \text{ mm}$	(6.14): $f = \frac{F_d \cdot l_x^4}{E h^3} \cdot TW$
b) mit $\mu = 0{,}2$	
$m_{Edx,m,\mu} = 18{,}3 + 0{,}2 \cdot 12{,}0 = 20{,}7 \text{ kNm/m}$	(6.15): $m_{x,\mu} = m_{x,\mu=0} + \mu \cdot m_{y,\mu=0}$
$m_{Edy,max,m} = 12{,}0 + 0{,}2 \cdot 18{,}3 = 15{,}7 \text{ kNm/m}$	(6.16): $m_{y,\mu} = m_{y,\mu=0} + \mu \cdot m_{x,\mu=0}$
$m_{Edxy,e,\mu} = (1 - 0{,}2) \cdot (\pm 18{,}9) = \pm 15{,}1 \text{ kNm/m}$	(6.17): $m_{xy,\mu} = (1 - \mu) \cdot m_{xy,\mu=0}$

3 Der Unterschied in der Größe der Querkräfte und der Stützkräfte wird durch die Drillmomente verursacht.

Graphische Darstellung der Schnittgrößen (für μ = 0):

Biegemomente [kNm/m] **Drillmomente [kNm/m]** **Querkräfte [kN/m]**

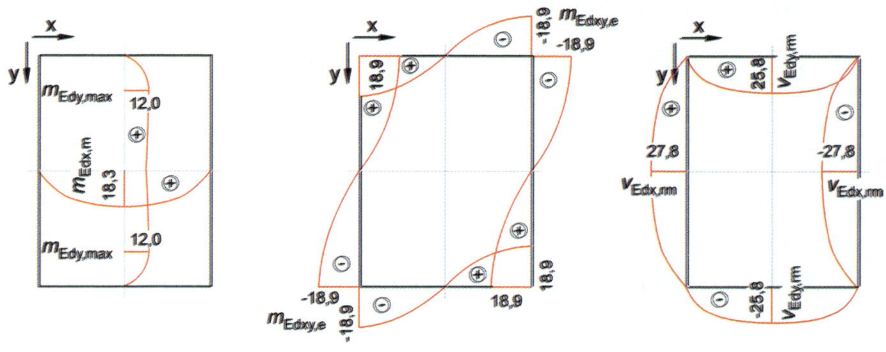

(Fortsetzung mit Beispiel 7.1)

Drillweiche Platten:

Die Berechnung der Schnittgrößen in zweiachsig gespannten Platten mit Hilfe der Elastizitätstheorie unterstellt eine ungeschwächte Drilltragfähigkeit der Platte. Diese ist jedoch nicht vorhanden, wenn

- die Ecken nicht gegen Abheben gesichert sind;
- keine Drillbewehrung in den Ecken vorhanden ist;
- größere Aussparungen in den Eckbereichen liegen.

In diesem Fall sind die nach der Plattentheorie ermittelten *Feld*momente angemessen zu erhöhen, um die erforderliche Bruchsicherheit zu gewährleisten. In [Grasser/Thielen – 91], Kap. 2.3.2 ist ein Näherungsverfahren hierzu angegeben:

$$\text{cal } m_{\text{Feld}} = \delta_i \cdot m_{\text{Feld}} \qquad (6.18)$$

δ_i Korrekturfaktoren nach [Grasser/Thielen – 91], Tafeln 2.3 und 2.4 je nach Lagerungsbedingungen

6.2.4 Näherungsverfahren für mehrfeldrige Platten

Im Regelfall werden im Stahlbetonbau nicht die bisher besprochenen Einfeldplatten verwendet. Eine Decke läuft über Wände oder Unterzüge durch, und es entsteht somit eine „Mehrfeldplatte". Diese Platten lassen sich mit den für Einfeldplatten erläuterten Verfahren berechnen. Folgende Verfahren können für die Tragwerksplanung angewendet werden:

- Berechnung mit FEM;
- Berechnung mit dem *Belastungsumordnungsverfahren* bei Rechteckplatten mit geringen Stützweitenunterschieden;
- Berechnung nach *PIEPER/MARTENS* bei Rechteckplatten mit beliebigen Stützweitenverhältnissen; dieses Verfahren ist auch Grundlage von Software für Rechteckplatten.

Belastungsumordnungsverfahren

Bei Platten mit geringen Stützweitenunterschieden ist das Stützweitenverhältnis in jeder der beiden Durchlaufrichtungen wie folgt definiert:

$$\frac{\min l_{\mathrm{eff}}}{\max l_{\mathrm{eff}}} \geq 0{,}75 \quad (6.19)$$

$\min l_{\mathrm{eff}}, \max l_{\mathrm{eff}}$ kleinste bzw. größte Stützweite der betrachteten Richtung (*x* oder *y*)

Sie dürfen mit dem nachfolgend beschriebenen Belastungsumordnungsverfahren berechnet werden. Der Grundgedanke des Belastungsumordnungsverfahrens wird zunächst an einem Durchlaufträger gezeigt (**Abb. 6.7**).

Die maßgebende Laststellung für ein gesuchtes extremales Biegemoment wird beim Lastumordnungsverfahren in zwei andere Lastgruppen F'_{d} und F''_{d} aufgeteilt, die in der Addition die maßgebende Last F_{d} ergeben.

$$F_{\mathrm{d}} = F'_{\mathrm{d}} + F''_{\mathrm{d}} \quad (6.20)$$

$$F'_{\mathrm{d}} = g_{\mathrm{d}} + \frac{q_{\mathrm{d}}}{2} \quad (6.21)$$

$$F''_{\mathrm{d}} = \pm\frac{q_{\mathrm{d}}}{2} \quad (6.22)$$

Jede dieser beiden Lastgruppen bewirkt eine Biegelinie, die (bei gleichen Stützweiten) über den mittleren Stützen entweder eine horizontale Tangente oder einen Wendepunkt hat. Eine horizontale Tangente der Biegelinie über der Stütze entspricht einer Starreinspannung, ein Wendepunkt der Biegelinie über der Stütze entspricht einer gelenkigen Lagerung. Somit kann die Biegelinie des Durchlaufträgers für die Teillastfälle F'_{d} und F''_{d} auf viele Einfeldträger zurückgeführt werden, und die Schnittgrößenermittlung des Durchlaufträgers lässt sich auf die Auswertung von Einfeldträgern zurückführen.

Bei der gleichmäßigen Belastung aller Felder mit F'_{d} ergibt sich über der Stützung jeweils eine horizontale Tangente, wie dies bei einer Einspannung der Fall ist. Die Randfelder entsprechen somit einem einseitig eingespannten Einfeldträger und die Mittelfelder einem beidseitig eingespannten Einfeldträger. Bei der Belastung F''_{d} wird abwechselnd eine Last von $+q_{\mathrm{d}}/2$ und $-q_{\mathrm{d}}/2$ auf die Felder aufgebracht, sodass sich über der Stützung eine freie Drehung wie bei einer gelenkigen Lagerung einstellt. Alle Felder können hier als beidseitig gelenkig gelagert betrachtet werden. Zur Ermittlung der minimalen Stützmomente wird die Belastung von $+q_{\mathrm{d}}/2$ auf beide angrenzenden Felder aufgebracht, sodass an dieser Stützung wieder eine horizontale Tangente vorliegt und die angrenzenden Felder als einseitig eingespannte Einfeldträger angesehen werden können.

Wenn diese Vorgehensweise von Balken auf Platten übertragen wird, können ein durchlaufendes Plattensystem in viele Einfeldplatten zerlegt und die hierfür existierenden Lösungen (z.B.: CZERNY-Tafeln) genutzt werden. Der numerische Aufwand für die Berechnung von Mehrfeldplatten ist für eine Handrechnung praktikabel. In **Abb. 6.8** wird schematisch gezeigt, wie die Schnittgrößen bestimmt werden, indem die Last in F'_d und F''_d zerlegt und die hieraus resultierenden Beanspruchungen addiert werden.[4]

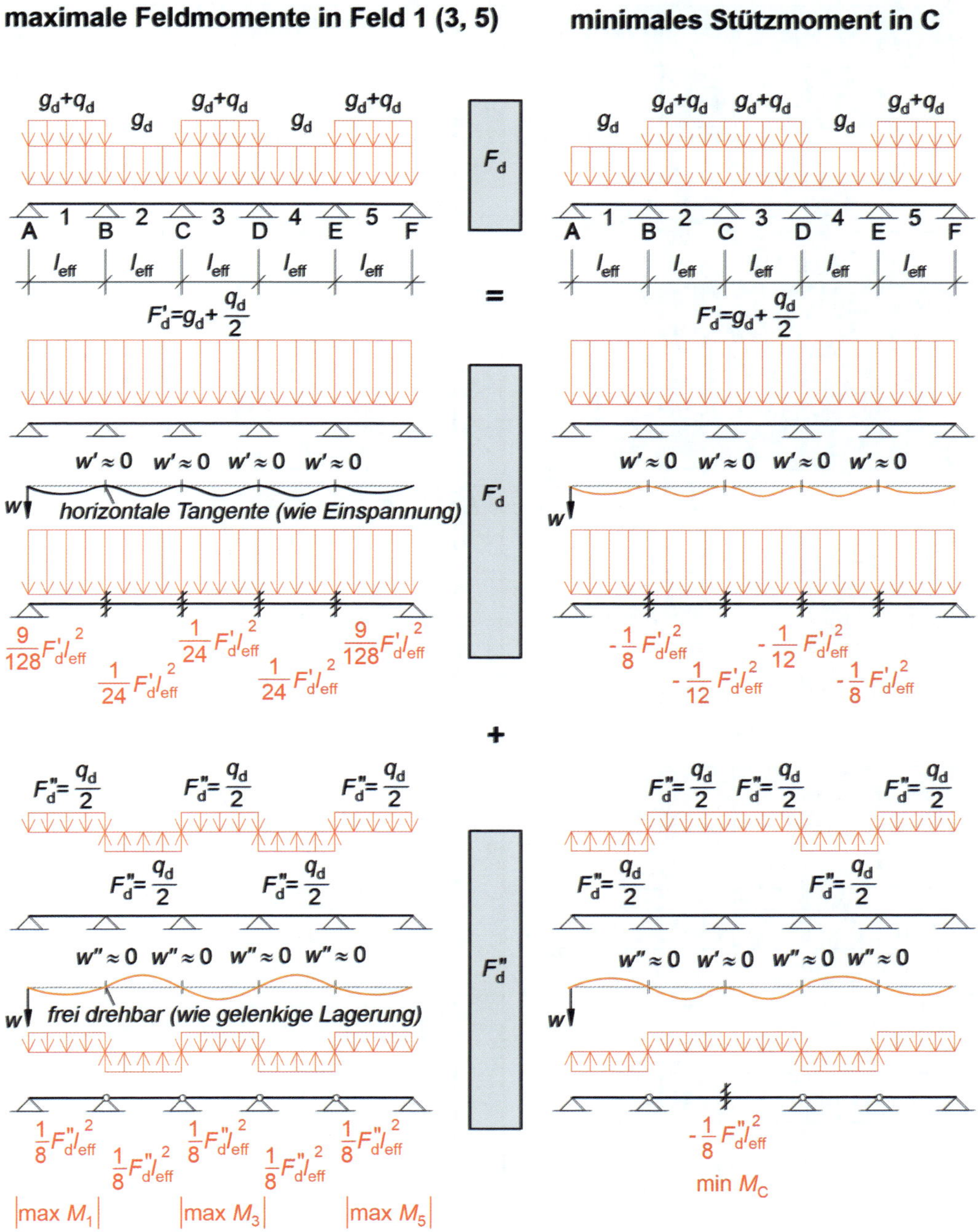

Abb. 6.7 *Belastungsumordnungsverfahren am Durchlaufträger für ein maximales Feldmoment und ein minimales Stützmoment (→* **Abb. 6.8***)*

4 Hierbei werden Extremalwerte aus F'_d und F''_d überlagert, die nicht an derselben Stelle wirken (= Näherung).

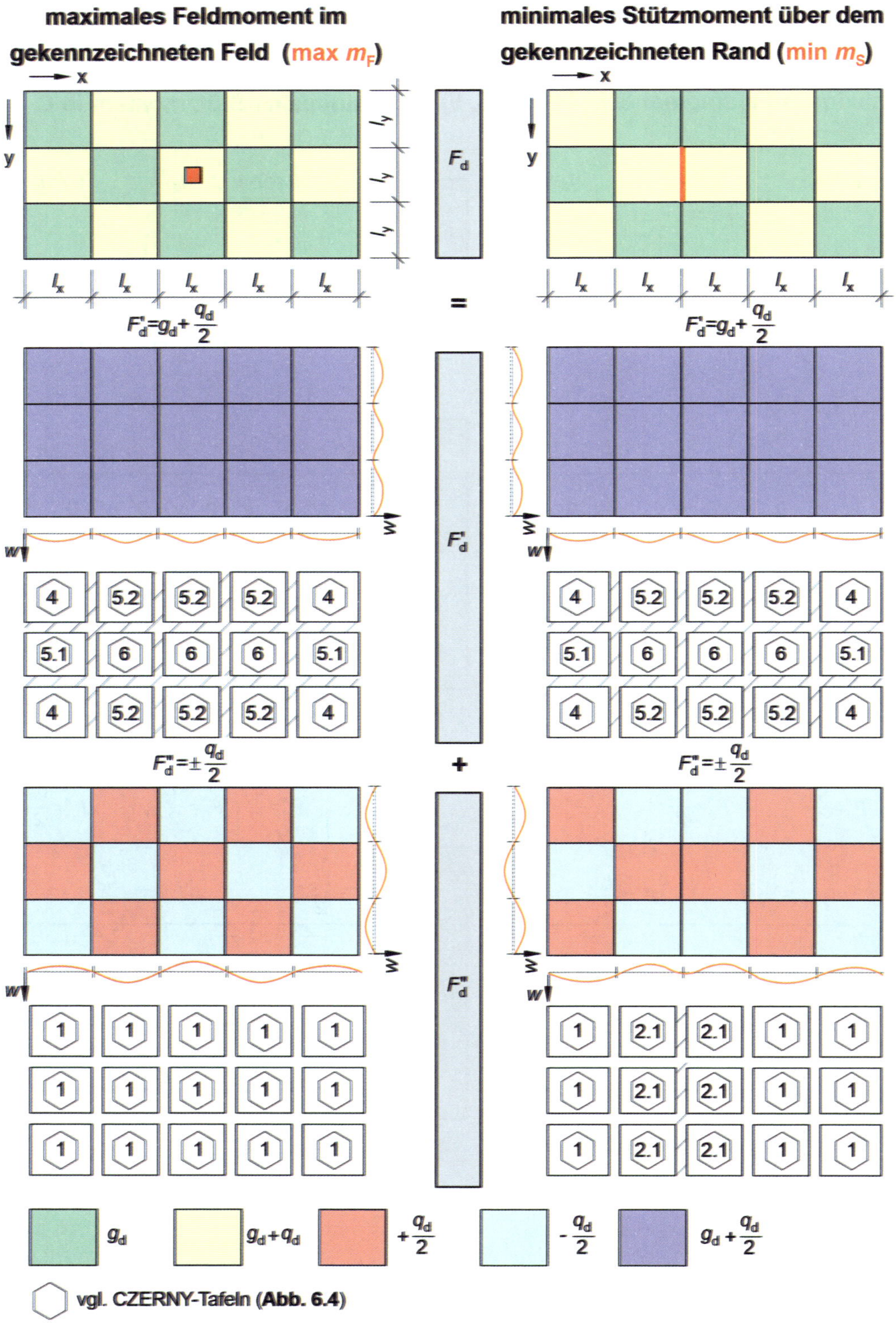

Abb. 6.8 *Belastungsumordnungsverfahren bei zweiachsig gespannten Platten*

Das Belastungsumordnungsverfahren liefert zutreffende Ergebnisse, solange die Voraussetzungen für die Biegelinie über den Stützen ($w' = 0$ oder $w'' = 0$) zutreffen. Dies ist der Fall, wenn sich die Stützweiten benachbarter Felder nicht stark unterscheiden. Daher ist die Anwendung des Verfahrens durch Gl. (6.19) begrenzt.

Bei der Ermittlung des minimalen Stützmomentes ergeben sich bei unterschiedlichen Plattenabmessungen verschiedene Stützmomente in den angrenzenden Platten für denselben Rand. Für das der Bemessung zugrunde zu legende Stützmoment wird als Näherung das arithmetische Mittel gebildet:

$$\overline{m}_{\text{el}} = \frac{\min m_{\text{el,Stütze li}} + \min m_{\text{el,Stütze re}}}{2} \tag{6.23}$$

Für Einfeldplatten wurde das Koordinatensystem so festgelegt, dass die x-Richtung in Richtung der kürzeren Stützweite zeigt. Bei Mehrfeldplatten können die kürzeren Stützweiten in unterschiedlichen Richtungen liegen. Daher empfiehlt es sich, ein globales Koordinatensystem x-y und für jede Platte ein lokales Koordinatensystem x'-y' festzulegen.

Das Stützmoment cal m_{Ed} darf für die Biegebemessung über der Stütze ausgerundet werden (Teil 1, Kap. 7.3). Da die genauen Querkräfte (und auch der Momentenverlauf) jedoch unbekannt sind, kann man das Abminderungsmoment Δm näherungsweise mit folgenden Gln. bestimmen (**Abb. 6.9**):

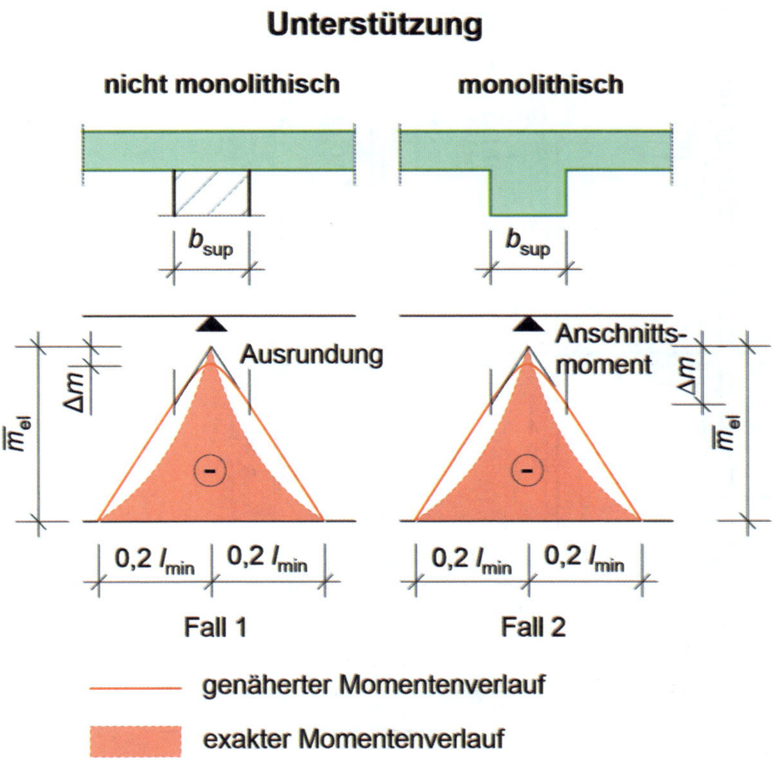

Abb. 6.9 *Momentenausrundung bei zweiachsig gespannten Platten und Berechnung mit dem Belastungsumordnungsverfahren*

$$m_{\mathrm{Ed}} = \left|\overline{m_{\mathrm{el}}}\right| - |\Delta m| \tag{6.24}$$

- im Fall 1: $\Delta m = \dfrac{b_{\mathrm{sup}}}{0{,}8\, l_{\mathrm{min}}} \cdot \overline{m_{\mathrm{el}}}$ (6.25)

- im Fall 2: $\Delta m = \dfrac{b_{\mathrm{sup}}}{0{,}4\, l_{\mathrm{min}}} \cdot \overline{m_{\mathrm{el}}}$ (6.26)

l_{min} kleinere der beiden an die Stütze anschließenden Stützweiten in der betrachteten Richtung

Die tatsächlichen Momente am Anschnitt sind geringer, da der exakte Momentenverlauf nichtlinear ist und sehr schnell abklingt. Im Vergleich zum Balken nehmen die Stützmomente in zweiachsig gespannten Platten schneller ab. Die Feldmomente sind dagegen fülliger als beim Balken, d.h., das Maximalmoment ist in weiten Bereichen des Feldes vorhanden. Die Querkräfte in zweiachsig gespannten Mehrfeldplatten dürfen näherungsweise aus den Lasten zur Berechnung der Unterzüge (→ Kap. 6.2.5) ermittelt werden ([Grasser/Thielen – 91], Kap. 2.3.3).

Beispiel 6.5: Zweiachsig gespannte Mehrfeldplatte mit Belastungsumordnungsverfahren

gegeben: Garagendecke laut Skizze

gesucht: Schnittgrößen der Garagendecke

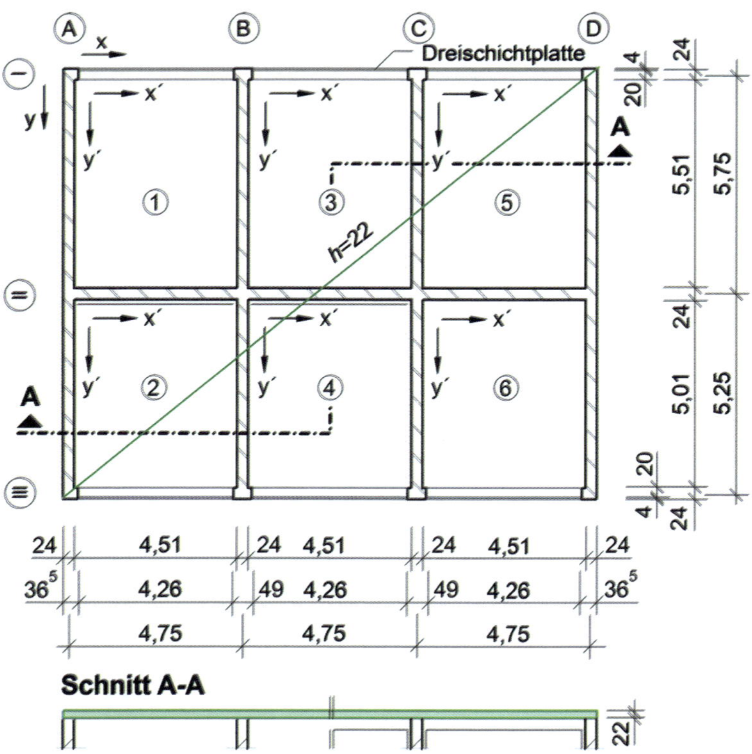

Lösung:

Eigenlast $g_k \approx$ 7,00 kN/m²

Veränderliche Last $q_k =$ 4,00 kN/m²

$$F_d = g_d + q_d = 1{,}35 \cdot 7{,}0 + 1{,}5 \cdot 4{,}0$$
$$= 9{,}45 + 6{,}00 = 15{,}45 \text{ kN/m}^2$$

$$\frac{\min l_{\text{eff,x}}}{\max l_{\text{eff,x}}} = \frac{4{,}75}{4{,}75} = 1{,}0 > 0{,}75$$

$$\frac{\min l_{\text{eff,y}}}{\max l_{\text{eff,y}}} = \frac{5{,}25}{5{,}75} = 0{,}91 > 0{,}75$$

$$F'_d = 9{,}45 + \frac{6{,}00}{2} = 12{,}45 \text{ kN/m}^2$$

$$F''_d = \pm\frac{6{,}00}{2} = \pm 3{,}00 \text{ kN/m}^2$$

Die Lastzusammenstellung erfolgt wie in Beispiel 6.2.

$$S_d = \gamma_G \cdot S_{Gk} + \gamma_Q \cdot S_{Qk}$$

(6.19): $\frac{\min l_{\text{eff}}}{\max l_{\text{eff}}} \geq 0{,}75$

(6.21): $F'_d = g_d + \frac{q_d}{2}$

(6.22): $F''_d = \pm\frac{q_d}{2}$

Feldmomente in ①;④;⑤

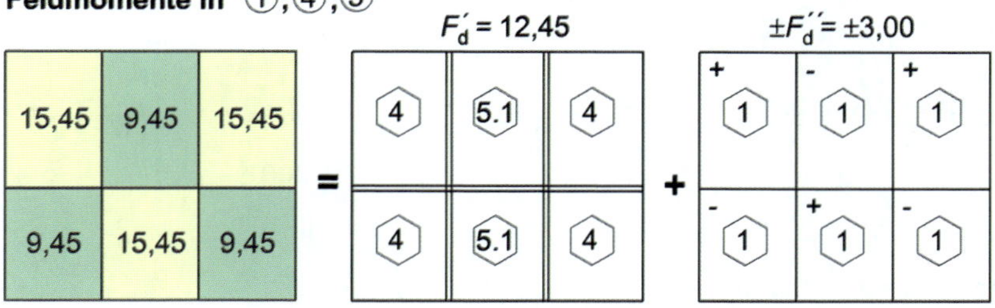

Feldmomente in ②;③;⑥

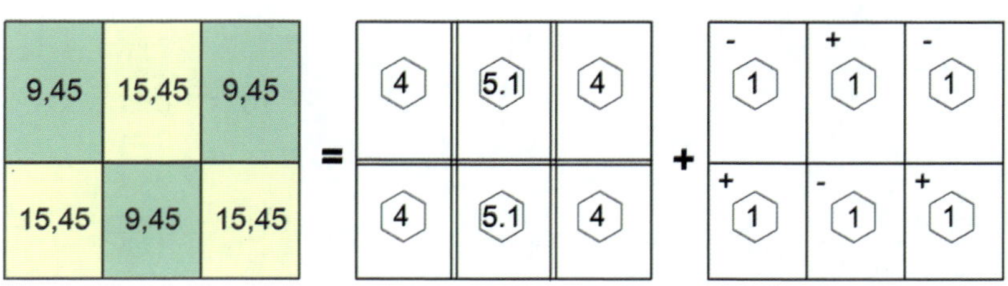

Feld 1; 5:

$$\frac{l_y}{l_x} = \frac{5{,}75}{4{,}75} = 1{,}21 \approx 1{,}2 < 2$$

(6.1): $\frac{l_{\text{eff},y}}{l_{\text{eff},x}} \leq 2$

→ Platte zweiachsig gespannt

$$m_{\text{Edx,m}} = \frac{12{,}45 \cdot 4{,}75^2}{30{,}0} + \frac{3{,}00 \cdot 4{,}75^2}{19{,}1} = 12{,}9 \text{ kNm/m}$$

(6.11): $m = \{\pm\}\frac{F_d \cdot l_x^2}{\text{TW}}$

TW: [Czerny – 99]

$$m_{\text{Edy,max}} = \frac{12{,}45 \cdot 4{,}75^2}{44{,}0} + \frac{3{,}00 \cdot 4{,}75^2}{29{,}1} = 8{,}71 \text{ kNm/m}$$

(6.11): $m = \{\pm\}\frac{F_d \cdot l_x^2}{\text{TW}}$

TW: [Czerny – 99]

Feld 2; 6:

$$\frac{l_y}{l_x} = \frac{5{,}25}{4{,}75} = 1{,}11 \approx 1{,}1 < 2$$

(6.1): $\frac{l_{\text{eff},y}}{l_{\text{eff},x}} \leq 2$

→ Platte zweiachsig gespannt

$$m_{\text{Edx,m}} = \frac{12{,}45 \cdot 4{,}75^2}{35{,}1} + \frac{3{,}00 \cdot 4{,}75^2}{22{,}4} = 11{,}0 \text{ kNm/m}$$

(6.11): $m = \{\pm\}\frac{F_d \cdot l_x^2}{\text{TW}}$

TW: [Czerny – 99]

$$m_{\text{Edy,max}} = \frac{12{,}45 \cdot 4{,}75^2}{42{,}0} + \frac{3{,}00 \cdot 4{,}75^2}{27{,}9} = 9{,}11 \text{ kNm/m}$$

(6.11): $m = \{\pm\}\frac{F_d \cdot l_x^2}{\text{TW}}$

TW: [Czerny – 99]

Feld 4:

$$m_{\text{Edx,m}} = \frac{12{,}45 \cdot 4{,}75^2}{37{,}9} + \frac{3{,}00 \cdot 4{,}75^2}{22{,}4} = 10{,}4 \text{ kNm/m}$$

(6.11): $m = \{\pm\}\frac{F_d \cdot l_x^2}{\text{TW}}$

TW: [Czerny – 99]

$$m_{\text{Edy,max}} = \frac{12{,}45 \cdot 4{,}75^2}{60{,}3} + \frac{3{,}00 \cdot 4{,}75^2}{27{,}9} = 7{,}08 \text{ kNm/m}$$

(6.11): $m = \{\pm\}\frac{F_d \cdot l_x^2}{\text{TW}}$

TW: [Czerny – 99]

Feld 3:

$$m_{\text{Edx,m}} = \frac{12{,}45 \cdot 4{,}75^2}{33{,}8} + \frac{3{,}00 \cdot 4{,}75^2}{19{,}1} = 11{,}9 \text{ kNm/m}$$

(6.11): $m = \{\pm\}\frac{F_d \cdot l_x^2}{\text{TW}}$

TW: [Czerny – 99]

$$m_{\text{Edy,max}} = \frac{12{,}45 \cdot 4{,}75^2}{66{,}2} + \frac{3{,}00 \cdot 4{,}75^2}{29{,}1} = 6{,}57 \text{ kNm/m}$$

(6.11): $m = \{\pm\}\frac{F_d \cdot l_x^2}{\text{TW}}$

TW: [Czerny – 99]

Schnittgrößen Stützmomente:

Stützmoment ①-③

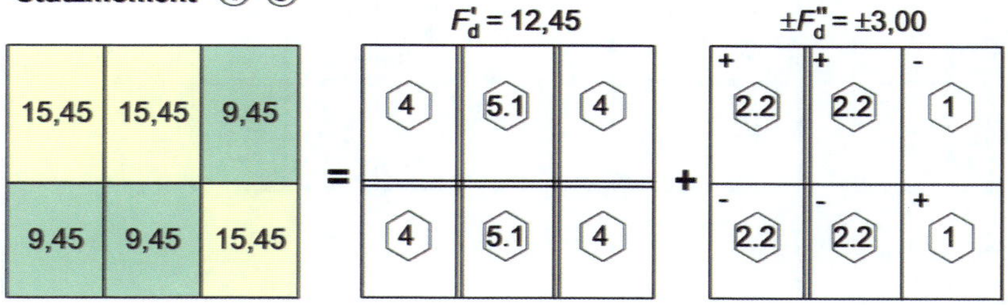

Stützmoment ②-④

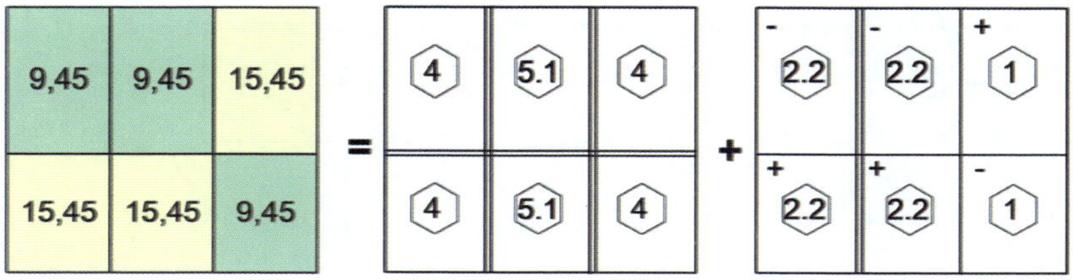

Stützung 1-3, (3-5)

$$\overline{m_{\text{Edx,erm}}} = -\frac{1}{2}\left(\frac{12{,}45 \cdot 4{,}75^2}{11{,}5} + \frac{3{,}00 \cdot 4{,}75^2}{10{,}2}\right) - \frac{1}{2}\left(\frac{12{,}45 \cdot 4{,}75^2}{13{,}9} + \frac{3{,}00 \cdot 4{,}75^2}{10{,}2}\right)$$

$$= -29{,}0 \text{ kNm/m}$$

$$\Delta m = \frac{0{,}24}{0{,}8 \cdot 4{,}75}(-29{,}0) = -1{,}83 \text{ kNm/m}$$

$$\overline{m_{\text{Edx,erm}}} = |-29{,}0| - |-1{,}83| = 27{,}2 \text{ kNm/m}$$

(6.23): $\overline{m_{\text{el}}} = \frac{\min m_{\text{el,Stütze li}}}{2} + \frac{\min m_{\text{el,Stütze re}}}{2}$

TW: [Czerny – 99]

(6.25): $\Delta m = \frac{b_{\text{sup}}}{0{,}8\, l_{\min}} \cdot \overline{m_{\text{el}}}$

(6.24): $m_{\text{Ed}} = |\overline{m_{\text{el}}}| - |\Delta m|$

Stützung 2-4; 4-6:

$$\overline{m_{\text{Edx,erm}}} = -\frac{1}{2}\left(\frac{12{,}45 \cdot 4{,}75^2}{12{,}7} + \frac{3{,}00 \cdot 4{,}75^2}{10{,}9}\right) - \frac{1}{2}\left(\frac{12{,}45 \cdot 4{,}75^2}{14{,}8} + \frac{3{,}00 \cdot 4{,}75^2}{10{,}9}\right)$$

$$= -26{,}8 \text{ kNm/m}$$

$$\Delta m = \frac{0{,}24}{0{,}8 \cdot 4{,}75}(-26{,}8) = -1{,}69 \text{ kNm/m}$$

$$m_{\text{Edx,erm}} = |-26{,}8| - |-1{,}69| = 25{,}1 \text{ kNm/m}$$

(6.23): $\overline{m_{\text{el}}} = \frac{\min m_{\text{el,Stütze li}}}{2} + \frac{\min m_{\text{el,Stütze re}}}{2}$

TW: [Czerny – 99]

(6.25): $\Delta m = \frac{b_{\text{sup}}}{0{,}8\, l_{\min}} \cdot \overline{m_{\text{el}}}$

(6.24): $m_{\text{Ed}} = |\overline{m_{\text{el}}}| - |\Delta m|$

Stützmoment ①-②;⑤-⑥

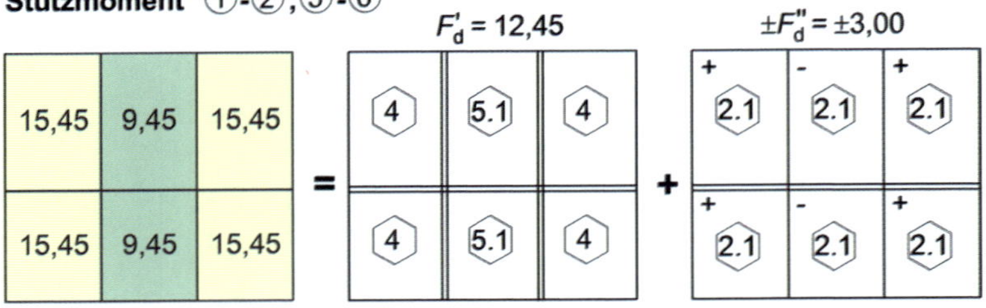

Stützmoment ③-④

Stützung 1-2; 5-6

$$\overline{m_{\text{Edy,erm}}} = -\frac{1}{2}\left(\frac{12{,}45 \cdot 4{,}75^2}{13{,}1} + \frac{3{,}00 \cdot 4{,}75^2}{10{,}1}\right) - \frac{1}{2}\left(\frac{12{,}45 \cdot 4{,}75^2}{13{,}6} + \frac{3{,}00 \cdot 4{,}75^2}{10{,}9}\right)$$

$$= -27{,}5 \text{ kNm/m}$$

$$\varDelta m = \frac{0{,}24}{0{,}8 \cdot 5{,}25}(-27{,}5) = -1{,}57 \text{ kNm/m}$$

$$\overline{m_{\text{Edy,erm}}} = |-27{,}5| - |-1{,}57| = 25{,}9 \text{ kNm/m}$$

Stützung 3-4:

$$\overline{m_{\text{Edy,erm}}} = -\frac{1}{2}\left(\frac{12{,}45 \cdot 4{,}75^2}{17{,}5} + \frac{3{,}00 \cdot 4{,}75^2}{10{,}1}\right) - \frac{1}{2}\left(\frac{12{,}45 \cdot 4{,}75^2}{17{,}7} + \frac{3{,}00 \cdot 4{,}75^2}{10{,}9}\right)$$

$$= -22{,}4 \text{ kNm/m}$$

$$\varDelta m = \frac{0{,}24}{0{,}8 \cdot 5{,}25}(-22{,}4) = -1{,}28 \text{ kNm/m}$$

$$m_{\text{Edx,erm}} = |-22{,}4| - |-1{,}28| = 21{,}1 \text{ kNm/m}$$

(Fortsetzung mit Beispiel 6.8)

(6.23): $\overline{m_{\text{el}}} = \frac{\min m_{\text{el,Stütze li}}}{2} + \frac{\min m_{\text{el,Stütze re}}}{2}$

TW: [Czerny – 99]

(6.25): $\varDelta m = \frac{b_{\text{sup}}}{0{,}8\, l_{\min}} \cdot \overline{m_{\text{el}}}$

(6.24): $m_{\text{Ed}} = |\overline{m_{\text{el}}}| - |\varDelta m|$

(6.23): $\overline{m_{\text{el}}} = \frac{\min m_{\text{el,Stütze li}}}{2} + \frac{\min m_{\text{el,Stütze re}}}{2}$

TW: [Czerny – 99]

(6.25): $\varDelta m = \frac{b_{\text{sup}}}{0{,}8\, l_{\min}} \cdot \overline{m_{\text{el}}}$

(6.24): $m_{\text{Ed}} = |\overline{m_{\text{el}}}| - |\varDelta m|$

Verfahren nach PIEPER/MARTENS

Bei Platten mit größeren Stützweitenunterschieden, die Gl. (6.19) nicht erfüllen, ist das Stützweitenverhältnis in jeder der beiden Durchlaufrichtungen somit wie folgt definiert:

$$\frac{\min l_{\text{eff}}}{\max l_{\text{eff}}} < 0{,}75 \tag{6.27}$$

Hier würde das Belastungsumordnungsverfahren zu ungenaue Ergebnisse liefern. Das Belastungsumordnungsverfahren lässt sich ebenfalls nicht anwenden, wenn an einem Knotenpunkt nur drei und nicht vier Plattenecken zusammenstoßen (**Abb. 6.10**).

Abb. 6.10 *Anwendungsfälle, die nach dem Belastungsumordnungsverfahren nicht gerechnet werden können*

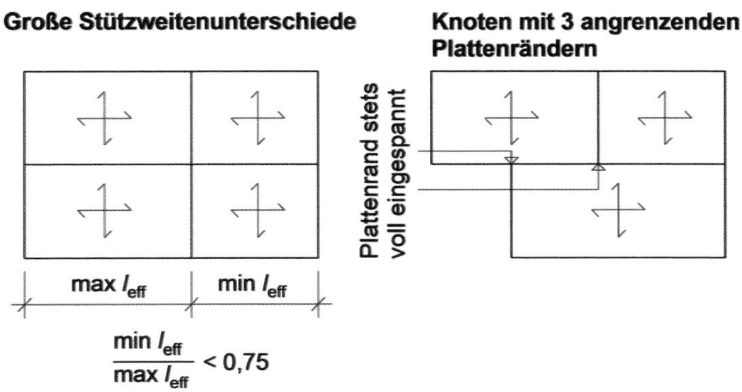

An diesen Knoten tritt unabhängig von der Belastung stets eine volle Einspannung auf. Platten mit derartigen unregelmäßigen Grundrissen treten häufig im Wohnungsbau auf. Für solche Grundrisse haben [Pieper/Martens – 66] eine Näherungsrechnung entwickelt. Mit diesem Rechenverfahren können auch Plattensysteme berechnet werden, bei denen zweiachsig gespannte Felder zusammen mit einachsig gespannten vorhanden sind. Das Rechenverfahren gilt unter den folgenden Voraussetzungen:

- Belastung nur durch konstante Gleichflächenlasten
- Nutzlast nicht größer als die zweifache Eigenlast

$$q_{\text{d}} \leq 2\, g_{\text{d}} \tag{6.28}$$

Die Berechnung unterscheidet einen Regelfall und zwei Sonderfälle. Im Regelfall werden die Feldmomente für einen Einspanngrad der Platte von 50 % bestimmt (**Abb. 6.11**). Maßgebendes Feldmoment ist demnach das Mittel

- der Feldmomente bei freier Drehbarkeit aller Ränder und
- der Feldmomente bei Volleinspannung der Kontinuitätsränder.

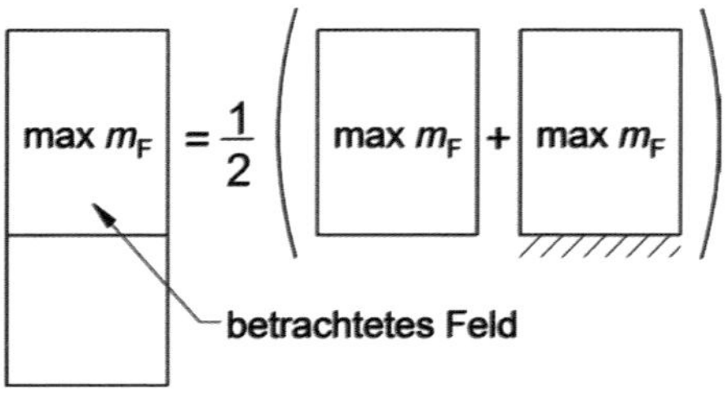

Abb. 6.11 *Prinzip der Berechnung von Feldmomenten nach PIEPER/MARTENS*

Die Feldmomente der beiden Anteile können in allgemeiner Form mit Hilfe der CZERNY-Tafeln bestimmt werden. Alle allgemeinen Ergebnisse lassen sich wieder vertafeln. In **Tafel 6.3** ist l_x die kleinere Stützweite in jedem Feld. Die Feldmomente werden mit folgenden Gln. bestimmt:

Drillsteife Platten:

$$m_{\text{Edx,F}} = \frac{F_d \cdot l_x^2}{f_x} \tag{6.29}$$

$$m_{\text{Edy,F}} = \frac{F_d \cdot l_x^2}{f_y} \tag{6.30}$$

Drillweiche Platten:

$$m_{\text{Edx,F}} = \frac{F_d \cdot l_x^2}{f_x^0} \tag{6.31}$$

$$m_{\text{Edy,F}} = \frac{F_d \cdot l_x^2}{f_y^0} \tag{6.32}$$

Beispiel 6.6: Ableitung eines Tafelwertes nach PIEPER/MARTENS

gegeben:
- am schmalen Rand eingespannte, sonst gelenkig gelagerte Platte **Abb. 6.4**, Typ 2.1
- Gleichflächenlast F_d Garagendecke
- Stützweitenverhältnis $l_y/l_x = 1{,}5$

gesucht: Herleitung des entsprechenden Tafelwertes nach PIEPER/MARTENS für die Feldmomente mit den Tafeln nach CZERNY

Lösung:

Zeile			TW für $\frac{l_y}{l_x} = 1{,}5$	
			$m_{x,m}$	$m_{y,max}$
1	CZERNY-Tafel Stützungsart 1 (**Tafel 6.2**)	$m = \{\pm\}\frac{F_d \cdot l_x^2}{TW}$	13,7	34,7
2	CZERNY-Tafel Stützungsart 2.1 ([Czerny – 99] Tab. 2.2.2)	$m = \{\pm\}\frac{F_d \cdot l_x^2}{TW}$	16,6	32,3

Zeile			TW für $\frac{l_y}{l_x} = 1{,}5$	
			$m_{x,m}$	$m_{y,max}$
3	Mittelwert (= PIEPER/MARTENS)	$m = \{\pm\}\frac{F_d \cdot l_x^2}{TW}$ $TW = \frac{2}{\frac{1}{Zeile\ 1} + \frac{1}{Zeile\ 2}}$	15,0	33,5
4	PIEPER/MARTENS Stützungsart 2.1 (**Tafel 6.3**)	$m = \frac{F_d \cdot l_x^2}{TW}$	15,0	33,5

Die in Zeile 3 ermittelten Werte zeigen Übereinstimmung mit den Tafelwerten in Zeile 4.

Stützungsart	Beiwert	Stützweitenverhältnis l_y / l_x bzw. $l_{y'} / l_{x'}$											
		1,0	1,1	1,2	1,3	1,4	1,5	1,6	1,7	1,8	1,9	2,0	$\to \infty$
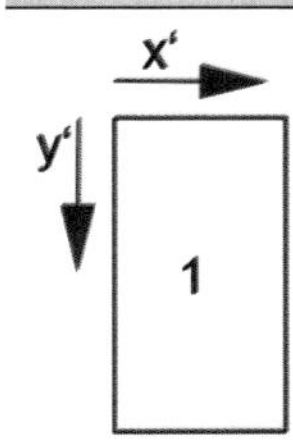 1	f_x	27,2	22,4	19,1	16,8	15,0	13,7	12,7	11,9	11,3	10,8	10,4	8,0
	f_y	27,2	27,9	29,1	30,9	32,8	34,7	36,1	37,3	38,5	39,4	40,3	-
	f_x^0	20,0	16,6	14,5	13,0	11,9	11,1	10,6	10,2	9,8	9,5	9,3	8,0
	f_y^0	20,0	20,7	22,1	24,0	26,2	28,3	30,2	31,9	33,4	34,7	35,9	-
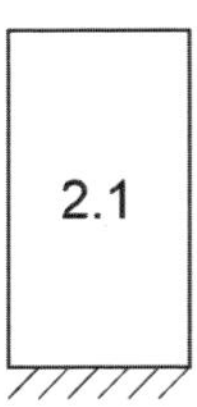 2.1	f_x	32,8	26,3	22,0	18,9	16,7	15,0	13,7	12,8	12,0	11,4	10,9	8,0
	f_y	29,1	29,2	29,8	30,6	31,8	33,5	34,8	36,1	37,3	38,4	39,5	-
	s_y	11,9	10,9	10,1	9,6	9,2	8,9	8,7	8,5	8,4	8,3	8,2	8,0
	f_x^0	26,4	21,4	18,2	15,9	14,3	13,0	12,1	11,5	10,9	10,4	10,1	8,0
	f_y^0	22,4	22,8	23,9	25,1	26,7	28,6	30,4	32,0	33,4	34,8	36,2	-
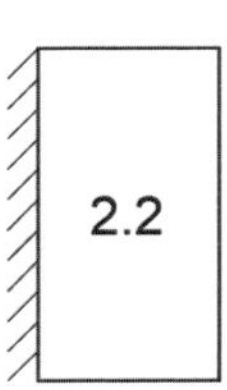 2.2	f_x	29,1	24,6	21,5	19,2	17,5	16,2	15,2	14,4	13,8	13,3	12,9	10,2
	f_y	32,8	34,5	36,8	38,8	40,9	42,7	44,1	45,3	46,5	47,2	47,9	-
	s_x	11,9	10,9	10,2	9,7	9,3	9,0	8,8	8,6	8,4	8,3	8,3	8,0
	f_x^0	22,4	19,2	17,2	15,7	14,7	13,9	13,2	12,7	12,3	12,0	11,8	10,2
	f_y^0	26,4	28,1	30,3	32,7	35,1	37,3	39,1	40,7	42,2	43,3	44,8	-

Stützungsart	Beiwert	Stützweitenverhältnis l_y/l_x bzw. $l_{y'}/l_{x'}$											
		1,0	1,1	1,2	1,3	1,4	1,5	1,6	1,7	1,8	1,9	2,0	$\to \infty$
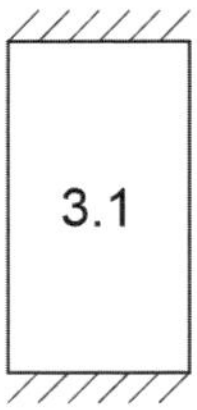 3.1	f_x	38,0	30,2	24,8	21,1	18,4	16,4	14,8	13,6	12,7	12,0	11,4	8,0
	f_y	30,6	30,2	30,3	31,0	32,2	33,8	35,9	38,3	41,1	44,9	46,3	-
	s_y	14,3	12,7	11,5	10,7	10,0	9,5	9,2	8,9	8,7	8,5	8,4	8,0
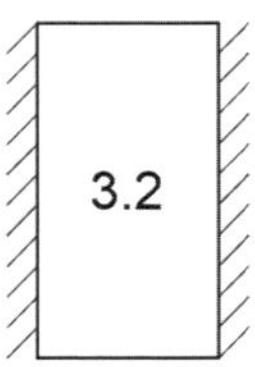 3.2	f_x	30,6	26,3	23,2	20,9	19,2	17,9	16,9	16,1	15,4	14,9	14,5	12,0
	f_y	38,0	39,5	41,4	43,5	45,6	47,6	49,1	50,3	51,3	52,1	52,9	-
	s_x	14,3	13,5	13,0	12,6	12,3	12,2	12,0	12,0	12,0	12,0	12,0	12,0
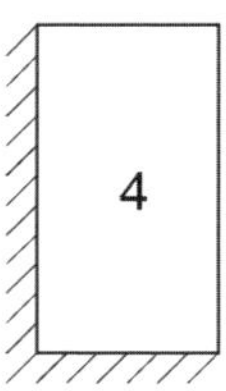 4	f_x	33,2	27,3	23,3	20,6	18,5	16,9	15,8	14,9	14,2	13,6	13,1	10,2
	f_y	33,2	34,1	35,5	37,7	39,9	41,9	43,5	44,9	46,2	47,2	48,3	-
	s_x	14,3	12,7	11,5	10,7	10,0	9,6	9,2	8,9	8,7	8,5	8,4	8,0
	s_y	14,3	13,6	13,1	12,8	12,6	12,4	12,3	12,2	12,2	12,2	12,2	11,2
	f_x^0	26,7	22,1	19,2	17,2	15,7	14,6	13,8	13,2	12,7	12,3	12,0	10,2
	f_y^0	26,7	27,6	29,2	31,4	33,8	36,2	38,1	39,8	41,4	42,8	44,2	-
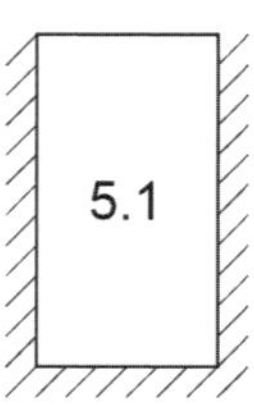 5.1	f_x	33,6	28,2	24,4	21,8	19,8	18,3	17,2	16,3	15,6	15,0	14,6	12,0
	f_y	37,3	38,7	40,4	42,7	45,1	47,5	49,5	51,4	53,3	55,1	58,9	-
	s_x	16,2	14,8	13,9	13,2	12,7	12,5	12,3	12,2	12,1	12,0	12,0	12,0
	s_y	18,3	17,7	17,5	17,5	17,5	17,5	17,5	17,5	17,5	17,5	17,5	17,5
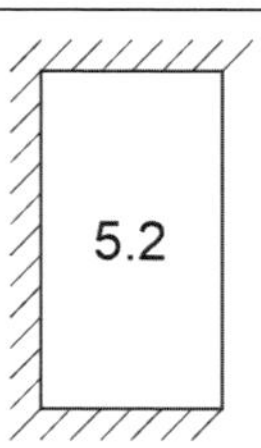 5.2	f_x	37,3	30,3	25,3	22,0	19,5	17,7	16,4	15,4	14,6	13,9	13,4	10,2
	f_y	33,6	34,1	35,1	37,3	39,8	43,1	46,6	52,3	55,5	60,5	66,1	-
	s_x	18,3	15,4	13,5	12,2	11,2	10,6	10,1	9,7	9,4	9,0	8,9	8,0
	s_y	16,2	14,8	13,9	13,3	13,0	12,7	12,6	12,5	12,4	12,3	12,3	11,2
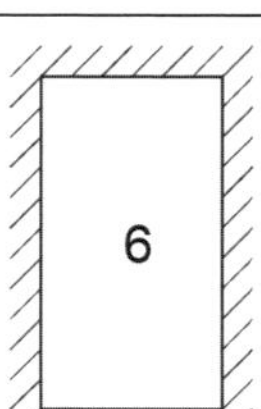 6	f_x	36,8	30,2	25,7	22,7	20,4	18,7	17,5	16,5	15,7	15,1	14,7	12,0
	f_y	36,8	38,1	40,4	43,5	47,1	50,6	52,8	54,5	56,1	57,3	58,3	-
	s_x	19,4	17,1	15,5	14,5	13,7	13,2	12,8	12,5	12,3	12,1	12,0	12,0
	s_y	19,4	18,4	17,9	17,6	17,5	17,5	17,5	17,5	17,5	17,5	17,5	17,5

Tafel 6.3 *Tafelwerte nach PIEPER/MARTENS*

Die Stützmomente werden aus den Volleinspannmomenten m_{S0} gebildet:[5]

$$m_{x,S0} = -\frac{F_d \cdot l_x^2}{s_x} \tag{6.33}$$

$$m_{y,S0} = -\frac{F_d \cdot l_x^2}{s_y} \tag{6.34}$$

Hierbei tritt an jeder Stützung auf einer Seite das Moment m_{S01} und auf der anderen Seite das Moment m_{S02} auf. Diese beiden Momente werden gemittelt, wobei die Art der Mittelung sich nach dem Verhältnis der benachbarten Stützweiten l_{eff1} und l_{eff2} richtet.

$$\min m_{k,S0} = \min \begin{cases} \min m_{k,S01} \\ \min m_{k,S02} \end{cases} \tag{6.35}$$

$$\frac{l_{eff1}}{l_{eff2}} \leq 5{:}\ \left|m_{Edk,S}\right| = \left|\frac{m_{k,S01} + m_{k,S02}}{2}\right| \geq \left|0{,}75 \min m_{k,S0}\right| \tag{6.36}$$

$$\frac{l_{eff1}}{l_{eff2}} > 5{:}\ m_{Edk,S} = \min m_{k,S0} \tag{6.37}$$

k Koordinatenrichtung x oder y

Im Unterschied zum Belastungsumordnungsverfahren dürfen die nach PIEPER/MARTENS ermittelten Stützmomente nicht mehr ausgerundet werden. Die mit obigen Gln. ermittelten Stützmomente sind die Bemessungsmomente.

Wenn in Ausnahmefällen auf zwei kleine Felder ein großes Feld (**Abb. 6.12**) folgt, liegt der Sonderfall 1 vor und die Berechnung ist anders durchzuführen. Die Feldmomente im Feld 1 und 2 werden nach folgenden Gln. ermittelt.

$$m_{Edx1,F} = \frac{F_d \cdot l_{x1}^2}{f_{x1}} \tag{6.38}$$

$$m_{Edx2,F} = \frac{F_d \cdot l_{x2}^2}{12} \geq m_{Edx,SB}^{>0} \tag{6.39}$$

$m_{Edx,SB}^{>0}$ positive Stützmomente sind für die Bemessung im Feld anzusetzen

Die Momentenzahl f_{x1} kann dabei **Abb. 6.13** entnommen werden. Wird der Wert $f_{x1} > 10{,}25$, können die Momentenzahlen für den Normallfall nach **Tafel 6.3** für die Felder 1 und 2 verwendet werden. Für $f_x < 10{,}25$ gelten die Gln. (6.38) und (6.39) gemäß Sonderfall 1. Im Feld 3 gelten in jedem Fall die Gln. des Normalfalles.

Das Stützmoment $m_{Edx,SB}$ zwischen Feld 1 und Feld 2 (= 1. Innenstütze) ermittelt man aus dem Feldmoment in Feld 1 $m_{Edx1,F}$ für ein einseitig voll eingespanntes System (**Abb. 6.14**):

5 Die Tafelwerte s sind identisch mit den entsprechenden Tafelwerten bei CZERNY.

$$c_A = \sqrt{2\,F_d \cdot m_{Edx1,F}} \tag{6.40}$$

$$m_{Edx,SB} = c_A \cdot l_{x1} - \frac{F_d}{2} \cdot l_{x1}^2 \tag{6.41}$$

Das Stützmoment zwischen Feld 2 und Feld 3 ermittelt man mit den Gln. (6.33) bis (6.37) für den Normalfall.

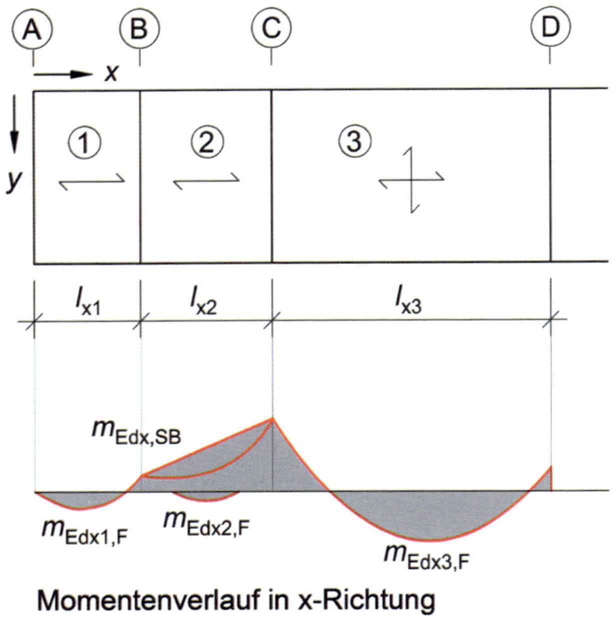

Abb. 6.12 *Auf zwei kleine Felder folgendes großes Feld*

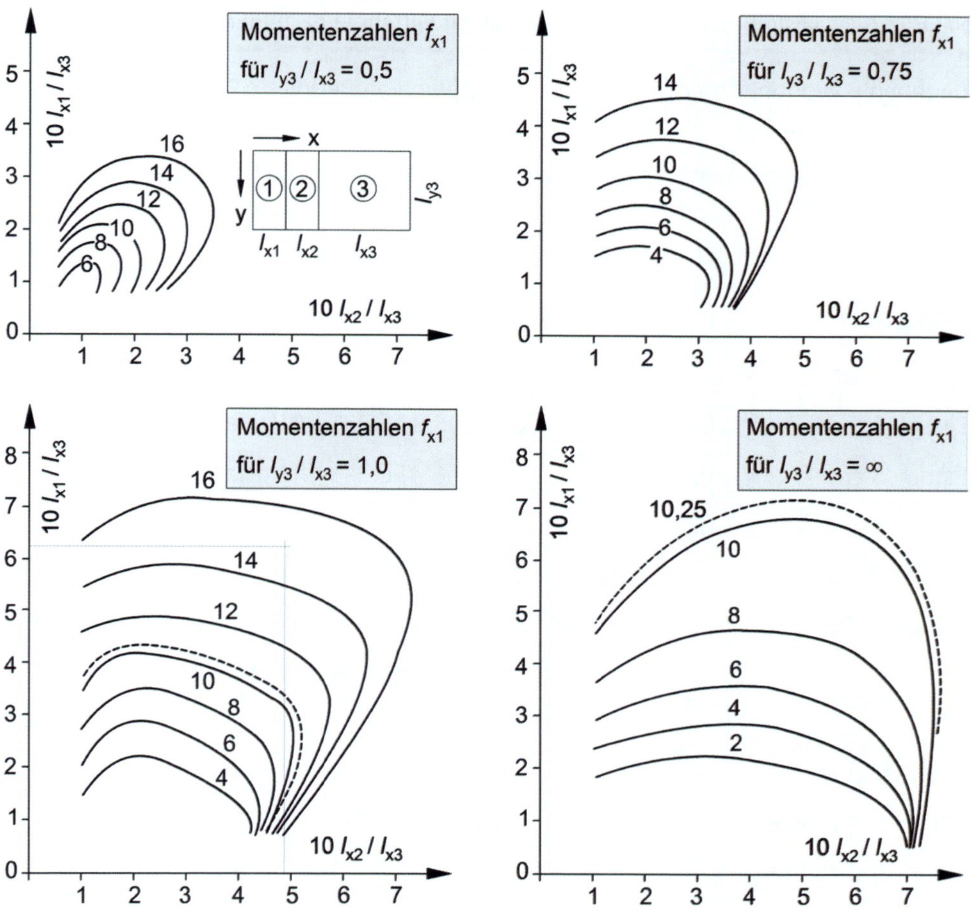

Abb. 6.13 *Momentenzahlen für Sonderfall 1*

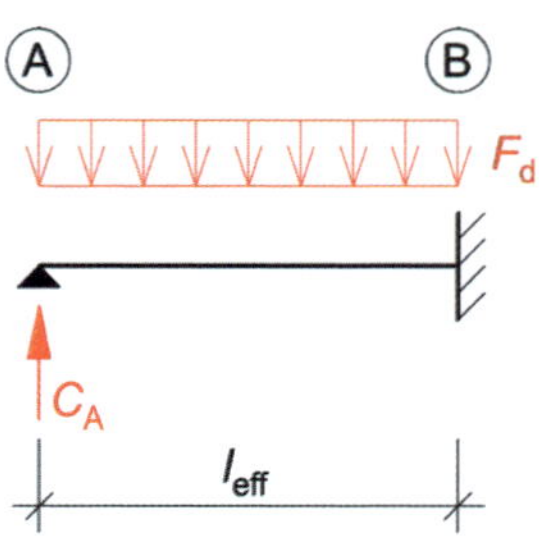

$$\max m_{Ed,F} = \frac{9}{128} F_d \cdot l_{eff}^2 \quad \rightarrow \quad l_{eff} = \sqrt{\frac{128}{9F_d} \max M_{Ed,F}}$$

$$C_A = \frac{3}{8} F_d \cdot l_{eff}$$

$$C_A = \frac{3}{8} F_d \cdot \sqrt{\frac{128}{9F_d} \max M_{Ed,F}} = \sqrt{2F_d \cdot \max M_{Ed,F}}$$

$$M_{Ed,F} = C_A \cdot l_{eff} - \frac{F_d}{2} \cdot l_{eff}^2$$

Abb. 6.14 *Schnittgrößen eines einseitig voll eingespannten Systems*

Der Sonderfall 2 betrifft Kragarme. Kragarme können hinsichtlich der Stützungsart des angrenzenden Feldes dann als einspannend angesetzt werden, wenn das Kragmoment aus Eigenlast betragsmäßig größer als das halbe Volleinspannmoment des Randfeldes aus Volllast ist.

Beispiel 6.7: Zweiachsig gespannte Mehrfeldplatte mit Verfahren nach PIEPER/MARTENS

gegeben: Wohnhausdecke gemäß Positionsplan von Beispiel 2.2 und Schalplan von Beispiel 3.2

gesucht: Biegemomente der Decke Pos. 301 bis 303

Lösung:

Lasten:

Eigenlast der Decke:

Fliesen 1,0 cm	0,22 · 1,0 = 0,22 kN/m²	EC 1-1-1/NA, Tabelle NA.A.18
Estrich 5 cm	0,22 · 5,0 = 1,10 kN/m²	EC 1-1-1/NA, Tabelle NA.A.18
Dämmung 4 cm	0,01 · 4,0 = 0,04 kN/m²	EC 1-1-1/NA, Tabelle NA.A.20
Konstruktionsbeton	25 · 0,24 = 6,00 kN/m²	EC 1-1-1, Tabelle A.1
Gipsputz 1,0 cm	0,12 · 1,0 = 0,12 kN/m²	EC 1-1-1/NA, Tabelle NA.A.17
	g'_k = 7,48 kN/m²	Wert wird aufgerundet
	g_k ≈ 7,50 kN/m²	

Veränderliche Last:

Nutzlast der Decke	= 1,50 kN/m²	EC 1-1-1/NA, Tabelle 6.1DE
Trennwandzuschlag	= 1,20 kN/m²	EC 1-1-1/NA, 6.3.1.2 (8)
	q_k = 2,70 kN/m²	

$g_d = 1{,}35 \cdot 7{,}5 = 10{,}1 \text{ kN/m}^2$ $\qquad g_d = \gamma_G \cdot g_k$

$q_d = 1{,}50 \cdot 2{,}70 = 4{,}1 \text{ kN/m}^2$ $\qquad q_d = \gamma_Q \cdot q_k$

$g_d + q_d = 10{,}1 + 4{,}1 = 14{,}2 \text{ kN/m}^2$

Statisches System:

Feld 1:

$a_1 = \frac{0{,}24}{2} = 0{,}12 \text{ m}$ $\qquad a_1 = \min\left(\frac{h}{2}; \frac{t}{2}\right)$

$a_2 = \frac{0{,}24}{2} = 0{,}12 \text{ m}$ $\qquad a_2 = \min\left(\frac{h}{2}; \frac{t}{2}\right)$

$l_x = 7{,}385 + 0{,}12 + 0{,}12 = 7{,}63 \text{ m}$ $\qquad l_{eff} = l_n + a_1 + a_2$

$a_1 = \frac{0{,}24}{2} = 0{,}12 \text{ m}$ $\qquad a_1 = \min\left(\frac{h}{2}; \frac{t}{2}\right)$

$a_2 = \frac{0{,}24}{2} = 0{,}12 \text{ m}$ $\qquad a_2 = \frac{t}{2}$

$l_y = 5{,}635 + 0{,}12 + 0{,}12 = 5{,}88 \text{ m}$ $\qquad l_{eff} = l_n + a_1 + a_2$

Feld 2: $l_x = 7{,}63$ m, $l_y = 2{,}88$ m

Feld 3: $l_x = 7{,}63$ m, $l_y = 3{,}75$ m

Die Stützweitenermittlung von Feld 2 und Feld 3 erfolgt analog.

Schnittgrößen:

$$\frac{\min l_y}{\max l_y} = \frac{2{,}88}{5{,}88} = 0{,}49 < 0{,}75$$

(6.27): $\frac{\min l_{eff}}{\max l_{eff}} < 0{,}75$

$q_d = 4{,}1 \text{ kN/m}^2 < 20{,}2 \text{ kN/m}^2 = 2 \cdot 10{,}1 = 2\ g_d$

(6.28): $q_d \leq 2\ g_d$

Anwendung des Verfahrens von PIEPER/ MARTENS möglich:

Feld 1:

Pos. 301

x' entspricht globaler y-Richtung; y' entspricht globaler x-Richtung

$$\frac{l_{y'}}{l_{x'}} = \frac{7{,}63}{5{,}88} = 1{,}30$$

Tabelleneingangswert für **Tafel 6.3**

$f_x = 19{,}2$; $f_y = 38{,}8$; $s_x = 9{,}7$

Tafel 6.3; Stützungsart 2.2

$$m_{Edy,F} = m_{Edx',F} = \frac{14{,}2 \cdot 5{,}88^2}{19{,}2} = \underline{25{,}6 \text{ kNm/m}}$$

(6.29): $m_{Edx,F} = \frac{F_d \cdot l_x^2}{f_x}$

$$m_{Edx,F} = m_{Edy',F} = \frac{14{,}2 \cdot 5{,}88^2}{38{,}8} = \underline{12{,}7 \text{ kNm/m}}$$

(6.30): $m_{Edy,F} = \frac{F_d \cdot l_x^2}{f_y}$

$$m_{y,S0} = m_{x',S0} = -\frac{14{,}2 \cdot 5{,}88^2}{9{,}7} = -50{,}7 \text{ kNm/m}$$

(6.33): $m_{x,S0} = -\frac{F_d \cdot l_x^2}{s_x}$

Am Fenster und an der Tür ist die Stützung unterbrochen (→ Kap. 7.1). Im Bereich des großen Fensters liegt ein Überzug vor, dieser Bereich muss somit nicht betrachtet werden.

$l_{eff} = 1{,}05 \cdot 0{,}76 = 0{,}80$ m

(7.2): $l_{eff} = 1{,}05\ l_n$

$$\frac{l_{eff}}{h} = \frac{0{,}80}{0{,}24} = 3{,}3 < 7$$

(7.1): $\frac{l_{eff}}{h} \leq 7$

→ kleine unterbrochene Stützung und somit keine Auswirkungen

$l_{eff} = 1{,}05 \cdot 1{,}385 = 1{,}45$ m

(7.2): $l_{eff} = 1{,}05\ l_n$

$$\frac{l_{eff}}{h} = \frac{1{,}45}{0{,}24} = 6{,}0 < 7$$

(7.1): $\frac{l_{eff}}{h} \leq 7$

→ kleine unterbrochene Stützung und somit keine Auswirkungen

Feld 2:

Pos. 302

x' entspricht globaler y-Richtung;
y' entspricht globaler x-Richtung

$$\frac{l_{y'}}{l_{x'}} = \frac{7{,}63}{2{,}88} = 2{,}65 > 2{,}0$$

Tabelleneingangswert für **Tafel 6.3**

(Platte einachsig gespannt)

$f_x = 12{,}0\ ;\ s_x = 12{,}0$

Tafel 6.3; Stützungsart 3.2

$$m_{\text{Edy,F}} = m_{\text{Edx',F}} = \frac{14{,}2 \cdot 2{,}88^2}{12{,}0} = \underline{9{,}82\ \text{kNm/m}}$$

(6.29): $m_{\text{Edx,F}} = \dfrac{F_d \cdot l_x^2}{f_x}$

$$m_{\text{y,S0}} = m_{\text{x',S0}} = -\frac{14{,}2 \cdot 2{,}88^2}{12{,}0} = -9{,}82\ \text{kNm/m}$$

(6.33): $m_{\text{x,S0}} = -\dfrac{F_d \cdot l_x^2}{s_x}$

Feld 3:

Pos. 303

x' entspricht globaler y-Richtung;
y' entspricht globaler x-Richtung

$$\frac{l_{y'}}{l_{x'}} = \frac{7{,}63}{3{,}75} = 2{,}03 \approx 2{,}0$$

Tabelleneingangswert für **Tafel 6.3**

$f_x = 12{,}9\ ;\ f_y = 47{,}9\ ;\ s_x = 8{,}3$

Tafel 6.3; Stützungsart 2.2

$$m_{\text{Edy,F}} = m_{\text{Edx',F}} = \frac{14{,}2 \cdot 3{,}75^2}{12{,}9} = \underline{15{,}5\ \text{kNm/m}}$$

(6.29): $m_{\text{Edx,F}} = \dfrac{F_d \cdot l_x^2}{f_x}$

$$m_{\text{Edx,F}} = m_{\text{Edy',F}} = \frac{14{,}2 \cdot 3{,}75^2}{47{,}9} = \underline{4{,}17\ \text{kNm/m}}$$

(6.30): $m_{\text{Edy,F}} = \dfrac{F_d \cdot l_x^2}{f_y}$

$$m_{\text{y,S0}} = m_{\text{x',S0}} = -\frac{14{,}2 \cdot 3{,}75^2}{8{,}3} = -24{,}1\ \text{kNm/m}$$

(6.33): $m_{\text{x,S0}} = -\dfrac{F_d \cdot l_x^2}{s_x}$

$$\frac{l_{x3}}{l_{y3}} = \frac{7{,}63}{5{,}88} = 1{,}30 \approx 1{,}0$$

Bei den Abmessungen könnte Sonderfall 1 vorliegen.

$$\frac{10\ l_{y2}}{l_{y3}} = \frac{10 \cdot 2{,}88}{5{,}88} = 4{,}9$$

$$\frac{10\ l_{y1}}{l_{y3}} = \frac{10 \cdot 3{,}75}{5{,}88} = 6{,}4$$

Abb. 6.13

$f_{y1} = f_{x'1} \approx 15$

$f_{y1} > 10{,}25 \rightarrow$ es liegt der Regelfall vor

Obige Berechnung für Feld 2 und 3 ist richtig.

Stütze 1-2:

$$\min m_{\text{y,S0}} = -50{,}7\ \text{kNm/m} = \min \begin{cases} -50{,}7\ \text{kNm/m} \\ -9{,}82\ \text{kNm/m} \end{cases}$$

(6.35): $\min m_{\text{k,S0}} = \min \begin{cases} \min m_{\text{k,S01}} \\ \min m_{\text{k,S02}} \end{cases}$

$$\frac{l_{y1}}{l_{y2}} = \frac{5{,}88}{2{,}88} = 2{,}04 \le 5$$

$\dfrac{l_{\text{eff1}}}{l_{\text{eff2}}} \le 5$

$$|m_{\text{Edy,S}}| = \left|\frac{-50{,}7 - 9{,}82}{2}\right| = 30{,}3 \text{ kNm/m}$$
$$\geq \underline{38{,}0 \text{ kNm/m}} = 0{,}75 \cdot 50{,}7$$

Stütze 2-3:

$$\min m_{\text{y,S0}} = -24{,}1 \text{ kNm/m} = \min \begin{cases} -9{,}82 \text{ kNm/m} \\ -24{,}1 \text{ kNm/m} \end{cases}$$

$$\frac{l_{\text{y3}}}{l_{\text{y2}}} = \frac{3{,}75}{2{,}88} = 1{,}30 \leq 5$$

$$|m_{\text{Edy,S}}| = \left|\frac{-9{,}82 - 24{,}1}{2}\right| = 17{,}0 \text{ kNm/m}$$
$$\geq \underline{18{,}1 \text{ kNm/m}} = 0{,}75 \cdot 24{,}1$$

(Fortsetzung mit Beispiel 6.10)

(6.36): $$|m_{\text{Edk,S}}| = \left|\frac{m_{\text{k,S01}} + m_{\text{k,S02}}}{2}\right| \geq |0{,}75 \min m_{\text{k,S0}}|$$

(6.35): $$\min m_{\text{k,S0}} = \min \begin{cases} \min m_{\text{k,S01}} \\ \min m_{\text{k,S02}} \end{cases}$$

$$\frac{l_{\text{eff1}}}{l_{\text{eff2}}} \leq 5$$

(6.36): $$|m_{\text{Edk,S}}| = \left|\frac{m_{\text{k,S01}} + m_{\text{k,S02}}}{2}\right| \geq |0{,}75 \min m_{\text{k,S0}}|$$

6.2.5 Querkräfte und Auflagerkräfte

Die Querkräfte und die Auflagerkräfte von zweiachsig gespannten Platten brauchen nicht nach der Plattentheorie bestimmt zu werden. Sie werden näherungsweise ermittelt, indem die Platte in dreiecks- und trapezförmige Lasteinflussflächen zerlegt wird (**Abb. 6.15**). Die innerhalb dieser Flächen angreifenden Lasten werden dem auf der Basislinie liegenden Rand zugeordnet.

- Stoßen an einer Plattenecke Ränder mit gleichartiger Stützung (beide frei oder frei drehbar oder eingespannt) zusammen, so beträgt der Zerlegungswinkel $\alpha = 45°$.
- Stößt ein voll eingespannter Rand mit einem frei drehbar gelagerten Rand zusammen, so beträgt der am eingespannten Rand anliegende Zerlegungswinkel $\alpha = 60°$.
- Sofern ein Randunterzug auf Torsion bemessen wird, darf für den Zerlegungswinkel $45° < \alpha < 60°$ angesetzt werden (i.d.R. sollte hiervon kein Gebrauch gemacht werden).

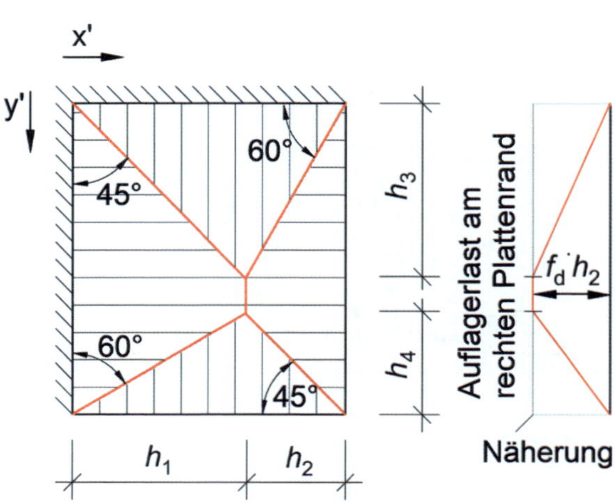

Abb. 6.15 *Lastverteilung bei zweiachsig gespannten Platten*

Mit den Zerlegungswinkeln α lassen sich für die unterschiedlichen Stützungsarten die Abmessungen der Lasteinflussflächen (**Tafel 6.4**) und damit die Lastordinaten bestimmen. Man kann auch aus einer maßstäblichen Skizze mit den eingetragenen Zerlegungswinkeln die Größe der Lasteinflussflächen herausmessen.

$$c_v = F_{dm} \cdot h_i + F_{dn} \cdot h_j \qquad (6.42)$$

F_{dm}; F_{dn}	Lastordinate im Feld *m* bzw. *n*
h_i	h_1 bis h_4 in Feld *m*
h_j	h_1 bis h_4 in Feld *n*

Die sich hieraus ergebende Linienlast hat längs der Unterzugsachse im allgemeinen Fall einen polygonalen Verlauf. Für die Schnittgrößenermittlung des Unterzuges kann diese polygonale Lastform je nach gewünschter Genauigkeit als solche angesetzt oder in eine Ersatzstreckenlast umgewandelt oder näherungsweise als Gleichlast mit der Maximalordinate (allgemein üblicher Fall) angesetzt werden. Der als Gleichlast festgelegte Ersatz für den wirklichen Stützkraftverlauf deckt auch die erhöhte Beanspruchung des Unterzuges infolge der (rechnerisch nicht erfassten) abhebenden Kräfte in den Plattenecken ab.

	Abmessungen der Lasteinflussflächen	
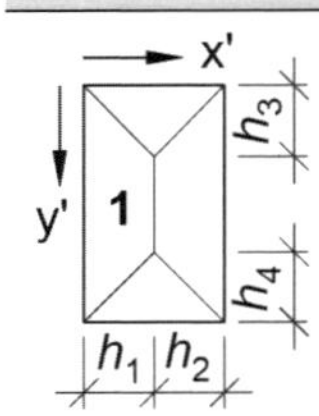	$h_1 = h_2 = h_3 = h_4 = 0{,}5\, l_x$	
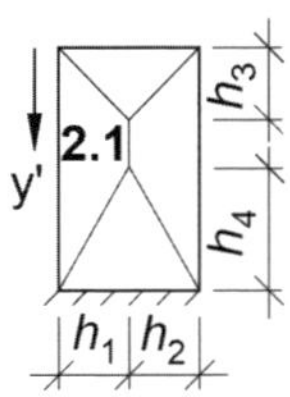	Fall 1: $\frac{l_y}{l_x} < 1{,}366$	$h_1 = h_2 = h_3 = 0{,}366\, l_y$ $h_4 = 0{,}634\, l_y$
	Fall 2: $\frac{l_y}{l_x} \geq 1{,}366$	$h_1 = h_2 = h_3 = 0{,}5\, l_x$ $h_4 = 0{,}866\, l_x$
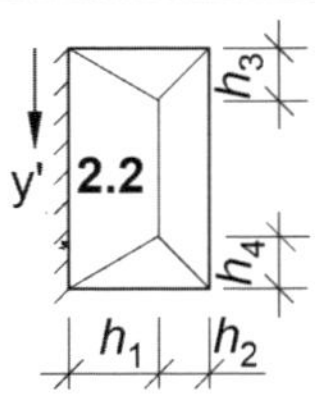	$h_1 = 0{,}634\, l_x$ $h_2 = h_3 = h_4 = 0{,}366\, l_x$	

	Abmessungen der Lasteinflussflächen	
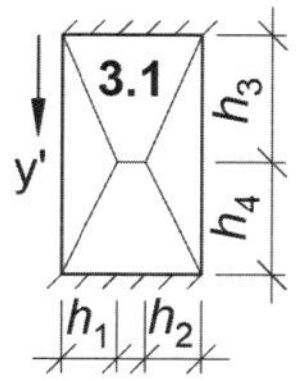	Fall 1: $\frac{l_y}{l_x} < 1{,}732$	$h_1 = h_2 = 0{,}289\ l_y$ $h_3 = h_4 = 0{,}5\ l_y$
	Fall 2: $\frac{l_y}{l_x} \geq 1{,}732$	$h_1 = h_2 = 0{,}5\ l_x$ $h_3 = h_4 = 0{,}866\ l_x$
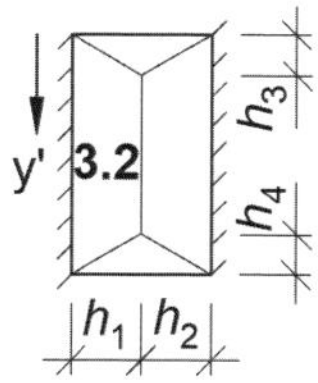	$h_1 = h_2 = 0{,}5\ l_x$ $h_3 = h_4 = 0{,}289\ l_x$	
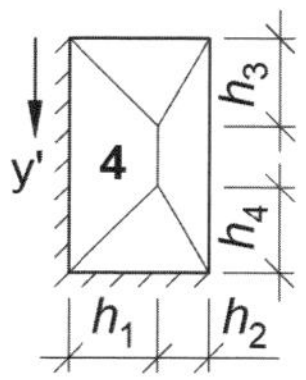	$h_1 = h_4 = 0{,}634\ l_x$ $h_2 = h_3 = 0{,}366\ l_x$	
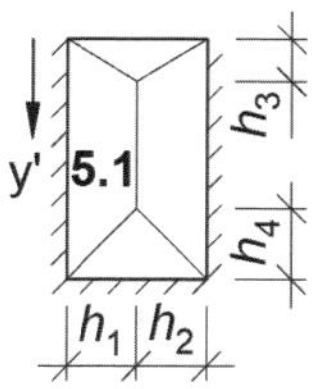	$h_1 = h_2 = h_4 = 0{,}5\ l_x$ $h_3 = 0{,}289\ l_x$	
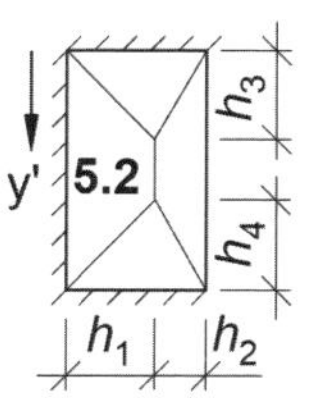	Fall 1: $\frac{l_y}{l_x} < 1{,}268$	$h_1 = h_3 = h_4 = 0{,}5\ l_y$ $h_2 = 0{,}289\ l_y$
	Fall 2: $\frac{l_y}{l_x} \geq 1{,}268$	$h_1 = h_3 = h_4 = 0{,}634\ l_x$ $h_2 = 0{,}366\ l_x$
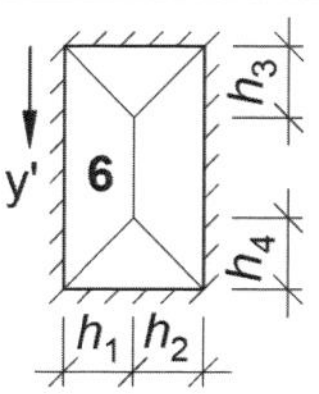	$h_1 = h_2 = h_3 = h_4 = 0{,}5\ l_x$	

Tafel 6.4 *Lasteinflussflächen zweiachsig gespannter Platten*

Zeile	Stützungsart	Stützweitenverhältnis l_y / l_x bzw. $l_{y'} / l_{x'}$										
		1,0	**1,1**	**1,2**	**1,3**	**1,4**	**1,5**	**1,6**	**1,7**	**1,8**	**1,9**	**2,0**
1	**1**	10,80	9,85	9,20	8,75	8,40	8,15	7,95	7,80	7,70	7,65	7,55
2	**2.1**	13,10	11,60	10,50	9,70	9,10	8,70	8,40	8,10	7,90	7,80	7,70
3	**2.2**	13,10	12,40	12,00	11,70	11,50	11,40	11,30	11,20	11,20	11,20	11,20
4	**4**	13,90	13,00	12,40	12,00	11,70	11,50	11,40	11,30	11,20	11,20	11,20

Tafel 6.5 *Tafelwerte zur Errechnung der Einzelkräfte in der Ecke zweiachsig gespannter Platten*

Sofern auf den Plattenrändern nicht genügend Auflast (aus darüber liegenden Geschossen) vorhanden ist, müssen die Einzelkräfte in den Plattenecken berechnet werden, an denen zwei frei drehbar gelagerte Ränder zusammentreffen. Dies kann mit **Tafel 6.5** und folgender Gl. erfolgen:

$$R = \frac{F_d \cdot l_x^2}{\mathrm{TW}} \qquad \text{TW Tafelwert nach Tafel 6.5} \qquad (6.43)$$

Beispiel 6.8: Auflagerkräfte einer zweiachsig gespannten Platte (Fortsetzung von Beispiel 6.5)

gegeben: Garagen laut Skizze von Beispiel 6.5

gesucht:
- Auflagerkräfte an den Plattenrändern nach zeichnerischer Lösung
- Auflagerkräfte an den Plattenrändern B und II nach rechnerischer Lösung
- größte abhebende Einzelkraft in der Plattenecke

Lösung:

Zeichnerische Lösung:

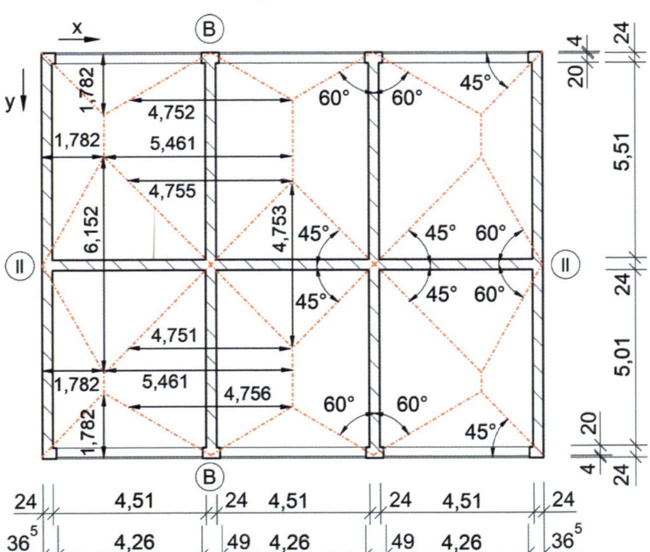

Die Streckenlast für die lastabtragenden Bauteile erhält man durch Multiplikation mit F_d = 15,45 in der Dimension [kN/m].

Rechnerische Lösung:

Feld 1; Feld 2:

Tafel 6.4; Stützungsart 4

$h_1 = h_4 = 0{,}634 \cdot 4{,}75 = 3{,}01 \text{ m}$

$h_2 = h_3 = 0{,}366 \cdot 4{,}75 = 1{,}74 \text{ m}$

$h_1 = h_4 = 0{,}634\, l_x$

$h_2 = h_3 = 0{,}366\, l_x$

Feld 3; Feld 4:

Tafel 6.4; Stützungsart 5.1

$h_1 = h_2 = h_4 = 0{,}5 \cdot 4{,}75 = 2{,}38 \text{ m}$

$h_3 = 0{,}289 \cdot 4{,}75 = 1{,}37 \text{ m}$

$h_1 = h_2 = h_4 = 0{,}5\, l_x$

$h_3 = 0{,}289\, l_x$

Achse B:

rechnerisch:

$h = 3{,}01 + 2{,}38 = 5{,}39 \text{ m} \approx 5{,}461 \text{ m (zeichnerisch)}$

$c_v = 15{,}45 \cdot 5{,}39 = 83{,}3 \text{ kN/m}$

(6.42): $c_v = F_{dm} \cdot h_i + F_{dn} \cdot h_j$

Achse II:

Randfelder rechnerisch:

$h = 3{,}01 + 3{,}01 = 6{,}02 \text{ m} \approx 6{,}152 \text{ m (zeichnerisch)}$

$c_v = 15{,}45 \cdot 6{,}02 = 93{,}0 \text{ kN/m}$

(6.42): $c = F_{dm} \cdot h_i + F_{dn} \cdot h_j$

Mittelfelder rechnerisch:

$h = 2{,}38 + 2{,}38 = 4{,}76 \text{ m} \approx 4{,}753 \text{ m (zeichnerisch)}$

$c_v = 15{,}45 \cdot 4{,}76 = 73{,}5 \text{ kN/m}$

(6.42): $c_v = F_{dm} \cdot h_i + F_{dn} \cdot h_j$

Einzelkraft in der Plattenecke:

Da alle vier Eckplatten vom selben Typ sind, tritt die größte Einzelkraft im größten Eckfeld auf. Dies ist Feld 5.

$\text{TW} = 12{,}4$

Tafel 6.5; Zeile 4 für $l_y/l_x = 1{,}2$

$$R = \frac{15{,}45 \cdot 4{,}75^2}{12{,}4} = 28{,}1 \text{ kN}$$

(6.43): $R = \dfrac{F_d \cdot l_x^2}{\text{TW}}$

Anmerkungen zur zeichnerischen und rechnerischen Lösung:

Bei der zeichnerischen Lösung sind die Auflagerkräfte etwas größer, weil hier von den Außenabmessungen ausgegangen wird, während die rechnerische Lösung die Systemabmessungen zugrunde legt. Beide Lösungen sind ausreichend genau.

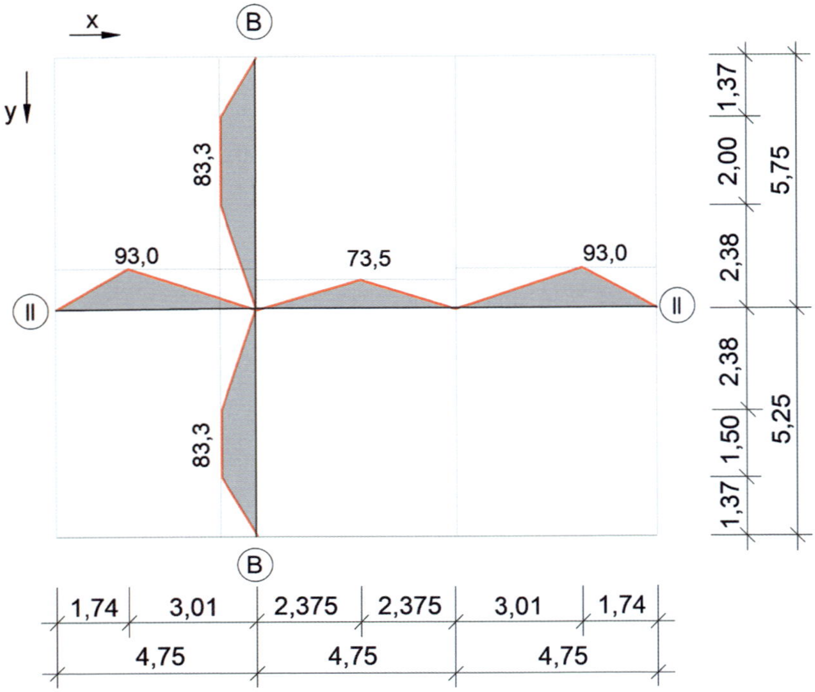

6.3 Schnittgrößenermittlung mit der Finite-Elemente-Methode

6.3.1 Netzgenerierung

Neben der Haupttragrichtung ist bei der Netzgenerierung der Nebentragrichtung besondere Aufmerksamkeit zu schenken. Auch bei der einachsig gespannten Platte des Beispiels 5.2 wurden in Querrichtung viele Elemente generiert. In **Abb. 6.16** sind die berechneten Auflagerkräfte für die Innenstützung aufgetragen. Es zeigt sich, dass die FE-Lösungen zum Rand hin von der exakten (elastischen) Lösung divergieren. Weiterhin zeigen sich Fehler in der Größe der Auflagerlast. Die Größe des Fehlers ist abhängig von der verwendeten Querdehnzahl, der Elementgröße und der Federkonstante der Stützung.

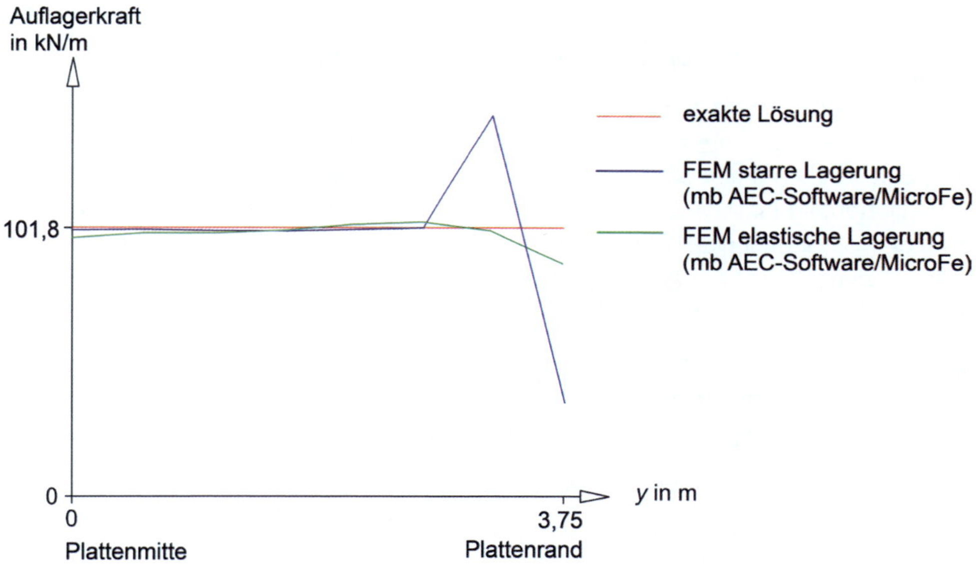

Abb. 6.16 *Auflagerkraft der Innenstützung von Beispiel 5.2*

Elementanzahl

Es gelten die in Kap. 5.4.3 genannten Regeln der Netzgenerierung. Für die Nebentragrichtung gilt, dass sie nicht feiner als die Haupttragrichtung eingeteilt werden sollte. In **Abb. 6.17** sind auch noch einmal die Auswirkungen der Elementanzahl und des Kantenlängenverhältnisses dargestellt.

Querdehnzahl

Die Querdehnzahl nach Gl. (5.7) und die daraus resultierenden Beanspruchungen gelten für ungerissenen Stahlbeton. Bei zunehmender Rissbildung verringert sich die Querdehnzahl im Extremfall bis auf $\mu = 0$. Daher sollte sich die Querdehnzahl am Bewehrungsgrad der Querbewehrung orientieren und zwischen 0,05 und 0,1 angesetzt werden. In der Praxis wird oftmals für den ungerissenen Zustand bzw. ohne nennenswerte Rissbildung mit $\mu = 0{,}2$ gerechnet.

Rechnung Nr.	Teilung m/n	Fehler gegenüber der DGL in %		
		$m_{Ed,x}$	$m_{Ed,y}$	$m_{Ed,xy}$
1	2/2	70,2	66,4	±62,9
2	3/3	14,0	4,9	±39,5
3	4/4	19,3	11,8	±27,2
4	5/5	4,6	4,6	±19,9
5	6/6	8,5	6,7	±15,2
6	7/7	2,4	2,1	±12,1
7	7/21	0,9	2,8	±6,3

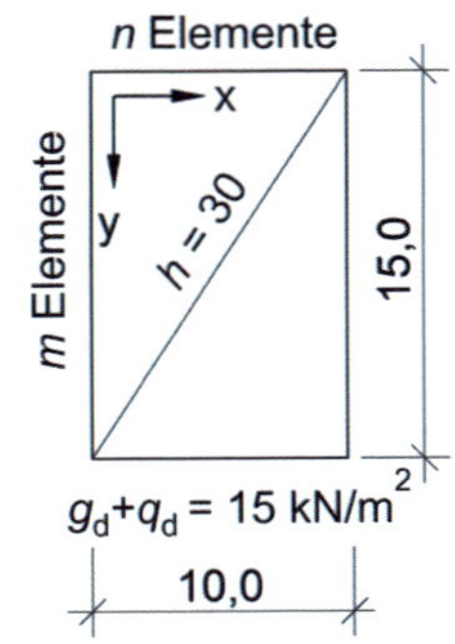

Abb. 6.17 *Vergleich der Abweichung einer FE-Berechnung (Nemetschek ALLfem V11) mit einer linear elastischen Rechnung nach CZERNY (vgl.* **Tafel 6.2**)

6.3.2 Interpretation von Ergebnissen aus FE-Berechnungen

Es gelten die bereits in Kap. 5.4.5 dargelegten Regelungen. Bei zweiachsig gespannten Platten ist insbesondere hinsichtlich der Bewehrungsanordnung in der Nebentragrichtung darauf zu achten, dass eine sinnvolle Grundbewehrung gewählt wird, die möglichst das gesamte Plattenfeld hinsichtlich der erforderlichen Bewehrung abdeckt. Eine genaue Anpassung der vorhandenen an die rechnerisch erforderliche Bewehrung ist hinsichtlich eines schnellen Verlegeablaufs auf der Baustelle kontraproduktiv! Im Bereich von Singularitäten ist die Bewehrung entsprechend **Abb. 5.10** auszuführen.

Beispiel 6.9: FE-Berechnung einer zweiachsig gespannten Platte

gegeben:
- Platte mit konstanter Plattendicke, $\mu = 0{,}2$
- Ränder gelenkig gelagert
- Einwirkungen, Abmessungen und Unterstützungen

gesucht:
- Diskretisierung für FE-Berechnung
- Schnittgrößen

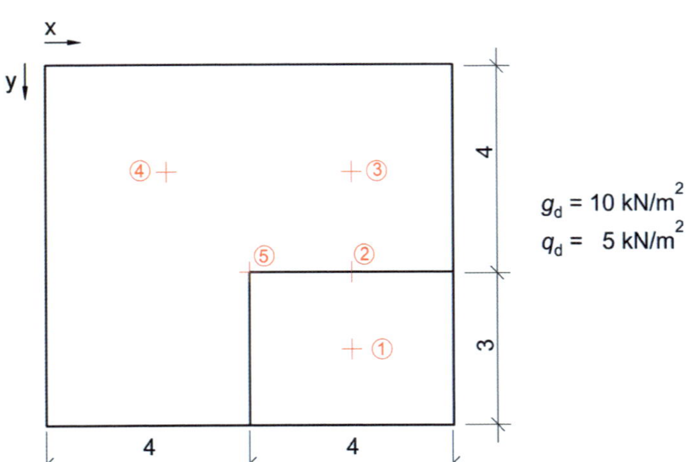

Lösung:

Diskretisierung:

Im Rahmen dieses Beispiels wird ein einfach zu generierendes FE-Netz mit identischen Abmessungen in allen Plattenfeldern angestrebt. Als Grundlage ist somit die Haupttragrichtung der Felder zu betrachten. Die Plattenstützweiten betragen hier 3 m bzw. 4 m. Da die Elementanzahl minimal 8 bis 11 Elemente betragen soll, ergibt dies eine Maschenweite von ca. 35 bis 50 cm. Im Bereich des Stützmomentes wird das Elementnetz verdichtet (großer Gradient). Hiermit ist gleichzeitig auch die Momentenausrundung über der Stützung möglich. Das verwendete Netz ist nachfolgend skizziert.

Elementnetz

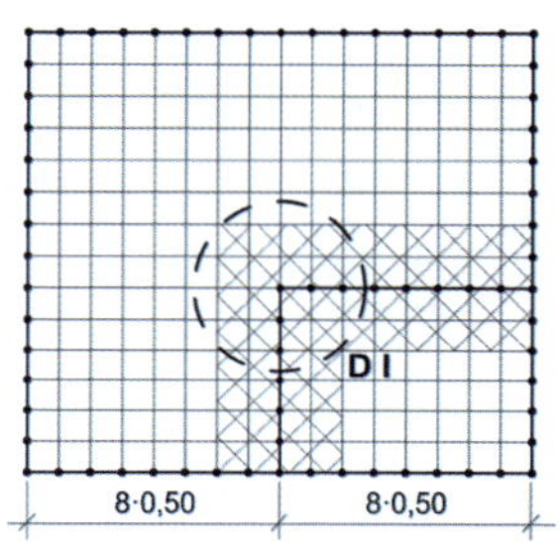

Detail I

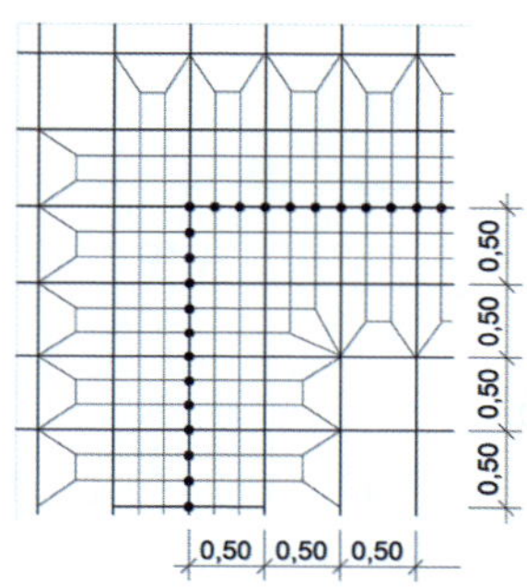

Schnittgrößen:

Aus der FE-Berechnung werden nachfolgend die Biegemomente an den Stellen 1 bis 5 angegeben. Die Auflager sollten elastisch modelliert werden. Die starre Lagerung wurde hier zu Vergleichszwecken insbesondere im Punkt 5 angegeben. Man erkennt deutlich den Einfluss der Singularität.

Stelle	Starre Lagerung		Elastische Lagerung	
	$m_{Ed,x}$ in kNm/m	$m_{Ed,y}$ in kNm/m	$m_{Ed,x}$ in kNm/m	$m_{Ed,y}$ in kNm/m
1	3,17	5,04	3,38	4,52
2	-3,78	-18,89	-2,63	-16,33
3	6,01	13,86	5,38	15,24
4	13,42	13,78	14,80	15,18
5 und Angabe der Nachbarknoten	-98,54	-96,82	-22,07	-21,49
	-21,49	-18,04	-21,99	-22,10
	-17,69	-14,79	-19,12	-19,56
	-17,01	-14,18	-16,54	-16,59

6.4 Biegebemessung

6.4.1 Haupttragrichtung

Die Biegebemessung in Haupttragrichtung (= x'-Richtung) erfolgt wie für einachsig gespannte Platten (→ Kap. 5.5.1). Die Bewehrung wird so angeordnet, dass sich eine möglichst große statische Nutzhöhe ergibt (untere Lage bei positivem, obere Lage bei negativem Moment). Der größtmögliche Abstand der Bewehrung ist in **Tafel 6.6** angegeben.

Haupttragrichtung	$h \leq 150$ mm:	$s_{max} = 150$ mm
	$150 \text{ mm} < h < 250$ mm:	$s_{max} = h$
	$h \geq 250$ mm:	$s_{max} = 250$ mm
Nebentragrichtung	$s_{max} = 250$ mm	

Tafel 6.6 *Maximaler Abstand der Biegezugbewehrung nach (EC 2-1-1/NA, 9.3.1.1 (3))*

6.4.2 Nebentragrichtung

Die Schnittgrößen der Nebentragrichtung (= y'-Richtung) wurden für einen 1 m breiten Streifen ermittelt. Die Biegebemessung kann daher mit den Schnittgrößen der Querrichtung vollkommen analog zur Längsrichtung mit den Gln. (5.16) bis (5.18) erfolgen. Die statische Höhe d_y der Nebentragrichtung ergibt sich aus der für die Längsrichtung gewählten Höhe:

$$d_{y'} = d_{x'} - \frac{\varnothing_l + \varnothing_t}{2} \qquad (6.44)$$

$\varnothing_l$; $\varnothing_t$ Durchmesser der Längs- bzw. Querbewehrung

Die Bewehrung muss ≥ 20 % derjenigen der Haupttragrichtung sein. Der größtmögliche Abstand der Bewehrung ist in **Tafel 6.6** angegeben.

6.4.3 Konstruktionsregeln zur Biegebemessung

Platten mit geringen Stützweitenunterschieden:

Hier gelten dieselben Regeln wie bei einachsig gespannten Platten. In der Regel wird die unten liegende Biegezugbewehrung von Platten nicht gestaffelt. Sofern sie (im Ausnahmefall) doch gestaffelt werden soll, ist zusätzlich Folgendes zu beachten. Die für die maximalen Feldmomente ermittelte Bewehrung wird zu 50 % bis über die Auflager geführt (EC 2-1-1, 9.3.1.2). Die restlichen 50 % dürfen im Abstand c_i vom Auflager verankert werden (**Abb. 6.18**). Das Versatzmaß (→ Teil 1, Kap. 10.1) beträgt für Platten ohne Querkraftbewehrung $a_l = 1{,}0\, d$. Die parallel zum gestützten Rand verlaufende Bewehrung darf im Bereich c_i ebenfalls um 50 % reduziert werden.

- frei drehbarer Rand: $c_1 = 0{,}125\, l_{x'} - a_1$ (6.45)
- eingespannter Rand: $c_2 = 0{,}250\, l_{x'} - a_1$ (6.46)

Die oben liegende Bewehrung ist mindestens mit dem Maß c_3 in die Platte zu führen.

$$c_3 = 0{,}250\, l_{x'} \quad (6.47)$$

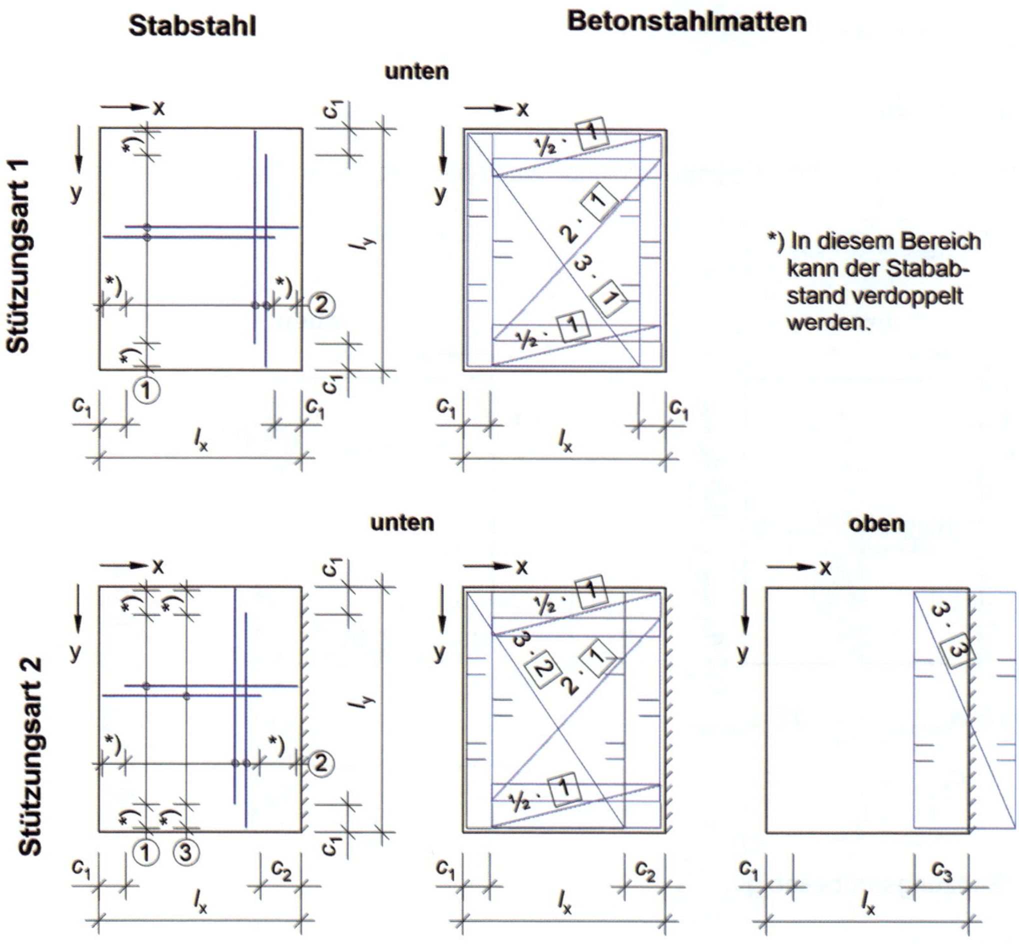

Abb. 6.18 *Staffelung der Bewehrung unter Verwendung möglichst weniger Positionen*

Platten mit großen Stützweitenunterschieden:

Die für die maximalen Feldmomente ermittelte Bewehrung wird zu 50 % über die Auflager geführt. Die restlichen 50 % dürfen im Abstand c_i vom Auflager verankert werden, wobei der Abstand c_i je nach Lagerungsart nach Gl. (6.45) oder (6.46) bestimmt wird. Die parallel zum gestützten Rand verlaufende untere Bewehrung darf im Bereich c_4 auf 50 % reduziert werden (**Abb. 6.19**). Bei oben liegender Bewehrung gilt dies nur bei inneren Rändern.

$$c_4 = 0{,}250\, l_{x'} \tag{6.48}$$

Die oben liegende Biegezugbewehrung ist mit dem Maß c_5 auf beiden Seiten der Stützung ins Feld zu führen und dort zu verankern. Das Maß c_5 richtet sich nach dem Unterschied der Stützmomente in den beiden angrenzenden Platten:

$$0{,}80 \leq \frac{m_{k,S01}}{m_{k,S02}} \leq 1{,}20 \qquad c_5 = 0{,}25\, l_{y'} \tag{6.49}$$

$$\frac{m_{k,S01}}{m_{k,S02}} < 0{,}80 \text{ bzw. } \frac{m_{k,S01}}{m_{k,S02}} > 1{,}20 \qquad c_5 = 0{,}5\, l_{y'} \tag{6.50}$$

Das Maß c_5 ist auf die gesamte Feldlänge zu erhöhen, sofern im Endfeld Folgendes gilt:

$$0{,}75\, m_{Edk,S} > 2\, m_{Edk,F} \qquad c_5 = 1{,}0\, l_k \tag{6.51}$$

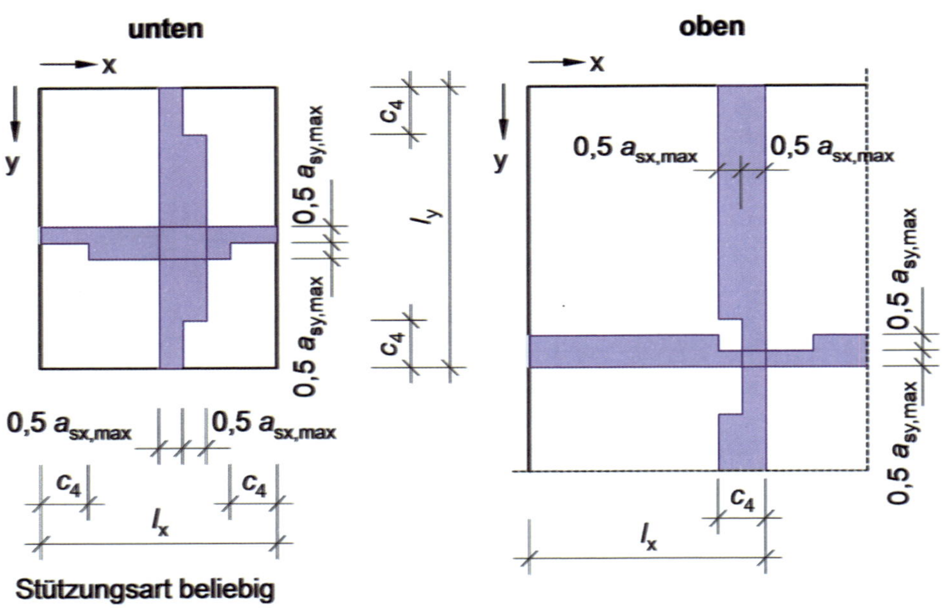

Abb. 6.19 *Verteilung der unten und oben liegenden Bewehrung bei Schnittgrößenermittlung nach PIEPER/MARTENS*

Bei der Staffelung der Biegezugbewehrung sind die Maße c_i als Konstruktionsregeln zu verstehen und nicht als exakte Werte. Schließlich sind die Verfahren zur Schnittgrößenermittlung in Platten *Näherungsverfahren*. Die Länge der Bewehrung sollte daher eher großzügig gewählt werden.

Beispiel 6.10: Bemessung einer zweiachsig gespannten Platte (Fortsetzung von Beispiel 6.7)

gegeben:
- Baustoffe C25/30; B500
- leichte verformungsempfindliche Trennwände auf der Decke
- Überzug Pos. 304 im Positionsplan benötigt 2 ∅12 unten und Bügel ∅6-25
- deckengleicher Unterzug Pos. 305 benötigt 2 ∅12

gesucht:
- maximale Querkraft in der Platte Pos. 301–303
- Bemessung der Platte Pos. 301–303 auf Biegung, Querkraft
- Nachweis der Biegeschlankheit
- Bewehrungsplan für gesamte Decke Pos. 301–305 (Die Verankerungs- und Übergreifungslängen der Betonstahlmatten werden in Beispiel 1.4 ermittelt.)

Lösung:

Biegebemessung

$f_{cd} = \frac{0{,}85 \cdot 25}{1{,}5} = 14{,}2\ \text{N/mm}^2$	$f_{cd} = \frac{\alpha_{cc} \cdot f_{ck}}{\gamma_C}$
Feld 1 = Pos. 301:	Die *y*-Richtung ist die Haupt-, die *x*-Richtung die Nebentragrichtung.
y-Richtung: $c_{min} = 25\ \text{mm}$	Teil 1, **Tafel 3.1**, Expositionsklasse XC4 (wegen des Balkons), vereinfachend für alle Felder gleich angesetzt
$c_{nom} = 25 + 15 = 40\ \text{mm} = c_{v,l}$	$c_{nom} = c_{min} + \Delta c_{dev}$
$d = 24 - 4{,}0 - 0{,}4 = 19{,}6\ \text{cm}$	$d = h - c_{v,l} - \varnothing_l/2$ mit $\varnothing \leq 8\ \text{mm}$
$\mu_{Eds} = \frac{25{,}6 \cdot 10^{-3}}{0{,}196^2 \cdot 14{,}2} = 0{,}0469$	(5.16): $\mu_{Eds} = \frac{m_{Eds}}{d^2 \cdot f_{cd}}$
$\omega \approx 0{,}0515;\ \sigma_{sd} = 457\ \text{N/mm}^2$	Teil 1, **Tafel 7.1**
$a_s = \frac{0{,}0515 \cdot 19{,}6 \cdot 14{,}2 + 0}{457} \cdot 10^2 = 3{,}14\ \text{cm}^2/\text{m}$	(5.17): $a_s = \frac{\omega \cdot d \cdot f_{cd} + n_{Ed}}{\sigma_{sd}}$
gew: Q335 A	(im Bewehrungsplan Pos. 10)
$a_{s,vorh} = 3{,}35\ \text{cm}^2/\text{m} > 3{,}14\ \text{cm}^2/\text{m} = a_{s,erf}$	$a_{s,vorh} \geq a_{s,erf}$

x-Richtung: $d_x = 19{,}6 - \frac{0{,}8 + 0{,}8}{2} = 18{,}8 \text{ cm}$

(6.44): $d_{y'} = d_{x'} - \frac{\varnothing_l + \varnothing_t}{2}$

$\mu_{Eds} = \frac{12{,}7 \cdot 10^{-3}}{0{,}188^2 \cdot 14{,}2} = 0{,}025$

(5.16): $\mu_{Eds} = \frac{m_{Eds}}{d^2 \cdot f_{cd}}$

$\omega \approx 0{,}0306;\ \sigma_{sd} = 457 \text{ N/mm}^2$

Teil 1, **Tafel 7.1**

$a_s = \frac{0{,}0306 \cdot 18{,}8 \cdot 14{,}2 + 0}{457} \cdot 10^2 = 1{,}79 \text{ cm}^2\text{/m}$

(5.17): $a_s = \frac{\omega \cdot d \cdot f_{cd} + n_{Ed}}{\sigma_{sd}}$

gew: Q335 A

(im Bewehrungsplan Pos. 10)

$a_{s,vorh} = 3{,}35 \text{ cm}^2\text{/m} > 1{,}79 \text{ cm}^2\text{/m} = a_{s,erf}$

$a_{s,vorh} \geq a_{s,erf}$

Zulässige Stababstände werden von Lagermatten immer eingehalten.

Feld 2 = Pos. 302:

Die Berechnung erfolgt analog zu Feld 1

y-Richtung: $a_s = 1{,}24 \text{ cm}^2\text{/m}$

Plattenfeld trägt einachsig

gew: R188 A

(im Bewehrungsplan Pos. 12 und 19, sowie Bemerkung hierzu)

$a_{s,vorh} = 1{,}88 \text{ cm}^2\text{/m} > 1{,}24 \text{ cm}^2\text{/m} = a_{s,erf}$

$a_{s,vorh} \geq a_{s,erf}$

Querrichtung wird bei R-Matten automatisch erfüllt.

Feld 3 = Pos. 303:

Die Berechnung erfolgt analog zu Feld 1

y-Richtung: $a_s = 1{,}86 \text{ cm}^2\text{/m}$

gew: R188 A

(im Bewehrungsplan Pos. 12 und 19)

$a_{s,vorh} = 1{,}88 \text{ cm}^2\text{/m} > 1{,}86 \text{ cm}^2\text{/m} = a_{s,erf}$

$a_{s,vorh} \geq a_{s,erf}$

x-Richtung: $a_{sx} = 0{,}59 \text{ cm}^2\text{/m}$

gew: R188 A

(im Bewehrungsplan Pos. 12 und 19)

$a_{s,vorh} = 1{,}13 \text{ cm}^2\text{/m} > 0{,}59 \text{ cm}^2\text{/m} = a_{s,erf}$

$a_{s,vorh} \geq a_{s,erf}$

Querrichtung der Matte R188 A

Stütze 1-2:

y-Richtung: $c_{min} = 10 \text{ mm}$

Teil 1, **Tafel 3.1**,Expositionsklasse XC1

$c_{nom} = 10 + 10 = 20 \text{ mm} = c_{v,l}$

$c_{nom} = c_{min} + \Delta c_{dev}$

$d = 24 - 2{,}0 - 0{,}5 = 21{,}5\ \text{cm}$	$d = h - c_{v,l} - \varnothing_l/2\ mit\ \varnothing_l \leq 10\ \text{mm}$
$\mu_{Eds} = \dfrac{38{,}0 \cdot 10^{-3}}{0{,}215^2 \cdot 14{,}2} = 0{,}0579$	(5.16): $\mu_{Eds} = \dfrac{m_{Eds}}{d^2 \cdot f_{cd}}$
$\omega \approx 0{,}0621;\ \sigma_{sd} = 457\ \text{N/mm}^2$	Teil 1, **Tafel 7.1**
$a_s = \dfrac{0{,}0621 \cdot 21{,}5 \cdot 14{,}2 + 0}{457} \cdot 10^2 = 4{,}15\ \text{cm}^2/\text{m}$	(5.17): $a_s = \dfrac{\omega \cdot d \cdot f_{cd} + n_{Ed}}{\sigma_{sd}}$
gew: R524 A	(im Bewehrungsplan Pos. 16, sowie Bemerkung hierzu)
$a_{s,vorh} = 5{,}24\ \text{cm}^2/\text{m} >$ $4{,}15\ \text{cm}^2/\text{m} = a_{s,erf}$	$a_{s,vorh} \geq a_{s,erf}$
Stütze 2-3:	Die Berechnung erfolgt analog zu Stütze 1-2
y-Richtung: $a_{sy} = 2{,}04\ \text{cm}^2/\text{m}$	
gew: R524 A	(im Bewehrungsplan Pos. 16, sowie Bemerkung hierzu)
x-Richtung:	parallel zur Stützung verlaufende Wand
$a_{sy} \geq 0{,}6 \cdot 1{,}24 = 0{,}744\ \text{cm}^2/\text{m}$ $\geq \underline{0{,}79\ \text{cm}^2/\text{m}}$	(5.25): $a_{sy} \geq 0{,}6\ a_{sx}^{Feld} \geq \varnothing 6 - 20$
$a_{s,vorh} = 2{,}01\ \text{cm}^2/\text{m}$ $> 0{,}79\ \text{cm}^2/\text{m} = a_{s,erf}$	Querbewehrung der R524 A (Pos. 16)
Randbewehrung Feld 1:	
$a_{sx}^{Rand} \geq 0{,}25 \cdot 3{,}14 = 0{,}79\ \text{cm}^2/\text{m}$	(5.24): $a_{sx}^{Rand} \geq 0{,}25\ a_{sx}^{Feld}$
gew: R188 A	(im Bewehrungsplan Pos. 13)
$a_{s,vorh} = 1{,}88\ \text{cm}^2/\text{m} > 0{,}79\ \text{cm}^2/\text{m}$	Querbewehrung der R513 A (Pos. 16)
Maximale Querkraft und Querkraftbemessung	Tritt im Feld 1 (= Pos. 301) auf
$h_1 = 0{,}634 \cdot 5{,}88 = 3{,}73\ \text{m}$	**Tafel 6.4**, Stützungsart 2.2: $h_1 = 0{,}634\ l_x$
$c_v = 14{,}2 \cdot 3{,}73 = 53{,}0\ \text{kN/m}$	(6.42): $c_v = F_{dm} \cdot h_i + F_{dn} \cdot h_j$

$v_{Ed} = 53{,}0 - 14{,}2 \cdot (0{,}12 + 0{,}215) = 48{,}2$ kN/m

Es liegt eine unmittelbare Lagerung vor.

$k = 1 + \sqrt{\frac{200}{215}} = \underline{1{,}96} \begin{cases} \geq 1{,}0 \\ \leq 2{,}0 \end{cases}$

$k = 1 + \sqrt{\frac{200}{d}} \begin{cases} \geq 1{,}0 \\ \leq 2{,}0 \end{cases}$

über der Stütze 1-2 ist vorhanden: R524 A

$\rho_l = \frac{5{,}24}{100 \cdot 21{,}5} = 0{,}0024 < 0{,}02$

$\rho_l = \frac{A_{sl}}{b_w \cdot d} \leq 0{,}02$

$v_{Rd,c} = \left[0{,}10 \cdot 1{,}96 \cdot (100 \cdot 0{,}0024 \cdot 25)^{\frac{1}{3}} + 0\right] \cdot 0{,}215 \cdot 10^3$
$= 76{,}6$ kN/m

(5.31): $v_{Rd,c} = \begin{bmatrix} 0{,}10\,k\left(100\rho_l \cdot f_{ck}\right)^{\frac{1}{3}} \\ +0{,}12\,\sigma_{cp} \end{bmatrix} \cdot d$

$\geq (v_{min} + k_1 \cdot \sigma_{cp}) \cdot d$

für $d < 600$ mm

$v_{min} = \frac{0{,}0525}{1{,}50} \cdot 1{,}96^{3/2} \cdot 25^{1/2} = 0{,}480$ MN/m²

$v_{min} = \frac{0{,}0525}{\gamma_C} \cdot k^{3/2} \cdot f_{ck}^{\ 1/2}$

$k_1 = 0{,}12$

$(0{,}480 + 0{,}12 \cdot 0) \cdot 0{,}215 = 0{,}1032$ MN/m
$= 103{,}2$ kN/m $> 76{,}6$ kN/m

$(v_{min} + k_1 \cdot \sigma_{cp}) \cdot d$

$v_{Ed} = 48{,}2$ kN/m $< 103{,}2$ kN/m $= v_{Rd,c}$

(5.30): $v_{Ed} \leq \begin{cases} v_{Rd,c} \\ v_{Rd,max} \end{cases}$

Der Nachweis der Druckstrebe gemäß Gl. (5.32) wird nicht maßgebend.

→ keine Querkraftbewehrung erforderlich

Nachweis der Biegeschlankheit:

Feld 1 maßgebend

$l_{eff,1} = l_{y,1} = 5{,}88$ m (Feld 1)
$l_{eff,1} = l_{y,2} = 2{,}88$ m (Feld 2)

$0{,}8 < \frac{5{,}88}{2{,}88} = 2{,}04 < 1{,}25$

Teil 1, (13.9): $0{,}8 \leq \frac{l_{eff,1}}{l_{eff,2}} \leq 1{,}25$

Näherungsverfahren nicht anwendbar. Der Beiwert K ist aus dem Abstand der Momentennullpunkte in der quasi-ständigen Einwirkungskombination zu bestimmen. Der Wert K muss zwischen dem Wert K für einen Einfeldträger und dem eines Randfeldes liegen. Näherungsweise wird, auf der sicheren Seite liegend, das Mittel aus beiden Werten verwendet.

Teil 1, Kap 13.3.1:
$K = l_{eff}/l_0$

$K \approx \frac{1{,}0 + 1{,}3}{2} = 1{,}15$

Teil 1, **Tafel 13.1**, Z. 1 und Z.2
(näherungsweise Interpolation)

$a_{s1} = 3{,}14\ \text{cm}^2/\text{m} \qquad d = 0{,}196\ \text{m}$

Biegebemessung, Feld 1

$\rho = 3{,}14/19{,}6 = 0{,}160\,\%$

$\rho = a_{s1}/d$

$\rho_0 = 10^{-3} \cdot \sqrt{25} \cdot 100 = 0{,}500\,\%$

$\rho_0 = 10^{-3} \cdot \sqrt{f_{ck}}$

$0{,}160\ \% \leq 0{,}500\,\%$

$\rho \leq \rho_0$

$$\frac{l}{d} \leq 1{,}15 \left[\begin{matrix} 11 + 1{,}5\sqrt{25} \cdot \frac{0{,}500}{0{,}160} + \\ 3{,}2\sqrt{25} \cdot \left(\frac{0{,}500}{0{,}160} - 1\right)^{3/2} \end{matrix} \right] = 97$$

$$\frac{l}{d} \leq K \left[\begin{matrix} 11 + 1{,}5\sqrt{f_{ck}} \cdot \frac{\rho_0}{\rho} + \\ 3{,}2\sqrt{f_{ck}} \cdot \left(\frac{\rho_0}{\rho} - 1\right)^{3/2} \end{matrix} \right]$$

$$\frac{l}{d} = \frac{5{,}88}{0{,}196} = 30{,}0 \leq 97$$

vorhandene Biegeschlankheit

zusätzliche Grenzwerte:

$$\frac{l}{d} = 30{,}0 \leq 1{,}15^2 \cdot 150/5{,}88 = 33{,}7$$

leichte Trennwände (verformungsempfindliche Ausbauelemente):

$$\frac{l}{d} \leq \left(\frac{l}{d}\right)_{max} = K^2 \cdot 150/l$$

Nachweis erbracht.

Anmerkungen zum Bewehrungsplan:

Pos. 1	Biegezugbewehrung für den Überzug (nicht Bestandteil des Beispiels).
Pos. 2	Zulage, um die Drillbewehrung gemäß **Abb. 5.17** zu erzeugen. Die Querbewehrung der Drillbewehrung ist in Pos. 12 enthalten.
Pos. 3	Bügel für den Überzug (nicht Bestandteil des Beispiels).
Pos. 4	Steckbügel zur Einfassung des freien Randes.
Pos. 12	Die Matten R188 A werden auch im Feld 2 eingelegt, da der Stahlmehrbedarf gering ist und sich dadurch eine einfachere Bewehrungsführung ergibt.
Pos. 13+15	dienen als Abreißbewehrung. Diese Aufgabe wird im Feld 1 auch von der Querbewehrung der Pos. 16 wahrgenommen.
Pos. 14+17	dienen als Drillbewehrung. Hierbei wird auf Verschnittminimierung und das Verbrauchen von Restmatten geachtet (vgl. Schneideskizze).
Pos. 16	werden als ganze 6-m-Matte eingelegt. Dies bewirkt neben der Zeitersparnis für das Schneiden folgende Vorteile: Eine zusätzliche Position für die andere Innenstützung kann entfallen; ein Stoß innerhalb des kurzen Mittelfeldes mit möglichen negativen Momenten auch im Feld wird vermieden; die zusätzlich erforderliche Querbewehrung von 60 % für die Stützung parallel zur Spannrichtung ist abgedeckt.

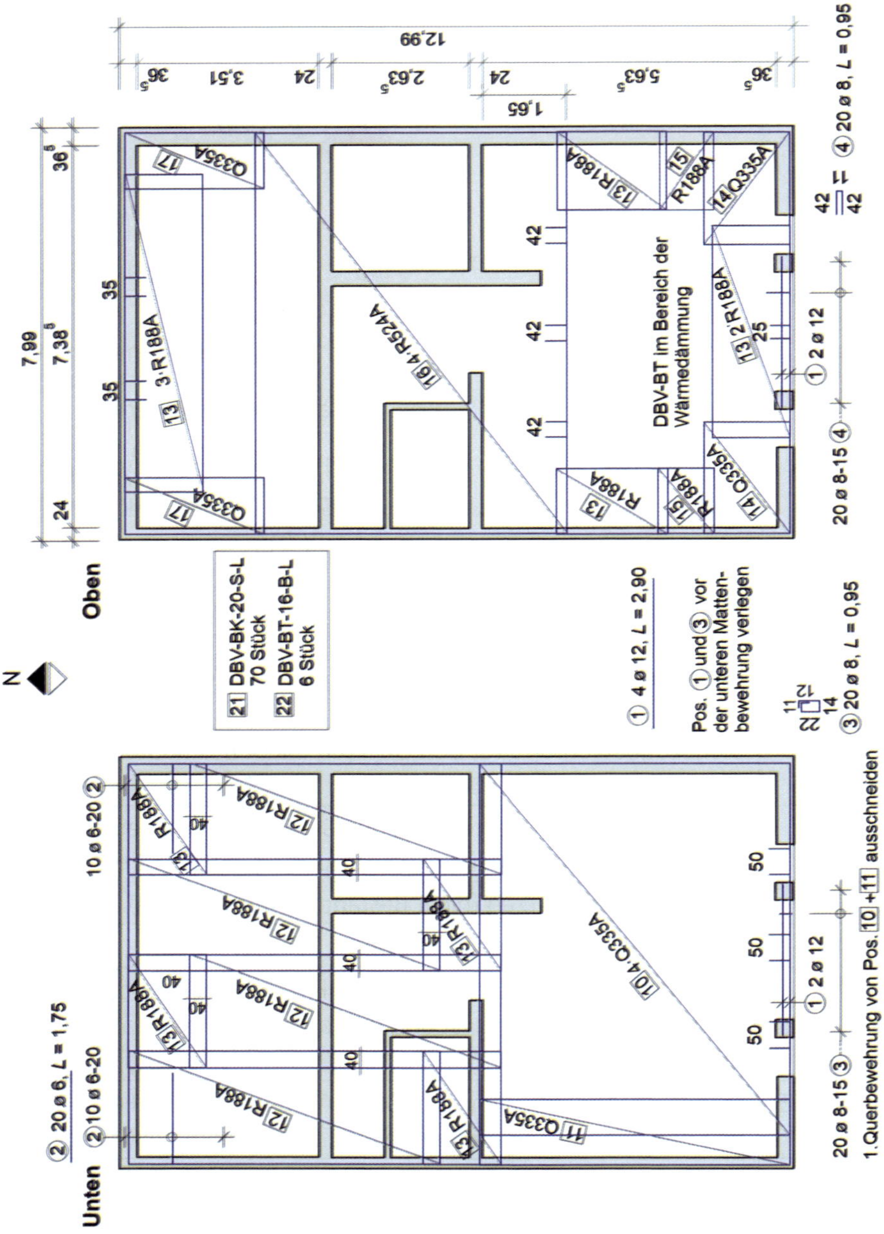

Schneideskizze:

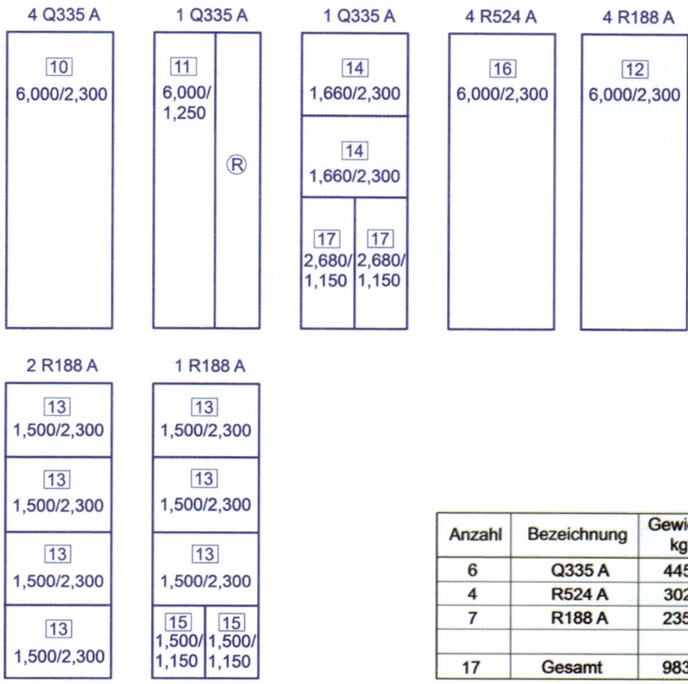

Anzahl	Bezeichnung	Gewicht kg
6	Q335 A	445,8
4	R524 A	302,8
7	R188 A	235,2
17	Gesamt	983,8

Stahlliste Stabstahl:

Pos.	Ø	Einzellänge in m	Stück	Bemaßte Biegeform (unmaßstäblich)	Gesamtlänge in m	Gewicht in kg
1	12	2,90	4	290	11,60	10,30
2	6	1,75	20	175	35,00	7,77
3	8	0,95	20	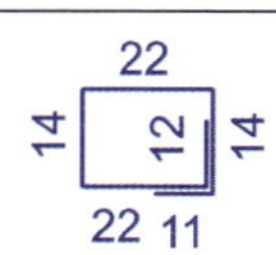	19,00	7,51
4	8	0,95	20	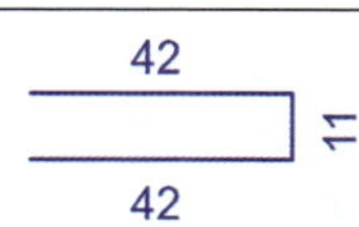	19,00	7,51
				Gesamtgewicht in kg		**33,09**

Alternativer Bewehrungsvorschlag

Der folgende Bewehrungsvorschlag geht für die unten liegende Bewehrung von dem Gedanken aus, nur *einen* Mattenquerschnitt als Grundbewehrung auf der gesamten Decke zu verwenden. Örtlicher Mehrbedarf wird durch Stabstahlzulagen abgedeckt. Da sich in dem hier vorliegenden Fall eine ganz einfache Grundbewehrung erzeugen lässt und der Gesamtstahlbedarf nur ca. 90 % der ersten Lösung beträgt, ist diese Variante günstiger. Die Bewehrungsalternative zeigt auch deutlich, dass der *Stahlbedarf entscheidend durch die Konstruktion und nicht durch ein „genaues" Rechnen bestimmt* wird.

Stahlliste Stabstahl:

Pos.	Ø	Einzellänge in m	Stück	Bemaßte Biegeform (unmaßstäblich)	Gesamtlänge in m	Gewicht in kg
1	8	6,25	33	625	206,25	81,47
2	6	1,75	20	175	35,00	7,77
3	12	2,90	4	290	11,60	10,30
4	8	0,95	20	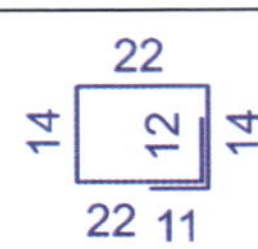 22 / 14 / 12 / 14 / 22 / 11	19,00	7,51
5	8	0,95	20	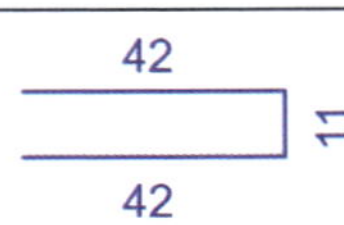 42 / 11 / 42	19,00	7,51
				Gesamtgewicht in kg		**114,56**

Anmerkungen zum Bewehrungsplan:

Pos. 10+11: Im Feld 1 wird die Tragbewehrung der R-Matte in Querrichtung verlegt. Auf diese Weise ist die Bewehrung der Nebentragrichtung voll abgedeckt. Für die Haupttragrichtung werden Stabstahlzulagen Pos. 1 gewählt. Der Mattenstoß in der tragenden Richtung ist knapp. Sofern dies vermieden werden soll, kann durch Wahl eines Ø10 für Pos. 1 auch die gesamte erforderliche Bewehrung abgedeckt werden.

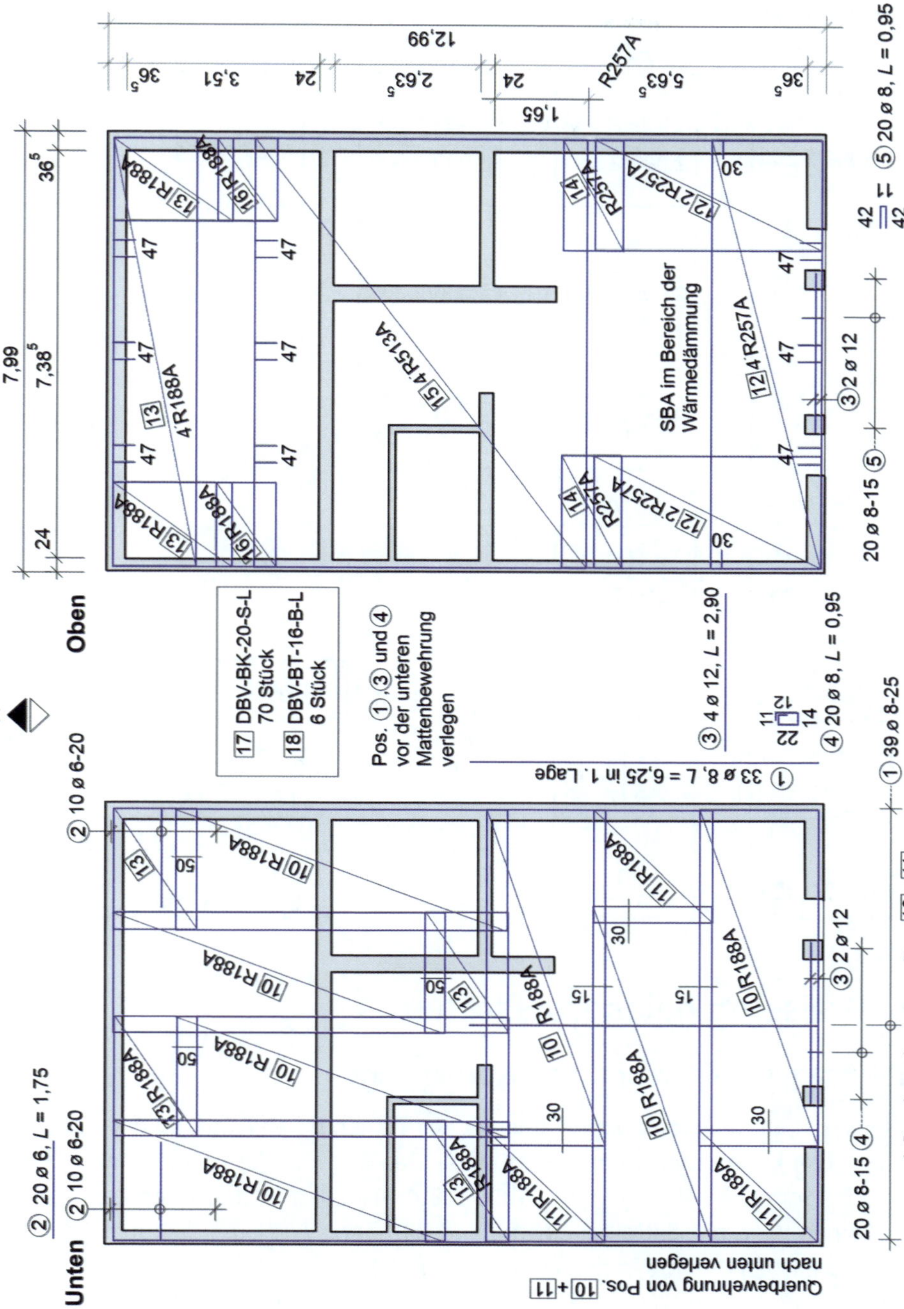

Unten
Oben
N
17 DBV-BK-20-S-L 70 Stück
18 DBV-BT-16-B-L 6 Stück
Pos. 1, 3 und 4 vor der unteren Mattenbewehrung verlegen
SBA im Bereich der Wärmedämmung
1.Querbewehrung von Pos. 10 + 11 ausschneiden
Querbewehrung von Pos. 10 + 11 nach unten verlegen
1 33 ø 8, L = 6,25 in 1. Lage
3 4 ø 12, L = 2,90
4 20 ø 8, L = 0,95
5 20 ø 8, L = 0,95
2 20 ø 6, L = 1,75
2 10 ø 6-20
3 2 ø 12
1 39 ø 8-25
20 ø 8-15 4
20 ø 8-15 5
7,99
12,99

Schneideskizze:

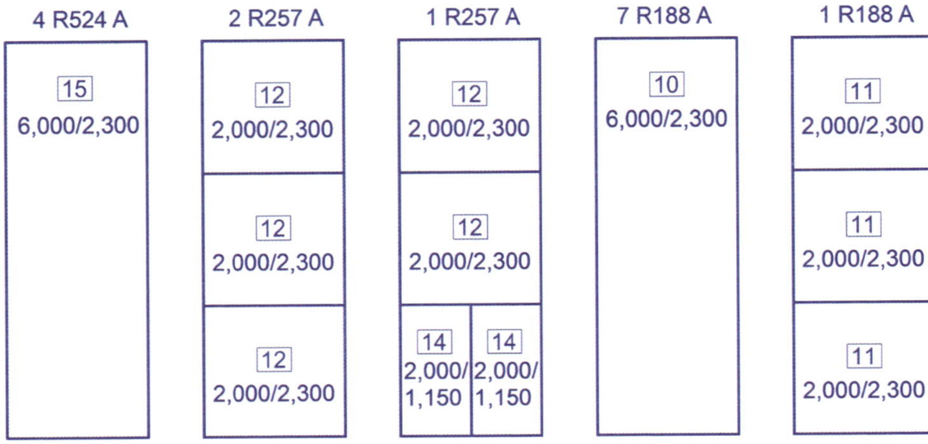

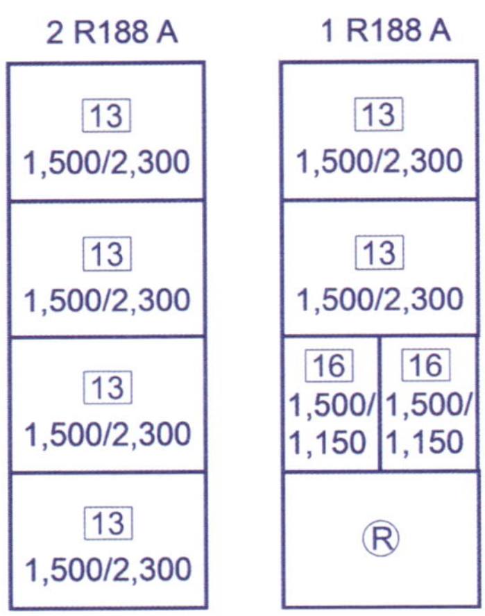

Anzahl	Bezeichnung	Gewicht kg
4	R524 A	302,8
3	R257 A	123,6
11	R188 A	369,6
18	Gesamt	796,0

6.5 Dreiseitig gelagerte Platten

6.5.1 Tragverhalten und Beanspruchungen

Dreiseitig gelagerte Platten haben an einer Seite einen freien Rand, an den anderen Seiten sind sie gelenkig gelagert oder eingespannt. Das Tragverhalten dieser Platten hängt sehr stark vom Seitenverhältnis l_y/l_x ab (**Abb. 6.20**). Aus den Hauptmomentenrichtungen ist zu erkennen, dass die Platte bei einem Seitenverhältnis $l_y/l_x = 0{,}5$ diagonal über die Ecken abträgt. Die Drillmomente in den Ecken sind größer als das Biegemoment am freien Rand. Es ist daher wichtig, dass die Ecken gegen Abheben gesichert werden. Die Drillmomente nehmen bei zunehmendem Seitenverhältnis l_y/l_x ab. Sie beschränken sich dann nur noch auf den Eckbereich; der Plattenbereich $y > l_x$ trägt wie eine einachsig gespannte Platte (**Abb. 6.20**).

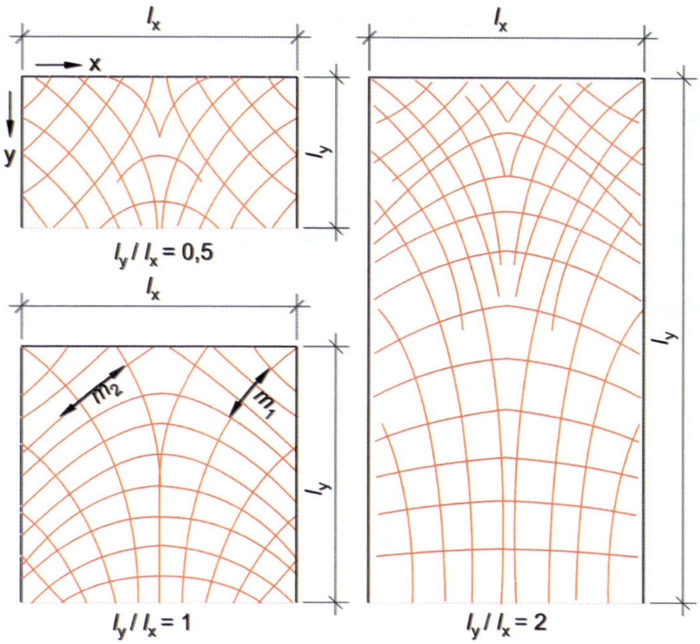

Abb. 6.20 *Hauptmomentenrichtungen einer dreiseitig frei drehbar gelagerten Platte [Leonhardt – 77/2]*

Im Hochbau kragen Balkonplatten häufig zum Teil aus (**Abb. 6.21**). Die kritischen Punkte sind hierbei die beiden Endpunkte der Lagerung. Hier konzentrieren sich die Hauptmomente. Wenn Platten von Innenräumen nach außen durchlaufen, ist darauf zu achten, dass die Platte keine Kältebrücke bildet (→ Kap. 7.3).

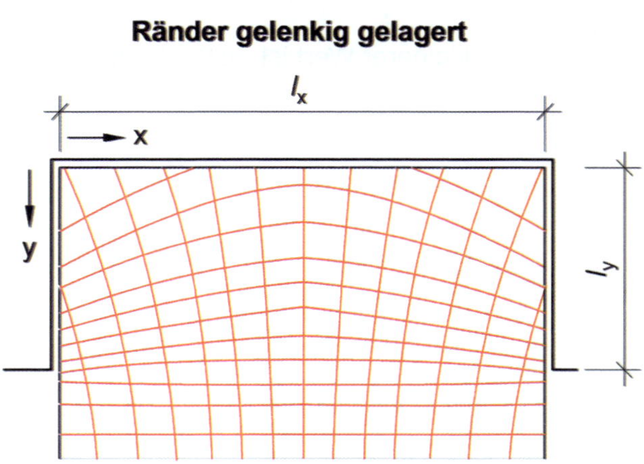

Abb. 6.21 *Hauptmomente einer dreiseitig gelagerten Platte mit einer Auskragung*

Die Schnittgrößenermittlung dreiseitig gelagerter Platten ist mit der FEM oder mit Hilfe der Tafeln nach CZERNY möglich. In den Tafeln ist ebenfalls der qualitative Verlauf der Schnittgrößen angegeben. Wenn die Schnittgrößen bei Mehrfeldplatten mit großen Stützweitenunterschieden berechnet werden sollen, sind die Stütz- und Feldmomente aus den CZERNY-Tafeln entsprechend dem Grundgedanken von PIEPER /MARTENS zu mitteln (→ Kap. 6.2.4).

6.5.2 Bewehrungsführung

Der freie Rand einer dreiseitig gelagerten Platte ist durch Steckbügel einzufassen (**Abb. 5.16**). Außerdem ist die Feldbewehrung am freien Rand enger zu legen als im Feld, da ein Lastausgleich bei Einzellasten schlechter möglich ist (**Abb. 6.22**). Die Drillmomente in den Ecken von frei drehbar gelagerten Rändern werden durch eine orthogonale Netzbewehrung abgedeckt (**Abb. 6.23**).

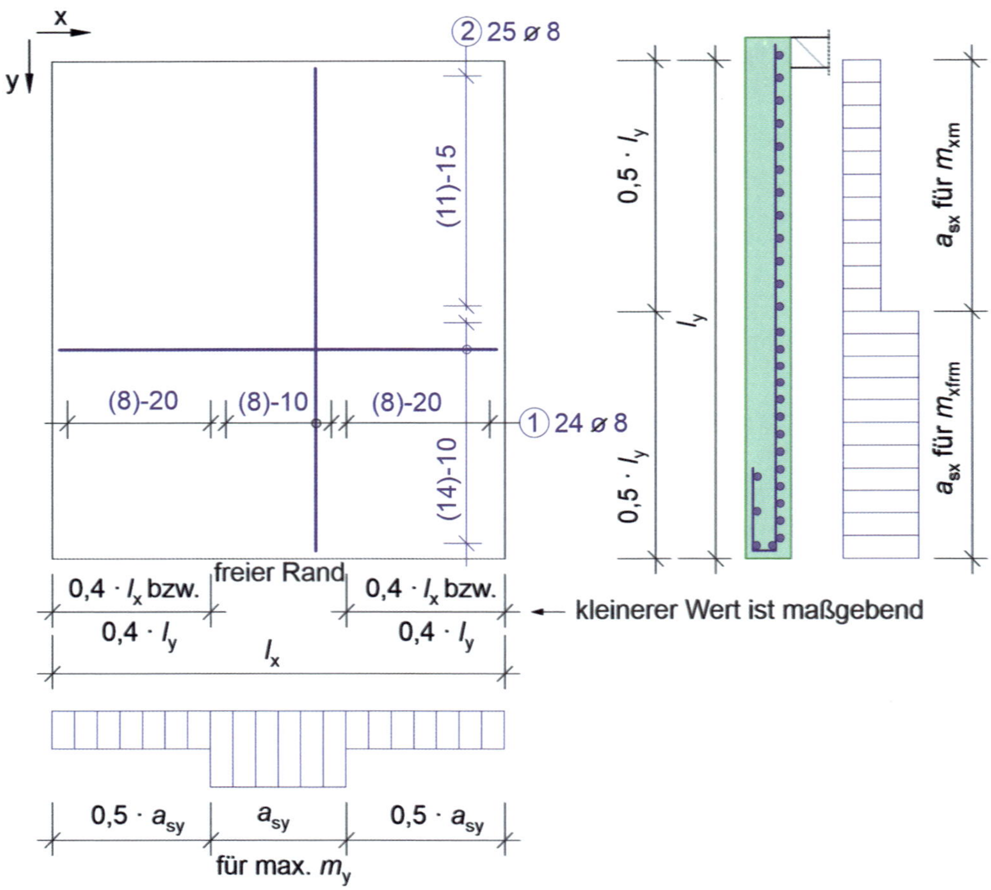

Abb. 6.22 *Untere Grundbewehrung (ohne Drillbewehrung) einer dreiseitig gelagerten Platte*

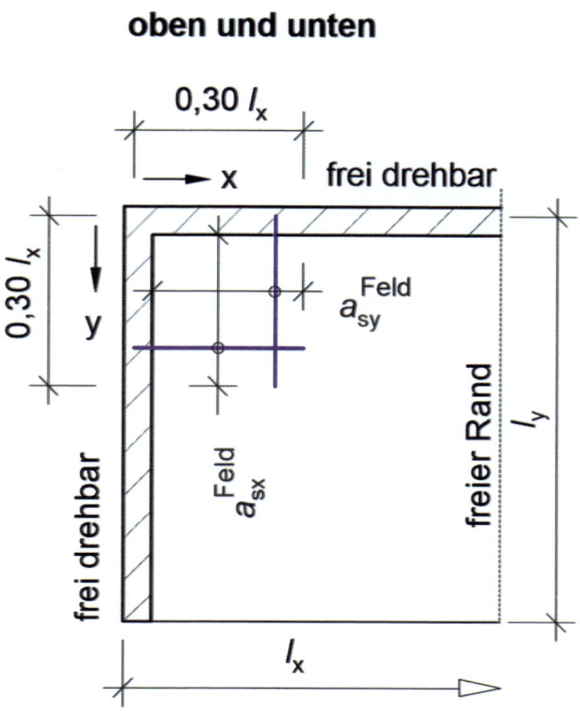

Abb. 6.23 *Oben und unten liegende Drillbewehrung bei dreiseitig gestützten Platten*

6.6 Nachträglich mit Ortbeton ergänzte Platten

6.6.1 Unterschiede zu einachsig gespannten Platten

Die Elementplatte ist aufgrund der einachsig im Fertigteil verlegten unteren Biegezugbewehrung (**Abb. 5.19**) eine ideale Konstruktionsart für einachsig gespannte Platten. Es können jedoch auch zweiachsig gespannte Platten ausgeführt werden. Im Normalfall wird die (untere) Biegezugbewehrung der Nebentragrichtung auf die Elementplatten gelegt. Hierzu ist der Betonstabstahl durch die Gitterträger zu fädeln. Alternativ kann auch die Biegezugbewehrung der Nebentragrichtung in den Fertigteilplatten angeordnet und über den Plattenfugen gestoßen werden (**Abb. 6.24**).

6.6.2 Schnittgrößen

Die unterschiedlichen Höhenlagen der Biegezugbewehrung haben einen vernachlässigbaren Einfluss auf die Schnittgrößen in *x*- und *y*-Richtung. Weiterführende Informationen zur Schnittgrößenermittlung von Elementplatten finden Sie in [Goldberg et al. – 93], [Land – 94] und [Schießl – 96]. Die Fugen in der Stärke der Halbfertigteile bedeuten eine lokale Steifigkeitsänderung. Diese Steifigkeitsänderung bewirkt einen lokalen Störbereich von ca. 25 bis 30 cm, wenn von einer Voutung mit Neigung ca. 1:3 bei 4 bis 5 cm dicken Elementplatten ausgegangen wird. Bei einer linear elastischen Rechnung nach Zustand I führt die geringere Steifigkeit der Fugen zu kleineren Biegemomenten in diesem Bereich. In Plattenmitte ergeben sich demgegenüber größere Biegemomente als bei einer isotropen elastischen Platte. In [Bechert/Furche – 93] werden entsprechende Erhöhungsfaktoren angegeben. Eine derartige Veränderung der Biegemomente tritt jedoch nur bei linear elastischer Rechnung nach Zustand I auf. Beim Übergang in den Bruchzustand wird sich die Teilfertigdecke infolge von Rissbildungen in ihrem Tragverhalten wieder einer Ortbetondecke annähern und ähnliche Bruchschnittgrößen aufweisen. Daher können die Schnittgrößen unter Ansatz der Drillmomente (d. h. für eine drillsteife Platte) bestimmt werden. Es darf allerdings keine Elementplattenfuge innerhalb des Drillbereichs von 0,3 l_{min} liegen (**Abb. 6.24**). Andernfalls ist eine Verbundbewehrung im Abstand von höchstens 100 mm vom Fugenrand vorzusehen.

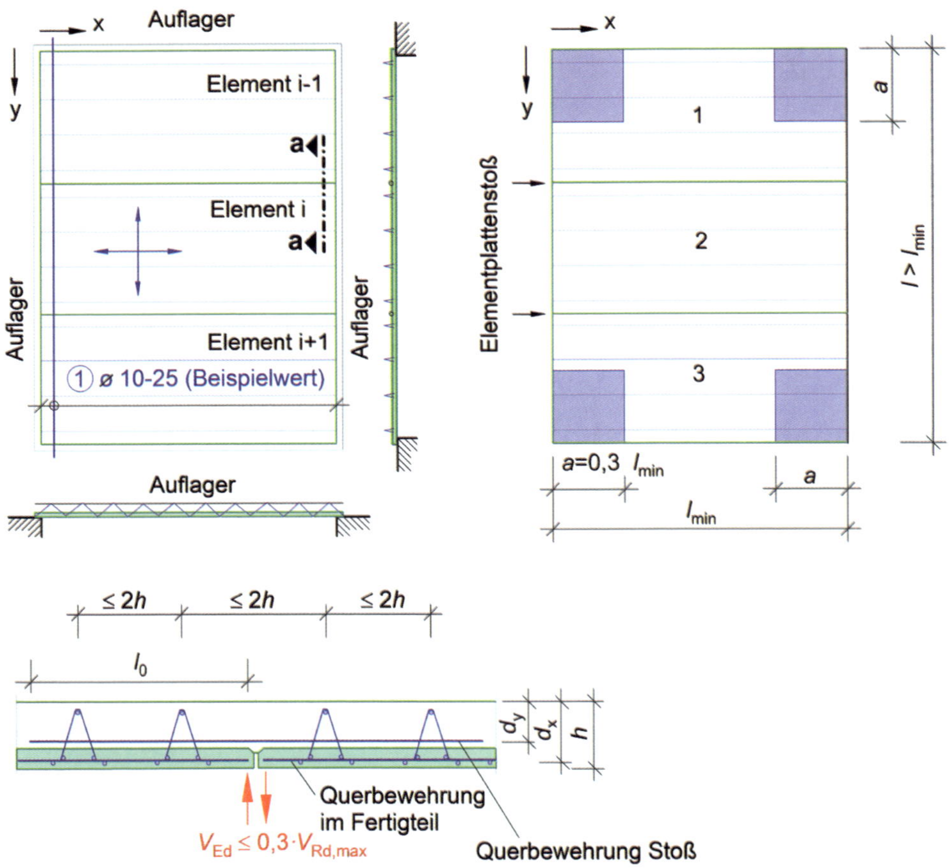

Abb. 6.24 *Elementeinteilung und Bewehrungsanordnung bei zweiachsig gespannten Platten*

6.6.3 Bemessung

Auch bei Elementplatten ist die Aufnahme der Drillmomente gemäß (EC 2-1-1/NA, 9.3.1.3) nachzuweisen. Sie braucht nur dann nicht nachgewiesen zu werden, wenn die Platte mit dem Randbalken oder den benachbarten Plattenfeldern biegesteif verbunden ist. Die statische Nutzhöhe der Nebentragrichtung ist bei der Biegebemessung entsprechend zu reduzieren (**Abb. 6.24**). Die Bewehrung muss hierbei $a_s \leq 10$ cm²/m sein und der verwendete Stabdurchmesser Ø≤ 14 mm.

Bei der Querkraftbemessung ist die Druckstrebentragfähigkeit herabzusetzen auf:

$$V_{\mathrm{Ed}} \leq 0{,}3 \cdot V_{\mathrm{Rd,max}} \tag{6.52}$$

Darüber hinaus ist der Elementplattenstoß durch Gitterträger im Abstand von höchstens der zweifachen Plattendicke zu sichern (**Abb. 6.24**). Der Betonstahlquerschnitt dieser Bewehrung im fugenseitigen Stoßbereich ist dabei für die Zugkraft der gestoßenen Biegezugbewehrung zu bemessen (EC 2-1-1/NA, 10.9.3).

6.7 Kassettenplatten

Wenn die Rippen wie bei Rippenplatten (→ Kap. 5.8) zusätzlich in einer zweiten oder dritten Richtung angeordnet werden, entstehen Kassettenplatten (**Abb. 5.1**). Die entstehenden Kassetten sind bei orthogonaler Rippenanordnung im Regelfall quadratisch, bei Rippen in drei Richtungen sind es gleichseitige Dreiecke.

Kassettenplatten eignen sich bei allseitiger linienförmiger Stützung bei größeren Stützweiten (7,50 m $\leq l_{\mathrm{eff}} \leq$ 10 m) aufgrund ihrer gegenüber Massivplatten geringeren Eigenlast.

Die Schnittgrößen können für Rippenplatten wie für Massivplatten bestimmt werden (FEM, PIEPER/MARTENS), wobei die Drillsteifigkeit zu null anzusetzen ist. Da in der Regel die Rippen beider Richtungen gleiche Abmessungen haben, ist die Biegezugbewehrung in den Rippen mit abweichenden Randabständen zu planen, damit sie sich in den Durchdringungspunkten problemlos kreuzen können.

7 Sonderfälle der Plattenbemessung

7.1 Platten mit unterbrochenen Stützungen

7.1.1 Begriffe

Platten mit einer unterbrochenen Stützung entstehen, wenn Tür- oder Fensteröffnungen bis zur Unterkante Platte geführt werden (**Abb. 7.1**), sodass kein Unterzug mehr möglich (bzw. vorhanden) ist.

Sofern die unterbrochene Stützung kurz ist (→ Kap. 7.1.2), braucht sie in der Berechnung nicht erfasst zu werden. Größere fehlende Unterstützungen sind bei der Schnittgrößenermittlung zu berücksichtigen. Bei Berechnung mit der FEM enthält diese bereits die endgültigen Schnittgrößen. Bei Verwenden von vertafelten Plattenlösungen (→ Kap. 6.2.3) ist eine zusätzliche Ergänzungsberechnung durchzuführen. Es wird dann häufig der so genannte „deckengleiche Unterzug" angeordnet. Hierbei wird ein Plattenstreifen als Balken berechnet und dann stärker bewehrt als die restliche Platte. Der Plattenstreifen soll rechnerisch ein Auflager für die Platte bilden, sodass diese als kontinuierlich gestützt anzusehen ist. Dies ist ein Rechenmodell, welches das tatsächliche Tragverhalten der Platte bestenfalls näherungsweise erfasst, denn der deckengleiche Unterzug hat keine größere Steifigkeit als die Platte, verformt sich demzufolge genauso wie diese und bildet somit auch kein Auflager für die Platte (auch wenn dies so gerechnet wurde). Dieses Rechenmodell kann daher nur bei fehlenden Stützungen auf kurzer bis mittlerer Länge verwendet werden. Wenn die Plattenstützung auf einer großen Länge fehlt, muss dies schon bei der Plattenmodellierung berücksichtigt werden.

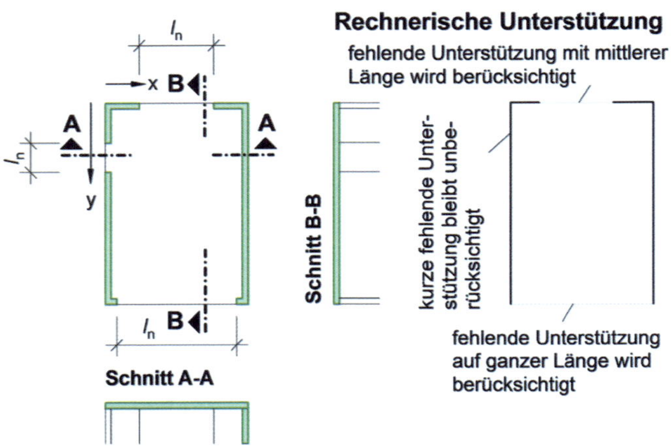

Abb. 7.1 *Platte mit unterbrochener Stützung*

7.1.2 Fehlende Stützung auf kurzer Länge

Sofern die Stützung nur auf einer sehr kurzen Länge fehlt, braucht kein Nachweis für die fehlende Stützung geführt zu werden. In Richtung des deckengleichen Unterzuges werden konstruktiv Bewehrungszulagen angeordnet (z.B. 2 Ø10 oder 2 Ø12 jeweils oben + unten). Dieser Fall liegt vor, wenn

$$\frac{l_B}{h} \leq 7 \tag{7.1}$$

$$l_B = 1{,}05\, l_n \tag{7.2}$$

l_n lichte Weite der fehlenden Unterstützung

7.1.3 Fehlende Stützung auf mittlerer Länge

Sofern die Stützung auf einer Länge

$$7 < \frac{l_B}{h} \leq 15 \tag{7.3}$$

fehlt, handelt es sich um eine fehlende Stützung auf mittlerer Länge. Bei vorwiegend ruhender Belastung darf auf einen Nachweis nach der Plattentheorie verzichtet werden, wenn die folgenden Regeln eingehalten werden ([Grasser/Thielen – 91], Kap. 2.4).

Schnittgrößen:

Die Schnittgrößen in Richtung der unterbrochenen Unterstützung werden an einem Ersatzbalken (= deckengleicher Unterzug) mit einer Belastung gemäß **Abb. 7.2** ermittelt.

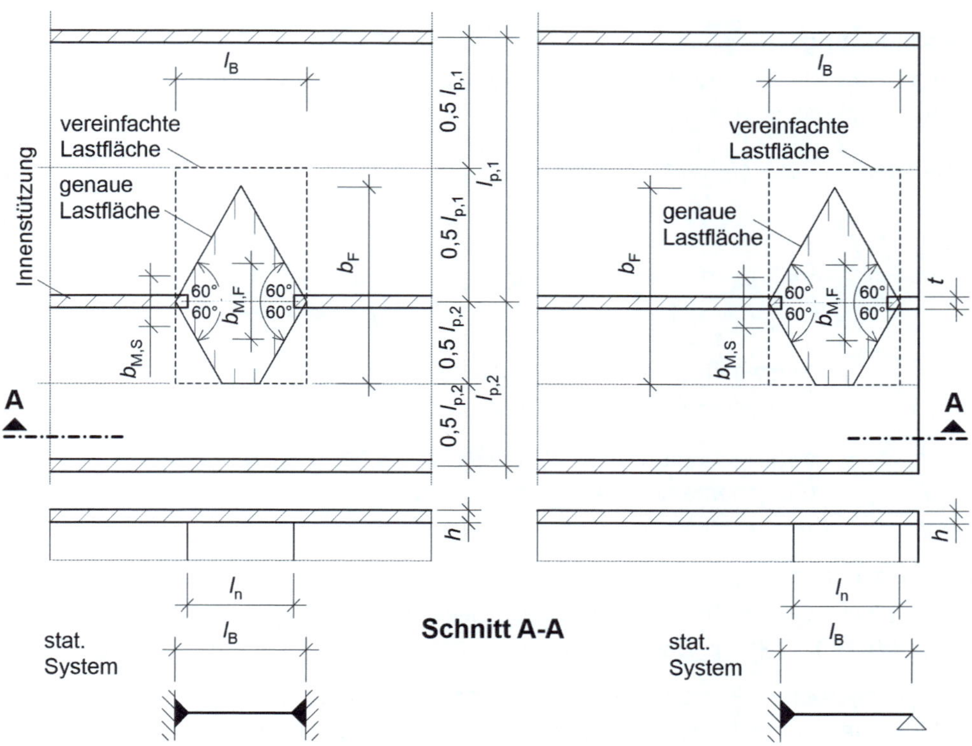

Abb. 7.2 *Lasteinzugsflächen zur Berechnung eines deckengleichen Unterzuges an einer Innenstützung der Platte*

Die Belastung darf vereinfachend aus der Fläche über die halbe Stützweite der Platte oder eine durch 60°-Linien begrenzte Lastfläche gewonnen werden (**Abb. 7.2**).

$$F_d = F'_d \cdot b_F \tag{7.4}$$

l_n lichte Weite der fehlenden Unterstützung

F'_d maßgebende (größte) Flächenlast auf der Platte

F_d Ersatzstreckenlast auf dem deckengleichen Unterzug

b_F Breite der Lastfläche

Endauflager

$$b_F = \frac{l_B}{2} \cdot \tan 60° \leq \frac{l_{p,1}}{2} \tag{7.5}$$

Zwischenauflager

$$b_{F1} = l_{B,1} \cdot \tan 60° \leq \frac{l_{p,1}}{2}$$

$$b_{F2} = l_{B,2} \cdot \tan 60° \leq \frac{l_{p,2}}{2}$$

$$b_F = b_{F1} + b_{F2} \tag{7.6}$$

Als statisches System wird hierbei ein Einfeldsystem zugrunde gelegt, das an seinen Enden starr eingespannt (**Abb. 7.2** links) oder einseitig gelenkig gelagert (**Abb. 7.2** rechts) ist. Die gelenkige Lagerung wird angenommen, wenn sich die fehlende Stützung sehr nah am Rand befindet.

Biegebemessung:

Die Biegebemessung des deckengleichen Unterzuges erfolgt für eine mittragende Breite b_M, für die je nach Ort gilt:

unterbrochene Stützung am Endauflager

$$b_{M,F} = 0{,}25\ l_B \tag{7.7}$$

$$b_{M,S} = 0{,}125\ l_B \tag{7.8}$$

unterbrochene Stützung am Zwischenauflager

$$b_{M,F} = 0{,}50\ l_B \tag{7.9}$$

$$b_{M,S} = 0{,}25\ l_B \tag{7.10}$$

$b_{M,F}$ mittragende Breite im Feldbereich des deckengleichen Unterzuges (Biegebemessung der Feldmomente)

$b_{M,S}$ mittragende Breite im Stützbereich des deckengleichen Unterzuges (Biegebemessung der Stützmomente)

Durchstanzbemessung:

Anstelle einer Querkraftbemessung des deckengleichen Unterzuges ist gemäß [DAfStb Heft 599 – 13] am Wandende ein Durchstanznachweis zu führen. (→ Kap. 9)

Da ein deckengleicher Unterzug Bestandteil einer Deckenplatte ist, gelten für ihn die gleichen Bedingungen wie für eine Platte, weshalb für deckengleiche Unterzüge keine Mindestquerkraftbewehrung vorzusehen ist.

Bewehrungsführung:

Die Bemessung und Bewehrungsführung der Platte bleiben gegenüber der kontinuierlich gestützten Platte unverändert. Zusätzlich ist eine Bewehrung für den deckengleichen

Unterzug anzuordnen. Rechtwinklig zur unterbrochnenen Stützung sind lediglich konstruktive Maßnahmen erforderlich. Wenn die unterbrochene Stützung an einem Endauflager auftritt, ist eine Zusatzbewehrung gemäß **Abb. 7.3** anzuordnen. Die Schenkel der Steckbügel müssen folgenden Querschnitt aufweisen:

$$a_{sw} = 0{,}1\,d \tag{7.13}$$

a_{sw} in cm²/m, d in cm

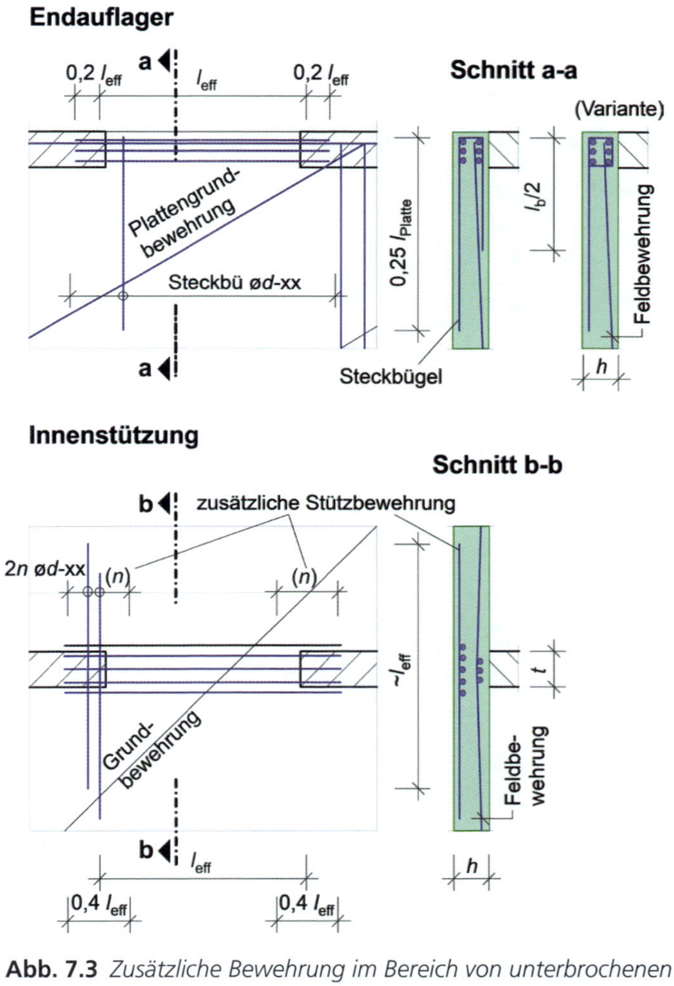

Abb. 7.3 *Zusätzliche Bewehrung im Bereich von unterbrochenen Stützungen*

Bei größeren fehlenden Stützungen ist die Bewehrung gemäß folgender Gl. (7.14) zu erhöhen, wobei die Zusatzbewehrung Δa_s^o gleichmäßig auf die beiden Auflagerbereiche des deckengleichen Unterzuges zu verteilen ist (**Abb. 7.3**). Wenn die unterbrochene Stützung an einer Innenstützung auftritt, genügt bis zu einer fehlenden Stützung $l_B \leq 10\,h$ die oben liegende Biegezugbewehrung aus der Plattenbemessung.

$$\frac{l_B}{h} > 10: \qquad (7.14)$$

$$\rightarrow \quad \Delta a_s^o = \frac{\frac{l_B}{h} - 10}{5} \cdot 0{,}4\, a_s^o$$

Beispiel 7.1: Platte mit fehlender Unterstützung (Fortsetzung von Beispiel 6.4)

gegeben:
- Ergebnisse des Beispiels 6.4
- Öffnungen lt. Skizze
- Baustoffe C25/30; B500

gesucht:
- Schnittgrößen der Garagendecke
- Bemessung (nur Grenzzustand der Tragfähigkeit)
- Bewehrungsplan

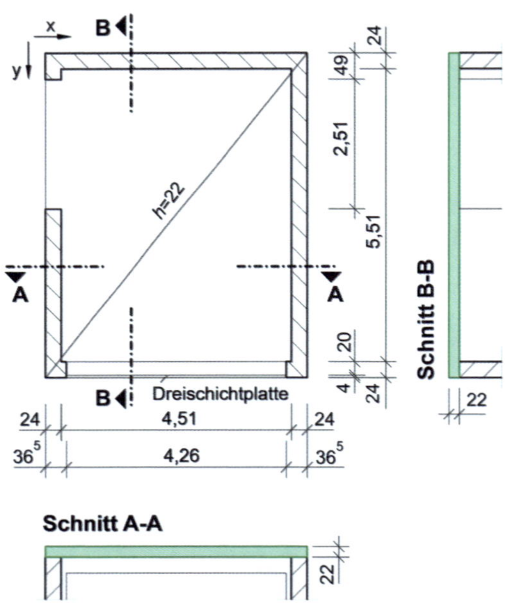

Lösung:

Im Bereich der Tür ist kein Unterzug vorhanden. Die Platte ist dort nicht gestützt. Zunächst soll überprüft werden, ob die Platte näherungsweise als kontinuierlich gestützt angesehen werden kann. In diesem Fall können Platte und deckengleicher Unterzug getrennt berechnet werden.

$l_B = 1{,}05 \cdot 2{,}51 = 2{,}64$ m

$7 < \frac{2{,}64}{0{,}22} = 12{,}0 < 15$

→ Näherungsberechnung

$m_{Edx,m,\mu} = 18{,}3 + 0{,}2 \cdot 12{,}0 = 20{,}7$ kNm/m

$m_{Edy,max,m} = 12{,}0 + 0{,}2 \cdot 18{,}3 = 15{,}7$ kNm/m

$v_{Edx,rm} = \pm\frac{15{,}45 \cdot 4{,}75}{2{,}64} = \pm 27{,}8$ kN/m

(7.2): $l_B = 1{,}05\, l_n$

(7.3): $7 < \frac{l_B}{h} \leq 15$

Die Platte ist mit der im Beispiel 6.4 berechneten identisch. Lastannahmen und Schnittgrößen können direkt von dort übernommen werden.

Kontinuierlich gestützte Platte:

$f_{cd} = \frac{0{,}85 \cdot 25}{1{,}5} = 14{,}2$ N/mm²

$f_{cd} = \frac{\alpha_{cc} \cdot f_{ck}}{\gamma_C}$

$d = 22 - 4{,}0 - 0{,}4 = 17{,}6$ cm $\approx 17{,}5$ cm

$d = h - c_{V,l} - \frac{\varnothing_l}{2}$ mit $\varnothing_l = 8$ mm

$\mu_{Edsx} = \frac{20{,}7 \cdot 10^{-3}}{0{,}175^2 \cdot 14{,}2} = 0{,}048$

(5.16): $\mu_{Eds} = \frac{m_{Eds}}{d^2 \cdot f_{cd}}$

$\omega \approx 0{,}0494$; $\sigma_{sd} \approx 457$ N/mm²

Teil 1, **Tafel 7.1** (interpoliert)

$a_{sx} = \frac{0{,}0494 \cdot 17{,}5 \cdot 14{,}2 + 0}{457} \cdot 10^2 = 2{,}69$ cm²/m

(5.17): $a_s = \frac{\omega \cdot d \cdot f_{cd} + n_{Ed}}{\sigma_{sd}}$

$d_y = 17{,}5 - \frac{0{,}7 + 0{,}7}{2} = 16{,}8$ cm

(6.44): $d_{y'} = d_{x'} - \frac{\varnothing_l + \varnothing_t}{2}$

$\mu_{Edsy} = \frac{15{,}7 \cdot 10^{-3}}{0{,}168^2 \cdot 14{,}2} = 0{,}039$

(5.16): $\mu_{Eds} = \frac{m_{Eds}}{d^2 \cdot f_{cd}}$

$\omega \approx 0{,}0400$; $\sigma_{sd} \approx 457$ N/mm²

Teil 1, **Tafel 7.1** (interpoliert)

$a_{sy} = \frac{0{,}0400 \cdot 16{,}8 \cdot 14{,}2 + 0}{457} \cdot 10^2 = 2{,}09$ cm²/m

(5.17): $a_s = \frac{\omega \cdot d \cdot f_{cd} + n_{Ed}}{\sigma_{sd}}$

gew: Q257 A

(im Bewehrungsplan Pos. 10)

$k = 1 + \sqrt{\frac{200}{175}} = 2{,}06 \leq \underline{2{,}0}$

$k = 1 + \sqrt{\frac{200}{d}} \leq 2{,}0$

$\rho_l = \frac{2{,}57}{100 \cdot 17{,}5} = 0{,}0015 < 0{,}02$

$v_{Rd,c} = 0{,}1 \cdot 2{,}0 \cdot (100 \cdot 0{,}0015 \cdot 25)^{\frac{1}{3}} \cdot 0{,}175 \cdot 10^3$
$= 54{,}4$ kN/m

$\rho_l = \frac{A_{sl}}{b_w \cdot d} \leq 0{,}02$

Mindestquerkrafttragfähigkeit:

$v_{min} = \frac{0{,}525}{1{,}5} \cdot 2^{\frac{3}{2}} \cdot 25^{\frac{1}{2}} = 0{,}494$ MN/m²

(5.31): $v_{Rd,c} = \left[\begin{array}{c}\frac{0{,}15}{\gamma_C} k\left(100\rho_l \cdot f_{ck}\right) \\ +0{,}12\sigma_{cp}\end{array}\right] \cdot b_w \cdot d \geq$

$v_{Rd,c} = (0{,}494 + 0) \cdot 10^3 \cdot 0{,}175 = 86{,}5$ kN/m

$v_{Rd,c} = \left(v_{min} + 0{,}12 \cdot \sigma_{cp}\right) \cdot b_w \cdot d$

mit $v_{min} = \frac{0{,}525}{\gamma_C} \cdot k^{\frac{3}{2}} \cdot f_{ck}^{\frac{1}{2}}$

$v_{Ed} = 27{,}8\ \frac{kN}{m} < 86{,}5\ \frac{kN}{m} = v_{Rd,c}$

(5.30): $V_{Ed} \leq \begin{cases} V_{Rd,c} \\ V_{Rd,max} \end{cases}$

Korrekturberechnung für fehlende Unterstützung:

$b_F = \frac{2{,}64}{2} \cdot \tan 60° = 2{,}29 \text{ m} < 2{,}38 \text{ m} = \frac{4{,}75}{2}$ | (7.5): $b_F = \frac{l_B}{2} \tan 60° \leq \frac{l_{pl}}{2}$

$F_d = 15{,}45 \cdot 2{,}29 = 35{,}4 \text{ kN/m}$ | (7.4): $F_d = F'_d \cdot b_F$

Als statisches System für den deckengleichen Unterzug wird ein einseitig eingespannter Balken verwendet.

$\max M_{Ed,F} = \frac{9}{128} \cdot 35{,}4 \cdot 2{,}64^2 = 17{,}35 \text{ kNm}$ | $\max M_{Ed,F} = \frac{9}{128} \cdot F_d \cdot l_B^2$

$M_{Ed,S} = -\frac{1}{8} \cdot 35{,}4 \cdot 2{,}64^2 = -30{,}8 \text{ kNm}$ | $M_{Ed,S} = -\frac{1}{8} \cdot F_d \cdot l_B^2$

$C_{Ed} = \frac{5}{8} \cdot 35{,}4 \cdot 2{,}64 = 58{,}4 \text{ kN}$ | $C_{Ed} = \frac{5}{8} \cdot F_d \cdot l_B$

$b_{M,F} = 0{,}25 \cdot 2{,}64 = 0{,}66 \text{ m}$ | (7.7): $b_{M,F} = 0{,}25\, l_B$

$d \approx 16{,}5 \text{ cm}$

$\mu_{Eds} = \frac{17{,}35 \cdot 10^{-3}}{0{,}66 \cdot 0{,}165^2 \cdot 14{,}2} = 0{,}068$ | $\mu_{Eds} = \frac{M_{Eds}}{b \cdot d^2 \cdot f_{cd}}$

$\omega = 0{,}0707$; $\sigma_{sd} = 457 \text{ N/mm}^2$ | Teil 1, **Tafel 7.1** (interpoliert)

$A_s = \frac{0{,}0707 \cdot 66{,}0 \cdot 16{,}5 \cdot 14{,}2 + 0}{457} = 2{,}39 \text{ cm}^2$ | $A_s = \frac{\omega \cdot b \cdot d \cdot f_{cd} + N_{Ed}}{\sigma_{sd}}$

gew: 3 ∅10 | (im Bewehrungsplan Pos. 1)

$A_{s,vorh} = 2{,}39 \text{ cm}^2 \geq 2{,}39 \text{ cm}^2 = A_{s,erf}$ | $A_{s,vorh} \geq A_{s,erf}$

$b_{M,S} = 0{,}125 \cdot 2{,}64 = 0{,}33 \text{ m}$ | (7.8): $b_{M,S} = 0{,}125\, l_B$

$\mu_{Eds} = \frac{30{,}8 \cdot 10^{-3}}{0{,}33 \cdot 0{,}165^2 \cdot 14{,}2} = 0{,}24$ | $\mu_{Eds} = \frac{M_{Eds}}{b \cdot d^2 \cdot f_{cd}}$

$\omega = 0{,}2804$; $\sigma_{sd} = 439 \text{ N/mm}^2$ | Teil 1, **Tafel 7.1**

$A_s = \frac{0{,}2804 \cdot 33{,}0 \cdot 16{,}5 \cdot 14{,}2 + 0}{439} = 4{,}94 \text{ cm}^2$ | $A_s = \frac{\omega \cdot b \cdot d \cdot f_{cd} + N_{Ed}}{\sigma_{sd}}$

gew: 7∅10 | (im Bewehrungsplan Pos. 1)

$A_{s,vorh} = 5{,}50 \text{ cm}^2 \geq 4{,}94 \text{ cm}^2 = A_{s,erf}$ | $A_{s,vorh} \geq A_{s,erf}$

Es ist kein Querkraftnachweis für den deckengleichen Unterzug erfordelich. Der Durchstanznachweis wird am Wandende, wie in Kapitel 9 beschrieben, geführt.

Steckbügel für den freien Rand: | (7.13): $a_{sw} = 0{,}1\, d$

$a_{sw} = 0{,}1 \cdot 16{,}5 = 1{,}65 \text{ cm}^2/\text{m}$

Es wird rechnerisch nur der außen liegende Schenkel des Bügels berücksichtigt. | $a_{s,vorh} \geq a_{s,erf}$

$a_{s,vorh} = 2{,}80 \text{ cm}^2/\text{m} > 1{,}65 \text{ cm}^2/\text{m} = a_{s,erf}$

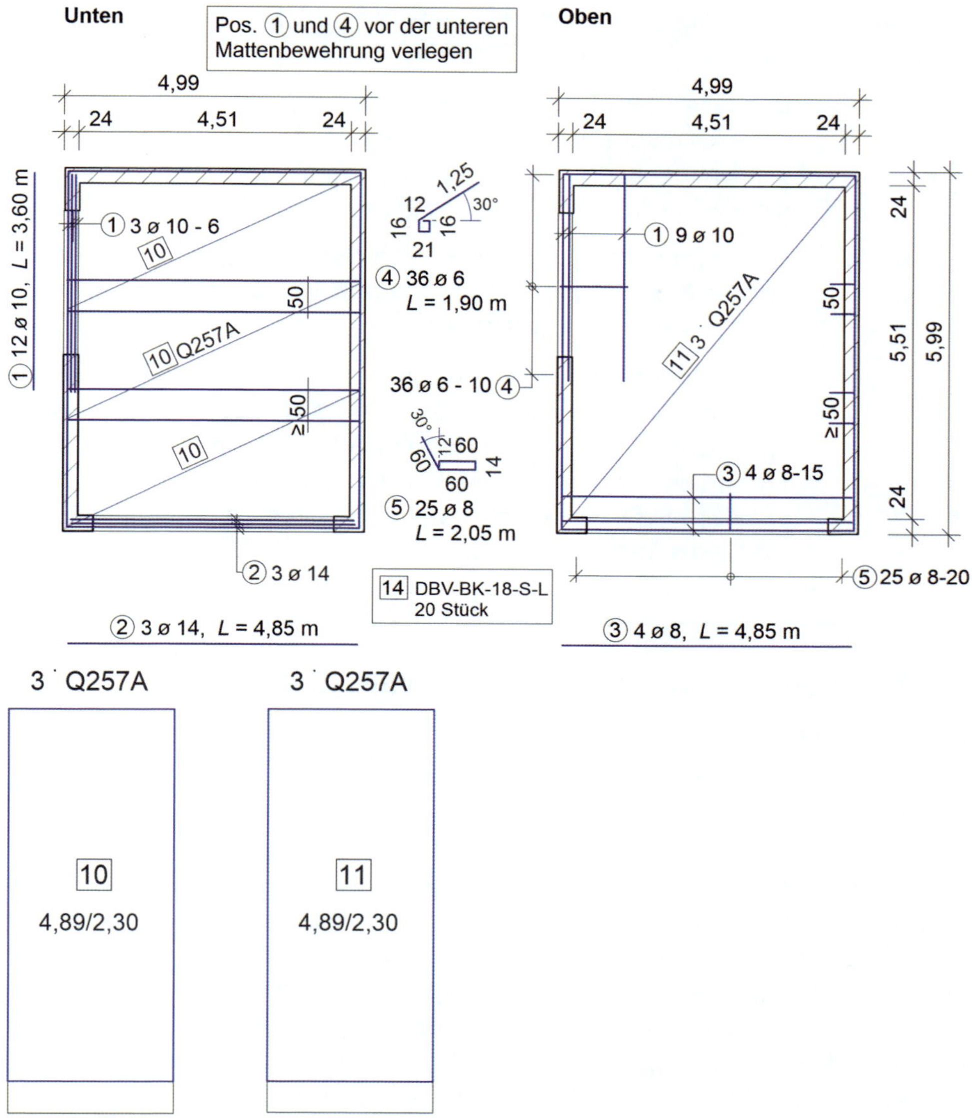

Anmerkungen zum Bewehrungsplan:

Pos. 1 — Pos. 1 und Pos. 4 müssen zuerst verlegt werden, damit die Betonstahlmatten Pos. 10 auf die Bewehrung des deckengleichen Unterzuges gelegt werden können. 3 Ø10 der Position werden als Montagebewehrung für Pos. 4 genommen. Hierfür hätte zwar ein geringerer Stahlquerschnitt ausgereicht, dies würde jedoch eine zusätzliche Position bedeuten.

Pos. 3 — 4 Stäbe sind die erforderliche Querbewehrung zu Pos. 5, 1 Stab ist ein Montagestab für die innere obere Bügelecke. Weitere Stäbe könnten evtl. aufgrund der Rissbreitenbeschränkung für die Stegseiten des Unterzuges erforderlich werden.

Pos. 3
Pos. 5 Die Bewehrung des Unterzuges wurde im Rahmen des obigen Rechenbeispiels nicht ermittelt. Die Werte sind als vorgegeben zu betrachten.

Pos. 5 Der Bügel ist noch zur Montage offen. Bei geschlossenem oberem Schenkel müsste der letzte Querstab von Pos. 10 herausgeschnitten werden. Der Bügel des Unterzuges (in Verbindung mit der Pos. 11) ist gleichzeitig die obere Abreißbewehrung für die Platte.

Pos. 10 Die Tragstöße in Querrichtung sind größer als erforderlich. Bei der unteren Bewehrung wurde die herkömmliche Darstellung gewählt. Alle Matten wurden gezeichnet.

Pos. 11 Da es sich hier um ein Flachdach handelt, wurde eine durchgehende obere Bewehrung eingebaut. Diese ersetzt die Abreißbewehrung und eine eventuell erforderliche bzw. empfohlene Drillbewehrung. Gleichzeitig wird die zur Aussteifung erforderliche Scheibenwirkung der Platte gewährleistet. Bei der oberen Bewehrung wurde die genormte Darstellung für gleiche Matten verwendet.

7.1.4 Fehlende Stützung auf großer Länge

Dieser Fall liegt bei

$$\frac{l_{\mathrm{B}}}{h} > 15 \qquad (7.15)$$

vor oder wenn die Öffnung mindestens über die Hälfte der Länge einer Plattenseite reicht. Das Näherungsverfahren ist hier nicht mehr anwendbar. Infolge der elastischen Nachgiebigkeit des deckengleichen Unterzuges biegt sich der Plattenrand im Bereich der fehlenden Unterstützung durch. Damit ergeben sich parallel zur Öffnung zusätzliche Krümmungen und damit zusätzliche Momente, die bei der Berechnung als starr gelagerte Platte auf deckengleichem Unterzug nicht erfasst werden. Wenn die Schnittgrößen nicht mit FEM bestimmt werden, können vertafelte Plattenlösungen nach [Stiglat/Wippel – 83] verwendet werden.

7.2 Platten mit Öffnungen

7.2.1 Allgemeines

Platten mit Öffnungen lassen sich auf analytischem Weg nur schwer berechnen. Der Grund hierfür ist die Formulierung der Randbedingungen in den Öffnungsecken. Hier treten nämlich nach der Elastizitätstheorie unendlich große Spannungen auf. Der Baustoff Stahlbeton verhält sich jedoch elastoplastisch. In der Druckzone vermindern sich hierdurch die Spannungen, in der Zugzone bilden sich Risse. Diese Risse verlaufen in der Winkelhalbierenden der Öffnungsecke und haben eine Länge von etwa der ein- bis zweifachen

Plattendicke. Wenn die Schnittgrößen mit der FEM berechnet werden, sind die Hinweise in Kap. 5.4.2 zu beachten. Eine sinnvolle Bewehrungsführung an den Öffnungsrändern und -ecken ist sehr wichtig.

7.2.2 Kleine Öffnungen

Ob eine Öffnung bereits bei der Schnittgrößenermittlung berücksichtigt werden muss, hängt von der Öffnungsgröße ab. Als Richtgröße dafür, ob eine Öffnung klein oder groß ist, kann folgende Gl. dienen. Eine kleine Öffnung liegt vor bei

$$\frac{c_i}{l_i} \leq 0{,}2 \tag{7.16}$$

$$a_i \geq \frac{c_i}{2} + l_{bd} \tag{7.17}$$

c_i Öffnungsgröße in Koordinatenrichtung x bzw. y

l_i Stützweite der Platte in Koordinatenrichtung x bzw. y

Bei kleinen Öffnungen braucht der Einfluss der Öffnung auf die Schnittgrößen rechnerisch nicht erfasst zu werden. Die Schnittgrößen werden für eine Platte ohne Öffnung bestimmt, und die Zusatzbeanspruchungen aus der Öffnung werden konstruktiv durch Bewehrung abgedeckt. Hierbei wird üblicherweise die Öffnung „ausgewechselt". Das bedeutet, dass die Bewehrung, die bei durchgehender Platte im Bereich der Öffnung liegen würde, symmetrisch seitlich neben die Öffnung gelegt wird (**Abb. 7.4**):

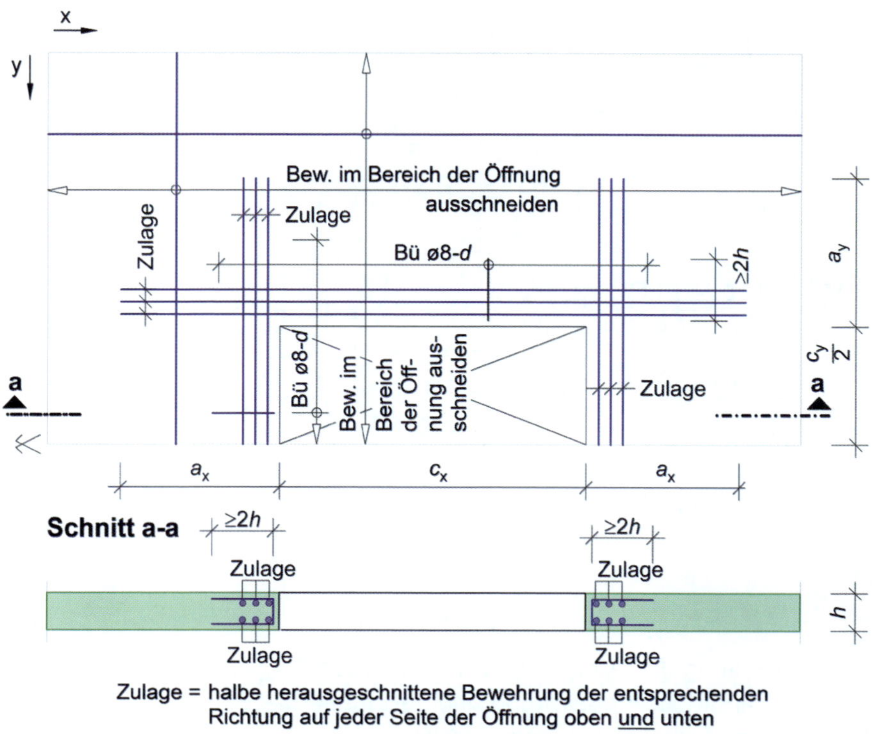

Abb. 7.4 *Bewehrungsführung bei kleinen Öffnungen*

7.2.3 Große Öffnungen

Die Schnittgrößen von Platten mit großen Öffnungen werden heute i.d.R. mit der FEM berechnet. Sofern derartige Software nicht zur Verfügung steht, können für einige Fälle die Schnittgrößen mit Tafelwerken [Stiglat/Wippel – 83] bestimmt werden. Für Überschlags- oder Kontrollrechnungen eignet sich folgendes Näherungsverfahren:

Mit Ausnahme des unmittelbaren Bereichs der Öffnungsecke haben zweiachsig gespannte Platten mit Öffnungen ähnliche Schnittgrößen wie solche ohne Öffnungen. Daher kann man drei- und vierseitig gestützte Platten mit Öffnungen in sinnvolle dreiseitig gelagerte Teilplatten aufteilen. Dieses „ingenieurmäßige" Vorgehen soll an einem Beispiel erläutert werden.

Beispiel 7.2: Platte mit Öffnung

gegeben: Garagendecke mit Oberlicht laut Skizze

gesucht: Berechnungsansatz für die Deckenplatte

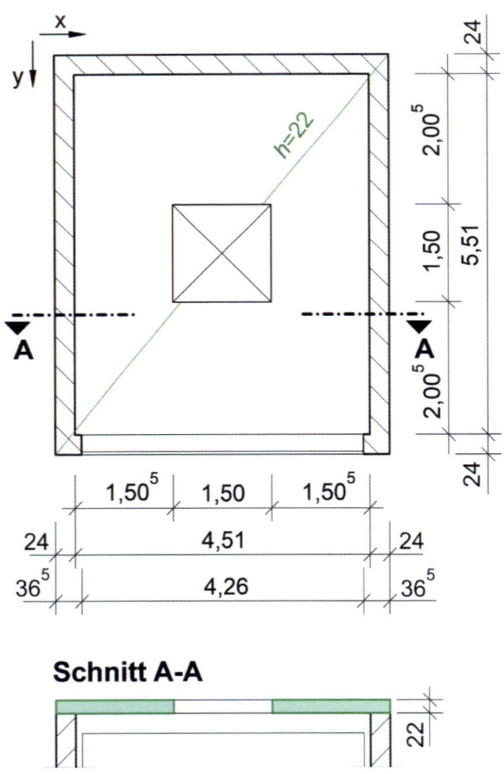

Lösung:

Die Deckenplatte wird in die Teilplatten 1 bis 4 aufgeteilt. Für jede Teilplatte werden die Schnittgrößen ermittelt. Als Belastung sind die Last auf der Platte und evtl. Auflagerkräfte benachbarter Teilplatten anzusetzen.

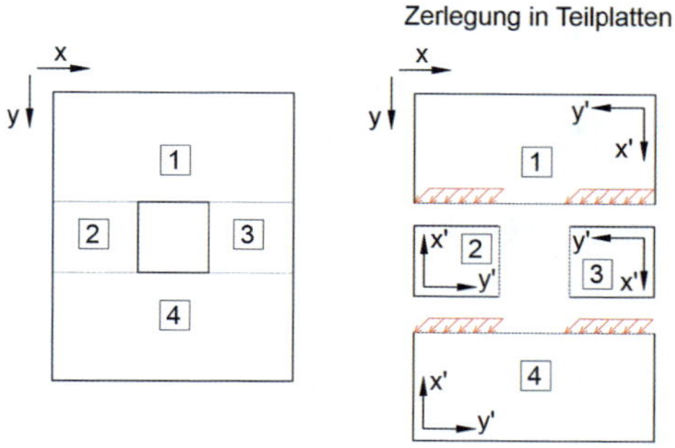

Teilplatte 1; 4:

dreiseitig gestützt, ein freier Rand (Stützungsart 7.2); der freie Rand ist durch eine Linienlast infolge der Auflagerkräfte von Teilplatte 2 und 3 belastet.

Teilplatte 2; 3:

dreiseitig gestützt, ein freier Rand im Bereich des Oberlichts (Stützungsart 7.1); die Auflagerkräfte an den Rändern $x' = 0$ und $x' = l_{eff}$ sind als Belastung auf die Teilplatten 1 und 4 anzusetzen.

7.3 Konstruktive Details von Platten

7.3.1 Auflagerausbildung

Die wichtigste einzuhaltende Randbedingung bei Stahlbetonbauteilen im Hinblick auf die Bauphysik ist das Vermeiden von Kältebrücken. Da Betonbauteile gute Wärmeleiter sind, müssen sie wärmegedämmt werden. Bei Auflagerung auf Mauerwerk sind die beiden in **Abb. 7.5** gezeigten Varianten je nach Mauerdicke möglich. Bei einer 36,5 cm dicken Außenwand wird die Stahlbetondecke *nicht* bis zur Außenkante Wand geführt. Es ist halbsteinig vorzumauern, damit ein einheitlicher Putzgrund zur Verfügung steht[1].

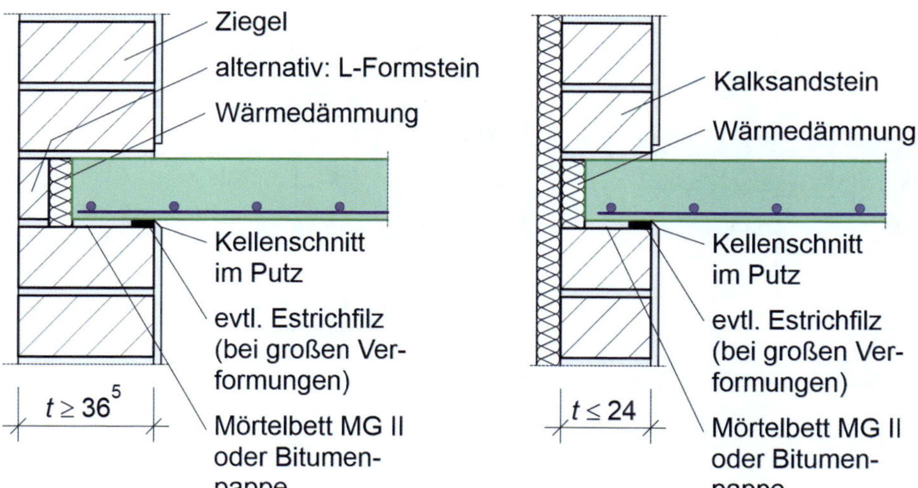

Abb. 7.5 *Konstruktive Ausbildung der Endauflagerung einer Stahlbetonplatte auf Mauerwerk*

1 Diese Regel wird von den Objektplanern gelegentlich missachtet.

Hinter der Vormauerung befindet sich eine Wärmedämmung.[2] Das Auflager der Stahlbetonplatte wird durch eine Mörtelschicht und/oder Bitumenpappe abgeglichen. Die Mörtelschicht bewirkt ein definiertes Auflager (Verdrehungen der Platte aus Durchbiegungen treten hier und nicht in der Wand auf) und verhindert, dass der Frischbeton in die Ziegelkammern läuft (Kältebrücken und Einspannung der Wand in die Decke).

Wenn aufgrund großer Stützweiten und/oder sehr geringer Plattendicken große Durchbiegungen und damit Winkeländerungen am Endauflager erwartet werden, muss verhindert werden, dass das Mauerwerk auf der Innenseite der Wand abplatzt. Dies kann z.B. durch Einlegen eines Filz- oder Neoprenstreifens geschehen.

7.3.2 Betonfreie Plattenanschlüsse (Isokörbe)

Kältebrücken würden auch entstehen, wenn Stahlbetonplatten aus dem Inneren eines Gebäudes monolithisch in den Außenbereich durchlaufen. Wenn eine Platte sowohl innen als auch außen liegt, muss sie im Wandbereich getrennt werden, und eine Wärmedämmung ist einzulegen. Die statischen Systeme der getrennten Bauteile sind entsprechend zu berücksichtigen.

Diese Trennung funktioniert nicht bei auskragenden (Balkon-)Platten, da die Kragarme dann ihre Einspannung verlören. Hierfür sind spezielle Bauelemente in Form von betonfreien Plattenanschlüssen[3] erhältlich (Hersteller z.B. [SCHÖCK], [HALFEN]), die eine Auflagerung mit Aufnahme des Biegemomentes und der Querkraft unter gleichzeitiger Vermeidung einer Kältebrücke gewährleisten. Für diese Bauelemente muss eine allgemeine bauaufsichtliche Zulassung bestehen. Diese Zulassung regelt auch die Art und Weise der Bemessung.

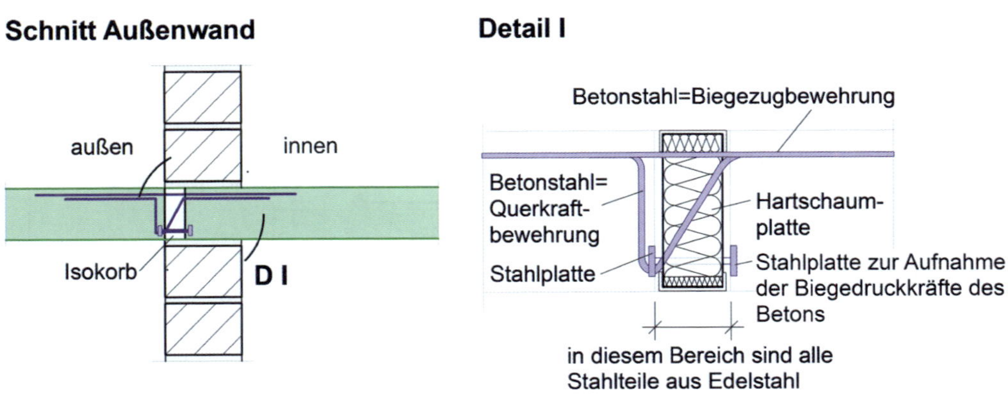

Abb. 7.6 *Konstruktive Ausbildung einer auskragenden Balkonplatte mit Isokorb*

2 Steinhersteller bieten hierfür spezielle Winkelsteine an.

3 Gängige Bezeichnung der Praxis: „Isokörbe" (dies ist auch die engl. Bezeichnung oder: load bearing element for thermal insulation).

7.3.3 Querkraftdorne

Bei größeren Bauwerken sind Dehnfugen erforderlich. Diese können entweder mit Konsolen und ausgeklinkten Auflagern oder mit Querkraftdornen (shear load connector) realisiert werden (**Abb. 7.7**).

Die Querkraftdorne bestehen aus Edelstahl und sind zweigeteilt. Die Dorne gleiten in entsprechenden Hülsen und können so wechselnde Fugenabstände überbrücken.

Die maximale Fugenbreite beträgt 60 mm. Auf der Betonseite ist eine Anschlussbewehrung aus Betonstahl vorzusehen. Gegenüber der herkömmlichen Konstruktion entstehen weniger Schal- und Bewehrungskosten an der Fuge.

Die Übertragung der zulässigen Querkräfte wird im Rahmen der Zulassungserteilung vom Hersteller nachgewiesen. Der Anwender muss lediglich die Lastweiterleitung nachweisen. Dies erfolgt in Form eines Durchstanznachweises (→ Kap. 9.4) entsprechend den Detailregelungen der jeweiligen bauaufsichtlichen Zulassung.

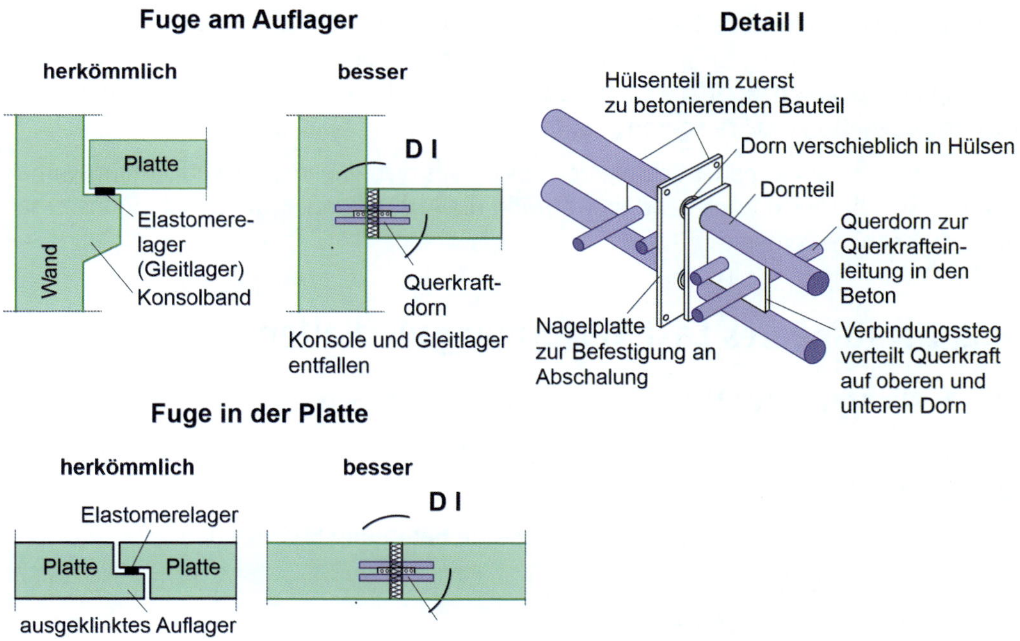

Abb. 7.7 *Stahldorne zum Querkraftübertrag an Dehnfugen*

8 Nichtlineare Nachweisverfahren

8.1 Grundlagen

In Teil 1, Kap. 5.4 wurde bereits kurz erläutert, dass im Stahlbetonbau verschiedene Verfahren zur Schnittgrößenermittlung (und Bemessung) zulässig sind. Auch wenn man in der gegenwärtigen Praxis die Schnittgrößen im Regelfall auf Basis der Elastizitätstheorie (ohne und mit Momentenumlagerung) ermittelt, wird zukünftig die nichtlineare Berechnung an Bedeutung gewinnen. Bei nichtlinearer Berechnung können das Tragverhalten von (statisch unbestimmten) Stahlbetonkonstruktionen besser erfasst und die systembedingten Bauteilwiderstände genutzt werden, sodass kleinere Bauteilquerschnitte reichen. Der höhere Aufwand der Rechnung ist insbesondere beim Umbau bestehender Bauwerke mit festliegenden Querschnitten wirtschaftlich.

In Teil 1, Kap. 5.1 wurden die Tragelemente in eindimensionale (Balken), zweidimensionale (Scheibe, Platte) und dreidimensionale (Schale) untergliedert. Die zwei- bzw. dreidimensionalen Flächentragwerke bieten über die Biegemomente m_x, m_y, die Drillmomente m_{xy}, die Längs- (bzw. Membran-)Kräfte n_x, n_y sowie die Schubkräfte n_{xy} viele Möglichkeiten, Beanspruchungen abzutragen. Bei diesen Tragwerken lassen sich die nichtlinearen Werkstoffeigenschaften des Stahlbetons gut nutzen.

Bevor diese Verfahren behandelt werden, sollen das nichtlineare Last-Verformungsverhalten des Stahlbetons grundlegend erörtert und die Auswirkungen für das Rotationsverhalten beschrieben werden.

8.2 Nichtlineares Last-Verformungsverhalten

8.2.1 Nichtlineares Verhalten auf Materialebene

Der Begriff der „Nichtlinearität" wird im Stahlbetonbau an verschiedenen Stellen verwendet. Diese sind:

- nichtlineares *Material*verhalten der Baustoffe Beton und Betonstahl

  (physikalische Nichtlinearität)
- nichtlineares Last-Verformungsverhalten auf *Querschnittsebene* (nichtlineare Momenten-Krümmungs-Beziehungen) → Kap. 8.2.2
- nichtlineares Last-Verformungsverhalten auf *Tragwerksebene / Systemebene*

  (geometrische Nichtlinearität) → Kap. 8.2.3.

Das nichtlineare Verhalten auf Materialebene wird in den empirisch ermittelten Spannungs-Dehnungs-Linien für Beton (→ Teil 1, **Abb. 2.5** und **Abb. 2.6**) und Betonstahl (→ Teil 1, **Abb. 2.15** und **Abb. 2.16**) beschrieben. Es wird bei der Bemessung von Stahlbetonbauteilen im Grenzzustand der Tragfähigkeit berücksichtigt. Des Weiteren ist auch das Werkstoffverhalten in der Kontaktzone zwischen Betonstahl und Beton (Verbundgesetz) nichtlinear (→ Teil 1, **Abb. 4.9**).

Die durch die Rissbildung verursachte Nichtlinearität in Form einer längs der Bauteilachse permanenten Spannungsumlagerung zwischen Betonstahl und umgebendem Beton (Tension stiffening, Zugversteifung → Teil 1, Kap. 1.4) geht in „verschmierter" Form (mittlere Werte) in den Nachweis zur Beschränkung der Rissbreite und damit in einen Nachweis im Grenzzustand der Gebrauchstauglichkeit ein.

8.2.2 Nichtlineares Verhalten auf Querschnittsebene

Das nichtlineare Verhalten auf Querschnittsebene ist aus den nichtlinearen Momenten-Krümmungs-Beziehungen ersichtlich. Diese werden meistens in einen trilinearen Polygonzug (bei einem Bewehrungsstrang) vereinfacht (→ Teil 1, **Abb. 1.10**). Die nichtlinearen Momenten-Krümmungs-Beziehungen gehen in die Verformungen (z.B. beim Nachweis von Druckgliedern → Teil 1, **Abb. 15.6**) ein. Aus **Abb. 8.1** wird deutlich, dass ein höherer Bewehrungsgrad nicht nur zum Anstieg des Bruchmomentes führt, sondern auch den Krümmungsverlauf und die Bruchkrümmung wesentlich beeinflusst. Es ist ersichtlich, dass sehr hohe Bewehrungsgrade bei vorwiegend auf Biegung beanspruchten Bauteilen (in **Abb. 8.1** ν_{Ed} = -0,2) zunehmend geringere Krümmungsanteile im plastischen Bereich (zwischen ε_{yd} und ε_u) bzw. Rotationen aufweisen. Das Verformungsvermögen des Tragwerks verringert sich und führt zu einem spröderen Verhalten bei Erreichen des Bauteilwiderstandes. Der Bewehrungsgrad innerhalb eines Querschnitts ist also zu begrenzen (→ Teil 1, Kap. 7.7). Wenn dieser nicht ausreicht, ist die Betondruckfestigkeit oder die Querschnittsfläche des Bauteils zu erhöhen.

Auch die Längskraft beeinflusst wesentlich den Krümmungsverlauf über das Rissmoment und das Moment, bei dem die Bewehrung fließt (**Abb. 8.1**).

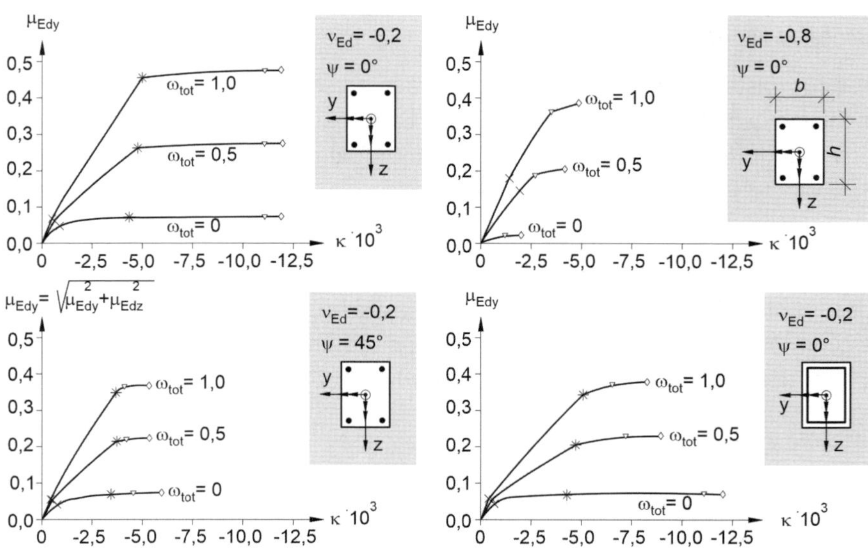

$$\nu_{Ed} = \frac{N_{Ed}}{A_c \cdot f_{cd}} \qquad \mu_{Edy} = \frac{M_{Edy}}{A_c \cdot h \cdot f_{cd}} \qquad \mu_{Edz} = \frac{M_{Edz}}{A_c \cdot b \cdot f_{cd}} \qquad \psi = \arctan\left(\frac{\mu_{Edz}}{\mu_{Edy}}\right)$$

× $\varepsilon_{c1}=0$ ▿ $\varepsilon_{s2}=-\varepsilon_{yd}$

✱ $\varepsilon_{s1}=\varepsilon_{yd}$ ◇ Bruch

Abb. 8.1 *Momenten-Krümmungs-Beziehung von Rechteckquerschnitten für unterschiedliche Beanspruchungen*

8.2.3 Nichtlineares Verhalten auf Tragwerksebene

Das nichtlineare Verhalten auf Tragwerksebene äußert sich darin, dass Teile des Tragwerks im Zustand I und die anderen im Zustand II sind. Bei statisch unbestimmten Tragwerken können darüber hinaus auch Teile des Tragwerks plastifiziert (Zustand III) sein (**Abb. 8.2**). Während die Verhältnisse der gerissenenen und ungerissenen Bereiche bei statisch bestimmten Systemen nur Einfluss auf die Verformungen haben, werden bei statisch unbestimmten Systemen die Schnittgrößen beeinflusst.

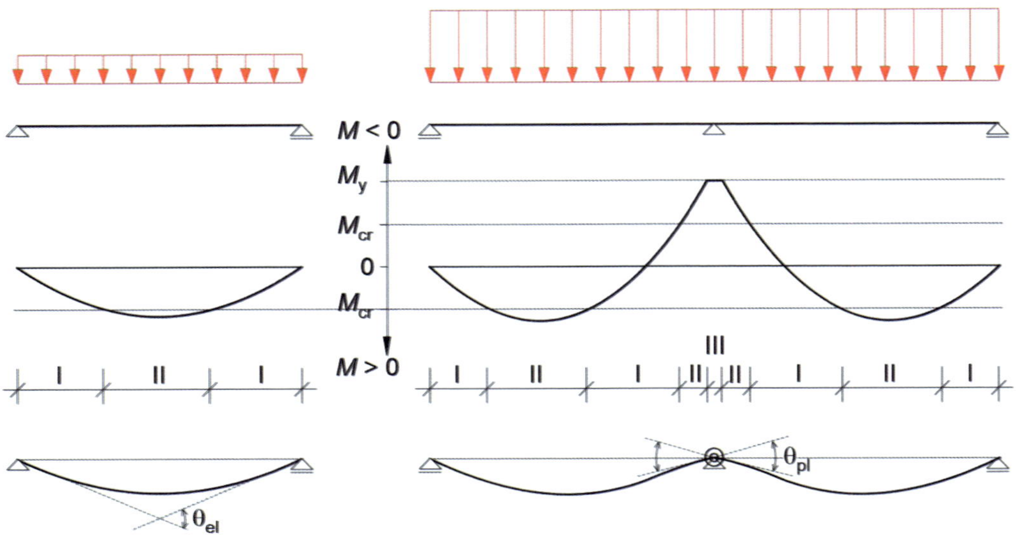

Abb. 8.2 *Nichtlineares Verhalten auf Tragwerksebene*

Eine Kenngröße für das nichtlineare Verhalten auf Tragwerksebene ist die Rotation θ, die sich für einen beliebigen Abschnitt als Winkel der Endtangenten der Verformungslinie ergibt und durch Integration der Krümmungen bestimmt werden kann.

$$\theta = \int_{x_1}^{x_2} \kappa \cdot dx = \int_{x_1}^{x_2} \frac{1}{r} \cdot dx \tag{8.1}$$

Bei statisch bestimmten Systemen kann nur eine elastische Rotation θ_{el} auftreten, bei statisch unbestimmten Systemen ist zusätzlich eine plastische Rotation θ_{pl} möglich (in **Abb. 8.2** z.B. über der Innenstütze), ohne dass Systemversagen eintritt.

$$\theta = \theta_{el} + \theta_{pl} \tag{8.2}$$

8.3 Plastische Rotation

8.3.1 Anteile der plastischen Rotation

Für Bauteile lässt sich ein Momenten-Rotations-Diagramm aufstellen (**Abb. 8.3**). Hieraus gehen die Anteile der elastischen und der plastischen Rotation deutlich hervor. Im Hinblick auf nichtlineare Berechnungsmethoden ist die plastische Rotation wichtig. Der plastische Rotationsanteil besteht streng genommen aus einem Anteil vor Erreichen des Bruchmomentes M_u und einem weiteren Anteil im Nachbruchbereich (in **Abb. 8.3** mit $\theta_{pl,Nachbruch}$ bezeichnet). Da alle Spannungs-Dehnungs-Linien und auch das Momenten-Rotations-Diagramm in den Nachbruchbereichen stark von der Versuchsdurchführung abhängen, wird dieser Bereich rechnerisch nicht genutzt und in den weiteren Betrachtungen nicht berücksichtigt.

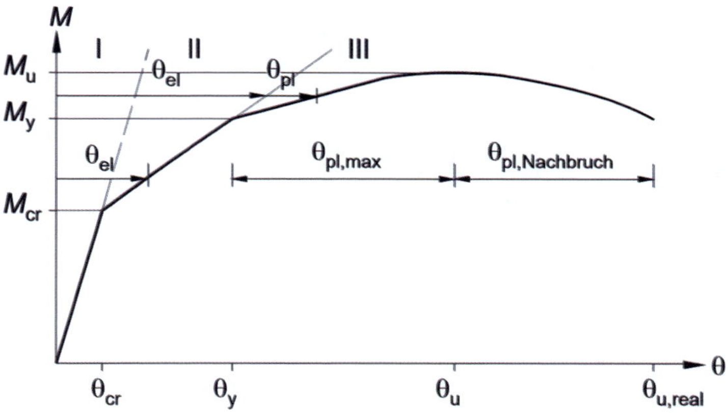

Abb. 8.3 *Momenten-Rotations-Diagramm (Verlauf abhängig vom Querschnitt und vom Momentenverlauf längs der Stabachse nach* **Abb. 8.1***)*

Die plastische Rotation θ_{pl} kann aus dem plastischen Rotationsanteil infolge Biegung $\theta_{pl,M}$ und/oder aus dem plastischen Rotationsanteil infolge Schub $\theta_{pl,V}$ bestehen.

$$\theta_{pl} = \theta_{pl,M} + \theta_{pl,V} \tag{8.3}$$

8.3.2 Plastische Rotation aus Biegung

Die Berechnung der Rotation aus Biegung wird exemplarisch in **Abb. 8.4** gezeigt. In dieser Abbildung ist links oben der Bereich an einer Innenstützung eines Durchlaufträgers dargestellt. Bei Linearisierung der Momentenlinie kann der Abschnitt zwischen den Momentennullpunkten als Balken auf zwei Stützen mit mittiger Einzellast (= Auflagerkraft des Durchlaufträgers) idealisiert werden.

Zunächst wird das Beispiel im linken Bereich betrachtet. Die Einzellast in Feldmitte ist F_1. An jeder Stelle des Balkens lässt sich über die bekannte Momenten-Krümmungs-Beziehung und das an der betrachteten Stelle vorliegende Biegemoment die zugehörige Krümmung bestimmen. Diese wurde unter der Biegemomentenlinie aufgetragen. Die Fläche unter der Krümmungslinie stellt die Rotation dar. Da das Maximalmoment M_{F1} kleiner als das Fließmoment M_y ist, treten ausschließlich elastische Rotationsanteile auf.

Im rechten Teil der **Abb. 8.4** ist die Größe der Einwirkung F_2 so gewählt, dass das Maximalmoment M_{F2} gerade das Fließmoment M_y erreicht. Der zugehörige schwarz gestrichelte Momentenverlauf führt zur rot gestrichelten Krümmungslinie, die gleichzeitig die (für den Querschnitt und das System) größtmögliche *elastische* Rotation beschreibt. Jede höhere

Last führt zu plastischen Rotationsanteilen. Die Zusatzlast ΔF_2 ist nun so gewählt, dass in Feldmitte das Bruchmoment M_u erreicht wird. Die schwarze, durchgezogene Momentenlinie und die zugehörige rote Krümmungslinie beschreiben die Gesamtrotation, wobei durch das Erreichen des Bruchmomentes auch die größtmögliche Rotation erreicht wird.[1] Die Fläche zwischen gestrichelter und durchgezogener Krümmungslinie ist die (hier größtmögliche) plastische Rotation $\theta_{pl,M}$ (in **Abb. 8.4** grau hinterlegt).

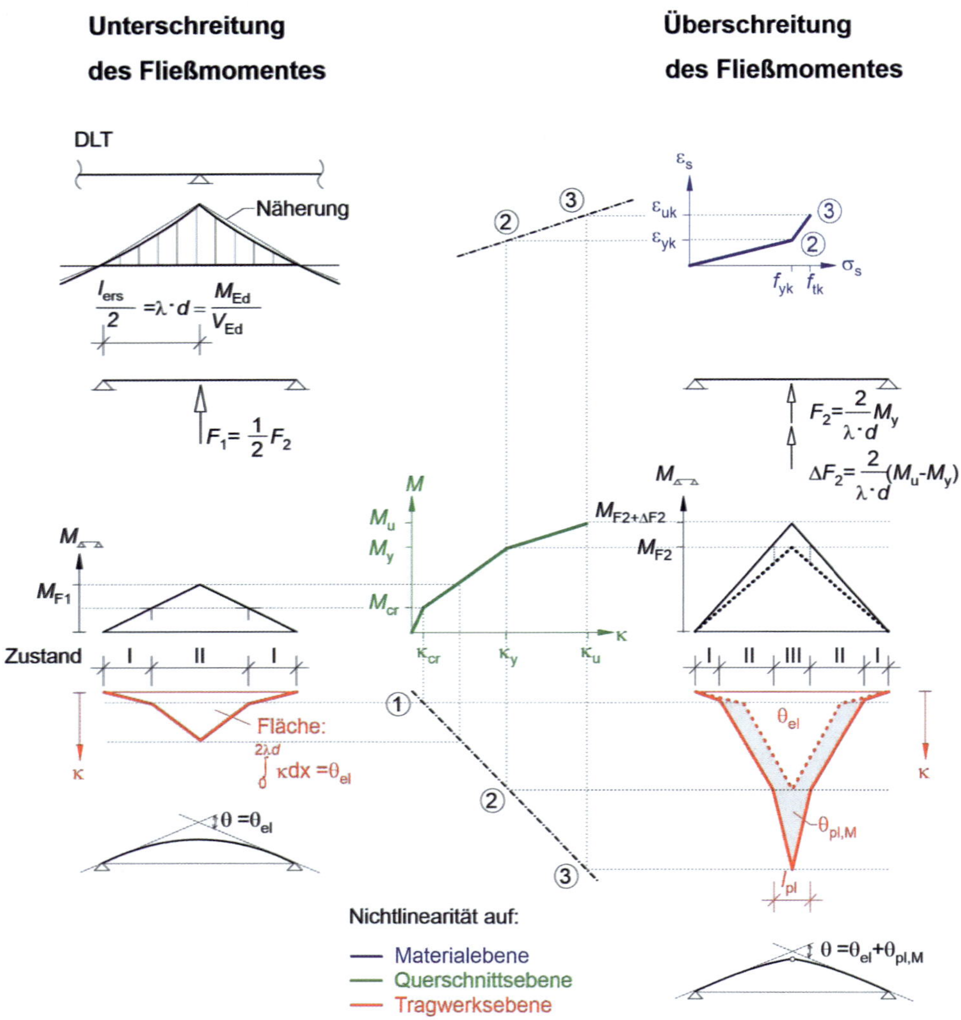

Abb. 8.4 *Berechnung der Rotation aus Biegung*

Das plastische Rotationsvermögen wird durch die Länge des plastischen Bereichs l_{pl} beeinflusst. Diese Länge ist ein charakteristischer Parameter sowohl für die Materialeigenschaften (Verhältnis f_{tk}/f_{yk}) als auch für die Belastung und die Systemeinflüsse. Als weiterer

1 Es ist zu beachten, dass das vorliegende System Ersatzsystem einer statisch unbestimmten Konstruktion (Durchlaufträger) ist. Bei einem statisch bestimmten System entstehen bei Überschreiten des Fließmomentes M_y aufgrund des Systemwechsels in ein labiles System beliebig große Rotationen.

Parameter wird die Schubschlankheit λ eingeführt. Man erhält sie aus dem Abstand zwischen Momentenmaximum und Momentennullpunkt (nach Umlagerung der Schnittgrößen) durch Division mit der statischen Nutzhöhe.

$$\lambda = \frac{M_{\mathrm{Ed}}}{V_{\mathrm{Ed}} \cdot d} \tag{8.4}$$

Im Rahmen des noch zu behandelnden Nachweises wird hierfür ein Korrekturbeiwert k_λ eingeführt.

$$k_\lambda = \sqrt{\frac{\lambda}{3}} \tag{8.5}$$

8.3.3 Plastische Rotation aus Querkraft

Bei den bisherigen Überlegungen wurde allein von einer Biegebeanspruchung ausgegangen. An den Systemunterstützungen sind jedoch gleichzeitig Querkräfte vorhanden. Diese führen dazu, dass Risse nicht als reine Biegerisse, sondern als Schrägrisse infolge kombinierter Biege-Querkraft-Beanspruchung auftreten (**Abb. 8.5**). Durch die geneigten Risse nehmen die Verformungen, Krümmungen und damit auch die Rotation bei gleicher Rissbreite zu. Die Querkraft trägt somit zur Rotation bei, wie bereits mit Gl. (8.3) formuliert. Die zusätzlich durch die Querkraft ermöglichten Rotationsanteile entstehen aus der um das Versatzmaß a_l (→ Teil 1, Kap. 10) verschobenen Zugkraftlinie. Die Querkraft wird über die Auflagerbreite eingetragen und strahlt über die schrägen Druckstreben bis zur Systemlinie aus. Daher wird im Bereich von 2 a_l zwischen der nicht versetzten und der versetzten Zugkraftlinie ausgerundet (**Abb. 8.5**).

$$\theta_{\mathrm{pl,V}} = 2 \cdot \frac{2}{3}\left(\kappa_{\mathrm{u}} - \kappa_{\mathrm{y}}\right) \cdot a_{\mathrm{l}} \tag{8.6}$$

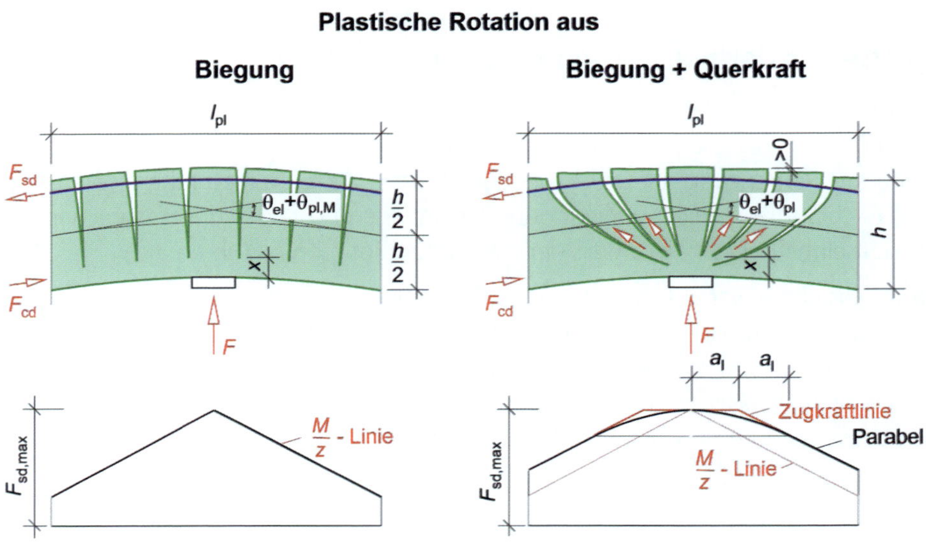

Abb. 8.5 *Auswirkung von Biegung und Querkraft auf die plastische Rotation*

Wenn die so ermittelte plastische Rotation aus Querkraft zu derjenigen der **Abb. 8.4** addiert wird, erhält man die Gesamtrotation wie in **Abb. 8.6** dargestellt.

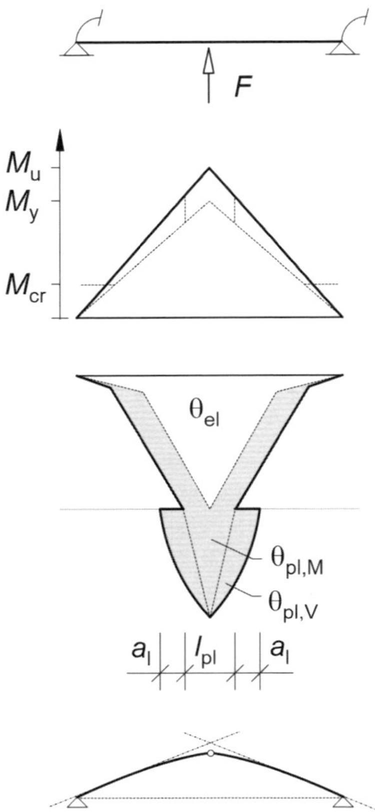

Abb. 8.6 *Plastische Rotation*

8.3.4 Nachweis der plastischen Rotation nach EC 2

Der Nachweis der Rotation darf bei Durchlaufträgern mit einem Verhältnis benachbarter Stützweiten $0{,}5 < l_{eff,1}/l_{eff,2} < 2$ und annähernd gleicher Steifigkeit entfallen und ist dann indirekt über die Begrenzung der Druckzonenhöhe (Teil 1, **Tafel 5.3**) zu führen. Wenn ein derartiger Durchlaufträger nicht vorliegt oder der Umlagerungsfaktor die entsprechenden Grenzen nicht einhält, ist ein Nachweis der plastischen Rotation zu führen.

Dieser Nachweis darf in vereinfachter Form bei Stabtragwerken und einachsig gespannten Platten geführt werden. Hierbei wird ein Fließgelenk in einem ausgezeichneten Stababschnitt vorausgesetzt und ein Querschnittsnachweis geführt. Es ist im Grenzzustand der Tragfähigkeit nachzuweisen, dass die erforderliche (= vorhandene) Rotation θ_S den Bemessungswert der zulässigen plastischen Rotation $\theta_{pl,d}$ nicht überschreitet (EC 2-1-1, 5.6.3).

$$\theta_S \leq k_\lambda \cdot \theta_{pl,d} \tag{8.7}$$

mit $k_\lambda = \sqrt{\lambda/3}$ und $\sigma_{sd} = 439 \text{ N/mm}^2$

Zusätzlich ist die bezogene Druckzonenhöhe auf folgenden Wert zu begrenzen:

$$\frac{x}{d} \leq \begin{cases} 0{,}45 \text{ bis C50/60} \\ 0{,}35 \text{ ab C55/67} \end{cases} \tag{8.8}$$

$$\theta_S = \int_0^1 \frac{M_{Ed} \cdot M_1}{E \cdot I(x)} dx = \int_0^1 \frac{1}{r_m} \cdot M_1 dx \tag{8.9}$$

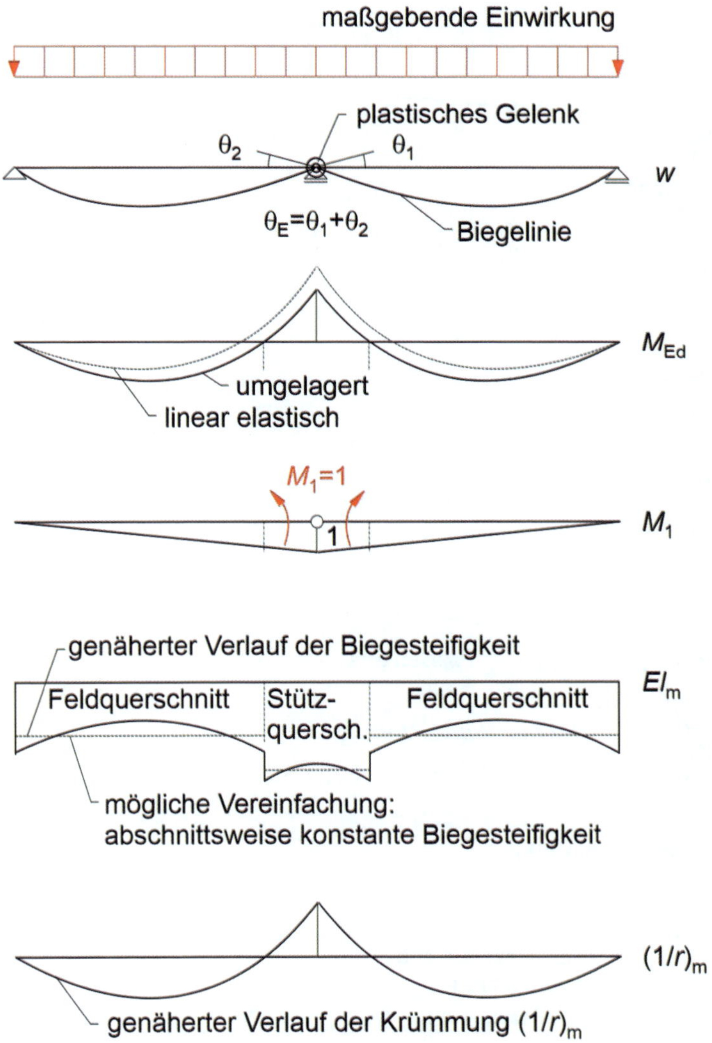

Abb. 8.7 *Ermittlung des vorhandenen Rotationswinkels*

Die erforderliche Rotation wird vereinfachend konzentriert in einem plastischen Gelenk angenommen (**Abb. 8.7**). Sie kann nach Gl. (8.1) z.B. mit dem Prinzip der virtuellen Arbeiten bestimmt werden. Da wirklichkeitsnahe Verformungen und Krümmungen berechnet werden sollen, werden für die Baustoffkennwerte die rechnerischen Mittelwerte (Gln. (8.25) bis (8.28)) verwendet. Um die mittlere Krümmung (unter Berücksichtigung der Zugversteifung) für die vorhandene Beanspruchung bestimmen zu können, muss die Bewehrung bekannt sein. Es darf näherungsweise die trilineare Momenten-Krümmungs-Beziehung verwendet werden (**Abb. 8.8**). Sie wird durch die Punkte Rissbildung (Index cr), Fließen der Bewehrung (Index y) und Versagen (Index u) bestimmt. Hierbei ist für ε_{sm} die mittlere Stahldehnung unter Berücksichtigung der Zugversteifung zu verwenden. Die bereits in Teil 1, Kap. 1.4 erläuterten grundlegenden Gedanken ergeben bei Verwendung der Bezeichnungen nach **Abb. 8.9** die nachfolgenden Gln. (8.10) bis (8.17) [Krüger/Mertzsch – 00].

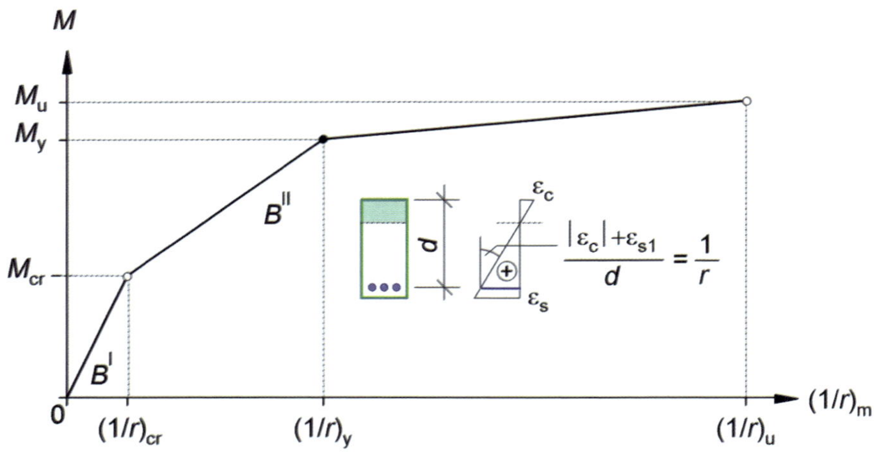

Abb. 8.8 *Trilineare Momenten-Krümmungs-Beziehung*

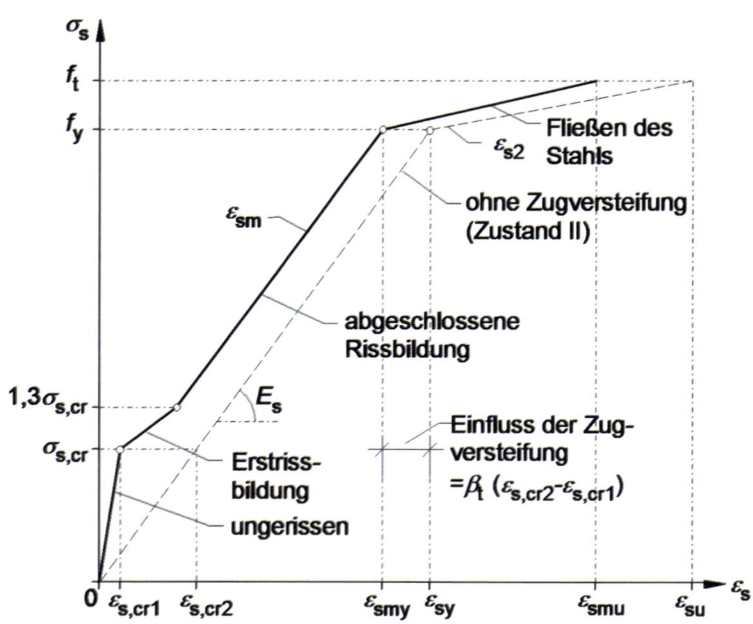

Abb. 8.9 *Spannungs-Dehnungs-Beziehung eines im Verbund mit Beton liegenden Betonstahls*

- ungerissen ($0 < \sigma_s \leq \sigma_{s,cr}$):

$$\varepsilon_{sm} = \varepsilon_{s1} \tag{8.10}$$

- Erstrissbildung ($\sigma_{s,cr} < \sigma_s \leq 1{,}3\ \sigma_{s,cr}$):

$$\varepsilon_{sm} = \varepsilon_{s2} - \frac{\beta_t \cdot (\sigma_s - \sigma_{s,cr}) + (1{,}3 \cdot \sigma_{s,cr} - \sigma_s)}{0{,}3\ \sigma_{s,cr}} \cdot (\varepsilon_{s,cr2} - \varepsilon_{s,cr1}) \tag{8.11}$$

- abgeschlossene Rissbildung ($1{,}3\ \sigma_{s,cr} < \sigma_s \leq f_y$):

$$\varepsilon_{sm} = \varepsilon_{s2} - \beta_t \cdot (\varepsilon_{s,cr2} - \varepsilon_{s,cr1}) \tag{8.12}$$

- Fließen des Betonstahls ($f_y < \sigma_s \leq f_t$):

$$\varepsilon_{sm} = \varepsilon_{sy} - \beta_t \cdot (\varepsilon_{s,cr2} - \varepsilon_{s,cr1}) + \delta \cdot \left(1 - \frac{\sigma_{s,cr}}{f_y}\right) \cdot (\varepsilon_{s2} - \varepsilon_{sy}) \tag{8.13}$$

Dabei sind:

β_t Beiwert zur Berücksichtigung der Belastungsdauer auf die mittlere Dehnung

Kurzzeitlast $\beta_t = 0{,}40$ (8.14)

Dauerlast oder häufige Lastwechsel: $\beta_t = 0{,}25$ (8.15)

δ Beiwert zur Berücksichtigung der Duktilität der Bewehrung

normalduktiler Betonstahl: $\delta = 0{,}6$ (8.16)

hochduktiler Betonstahl: $\delta = 0{,}8$ (8.17)

ε_{sm} mittlere Dehnung des Betonstahls mit Berücksichtigung der Zugversteifung

ε_{s1} Dehnung des Betonstahls im Zustand I

ε_{s2} Dehnung des Betonstahls im Zustand II

Der Bemessungswert der zulässigen plastischen Rotation $\theta_{pl,d}$ wurde empirisch bestimmt ([Ahner/Kliver – 98] und [Ahner/Kliver – 99]).

$$\theta_{pl,d} = k_\lambda \cdot \beta_n \cdot \beta_s \frac{\varepsilon_{su}^* - \varepsilon_{sy}}{1 - \frac{x}{d}} \tag{8.18}$$

mit $\beta_n = 22{,}5$

$$\beta_s = \left(1 - \frac{f_{yk}}{f_{tk}}\right) = 0{,}074$$

ε_{su}^* Stahldehnung bei Auftreten des Bruches

$$\varepsilon_{su}^* = \min \begin{cases} 0{,}28 \left(\beta_c \frac{x}{d}\right)^{0,2} \cdot \varepsilon_{uk} & \text{(Stahlversagen)} \\ 1{,}75 \left(\frac{x}{d}\right)^{\frac{2}{3}} \left(\frac{d}{x} - 1\right) \cdot \left|\varepsilon_{c1u}\right| & \text{(Betonversagen)} \end{cases}$$

ε_{uk} Stahldehnung unter Höchstlast $\varepsilon_{uk} = 0{,}05$

ε_{sy} Stahldehnung bei Fließbeginn $\varepsilon_{sy} = 0{,}0025$

ε_{c1u} Betongrenzstauchung unter Höchstlast

Gl. (8.18) lässt sich somit bei Vorgabe der Betonfestigkeitsklasse und der bezogenen Druckzonenhöhe auswerten (**Abb. 8.10**).

$$\theta_{pl,d} = k_\lambda \cdot \theta_{pl,d,\lambda=3} \tag{8.19}$$

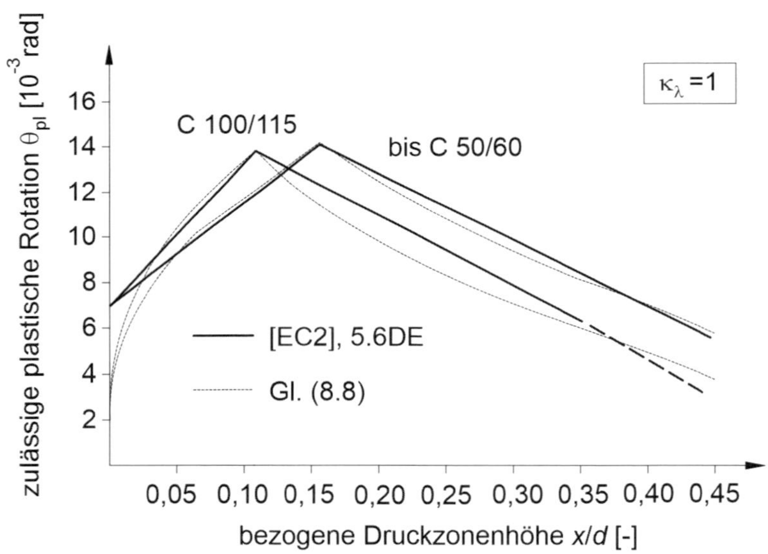

Abb. 8.10 *Zulässige plastische Rotation – Schlankheit λ = 3,0 – hohe Duktilität*

Beispiel 8.1: Rotationsnachweis einer einachsig gespannten Platte (Fortsetzung von Beispiel 5.5 bzw. Beispiel 5.4)

gegeben:
- Biegezugbewehrung in Feld 1 und 2 lt. Beispiel 5.3
- Momentenumlagerung über der Mittelstütze 20 %

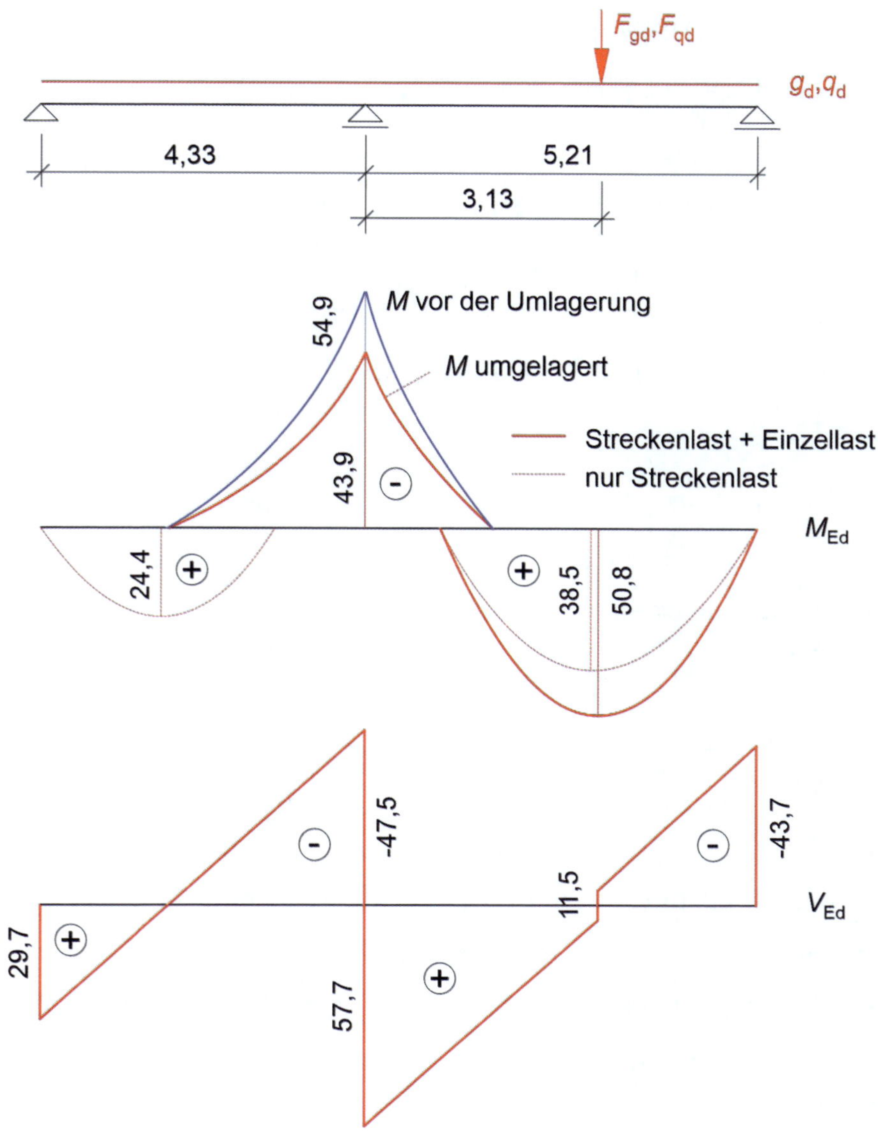

gesucht:
- Biegebemessung über der Mittelstütze
- Rotationsnachweis

Lösung:

Biegebemessung:

$M_{Ed} = 0{,}8 \cdot 54{,}9 = 43{,}9 \text{ kNm/m}$

Stützmoment unter Berücksichtigung der Momentenumlagerung um 20 %.

$\Delta M_{Ed} = (47{,}5 + 57{,}7) \cdot \frac{0{,}24}{8} = 3{,}2 \text{ kNm/m}$	$\Delta M_{Ed} = F_{Ed,sup} \cdot \frac{b_{sup}}{8}$
$M_{cal} = 43{,}9 - 3{,}2 = 40{,}7 \text{ kNm/m}$	$M_{cal} = \|M_{el}\| - \|\Delta M\|$
$\mu_{Eds} = \frac{40{,}7 \cdot 10^{-3}}{0{,}19^2 \cdot 11{,}3} = 0{,}10$	(5.15): $\mu_{Eds} = \frac{m_{Eds}}{d^2 \cdot f_{cd}}$
$\omega = 0{,}1057$; $\xi = 0{,}131$; $\sigma_s = 455 \text{ N/mm}^2$	Band 1, **Tafel 7.1**
$a_s = \frac{0{,}1057 \cdot 19 \cdot 11{,}3 + 0}{455} \cdot 10^2 = 5{,}0 \text{ cm}^2/\text{m}$	(5.16): $a_s = \frac{\omega \cdot d \cdot f_{cd} + n_{Ed}}{\sigma_{sd}}$
gew: R524 (B)	
$a_{s,vorh} = 5{,}24 \text{ cm}^2/\text{m} > 5{,}0 \text{ cm}^2/\text{m} = a_{s,erf}$	$a_{s,vorh} \geq a_{s,erf}$
Rotationsnachweis[2]	
$\frac{x}{d} = \xi = 0{,}131 < 0{,}45$	(8.8): $\frac{x}{d} \leq \begin{cases} 0{,}45 \text{ bis C50/60} \\ 0{,}35 \text{ ab C55/67} \end{cases}$
⇒ Nachweis grundsätzlich möglich	
Berechnung der zulässigen plastischen Rotation:	
$\lambda_1 = \frac{43{,}9}{47{,}5 \cdot 0{,}19} = 4{,}86$	(8.4): $\lambda = \frac{M_{Ed}}{V_{Ed} \cdot d}$
$\lambda_2 = \frac{43{,}9}{57{,}7 \cdot 0{,}19} = \underline{4{,}0}$	maßgebend
$k_\lambda = \sqrt{\frac{4{,}0}{3}} = 1{,}16$	(8.5): $k_\lambda = \sqrt{\frac{\lambda}{3}}$
$\frac{x}{d} = \xi = 0{,}131 \Rightarrow \theta_{pl,d,\lambda=3} = 13 \cdot 10^{-3} \text{ rad}$	Abb. 8.10
$\theta_{pl,d} = 1{,}16 \cdot 13 \cdot 10^{-3} = 15{,}1 \cdot 10^{-3} \text{ rad}$	(8.19): $\theta_{pl,d} = k_\lambda \cdot \theta_{pl,d,\lambda=3}$
Berechnung der Momenten-Krümmungs-Beziehung:	
$f_{cR} = 0{,}85 \cdot 0{,}85 \cdot 20 = 14{,}45 \text{ N/mm}^2$	(8.25): $f_{cR} = 0{,}85\, \alpha_{cc} \cdot f_{ck}$
$f_{yR} = 1{,}10 \cdot 500 = 550 \text{ N/mm}^2$	(8.26): $f_{yR} = 1{,}10\, f_{yk}$
$E_{cm} = 30\,000 \text{ N/mm}^2$	EC 2-1-1, Tabelle 3.1; C20
$f_{ctm} = 2{,}2 \text{ N/mm}^2$	EC 2-1-1, Tabelle 3.1; C20
vor 1. Riss: $I_c = \frac{1{,}0 \cdot 0{,}22^3}{12} = 0{,}887 \cdot 10^{-3} \text{ m}^4/\text{m}$	$I_c = \frac{b \cdot h^3}{12}$
$W = \frac{1{,}0 \cdot 0{,}22^2}{6} = 8{,}07 \cdot 10^{-3} \text{ m}^3/\text{m}$	$W = \frac{b \cdot h^2}{6}$
$m_{cr} = 2{,}2 \cdot 8{,}07 = 17{,}8 \text{ kNm/m}$	$M_{cr} = f_{ct} \cdot W$

2 Der Rotationsnachweis wäre hier auch in der vereinfachten Form möglich

$$\delta = 0{,}80 > \delta_{lim} = \begin{cases} 0{,}64 + 0{,}8\xi \\ 0{,}70 \end{cases} = \begin{cases} 0{,}64 + 0{,}8 \cdot 0{,}131 = \underline{0{,}745} \\ 0{,}70 \end{cases}$$

$\kappa_{cr} = \frac{17{,}8}{30\,000 \cdot 0{,}887} = 0{,}69 \cdot 10^{-3} \frac{1}{m}$	$\kappa = \frac{\lvert\varepsilon_{c1}\rvert + \lvert\varepsilon_{c2}\rvert}{h} = \frac{M}{EI^{I}}$
$\varepsilon_{s,cr1} = \frac{17{,}8 \cdot 10^{-3}}{30\,000 \cdot 0{,}887 \cdot 10^{-3}}\left(0{,}19 - \frac{0{,}22}{2}\right) = 5{,}34 \cdot 10^{-5} = 0{,}0534 \cdot 10^{-3}$	$\varepsilon_{s,cr1} = \frac{m_{cr}}{E_{cm} I_c}\left(d - \frac{h}{2}\right)$

nach 1. Riss:

$\alpha_e = \frac{200\,000}{30\,000} = 6{,}67$	$\alpha_e = \frac{E_s}{E_c}$
$\rho = \frac{5{,}24}{100 \cdot 19} = 0{,}00276 = 2{,}76 \cdot 10^{-3}$	$\rho = \frac{A_s}{A_c}$ mit $A_c = b \cdot d$
$x = 2{,}76 \cdot 10^{-3} \cdot 6{,}67 \cdot 190 \left[-1 + \sqrt{1 + \frac{2}{2{,}76 \cdot 10^{-3} \cdot 6{,}67}}\right] = 33{,}1\ \text{mm}$	$x = \rho \cdot \alpha_e \cdot d\left[-1 + \sqrt{1 + \frac{2}{\rho \cdot \alpha_e}}\right]$
$\sigma_{s,cr} = \frac{17{,}8 \cdot 10}{5{,}24 \cdot \left(0{,}19 - \frac{0{,}033}{3}\right)} + 0 = 190\ \text{N/mm}^2$	$\sigma_s = \frac{M_{Eds}}{A_s\left(d - \frac{x}{3}\right)} + \frac{N_{Ed}}{A_s}$
$\varepsilon_{s,cr2} = \frac{190}{200\,000} = 0{,}95 \cdot 10^{-3}$	$\varepsilon_s = \frac{\sigma_s}{E_s}$

Fließbeginn:

$\varepsilon_{sy} = \frac{550}{200\,000} = 2{,}75 \cdot 10^{-3}$	$\varepsilon_{sy} = \frac{f_{yR}}{E_s}$
$\beta_t = 0{,}25$	(8.15): Dauerlast
$\varepsilon_{smy} = [2{,}75 - 0{,}25 \cdot (0{,}95 - 0{,}0534)] \cdot 10^{-3} = 2{,}52 \cdot 10^{-3}$	(8.12): $\varepsilon_{sm} = \varepsilon_{s2} - \beta_t \cdot \left(\varepsilon_{s,cr2} - \varepsilon_{s,cr1}\right)$
$\omega_{II} = \frac{5{,}24}{100 \cdot 19} \cdot \frac{550}{14{,}45} = 0{,}1$	$\omega_{II} = \frac{A_s}{b \cdot d} \cdot \frac{f_{yR}}{f_{cR}}$
TW = 0,095	[Schmitz – 02], S. C.14; C20
$m_y = 0{,}095 \cdot 1{,}0 \cdot 0{,}19^2 \cdot 14{,}45 \cdot 10^3 = 49{,}6\ \text{kNm/m}$	$M_y = \text{TW} \cdot b \cdot d^2 \cdot f_{cR}$
$\varepsilon_c = -0{,}73 \cdot 10^{-3}$	[Schmitz – 02], S. C.14; C20
$\kappa_y = \frac{\lvert 0{,}73\rvert + \lvert 2{,}52\rvert}{0{,}19} \cdot 10^{-3} = 17{,}1 \cdot 10^{-3} \frac{1}{m}$	$\kappa = \frac{\lvert\varepsilon_{c1}\rvert + \lvert\varepsilon_s\rvert}{d}$

Die Krümmung κ_u muss im Rahmen dieses Beispiels nicht bestimmt werden, da der Betonstahl an der maximal beanspruchten Stelle nicht die Fließgrenze überschreitet. Die entsprechenden Krümmungen in Feld 1 und 2 werden analog bestimmt. Alle Krümmungen sind nachfolgend dargestellt.

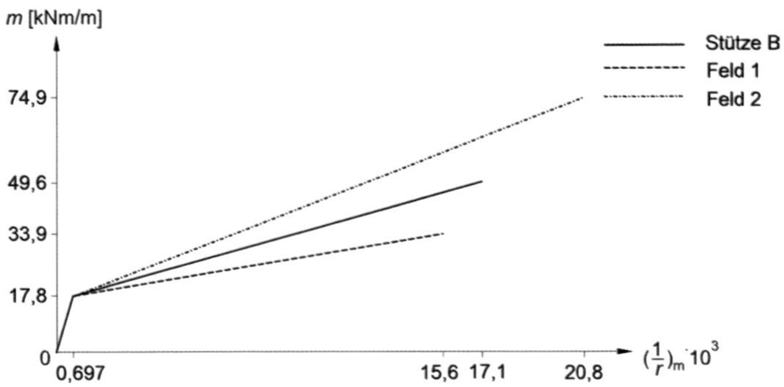

Mit der bekannten Momentenlinie kann für jede Stelle des Bauteils aus dieser Darstellung die Krümmung abgelesen werden. Mit Gl. (8.1) lässt sich dann die vorhandene Rotation θ_E bestimmen. Beispielhaft wird dies nachfolgend für die positiven Momente in Feld 1 mit einer numerischen Integration (der Simpson-Regel für n = 16 Streifen) gezeigt.

x in m	*m* in kNm/m	$10^3 \cdot \frac{1}{r_m}$ in m	M_1	*s*	$s \cdot M_1 \cdot \frac{10^3}{r_m}$
0	0	0	0	1	0
0,198	4,97	0,194	0,046	4	0,036
0,395	9,27	0,363	0,091	2	0,066
0,593	12,91	0,505	0,137	4	0,276
0,791	15,89	0,622	0,183	2	0,227
0,988	18,21	1,120	0,228	4	1,021
1,186	19,86	2,643	0,274	2	1,448
1,384	20,86	3,557	0,320	4	4,553
1,581	21,19	3,862	0,365	2	2,819
1,779	20,86	3,557	0,411	4	5,848
1,976	19,86	2,643	0,456	2	2,410
2,174	18,21	1,120	0,502	4	2,248
2,372	15,89	0,622	0,548	2	0,682
2,569	12,91	0,505	0,593	4	1,198
2,767	9,27	0,363	0,639	2	0,463
2,965	4,97	0,194	0,685	4	0,532
3,162	0	0	0,730	1	0
					23,83

Simpson:

$$\int_a^b f(x)\,dx \approx \frac{\Delta x}{3}\sum_{i=1}^{n} s_i \cdot f(x_i)$$

$$\Delta x = \frac{3{,}162}{16} = 0{,}198 \text{ m}$$

$$\int_a^b f(x)\,dx \approx \frac{0{,}198}{3} \cdot 23{,}83 \cdot 10^{-3}$$

$$= 1{,}57 \cdot 10^{-3}$$

$$\theta_E = \int_0^{x_1} \frac{1}{r_m} \cdot M_1\,dx + \int_{x_1}^{l_{eff1}} \frac{1}{r_m} \cdot M_1\,dx + \int_{l_{eff1}}^{l_{eff1}+x_2} \frac{1}{r_m} \cdot M_1\,dx + \int_{l_{eff1}+x_2}^{l_{eff1}+l_{eff2}} \frac{1}{r_m} \cdot M_1\,dx$$

$$= (1{,}57 - 4{,}13 - 3{,}33 + 11{,}9) \cdot 10^{-3} = 6{,}01 \cdot 10^{-3}\ \text{rad}$$

(8.9): $\theta_E = \int_0^{l} \frac{1}{r_m} \cdot M_1\,dx$

$$\theta_E = 6{,}01 \cdot 10^{-3}\ \text{rad} < 15{,}1 \cdot 10^{-3}\ \text{rad} = \theta_{pl,d}$$

(8.7): $\theta_E \leq \theta_{pl,d}$

Zusätzlich wäre ein Nachweis der Begrenzung der Spannungen im Grenzzustand der Gebrauchstauglichkeit zu führen.

8.4 Nichtlineare Entwurfskonzepte für Stahlbeton

8.4.1 Nichtlineares Stahlbetonmodell

Für eine z.B. mit der nichtlinearen FEM durchzuführende Berechnung muss der Stahlbetonquerschnitt sowohl in der Fläche als auch über die Querschnittshöhe modelliert werden. Das Finite Element (**Abb. 8.11**) beinhaltet hierbei den Beton, den Betonstahl, das Verbundgesetz (inklusive Zugversteifung) als auch die Rissentwicklung (smeared crack model). Die Komplexität hinsichtlich des in dem Element formulierten spannungs- und zeitabhängigen Materialverhaltens (Kriechen und Schwinden) wird durch die Leistungsfähigkeit der einzusetzenden Hardware begrenzt (weitere Informationen zur Stahlbetonmodellierung → [Lang et al. – 00]).

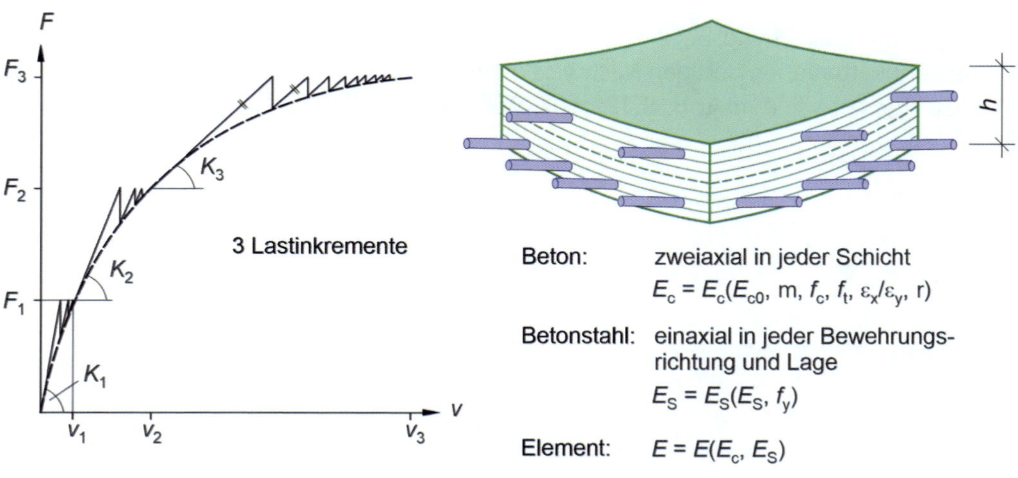

Abb. 8.11 *Nichtlineare Berechnung von Stahlbeton (z.B.: mit Schalenelement nach [Avak – 83])*

Aufgrund der Nichtlinearität gelten HOOKEsches Gesetz und Superpositionsprinzip nicht mehr. Die γ-fachen Einwirkungen F sind inkrementell aufzubringen. In jedem Lastinkrement ist dabei die (sich stetig ändernde) Steifigkeitsmatrix $K(v)$ zu berechnen. Hierbei sind verschiedene Iterationsverfahren möglich (z.B. das STANDARD-NEWTON-RAPHSON-Verfahren in **Abb. 8.11**). Die Iteration wird so lange durchgeführt, bis die Einwirkungen

F zu den Verformungen v „passen", d.h. Gl. (8.20) erfüllt ist. In die nichtlineare Steifigkeitsmatrix $K(v)$ geht der Elastizitätsmodul E des verwendeten Stahlbeton-Elementes ein:

$$F = K(v) \cdot v \qquad (8.20)$$

Aus **Abb. 8.11** ist auch ersichtlich, dass die Bewehrung – im bisherigen Sinn das Bemessungsziel – bereits beim Aufstellen des FE-Netzes bekannt sein muss. Um eine oftmalige Iteration zu vermeiden, wird vor einer nichtlinearen Berechnung immer eine Bemessung auf Basis der Elastizitätstheorie durchzuführen sein, die Basis für den nichtlinearen Nachweis ist. Zweckmäßig werden hierzu zunächst die Nachweise im Grenzzustand der Gebrauchstauglichkeit geführt. Aus diesen erhält man eine Mindestbewehrung als untere Schranke für die nichtlineare Traglastberechnung.

8.4.2 Bemessungskonzept nach EC 2

Bei einer nichtlinearen Berechnung ist die Traglast zu bestimmen. Die Schnittgrößenermittlung *und* die Bemessung verwenden hierbei dasselbe Werkstoffgesetz (jeweils für die Baustoffe Beton und Betonstahl). Dies ist mit dem Konzept verschiedener Teilsicherheitsbeiwerte für den Bauteilwiderstand (Materialseite) schwierig, da einerseits die Schnittgrößen durch die *Mittelwerte* der Baustoffkennwerte zutreffend berechnet werden, andererseits für die Querschnittsbemessung die *Fraktilwerte* der Baustoffkennwerte wichtig sind. Beide Teilschritte lassen sich bei nichtlinearer Rechnung jedoch nicht voneinander trennen, sodass mit *einem* Sicherheitsbeiwert γ_R für den Systemwiderstand gerechnet werden soll.

$$E_d^{nl}[f_{cR};\, f_{yR}] \;\leq\; R_d \;=\; \frac{1}{\gamma_R} R[f_{cR};\, f_{yR}] \qquad (8.21)$$

Dieser wird entsprechend EC 2-1-1, 5.7 mit γ_R = 1,3 (für ständige und vorübergehende Bemessungssituationen und den Nachweis gegen Ermüdung) angesetzt. Die nichtlinearen Werkstoffgesetze sind in **Abb. 8.12** und **Tafel 8.1** und Gl. (8.22) bis Gl. (8.28) beschrieben.

$$\eta = \frac{\varepsilon_c}{\varepsilon_{c1}} \qquad (8.22)$$

$$k = -1{,}1\, E_{cm} \frac{\varepsilon_{c1}}{f_{cR}} \qquad (8.23)$$

$$\sigma_c = -\left(\frac{k \cdot \eta - \eta^2}{1 + (k-2) \cdot \eta}\right) \cdot f_{cR} \qquad (8.24)$$

Die Rechenwerte der Baustofffestigkeiten werden hierbei so bestimmt, dass sich für Beton- und Stahlversagen dieselben Traglasten ergeben:

Beton: $\quad f_{cd} = \dfrac{f_{cR}}{\gamma_R}$

$$f_{cR} = \gamma_R \frac{\alpha_{cc} \cdot f_{ck}}{\gamma_C} = \frac{1{,}3}{1{,}5}\, \alpha_{cc} \cdot f_{ck} \approx 0{,}85\, \alpha_{cc} \cdot f_{ck} \text{ (gilt bis C50/60)} \qquad (8.25)$$

Betonstahl: $f_{yd} = \frac{f_{yR}}{\gamma_R}$

$$f_{yR} = \gamma_R \frac{f_{yk}}{\gamma_S} = \frac{1{,}3}{1{,}15} f_{yk} \approx 1{,}10 f_{yk} \qquad (8.26)$$

Je nach Duktilität (Teil 1, Kap. 2.4.1) gilt:

normalduktil: $f_{tR} = 1{,}05 f_{yR}$ (z.B.: B500A) (8.27)

hochduktil: $f_{tR} = 1{,}08 f_{yR}$ (z.B.: B500B) (8.28)

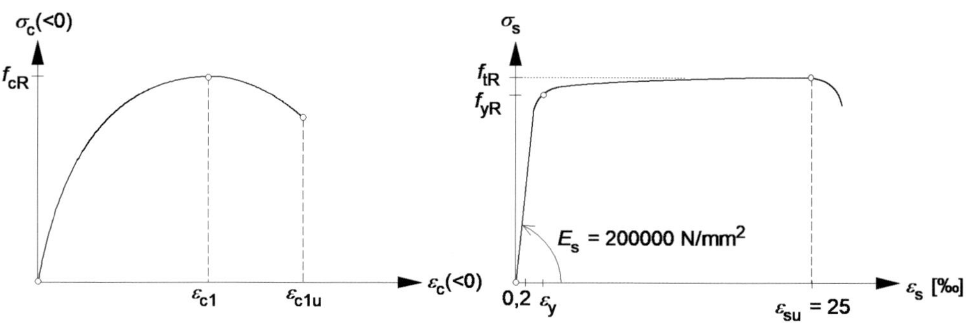

Abb. 8.12 *Werkstoffgesetze für nichtlineare Berechnungen*

f_{ck} in N/mm²	12	16	20	25	30	35	40	45	50	55	60	70	80	90	100
ε_{c1} in ‰	-1,8	-1,9	-2,0	-2,1	-2,2	-2,25	-2,3	-2,4	-2,45	-2,5	-2,6	-2,7	-2,8	-2,8	-2,8
ε_{c1u} in ‰	-3,5									-3,2	-3,0	-2,8	-2,8	-2,8	-2,8

Tafel 8.1 *Formänderungskennwerte für Normalbeton (nach EC 2-1-1, Tabelle 3.1)*

Bei der nichtlinearen Berechnung (mit inkrementeller Steigerung der Einwirkungen) wird der Grenzzustand der Tragfähigkeit erreicht, wenn

- die kritische Stahldehnung ε_{su} = 25 ‰ *oder*
- die kritische Betonstauchung ε_{c1u} (**Tafel 8.1**) *oder*
- am Bauteil der indifferente Gleichgewichtszustand

erreicht wird. Das Nichterreichen der kritischen Stahldehnung bzw. Betonstauchung ist gleichbedeutend mit einer Biegebemessung bei den linearen Schnittgrößenermittlungen (Teil 1, Kap. 7 ist daher nicht durchzuführen).

8.4.3 Nichtlineares Tragverhalten von Stahlbetonplatten

Die übliche Betrachtung der Schnittgrößen von Platten über die Differentialgleichung der Platte (Gl. (6.2)) erlaubt nicht, die sich tatsächlich über Membranausbildung entstehenden Traganteile in Stahlbetonplatten zu erfassen.

Zunächst verhalten sich Stahlbetontragwerke bis zur Erstrissbildung linear elastisch. Eine lokale Rissbildung im Stahlbetonquerschnitt bewirkt ein Verschieben des Nulldurchgangs des Dehnungsverlaufs aus der Plattenmittelfläche. Risse durchziehen jedoch nicht ununterbrochen die gesamte Platte. In den Randbereichen ist eine Platte ungerissen. Aus Gründen der Verträglichkeit müssen daher die entstandenen Dehnungen in der Plattenmittelfläche durch Druckspannungen (bzw. durch eine Druckmembran) kompensiert werden (**Abb. 8.13**).

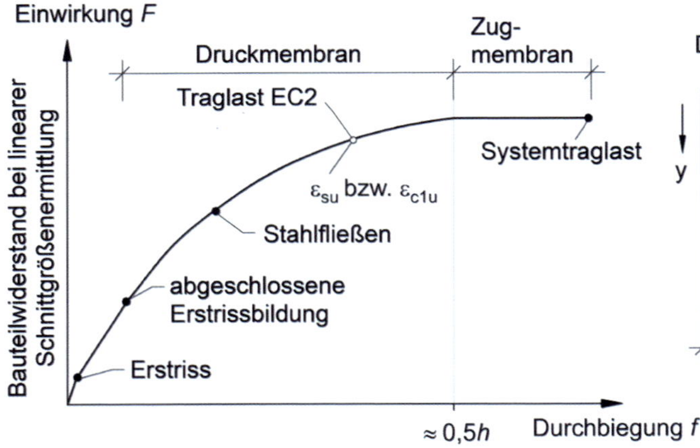

Abb. 8.13 *Nichtlineares Last-Verformungs-Verhalten einer zweiachsig gespannten kontinuierlich unterstützten Platte*

Der ungerissene Randbereich ermöglicht einen Zugring. Durch die Druckmembran wird die Biegezugbewehrung gegenüber der Theorie der gerissenen Zugzone geringer beansprucht. Bei sehr hohen Lastniveaus (oberhalb der rechnerischen Traglastniveaus des EC 2) bewirkt die zunehmende Rissbildung den Abbau der Druckspannungen und letztendlich ein Umschlagen in eine Zugmembran (**Abb. 8.13**). Nun bilden die Plattenränder einen Druckring, während der Beton im Mittelbereich über die gesamte Bauteilhöhe gerissen ist und nur noch die Betonstahlbewehrung Spannungen aufnimmt. Die Verformungen sind sehr groß ($l_{eff}/h > 50$). Die Platte versagt durch Erreichen der Zugfestigkeit der Bewehrung.

9 Punktgestützte Platten

9.1 Begriffe

Punktgestützte Platten[1] benötigen keine Unterzüge zum Lastabtrag (**Abb. 9.1**). Die Platten sind unmittelbar auf den Stützen aufgelagert. Man unterteilt punktgestützte Platten in:

- *Pilzdecken* (dropped panel slabs), die durch verbreiterte Stützenköpfe (drops, column heads) unterstützt werden;
- *Flachdecken* (flat slabs), die durch Stützen mit konstanten Abmessungen im Kopfbereich unterstützt werden.

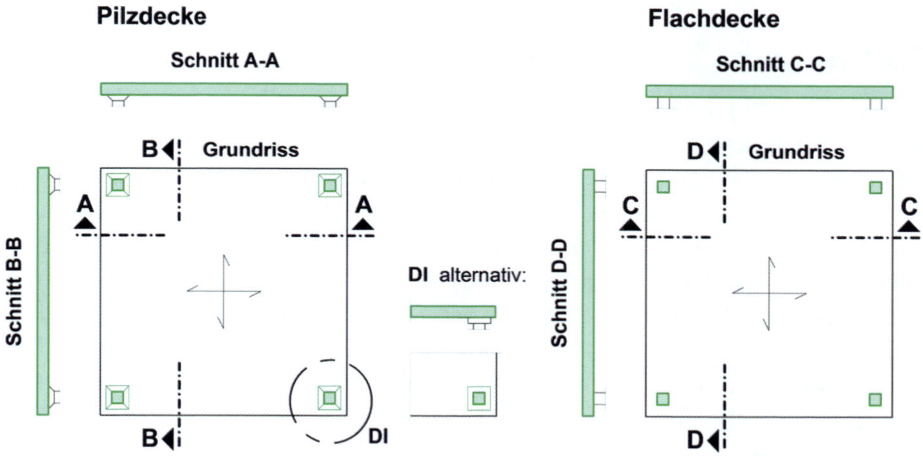

Abb. 9.1 *Unterteilung der punktgestützten Platten*

Die punktgestützte Platte bietet im Hochbau außerhalb des Wohnungsbaus folgende Vorteile gegenüber kontinuierlich gestützten Platten:

- *Ebene Betonunterflächen vereinfachen die Schalung* und beschleunigen den Bauablauf. Bei modernen Schalsystemen gilt dies auch für Pilzdecken, sofern die Pilzköpfe einen quadratischen oder rechteckigen Grundriss aufweisen.
- Die *Installationen* der Ausbaugewerke werden *nicht* durch störende Unterzüge *behindert*. Zum Zeitpunkt der Tragwerksplanung braucht daher die Planung der Leitungsführung noch nicht abgeschlossen zu sein (kürzere Planungsphase möglich).
- Es sind *große Stützenabstände* möglich, insbesondere bei vorgespannten Deckenplatten.
- Die ebene Deckenuntersicht bietet große *Flexibilität* für spätere Änderungen in der Raumaufteilung und damit auch der Nutzung.

1 Andere übliche Bezeichnung: punktförmig gestützte Platten.

- Die *Konstruktionshöhe der Gesamtdecke* ist *geringer* als bei liniengestützten Platten mit Unterzügen. In Einzelfällen kann dies zur Realisierung eines zusätzlichen Geschosses bei derselben Traufhöhe führen oder auch zu einer geringeren Baugrubentiefe (z.B. bei mehrgeschossigen Tiefgaragen), was insbesondere bei Bauwerkssohlen unterhalb des Grundwasserspiegels günstig ist.

Dem gegenüber steht als Nachteil ein höherer Baustoffverbrauch. Im Rahmen aller Gesichtspunkte spielt der Baustoffbedarf jedoch nur eine untergeordnete Rolle. Für Geschäftshausbauten, Tiefgaragen (Erdaushub, Grundwasser) usw. mit Stützenrastern über 6 m kann daher die Flachdecke wirtschaftlicher sein als eine zweiachsig gespannte Konstruktion mit Unterzügen [Andrä - 81].

9.2 Tragverhalten und Schnittgrößen

9.2.1 Grundzüge des Tragverhaltens

Punktgestützte Platten tragen ihre Lasten nicht nur in zwei Richtungen, sondern rotationssymmetrisch um die Stützen ab ([Girkmann – 86]; [Andrä et al. – 84]; [Hegger/Beutel – 03]). Wie bei kontinuierlich gestützten Platten lässt sich das Tragverhalten auch bei punktgestützten Platten gut über die Analogie des Streifenkreuzverfahrens (→ Kap. 6.2.2) erklären. Es ist lediglich erforderlich, mit zwei Streifenmodellen entsprechend der Beanspruchungsgröße und -art zu operieren. Bei kleinen Biegemomenten und für die Querkräfte trägt die punktgestützte Platte über vier Streifen, die sich über den Stützungen kreuzen (**Abb. 9.2**, links). Über den Stützen treten zunächst große Radialmomente m_r auf. Diese führen zu ringförmigen Rissen (**Abb. 9.2**, Detail I) und in der Folge zu einer Schnittgrößenumlagerung. Die Radialmomente werden abgebaut, es entstehen zunehmend Tangentialmomente (**Abb. 9.2**, rechts). Druckringe bilden sich an der Unterseite der Platte und Zugringe auf der Oberseite. Die punktgestützte Platte verhält sich wie eine lochrandgestützte Platte. Die Summe der Tangentialmomente und der Radialmomente ist hierbei in etwa konstant. Mit zunehmender Beanspruchung treten auch in Radialrichtung Biegerisse auf. Um die Stütze liegt an der Unterseite der Platte ein mehraxialer Spannungszustand im Beton vor.

Die Größe der Biegemomente über der Stütze hängt neben den geometrischen Verhältnissen entscheidend vom Bewehrungsgrad der Biegezugbewehrung für die Radialmomente ab. Bei geringem Bewehrungsgrad nähern sich die Schnittgrößen dem System der linienförmig gestützten Kreisringplatte, bei großem Bewehrungsgrad dem System der Kreisplatte (**Abb. 9.3**).

Mit wachsender Beanspruchung werden die ringförmigen Risse immer größer, aus den Biegerissen entwickeln sich Schubrisse. Sie führen zu einer zunehmenden Einschnürung der Druckzone. Damit steigen die Betondruckspannungen an, bis der Bruch erreicht wird. Es kommt zu einem Durchstanzversagen (punching failure) der Stützen (**Abb. 9.2**, Versagenszustand). Hierbei verschiebt sich die Platte gegenüber der Stütze mit dem Kegelstumpf. Die Bruchfläche des Kegelstumpfes ist etwa $\alpha = 30...45°$ gegen die Horizontale geneigt. Die Neigung θ hängt von der Belastung ab und wird steiler mit wachsender Belastung. Im Rahmen des Nachweises (→ Kap. 9.4) wird mit einer rechnerischen Neigung $\theta = \arctan(1/2) = 26{,}6°$ gearbeitet.

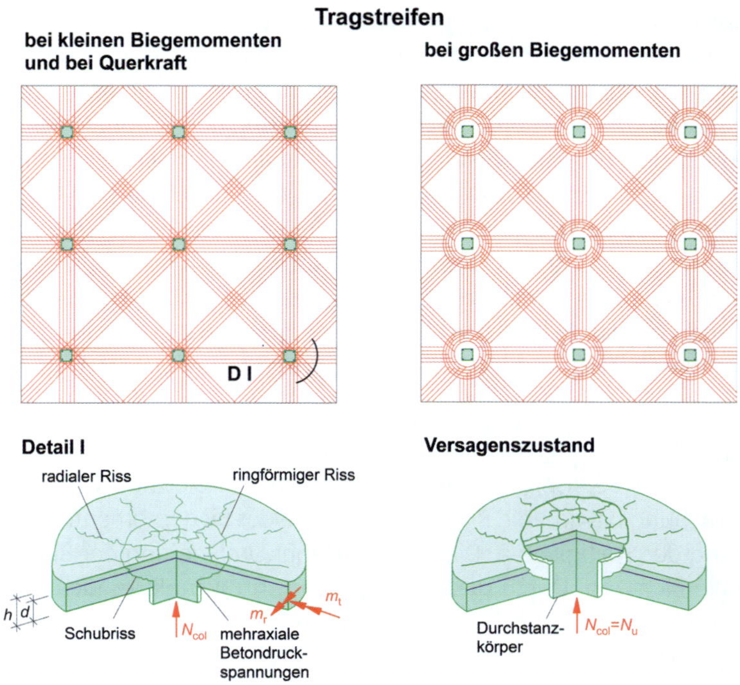

Abb. 9.2 *Tragstreifen in punktgestützten Platten*

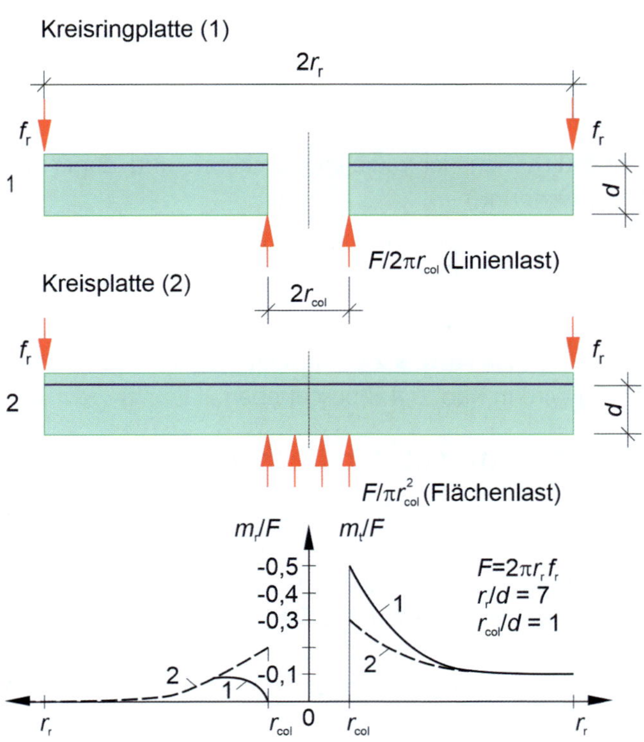

Abb. 9.3 *Biegemomente einer isotropen Kreis- bzw. Kreisringplatte (vgl. [Girkmann – 86])*

Bei *kontinuierlich gestützten* Platten haben Querkraftabtrag und Biegemomente einen Verlauf in derselben Richtung. Dies trifft insbesondere in den Plattenbereichen zu, in denen die Extremwerte auftreten. Diese Aussage gilt zwar nicht in den Ecken beidseitig gestützter Ränder von Platten, da hier durch die Drillmomente eine Veränderung der Hauptmomente (→ Kap. 6.1) auftritt, jedoch sind derartige Bereiche bei regelmäßigen Rechteckplatten für die Querkraftbemessung nicht relevant. Wenn die extremalen Querkräfte an Stellen (und in Richtung) der extremalen Biegemomente auftreten, können diese Platten über die Biegedruckzone einen wesentlichen Anteil der Querkraftbeanspruchung abtragen. Dies ist (neben der Tatsache nicht vorhandener parallel zur Stützung verlaufender durchgehender Risse) der wesentliche Grund, dass liniengestützte Platten ohne Querkraftbewehrung ausgeführt werden dürfen. In diesem Tragverhalten besteht ein wesentlicher Unterschied zu punktgestützten Platten.

Bei *punktgestützten* Platten erfolgt demgegenüber der Lastabtrag von Querkräften und Biegemomenten nur bei geringer Beanspruchung radial und damit in gleicher Richtung. Mit zunehmender Beanspruchung bewirkt die Rissbildung infolge der Biegemomente über der Stütze eine Veränderung der Steifigkeiten. Dies führt zu einer Umlagerung der Biegemomente in die tangentiale Richtung. Durch diese Umlagerung tritt in radialer Richtung keine ausgeprägte Biegedruckzone auf, und eine nennenswerte Querkraftübertragung über die Biegedruckzone ist nicht möglich. Das Durchstanztragvermögen im Bereich der Punktstützung ist ohne entsprechende Bewehrung deutlich geringer als bei kontinuierlich gestützten Platten.[2]

In Teil 1, Kap. 8.3.1 wurde das Tragverhalten auf Querkraft einachsig tragender Systeme erläutert. Von den dort erläuterten Traganteilen lassen sich folgende auch beim Durchstanzproblem nutzen:[3]

- Durchstanz-(= *Querkraft-)Bewehrung*
- *Bogentragwirkung* und Zugband (Erhöhen der radialen Druckkraft und damit der Bogentragwirkung z.B. durch Vorspannung)
- *Dübelwirkung* durch Menge und Durchmesser der radial verlaufenden Biegezugbewehrung.

Platten ohne Durchstanzbewehrung tragen die Querkräfte hauptsächlich über Druckbögen und Zugbänder ab, deren Spannrichtung in **Abb. 9.2** dargestellt ist. Das Tragverhalten von Platten mit Durchstanzbewehrung wird in Kap. 9.4.3 beschrieben.

9.2.2 Bestimmung der Biegemomente mit Handrechnung

Streng genommen handelt es sich bei punktgestützten Platten um räumliche Rahmentragwerke. Bei normalen Hochbauten werden die Horizontallasten jedoch von aussteifenden Kernen abgetragen. Für die Punktstützung wird daher üblicherweise eine allseits gelenkige horizontal unverschiebliche Lagerung angenommen, die Biegesteifigkeit der Stützen wird dabei vernachlässigt. Im DAfStb-Heft 631 [DAfStb Heft 631 – 19] werden für die Berechnung von Schnittgrößen in punktförmig gestützten Platten zwei Näherungsverfahren

2 Vgl. hierzu auch Anmerkungen zum Schubtal nach Kani in [Andrä – 81].

3 Reihenfolge entspricht dem Beitrag zum Bauteilwiderstand.

beschrieben. Ein Näherungsverfahren gemäß Plattentheorie und ein Näherungsverfahren mit Ersatzdurchlaufträgern (Gurtstreifenverfahren). In diesem Abschnitt wird von diesen beiden Verfahren nur das Gurtstreifenverfahren erläutert. Das Näherungsverfahren ist anwendbar für lotrecht wirkende Gleichstreckenlasten bei annähernd rechteckigem Stützenraster, bei denen das Spannweitenverhältnis innerhalb der Grenzen

$$0{,}80 \leq \frac{l_x}{l_y} \leq 1{,}25 \tag{9.1}$$

liegt.

Beim Gurtstreifenverfahren wird die Decke wie in **Abb 9.4** gezeigt in Gurt- (column strip) und Feldstreifen (middle strip) unterteilt. Bei der Schnittgrößenermittlung werden zunächst für die *x*- und die *y*-Richtung einachsig gespannte Durchlaufträger angenommen, die in der querlaufenden Richtung stetig unterstützt sind. Als Balkenbreite kann entweder der Abstand der Stützenreihen oder ein Streifen mit einer Breite von einem Meter angenommen werden. Die Belastung wird, um die Gleichgewichtsbedingungen erfüllen zu können, in voller Höhe in beiden Richtungen in feldweise ungünstigster Stellung angesetzt. Die Verteilung der Schnittgrößen auf die Gurt- und Feldstreifen erfolgt gemäß **Abb 9.4**.

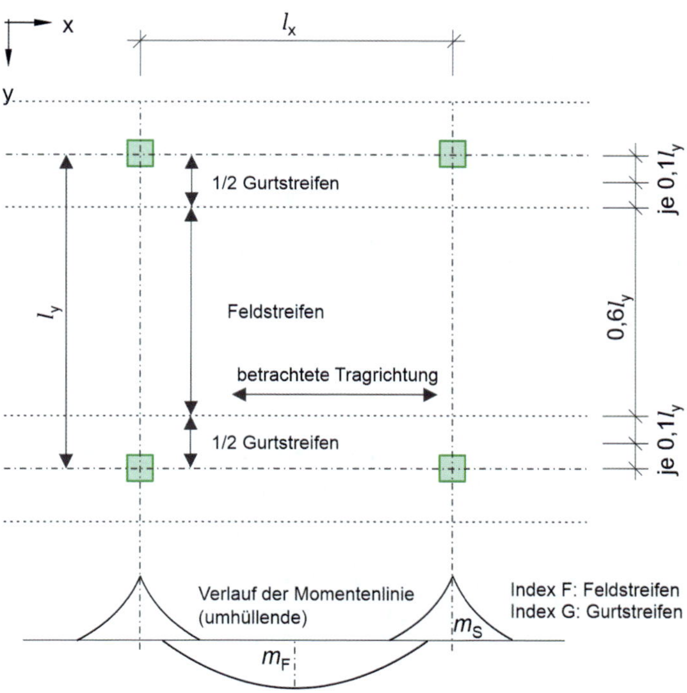

Abb. 9.4 *Verteilung der mit dem Gurtstreifenverfahren ermittelten Momente für die x-Richtung (vgl. DAfStb Heft 631)*

Beispiel 9.1: Gurtstreifenverfahren bei punktgestützten Platten

gegeben:
- ausgesteifte Flachdecke eines Hochbaus gemäß Skizze von Beispiel 9.4
- Baustoffgüten C20/25; B500
- Belastung g_k = 9,10 kN/m², q_k = 3,25 kN/m²

gesucht: Ermittlung der Biegemomente in den Gurt- und Feldstreifen (*x*- und *y*-Richtung)

Lösung:

$$g_d = 1{,}35 \cdot 9{,}10 = 12{,}285 \text{ kN/m}^2$$

$$q_d = 1{,}5 \cdot 3{,}25 = 4{,}875 \text{ kN/m}^2$$

$$\frac{l_x}{l_y} = \frac{6}{5} = 1{,}2 \le 1{,}25$$

(9.1): $0{,}80 \le \frac{l_x}{l_y} \le 1{,}25$

Näherungsverfahren anwendbar

Durchlaufträger (2 Feld-Träger) in *x*-Richtung

Stützmomente

$$m_{x,S,gd} = -0{,}125 \cdot 12{,}285 \cdot 6^2 = -55{,}3 \text{ kNm/m}$$

Tafelwerte aus [Schneider/Albert – 20], Kap. 4

$$m_{x,S,qd} = -0{,}125 \cdot 4{,}875 \cdot 6^2 = -21{,}9 \text{ kNm/m}$$

Stützmoment für Belastung beider Felder: TW = -0,125

$$m_{x,S} = -55{,}3 - 21{,}9 = -77{,}2 \text{ kNm/m}$$

Feldmomente

$$m_{x,F,gd} = 0{,}070 \cdot 12{,}285 \cdot 6^2 = 31{,}0 \text{ kNm/m}$$

Feldmoment für Belastung beider Felder: TW = 0,070

$$m_{x,F,qd} = 0{,}096 \cdot 4{,}875 \cdot 6^2 = 16{,}8 \text{ kNm/m}$$

Feldmoment nur ein Feld belastet: TW = 0,096

$$m_{x,F} = 31{,}0 + 16{,}8 = 47{,}8 \text{ kNm/m}$$

Durchlaufträger (2-Feld-Träger) in *y*-Richtung

Stützmomente

$m_{y,S,gd} = -0{,}125 \cdot 12{,}285 \cdot 5^2 = -38{,}4$ kNm/m	Stützmoment für Belastung beider Felder: TW = -0,125
$m_{y,S,qd} = -0{,}125 \cdot 4{,}875 \cdot 5^2 = -15{,}2$ kNm/m	
$m_{y,S} = -38{,}4 - 15{,}2 = -53{,}6$ kNm/m	
Feldmomente	
$m_{y,F,gd} = 0{,}070 \cdot 12{,}285 \cdot 5^2 = 21{,}5$ kNm/m	Feldmoment für Belastung beider Felder: TW = 0,070
$m_{y,F,qd} = 0{,}096 \cdot 4{,}875 \cdot 5^2 = 11{,}7$ kNm/m	Feldmoment nur ein Feld belastet: TW = 0,096
$m_{y,F} = 21{,}5 + 11{,}7 = 33{,}2$ kNm/m	
x-Richtung	
innerer Gurtstreifen (*x*-Richtung)	
$2{,}1 \cdot m_S = 2{,}1 \cdot (-77{,}2) = -162{,}1$ kNm/m	**Abb 9.4**: $2{,}1 \cdot m_S$
$1{,}25 \cdot m_F = 1{,}25 \cdot 47{,}8 = 59{,}8$ kNm/m	$1{,}25 \cdot m_F$
äußerer Gurtstreifen (*x*-Richtung)	
$1{,}4 \cdot m_S = 1{,}4 \cdot (-77{,}2) = -108{,}1$ kNm/m	**Abb 9.4**: $1{,}4 \cdot m_S$
$1{,}25 \cdot m_F = 1{,}25 \cdot 47{,}8 = 59{,}8$ kNm/m	$1{,}25 \cdot m_F$
Feldstreifen (*x*-Richtung)	
$0{,}5 \cdot m_S = 0{,}5 \cdot (-77{,}2) = -38{,}6$ kNm/m	**Abb 9.4**: $0{,}5 \cdot m_S$
$0{,}84 \cdot m_F = 0{,}84 \cdot 47{,}8 = 40{,}15$ kNm/m	$0{,}84 \cdot m_F$
y-Richtung	
innerer Gurtstreifen (*y*-Richtung)	
$2{,}1 \cdot m_S = 2{,}1 \cdot (-53{,}6) = -112{,}6$ kNm/m	**Abb 9.4**: $2{,}1 \cdot m_S$
$1{,}25 \cdot m_F = 1{,}25 \cdot 33{,}2 = 41{,}5$ kNm/m	$1{,}25 \cdot m_F$
äußerer Gurtstreifen (*y*-Richtung)	
$1{,}4 \cdot m_S = 1{,}4 \cdot (-53{,}6) = -75{,}0$ kNm/m	**Abb 9.4**: $1{,}4 \cdot m_S$
$1{,}25 \cdot m_F = 1{,}25 \cdot 33{,}2 = 41{,}5$ kNm/m	$1{,}25 \cdot m_F$
Feldstreifen (*y*-Richtung)	
$0{,}5 \cdot m_S = 0{,}5 \cdot (-53{,}6) = -26{,}8$ kNm/m	**Abb 9.4**: $0{,}5 \cdot m_S$
$0{,}84 \cdot m_F = 0{,}84 \cdot 33{,}2 = 27{,}9$ kNm/m	$0{,}84 \cdot m_F$

9.2.3 Schnittgrößenermittlung mit der Finite-Elemente-Methode

Wie bei den kontinuierlich gestützten Platten wird die FEM im Regelfall zur Schnittgrößenermittlung verwendet. Hierbei gelten die in Kap. 5.4.3 erläuterten Regeln zur Netzgenerierung. Ein wesentlicher Punkt der Diskretisierung ist die Abbildung des Anschlussbereichs Platte-Stütze. Eine starre Punktstützung führt zu einer Singularität (→ Kap. 5.4.3) und sollte nicht verwendet werden. In der Praxis üblich sind elastische Stützungen. Das FE-Netz wird in der unmittelbaren Stützenumgebung verfeinert (**Abb. 5.10**). Als elastisch gebettet wird der Stützenbereich modelliert, der sich bei Ausstrahlung unter 45° vom Stützenrand in die Plattenmittelfläche ergibt (analog der Vorgehensweise in **Abb. 5.4**). Die Federsteifigkeit k und die Bettungszahl k_s können mit den nachfolgenden Gln. abgeschätzt werden.

$$k = \frac{E_{col} \cdot A_{col}}{l_{col}} \text{ in kN/m} \tag{9.2}$$

$$k_s = \frac{\sigma}{w} = \frac{N_{col}}{A_{col} \cdot w} = \frac{1}{A_{col} \cdot \frac{1}{k}} = \frac{E_{col} \cdot A_{col}}{A_{col} \cdot l_{col}} = \frac{E_{col}}{l_{col}} \tag{9.3}$$

Örtliche Spitzenwerte der Biegemomente über den Stützungen sind nicht bemessungsrelevant. Im Sinne der Gurt- und Feldstreifen sollten aus den Ergebnissen der FE-Berechnung die Integralwerte über jeweils die halbe Streifenbreite nach den Gln. (9.6) bis (9.9) betrachtet werden. Für die weitere Bemessung und auch die Bewehrungsführung ist zu beachten, dass die elastische Bettung folgende Ungenauigkeiten aufweist:

- Die elastische Bettung mehrerer nebeneinander liegender Knotenpunkte kann ein Biegemoment aufnehmen (insbesondere bei Rand- und Eckstützen). Dieses Biegemoment wird bei der Stützenbemessung nicht weiter (rechnerisch) berücksichtigt.
- Die Biegesteifigkeit der Stützen und das tatsächlich vorliegende Rahmentragwerk werden nicht berücksichtigt.

Diese Fehler können durch Verwendung spezieller Koppelfederelemente zur Modellierung der Stützen verringert werden [Werkle – 00].

9.2.4 Stützkräfte

Die Stützkräfte von punktgestützten Platten werden bei Hochbauten vereinfacht ermittelt. Hiernach darf die Stützkraft aus Volllast der um die Stütze liegenden Felder unter Berücksichtigung der Durchlaufwirkung berechnet werden. Die Durchlaufwirkung lässt sich z.B. über vertafelte Durchlaufträger [Schneider/Albert – 20] bestimmen. Für die Auflagerkraft gilt bei

Durchlaufträgern: $N_{col} = TW \cdot F_d \cdot l_{eff}$ (9.4)

Flächentragwerken: $N_{col} = TW_x \cdot TW_y \cdot F_d \cdot l_x \cdot l_y$ (9.5)

9.3 Biegebemessung

Aus baupraktischen Gründen kann die Bewehrung nicht radial über die Stützen (Bewehrungshäufung) und nicht ringförmig (Positionsanzahl) verlegt werden. Wie bei den kontinuierlich gestützten Platten wird ein orthogonales Bewehrungsraster gewählt. Die Biegebemessung wird für die *x*- und die *y*-Richtung wie bei zweiachsig gespannten Platten für die Längs- und Querrichtung durchgeführt (→ Kap. 6.4). Die Bewehrung wird mit dem ermittelten Querschnitt in den Gurtstreifen b_G bzw. Feldstreifen b_F (**Abb. 9.4**) eingelegt. Bei einer Schnittgrößenermittlung von Hand (→ Kap. 9.2.2) sind in [Grasser/Thielen – 91] Angaben zur Breite der Streifen zu finden. Für Überschlagsrechnungen (z.B. mit dem Streifenkreuzverfahren) können folgende Breiten angesetzt werden.

Flachdecken: $b_{G,x} = 0{,}4\ l_y$ (9.6)

$b_{F,x} = 0{,}6\ l_y$ (9.7)

Pilzdecken: $b_{G,x} = 0{,}5\ l_y$ (9.8)

$b_{F,x} = 0{,}5\ l_y$ (9.9)

Für die *y*-Richtung sind die Indizes zu vertauschen.

Aufgrund der Bewehrungskonzentration im Stützenbereich besteht die Gefahr, dass an diesen Stellen das Mindestmaß der oberen Betondeckung auf der Baustelle unterschritten wird (Bauungenauigkeiten, realer Stabdurchmesser größer als Nenndurchmesser, Bewehrungsführung). Die Höhe der Unterstützungskörbe für die obere Bewehrung sollte daher entsprechend kleiner als rechnerisch ermittelt ausgeführt werden. Die verminderte statische Nutzhöhe ist bei der Biegebemessung zu berücksichtigen.

Um eine ausreichende Sicherheit gegen Durchstanzen (→ Kap. 9.4) auch für rechnerisch nicht berücksichtigte Exzentrizitäten zu gewährleisten, dürfen bei der Biegebemessung über den Stützen folgende Mindestmomente m_{Edx} und m_{Edy} nicht unterschritten werden (EC 2-1-1, Tab. NA 6.1.1):

$$m_{Edi} \geq \eta_i \cdot V_{Ed} \qquad (9.10)$$

i Richtung *x* oder *y*

η_i Beiwert nach **Tafel 9.1**

V_{Ed} maßgebende Querkraft (→ Kap. 9.4.1)

Die sich hieraus ergebende Biegezugbewehrung ist innerhalb der Verteilungsbreite b_i nach **Tafel 9.1** und **Abb. 9.5** anzuordnen.

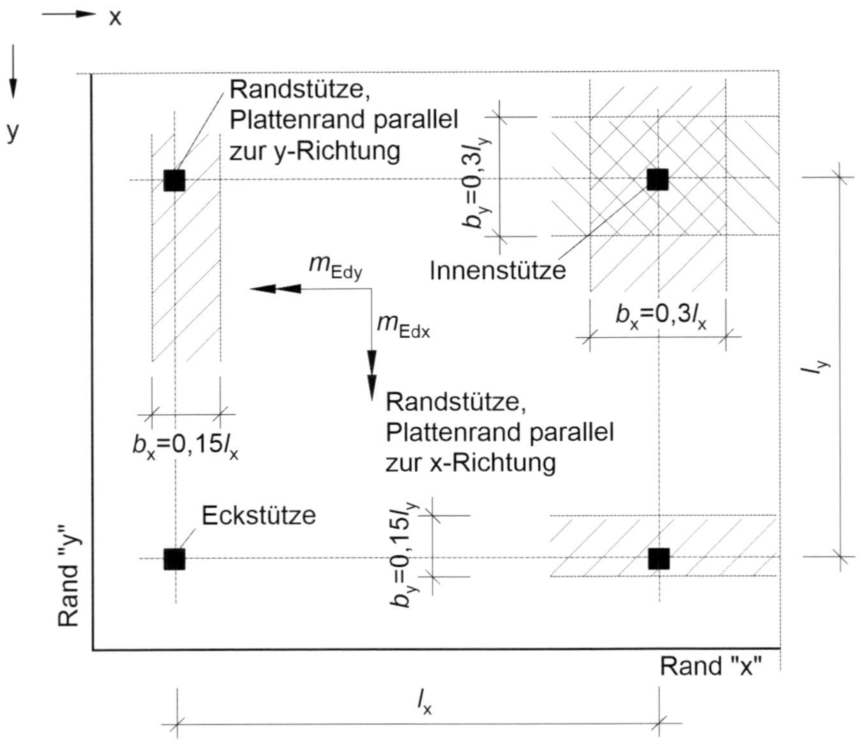

Abb. 9.5 *Verteilungsbreite bei der Bemessung für die Mindestmomente*

Lage der Stütze		η_x für m_{Edx}			η_y für m_{Edy}		
		Zug an der Plattenoberseite[b]	**Zug an der Plattenunterseite**[b]	**anzusetzende Breite b_y (Abb. 9.5)**	**Zug an der Plattenoberseite**[b]	**Zug an der Plattenunterseite**[b]	**anzusetzende Breite b_x (Abb. 9.5)**
Innenstütze		0,125	0	0,30 l_y	0,125	0	0,30 l_x
Randstütze	Plattenrand parallel zur *x*-Achse (= Rand „*x*“)[a]	0,25	0	0,15 l_y	0,125	0,125	(je m Plattenbreite)
Randstütze	Plattenrand parallel zur *y*-Achse (= Rand „*y*“)[a]	0,125	0,125	(je m Plattenbreite)	0,25	0	0,15 l_x
Eckstütze		0,5	0,5	(je m Plattenbreite)	0,5	0,5	(je m Plattenbreite)

[a] Definition der Ränder und der Stützenabstände l_x und l_y → **Abb. 9.5**.

[b] Als Plattenoberseite wird die der Lasteinleitungsfläche (aus der Stütze) entgegenliegende Seite der Platte bezeichnet; als Plattenunterseite diejenige Seite, auf der die Lasteinleitungsfläche liegt. Bei einem Fundament ist somit die „Plattenoberseite“ die tatsächlich unten liegende Seite.

Tafel 9.1 *Mindestmomentenbeiwerte und Verteilungsbreite für Mindestbewehrung punktgestützter Platten (nach EC 2-1-1, Tab. 6.1.1)*

9.4 Bemessung gegen Durchstanzen

9.4.1 Maßgebende Querkraft

Das Durchstanzen (punching) ist der Sonderfall einer Querkraftbeanspruchung von Stahlbetonbauteilen. Im Vergleich zur Querkraftbeanspruchung führt die räumliche Beanspruchung zu einer Erhöhung des Bauteilwiderstandes. Der Nachweis basiert daher auf einer Erweiterung der Querkraftbemessung für ebene Beanspruchungsfälle (Teil 1, Kap. 8). Die rechnerische Neigung des Durchstanzkegels ist 26,6°. Daher erhält man die maßgebende Querkraft an der Stelle, an der der rechnerische Bruchkörper die obere Biegezugbewehrung durchdringt (**Abb. 9.6**), also im Abstand 2,0*d*.

$$d_m = \frac{d_x + d_y}{2} \tag{9.11}$$

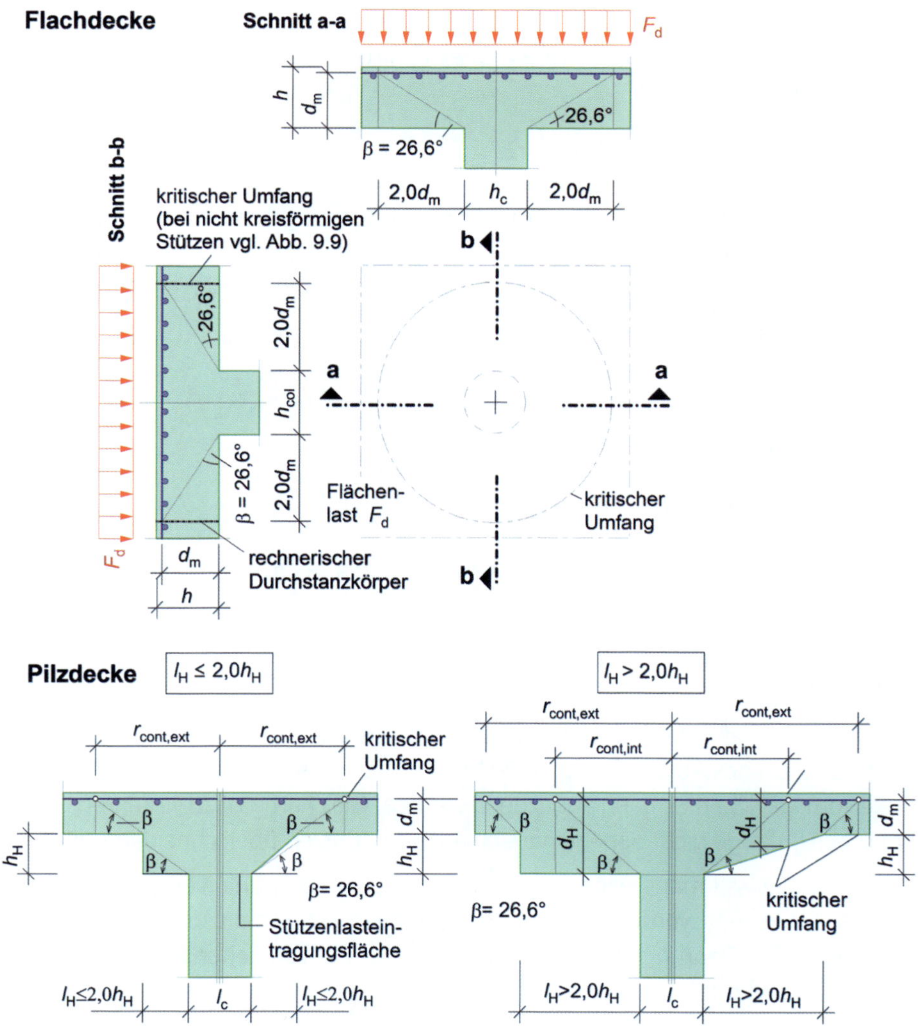

Abb. 9.6 *Rechnerische Durchstanzkegel bei Flachdecken und Pilzdecken*

Anstelle des sich tatsächlich einstellenden Durchstanzkörpers (kegelförmig **Abb 9.2**) wird die Bruchfläche idealisiert, indem für den Nachweis ein Ersatzkörper mit zur Plattenmittelfläche senkrechter Oberfläche gebildet wird (**Abb. 9.6**). Dies ist der „kritische Rundschnitt" mit dem „kritischen Umfang" (critical perimeter). Die Fläche des Ersatzkörpers im Grundriss ergibt sich aus der Bruchkörperfläche in Höhe der Schwerachse der Biegezugbewehrungen in *x*- und *y*-Richtung (**Abb. 9.7**). Zunächst wird von einer kreisförmigen Stütze ausgegangen. Die empirisch formulierten Nachweisgleichungen setzen voraus, dass sich ein räumlicher Spannungszustand einstellt.

Dieser räumliche Spannungszustand tritt nur bis zu einem Stützendurchmesser $D \approx 3{,}8d$ auf, daher gelten folgende Grenzwerte:

- *Rundstützen*:

  $$D \leq 3{,}8d\colon\ u_0 \leq \pi \cdot \mathrm{D} = \pi \cdot 3{,}8\mathrm{d} \Leftrightarrow \mathrm{u}_0 \leq 12\mathrm{d} \tag{9.12}$$

- *Rechteckstützen*:

  Für eine Stütze mit einer quadratischen Querschnittsfläche mit der Kantenlänge b_1 ergibt sich b_1 zu:

  $$u_0 = 4b_1 \leq 12d \Leftrightarrow b_1 \leq \tfrac{12}{4}d \Leftrightarrow b_1 \leq 3d \tag{9.13}$$

  Bei Rundstützen wird ein rotationsförmiger Beanspruchungszustand auftreten. Dies ist bei Rechteckstützen mit zunehmend schmaler werdendem Rechteck immer weniger zutreffend. Hier werden die Querkräfte verstärkt über die Ecken abgetragen. Wenn für das Rechteck die Nebenbedingung

  $$b < a \leq 2b \tag{9.14}$$

  eingeführt wird, erhält man:

  $$u_0 = 2(a+b) \leq 12d \Leftrightarrow a \leq 6d - b \tag{9.15}$$

  Die Gln. (9.13) bis (9.15) führen zu der in **Abb. 9.7** bei Rechteckstützen beschriebenen Bedingung für *a* und *b*. Die Begrenzung von *a* und *b* gilt nicht für den äußeren Rundschnitt ($u_{cont,ext}$) bei Stützenkopfverstärkungen.

- *Aussparungen:*

  Bei der Ermittlung des kritischen Umfangs werden Aussparungen berücksichtigt, wenn sie sich innerhalb eines Abstandes von < 6 *d* vom Stützenanschnitt befinden (**Abb. 9.7**), indem sie vom kritischen Umfang abgezogen werden. Gleichartig ist zu verfahren, wenn sich kritische Umfänge dicht nebeneinanderliegender Stützen überschneiden sollten.

  Das Abzugsmaß erhält man, wenn vom Stützenmittelpunkt Strahlen an die Eckpunkte der Aussparung gelegt werden. Sie begrenzen den rechnerisch anzusetzenden Rundschnitt (**Abb. 9.7**). Wenn $l_1 > l_2$ ist, dann ist mit einer fiktiven Seitenlänge $l_{2,ers}$ für die Aussparung zu rechnen:

  $$l_{2,ers} = \sqrt{l_1 \cdot l_2} \tag{9.16}$$

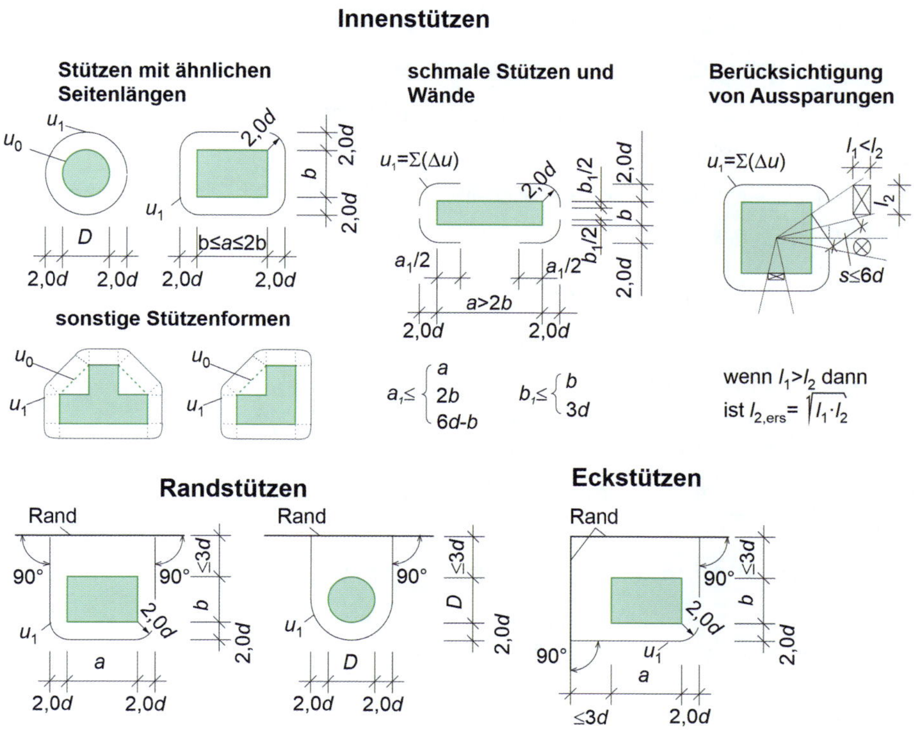

u_0: Lasteinleitungsfläche
u_1: kritischer Rundschnitt

Hinweis:
Der Rundschnittverlauf am freien Rand ist in EC2 nicht explizit geregelt. Nach Ansicht des Autors ist die Regelung analog DIN 1045-1 sinnvoll und in o.g. Zeichnungen umgesetzt (Rundschnittverlauf senkrecht zum freien Rand für einen Randabstand <3*d*).

Abb. 9.7 *Ermittlung des kritischen Umfangs bei punktgestützten Platten je nach Geometrie und Lage der Stütze*

Sofern die punktgestützte Platte Stützenkopfverstärkungen (Pilzdecke) aufweist, hängt der maßgebende Durchstanzkegel auch vom Verhältnis Plattenhöhe zu Stützenkopfhöhe und -länge ab (**Abb. 9.6**). Je nach Abmessungsverhältnis kann ein am Stützenkopf und/oder Pilzkopf beginnender Durchstanzkörper maßgebend sein:

$$r_{crit} = 2{,}0\, d_m + \Delta r_{crit} \tag{9.17}$$

Gemäß EC 2-1-1 ist bei rechteckigen und runden Stützenkopfverstärkungen für $l_H < 2{,}0h_H$ ein Nachweis innerhalb der Stützenkopfverstärkung nicht erforderlich. In dem nationalen Anhang zum EC 2 werden restriktivere Festlegungen getroffen. Gemäß nationalem Anhang ist für $1{,}5h_H < l_H < 2{,}0h_H$ ein Nachweis innerhalb der Stützenkopfverstärkung zu führen. Für $l_H < 1{,}5h_H$ kann der Nachweis entfallen.

Für den Nachweis mit $1{,}5h_H < l_H < 2{,}0h_H$ darf die Durchstanztragfähigkeit $v_{Rd,c}$ um den Verhältniswert $u_{2,0d}/u_{1,5d}$ vergrößert werden.

Für $l_H > 2{,}0h_H$ ist der Durchstanznachweis innerhalb der Stützenkofpverstärkung mit $v_{Rd,c}$ ohne Erhöhungsfaktor zu führen.

- *Stützenkopfabmessung* $l_H \leq 1{,}5\ h_H$:

  Ein Durchstanznachweis innerhalb der Stützenkopfverstärkung ist nicht erforderlich.

  Der Durchstanznachweis wird nur außerhalb der Stützenkopfverstärkung für $r_{cont,ext}$ geführt.

  Nachweis im äußeren Nachweis-Rundschnitt ($r_{cont,ext}$) außerhalb der Sützenkopfverstärkung mit:

$$r_{cont,ext} = \frac{a}{2} + l_H + 2{,}0\,d_m \text{ mit } a \leq b \text{ und} \quad (9.18)$$

$$v_{Rd,c,2,0d} \rightarrow \text{EC 2-1-1, Gl. 6.47} \quad (9.19)$$

- *Stützenkopfabmessung* $1{,}5\ h_H \leq l_H \leq 2{,}0\ h_H$:

  Überprüfung, ob innerhalb der Stützenkopfverstärkung Durchstanzbewehrung erforderlich ist:

  Nachweis im inneren Nachweis-Rundschnitt ($r_{cont,int}$) mit:

$$r_{cont,int} = \frac{a}{2} + 1{,}5\left(d_m + h_H\right) \text{ mit } a \leq b \text{ und} \quad (9.20)$$

$$v_{Rd,c,1,5d} = \left(u_{2,0d}/u_{1,5d}\right) v_{Rd,c,2,0d} \quad (9.21)$$

  Nachweis im äußeren Nachweis-Rundsschnitt ($r_{cont,ext}$) außerhalb der Sützenkopfverstärkung mit:

$$r_{cont,ext} = \frac{a}{2} + l_H + 2{,}0\,d_m \text{ mit } a \leq b \text{ und} \quad (9.22)$$

$$v_{Rd,c,2,0d} \rightarrow \text{EC 2-1-1, Gl. 6.47} \quad (9.23)$$

- *Stützenkopfabmessung* $l_H > 2{,}0\ h_H$:

  Es gibt einen kritischen Rundschnitt innerhalb und einen außerhalb der Stützenkopfverstärkung (**Abb. 9.6**). Beide werden nach den Regeln einer Flachdecke berechnet.

  Nachweis im inneren Nachweis-Rundschnitt ($r_{cont,int}$) mit:

$$r_{cont,int} = \frac{a}{2} + 2{,}0\left(d_m + h_H\right) \text{ mit } a \leq b \text{ und} \quad (9.24)$$

$$v_{Rd,c,2,0d} \rightarrow \text{EC 2-1-1, Gl. 6.47} \quad (9.25)$$

  Nachweis im äußeren Nachweis-Rundschnitt ($r_{cont,ext}$) außerhalb der Sützenkopfverstärkung mit:

$$r_{cont,ext} = \frac{a}{2} + l_H + 2{,}0\,d_m \text{ mit } a \leq b \text{ und} \quad (9.26)$$

$$v_{\text{Rd,c,2,0d}} \rightarrow \text{EC 2-1-1, Gl. 6.47} \tag{9.27}$$

Auch im äußeren Rundschnitt ist bei Pilzköpfen gemäß [DAfStb Heft 600 – 20] für den Lasteinleitungsrundschnitt über die Bedingung $u \leq 12\,d_{\text{m}}$ nachzuweisen, dass ein räumlicher Spannungszustand auftritt. Bei Überschreiten ist der rechnerische Rundschnitt (wie in **Abb. 9.7** gezeigt) auf die Eckbereiche zu begrenzen. Für den Restbereich, in dem u_1 den Grenzwert $12\,d_{\text{m}}$ übersteigt, wird ein Querkraftnachweis (EC 2-1-1, Glg. 6.2ff.) geführt.

anteilige Kraft für Durchstanznachweis: $$v_{\text{Ed,Durchstanzen}} = v_{\text{Ed}} \frac{u_{\text{12d}}}{u_{\text{SKV}}} \tag{9.28}$$

anteilige Kraft für Querkraftnachweis: $$v_{\text{Ed,Querkraft}} = v_{\text{Ed}} \frac{u_{\text{SKV}} - u_{\text{12d}}}{u_{\text{SKV}}} \tag{9.29}$$

mit u_{SKV} = Umfang der Stützenkopfverstärkung

Im kritischen Rundschnitt des Durchstanzkörpers werden die Querkräfte nachgewiesen. Die vorhandenen Querkräfte v_{Ed} [in kN/m²] werden dort (und bei Verwendung von Durchstanzbewehrung in weiteren Rundschnitten) berechnet.

$$V_{\text{Ed}} = N_{\text{col}} \text{ bei Fundamenten} \rightarrow \text{Kap. 12} \tag{9.30}$$

$$v_{\text{Ed}} = \frac{\beta \cdot V_{\text{Ed}}}{u \cdot d} \tag{9.31}$$

u Umfang im betrachteten Rundschnitt

β Beiwert berücksichtigt Störungen in der Rotationssymmetrie

Die Beiwerte β sind an Randbedingungen gebunden. In allen hier angegebenen Fällen ist die wesentliche Belastung der punktgestützten Platte eine Gleichflächenlast und das System horizontal unverschieblich. Die Werte der **Tafel 9.2** gelten bis zu Stützweitenunterschieden in einer Richtung von 25 %.

Lage der Stütze	Innenstütze	1,10
	Randstütze	1,40
	Eckstütze	1,50
	Wandecke	1,20
	Wandende	1,35

Tafel 9.2 *Beiwert β zur Berücksichtigung der Rotationssymmetrie (EC 2-1-1, Bild 6.21)*

Bei größeren Stützweitenunterschieden gilt:

$$\beta = 1 + k \cdot \frac{M_{\text{Ed}} \cdot u}{V_{\text{Ed,red}} \cdot W} \geq 1{,}10 \tag{9.32}$$

Bei Stützen-Decken-Knoten mit zweiachsiger Ausmitte gilt:

$$\beta = 1 + \sqrt{\left(k_{\text{x}} \frac{M_{\text{Ed,x}}}{V_{\text{Ed}}} \cdot \frac{u_1}{W_{1,\text{x}}}\right)^2 + \left(k_{\text{y}} \frac{M_{\text{Ed,y}}}{V_{\text{Ed}}} \cdot \frac{u_1}{W_{1,\text{y}}}\right)^2} \geq 1{,}10 \tag{9.33}$$

W: Funktion des krtischen Rundschnittes u zur Ermittlung der Querkraftverteilung

Für Stützen mit Rechteckquerschnitt gilt:

$$W = c_1{}^2/2 + c_1 \cdot c_2 + 2 \cdot c_2 \cdot a_{\text{crit}} + 4 \cdot a_{\text{crit}}{}^2 + \pi \cdot a_{\text{crit}} \cdot c_1 \qquad (9.34)$$

c_1 Abmessung der Stütze parallel zur Lastausmitte

c_2 Abmessung der Stütze senkrecht zur Lastausmitte

a_{crit} Abstand vom Stützenrand zum kritischen Rundschnitt

k Beiwert für den Anteil des Momentes, der durch eine nichtrotationssymmetrische Schubspannungsverteilung übertragen wird, gemäß **Tafel 9.3.**

Für Stützen mit Kreisquerschnitt gilt:

$$\beta = 1 + \frac{0{,}6\pi \cdot e}{D + 2 \cdot a_{\text{crit}}} \geq 1{,}10 \qquad (9.35)$$

D Durchmesser der Stütze

e Lastausmitte $e = M_{\text{Ed}}/V_{\text{Ed}}$

a_{crit} Abstand vom Stützenrand zum kritischen Rundschnitt

c_1/c_2	$\leq 0{,}5$	1,0	2,0	$\geq 3{,}0$
k	0,45	0,60	0,70	0,80

Tafel 9.3 *k-Werte bei rechteckigen Lasteinleitungsflächen*

Weitere Hinweise zur Bestimmung von β sind in [Fingerloos/Hegger/Zilch – 12], [DAfStb Heft 600 – 20], [Beutel/Hegger – 03] oder [Nölting – 01] zu finden.

9.4.2 Nachweis ohne Durchstanzbewehrung

Es ist die Querkrafttragfähigkeit längs des kritischen Rundschnittes nachzuweisen. Die Gl. zur Bestimmung der aufnehmbaren Querkrafttragfähigkeit stimmt hierbei im Aufbau mit derjenigen des ebenen Spannungszustandes überein (Teil 1, Kap. 8). Aufgrund der mehraxialen Druckspannungen (**Abb. 9.2**) ist der Vorfaktor höher als im zweidimensionalen Fall.

$$v_{\text{Ed}} \leq v_{\text{Rd,c}} \qquad (9.36)$$

$$v_{\text{Rd,c}} = C_{\text{Rd,c}} \cdot k \left(100 \rho_1 \cdot f_{\text{ck}}\right)^{\frac{1}{3}} + 0{,}10\, \sigma_{\text{cp}} \geq v_{\text{min}} + 0{,}10\, \sigma_{\text{cp}} \qquad (9.37)$$

Darin bedeuten:

$C_{Rd,c}$ statistisch ermittelter Abminderungsbeiwert

$$C_{\mathrm{Rd,c}} = \begin{cases} \frac{0{,}18}{\gamma_C} \; \mathit{für} \; \frac{u_0}{d} \geq 4 \\ \frac{0{,}18}{\gamma_C} \cdot \left(0{,}1 \cdot \frac{u_0}{d} + 0{,}6\right) \; \mathit{für} \; \frac{u_0}{d} < 4 \end{cases} \tag{9.38}$$

k Beiwert zur Berücksichtigung des Maßstabeffektes

$$k = 1 + \sqrt{\frac{200}{d}} \leq 2{,}0 \; (d \text{ in mm}) \tag{9.39}$$

ρ_l Beiwert zur Sicherstellung der Duktilität in Form der Begrenzung des mittleren geometrischen Bewehrungsgrades für die Längsbewehrung in x- bzw. y-Richtung (geometrischer Bewehrungsgrad ρ_{lx} bzw. ρ_{ly})

$$\rho_l = \sqrt{\rho_{lx}\,\rho_{ly}} \leq \begin{cases} 0{,}50 \frac{f_{cd}}{f_{yd}} \\ 0{,}02 \end{cases} \tag{9.40}$$

Zur Längsbewehrung zählt hierbei jene verankerte Biegezugbewehrung, die auf einer Plattenbreite entsprechend den Stützenabmessungen zuzüglich $3d$ pro Seite vorhanden ist. Bei Rand- und Eckstützen sind zusätzlich Steckbügel $s_{max} \leq h$ längs des freien Randes erforderlich.

σ_{cp} Berücksichtigung des Einflusses der Längsspannungen

$$\sigma_{cp} = \frac{\sigma_{cp,x} + \sigma_{cp,y}}{2}, \text{ Druckspannungen positiv} \tag{9.41}$$

$$\sigma_{cp,x} = \frac{N_{Ed,x}}{A_{c,x}} \text{ (analog für die } y\text{-Richtung)} \tag{9.42}$$

v_{min} Mindestquerkrafttragfähigkeit/Mindestdurchstanztragfähigkeit

$$v_{\min} = \begin{cases} 0{,}0525/\gamma_C \cdot k^{3/2} \cdot f_{ck}^{\;1/2} \text{ für } d \leq 600 \text{ mm} \\ 0{,}0375/\gamma_C \cdot k^{3/2} \cdot f_{ck}^{\;1/2} \text{ für } d \geq 800 \text{ mm} \end{cases} \tag{9.43}$$

Zwischenwerte sind linear zu interpolieren.

Aus Gl. (9.37) ist ersichtlich, dass die Querkrafttragfähigkeit einer Flachdecke (analog zu anderen Platten) auch ohne Durchstanzbewehrung gesteigert werden kann, indem der Bewehrungsgrad der Längsbewehrung erhöht wird. In diesem Fall kann sich infolge größerer aufnehmbarer Radialmomente (und damit einhergehenden abfallenden Tangentialmomenten, vgl. **Abb. 9.2**) über der Stütze eine Druckzone in Radialrichtung ausbilden, die nicht durch Risse in radialer Richtung gestört wird. Hierdurch steigt die Querkrafttragfähigkeit wie bei einachsig gespannten Platten an und es kann ein größerer Querkraftanteil über die Druckzone abgetragen werden.

Beispiel 9.2: Flachdecke ohne Durchstanzbewehrung

gegeben:

- ausgesteifte Flachdecke eines Hochbaus gemäß Skizze
- Baustoffgüten C30/37; B500
- Belastung g_k = 7,85 kN/m², q_k = 3,25 kN/m²
- obenliegende Biegezugbewehrung: Ø16-7⁵ in beiden Richtungen

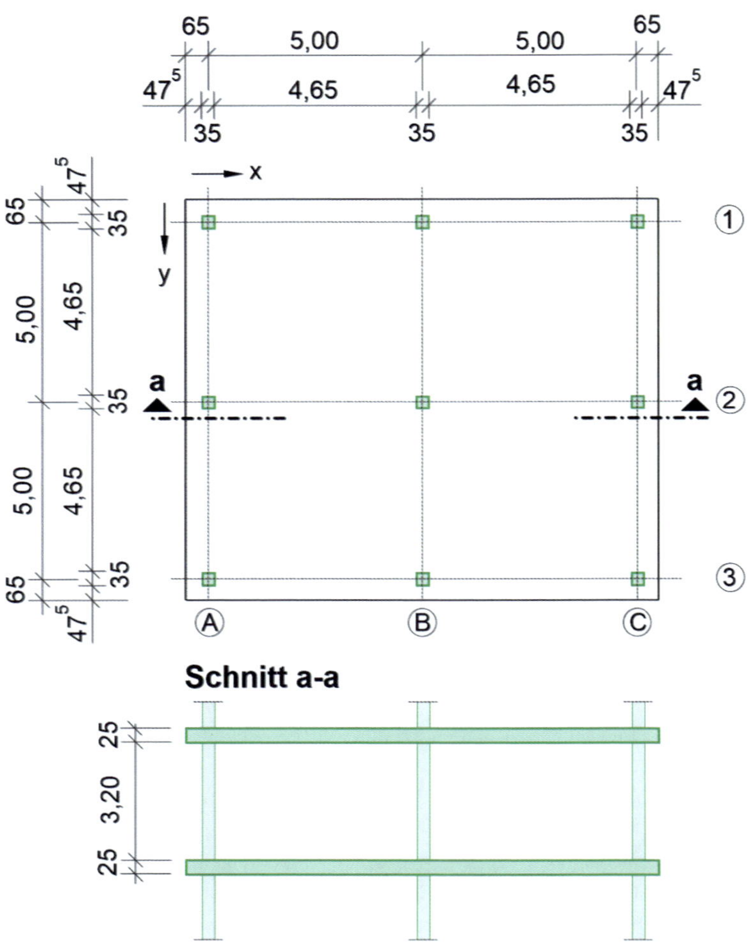

gesucht: Überprüfung der Durchstanztragfähigkeit für die Stütze in Achse B2

Lösung:

$N_{col} = 1{,}25 \cdot 1{,}25 \cdot \left(1{,}35 \cdot 7{,}85 + 1{,}5 \cdot 3{,}25\right) \cdot 5{,}0 \cdot 5{,}0 = 604 \text{ kN}$

(9.5): $N_{col} = TW_x \cdot TW_y \cdot F_d \cdot l_x \cdot l_y$

Mindestbemessungsmoment:

$d_x = 25 - 2{,}5 - \frac{1{,}6}{2} = 21{,}7 \text{ cm}$

$d = h - c_{V,l} - \frac{\varnothing_{sl}}{2}$

$d_y = 21{,}7 - 1{,}6 = 20{,}1 \text{ cm}$

$d_{y'} = d_{x'} - \frac{\varnothing_l + \varnothing_t}{2}$

Innenstütze B2

$a_s = \frac{100}{7{,}5} \cdot 2{,}0 = 26{,}7 \text{ cm}^2/\text{m}$

$a_s = \frac{l_B}{s} \cdot A_{s,\varnothing s}$

$\eta = 0{,}125$

Tafel 9.1

$m_{Edx} = m_{Edy} = -0{,}125 \cdot 604 = -75{,}5 \text{ kNm/m}$

(9.10): $m_{Edi} \geq \eta_i \cdot V_{Ed}$

$\mu_{Edy} = \frac{0{,}0755}{0{,}201^2 \cdot 17{,}0} = 0{,}11$

Bemessung mit d_y ($d_x > d_y$)

$\mu_{Edy} = \frac{m_{Edy}}{d^2 \cdot f_{cd}}$

$\omega = 0{,}1170 \quad \text{und} \quad \sigma_{sd} = 452 \text{ N/mm}^2$

Band 1 Tafel 7.1

$a_{sy,min} = 0{,}1170 \cdot 0{,}201 \cdot 17{,}0 \cdot \frac{10^4}{452} = 8{,}84 \text{ cm}^2/\text{m} \leq 26{,}7 \text{ cm}^2/\text{m} = a_{s,vorh}$

Nachweis, ob Durchstanzbewehrung erforderlich ist

$d_m = \frac{21{,}7 + 20{,}1}{2} = 20{,}9 \text{ cm}$

(9.11): $d_m = \frac{d_x + d_y}{2}$

$u_1 = 2\pi \cdot (2{,}0 \cdot 0{,}209) + 4 \cdot 0{,}35 = 4{,}03 \text{ m}$

Abb. 9.8: $u_1 = 2\pi \cdot (2{,}0d) + 4a$

$\beta = 1{,}10$

Tafel 9.2 Innenstütze

$v_{Ed} = \frac{1{,}10 \cdot 604}{4{,}03 \cdot 0{,}209} = 789 \text{ kN/m}^2$

(9.31): $v_{Ed} = \frac{\beta \cdot V_{Ed}}{u \cdot d}$

$\rho_{lx} = \frac{26{,}7}{21{,}7} \cdot 10^{-2} = 0{,}0123$

$\rho_{ly} = \frac{26{,}7}{20{,}1} \cdot 10^{-2} = 0{,}0133$

$\rho = \frac{a_s}{d}$

$\rho_l = \sqrt{0{,}0123 \cdot 0{,}0133} = \underline{0{,}0128} < \begin{cases} 0{,}50 \frac{17}{435} = 0{,}0195 \\ 0{,}02 \end{cases}$

(9.40): $\rho_l = \sqrt{\rho_{lx}\,\rho_{ly}} \leq \begin{cases} 0{,}50 \frac{f_{cd}}{f_{yd}} \\ 0{,}02 \end{cases}$

$k = 1 + \sqrt{\frac{200}{209}} = 1{,}98 \leq 2{,}0$

(9.39): $k = 1 + \sqrt{\frac{200}{d}} \leq 2{,}0$

$v_{min} = 0{,}0525/1{,}5 \cdot 1{,}983^{/2} \cdot 30^{1/2} = 0{,}534 \text{ MN/m}^2$

(9.43): $v_{min} = 0{,}0525/\gamma_C \cdot k^{3/2} \cdot f_{ck}^{\;1/2}$ für $d \leq 600$ mm

$$\frac{u_0}{d} = \frac{4 \cdot 0{,}35}{0{,}209} = 6{,}7 \geq 4$$

(9.38): $$C_{\mathrm{Rd,c}} = \begin{cases} \frac{0{,}18}{\gamma_C} & \text{für } \frac{u_0}{d} \geq 4 \\ \frac{0{,}18}{\gamma_C} \cdot \left(0{,}1 \cdot \frac{u_0}{d} + 0{,}6\right) & \text{für } \frac{u_0}{d} < 4 \end{cases}$$

$$C_{\mathrm{Rd,c}} = \frac{0{,}18}{1{,}5} = 0{,}12$$

$$v_{\mathrm{Rd,c}} = 0{,}12 \cdot 1{,}98 \cdot (100 \cdot 0{,}0128 \cdot 30)^{\frac{1}{3}} + 0$$
$$= 0{,}802 \text{ MN/m}^2 \geq 0{,}534 \text{ MN/m}^2 = v_{\min} + 0$$

(9.37): $$v_{\mathrm{Rd,c}} = C_{\mathrm{Rd,c}} \cdot k\left(100\rho_l \cdot f_{ck}\right)^{\frac{1}{3}} + 0{,}10\,\sigma_{cp} \geq v_{\min} + 0{,}10\,\sigma_{cp}$$

$$v_{\mathrm{Rd,c}} = 0{,}802 \text{ MN/m}^2 \geq 0{,}789 \text{ MN/m}^2 = v_{\mathrm{Ed}}$$

(9.36): $$v_{\mathrm{Ed}} \leq v_{\mathrm{Rd,c}}$$

→ keine Durchstanzbewehrung erforderlich

Beispiel 9.3: Pilzdecke ohne Durchstanzbewehrung

gegeben:
- ausgesteifte Pilzdecke eines Hochbaus gemäß Skizze
- Baustoffgüten C20/25; B500
- Belastung
  - g_{k1} = 7,85 kN/m² (Platte),
  - Δg_{k2} = 6,25 kN/m² (Stützenkopfverstärkung),
  - q_k = 3,25 kN/m²
- oben liegende Biegezugbewehrung im Bereich der Stützen:
  - Eckstütze A1: ∅16-17⁵ in beiden Richtungen
  - Randstütze B1: ∅16-12⁵ in *x*-Richtung, ∅16-17⁵ in *y*-Richtung
  - Innenstütze B2: ∅16-12⁵ in beiden Richtungen

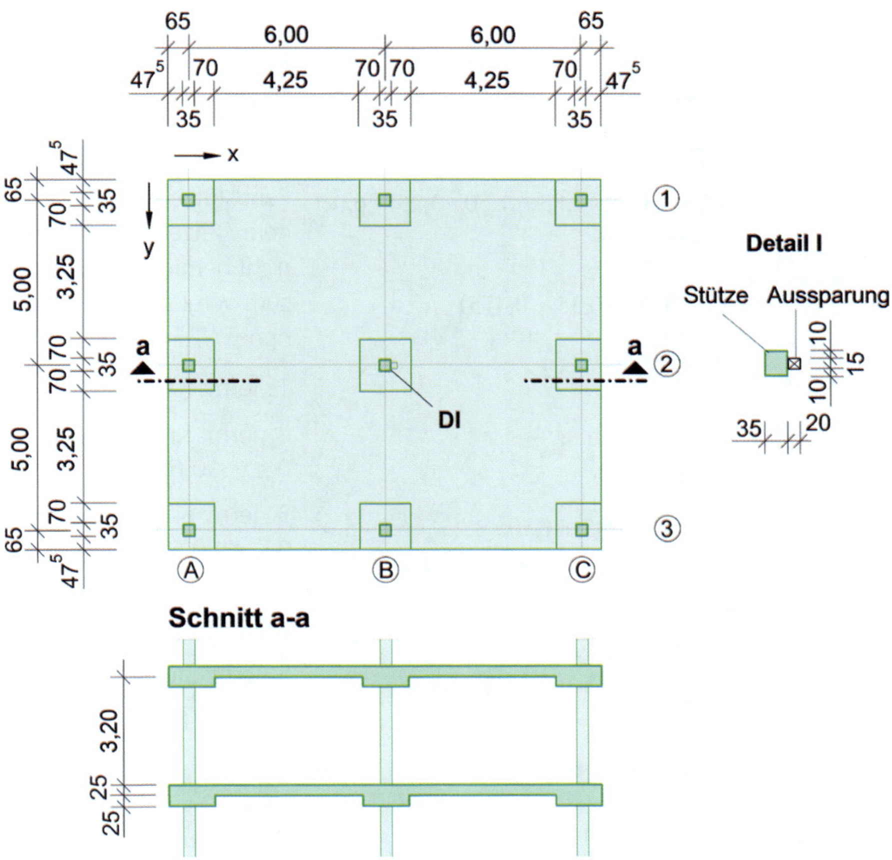

gesucht: Durchstanznachweis für die Innenstütze B2 sowie Durchstanznachweise für die inneren Rundschnitte von Randstütze B1 und Eckstütze A1

Lösung:

Stützenlasten:

Innenstütze B2

$$N_{col} \approx 1{,}25 \cdot 1{,}25 \cdot (1{,}35 \cdot 7{,}85 + 1{,}50 \cdot 3{,}25) \cdot 6{,}0 \cdot 5{,}0 + 1{,}35 \cdot 6{,}25 \cdot (2 \cdot 0{,}70 + 0{,}35)^2 = 751 \text{ kN}$$

(9.5): $N_{col} = TW_x \cdot TW_y \cdot F_d \cdot l_x \cdot l_y$

Die lastvermindernde Wirkung der Kragplatten wird vernachlässigt. (Auflagerkraft zum Vergleich aus FE-Berechnung: N_{col} = 736 kN)

Der exakte Wert der Durchlauffaktoren wird hier nicht bestimmt. Wegen der Kragplatten gilt 0,375 < TW_x = TW_y < 0,5. Hier wird $TW \approx 0{,}45$ verwendet. Randstütze A2 hat eine geringere Stützenlast und wird daher nicht betrachtet. (Auflagerkraft zum Vergleich aus FE-Berechnung: N_{col} = 337 kN)

Randstütze B1

$$N_{col} \approx 0{,}45 \cdot 1{,}25 \cdot (1{,}35 \cdot 7{,}85 + 1{,}50 \cdot 3{,}25) \cdot 6{,}0 \cdot 5{,}0 + 1{,}25 \cdot (1{,}35 \cdot 7{,}85 + 1{,}50 \cdot 3{,}25) \cdot 6{,}0 \cdot \left(0{,}475 + \frac{0{,}35}{2}\right) + 1{,}35 \cdot 6{,}25 \cdot (0{,}70 + 0{,}35 + 0{,}475) \cdot (2 \cdot 0{,}70 + 0{,}35) = 359 \text{ kN}$$

1. Term: Randfeld

2. Term: Kragbereich $0 \leq y \leq 0{,}65$ m

3. Term: Kragbereich $0 \leq x \leq 0{,}65$ m

4. Term: Eckbereich $0 \leq x$ und $y \leq 0{,}65$

5. Term: Stützenkopfverstärkung

Eckstütze A1

$$N_{col} = 0{,}45 \cdot 0{,}45 \cdot (1{,}35 \cdot 7{,}85 + 1{,}50 \cdot 3{,}25) \cdot 6{,}0 \cdot 5{,}0 + 0{,}45 \cdot (1{,}35 \cdot 7{,}85 + 1{,}50 \cdot 3{,}25) \cdot 6{,}0 \cdot 0{,}65 + 0{,}45 \cdot (1{,}35 \cdot 7{,}85 + 1{,}50 \cdot 3{,}25) \cdot 5{,}0 \cdot 0{,}65 + (1{,}35 \cdot 7{,}85 + 1{,}50 \cdot 3{,}25) \cdot 0{,}65^2 + 1{,}35 \cdot 6{,}25 \cdot (0{,}70 + 0{,}35 + 0{,}475)^2 = 170 \text{ kN}$$

(FE-Berechnung: N_{col} = 138 kN)

Mindestbemessungsmomente:

$$d_x = 25 - 2{,}5 - \frac{1{,}6}{2} = 21{,}7 \text{ cm}$$

$d = h - c_{V,l} - \frac{\varnothing_{sl}}{2}$

$$d_y = 21{,}7 - 1{,}6 = 20{,}1 \text{ cm}$$

(6.44): $d_{y'} = d_{x'} - \frac{\varnothing_l + \varnothing_t}{2}$

Innenstütze B2

$$a_s = \frac{100}{12{,}5} \cdot 2{,}0 = 16{,}1 \text{ cm}^2/\text{m}$$

$a_s = \frac{l_B}{s} \cdot A_{s,\varnothing s}$

$$\eta = 0{,}125$$

Tafel 9.1

$$m_{Edx} = m_{Edy} = -0{,}125 \cdot 751 = -93{,}9 \text{ kNm/m}$$

(9.10): $m_{Edi} \geq \eta_i \cdot V_{Ed}$

$$\rightarrow a_{sy,min} = 12{,}1 \text{ cm}^2/\text{m} > a_{sx,min} < 16{,}1 \text{ cm}^2/\text{m} = a_{s,vorh}$$

Bemessung mit d_y ($d_x > d_y$)

Randstütze B1 in x-Richtung

$$a_{sx} = \frac{100}{12{,}5} \cdot 2{,}0 = 16{,}1 \text{ cm}^2/\text{m}$$

$a_s = \frac{l_B}{s} \cdot A_{s,\varnothing s}$

$$\eta = 0{,}25$$

Tafel 9.1

$$m_{Edx} = 0{,}25 \cdot 359 = -89{,}8 \text{ kNm/m}$$

(9.10): $m_{Edi} \geq \eta_i \cdot V_{Ed}$

$$b_y = 0{,}15 \cdot 5{,}0 = 0{,}75 \text{ m}$$

Tafel 9.1 $b_y = 0{,}15\, l_y$

$\rightarrow a_{sx,min} = 11{,}0 \text{ cm}^2/\text{m} < 16{,}1 \text{ cm}^2/\text{m} = a_{sx,vorh}$

Bemessung mit d_x

Randstütze B1 in y-Richtung

$a_{sy} = \frac{100}{17{,}5} \cdot 2{,}0 = 11{,}4 \text{ cm}^2/\text{m}$

$a_s = \frac{l_B}{s} \cdot A_{s,\varnothing s}$

$\eta = 0{,}125$

Tafel 9.1 :

$m_{Edy} = -0{,}125 \cdot 359 = -44{,}9 \text{ kNm/m}$

(9.10): $m_{Edi} \geq \eta_i \cdot V_{Ed}$

$\rightarrow a_{sy,min} = 5{,}2 \text{ cm}^2/\text{m} < 11{,}4 \text{ cm}^2/\text{m} = a_{sy,vorh}$

Bemessung mit d_y

Eckstütze A1

$a_s = \frac{100}{17{,}5} \cdot 2{,}0 = 11{,}4 \text{ cm}^2/\text{m}$

$a_s = \frac{l_B}{s} \cdot A_{s,\varnothing s}$

$\eta = 0{,}50$

Tafel 9.1 :

$m_{Edx} = m_{Edy} = \pm 0{,}5 \cdot 170 = \pm 85{,}0 \text{ kNm/m}$

(9.10): $m_{Edi} \geq \eta_i \cdot V_{Ed}$

$\rightarrow a_{sy,min} = 10{,}8 \text{ cm}^2/\text{m} > a_{sx,min} < 16{,}1 \text{ cm}^2/\text{m} = a_{s,vorh}$

Bemessung mit d_y ($d_x > d_y$)

Nachweis gegen Durchstanzen

$d_m = \frac{21{,}7 + 20{,}1}{2} = 20{,}9 \text{ cm}$

(9.11): $d_m = \frac{d_x + d_y}{2}$

$l_H = 0{,}70 \text{ m} > 0{,}50 \text{ m} = 2{,}0 \cdot 0{,}25$

Stützenkopfdicke $l_H > 2{,}0\, h_H$ (**Abb 9.6**)

→ es sind jeweils 2 kritische Rundschnitte zu untersuchen

Durchstanznachweis Innenstütze B2, innerhalb der Stützenkopfverstärkung:

$r_{cont,int} = 2{,}0(0{,}209 + 0{,}25) + 0{,}5 \cdot 0{,}35 = 1{,}09 \text{ m}$

(9.24): $r_{cont,int} = 2{,}0 \cdot (d_m + h_H) + 0{,}5\,a$

Aussparung: $s = 0{,}35/2 \text{ m} < 2{,}754 \text{ m} = 6 \cdot (0{,}209 + 0{,}25)$

Abb. 9.7: $s \leq 6d$

$l_1 = 0{,}2 \text{ m} > 0{,}15 \text{ m} = l_2$

$l_{2,ers} = \sqrt{0{,}15 \cdot 0{,}20} = 0{,}173 \text{ m}$

(9.16): $l_{2,ers} = \sqrt{l_1 \cdot l_2}$

$$\Delta u \approx \frac{1{,}09}{\frac{0{,}35}{2}} \cdot 0{,}173 = 1{,}08\ \text{m}$$

Genau genommen trifft die Tangente an der Öffnungsecke den Viertelkreis. Der Rundschnitt ist zur Vereinfachung im Bereich von Δu als konstant angenommen.

$$u = 2\pi \cdot (2{,}0 \cdot 0{,}459) + 4 \cdot 0{,}35 - 1{,}08 = 6{,}09\ \text{m}$$

$$u = 2\pi \cdot \left[2{,}0\left(d + h_H\right)\right] + 4\, l_c - \Delta u$$

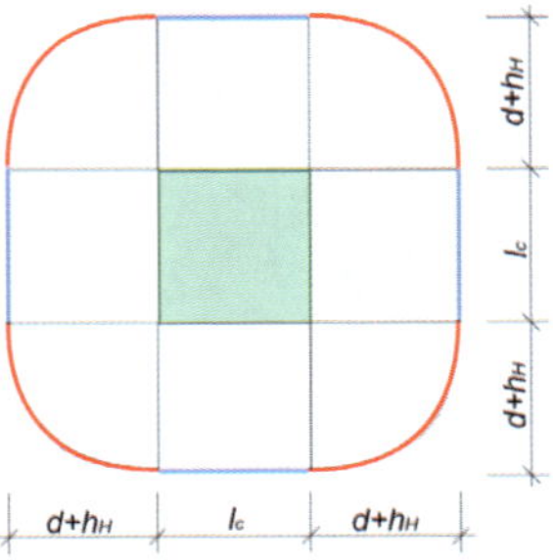

Tafel 9.2 Innenstütze

$$\beta = 1{,}10$$

$$V_{Ed} = 751\ \text{kN}$$

(9.30): $V_{Ed} = N_{col}$

$$v_{Ed} = \frac{1{,}10 \cdot 751}{6{,}09 \cdot 0{,}459} = 296\ \text{kN/m}^2$$

(9.31): $v_{Ed} = \dfrac{\beta \cdot V_{Ed}}{u \cdot d}$

$$\rho_{lx} = \frac{16{,}1}{21{,}7 + 25} \cdot 10^{-2} = 0{,}00344$$

$$\rho_{ly} = \frac{16{,}1}{20{,}1 + 25} \cdot 10^{-2} = 0{,}00357$$

$$\rho = \frac{a_s}{d}$$

$$\rho_l = \sqrt{0{,}00344 \cdot 0{,}00357} = \underline{0{,}00351} \le \begin{cases} 0{,}50\,\dfrac{11{,}3}{435} = 0{,}013 \\ 0{,}02 \end{cases}$$

(9.40):

$$\rho_l = \sqrt{\rho_{lx}\,\rho_{ly}} \le \begin{cases} 0{,}50\,\dfrac{f_{cd}}{f_{yd}} \\ 0{,}02 \end{cases}$$

$$k = 1 + \sqrt{\frac{200}{459}} = 1{,}66 < 2{,}0$$

(9.39): $k = 1 + \sqrt{\dfrac{200}{d}} \le 2{,}0$

$$v_{min} = 0{,}0525/1{,}5 \cdot 1{,}66^{3/2} \cdot 20^{1/2} = 0{,}335\ \text{MN/m}^2$$

(9.43):

$$v_{min} = 0{,}0525/\gamma_C \cdot k^{3/2} \cdot f_{ck}^{\ 1/2}$$

$$\frac{u_0}{d} = \frac{4 \cdot 0{,}35}{0{,}459} = 3{,}05 < 4:\ C_{Rd,c} = \frac{0{,}18}{1{,}5} \cdot (0{,}1 \cdot 3{,}05 + 0{,}6) = 0{,}1086$$

(9.38):

$$C_{Rd,c} = \begin{cases} \dfrac{0{,}18}{\gamma_C} & \textit{für}\ \dfrac{u_0}{d} \ge 4 \\ \dfrac{0{,}18}{\gamma_C} \cdot \left(0{,}1 \cdot \dfrac{u_0}{d} + 0{,}6\right) & \textit{für}\ \dfrac{u_0}{d} < 4 \end{cases}$$

$$v_{\mathrm{Rd,c}} = 0{,}1086 \cdot 1{,}66(100 \cdot 0{,}00351 \cdot 20)^{\frac{1}{3}} + 0$$
$$= \underline{0{,}345} \geq 0{,}335 + 0$$

$$\rightarrow v_{\mathrm{Rd,c}} = \underline{345\ \mathrm{kN/m^2}}$$

$$v_{\mathrm{Ed}} = 296\ \mathrm{kN/m^2} < 345\ \mathrm{kN/m^2} = v_{\mathrm{Rd,c}}$$

→ keine Durchstanzbewehrung erforderlich

(9.37):
$$v_{\mathrm{Rd},c} = C_{\mathrm{Rd,c}} \cdot k\left(100\rho_l \cdot f_{\mathrm{ck}}\right)^{\frac{1}{3}} + 0{,}10\,\sigma_{\mathrm{cp}} \geq v_{\min} + 0{,}10\,\sigma_{\mathrm{cp}}$$

(9.36): $v_{\mathrm{Ed}} \leq v_{\mathrm{Rd,c}}$

Durchstanznachweis Innenstütze B2, außerhalb der Stützenkopfverstärkung:

Kontrolle, Umfang der Stützenkopfverstärkung:

$$u_{\mathrm{SKV}} = 4 \cdot (0{,}35 + 2 \cdot 0{,}70) = 7{,}00\ \mathrm{m} > 2{,}51\ \mathrm{m} = 12 \cdot 0{,}209$$

$$u_{\mathrm{SKV}} = 4 \cdot \left(a + 2\,l_{\mathrm{H}}\right) \overset{?}{\leq} 12\,d_{\mathrm{m}}$$

Da der Gesamtrundschnitt größer 12 d_{m} ist, wird der Nachweis anteilig für Durchstanzen und Querkraft geführt:

(9.28) und (9.29):

$$V_{\mathrm{Ed,Durchstanzen}} = 751 \frac{2{,}51}{7{,}0} = 269\ \mathrm{kN}$$

$$V_{\mathrm{Ed,Durchstanzen}} = V_{\mathrm{Ed}} \frac{u_{12\mathrm{d_m}}}{u_{\mathrm{SKV}}}$$

$$V_{\mathrm{Ed,Querkraft}} = 751 \frac{7{,}0 - 2{,}51}{7{,}0} = 482\ \mathrm{kN}$$

$$V_{\mathrm{Ed,Querkraft}} = V_{\mathrm{Ed}} \frac{u_{\mathrm{SKV}} - u_{12\mathrm{d_m}}}{u_{\mathrm{SKV}}}$$

Nachweis gegen Durchstanzen:

Maßgebende Rundschnittlänge für den Nachweis gegen Durchstanzen:

$$u_{\mathrm{cont,ext}} = 12 \cdot 0{,}209 + 2 \cdot \pi \cdot 0{,}209 = 3{,}82\ \mathrm{m}$$

$$u_{\mathrm{cont,ext}} = 12 \cdot d + 2 \cdot \pi \cdot d$$

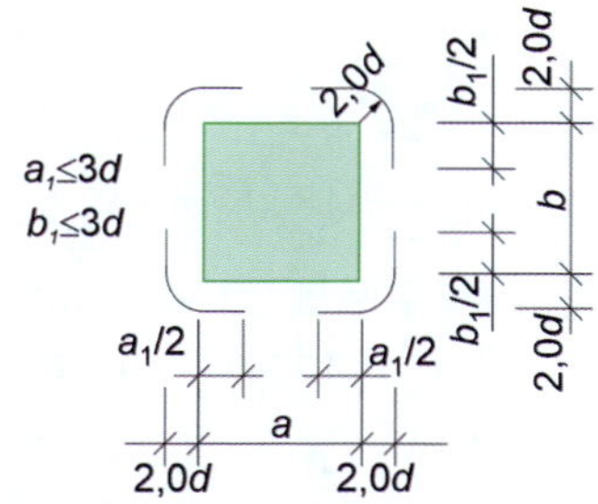

$$v_{\mathrm{Ed}} = \frac{1{,}10 \cdot 269}{3{,}82 \cdot 0{,}209} = 371\ \mathrm{kN/m^2}$$

(9.31): $v_{\mathrm{Ed}} = \dfrac{\beta \cdot V_{\mathrm{Ed}}}{u \cdot d}$

$$\rho_{\mathrm{lx}} = \frac{16{,}1}{21{,}7} \cdot 10^{-2} = 0{,}00742$$

$$\rho = \frac{a_{\mathrm{s}}}{d}$$

$$\rho_{\mathrm{ly}} = \frac{16{,}1}{20{,}1} \cdot 10^{-2} = 0{,}00801$$

$$\rho_{\mathrm{l}} = \sqrt{0{,}00742 \cdot 0{,}00801}$$
$$= \underline{0{,}00771} < \begin{cases} 0{,}50\,\dfrac{11{,}3}{435} = 0{,}013 \\ 0{,}02 \end{cases}$$

(9.40): $\rho_{\mathrm{l}} = \sqrt{\rho_{\mathrm{lx}}\,\rho_{\mathrm{ly}}} \leq \begin{cases} 0{,}50\dfrac{f_{\mathrm{cd}}}{f_{\mathrm{yd}}} \\ 0{,}02 \end{cases}$

$$k = 1 + \sqrt{\frac{200}{209}} = 1{,}98 < 2{,}0$$

(9.39) : $k = 1 + \sqrt{\dfrac{200}{d}} \leq 2{,}0$

$v_{min} = 0{,}0525/1{,}5 \cdot 1{,}98^{3/2} \cdot 20^{1/2} = 0{,}436 \text{ MN/m}^2$

(9.43):
$v_{min} = 0{,}0525/\gamma_C \cdot k^{3/2} \cdot f_{ck}^{\ 1/2}$

$\frac{u_0}{d} = \frac{4 \cdot 0{,}35}{0{,}209} = 6{,}7 > 4\text{: } C_{Rd,c} = \frac{0{,}18}{1{,}5} = 0{,}12$

(9.38):
$C_{Rd,c} = \begin{cases} \frac{0{,}18}{\gamma_C} \ \textit{für}\ \frac{u_0}{d} \geq 4 \\ \frac{0{,}18}{\gamma_C} \cdot \left(0{,}1 \cdot \frac{u_0}{d} + 0{,}6\right) \textit{für}\ \frac{u_0}{d} < 4 \end{cases}$

$v_{Rd,c} = 0{,}12 \cdot 1{,}98(100 \cdot 0{,}00771 \cdot 20)^{\frac{1}{3}} + 0 = \underline{0{,}591}$
$\geq 0{,}436 + 0$

$\rightarrow v_{Rd,c} = \underline{591 \text{ kN/m}^2} > v_{Ed} = 371 \text{kN/m}^2$

(9.37):
$v_{Rd,c} = C_{Rd,c} \cdot k\left(100\rho_l \cdot f_{ck}\right)^{\frac{1}{3}}$
$+0{,}10\ \sigma_{cp}$
$\geq v_{min} + 0{,}10\ \sigma_{cp}$

→ keine Durchstanzbewehrung erforderlich!

Nachweis für Querkraft am Restumfang:

$u = 7{,}0 - 12 \cdot 0{,}209 = 4{,}49 \text{ m}$ $\quad u = u_{SKV} - 12 \cdot d$

$v_{Ed} = \frac{1{,}10 \cdot 482}{4{,}49} = 118 \text{ kN/m}$ $\quad v_{Ed} = \frac{\beta \cdot V_{Ed,Querkraft}}{u}$

$v_{Rd,c} = \left(0{,}10 \cdot 1{,}98(100 \cdot 0{,}00771 \cdot 20)^{\frac{1}{3}} + 0\right) \cdot 0{,}209 \cdot 10^3 = 103 \text{ kN/m}$

$> v_{min} \cdot d = 0{,}436 \cdot 0{,}209 \cdot 10^3 = 91{,}1 \text{ kN/m}$

$v_{Ed} = 118 \text{ kN/m} > v_{Rd,c} = 103 \text{ kN/m}$ $\quad$ (9.36): $v_{Ed} \leq v_{Rd,c}$

→ Querkraftbewehrung erforderlich; oder Wahl höhere Betonfestigkeitsklasse; oder Erhöhung der Biegezugbewehrung

gew: Ø20-12,5 in beiden Richtungen

(9.40):
$\rho_l = \sqrt{\rho_{lx}\ \rho_{ly}} \leq \begin{cases} 0{,}50\frac{f_{cd}}{f_{yd}} \\ 0{,}02 \end{cases}$

$\rho_l = \sqrt{\frac{25{,}1}{21{,}7} \cdot \frac{25{,}1}{20{,}1}} \cdot 10^{-2}$

$= \underline{0{,}0120} < \begin{cases} 0{,}50\frac{11{,}3}{435} = 0{,}013 \\ 0{,}02 \end{cases}$

$v_{Rd,c} = 0{,}10 \cdot 1{,}98 \cdot (100 \cdot 0{,}0120 \cdot 20)^{\frac{1}{3}} \cdot 0{,}209$
$= 0{,}119 \text{ MN/m} = 119 \text{ kN/m}$

(9.37):
$v_{Rd,c} = C_{Rd,c} \cdot k\left(100\rho_l \cdot f_{ck}\right)^{\frac{1}{3}}$
$+0{,}10\ \sigma_{cp}$
$\geq v_{min} + 0{,}10\ \sigma_{cp}$

$v_{Ed} = 118\ \text{kN/m} < 119\ \text{kN/m} = v_{Rd,c}$

(9.36): $v_{Ed} \leq v_{Rd,c}$

⇒ ingesamt keine Durchstanzbewehrung erforderlich

Durchstanznachweis Randstütze B1:

Lt. Aufgabenstellung nur im inneren Rundschnitt zu führen

$$1{,}5\,h_H = 1{,}5 \cdot 0{,}25 = 0{,}375\ \text{m} < l_H = 0{,}475\ \text{m} < 2{,}0\,h_H = 2{,}0 \cdot 0{,}25 = 0{,}50\ \text{m}$$

Auf der sicheren Seite liegend wird mit

$l_H = 0{,}475\ \text{m}$

gerechnet.

→ der Nachweis innerhalb der Stützenkopfverstärkung muss im inneren Rundschnitt im Abstand 1,5*d* geführt werden.

$$u_{1,5d} = \pi \cdot 1{,}5 \cdot (0{,}209 + 0{,}25) + 3 \cdot 0{,}35 + 2 \cdot 0{,}475 = 4{,}16\ \text{m}$$

$u = \pi \cdot 1{,}5 \cdot d + 3a + 2c_R$

c_R = Überstand zum Deckenrand

$\beta = 1{,}40$

Tafel 9.2 Randstütze

$V_{Ed} = 359\ \text{kN}$

(9.30): $V_{Ed} = N_{col}$

$$v_{Ed} = \frac{1{,}40 \cdot 359}{4{,}16 \cdot 0{,}459} = 263\ \text{kN/m}^2$$

(9.31): $v_{Ed} = \frac{\beta \cdot V_{Ed}}{u \cdot d}$

$$\rho_{lx} = \frac{16{,}1}{21{,}7 + 25} \cdot 10^{-2} = 0{,}00344$$

$$\rho_{ly} = \frac{11{,}4}{20{,}1 + 25} \cdot 10^{-2} = 0{,}00252$$

$\rho = \frac{a_s}{d}$

$$\rho_l = \sqrt{0{,}00344 \cdot 0{,}00252} = \underline{0{,}00295} < \begin{cases} 0{,}50\,\frac{11{,}3}{435} = 0{,}013 \\ 0{,}02 \end{cases}$$

(9.40): $\rho_l = \sqrt{\rho_{lx}\,\rho_{ly}} \leq \begin{cases} 0{,}50\frac{f_{cd}}{f_{yd}} \\ 0{,}02 \end{cases}$

$$k = 1 + \sqrt{\frac{200}{459}} = 1{,}66 < 2{,}0$$

(9.39): $k = 1 + \sqrt{\frac{200}{d}} \leq 2{,}0$

$$v_{min} = 0{,}0525/1{,}5 \cdot 1{,}66^{3/2} \cdot 20^{1/2} = 0{,}335\ \text{MN/m}^2$$

(9.43):
$v_{min} = 0{,}0525/\gamma_C \cdot k^{3/2} \cdot f_{ck}^{\ 1/2}$

$$\frac{u_0}{d} = \frac{4 \cdot 0{,}35}{0{,}459} = 3{,}05 < 4:\ C_{Rd,c} = \frac{0{,}18}{1{,}5} \cdot (0{,}1 \cdot 3{,}05 + 0{,}6) = 0{,}1086$$

(9.38):

$$C_{Rd,c} = \begin{cases} \frac{0{,}18}{\gamma_C} & \textit{für}\ \frac{u_0}{d} \geq 4 \\ \frac{0{,}18}{\gamma_C} \cdot \left(0{,}1 \cdot \frac{u_0}{d} + 0{,}6\right) & \textit{für}\ \frac{u_0}{d} < 4 \end{cases}$$

$$v_{Rd,c,2,0d} = 0{,}1086 \cdot 1{,}66(100 \cdot 0{,}00295 \cdot 20)^{\frac{1}{3}} + 0$$
$$= 0{,}326 \geq 0{,}335 + 0$$

(9.37):

$$v_{Rd,c} = C_{Rd,c} \cdot k\left(100\rho_1 \cdot f_{ck}\right)^{\frac{1}{3}}$$
$$+0{,}10\,\sigma_{cp}$$
$$\geq v_{min} + 0{,}10\,\sigma_{cp}$$

Erhöhungsfaktor, da der Nachweis im Nachweisschnitt bei 1,5*d* geführt wird:

$$u_{2,0d} = 2\pi \cdot 0{,}459 + 3 \cdot 0{,}35 + 2 \cdot 0{,}475 = 4{,}88\text{ m}$$

$$\frac{u_{2,0d}}{u_{1,5d}} = \frac{4{,}88}{4{,}16} = 1{,}17$$

$$=> v_{Rd,c} = 1{,}17 \cdot 360 = \underline{381\text{ kN/m}^2}$$

$$v_{Ed} = 263\text{ kN/m}^2 < 381\text{ kN/m}^2 = v_{Rd,c}$$

(9.36): $v_{Ed} \leq v_{Rd,c}$

→ keine Durchstanzbewehrung erforderlich

Der äußere Rundschnitt wäre analog zur Innenstütze zu führen.

Durchstanznachweis Eckstütze A1:

Lt. Aufgabenstellung nur im inneren Rundschnitt zu führen

$$1{,}5\,h_H = 1{,}5 \cdot 0{,}25 = 0{,}375\text{ m} < l_H = 0{,}475\text{ m}$$
$$< 2{,}0\,h_H = 2{,}0 \cdot 0{,}25 = 0{,}50\text{ m}$$

Auf der sicheren Seite liegend wird mit

$$l_H = 0{,}475\text{ m}$$

gerechnet.

→ der Nachweis innerhalb der Stützenkopfverstärkung muss im inneren Rundschnitt im Abstand 1,5*d* geführt werden.

$$u_{1,5d} = \frac{\pi}{2} \cdot 1{,}5 \cdot (0{,}209 + 0{,}25) + 2 \cdot 0{,}35 + 2 \cdot 0{,}475$$
$$= 2{,}73\text{ m}$$

$$u = \frac{\pi}{2} \cdot 1{,}5 \cdot d + 2a + 2c_R$$

c_R = Überstand zum Deckenrand

$$\beta = 1{,}50$$

Tafel 9.2 Eckstütze

$$V_{Ed} = 170\text{ kN}$$

(9.30): $V_{Ed} = N_{col}$

$$v_{Ed} = \frac{1{,}50 \cdot 170}{2{,}73 \cdot 0{,}459} = 203\text{ kN/m}^2$$

(9.31): $v_{Ed} = \dfrac{\beta \cdot V_{Ed}}{u \cdot d}$

$$\rho_{lx} = \frac{11{,}4}{21{,}7 + 25} \cdot 10^{-2} = 0{,}00244$$

$$\rho = \frac{a_s}{d}$$

$$\rho_{ly} = \frac{11{,}4}{20{,}1 + 25} \cdot 10^{-2} = 0{,}00252$$

$$\rho_l = \sqrt{0{,}00244 \cdot 0{,}00252} = \underline{0{,}00248}$$
$$< \begin{cases} 0{,}50\,\dfrac{11{,}3}{435} = 0{,}013 \\ 0{,}02 \end{cases}$$

(9.40): $\rho_l = \sqrt{\rho_{lx}\,\rho_{ly}} \leq \begin{cases} 0{,}50\dfrac{f_{cd}}{f_{yd}} \\ 0{,}02 \end{cases}$

$k = 1 + \sqrt{\frac{200}{459}} = 1{,}66 < 2{,}0$

(9.39): $k = 1 + \sqrt{\frac{200}{d}} \leq 2{,}0$

$v_{min} = 0{,}0525/1{,}5 \cdot 1{,}66^{3/2} \cdot 20^{1/2} = 0{,}335 \text{ MN/m}^2$

(9.43):
$v_{min} = 0{,}0525/\gamma_C \cdot k^{3/2} \cdot f_{ck}^{\ 1/2}$

$\frac{u_0}{d} = \frac{4 \cdot 0{,}35}{0{,}459} = 3{,}05 < 4: C_{Rd,c}$

$= \frac{0{,}18}{1{,}5} \cdot (0{,}1 \cdot 3{,}05 + 0{,}6) = 0{,}1086$

(9.38):

$C_{Rd,c} = \begin{cases} \frac{0{,}18}{\gamma_C} \; \mathit{für} \; \frac{u_0}{d} \geq 4 \\ \frac{0{,}18}{\gamma_C} \cdot \left(0{,}1 \cdot \frac{u_0}{d} + 0{,}6\right) \mathit{für} \; \frac{u_0}{d} < 4 \end{cases}$

$v_{Rd,c,2,0d} = 0{,}1086 \cdot 1{,}66(100 \cdot 0{,}00248 \cdot 20)^{\frac{1}{3}} + 0$
$= 0{,}308 \geq 0{,}335 + 0$

(9.37):
$v_{Rd,c} = C_{Rd,c} \cdot k\left(100\rho_l \cdot f_{ck}\right)^{\frac{1}{3}}$
$+0{,}10\,\sigma_{cp}$
$\geq v_{min} + 0{,}10\,\sigma_{cp}$

Erhöhungsfaktor, da der Nachweis im Nachweisschnitt bei 1,5*d* geführt wird:

$u_{2,0d} = \frac{\pi}{2} \cdot 2 \cdot 0{,}459 + 2 \cdot 0{,}35 + 2 \cdot 0{,}475$
$= 3{,}09 \text{ m}$

$\frac{u_{2,0d}}{u_{1,5d}} = \frac{3{,}09}{2{,}73} = 1{,}13$

$=> v_{Rd,c} = 1{,}13 \cdot 308 = \underline{348 \text{ kN/m}^2} \geq 335 \text{ kN/m}^2 = v_{min}$

$v_{Ed} = 203 \text{ kN/m}^2 < 348 \text{ kN/m}^2 = v_{Rd,c}$

(9.36): $v_{Ed} \leq v_{Rd,c}$

→ keine Durchstanzbewehrung erforderlich

9.4.3 Tragverhalten von Platten mit Durchstanzbewehrung

Sofern Gl. (9.33) nicht erfüllt werden kann, ist eine Durchstanzbewehrung (= Querkraftbewehrung) erforderlich. In diesem Fall kann der Beton nicht mehr die Zugspannungen der Zugstreben im stützennahen Bereich aufnehmen. Das Tragmodell im Durchstanzbereich ist in **Abb. 9.8** für eine Innenstütze dargestellt. Im Unterschied zu kontinuierlich gestützten Platten laufen die Druckbögen radial auf die Stütze zu. In Ringrichtung bilden sich Druckkegelschalen bzw. -kegelstumpfschalen, deren Beanspruchung der Beton übernimmt. Diese Druckkegelschalen sind (entsprechend den Pfosten oder Streben beim ebenen Fachwerk) durch geneigte oder senkrechte Zugstreben zu verknüpfen. Sie werden durch Bewehrungselemente in Form von Gitterträgern, Doppelkopfbolzen, Bügeln oder Schrägaufbiegungen realisiert. Diese Bewehrungselemente werden radial um die Stütze angeordnet und erstrecken sich so weit in die Platte, bis diese (wie bei den kontinuierlich gestützten Platten) die Querkraftbeanspruchung ohne Bewehrung aufnehmen kann.

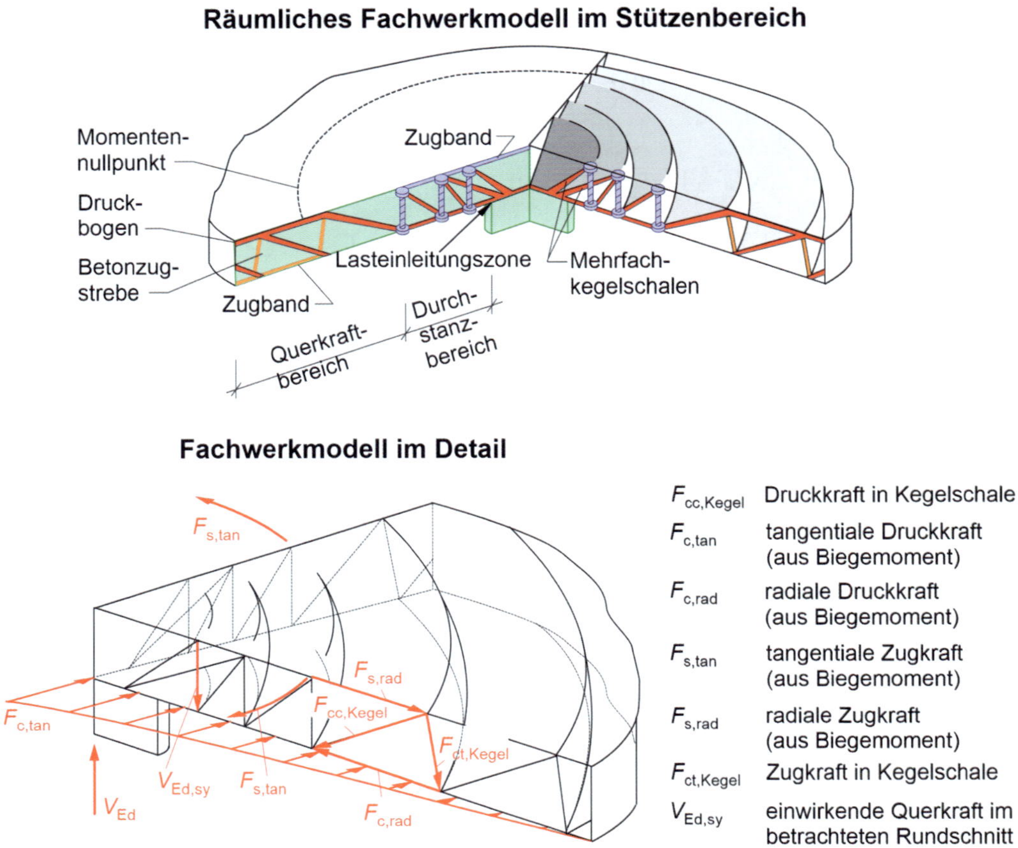

Abb. 9.8 *Bewehrungselemente für Durchstanzbewehrung und deren Anordnung*

Das Modell des räumlichen Ringfachwerks kann an folgenden Stellen versagen:

- Am Stützenanschnitt infolge Versagens des ersten Druckkegels. Der Nachweis erfolgt, indem die Druckstrebentragfähigkeit $v_{Rd,max}$ im *kritischen Rundschnitt* nachgewiesen wird. Alle weiteren Druckkegel werden geringer beansprucht und müssen daher nicht zusätzlich nachgewiesen werden.
- Innerhalb des Durchstanzkegels können die Zugstreben (= Bewehrungselemente) versagen. Sie sind daher in mehreren *weiteren Rundschnitten* über die Zugstrebentragfähigkeit $v_{Rd,cs}$ nachzuweisen. Dies ergibt die erforderliche Durchstanzbewehrung.
- In einem *äußeren Rundschnitt* außerhalb des durchstanzbewehrten Bereichs kann die Betonzugstrebe versagen. Hier ist ein Querkraftnachweis wie für kontinuierlich gestützte Platten zu führen.

Die Richtigkeit des Fachwerkmodells wurde anhand von Versuchen überprüft ([Eligehausen et al. – 99], [Hegger/Beutel – 99]). Die Wirksamkeit der Durchstanzbewehrung hängt wesentlich von einer schlupfarmen Verankerung ab. Geschlossene Bügel weisen einen relativ großen Verankerungsschlupf auf und sind daher weniger geeignet. Geeignet sind Bügel aus Betonstahlmatten, Gitterträger, Doppelkopfbolzendübel und Dübelleisten (**Abb. 9.9**). Die Erstgenannten erfordern jedoch eine große Plattenhöhe, um die erforderlichen Übergreifungslängen realisieren zu können. Insbesondere bei Kopfbolzendübeln können sich die Druckstreben gut (schlupfarm) an den Köpfen abstützen. Diese Art der Bewehrung führt zu hohen Bauteilwiderständen und wird häufig angewandt (→ Kap. 9.4.5).

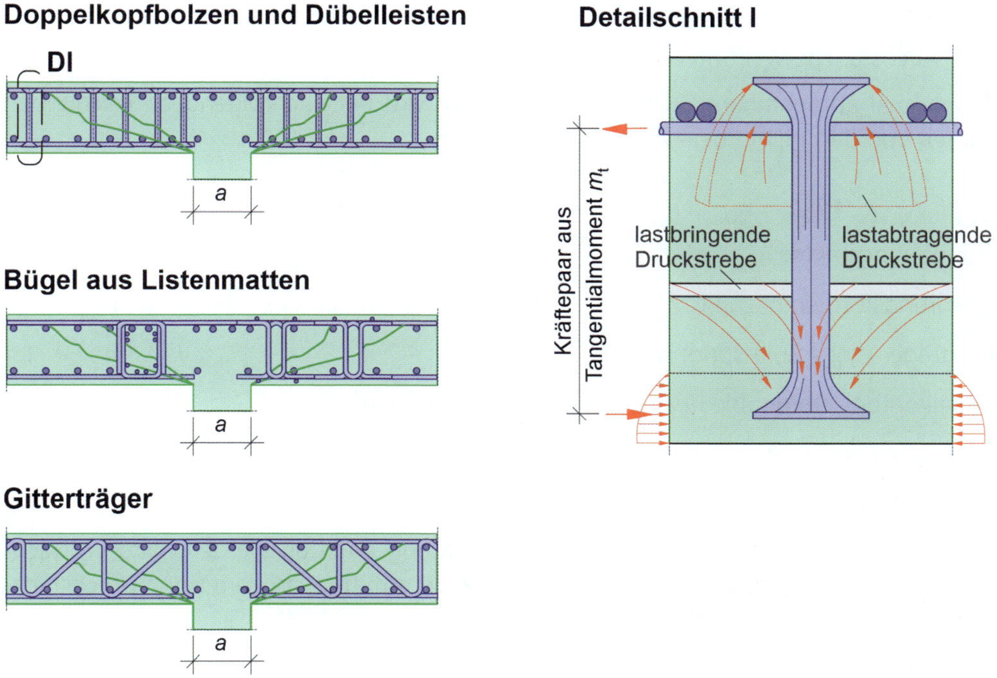

Abb. 9.9 *Bewehrungselemente für Durchstanzbewehrung*

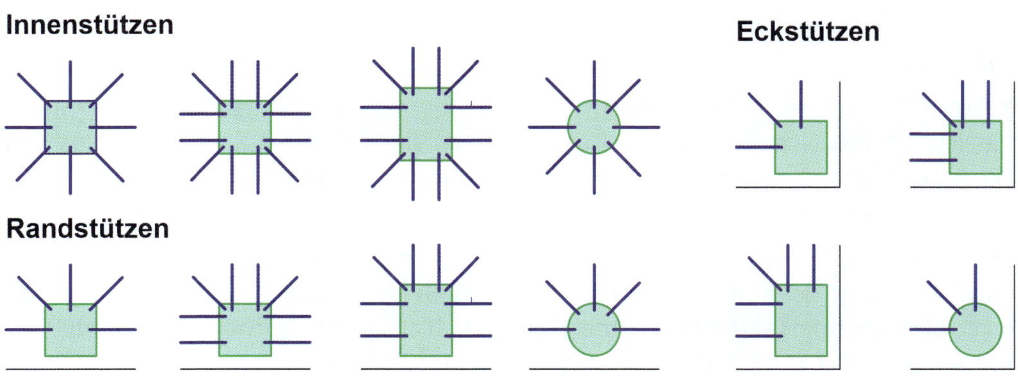

Abb. 9.10 *Anordnung der Bewehrungselemente für Durchstanzbewehrung*

9.4.4 Nachweis der Durchstanzbewehrung

Es sind – wie bereits in Kap. 9.4.3 erläutert – mehrere Rundschnitte nachzuweisen. Der Bauteilwiderstand der Betondruckstrebe wird längs des kritischen Rundschnittes (Kap. 9.4.1) nachgewiesen. Gegenüber punktgestützten Platten ohne Durchstanzbewehrung steigt die rechnerische Tragfähigkeit um den Faktor $\alpha_{max} > 1$. Für Dübelleisten (studrails) bzw. Doppelkopfbolzen (shear heads), Gitterträger (lattice girders) ist der Faktor der jeweiligen bauaufsichtlichen Zulassung zu entnehmen.

Wenn gilt,

$v_{Ed} > v_{Rd,c}$ gemäß Gl. (9.37), Kap. 9.4.2,

so ist Durchstanzbewehrung erforderlich.

Der maximal aufnehmbare Durchstanzwiderstand wird mit nachfolgenden Gleichungen ermittelt und darf nicht überschritten werden.

$$v_{Ed,ul} \leq v_{Rd,max} = \alpha_{max} \cdot v_{Rd,c,ul}; \sigma_{cp} \text{ darf nicht berücksichtig werden} \tag{9.4}$$

mit Erhöhungsfaktor α_{max} für

Bewehrungsformen nach EC 2: $\alpha_{max} = 1{,}4$

Gitterträger (siehe Zulassung) z.B.: $\alpha_{max} = 1{,}7$

Doppelkopfbolzen (double headed studs, siehe Zulassung) z.B.: $\alpha_{max} = 1{,}9$

Außerhalb des durchstanzbewehrten Bereichs muss der Beton allein die Zugstrebenkräfte aufnehmen können.

Bevor die einzelnen Reihen der Durchstanzbewehrung ermittelt werden, wird im Nachweisformat des EC 2 zunächst derjenige Rundschnitt ermittelt, ab dem keine Durchstanzbewehrung mehr erforderlich ist.

$$v_{Ed} = \frac{\beta \cdot V_{Ed}}{u \cdot d} \Leftrightarrow u = \frac{\beta \cdot V_{Ed}}{v_{Ed} \cdot d} \text{ mit } v_{Ed} = v_{Rd,c} \text{ gilt:}$$

$$u_{out} = \frac{\beta \cdot V_{Ed}}{v_{Rd,c} \cdot d} \tag{9.45}$$

HINWEIS

In DIN 1045-1 wurde mit dem Beiwert κ_a der kontinuierliche Übergang vom Durchstanzbereich (mehraxial auf Druck beansprucht) zum reinen Querkraftbereich (einaxial auf Druck beansprucht) und der damit einhergehenden Abnahme der Kornverzahnung bzw. des über den Beton übertragbaren Querkraftanteils berücksichtigt (**Abb. 9.11**).

Da der Druckstrebenwinkel θ bei dem Durchstanznachweis nach EC 2 mit θ = arctan(1/2) = 26,6° deutlich flacher als nach DIN 1045-1 (θ =arctan(2/3) = 33,7°) angesetzt wird, ist dieser Übergangsfaktor entbehrlich, da sich aus geometrischen Überlegungen für den äußeren Nachweisschnitt rechnerisch immer annähernd der Mindestwert für κ_a ergibt.

Aufgrund dieser Überlegungen wird in Gleichung (9.46) der Durchstanzwiderstand im äußeren Rundschnitt immer für den Querkraftwiderstand mit reduziertem Vorwert (0,15 statt 0,18) angesetzt:

$$v_{\mathrm{Rd,c}} = \max \begin{cases} C_{\mathrm{Rd,c}} \cdot k\left(100\rho_{\mathrm{l}} \cdot f_{\mathrm{ck}}\right)^{\frac{1}{3}} + 0{,}10\,\sigma_{\mathrm{cp}} \\ v_{\min} + 0{,}10\,\sigma_{\mathrm{cp}} \end{cases} \tag{9.46}$$

mit:

$$C_{\mathrm{Rd,c}} = 0{,}15/\gamma_{\mathrm{c}}$$

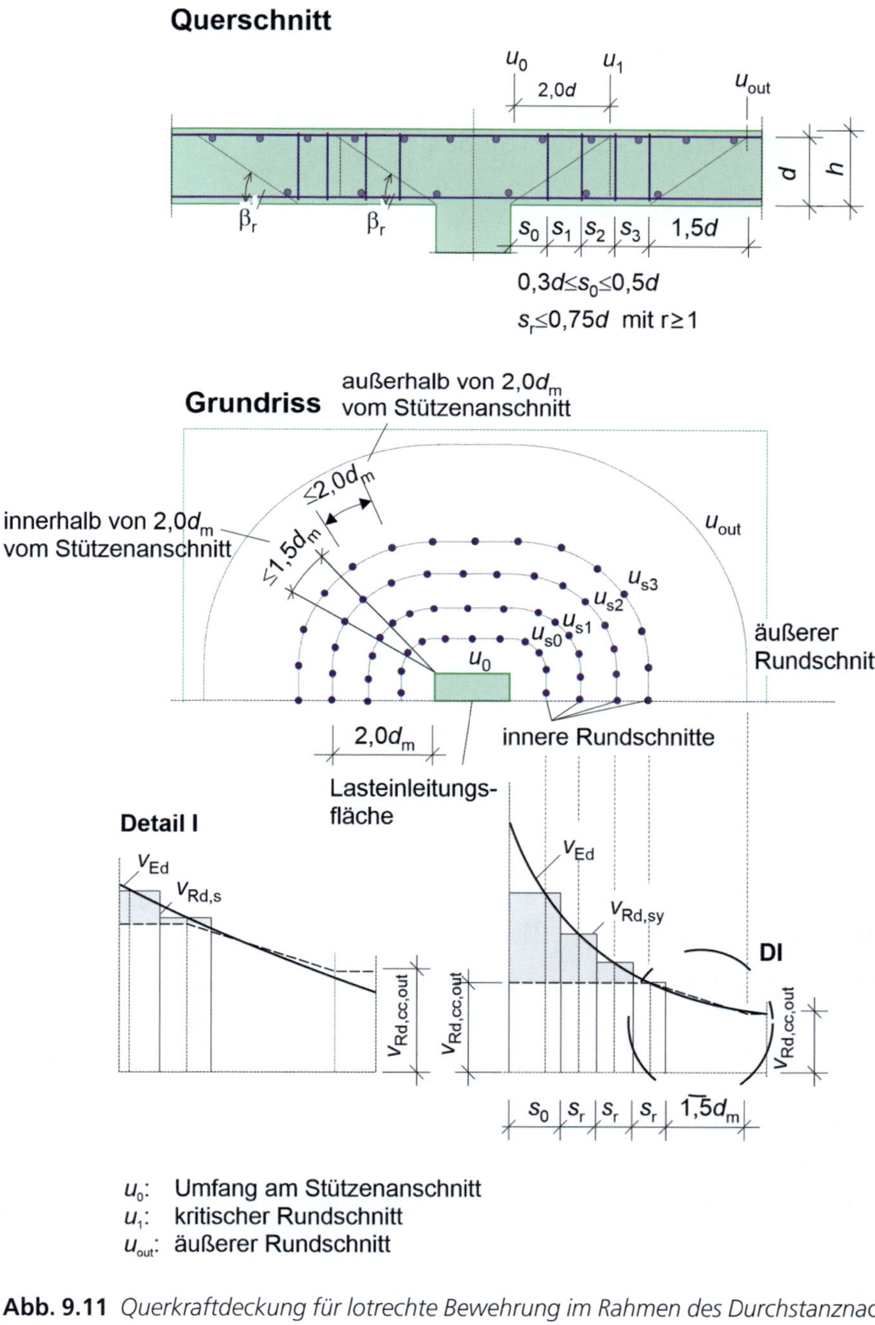

Abb. 9.11 *Querkraftdeckung für lotrechte Bewehrung im Rahmen des Durchstanznachweises nach EC 2*

Lotrechte Bewehrungsformen nach EC 2:

In EC 2 ist geregelt, dass zunächst ein Basiswert für die erforderliche Durchstanzbewehrung ermittelt wird (senkrechte Bügelbewehrung):

$$A_{sw} = \left(v_{Ed} - 0{,}75 \cdot v_{Rd,c}\right) \cdot \frac{s_{r,i} \cdot u_1}{1{,}5 \cdot f_{ywd,ef}} \qquad (9.47)$$

Mit dem Wert $f_{ywd,ef}$ wird berücksichtigt, dass insbesondere bei dünnen Bauteilen keine vollständig wirksame Verankerung der senkrechten Bügelbewehrung gegeben ist.

Um diese verminderte Verankerungsqualität zu berücksichtigen, wird der Bemessungswert der maximal erzielbaren Streckgrenze reduziert:

$$f_{ywd,ef} = 250 + 0{,}25 \cdot d \leq f_{ywd} \text{ mit } d[\text{mm}] \qquad (9.48)$$

Bei aufgebogenen Bewehrungsstäben darf aufgrund der besseren Verankerung $f_{ywd,ef} = f_{ywd}$ berücksichtigt werden.

Der Beiwert s_r beschreibt den lichten Abstand der Bewehrungsreihen untereinander.

In EC 2 ist festgelegt:

$$\begin{aligned} &0{,}3\,d_m \leq s_0 \leq 0{,}5\,d_m \\ &s_{r,i} \leq 0{,}75\,d_m \text{ mit } i > 1 \end{aligned} \qquad (9.49)$$

Hinweis: Für die Bügelreihen $i > 1$ ist in Gl. (9.47) der größte Bügelabstand der einzelnen Bügelreihen für $s_{r,i}$ einzusetzen (i.d.R. $s_{r,i} = 0{,}75d_m$). Für die erste Bügelreihe darf in Gl. (9.47) s_0 nach Gl. (9.49) eingesetzt werden.

Statistische Auswertungen zeigen zudem, dass im Vergleich zu den Versagenslasten in Durchstanzversuchen, die mit den Gln. (9.47) bis (9.49) ermittelten Bewehrungsgehalte für die ersten beiden Bewehrungsreihen zu gering ausfallen [DAfStb Heft 600 – 20].

Entsprechend sieht EC 2 für die ersten beiden Reihen einen zusätzlichen Erhöhungsbeiwert vor.

$$\begin{aligned} &\text{erste Bewehrungsreihe: } A_{sw,1} = \kappa_{s,1} \cdot A_{sw} = 2{,}5 \cdot A_{sw} \\ &\text{zweite Bewehrungsreihe: } A_{sw,2} = \kappa_{s,2} \cdot A_{sw} = 1{,}4 \cdot A_{sw} \end{aligned} \qquad (9.50)$$

Ab der dritten Bewehrungsreihe ist $\kappa_{s,i} = 1{,}0$ und somit der Basiswert der erforderlichen Bewehrung nach Gl. (9.47) einzulegen. Aus konstruktiven Gründen kann es zur Einhaltung der geometrischen Randbedingungen (Maximalabstände der senkrechten Bewehrung) insbesondere bei einer Vielzahl an Bewehrungsreihen erforderlich sein, größere Bewehrungsgehalte als den Basiswert einzulegen. Sofern Durchstanzbewehrung erforderlich wird, sind mindestens zwei Bewehrungsreihen einzubauen.

Die letzte Bewehrungsreihe darf gemäß EC 2 maximal 1,5d vom Rundschnitt u_{out} entfernt eingebaut werden.

In EC 2 wird die Mindestbewehrung der Durchstanzbügel über deren Mindestquerschnitt definiert.

Der erforderliche Mindestquerschnitt *eines Bügelschenkels* wird nach (9.51) ermittelt:

$$A_{sw,min} = \frac{0{,}08}{1{,}5} \cdot \frac{\sqrt{f_{ck}}}{f_{yk}} \cdot s_r \cdot s_t = \rho_{w,min} \cdot s_r \cdot s_t \tag{9.51}$$

mit:

s_r = radialer Abstand der Bügelschenkel (s_r i.d.R. $0{,}75d_m$)

s_t = tangentialer Abstand $\begin{cases} s_t \leq 1{,}5 \cdot d \text{ für } a_i \leq 2 \cdot d \\ s_t \leq 2{,}0 \cdot d \text{ für } a_i > 2 \cdot d \end{cases}$ (siehe Abb. 9.12)

Die Werte für den Mindestbewehrungsgrad sind in nachfolgender Tafel für die unterschiedlichen Betonfestigkeiten ausgewertet.

f_{ck} [N/mm²]	16	20	25	30	35	40	45
$\rho_{w,min}[‰] = \frac{0{,}08}{1{,}5} \cdot \frac{\sqrt{f_{ck}}}{500}$	0,43	0,48	0,53	0,58	0,63	0,67	0,72
f_{ck} [N/mm²]	50	55	60	70	80	90	100
$\rho_{w,min}[‰] = \frac{0{,}08}{1{,}5} \cdot \frac{\sqrt{f_{ck}}}{500}$	0,75	0,79	0,83	0,89	0,95	1,01	1,07

Tafel 9.4 *Mindestbewehrungsgrad für Durchstanzbewehrung* $\rho_{w,min}$

Der Bewehrungsdurchmesser der Bügelbewehrung ist auf die Plattenhöhe abzustimmen:

$$\begin{array}{ll} \text{Bügel:} & \varnothing_{sw} \leq 0{,}05 \cdot d \\ \text{Schrägaufbiegung:} & \varnothing_{sw} \leq 0{,}08 \cdot d \end{array} \tag{9.52}$$

Schrägstäbe nach EC 2:

Ergänzend oder alternativ zu lotrechter Bewehrung dürfen Schrägaufbiegungen mit einer Neigung zwischen $45° \leq \alpha \leq 60°$ gegen die Plattenebene eingesetzt werden. Werden ausschließlich Schrägstäbe eingesetzt, so dürfen diese nur im Bereich von 1,5*d* um die Stütze angeordnet werden (**Abb. 9.12**). Die erforderliche Bewehrung ist in einem Rundschnitt im Abstand 0,5*d* vom Stützenrand nachzuweisen.

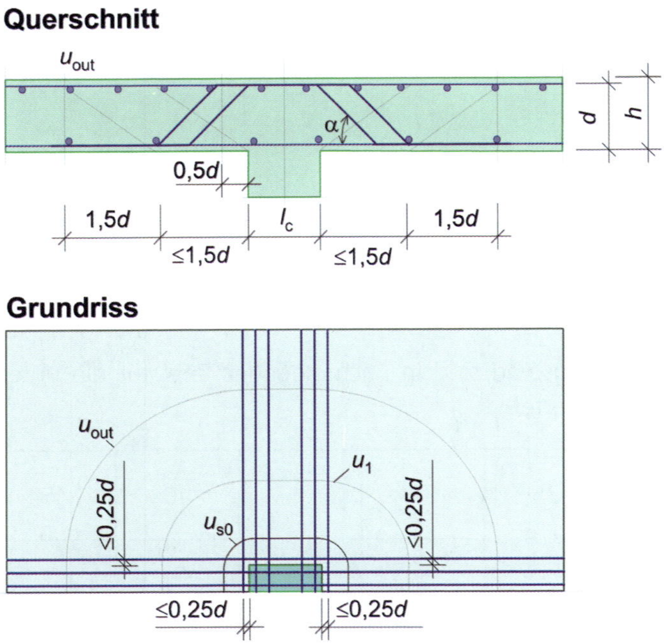

Abb. 9.12 *Querkraftdeckung für Schrägstäbe im Rahmen des Durchstanznachweises nach EC 2*

Aufgrund der höheren Effektivität von aufgebogener Bewehrung darf auf der Widerstandsseite ein Erhöhungsfaktor von 1,3 angesetzt werden: Der Bemessungswiderstand ist hierbei $1{,}3 \cdot A_{sw} \cdot \sin\alpha \cdot f_{ywd}$.

Zusätzlich darf aufgrund der besseren Verankerung der Aufbiegungen $f_{ywd,eff} = f_{ywd}$ gesetzt werden.

Der alleinige Einsatz von Schrägstäben ist nur bei dicken Platten sinnvoll, da der Durchstanznachweis bei ca. $3d$ ohne Bewehrung gelingen muss.

In jedem Rundschnitt darf die unter 9.4.4 genannte Mindestbewehrung (Gl. (9.51) und **Tafel 9.4**) nicht unterschritten werden:

Durchstanzbewehrungen nach Zulassung

Die Bemessungsgleichungen sind der jeweiligen bauaufsichtlichen Zulassung zu entnehmen.

Beispiel 9.4: Flachdecke mit Durchstanzbewehrung

gegeben:
- ausgesteifte Flachdecke eines Hochbaus gemäß Skizze
- Baustoffgüten C20/25; B500
- Belastung g_k = 9,10 kN/m², q_k = 3,25 kN/m²

gesucht:
- FE-Netz zur Berechnung
- Durchstanznachweis

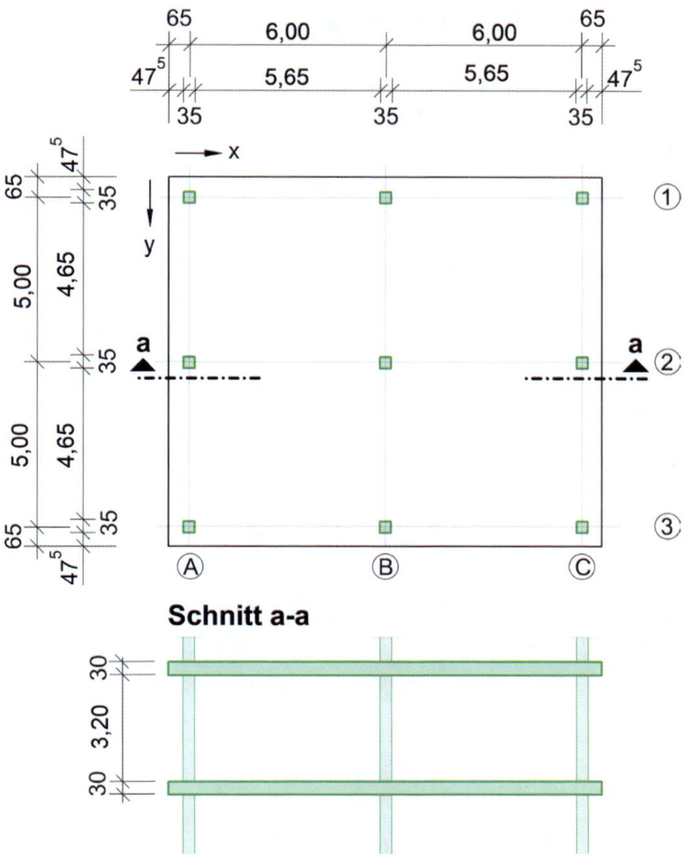

Lösung:

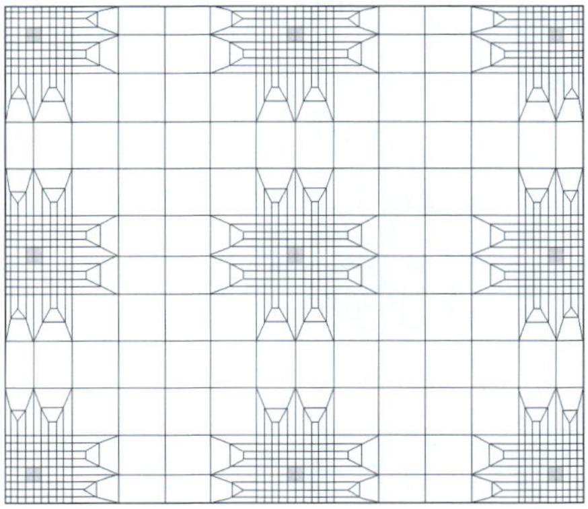

Die Elementanzahl im Grundnetz wird entsprechend Kap. 5.4.3 gewählt. Im Bereich der Stützungen treten steile Gradienten auf. Daher wird das Netz dort verfeinert. Die Netzverfeinerung entspricht **Abb. 5.10**. Als gelagert wird der Bereich angesetzt, der sich durch einen Rundschnitt vom Stützenrand unter 45° bis zur Plattenmittelfläche ergibt. Innerhalb dieses Bereichs werden die Knoten elastisch gestützt. Das Ergebnis der FE-Berechnung ist beispielhaft für die untere Biegezugbewehrung dargestellt.

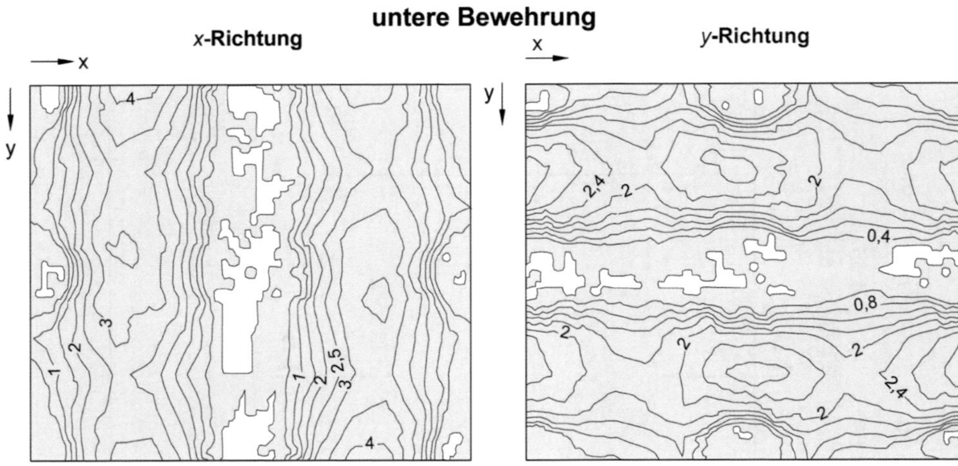

Lage	Richtung	Ort	FE-Ber. a_s in cm^2/m	Mindest-bew. a_s in cm^2/m	gewählt	$a_{s,vorh}$ in cm^2/m
unten	x (ξ)-Richtung	Gurtstreifen 2	4,57	4,02	∅ 10-15	5,24
		Feldstreifen 2-3	3,86	4,02	∅ 10-20	3,93
		Gurtstreifen 1; 3	4,09	4,02	∅ 10-12[5]	6,28[4]
	y (η)-Richtung	Gurtstreifen B	4,27	3,77	∅ 10-17[5]	4,49
		Feldstreifen B-C	2,77	3,77	∅ 10-20	3,93
		Gurtstreifen C	3,45	3,77	∅ 10-12[5]	6,28
oben	x (ξ)-Richtung	Gurtstreifen 2	12,95	13,35	∅ 16-10	20,1
		Feldstreifen 2-3	3,84	4,02	∅ 10-20	3,93
		Gurtstreifen 3	7,95	13,35	∅ 16-15	13,41
	y (η)-Richtung	Gurtstreifen B	12,63	12,55	∅ 16-10	20,1
		Feldstreifen B-C	2,36	3,77	∅ 10-20	3,93
		Gurtstreifen C	6,95	12,55	∅ 16-15	13,41

4 Bedingt durch den im Rahmen des Beispiels nicht geführten Nachweis für die Mindestbemessungsmomente.

Stützenlast B2:

Die lastvermindernde Wirkung der Kragplatten wird vernachlässigt.

$N_{col} = 1{,}25 \cdot 1{,}25 \cdot (1{,}35 \cdot 9{,}10 + 1{,}50 \cdot 3{,}25) \cdot 6{,}0 \cdot 5{,}0 = 804 \text{ kN}$

(9.5): $N_{col} = Tw_x \cdot Tw_y \cdot F_d \cdot l_x \cdot l_y$

Mindestbemessungsmomente:

$d_x = 30 - 2{,}5 - \frac{1{,}6}{2} = 26{,}7 \text{ cm}$

$d = h - c_V - \frac{\varnothing_{sl}}{2}$

$d_y = 26{,}7 - 1{,}6 = 25{,}1 \text{ cm}$

(6.44): $d_{y'} = d_{x'} - \frac{\varnothing_l + \varnothing_t}{2}$

$\eta = 0{,}125$

Tafel 9.1 :

$m_{Edx} = m_{Edy} = -0{,}125 \cdot 804 = -101 \text{ kNm/m}$

(9.10): $m_{Edi} \geq \eta_i \cdot V_{Ed}$

$\mu_{Ed} = \frac{0{,}101}{0.251^2 \cdot 11{,}3} = 0{,}142$

$\mu_{Ed} = \frac{m_{Ed}}{d^2 \cdot f_{cd}}$

$\omega = 0{,}1543, \quad \sigma_{sd} = 447 \text{ N/mm}^2$

Band 1 **Tafel 7.1** (interpoliert)

$a_s = \omega \cdot d \cdot f_{cd} \cdot \frac{1}{\sigma_{sd}}$

$\Rightarrow a_{sy,min} = 0{,}1543 \cdot 0{,}251 \cdot 11{,}3 \cdot \frac{10^4}{447} = 9{,}8 \text{ cm}^2/\text{m} > a_{sx,min}$

Bemessung mit d_y ($d_x > d_y$)

Nachweis gegen Durchstanzen ohne Bewehrung

(wird nicht erfolgreich sein)

$d_m = \frac{26{,}7 + 25{,}1}{2} = 25{,}9 \text{ cm}$

(9.11): $d_m = \frac{d_x + d_y}{2}$

$a = 35 \text{ cm} < 70 \text{ cm} = 2 \cdot 35 = 2b$

$a \leq 2b$

$u_1 = 2\pi \cdot (2{,}0 \cdot 0{,}259) + 4 \cdot 0{,}35 = 4{,}65 \text{ m}$

Abb. 9.7 : $u_1 = 2\pi \cdot (2{,}0d) + 4a$

$\beta = 1{,}10$

Tafel 9.2 Innenstütze

$V_{Ed} = 804 \text{ kN}$

(9.30): $V_{Ed} = N_{col}$

$v_{Ed} = \frac{1{,}10 \cdot 804}{4{,}65 \cdot 0{,}259} = 734 \text{ kN/m}^2$

(9.31): $v_{Ed} = \frac{\beta \cdot V_{Ed}}{u \cdot d}$

$\rho_{lx} = \frac{20{,}1}{26{,}7} \cdot 10^{-2} = 0{,}0075$

$\rho = \frac{a_s}{d}$

$\rho_{ly} = \frac{20{,}1}{25{,}1} \cdot 10^{-2} = 0{,}008$

$\rho_l = \sqrt{0{,}0075 \cdot 0{,}008} = \underline{0{,}008} < \begin{cases} 0{,}50 \frac{11{,}3}{435} = 0{,}013 \\ 0{,}02 \end{cases}$

(9.40): $\rho_l = \sqrt{\rho_{cx} \cdot \rho_{cy}} \leq \begin{cases} 0{,}5 \frac{f_{cd}}{f_{yd}} \\ 0{,}02 \end{cases}$

$k = 1 + \sqrt{\frac{200}{259}} = 1{,}88 < 2{,}0$

(9.39): $k = 1 + \sqrt{\frac{200}{d}} \leq 2{,}0$

$\frac{u_0}{d} = \frac{4 \cdot 0{,}35}{0{,}259} = 5{,}41 > 4: \; C_{Rd,c} = \frac{0{,}18}{1{,}5} = 0{,}12$

(9.38): $C_{Rd,c} = \begin{cases} \frac{0{,}18}{\gamma_C} \quad \textit{für } \frac{u_0}{d} \geq 4 \\ \frac{0{,}18}{\gamma_C} \cdot \left(0{,}1 \cdot \frac{u_0}{d} + 0{,}6\right) \quad \textit{für } \frac{u_0}{d} < 4 \end{cases}$

$v_{Rd,c} = 0{,}12 \cdot 1{,}88(100 \cdot 0{,}008 \cdot 20)^{\frac{1}{3}} = \underline{0{,}568\ \text{MN/m}^2}$
$\geq v_{min} = 0{,}0525/1{,}5 \cdot 1{,}88^{3/2} \cdot 20^{1/2} = 0{,}403\ \text{MN/m}^2$

(9.37): $v_{Rd,c} = C_{Rd,c} \cdot k\left(100\rho_l \cdot f_{ck}\right)^{\frac{1}{3}} + 0{,}10\,\sigma_{cp} \geq v_{min}$

$734\ \text{kN/m}^2 > 568\ \text{kN/m}^2$

(9.36): $v_{Ed} \leq v_{Rd,c}$

→ **Durchstanzbewehrung erforderlich!**

$734\ \text{kN/m}^2 \leq v_{Rd,max} = 1{,}4 \cdot 568 = 795\ \text{kN/m}^2$

(9.44): $v_{Ed,u1} \leq v_{Rd,max} = \alpha_{max} \cdot v_{Rd,c,u1}$

Nachweis gegen Durchstanzen mit Bewehrung

Ermittlung des äußeren Rundschnitts

Der Nachweis des äußeren Rundschnitts wird mit dem Bauteiwiderstand für Bauteile ohne Querkraftbewehrung mit reduziertem Vorwert geführt.

$v_{Rd,c} = 0{,}10 \cdot 1{,}88(100 \cdot 0{,}008 \cdot 20)^{\frac{1}{3}}$
$= 474\ \text{kN/m}^2 \geq 403\ \text{kN/m}^2 = v_{min}$

(9.46): $v_{Rd,c} = 0{,}15/\gamma_C \cdot k\left(100\rho_l \cdot f_{ck}\right)^{\frac{1}{3}}$

$u_{out} \leq \frac{1{,}1 \cdot 804}{474 \cdot 0{,}259} = 7{,}20\ \text{m}$

(9.45): $u_{out} \leq \frac{\beta \cdot V_{Ed}}{v_{Rd,c} \cdot d_m}$

$a_{out} = \frac{7{,}20 - 4 \cdot 0{,}35}{2\pi} = 0{,}92\ \text{m}$

$a_{out} = \frac{u_{out} - 4 \cdot a}{2\pi}$

Ermittlung der erforderlichen Durchstanzreihen

Die letzte Durchstanzreihe darf max $1{,}5d_m$ von a_{out} entfernt liegen:

$0{,}92 - 1{,}5 \cdot 0{,}259$
$= 0{,}5 \cdot 0{,}259 + (n-1) \cdot 0{,}75 \cdot 0{,}259$

$a_n = a_{out} - 1{,}5d$
$= 0{,}5 \cdot d + (n-1) \cdot 0{,}75 \cdot d$

$n = \frac{0{,}92 - 1{,}5 \cdot 0{,}259 - 0{,}5 \cdot 0{,}259}{0{,}75 \cdot 0{,}259} + 1 = 3{,}07$

$n = \frac{a_{out} - 1{,}5d - 0{,}5 \cdot d}{0{,}75 \cdot d} + 1$

gewählt: 4 Durchstanzreihen

Basiswert der erforderlichen Durchstanzbewehrung:

$f_{ywd,ef} = 250 + 0{,}25 \cdot 259 = 315\ \text{N/mm}^2$
$\leq f_{ywd} = 435\ \text{N/mm}^2$

(9.48): $f_{ywd,ef} = 250 + 0{,}25 \cdot d \leq f_{ywd}$

$A_{sw} = (734 - 0{,}75 \cdot 568) \cdot \frac{0{,}75 \cdot 0{,}259 \cdot 4{,}65}{1{,}5 \cdot 31{,}5}$
$= 5{,}89\ \text{cm}^2$

(9.47): $A_{sw} = \left(v_{Ed} - 0{,}75 \cdot v_{Rd,c}\right) \cdot \frac{s_{r,i} \cdot u_1}{1{,}5 \cdot f_{ywd,ef}}$

1. Bewehrungsreihe
$a_1 = 0{,}5d_m = 0{,}5 \cdot 0{,}259 = 0{,}13\ \text{m};$
$s_0 = 0{,}5d_m = 0{,}13\ \text{m}$

$A_{sw,1} = 2{,}5 \cdot 5{,}89 = 14{,}7\ \text{cm}^2$

(9.50): $A_{sw,1} = \kappa_{s,1} \cdot A_{sw} = 2{,}5 \cdot A_{sw}$

Bügel: $\varnothing_{sw} \leq 0{,}05 \cdot 259 = 14{,}75$ mm

Bügel: $\varnothing_{sw} \leq 0{,}05 \cdot d$

Schrägaufbiegung: $\varnothing_{sw} \leq 0{,}08 \cdot d$

1. Reihe gew: 17 Bü Ø 8 2-schenklig

$A_{s,vorh} = 2 \cdot 17 \cdot 0{,}503 = 17{,}1\ \text{cm}^2 > 14{,}7\ \text{cm}^2 = A_{s,erf}$

$A_{s,vorh} \geq A_{s,erf}$

Mindestquerschnittsfläche eines Bewehrungsstabs:

Maximalabstände $s_r = 0{,}5\,d_m = 0{,}13$ m und $s_{t,max} = 1{,}5\,d_m = 1{,}5 \cdot 0{,}259 = 0{,}39$ m sind einzuhalten.

(9.51): $A_{sw,min} = \frac{0{,}08}{1{,}5} \cdot \frac{\sqrt{f_{ck}}}{f_{yk}} \cdot s_r \cdot s_t = \rho_{w,min} \cdot s_r \cdot s_t$

$A_{sw,min} = 0{,}48/1000 \cdot 13 \cdot 39 = 0{,}24\ \text{cm}^2$

vorhanden: Ø 8; $A_{sw} = 0{,}503\ \text{cm}^2$

$s_{t,vorh} = \frac{2\pi \cdot 0{,}13 + 4 \cdot 0{,}35}{2 \cdot 17} = 0{,}065\ \text{m} < 0{,}39\ \text{m}$

$s_{t,vorh} = \frac{u}{2n}$ mit n: Anzahl der Bügel

2. Bewehrungsreihe

$a_2 = 1{,}25\,d_m = 1{,}25 \cdot 0{,}259 = 0{,}33$ m;

$s_{r,2} = 0{,}75\,d_m = 0{,}75 \cdot 0{,}259 = 0{,}194$ m

$A_{sw,2} = 1{,}4 \cdot 5{,}89 = 8{,}3\ \text{cm}^2$

(9.50): $A_{sw,2} = \kappa_{s,2} \cdot A_{sw} = 1{,}4 \cdot A_{sw}$

2. Reihe gew: 9 Bü Ø8 2-schenklig

$A_{s,vorh} = 2 \cdot 9 \cdot 0{,}503 = 9{,}1\ \text{cm}^2 > 8{,}3\ \text{cm}^2 = A_{s,erf}$

$A_{s,vorh} \geq A_{s,erf}$

Mindestquerschnittsfläche eines Bewehrungsstabs:

Mindestabstände $s_{r,2} = 0{,}194$ m und $s_{t,max=} = 0{,}39$ m sind einzuhalten.

(9.51): $A_{sw,min} = \frac{0{,}08}{1{,}5} \cdot \frac{\sqrt{f_{ck}}}{f_{yk}} \cdot s_r \cdot s_t = \rho_{w,min} \cdot s_r \cdot s_t$

$A_{sw,min} = 0{,}48/1000 \cdot 19{,}4 \cdot 39 = 0{,}36\ \text{cm}^2$

vorhanden: Ø 8; $A_{sw} = 0{,}503\ \text{cm}^2$

$s_{t,vorh} = \frac{2\pi \cdot 0{,}33 + 4 \cdot 0{,}35}{2 \cdot 9} = 0{,}19\ \text{m} < 0{,}39\ \text{m}$

$s_{t,vorh} = \frac{u}{2n}$ mit n: Anzahl der Bügel

3. Bewehrungsreihe

$a_3 = 2{,}0\,d_m = 2{,}0 \cdot 0{,}259 = 0{,}518$ m;

$s_{r,2} = 0{,}75\,d_m = 0{,}75 \cdot 0{,}259 = 0{,}194$ m

$A_{sw,3} = 1{,}0 \cdot 5{,}89 = 5{,}89\ \text{cm}^2$

(9.50): $A_{sw,i>2} = \kappa_{s,i>2} \cdot A_{sw} = 1{,}0 \cdot A_{sw}$

3. Reihe gew: 12 Bü Ø8 2-schenklig

$A_{s,vorh} = 2 \cdot 12 \cdot 0{,}503 = 12{,}1\ \text{cm}^2 > 5{,}89\ \text{cm}^2 = A_{s,erf}$

$A_{s,vorh} \geq A_{s,erf}$

Mindestquerschnittsfläche eines Bewehrungsstabs:

Mindestabstände $s_{r,2} = 0{,}194$ m und $s_{t,max=} = 2{,}0\ d_m = 2{,}0 \cdot 0{,}259 = 0{,}518$ m (wg. $a_3 > 2d_m$) sind einzuhalten.

(9.51): $A_{sw,min} = \frac{0{,}08}{1{,}5} \cdot \frac{\sqrt{f_{ck}}}{f_{yk}} \cdot s_r \cdot s_t = \rho_{w,min} \cdot s_r \cdot s_t$

$A_{sw,min} = 0{,}48/1000 \cdot 19{,}4 \cdot 39{,}0 = 0{,}36\ cm^2$

vorhanden: Ø8; $A_{sw} = 0{,}503\ cm^2$

$s_{t,vorh} = \frac{2\pi \cdot 0{,}518 + 4 \cdot 0{,}35}{2 \cdot 12} = 0{,}194\ m < 0{,}518\ m$

$s_{t,vorh} = \frac{u}{2n}$ mit n: Anzahl der Bügel

4. Bewehrungsreihe

$a_4 = 2{,}75 d_m = 2{,}75 \cdot 0{,}259 = 0{,}712$ m;

$s_{r,2} = 0{,}75 d_m = 0{,}75 \cdot 0{,}259 = 0{,}194$ m

$A_{sw,4} = 1{,}0 \cdot 5{,}89 = 5{,}89\ cm^2$

(9.50): $A_{sw,i>2} = \kappa_{s,i>2} \cdot A_{sw} = 1{,}0 \cdot A_{sw}$

4. Reihe gew: 12 Bü Ø 8 2-schenklig

$A_{s,vorh} = 2 \cdot 12 \cdot 0{,}503 = 12{,}1\ cm^2 > 5{,}89\ cm^2 = A_{s,erf}$

$A_{s,vorh} \geq A_{s,erf}$

Mindestquerschnittsfläche eines Bewehrungsstabs:

Mindestabstände $s_{r,2} = 0{,}194$ m und $s_{t,max=} = 2{,}0\ d_m = 2{,}0 \cdot 0{,}259 = 0{,}518$ m (wg. $a_4 > 2d_m$) sind einzuhalten.

(9.51): $A_{sw,min} = \frac{0{,}08}{1{,}5} \cdot \frac{\sqrt{f_{ck}}}{f_{yk}} \cdot s_r \cdot s_t = \rho_{w,min} \cdot s_r \cdot s_t$

$A_{sw,min} = 0{,}48/1000 \cdot 19{,}4 \cdot 39{,}0 = 0{,}36\ cm^2$

vorhanden: Ø 8; $A_{sw} = 0{,}503\ cm^2$

$s_{t,vorh} = \frac{2\pi \cdot 0{,}712 + 4 \cdot 0{,}35}{2 \cdot 12} = 0{,}244\ m < 0{,}518\ m$

$s_{t,vorh} = \frac{u}{2n}$ mit n: Anzahl der Bügel

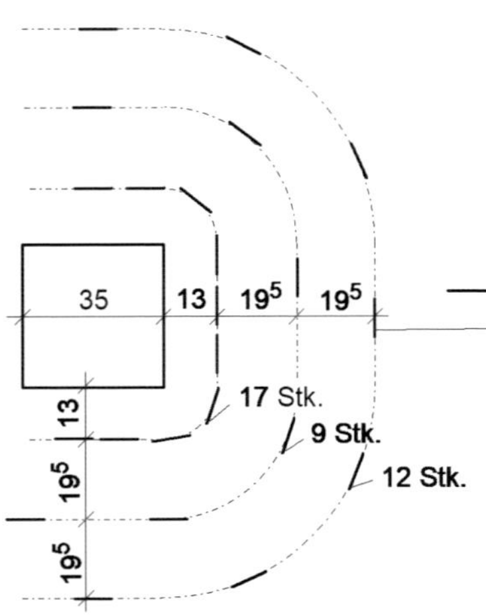

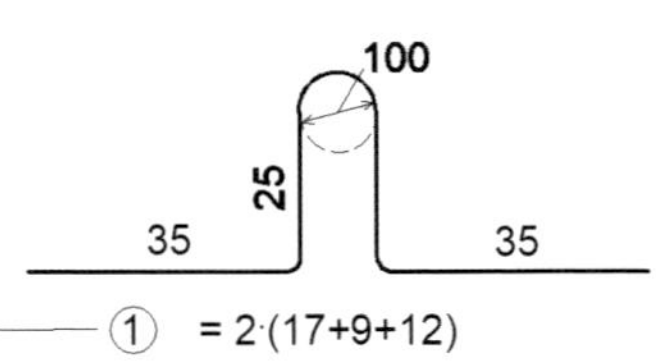

Obige Bügelform gilt für die in x-Richtung zu verlegenden Bügel. Bei den in y-Richtung zu verlegenden Bügeln sind die unteren Schenkel zusätzlich aus der Zeichenebene heraus zu biegen, um die untere Bewehrungslage zu übergreifen

9.4.5 Kollapsbewehrung

Im Falle eines Durchstanzversagens muss ein Durchschlagen der Platte (Seilnetzwirkung durch Scherbeanspruchung der Bewehrung) und ein damit verbundenes Herabfallen der Platte auf die darunter liegende Platte verhindernt werden. Diese als Kollapsbewehrung bezeichnete Bewehrung wird gemäß Gl. (9.53) berechnet.

$$A_s = \frac{V_{Ek}}{f_{yk}} \tag{9.53}$$

mit

V_{Ek}: Stützenkraft im Grenzzustand der Gebrauchstauglichkeit ($\approx V_{Ed}/1{,}4$)

Beispiel 9.5: Kollapsbewehrung

gegeben:	Fortsetzung von Beispiel 9.4
gesucht:	Kollapsbewehrung

Lösung:

$V_{Ek} = 804/1{,}4 = 574{,}3$ kN

$A_s = \frac{574{,}3}{50} = 11{,}5\ \text{cm}^2$

Diese Bewehrung muss über dem Ausschnitt der Stütze vorhanden sein. Je Stützenseite $11{,}5/4 = 2{,}9\ \text{cm}^2$.

(9.53): $A_s = \frac{V_{Ek}}{f_{yk}}$

9.4.6 Doppelkopfbolzen und Dübelleisten

Das gegenüber Bügeln wesentlich andere Tragelement sind die Köpfe bei Doppelkopfbolzen und Dübelleisten, die eine äußerst schlupfarme und damit sehr tragfähige Verbindung darstellen. Die Druckstreben können sich gut an den Köpfen abstützen (**Abb. 9.9**). Die Tragfähigkeit der Druckstrebe ist daher höher und der Erhöhungsfaktor α_{max} in den bauaufsichtlichen Zulassungen beträgt beispielsweise 1,9. Bei Dübelleisten ist anstatt der unteren Köpfe ein Flachstahl vorhanden, auf den die Bolzen aufgeschweißt sind. Da die Leisten bis in die Stütze hineingehen und dadurch den hoch beanspruchten Anschlussbereich der Flachdecke stützen, führen sie zu einem noch höheren Bauteilwiderstand als die Doppelkopfbolzen. Ein derartiges Bewehrungselement wurde erstmals 1980 in Deutschland bauaufsichtlich zugelassen. Es wird nicht mehr eingesetzt, da Doppelkopfbolzen preiswerter herstellbar sind. Die Bewehrungselemente werden strahlenförmig um die Stütze angeordnet (**Abb. 9.10**). Die Köpfe der Anker müssen mindestens jeweils eine der oberen und unteren Bewehrungslagen umfassen. Je nach Produkt sind unterschiedliche Einbaureihenfolgen möglich (**Abb. 9.13**):

- Einbau vor dem Verlegen der Biegezugbewehrung.
- Einbau nach dem Verlegen der unteren Biegezugbewehrung (Schöck Doppelkopfbolzen BOLE).
- Einbau nach dem Verlegen der Biegzugbewehrung durch Einschieben von oben.

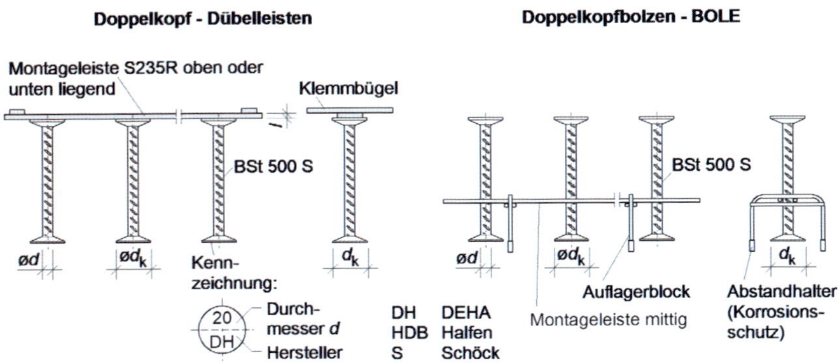

Abb. 9.13 *Ausführungen von Doppelkopfbolzen*

Jede Art des Einbaus hat Vor- und Nachteile. Beim Einbau vor dem Verlegen der Biegezugbewehrung muss diese durch die bereits gestellten Bolzen gefädelt werden. Ein Einbau nach dem Verlegen ist bei der üblichen sehr dichten Bewehrung an den Stützungen schwierig, es treten Kollisionen zwischen den Bewehrungsnetzen und den Bolzen auf. Außerdem kann diese Möglichkeit nicht bei Elementplatten verwendet werden. Genaue Angaben zur Planung sind den jeweiligen Zulassungen und Einbaurichtlinien (z.B.: [HALFEN], [SCHÖCK]) zu entnehmen.

Doppelkopfbolzen können auch in anderen Bauteilen als Querkraftzulagen zur Aufnahme der Querkraft eingesetzt werden, z. B.:

- bei kontinuierlich gestützten Platten,
- bei Balken als ergänzende Querkraftbewehrung alternativ oder zusätzlich zu Bügeln (**Abb. 9.14**),
- bei Fundamenten.

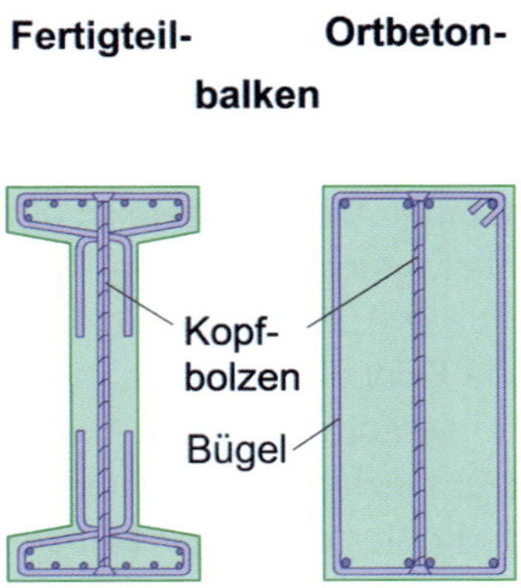

Abb. 9.14 *Doppelkopfbolzen als Querkraftbewehrung (Zulage)*

9.5 Hinweise zur Bewehrungsführung

Als Biegezugbewehrung von punktgestützten Ortbetonplatten (Elementplatten → Kap. 9.6) sind folgende Kombinationen sinnvoll:

- Gesamte Biegezugbewehrung in Stabstahl
- Stabstahl in den Gurtstreifen und Betonstahlmatten in den Feldbereichen
- Betonstahlmatten in Form von (zweiachsigen) Listenmatten in Feld- und Gurtstreifen (**Abb. 9.15**)
- Betonstahlmatten mit Einachsmatten (**Abb. 9.15**); diese Lösung ist für Tragwerksplaner und die Baustelle wegen der Übersichtlichkeit und der leichten Ausführbarkeit der Stöße gleichermaßen gut geeignet.

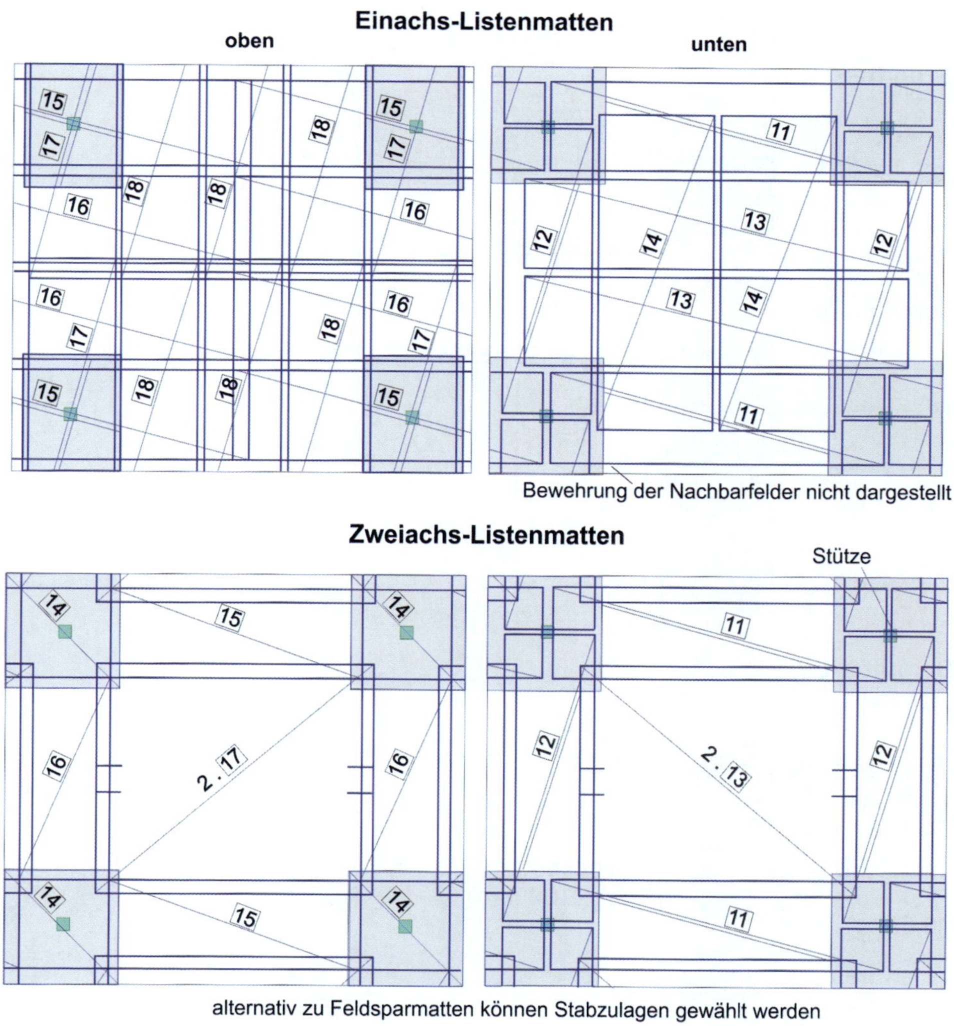

Abb. 9.15 *Biegezugbewehrung mit Betonstahlmatten*

Sofern eine Durchstanzbewehrung erforderlich ist, ist die erste, zweite oder die vierte Möglichkeit zu wählen. Von der Feldbewehrung sind 50 % jeder Richtung bis zur Stützenachse an der Plattenunterseite durchzuführen. Hiervon soll die Hälfte (also 25 % der Feldbewehrung) mit der entsprechenden Bewehrung des Nachbarfeldes kraftschlüssig gestoßen werden. An freien Plattenrändern ist die Bewehrung der Gurtstreifen kraftschlüssig zu verankern. Im Bereich der Rand- und Eckstützen ist die Bewehrung der Gurtstreifen in diese Stützen zu führen und dort zu verankern (**Abb. 9.16**). Zur Vermeidung eines fortschreitenden Versagens von punktgestützten Platten ist immer ein Teil der Feldbewehrung über die senkrecht hierzu verlaufenden Gurtstreifen zu führen (oder mit der Bewehrung des Nachbarfeldes zu stoßen bzw. bei Randstützen zu verankern, vgl. **Abb. 9.16**). Der Mindestquerschnitt dieser Bewehrung beträgt:

$$a_{s,min} = \frac{v_{Ed}}{f_{yk}} \tag{9.54}$$

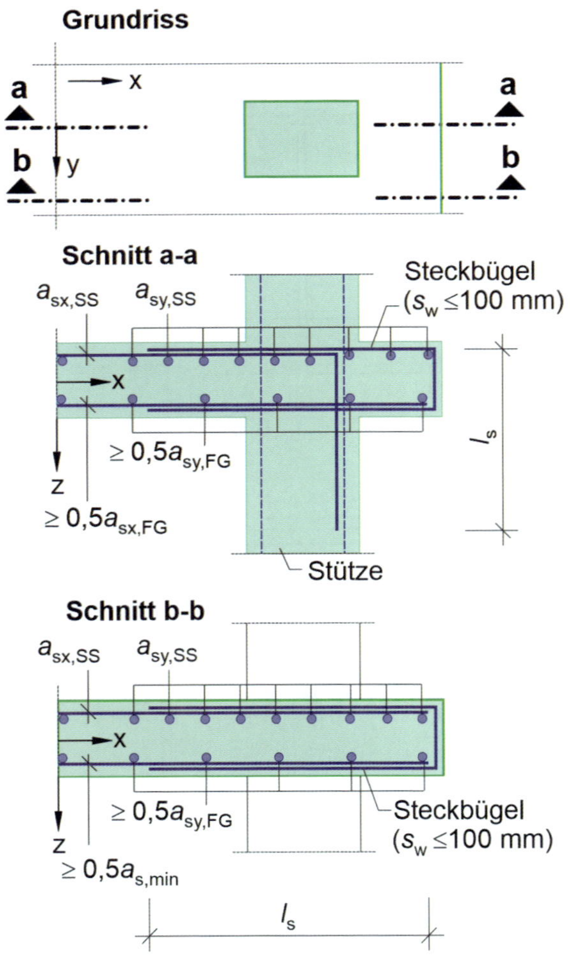

Abb. 9.16 *Bewehrungsführung Plattenränder*

9.6 Nachträglich mit Ortbeton ergänzte Platten

9.6.1 Unterschiede zu kontinuierlich gestützten Platten

Auch punktgestützte Platten können mit Elementplatten ausgeführt werden. Allerdings ist hierbei für die Gurtstreifen und die Bereiche der Durchstanzkegel die konstruktive Durchbildung zu ändern. Diesen Bereichen ist bei der Planung *und* bei der Ausführung besondere Aufmerksamkeit zu widmen.

In **Abb. 9.2** und **Abb. 9.8** wurde gezeigt, dass auf der Plattenunterseite im Bereich der Stützungen Druckringe vorliegen. Bei der Montageart der kontinuierlich gestützten Platten werden die Fertigteile knirsch, also nicht kraftschlüssig, nebeneinander gelegt. Um die Aufnahme der Biegedruckspannungen aus den Tangentialmomenten auch bei Elementplatten zu ermöglichen, gibt es zwei Möglichkeiten:

- Wahl einer Elementeinteilung, dass keine Fugen im Bereich der Druckringe liegen. Diese Möglichkeit ist bei üblichen Decken meistens nicht möglich.
- Die Fertigteile werden in einem Abstand von 35 mm verlegt, die entstehenden Fugenstreifen werden geschalt und gleichzeitig mit der Ortbetonergänzung ausbetoniert.

Während die parallel zum Fertigteil verlaufende unten liegende Gurtstreifenbewehrung in die Elementplatten integriert werden kann, ist dies für die senkrecht verlaufenden Streifen nicht möglich. Aufgrund der hohen Beanspruchung der Gurtstreifen ist es nicht sinnvoll, die Bewehrung wie bei den zweiachsig gespannten Platten auf die Fertigteile zu legen. Daher sind auch diese Gurtstreifen zu schalen und als Ortbetonstreifen auszuführen (**Abb. 9.17**) oder in diesem Bereich zusätzliche Elementplatten anzuordnen.

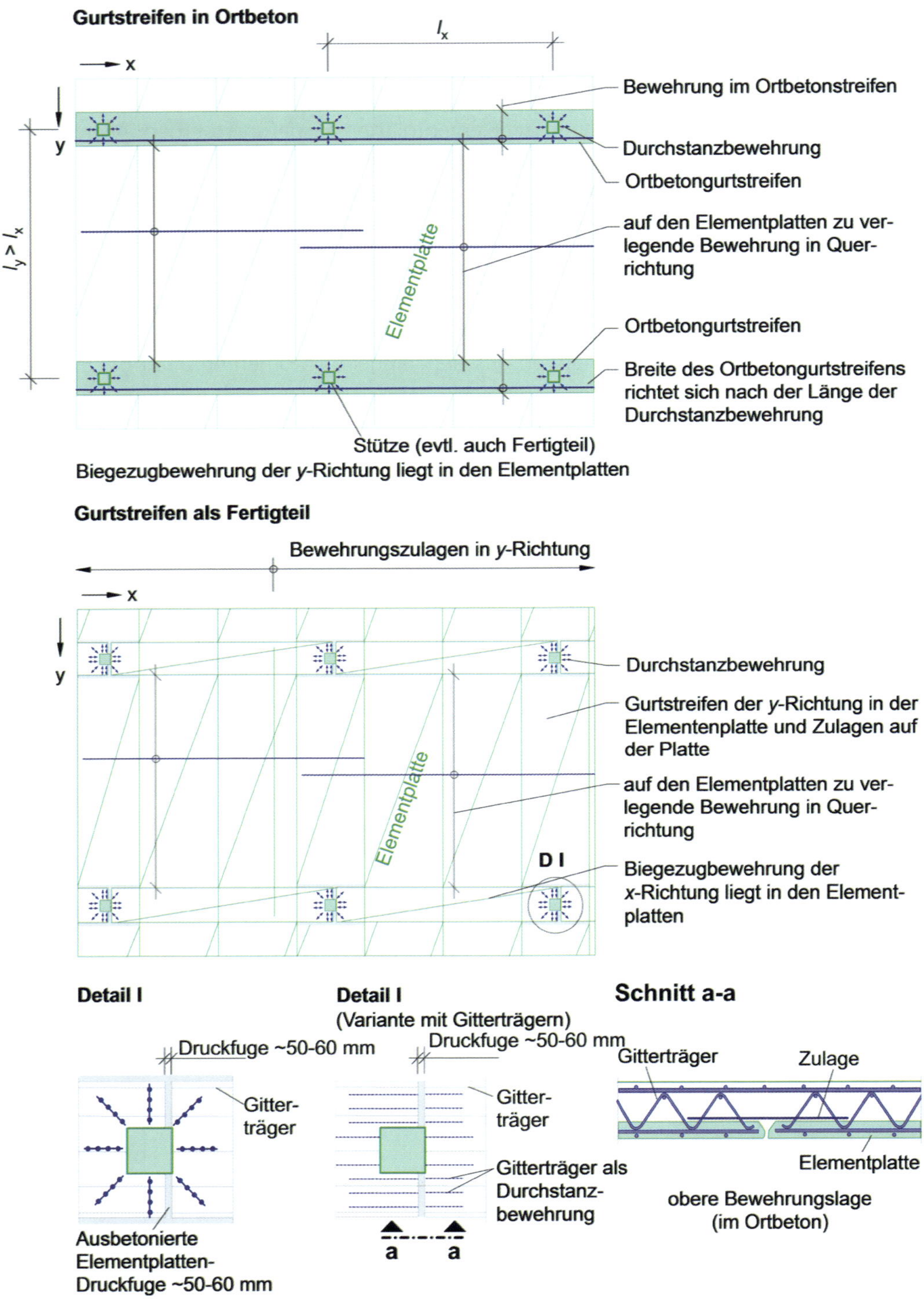

Abb. 9.17 *Flachdecke mit Elementplatten und nachträglicher Ortbetonergänzung*

9.6.2 Durchstanzbewehrung mit Gitterträgern

Sofern im Durchstanzbereich Elementplatten ausgeführt werden, bietet es sich an, die Durchstanzbewehrung mit zusätzlichen Gitterträgern auszubilden.[5] In **Abb. 9.17** ist beispielhaft die Anordnung gezeigt. Auch eine Kombination von Doppelkopfbolzen und Gitterträgern ist möglich.

Sofern die Gitterträger parallel zur Stütze (Variante Detail 1, **Abb. 9.17**) angeordnet werden, gelten hinsichtlich der Abstände nicht die in **Abb. 9.11** dargestellten Regeln, sondern geringere Maximalabstände (siehe bauaufsichtliche Zulassung).

9.7 Vorbemessung von punktgestützten Platten

Wenn im Rahmen einer Vorbemessung die Plattendicke der Flachdecke bestimmt werden soll, ist zunächst die grundsätzliche Entscheidung zu treffen, ob eine Durchstanzbewehrung gewünscht wird oder nicht.

- Sofern keine Durchstanzbewehrung ausgeführt werden soll, kann aus der (geschätzten) Stützenlast (→ Kap. 9.2.4) sofort die Platten- bzw. Pilzkopfdicke bestimmt werden, indem der Durchstanznachweis nach Kap. 9.4 geführt wird. Bei Pilzdecken kann anschließend die Plattendicke aus der Begrenzung der Biegeschlankheit ermittelt werden (Teil 1, Kap. 13).
- Bei Verwendung von Durchstanzbewehrung kann das Diagramm der **Abb. 9.18** verwendet werden. Sofern das Stützenraster wesentlich von einem quadratischen abweicht, ist l_{eff} die größere Stützweite. Außerdem ist zusätzlich der Nachweis der Biegeschlankheit zu überprüfen.

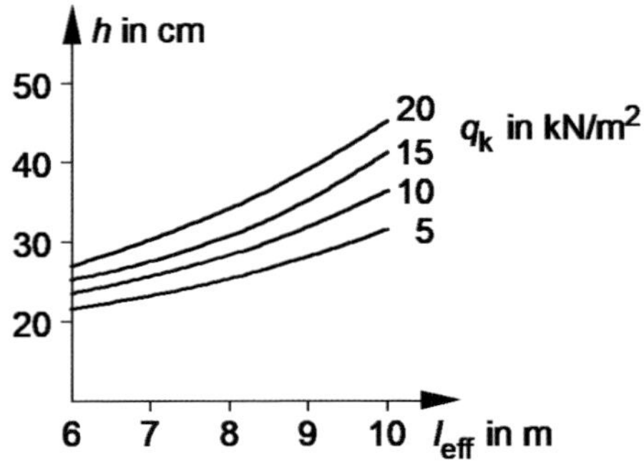

Abb. 9.18 *Vorbemessung der Bauteilhöhe von Flachdecken (mit Durchstanzbewehrung) für annähernd quadratisches Stützenraster*

5 Dies muss in der bauaufsichtlichen Zulassung für den zu verwendenden Gitterträger gestattet sein.

10 Treppen

10.1 Entwurf

10.1.1 Begriffe und Entwurfsgrundlagen

Treppen erschließen die unterschiedlichen Ebenen innerhalb eines Bauwerks. Neben ihrem gewöhnlichen Zweck sind sie vor allem Fluchtwege im Katastrophenfall (z.B. Brand oder Erdbeben). Die erforderliche Anzahl innerhalb eines Gebäudes und die Abmessungen derartiger „notwendiger Treppen" werden daher vom Gesetzgeber in der Landesbauordnung[1] genau vorgeschrieben:

„Von jeder Stelle eines Aufenthaltsraumes muss eine notwendige Treppe oder ein Ausgang ins Freie in höchstens 40 m Entfernung erreichbar sein. Die nutzbare Breite notwendiger Treppen muss mindestens 1 m ... betragen."

Treppen bestehen aus zwei Haupttragteilen (**Abb. 10.1**):

- dem (Treppen-)Lauf (stairway oder stair flight) oder den Treppenläufen,
- dem (Treppen-)Podest (landing) oder den Treppenpodesten.

Die Planung einer Treppe erfolgt in zwei Schritten:

- *Geometrische Bestimmung*

  Wahl der Abmessungen, wie Laufbreite b und Lauflänge l_L, Podestabmessungen t_P und b_P, Abstand der Treppenläufe (Treppenauge) b', Wahl des Steigungsverhältnisses s/a usw.

- *Berechnung und Bemessung*

  Wahl des Tragsystems, statische Berechnung, Bemessung und Konstruktion.

Treppen liegen bei einem Steigungsverhältnis zwischen 1:6 (darunter Rampe) und 1:1 (darüber Leitertreppe) vor.

10.1.2 Geometrische Bestimmung

Die Abmessungen einer Treppe werden in den meisten Fällen vom Objektplaner (→ Kap. 2.2) unter Beachtung gesetzlicher Auflagen festgelegt. Die Bedingungen für die Anforderungen an die Abmessungen einer Treppe wurden so festgelegt, dass ein bequemer und sicherer Gebrauch der Treppen gewährleistet ist. Die Stufenhöhen s (**Abb. 10.1**) einer Treppe müssen (im End- = Gebrauchszustand) gleich sein; die Lauflängen l_L sollen möglichst gleich sein. Die Auftrittsbreite a soll ≤ 37 cm, die Stufenhöhe $s \geq 14$ cm sein. In [DIN 18 065 - 00] werden die maßgeblichen Anforderungen nach Gebäudearten und Treppenarten getrennt angegeben (**Tafel 10.1**). Die nutzbare Laufbreite ist der lichte Abstand zwischen den Handläufen.

1 Hier wird auf die Landesbauordnung von Nordrhein-Westfalen Bezug genommen, in anderen Bundesländern gelten ähnliche Vorschriften.

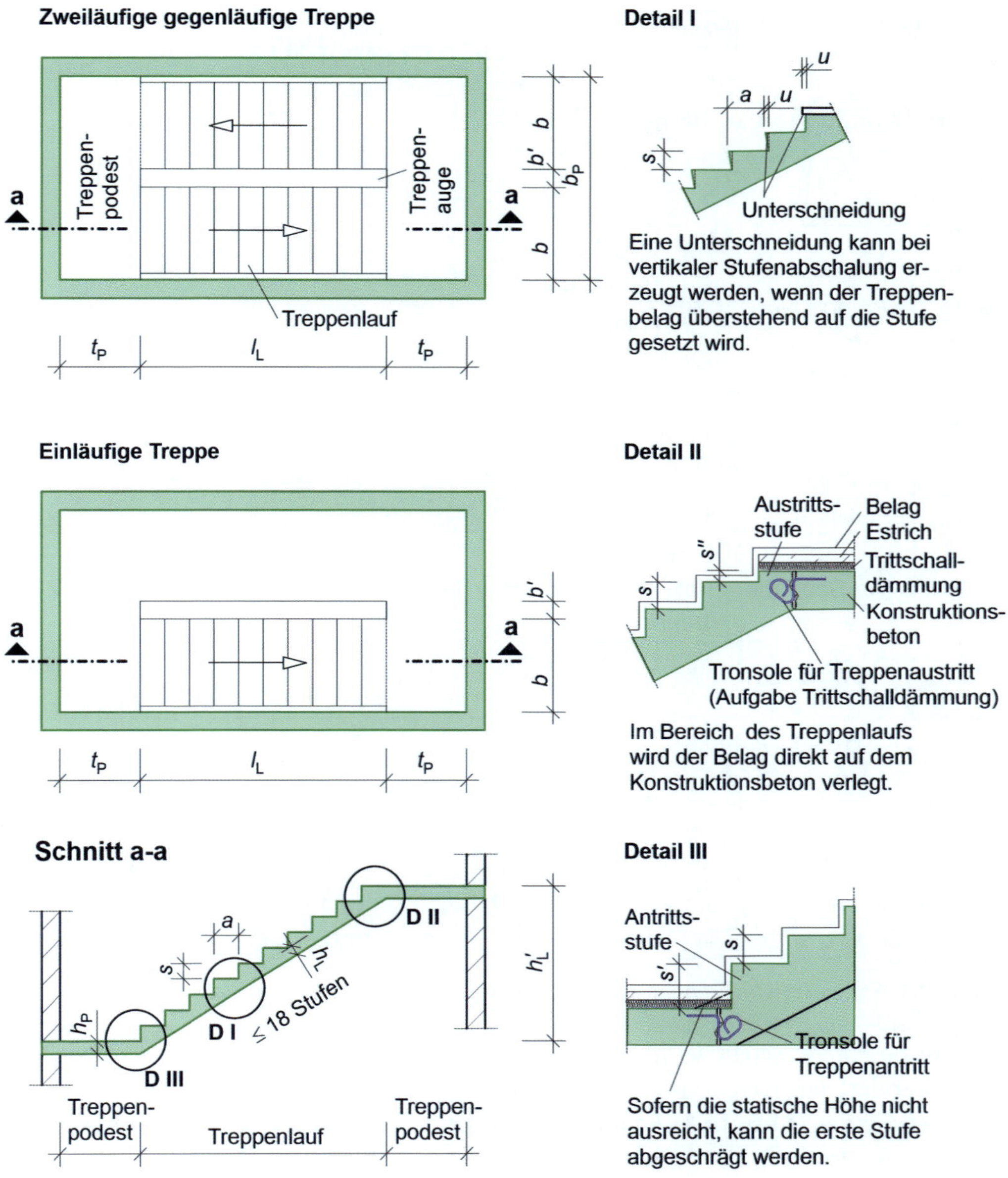

Abb. 10.1 *Bezeichnung und Ausbildung von Treppen*

Um ein bequemes Begehen einer Treppe zu ermöglichen, ist die Schrittmaßregel einzuhalten:

$$2s + a = 59 \text{ bis } 65 \text{ cm} \tag{10.1}$$

Als Regel für die *bequeme* Begehbarkeit gilt:

$$a - s \approx 12 \text{ cm} \tag{10.2}$$

Zeile	Gebäudeart	Treppenart	Nutzbare Treppenlaufbreite *b* in cm	Treppensteigung *s* in cm[b]	Treppenauftritt *a* in cm[c]
1	Wohngebäude mit ≤ 2 Wohnungen[a]	Treppen, die zu Aufenthaltsräumen führen	≥ 80	≤ 20	≥ 21[d]
2		Kellertreppen, die nicht zu Aufenthaltsräumen führen	≥ 80	≤ 21	≥ 21[e]
3		Bodentreppen, die nicht zu Aufenthaltsräumen führen	≥ 50	≤ 21	≥ 21[e]
4	Sonstige Gebäude	Baurechtlich notwendige Treppen	≥ 100	≤ 19	≥ 26
5	Alle Gebäude	Baurechtlich nicht notwendige (zusätzliche) Treppen	≥ 50	≤ 21	≥ 21

[a] Schließt auch Maisonette-Wohnungen in Gebäuden mit mehr als zwei Wohnungen ein.

[b] Zusätzlich gilt $s \geq 14$ cm.

[c] Zusätzlich gilt $a \leq 37$ cm.

[d] Bei Stufen, deren Treppenauftritt *a* unter 26 cm liegt, muss die Unterschneidung *u* mindestens so groß sein, dass insgesamt 26 cm Trittbreite ($a + u$) erreicht werden.

[e] Bei Stufen, deren Treppenauftritt *a* unter 24 cm liegt, muss die Unterschneidung *u* mindestens so groß sein, dass insgesamt 24 cm Trittbreite ($a + u$) erreicht werden.

Tafel 10.1 *Grenzmaße für Treppen im Endzustand (nach [DIN 18 065 – 00] Tabelle 1)*

Um bei beschränkter zur Verfügung stehender Länge und konstanter zu überwindender Höhendifferenz die bequeme Begehbarkeit zu steigern, können Treppenstufen unterschnitten werden (**Abb. 10.1**). Empfehlenswert ist eine Unterschneidung *u* von 3 bis 5 cm. Als Regel für die *sichere* Begehbarkeit gilt:

$$a + s \approx 46 \text{ cm} \tag{10.3}$$

Nach Wahl der Stufenabmessungen ist der Steigungswinkel α des Treppenlaufs bekannt:

$$\alpha = \arctan \frac{s}{a} \tag{10.4}$$

Zwischenpodeste sollten nach höchstens 18 Stufen angeordnet werden. Die Podesttiefe t_P muss mindestens gleich der Laufbreite sein, sollte jedoch 10 % größer als die Laufbreite ausgeführt werden.

$$t_P \geq b \geq 1{,}0\ \text{m} \tag{10.5}$$

Der übliche Abstand zwischen zwei gegenläufigen Treppen (= Treppenauge) ist b' = 20 bis 30 cm. Die lichte Höhe zwischen Stufenvorderkante und der Unterseite des darüber liegenden Laufs muss ≥ 2,0 m sein. Geländer müssen die Anforderungen in **Tafel 10.2** erfüllen.

Zeile	Absturzhöhen	Gebäudearten	min. Geländerhöhe
1	≤ 12 m[a]	Wohngebäude und andere Gebäude, die nicht der Arbeitsstättenverordnung unterliegen	0,90 m[b]
2		Arbeitsstätten	1,00 m[c]
3	> 12 m	für alle Gebäudearten	1,10 m

[a] Außerdem bei größeren Absturzhöhen, wenn das Treppenauge bis 20 cm breit ist.
[b] nach Bauordnungsrecht.
[c] nach Arbeitsschutzrecht.

Tafel 10.2 *Treppengeländerhöhen (nach [DIN 18 065 – 20] Tabelle 1)*

10.2 Berechnung der Schnittgrößen

10.2.1 Nutzlasten

Die auf den Treppenlauf wirkenden Lasten werden auf die Grundrissprojektion bezogen. Im Allgemeinen werden im Hochbau Verkehrslasten nur als Flächenlasten (**Tafel 10.3**) berücksichtigt, sofern innerhalb des Tragsystems eine ausreichende Lastverteilung gewährleistet ist. Bei Massivplatten ist dies der Fall.[2] Horizontale Verkehrslasten sind nur für die Bemessung und Befestigung des Geländers zu berücksichtigen. Die Eigenlast von leichten Geländern (Stahl, Holz) darf bei den Lastannahmen für den Treppenlauf vernachlässigt werden.

Nutzlasten bei Treppen	Vertikallasten	Horizontallasten
Kategorie T1: Wohngebäude, Bürogebäude, Praxen	3,0 kN/m^2	0,5 kN/m
Kategorie T2: sonstige (nicht T1 oder T3)	5,0 kN/m^2	1,0 kN/m
Kategorie T3: Zugänge zu Tribünen	7,5 kN/m^2	2,0 kN/m

Tafel 10.3 *Nutzllasten von Treppen (nach EC 1-1-1/NA)*

2 Treppen mit auskragenden Einzelstufen aus Stahlbeton (die ebenfalls Massivplatten darstellen) werden hier nicht betrachtet.

10.2.2 Tragsysteme

Hinsichtlich des Tragverhaltens der Treppenläufe lassen sich folgende Treppen unterscheiden:

- längsgespannte Treppenläufe
- quergespannte Treppenläufe
- auskragende Treppenläufe
- Treppen mit tragenden Einzelstufen
- Wendeltreppen.

Die letzten beiden sollen hier nicht betrachtet werden (vgl. hierzu [Fuchssteiner – 65], [Köseoğlu – 80] und [Eisenbiegler – 81]). Die wirtschaftlichsten Treppen sind die mit längsgespannten Treppenläufen, weil alle in Querrichtung tragenden Treppenläufe hinsichtlich der Bewehrungsführung über Arbeitsfugen und geschalte Flächen schwieriger auszuführen sind. Mögliche Ausführungsformen sind in **Abb. 10.3** dargestellt. Die längsgespannten Treppenläufe werden im Hochbau verwendet, während die quergespannten Systeme Sonderkonstruktionen, wie z.B. Treppenaufgängen an Fußgängerbrücken (Möglichkeit F), vorbehalten sind.

10.2.3 Konstruktionen ohne schalldämmende Einbauteile

Bei den Systemen mit längsgespannten Treppenläufen (Möglichkeiten A und B, **Abb. 10.2**) kann die Stützweite folgendermaßen bestimmt werden:

$$l_{\mathrm{eff}} = l_{\mathrm{L}} + b_{\mathrm{eff}} \tag{10.6}$$

Die mitwirkende Podestbreite b_{eff} kann mit folgender Gleichung gewählt bzw. abgeschätzt werden:

$$b_{\mathrm{eff}} = 0{,}50\,\text{bis}\,1{,}0\ \mathrm{m} \leq t_{\mathrm{P}} \tag{10.7}$$

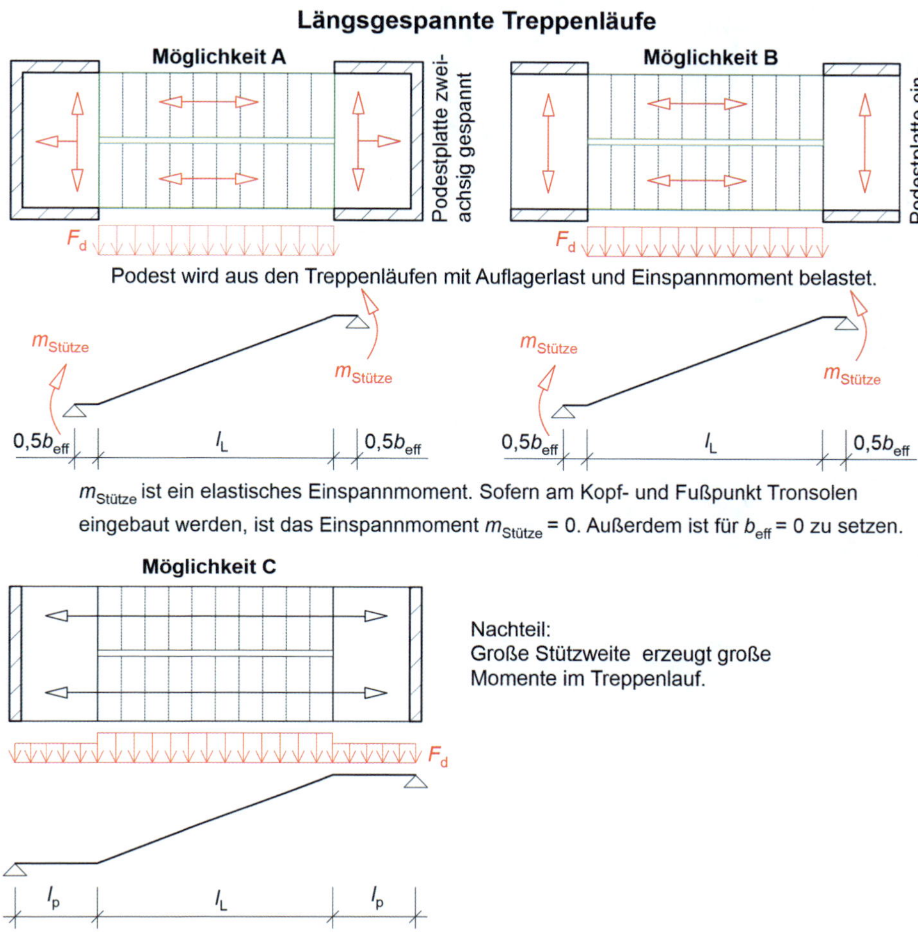

Abb. 10.2 *Tragsysteme zweiläufiger Treppen (längsgespannte Treppenläufe)*

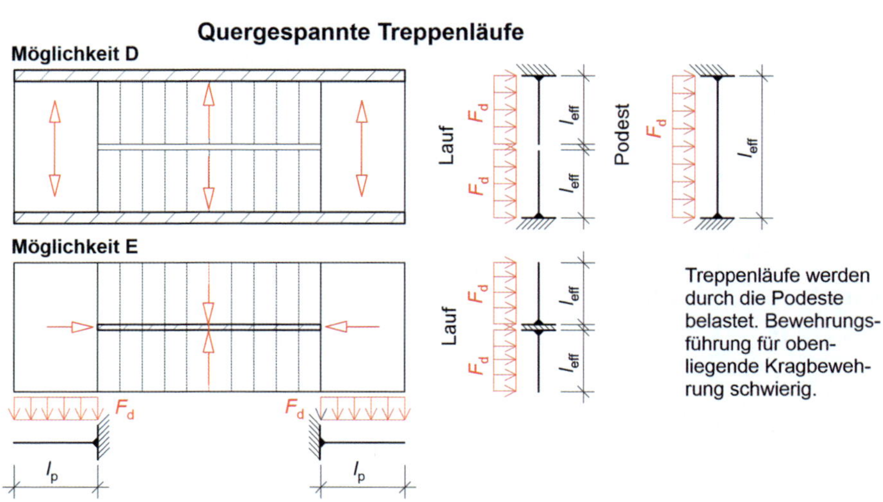

Abb. 10.3 *Tragsysteme zweiläufiger Treppen (quergespannte Treppenläufe)*

Treppenläufe:

Es handelt sich um einachsig gespannte Platten, die elastisch in die Treppenpodeste eingespannt sind. Um die Schnittgrößen der Treppenläufe zu ermitteln, geht man näherungsweise von einem beidseitig frei drehbar gelagerten Träger aus (**Abb. 10.4**).

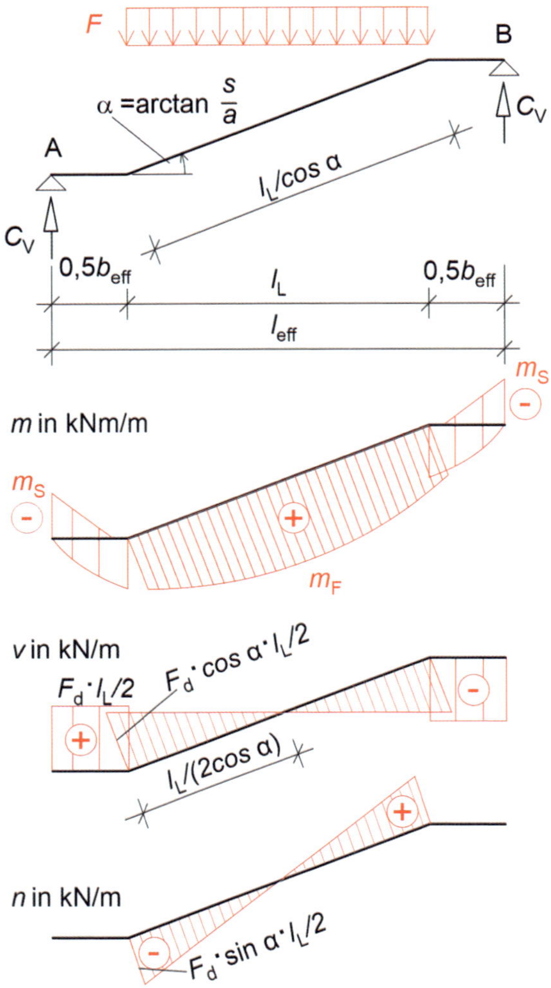

Abb. 10.4 *Schnittgrößen eines Treppenlaufs*

Die Schnittgrößen des Treppenlaufs ergeben sich wie folgt:

- Auflagerkräfte:

$$c_V^A = c_V^B = F_d \cdot \frac{l_L}{2} \text{ in kN/m} \tag{10.8}$$

- Querkraft im Treppenlauf:

$$\text{extr } v_L = \pm c_V^A \cdot \cos\alpha \text{ in kN/m} \tag{10.9}$$

- Normalkraft im Treppenlauf:

$$\text{extr}\, n_{\text{L}} = \pm c_{\text{V}}^{\text{A}} \cdot \sin\alpha \text{ in kN/m} \tag{10.10}$$

Das Feldmoment ergibt sich durch Integration der Querkraft. Unter Berücksichtigung von $0{,}5\, b_{\text{eff}} = \left(l_{\text{eff}} - l_{\text{L}}\right)/2$ und $\alpha_{\text{q}} = l_{\text{L}}/l_{\text{eff}}$ ergibt sich:

$$m_{\text{F}} = F_{\text{d}} \cdot \frac{l_{\text{L}}}{2} \cdot 0{,}5\, b_{\text{eff}} + F_{\text{d}} \cdot \frac{l_{\text{L}}}{2} \cdot \cos\alpha \cdot \frac{l_{\text{L}}}{2 \cdot \cos\alpha} \cdot \frac{1}{2}$$

$$\Leftrightarrow m_{\text{F}} = F_{\text{d}} \cdot \frac{l_{\text{L}}}{2} \cdot \frac{l_{\text{eff}} - l_{\text{L}}}{2} + F_{\text{d}} \cdot \frac{l_{\text{L}}^2}{8} \Leftrightarrow m_{\text{F}} = F_{\text{d}} \cdot \frac{l_{\text{L}} \cdot l_{\text{eff}}}{4} - F_{\text{d}} \cdot \frac{l_{\text{L}}^2}{4} + F_{\text{d}} \cdot \frac{l_{\text{L}}^2}{8}$$

$$\Leftrightarrow m_{\text{F}} = F_{\text{d}} \cdot \frac{l_{\text{L}} \cdot l_{\text{eff}}}{4} - F_{\text{d}} \cdot \frac{l_{\text{L}} \cdot l_{\text{L}}}{8} \Leftrightarrow m_{\text{F}} = F_{\text{d}} \cdot \frac{l_{\text{L}} \cdot l_{\text{eff}}}{4} - F_{\text{d}} \cdot \frac{l_{\text{L}} \cdot \alpha_{\text{q}} \cdot l_{\text{eff}}}{8}$$

$$\Leftrightarrow m_{\text{F}} = F_{\text{d}} \cdot \frac{l_{\text{eff}} \cdot l_{\text{L}}}{8} \cdot \left(2 - \alpha_{\text{q}}\right) \text{ in kNm/m} \tag{10.11}$$

Das Einspannmoment m_{S} wird wie folgt abgeschätzt. Es ist nur bei einem monolithischen Anschluss von Lauf und Podest vorzusehen.

$$m_{\text{S}} = -\frac{m_{\text{F}}}{2} \text{ in kNm/m} \tag{10.12}$$

Treppenpodeste

Von [Köseoğlu – 80] wurden Tafelwerte zur Berechnung von zwei- (**Tafel 10.4**) und dreiseitig gelagerten (**Tafel 10.5**) Podestplatten angegeben. Die Belastung einer Podestplatte setzt sich zusammen aus:

- *Belastungsanteil I*

  Gleichflächenlast F_{d} auf dem Podest;
- *Belastungsanteil II*

  Streckenlast F_0 am Rand aus der Auflagerkraft des Treppenlaufs;
- *Belastungsanteil III*

  Streckenmoment m_0 aus der elastischen Einspannung des Treppenlaufs.

Lastanteil nach Abb. 10.5	t_P / b_P	0,3	0,4	0,5	0,6	0,7	0,8	0,9	1,0
I	$m_{x,m} =$	$F_d \cdot b_P^2 / 8$							
	$m_{y,m} =$	$0{,}2\ m_{x,m}$							
II	$m_{x,m} = F_0 \cdot b_P / TW$	2,39	3,23	4,05	4,88	5,81	6,81	7,41	9,00
	$m_{y,m} = - F_0 \cdot b_P / TW$	38,5	31,3	27,8	26,4	25,7	26,4	27,1	29,8
	$m_{x,r1} = F_0 \cdot b_P / TW$	2,19	2,75	3,17	3,45	3,65	3,81	3,88	3,96
	$m_{x,r2} = F_0 \cdot b_P / TW$	2,63	3,79	5,18	6,85	9,00	12,1	15,6	20,9
III	$m_{x,m} = - m_0 / TW$	200	66,7	38,5	26,4	21,3	18,6	16,9	16,1
	$m_{y,m} = - m_0 / TW$	2,08	2,29	2,58	3,00	3,57	4,37	5,35	6,61
	$m_{x,r1} = m_0 / TW$	3,85	3,65	3,49	3,34	3,24	3,16	3,10	3,07
	$m_{x,r2} = - m_0 / TW$	4,18	4,55	5,08	5,96	7,15	8,55	10,4	13,2

Tafel 10.4 *Schnittgrößen von Podestplatten mit gegenüberliegenden frei drehbar gelagerten Rändern (Auszug aus [Köseoğlu – 80], Tafel 3.1)*

Lastanteil nach Abb. 10.5	t_P / b_P	0,3	0,4	0,5	0,6	0,7	0,8	0,9	1,0
I	$m_{x,m} = F_d \cdot t_P^2 / TW$	7,88	8,04	8,46	9,11	9,97	11,0	12,2	13,6
	$m_{y,m} = F_d \cdot t_P^2 / TW$	8,92	10,5	13,0	16,5	21,2	27,5	35,7	46,1
	$m_{x,r} = F_d \cdot t_P^2 / TW$	4,12	4,41	4,89	5,53	6,34	7,32	8,46	9,77
II	$m_{x,m} = F_0 \cdot b_P / TW$	12,6	10,5	9,60	9,20	9,40	9,60	10,2	10,9
	$m_{y,m} = - F_0 \cdot b_P / TW$	200	91,0	52,5	40,1	33,2	29,4	26,9	25,0
	$m_{x,r} = F_0 \cdot b_P / TW$	6,90	5,60	4,90	4,50	4,30	4,20	4,10	4,10
III	$m_{x,m} = m_0 / TW$	4,60	5,70	7,90	12,5	35,0	100	oo	-31
	$m_{y,m} = - m_0 / TW$	2,10	2,20	2,50	3,10	4,00	5,10	6,50	8,00
	$m_{x,r} = m_0 / TW$	2,20	2,35	2,50	2,65	2,74	2,80	2,85	2,90

Tafel 10.5 *Schnittgrößen von Podestplatten mit dreiseitig frei drehbar gelagerten Rändern (Auszug aus [Köseoğlu – 80], Tafel 3.2)*

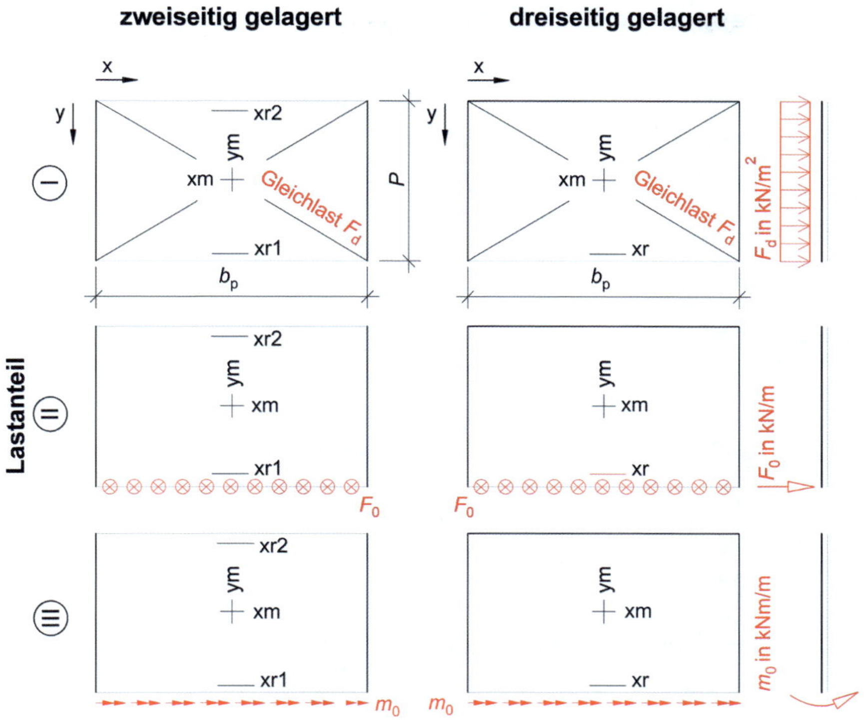

Abb. 10.5 *Lastanteile für Podestplatten*

Die Schnittgrößen der einzelnen Lastanteile werden gemäß **Tafeln 10.4** und **10.5** bestimmt. Sie werden anschließend superponiert (**Abb. 10.5**).

$$m_{\mathrm{i}} = m_{\mathrm{i,I}} + m_{\mathrm{i,II}} + m_{\mathrm{i,III}} \tag{10.13}$$

Bewehrungsführung

Bei der Bewehrungsführung ist zu beachten, dass die Bewehrung aufgrund der Umlenkkräfte nicht um einspringende Ecken geführt werden darf (→ Teil 1, Kap. 4.2.1). Weiterhin müssen Arbeitsfugen festgelegt werden, da die Bewehrungsführung hierauf abzustimmen ist. In **Abb. 10.6** ist eine Standardbewehrungsführung dargestellt. Wenn der Treppenlauf als Fertigteil ausgeführt wird, wird dieses am unteren Podest in die Schalung (der Baustelle) gelegt. Hierauf ist die Bewehrungsführung abzustimmen, deren Stöße dann im unteren Podest liegen.

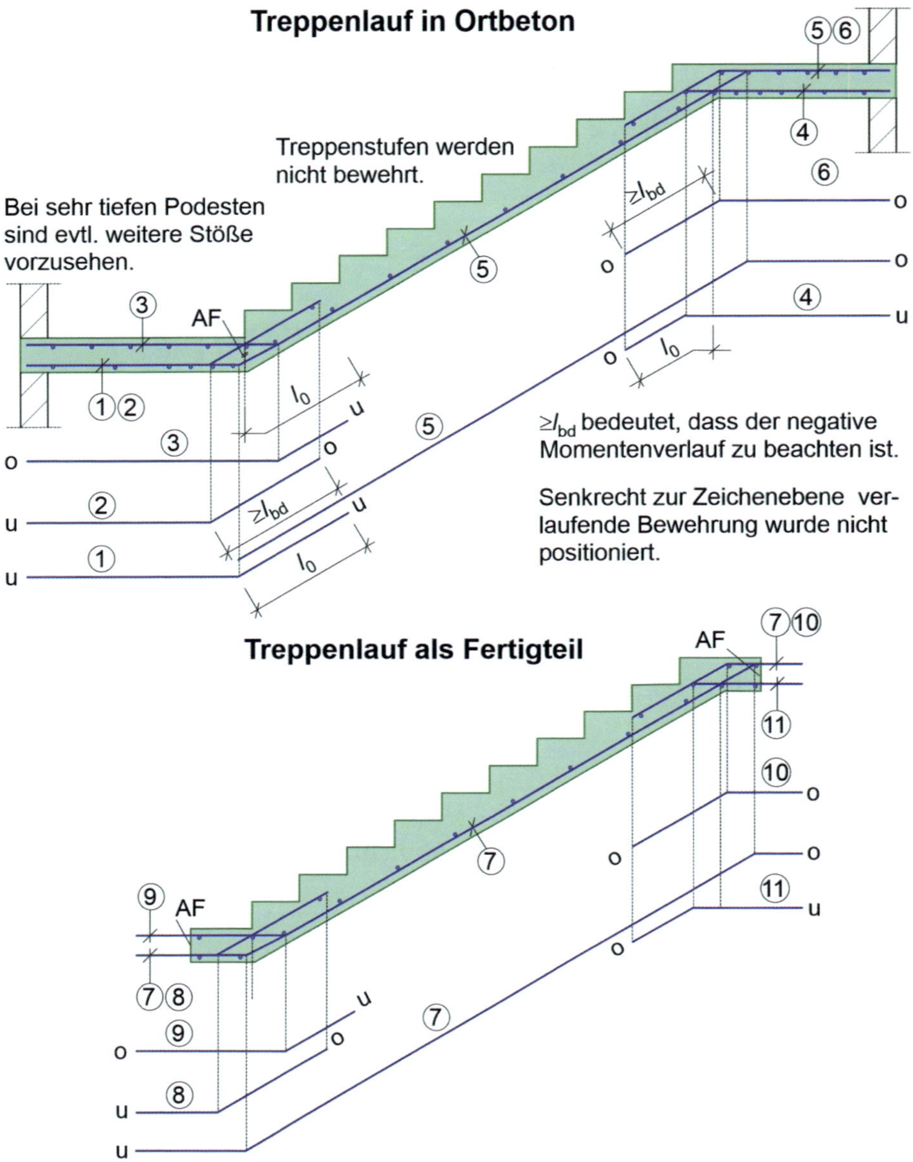

Abb. 10.6 *Standardbewehrungsführung für Treppen*

Beispiel 10.1: Berechnung einer Treppe (Fortsetzung von Beispiel 3.3)

gegeben:
- Treppenaufgang gemäß **Abb. 2.3**
- Schalplan von Beispiel 3.3
- Baustoffe C20/25; B500

gesucht:
- Entwurf und Berechnung der Treppe
- Bewehrungsplan

Lösung:

Geometrische Bestimmung:

$b = 1{,}10 \text{ m} > 0{,}80 \text{ m}$	**Tafel 10.1**: $b \geq 0{,}80 \text{ m}$
$s = \frac{2{,}74}{16} = 0{,}171 \text{ m}$	Die Geschosshöhe beträgt 2,50 m, die Deckenstärke 0,24 m (vgl. Bsp. 6.7) gew: 16 Stufen
$s = 17{,}1 \text{ cm} < 20 \text{ cm}$	**Tafel 10.1** Z.1: $s \leq 20 \text{ cm}$
$a = 31 \text{ cm} > 21 \text{ cm}$	**Tafel 10.1** Z.1: $a \geq 21 \text{ cm}$
$59 \text{ cm} < 2 \cdot 17{,}1 + 31{,}0 = 65{,}2 \text{ cm} \approx 65 \text{ cm}$	(10.1): $2s + a = 59 \text{ bis } 65 \text{ cm}$
$a - s = 31 - 17{,}1 = 13{,}9 \text{ cm} \approx 12 \text{ cm}$	(10.2): $a - s \approx 12 \text{ cm}$
$a + s = 31 + 17{,}1 = 48{,}1 \text{ cm} \approx 46 \text{ cm}$	(10.3): $a + s \approx 46 \text{ cm}$
$t_P = 1{,}30 \text{ m} > 1{,}10 \text{ m} \geq 1{,}00 \text{ m}$	(10.5): $t_P \geq b \geq 1{,}0 \text{ m}$
$\alpha = \arctan \frac{17{,}1}{31{,}0} = 28{,}9°$	(10.4): $\alpha = \arctan \frac{s}{a}$

Berechnung und Bemessung des Treppenlaufs:

Lasten:

Eigenlast des Treppenlaufs

Natursteinbelag 6,0 cm		$0{,}3 \cdot 6{,}0 = 1{,}80 \text{ kN/m}^2$	EC 1-1-1, Anhang A Granulit
Konstruktionsbeton		$25 \cdot 0{,}20 = 5{,}00 \text{ kN/m}^2$	EC 1-1-1, Anhang A; Treppenlaufdicke h = 20 cm
Gipsputz 15 mm		$\underline{0{,}18 \text{ kN/m}^2}$	EC 1-1-1, Anhang A
	$g_k' =$	$6{,}98 \text{ kN/m}^2$	Wert wird auf den Grundriss bezogen:

$$g_{k1} = \frac{6{,}98}{\cos 28{,}9} = 7{,}97 \text{ kN/m}^2$$

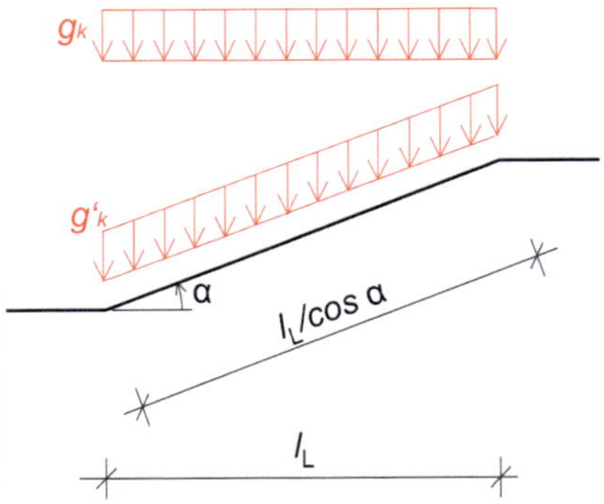

$$g'_k \cdot \frac{l_L}{\cos\alpha} = g_k \cdot l_L \Leftrightarrow g_k = \frac{g'_k}{\cos\alpha}$$

Stufen $g_{k2} = 24 \cdot \frac{0{,}171}{2} = 2{,}05 \text{ kN/m}^2$

Stufen werden als rechnerische Gleichlast berücksichtigt.

$g_{k1+2} \approx 10{,}0 \text{ kN/m}^2$

Nutzlast $q_k = 3{,}00 \text{ kN/m}^2$

Abb. 10.3: Möglichkeit A am Zwischenpodest, Möglichkeit B am Hauptpodest, da am Fahrstuhlschacht keine Auflagerung möglich ist.[3]

Statisches System:

$l_L = 8 \cdot 0{,}31 = 2{,}48 \text{ m}$ — 2 Läufe à 8 Stufen

gew: $b_{eff} = 1{,}0 \text{ m} < 1{,}30 \text{ m} = t_P$ — (10.7): $b_{eff} = 0{,}50 \text{ bis } 1{,}0 \text{ m} \leq t_P$

$l_{eff} = 2{,}48 + 1{,}00 = 3{,}48 \text{ m}$ — (10.6): $l_{eff} = l_L + b_{eff}$

Schnittgrößen:

$c_V^A = c_V^B = (1{,}35 \cdot 10{,}0 + 1{,}50 \cdot 3{,}00) \cdot \frac{2{,}48}{2} = 22{,}3 \text{ kN/m}$ — (10.8): $c_V^A = c_V^B = F_d \cdot \frac{l_L}{2}$

$\text{extr } v_L = \pm 22{,}3 \cdot \cos 28{,}9° = \pm 19{,}53 \text{ kN/m}$ — (10.9): $\text{extr } v_L = \pm c_V^A \cdot \cos\alpha$

$\text{extr } n_L = \pm 22{,}3 \cdot \sin 28{,}9° = \pm 10{,}8 \text{ kN/m}$ — (10.10): $\text{extr } n_L = \pm c_V^A \cdot \sin\alpha$

$\alpha_q = \frac{2{,}48}{3{,}48} = 0{,}713$ — $\alpha_q = \frac{l_L}{l_{eff}}$

$m_F = (1{,}35 \cdot 10{,}0 + 1{,}50 \cdot 3{,}00) \cdot \frac{3{,}48 \cdot 2{,}48}{8} \cdot (2 - 0{,}713) = 25{,}0 \text{ kN/m/m}$ — (10.11): $m_F = F_d \cdot \frac{l_{eff} \cdot l_L}{8} \cdot (2 - \alpha_q)$

3 Das Zwischenpodest ist dreiseitig gelagert (zweiachsig gespannt), das Hauptpodest zweiseitig gelagert (einachsig gespannt). In der Realität würden beide Podeste gemeinsam rechnerisch als einachsig gespannte Platten betrachtet werden (um Arbeitszeit zu sparen). Konstruktive Bewehrungszulagen berücksichtigen dann das tatsächliche Tragverhalten. Im Rahmen des Beispiels werden beide Podeste berechnet, um den Rechengang für ein- und zweiachsig gespannte Podestplatten zu zeigen.

$$m_S = -\frac{25{,}0}{2} = -12{,}5 \text{ kN/m/m}$$

(10.12): $m_S = -\frac{m_F}{2}$

Bemessung im Grenzzustand der Tragfähigkeit:

$$f_{cd} = \frac{0{,}85 \cdot 20}{1{,}5} = 11{,}3 \text{ N/mm}^2$$

$f_{cd} = \frac{\alpha_{cc} \cdot f_{ck}}{\gamma_C}$

$$\mu_{Eds} = \frac{25{,}0 \cdot 10^{-3}}{0{,}17^2 \cdot 11{,}3} = 0{,}0763$$

(5.16): $\mu_{Eds} = \frac{m_{Eds}}{d^2 \cdot f_{cd}}$ mit d = 17 cm

$$\omega \approx 0{,}0836 \; ; \sigma_s = 457 \text{ N/mm}^2$$

Teil 1, **Tafel 7.1**

$$a_s = \frac{0{,}0836 \cdot 17 \cdot 11{,}3 + 0}{457} \cdot 10^2 = 3{,}51 \text{ cm}^2\text{/m}$$

(5.17): $a_s = \frac{\omega \cdot d \cdot f_{cd} + n_{Ed}}{\sigma_{sd}}$

gew: R424 A

Tafel 1.1: R-Matten für einachsig gespannte Platten (im Bewehrungsplan Pos. 20)

$$a_{s,vorh} = 4{,}24 \text{ cm}^2\text{/m} > 3{,}51 \text{ cm}^2\text{/m} = a_{s,erf}$$

$a_{s,vorh} \geq a_{s,erf}$

Biegemoment am Knickpunkt:

$$m_{Ed} = -12{,}5 + 22{,}3 \cdot 0{,}5 \cdot 1{,}0 = -1{,}35 \text{ kN/m/m}$$

$m = m_S - c_v \cdot 0{,}5 \cdot b_{eff}$

Das Biegemoment am Knickpunkt ist fast null (Verankerungslänge!). Die Biegebemessung erfolgt näherungsweise (sichere Seite) für das Einspannmoment am Trägerende mit der (nicht dazugehörigen) Längskraft im Knickpunkt.

$$z_s = 17 - \frac{20}{2} = 7 \text{ cm}$$

$z_s = d - \frac{h}{2}$

$$m_{Eds} = 1{,}35 - 10{,}8 \cdot 0{,}07 = 0{,}59 \text{ kN/m/m}$$

(5.15): $m_{Eds} = m_{Ed} - n_{Ed} \cdot z_s$

$$\mu_{Eds} = \frac{0{,}59 \cdot 10^{-3}}{0{,}17^2 \cdot 11{,}3} \approx 0{,}002$$

(5.16): $\mu_{Eds} = \frac{m_{Eds}}{d^2 \cdot f_{cd}}$

$$\omega \approx 0{,}2 \cdot 0{,}0101 = 0{,}0020 \; ; \sigma_s = 457 \text{ N/mm}^2$$

Teil 1, **Tafel. 7.1**

$$a_s = \frac{0{,}0020 \cdot 17 \cdot 11{,}3 + 10{,}8}{457} \cdot 10^2 = 2{,}45 \text{ cm}^2\text{/m}$$

(5.17): $a_s = \frac{\omega \cdot d \cdot f_{cd} + n_{Ed}}{\sigma_{sd}}$

gew: R257 A am Kopfpunkt

Tafel 1.1: (im Bewehrungsplan Pos. 21)

$$a_{s,vorh} = 2{,}57 \text{ cm}^2\text{/m} > 2{,}45 \text{ cm}^2\text{/m} = a_{s,erf}$$

$a_{s,vorh} \geq a_{s,erf}$

gew: ∅ 8-20 am Fußpunkt

Im Fußpunkt wirkt statt der Zug- eine Druckkraft (günstig); daher erfolgt keine neue Bemessung (im Bewehrungsplan Pos. 2).

$$a_{s,vorh} = 0{,}5 \cdot \frac{100}{20} = 2{,}5 \text{ cm}^2\text{/m}$$

$a_{s,vorh} = A_{s,\varnothing s} \cdot \frac{l_B}{s}$

$a_{s,vorh} = 2{,}5\ cm^2/m > 2{,}45\ cm^2/m > a_{s,erf}$

$a_{sy} = 0{,}2 \cdot 2{,}45 = 0{,}49\ cm^2/m$

gew: Ø6 -25 bzw. Querbewehrung von R 257 A

$a_{s,vorh} = 0{,}28 \cdot \frac{100}{25} = 1{,}12\ cm^2/m$
bzw. 1,13 cm²/m

$a_{s,vorh} = 1{,}12\ cm^2/m > 0{,}49\ cm^2/m = a_{s,erf}$

$s = 25\ cm = s_{max}$

$k = 1 + \sqrt{\frac{200}{170}} = 2{,}08 \leq 2{,}0$

$\rho_1 = \frac{2{,}57}{100 \cdot 17} = 0{,}0015 < 0{,}02$

$\sigma_{cp} = \frac{\pm 10{,}8 \cdot 10^{-3}}{0{,}17} = \pm\ 0{,}064\ N/mm^2$

$V_{Rd,c} = [0{,}1 \cdot 2{,}0 \cdot (100 \cdot 0{,}0015 \cdot 20)^{1/3}$
$- 0{,}12 \cdot 0{,}064] \cdot 1{,}0 \cdot 0{,}17 = 0{,}0477\ MN$

$v_{Ed} = 22{,}3\ kN/m < 47{,}7\ kN/m$

Überprüfung von $v_{Rd,c,min}$ nicht erforderlich, da Nachweis bereits erfüllt.

Bemessung im Grenzzustand der Gebrauchstauglichkeit:

$\rho = 3{,}51/(17 \cdot 100) = 0{,}21\,\% < \rho_0$
$= 10^{-3}\sqrt{20} = 0{,}45\ \%$

$K = 1{,}0$

$$\frac{l}{d} = 1{,}0\left[\begin{array}{l} 11 + 1{,}5\sqrt{20} \cdot \frac{0{,}45}{0{,}21} \\ +3{,}2\sqrt{20} \cdot \sqrt{\left(\frac{0{,}45}{0{,}21} - 1\right)^3} \end{array}\right]$$

$= 40{,}3 < \underline{35}$

$\frac{l}{d} = \frac{3{,}48}{0{,}17} = 20{,}5 \leq 35$

$a_{s,vorh} \geq a_{s,erf}$

In Querrichtung (5.19):

$a_{sy} = 0{,}2 \cdot a_{sx}$

(im Bewehrungsplan Pos. 5)

$a_{s,vorh} = A_{s,Øs} \cdot \frac{l_B}{s}$ bzw. **Tafel 1.1**

$a_{s,vorh} \geq a_{s,erf}$

Tafel 5.4 und **Tafel 1.1**

$k = 1 + \sqrt{\frac{200}{d}} \leq 2{,}0$

$\rho_1 = \frac{A_{s1}}{b_w \cdot d} \leq 0{,}02$

$\sigma_{cp} = \frac{N_{Ed}}{A_c}$

(5.31):

$$V_{Rd,c} = \left[\begin{array}{l} 0{,}1\,k\left(100\rho_1 \cdot f_{ck}\right)^{\frac{1}{3}} \\ +0{,}12\,\sigma_{cp} \end{array}\right] \cdot b_w \cdot d$$

(5.30): $v_{Ed} \leq \begin{cases} v_{Rd,c} \\ v_{Rd,max} \end{cases}$

Der Wert für $v_{Rd,max}$ muss nur bei großen Längskräften nachgewiesen werden.

Teil 1, Kap. 13.3

$\rho = a_{s,erf}/(b \cdot d)$

$\rho_0 = 10^{-3}\sqrt{f_{ck}}$

$K = 1{,}0$ (Einfeldträger)

$$\frac{l}{d} = K\left[\begin{array}{l} 11 + 1{,}5\sqrt{f_{ck}} \cdot \frac{\rho}{\rho_0} \\ +3{,}2\sqrt{f_{ck}} \\ \cdot\sqrt{\left(\frac{\rho}{\rho_0} - 1\right)^3} \end{array}\right] \text{für } \rho \leq \rho_0$$

$\frac{l}{d} \leq 35$

Berechnung und Bemessung des Zwischenpodests:			dreiseitig gelagert
Lasten:			
Eigenlast des Treppenpodests			
Natursteinbelag 3,0 cm	0,3 · 3,0	= 0,90 kN/m²	EC1-1-1, Anhang A, Granulit
Trittschalldämmung 4,0 cm	0,01 · 4,0	= 0,04 kN/m²	EC1-1-1, Anhang A
Estrich 4,0 cm	0,22 · 4,0	= 0,88 kN/m²	EC1-1-1, Anhang A, Zementestrich
Konstruktionsbeton	25 · 0,20	= 5,00 kN/m²	EC1-1-1, Anhang A
Gipsputz 15 mm		0,18 kN/m²	EC1-1-1, Anhang A

$g_k = 7{,}00\ \mathrm{kN/m^2}$

Verkehrslast

$q_k = 3{,}00\ \mathrm{kN/m^2}$ — **Tafel 10.3**:

Statisches System:

$$a_1 = \min\begin{cases} 0{,}365/2 = 0{,}18 \\ 0{,}20/2 = \underline{0{,}10} \end{cases} \qquad a_i = \min\begin{cases} t/2 \\ h/2 \end{cases}$$

$$a_2 = \min\begin{cases} 0{,}24/2 = 0{,}12 \\ 0{,}20/2 = \underline{0{,}10} \end{cases} \qquad a_i = \min\begin{cases} t/2 \\ h/2 \end{cases}$$

$$b_P = 2{,}51 + 0{,}10 + 0{,}10 = 2{,}71\ \mathrm{m} \qquad l_{eff} = l_n + a_1 + a_2$$

$$a_1 = \min\begin{cases} 0{,}125/2 = \underline{0{,}06} \\ 0{,}20/2 = 0{,}10 \end{cases} \qquad t = 12{,}5\ \mathrm{cm}\ ;\ a_i = \min\begin{cases} t/2 \\ h/2 \end{cases}$$

$$t_P = 1{,}30 + 0{,}06 + 0 \approx 1{,}36\ \mathrm{m} \qquad l_{eff} = l_n + a_1 + a_2$$

Schnittgrößen:

$$\frac{t_P}{b_P} = \frac{1{,}36}{2{,}71} = 0{,}501 \approx 0{,}50$$

I: $F_d = 1{,}35 \cdot 7{,}00 + 1{,}50 \cdot 3{,}00 = 14{,}0\ \mathrm{kN/m^2}$ — **Tafel 10.5**; Podestlast

II: $F_0 = 22{,}3\ \mathrm{kN/m}$ — **Tafel 10.5**; Auflagerkraft Treppenlauf

III: $m_0 = 12{,}5\ \mathrm{kN/m/m}$ — **Tafel 10.5**; Einspannmoment Treppenlauf

$$m_{x,m} = 14{,}0 \cdot \frac{1{,}36^2}{8{,}46} + 22{,}3 \cdot \frac{2{,}71}{9{,}6} + \frac{12{,}5}{7{,}90}$$
$$= 10{,}9 \text{ kNm/m}$$

$$m_{y,m} = 14{,}0 \cdot \frac{1{,}36^2}{13{,}0} - 22{,}3 \cdot \frac{2{,}71}{52{,}5} - \frac{12{,}5}{2{,}50}$$
$$= -4{,}2 \text{ kNm/m}$$

$$m_{x,r} = 14{,}0 \cdot \frac{1{,}36^2}{4{,}89} + 22{,}3 \cdot \frac{2{,}71}{4{,}9} + \frac{12{,}5}{2{,}50}$$
$$= 22{,}5 \text{ kNm/m}$$

(10.13): $m_i = m_{i,I} + m_{i,II} + m_{i,III}$

Tafelwerte aus **Tafel 10.5**

$$m_{i,I} = F_d \cdot \frac{t_p^2}{TW}$$

$$m_{i,II} = F_0 \cdot \frac{b_p}{TW}$$

$$m_{i,III} = \frac{m_0}{TW}$$

$$v_{Ed} = 14{,}0 \cdot \frac{2{,}71}{2} + 22{,}3 \cdot \frac{2 \cdot 1{,}10}{2} = 43{,}5 \text{ kN/m}$$

Die maximale Querkraft tritt im Streifen am freien Rand auf.

Bemessung im Grenzzustand der Tragfähigkeit:

Die Biegebemessung erfolgt wie in Kap. 5 beschrieben.

$a_{sx,r} = 3{,}6 \text{ cm}^2\text{/m}$ gew: ∅ 10-12[5]

Wahl ∅10 aufgrund des Hauptpodestes (im Bewehrungsplan Pos. 3)

$a_{sy,r} = 0{,}2 \cdot 3{,}6 = 0{,}72 \text{ cm}^2\text{/m}$ gew: ∅ 8-20

(5.19): $a_{sy} = 0{,}2 \cdot a_{sx}$ (im Bewehrungsplan Pos. 2, vgl. Anmerkungen)

$a_{sx,m} = 1{,}7 \text{ cm}^2\text{/m}$ gew: ∅ 10-12[5]

(im Bewehrungsplan Pos. 3); im Sinne einer einfachen Bewehrung wird der Stababstand nicht erhöht.

$a^o_{sx} = a^o_{sy} = a^u_{sx} = a^u_{sy} \geq 2{,}51 \text{ cm}^2\text{/m} \Rightarrow$ ∅ 8-20

(5.28):
$a^o_{sx} = a^o_{sy} = a^u_{sx} = a^u_{sy} = 1{,}0\, a^{Feld}_{sx}$

wird abgedeckt durch Pos. 1; 2; 3; 21

Die Querkraftbemessung erfolgt (ungünstigst) für Zwischen- und Hauptpodest:

$$v_{Rd,c} = \left[0{,}10 \cdot 2{,}0 \left(100 \cdot 0{,}0015 \cdot 20\right)^{\frac{1}{3}} - 0{,}12 \cdot 0{,}064\right] \cdot 0{,}17$$

(5.31):
$$v_{Rd,c} = \left[\begin{array}{l} 0{,}1\, k\left(100\rho_l \cdot f_{ck}\right)^{\frac{1}{3}} \\ + 0{,}12\, \sigma_{cp} \end{array}\right] \cdot d$$

$v_{Ed} = 43{,}5 < 47{,}7 \text{ kN/m} = v_{Rd,c}$

Überprüfung von $v_{Rd,c,min}$ nicht erforderlich, da Nachweis bereits erfüllt.

(5.30): $v_{Ed} \leq \begin{cases} v_{Rd,c} \\ v_{Rd,max} \end{cases}$

Bemessung im Grenzzustand der Gebrauchstauglichkeit:

→ Hauptpodest

Berechnung und Bemessung des Hauptpodests:

Lasten:

wie beim Zwischenpodest

Statisches System:

$b_P = 2{,}51 + 0{,}10 + 0{,}10 = 2{,}71$ m

$l_{eff} = l_n + a_1 + a_2$

$t_P \approx 1{,}50$ m

(vgl. Schalplan Beispiel 3.3)

Schnittgrößen:

$$\frac{t_P}{b_P} = \frac{1{,}50}{2{,}71} = 0{,}55 \approx 0{,}60$$

$$m_{x,m} = 14{,}0 \cdot \frac{2{,}71^2}{8} + 22{,}3 \cdot \frac{2{,}71}{4{,}88} - \frac{12{,}5}{26{,}4} = 24{,}8 \text{ kN/m/m}$$

$$m_{y,m} = 0{,}2 \cdot 14{,}0 \cdot \frac{2{,}71^2}{8} - 22{,}3 \cdot \frac{2{,}71}{26{,}4} - \frac{12{,}5}{3{,}0}$$
$$= -3{,}9 \text{ kN/m/m}$$

$$m_{x,r1} = 14{,}0 \cdot \frac{2{,}71^2}{8} + 22{,}3 \cdot \frac{2{,}71}{3{,}45} + \frac{12{,}5}{3{,}34} = 34{,}1 \text{ kN/m/m}$$

$$m_{x,r2} = 14{,}0 \cdot \frac{2{,}71^2}{8} + 22{,}3 \cdot \frac{2{,}71}{6{,}85} - \frac{12{,}5}{5{,}96} = 19{,}6 \text{ kN/m/m}$$
$$< m_{x,m}$$

(10.13): $m_i = m_{i,I} + m_{i,II} + m_{i,III}$

Das negative Moment $m_{y,m}$ wird durch eine oben liegende Bewehrung (Pos. 2; Pos. 21) konstruktiv abgedeckt.

Tafelwerte aus **Tafel 10.4**

$m_{i,I,x} = F_d \cdot \frac{b_p^2}{8}$ $\quad m_{i,I,y} = 0{,}2 \cdot m_{i,I,x}$

$m_{i,II} = F_0 \cdot \frac{b_p}{TW}$

$m_{i,III} = \frac{m_0}{TW}$

Bemessung im Grenzzustand der Tragfähigkeit:

$a_{sx,r} = 5{,}1 \text{ cm}^2\text{/m}$ gew: Ø 10-12[5] (im Bewehrungsplan Pos. 3)

$a_{sy,r} = 0{,}2 \cdot 5{,}5 = 1{,}1 \text{ cm}^2\text{/m}$ gew: Ø 8-20 (5.19): $a_{sy} = 0{,}2 \cdot a_{sx}$

(im Bewehrungsplan Pos. 2)

$a_{sx,m} = 3{,}6 \text{ cm}^2\text{/m}$ gew: Ø 10-12[5] (im Bewehrungsplan Pos. 3)

Bemessung im Grenzzustand der Gebrauchstauglichkeit:

Teil 1, Kap. 13.3

$\rho = 3{,}6/(17 \cdot 100) = 0{,}21\,\%$

$\rho = a_{s,erf}/(b \cdot d)$

$< \rho_0 = 10^{-3}\sqrt{20} = 0{,}45\,\%$

$\rho_0 = 10^{-3}\sqrt{f_{ck}}$

$K = 1{,}0$

$K = 1{,}0$ (Einfeldträger)

$$\frac{l}{d} = 1{,}0\left[\begin{array}{l} 11 + 1{,}5\sqrt{20} \cdot \frac{0{,}45}{0{,}21} \\ +3{,}2\sqrt{20} \cdot \sqrt{\left(\frac{0{,}45}{0{,}21} - 1\right)^3} \end{array}\right]$$

$= 40{,}3 < \underline{35}$

$$\frac{l}{d} = K\left[\begin{array}{l} 11 + 1{,}5\sqrt{f_{ck}} \cdot \frac{\rho}{\rho_0} \\ +3{,}2\sqrt{f_{ck}} \\ \cdot\sqrt{\left(\frac{\rho}{\rho_0} - 1\right)^3} \end{array}\right] \text{für } \rho \leq \rho_0$$

$\frac{l}{d} = \frac{2{,}71}{0{,}17} = 15{,}9 < 35$ OK

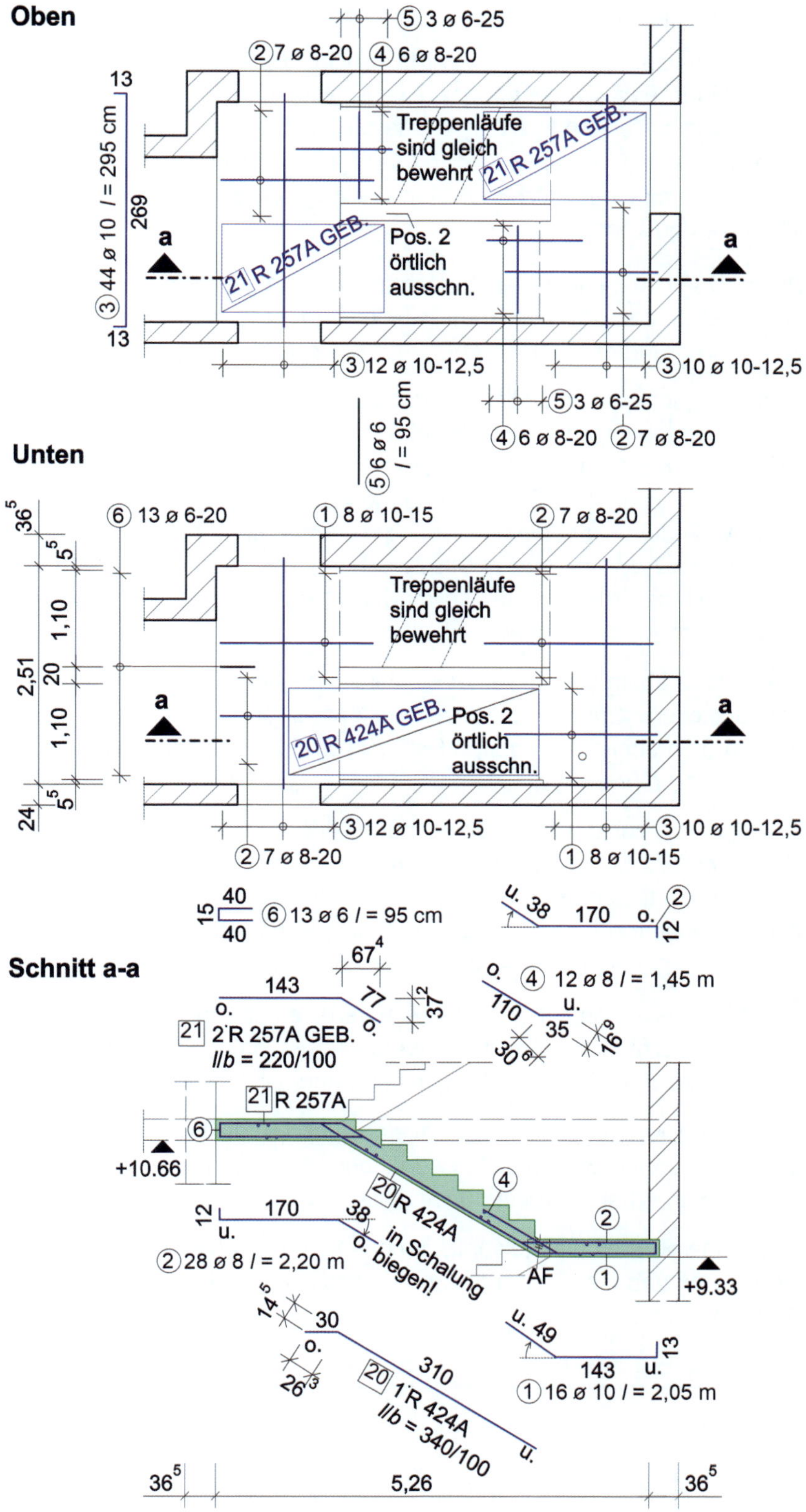
Oben
(5) 3 ø 6-25
(2) 7 ø 8-20
(4) 6 ø 8-20
(3) 44 ø 10 l = 295 cm
13
269
13
Treppenläufe sind gleich bewehrt
21 R 257A GEB.
Pos. 2 örtlich ausschn.
a
(3) 12 ø 10-12,5
(3) 10 ø 10-12,5
(5) 3 ø 6-25
(4) 6 ø 8-20
(2) 7 ø 8-20
(5) 6 ø 6 l = 95 cm
Unten
(6) 13 ø 6-20
(1) 8 ø 10-15
(2) 7 ø 8-20
Treppenläufe sind gleich bewehrt
20 R 424A GEB.
Pos. 2 örtlich ausschn.
36⁵
5⁵
1,10
20
2,51
1,10
5⁵
24
(3) 12 ø 10-12,5
(3) 10 ø 10-12,5
(2) 7 ø 8-20
(1) 8 ø 10-15
40
15
40
(6) 13 ø 6 l = 95 cm
u. 38
170
o.
12
(2)
Schnitt a-a
67⁴
143
o.
77
37²
o.
21 2·R 257A GEB.
l/b = 220/100
o.
(4) 12 ø 8 l = 1,45 m
110
u.
35
30⁶
16⁹
21 R 257A
(6)
+10.66
20 R 424A
in Schalung biegen!
(4)
(2)
12
170
u.
38
o.
(2) 28 ø 8 l = 2,20 m
AF
(1)
+9.33
14⁵
30
o.
26³
310
20 1·R 424A
l/b = 340/100
u.
u. 49
143
u.
13
(1) 16 ø 10 l = 2,05 m
36⁵
5,26
36⁵

Anmerkungen zum Bewehrungsplan:

Um die Positionsanzahl zu minimieren, wird versucht, die Bewehrung der Podeste möglichst im Haupt- und Zwischenpodest einzusetzen und sie für die obere und untere Bewehrung zu verwenden. Dies wurde z.B. bei Pos. 2 erreicht. Dies ist auch bei unterschiedlichen Podestabmessungen (hier t_p = 1,36 m und t_p = 1,50 m) möglich, da diese durch eine entsprechende Schenkellänge der Steckbügel (hier Pos. 5) ausgeglichen werden können.

Pos. 1 Der Stab soll im Biegebetrieb als L-förmiges Eisen gebogen werden und auf der Baustelle den örtlichen Abmessungen angepasst werden. Der Winkelhaken ist aufgrund der geringen Auflagertiefe erforderlich.

Pos. 2 wird an verschiedenen Stellen eingesetzt. Im Haupt- und Zwischenpodest ist es die unten liegende Querbewehrung und außerdem die oben liegende Einspannbewehrung für den Eckpunkt des Treppenlaufs, die gleichzeitig mit der erforderlichen Abreißbewehrung (gemäß Gl. (5.25)) zusammengefasst wird. Außerdem bildet die Bewehrung die unten und oben liegende Drillbewehrung im Zwischenpodest. Das Zwischenpodest wird mit Pos. 2 stärker als erforderlich bewehrt (vgl. Stababstand) und kann in dieser Richtung wie ein einachsig gespanntes Podest wirken.

Pos. 3 ist ein Passstab. In diesem Fall ist die Passlänge jedoch unbedenklich, da Ungenauigkeiten beim Hauptpodest keine Auswirkungen haben (große Betondeckung) und beim Zwischenpodest Innenwände vorliegen, sodass eine Korrosionsgefahr nicht gegeben ist.

Im Gegensatz zur statischen Berechnung wird auf eine Variation des Stababstandes (in x-Richtung) im Randbereich und im Mittelbereich verzichtet, da einerseits die Ersparnis größenordnungsmäßig nur je einen Stab ausmachen würde, andererseits das Verlegen erschwert würde. Dieselbe Pos. wird ohne Nachweis als oben liegende Einspannbewehrung eingelegt.

Der Winkelhaken behindert nicht beim Verlegen der oberen Bewehrung, die in die Wandschlitze eingeschoben werden muss, da er als horizontal liegender Schenkel in den Schlitzen liegen kann und nicht senkrecht stehen muss.

Pos. 5 Bewehrung wird im Abstand 25 cm eingelegt, um die Pos. 2 mit 3 Stäben fassen zu können. Sofern die Pos. 2 länger wäre, könnte man den rechnerisch erforderlichen Abstand 40 cm realisieren.

Pos. 6 Steckbügel werden hier gewählt, um den freien Rand am Fahrstuhlschacht einzufassen und gleichzeitig die unterschiedlichen Podestabmessungen auszugleichen (s.o.).

10.2.4 Konstruktionen mit schalldämmenden Einbauteilen

Wenn die Trittschallübertragung zwischen Treppenlauf und Podest oder Podest und Wohnungsdecke verringert werden soll, werden die Bauteile nicht monolithisch hergestellt, sondern mittels spezieller Einbauteile (**Tafel 10.6**) verbunden. Diese sind so konstruiert, dass die Quer- und Horizontalkräfte des Treppenlaufs oder -podests über Bewehrungsstähle übertragen werden, sodass Lauf und Podest bzw. Podest und Wand schalltechnisch entkoppelt sind.

Trittschalldämmung zwischen	Typischer Einsatz	Produktbeispiel	Herstellung
Lauf und Podest	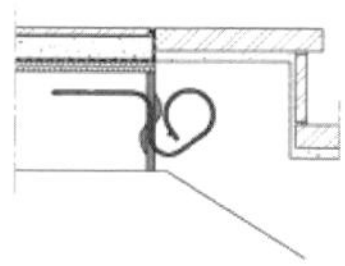	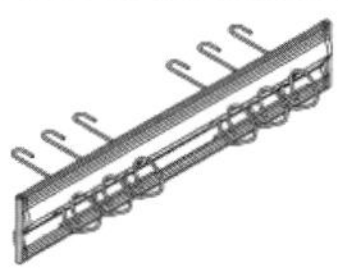 Tronsole Typ T	Lauf: Ortbeton oder Fertigteil Podest: Ortbeton
Podest und Wand	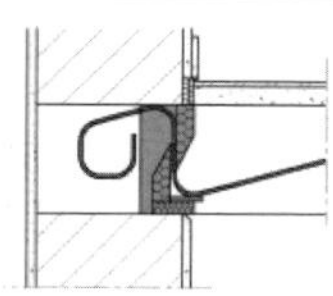	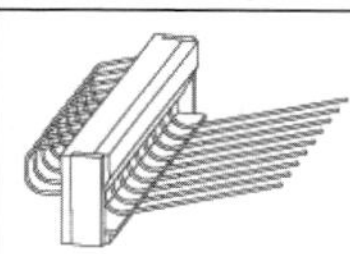 Tronsole Typ V	Podest: Ortbeton Wand: Mauerwerk
	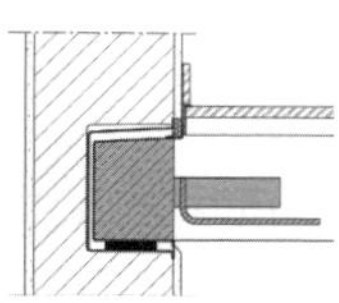	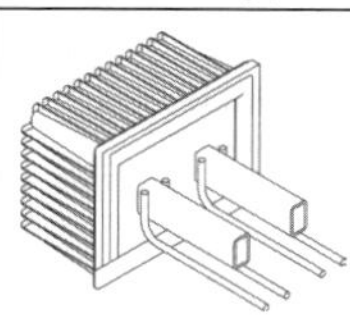 Tronsole Typ AZT	

Tafel 10.6 *Typische Einbausituationen von Schalldämmelementen am Beispiel von Produkten der Fa. [SCHÖCK] (elements aimed to prevent the transfer of impact noises)*

Die Einbauteile sind für Ortbeton- und Fertigteil-Treppenläufe geeignet. Die Bewehrung der Einbauteile ist so geformt, dass im Podestplattenbereich auch Elementplatten (→ Kap. 5.7) möglich sind (**Abb. 10.7**). Die Bewehrungsstähle aus Edelstahl kreuzen eine mit elastischen Materialien ausgefüllte Fuge. Derartige Bauteile müssen eine allgemeine bauaufsichtliche Zulassung besitzen. In dieser ist die Bemessung geregelt.

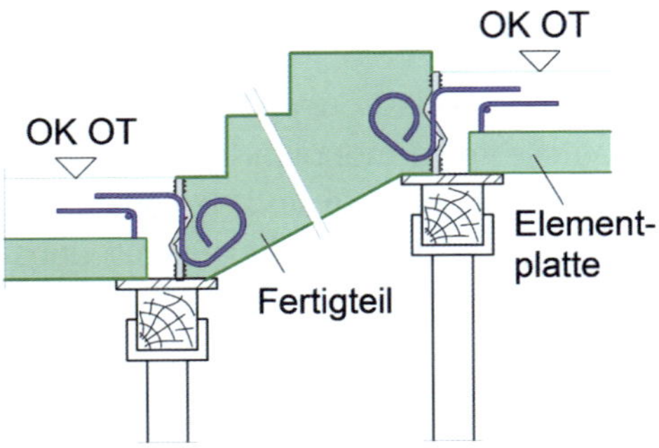

Abb. 10.7 *Montage eines Treppenlaufs*

Treppenläufe

Um die Trittschallübertragung zwischen der Treppe und den umliegenden Wohnungen zu vermindern, soll der Treppenlauf möglichst nicht die parallel zu ihm verlaufende Wand berühren (**Abb. 10.8**). Die Treppenläufe werden gelenkig an die Treppenpodeste angeschlossen, sodass es sich bei dem Treppenlauf um einen Balken auf zwei Stützen handelt, von dem die Schnittgrößen sich wie folgt bestimmen lassen:

$$m_F = F_d \frac{l_L^2}{8} \tag{10.14}$$

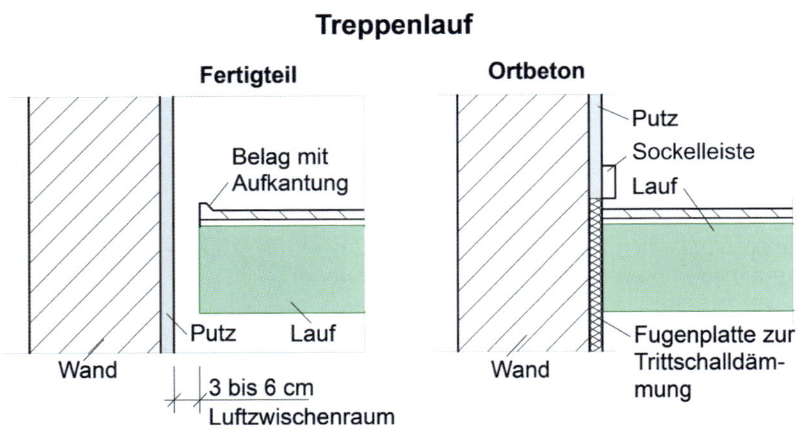

Abb. 10.8 *Trennung von Treppenlauf und Wand*

Treppenpodeste

Die Podestplatten können mit den Tafelwerten von [Köseoğlu – 80] (**Tafel 10.4** bzw. **Tafel 10.5**) berechnet werden. Der Belastungsanteil III ist mit null anzusetzen.

Bewehrungsführung

Die Bewehrung des Treppenlaufs besteht aus der Bewehrung, die das Feldmoment nach Gl. (10.14) aufnimmt, und der Anschlussbewehrung an der Antritts- bzw. Austrittsstufe (**Abb. 10.9**). Diese Bewehrung wird unter Beachtung der Betondeckung möglichst dicht an das Einbauteil herangeführt.

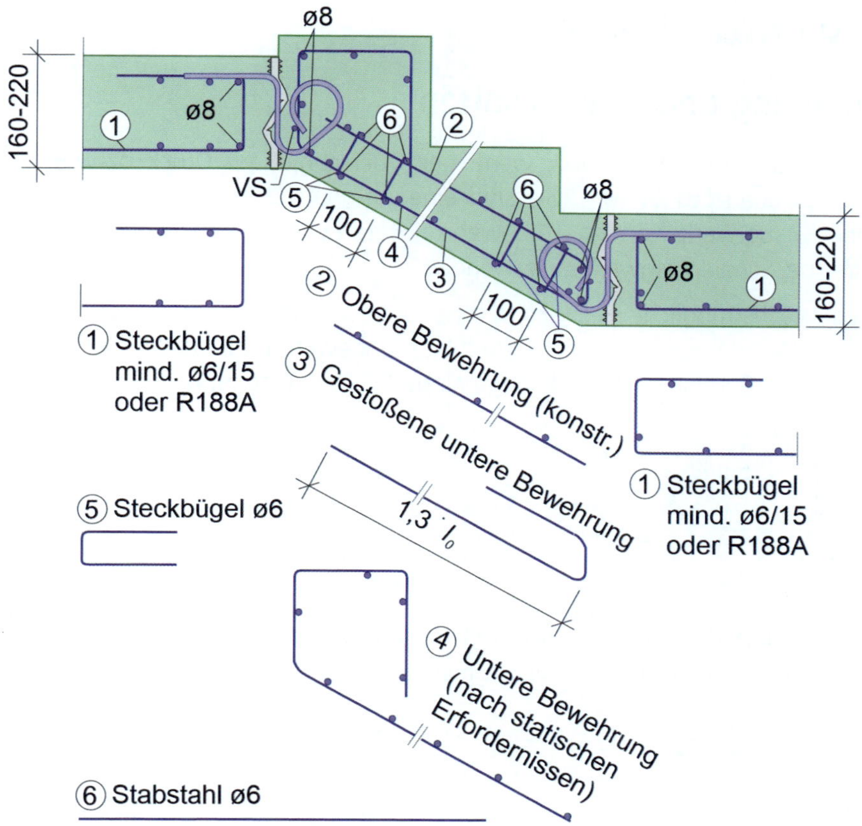

Abb. 10.9 *Bewehrungsführung mit zusätzlicher bauseitiger Bewehrung bei Einbau der Tronsole Typ T*

11 Unbewehrter Beton

11.1 Anwendung und Tragverhalten

Unbewehrte Betonbauteile sind sinnvoll, wenn der Querschnitt auf Druck bzw. überwiegend auf Druck beansprucht wird. Sie sind eine Alternative zu Stahlbetonwänden (→ Kap. 13) oder Mauerwerkswänden. Unbewehrter Beton wird auch bei Fundamenten (→ Kap. 12) oder bei Schalentragwerken verwendet.

Die (rechnerisch) höchstmögliche Festigkeitsklasse unbewehrter Betonbauteile ist auf C35/45 begrenzt. Wegen der geringeren Duktilität unbewehrter Bauteile gegenüber bewehrten werden die Bauteilwiderstände abgemindert (Teil 1, **Tafel 6.3**).

$$f_{cd,pl} = \frac{\alpha_{cc,pl} \cdot f_{ck}}{\gamma_C} \qquad \text{mit } \alpha_{cc,pl} = 0{,}70 \tag{11.1}$$

$$f_{ctd,pl} = \frac{\alpha_{ct,pl} \cdot f_{ctk;0,05}}{\gamma_C} \qquad \text{mit } \alpha_{ct,pl} = 0{,}70 \tag{11.2}$$

Index pl = plain (unbewehrt)

$$\gamma_C = \begin{cases} 1{,}5 \text{ für die ständige und vorübergehende Bemessungssituation} \\ 1{,}3 \text{ für die außergewöhnliche Bemessungssituation} \end{cases}$$

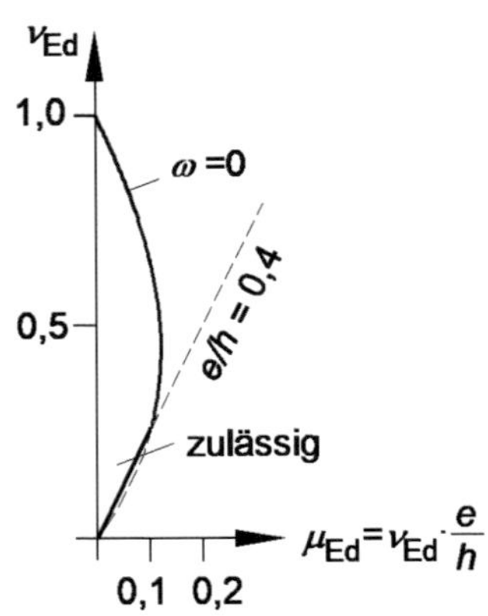

Abb. 11.1 *Zulässige Beanspruchungen unbewehrter Bauteile*

Der grundsätzliche Einsatzbereich unbewehrter Bauteile in Abhängigkeit von der Beanspruchung ging bereits aus den Interaktionsdiagrammen (Teil 1, **Abb. 7.25**) hervor. Er umfasst den zwischen Ordinate und $\omega_{tot} = 0$ liegenden Bereich.[1] In EC 2-1-1, 12.6.2 wird als zusätzliches Kriterium für eine ausreichende Duktilität $e/h < 0{,}4$ gefordert. Damit ergibt sich der in **Abb. 11.1** für unbewehrte Bauteile mögliche Einsatzbereich.

1 Da die Interaktionsdiagramme für *Stahlbetonbauteile* gelten, ist in diesem Bereich die *Mindestbewehrung* vorzusehen.

11.2 Nachweise

11.2.1 Nachweis für Biegung und Längskraft

Die Bemessung erfolgt im Grenzzustand der Tragfähigkeit. Es ist nachzuweisen, dass der gewählte Betonquerschnitt die vorhandenen Schnittgrößen aufnehmen kann (**Abb. 11.2**). Bei der Biegebemessung geht man von folgenden Annahmen aus:

- Die Hypothese von BERNOULLI gilt, d.h., Querschnitte, die vor der Verformung eben waren, bleiben auch während der Verformung eben.
- Die Zugfestigkeit des Betons wird (wie bei bewehrten Bauteilen) rechnerisch nicht berücksichtigt (**Abb. 11.2**).
- Die Verknüpfung der Stauchungen mit den Beton*druck*spannungen erfolgt über dieselben Werkstoffgesetze wie beim Stahlbeton (Teil 1, **Abb. 2.6**).
- Die bezogene Exzentrizität e_d/h ist bis 0,4 möglich (Angabe für Rechteckquerschnitte in EC 2-1-1, 12.6.2).

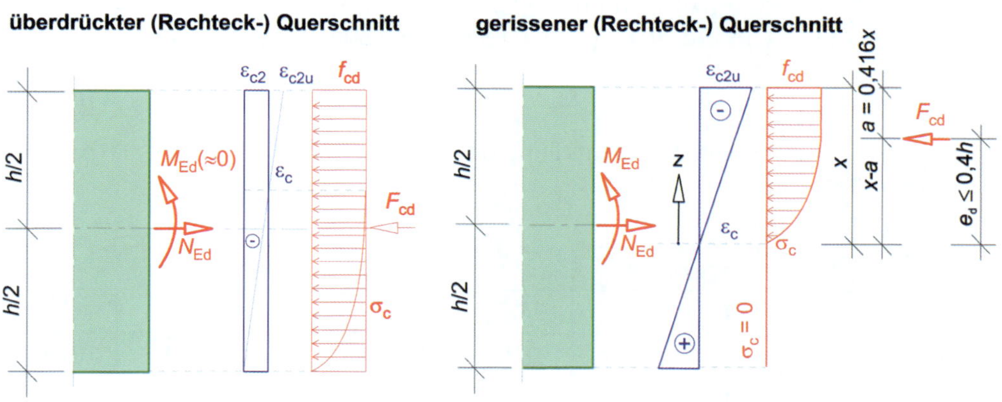

Abb. 11.2 *Stauchungen und Betondruckspannungen in einem unbewehrten Querschnitt*

Es ist nachzuweisen, dass der Bemessungswert der einwirkenden Längskraft N_{Ed} (Einwirkung) nicht größer als der Bemessungswert der aufnehmbaren Längskraft N_{Rd} (Bauteilwiderstand) ist.

$$N_{Ed} \leq N_{Rd} \tag{11.3}$$

$$M_{Ed} \leq M_{Rd} \tag{11.4}$$

$$\frac{e_d}{h} = \frac{M_{Ed}}{N_{Ed} \cdot h} < 0{,}4 \tag{11.5}$$

$$\text{mit } N_{Rd} = \eta \cdot f_{cd,pl} \cdot b \cdot h_w \cdot (1 - 2 \cdot e/h_w) \tag{11.6}$$

und η gemäß EC 2, Glg. 3.21, wg $f_{ck} \leq$ C35/45 $\rightarrow \eta = 1{,}0$

Der Bauteilwiderstand für den gerissenen Querschnitt kann vollkommen analog zum in Teil 1, Kap. 7.5.1 geschilderten Vorgehen mit **Abb. 11.2** bestimmt werden. Da das

Parabel-Rechteck-Diagramm immer voll ausgebildet ist, gilt weiterhin für den Völligkeitsbeiwert $\alpha_R = 0{,}810$ (vgl. (Teil 1, **Abb. 7.14**) und $a = 0{,}416\,x$.

$$N_{Rd} \equiv F_{cd} = \int_0^x \sigma_{cd} \cdot b \cdot dz = b \cdot x \cdot \alpha_c \cdot f_{cd,pl} = 0{,}810 \cdot b \cdot x \cdot f_{cd,pl}$$

$$M_{Rd} \equiv F_{cd} \cdot e = 0{,}810 \cdot b \cdot x \cdot f_{cd,pl} \cdot \left(\frac{h}{2} - a\right) = 0{,}810 \cdot b \cdot x \cdot f_{cd,pl} \cdot \left(\frac{h}{2} - 0{,}416x\right)$$

Für die weitere Betrachtung wird die bezogene Druckzonenhöhe ξ' eingeführt und mit normierten Größen gearbeitet.

$$\xi' = \frac{x}{h} \tag{11.7}$$

$$\nu_{Rd} = \frac{N_{Rd}}{b \cdot h \cdot f_{cd,pl}} = 0{,}810 \cdot \xi' \tag{11.8}$$

$$\mu_{Rd} = \frac{M_{Rd}}{b \cdot h^2 \cdot f_{cd,pl}} = 0{,}810 \cdot \xi' \cdot \left(\frac{1}{2} - 0{,}416 \cdot \xi'\right) \tag{11.9}$$

Die Gln. (11.8) und (11.9) können nun unter Beachtung von Gl. (11.5) gelöst werden, sodass mit Gl. (11.10) und **Tafel 11.1** eine direkte Bemessung möglich wird.

$$N_{Rd} = k \cdot b \cdot h \cdot f_{cd,pl} \tag{11.10}$$

k Abminderungsbeiwert zur Ermittlung der zulässigen Normalkraft, siehe **Tafel 11.1**.

Querschnitt	ungerissen		gerissen				
ξ'	1,0	1,0	0,962	0,721	0,5	0,481	0,240
e/h	**0**	0,084	**0,10**	**0,20**	0,292	**0,30**	**0,40**
k	**1,0**	0,810	**0,778**	**0,584**	0,405	**0,390**	**0,195**

Tafel 11.1 *Zusammenhang zwischen Ausmitte und Bauteilwiderstand (Gln. (11.5), (11.7), (11.10))*

Für zweiachsige Biegung kann sinnvoll näherungsweise mit dem Spannungsblock gearbeitet werden (Teil 1, **Abb. 2.6**). Zugspannungen sollten in diesem Fall maximal bis zum Schwerpunkt des Bauteils reichen.

Beispiel 11.1: Sockel aus unbewehrtem Beton (Nachweis für Biegung und Längskraft)

gegeben: Eine Skulptur ($G_k = 100$ kN) soll auf einen 40 cm hohen Betonsockel 20/20 [cm] gestellt werden.

gesucht: Reicht Betonfestigkeitsklasse C20/25?

Lösung:

$N_{Ed} = 1{,}35 \cdot 100 = 135\ \text{kN}$ $\quad|\ E_d = \gamma_G \cdot G_k$

$H_{Ed} = \frac{135}{100} = 1{,}35 \text{ kN}$

Annahme für Abtriebskraft aus ungewollter Schiefstellung.

$\bar{\lambda} = \frac{0{,}40}{0{,}20} = 2{,}0 < 2{,}5 = \bar{\lambda}_{crit}$

(11.11): $\bar{\lambda} = \frac{l_{col}}{h} < 2{,}5 = \bar{\lambda}_{crit}$

⇒ Theorie I. Ordnung ausreichend

$M_{Ed} = 1{,}35 \cdot 0{,}40 = 0{,}54 \text{ kNm}$

$\frac{e}{h} = \frac{1{,}35}{135 \cdot 0{,}2} = 0{,}05 < 0{,}4$[2]

(11.5): $\frac{e_d}{h} = \frac{M_{Ed}}{N_{Ed} \cdot h} < 0{,}4$

$k \approx 0{,}810$

Tafel 11.1:

$f_{cd,pl} = \frac{0{,}70 \cdot 20}{1{,}5} = 9{,}33 \text{ MN/m}^2$

(11.1): $f_{cd,pl} = \frac{\alpha_{cc,pl} \cdot f_{ck}}{\gamma_C}$

$N_{Rd} = 0{,}810 \cdot 0{,}20 \cdot 0{,}20 \cdot 9{,}33 = 0{,}30 \text{ MN}$

(11.10): $N_{Rd} = k \cdot b \cdot h \cdot f_{cd,pl}$

$N_{Ed} = 135 \text{ kN} < 300 \text{ kN} = N_{Rd}$

(11.3): $N_{Ed} \leq N_{Rd}$

Sockel ist in C20/25 ausführbar.

(Fortsetzung mit Beispiel 11.2)

11.2.2 Druckglieder

Unabhängig von der Schlankheit sind Druckglieder aus unbewehrtem Beton als schlanke Bauteile zu betrachten. Jedoch ist für Druckglieder aus unbewehrtem Beton mit $l_{col}/h < 2{,}5$ eine Schnittgrößenermittlung nach Theorie II. Ordnung nicht erforderlich.

$$\bar{\lambda} = \frac{l_{col}}{h} < 2{,}5 = \bar{\lambda}_{crit} \qquad (11.11)$$

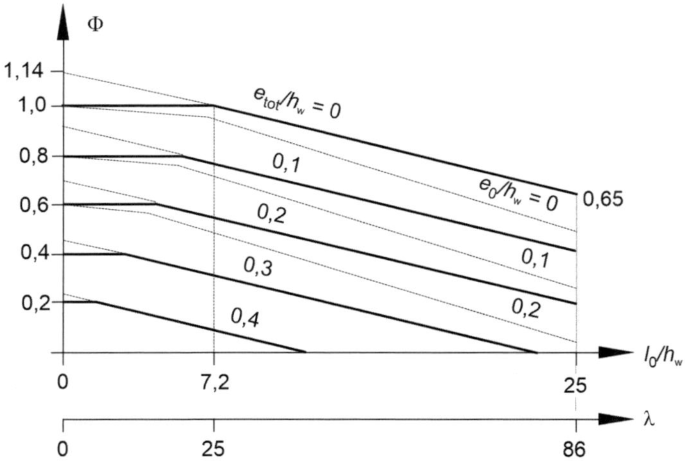

Abb. 11.3 *Beiwert Φ zur Berücksichtigung der Verformungen*

2 Die ungwollte Ausmitte ist bei gedrungenen Bauteilen vernachlässigbar.

Unbewehrte Druckglieder sollten möglichst horizontal unverschieblich gelagert sein. Die Grenzschlankheit beträgt λ_{max} = 86. Bei Schlankheiten $\bar{\lambda} > 2{,}5$ muss die Querschnittstragfähigkeit durch den Beiwert Φ zur Berücksichtigung der Auswirkungen nach Theorie II. Ordnung reduziert werden (**Abb. 11.3**). Die Ausmitte infolge Kriechens e_φ kann im Allgemeinen vernachlässigt werden.

$$|N_{Rd,\lambda}| = \Phi \cdot b \cdot h \cdot f_{cd} \tag{11.12}$$

$$\Phi = \min \begin{cases} 0 \leq \Phi \leq 1 - 2\dfrac{e_{tot}}{h_w} \\ 1{,}14 \cdot \left(1 - 2\dfrac{e_{tot}}{h_w}\right) - 0{,}020\dfrac{l_0}{h_w} \leq 1{,}0 - 2\dfrac{e_{tot}}{h_w} \end{cases} \tag{11.13}$$

$$e_{tot} = e_0 + e_i + e_\varphi = \frac{|M_{Ed0}|}{|N_{Ed}|} + \frac{l_0}{400} + \sim 0 \tag{11.14}$$

Lastausmitte nach Theorie I. Ordnung unter Berücksichtigung der Einspannung, die von einer (Decken-)Platte auf die Wand übertragen wird, und von horizontalen Einwirkungen (Wind)

e_i ungewollte zusätzliche Lastausmitte

e_φ Ausmitte infolge Kriechens (darf im Allgemeinen vernachlässigt werden)

11.2.3 Bemessung für Querkräfte

In unbewehrten Bauteilen darf die Betonzugfestigkeit im Grenzzustand der Tragfähigkeit für Querkraft berücksichtigt werden, sofern nachgewiesen werden kann, dass diese nicht infolge Rissbildung ausfällt. Ein Betonbauteil ist rechnerisch ungerissen, sofern es im Grenzzustand der Tragfähigkeit für *alle* relevanten Bemessungssituationen nur Druckspannungen aufweist oder die Hauptzugspannung im Beton $f_{ctd,pl}$ nicht überschreitet. In diesem Fall gilt (→ Teil 1, Gl. (8.25)).

Für den Nachweis der ausreichenden Querkrafttragfähigkeit gelten nachfolgende Formeln:

$$\sigma_{cp} = \frac{N_{Ed}}{A_{cc}},\ A_{cc} = \text{Fläche der Betondruckzone} \tag{11.15}$$

$$\tau_{cp} = V_{Ed} \cdot \frac{S}{b_w \cdot I},\ \text{Rechteckquerschnitt: } \tau_{cp} = 1{,}5 \cdot \frac{V_{Ed}}{A_{cc}} \tag{11.16}$$

$$\tau_{cp} \leq f_{cvd},\ f_{cvd} = \text{Bemessungswert der Betonfestigkeit für Querkraft und Druck} \tag{11.17}$$

$$f_{cvd} = \begin{cases} \sqrt{f_{ctd,pl}^2 + \sigma_{cp} \cdot f_{ctd,pl}} & \text{für } \sigma_{cp} \leq \sigma_{c,lim} \\ \sqrt{f_{ctd,pl}^2 + \sigma_{cp} \cdot f_{ctd,pl} - \left(\dfrac{\sigma_{cp} - \sigma_{c,lim}}{2}\right)^2} & \text{für } \sigma_{cp} > \sigma_{c,lim} \end{cases} \tag{11.18}$$

$$\text{mit } \sigma_{c,lim} = f_{cd,pl} - 2 \cdot \sqrt{f_{ctd,pl} \cdot (f_{ctd,pl} + f_{cd,pl})} \tag{11.19}$$

Ist nicht von einem ungerissenen Betonbauteil auszugehen, muss der Bemessungswert der Querkrafttragfähigkeit am überdrückten Restquerschnitt berechnet werden.

Beispiel 11.2 : Sockel aus unbewehrtem Beton (Nachweis für Querkräfte, Fortsetzung von Beispiel 11.1)

gegeben: Ergebnisse von Beispiel 11.1

gesucht: Querkraftbemessung

Lösung:

$\frac{e}{h} = \frac{1{,}35}{135 \cdot 0{,}2} = 0{,}05 < 0{,}084$

$\Rightarrow$ Querschnitt ungerissen

C20/25: $f_{\text{ctk;0,05}} = 1{,}5\ \text{N/mm}^2$

$I = \frac{0{,}2 \cdot 0{,}2^3}{12} = 1{,}333 \cdot 10^{-4}\ \text{m}^4$

$S = 0{,}05 \cdot 0{,}2 \cdot 0{,}1 = 10 \cdot 10^{-4}\ \text{m}^3$

$\sigma_{\text{cp}} = \frac{135}{0{,}2^2} \cdot 10^{-3} = 3{,}38\ \text{N/mm}^2$

$f_{\text{cd,pl}} = \frac{0{,}7 \cdot 20}{1{,}5} = 9{,}33\ \text{N/mm}^2$

$f_{\text{ctd,pl}} = \frac{0{,}70 \cdot 1{,}5}{1{,}5} = 0{,}70\ \text{N/mm}^2$

$\sigma_{\text{c,lim}} = 9{,}33 - 2 \cdot \sqrt{0{,}7 \cdot (0{,}7 + 9{,}33)}$
$= 4{,}03\ \text{N/mm}^2$

$\sigma_{\text{cp}} = 3{,}38\ \text{N/mm}^2 < \sigma_{\text{c,lim}} = 4{,}03\ \text{N/mm}^2$

$f_{\text{cvd}} = \sqrt{0{,}70\ 2 + 3{,}38 \cdot 0{,}70} = 1{,}69\ \text{N/mm}^2$

$\tau_{\text{cp}} = 1{,}5 \cdot \frac{0{,}00135\ \text{MN}}{0{,}2^2} = 0{,}05\ \text{MN/m}^2$

$\tau_{\text{cp}} = 0{,}05\ \text{MN/m}^2 \leq f_{\text{cvd}} = 1{,}69\ \text{MN/m}^2$

Sockel ist in C20/25 ausführbar.

Tafel 11.1 und Ergebnis von Beispiel 11.1

Teil 1, **Tafel 2.5**

$I = \frac{b \cdot h^3}{12}$

$S = \sum_{\text{i}} z_{\text{i}} \cdot \text{d}A_{\text{i}}$

$\sigma_{\text{cp}} = \frac{N_{\text{Ed}}}{A_{\text{cc}}}$

(11.1): $f_{\text{cd,pl}} = \frac{\alpha_{\text{cc,pl}} \cdot f_{\text{ck}}}{\gamma_{\text{C}}}$

(11.2): $f_{\text{ctd,pl}} = \frac{\alpha_{\text{ct,pl}} \cdot f_{\text{ctk;0,05}}}{\gamma_{\text{C}}}$

(11.19):

$\sigma_{\text{c,lim}} = f_{\text{cd,pl}} - 2 \cdot \sqrt{f_{\text{ctd,pl}} \cdot \left(f_{\text{ctd,pl}} + f_{\text{cd,pl}}\right)}$

(11.18): $f_{\text{cvd}} = \sqrt{f^2_{\text{ctd,pl}} + \sigma_{\text{cp}} \cdot f_{\text{ctd,pl}}}$

(11.16): $\tau_{\text{cp}} = 1{,}5 \cdot \frac{V_{\text{Ed}}}{A_{\text{cc}}}$

(11.17): $\tau_{\text{cp}} \leq f_{\text{cvd}}$

(Fortsetzung mit Beispiel 11.3)

11.3 Teilflächenpressung[3]

11.3.1 Grundlagen

Sofern zwei Bauteile unterschiedlicher Größe aneinandergrenzen und in der Kontaktfuge Druckspannungen (über die gesamte Fugenfläche) auftreten, liegt eine Teilflächenpressung vor. Eine Teilflächenlast (Idealisierung = Einzellast) führt ebenfalls immer zur Beanspruchung der Teilflächenpressung. Beispiele für die Beanspruchung als Teilflächenpressung sind

- Radlasten
- Einzellasten aus Maschinen (auf der Deckenplatte einer Fabrikationshalle)
- Lagerung eines wandartigen Trägers auf Stützen
- Stützen (Stahl, Stahlbeton, Mauerwerk) auf unbewehrten Fundamenten.

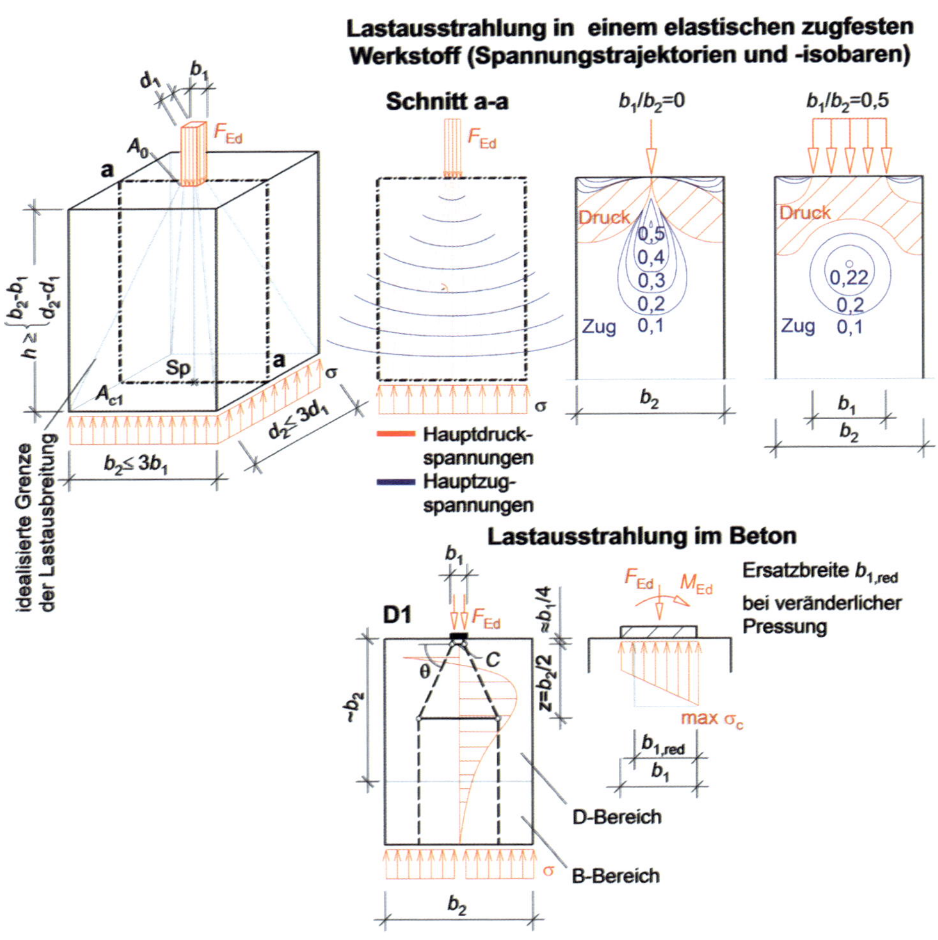

Abb. 11.4 *Teilflächenbelastung*

3 Dieser Abschnitt gilt auch für bewehrten Beton.

Mit zunehmender Entfernung vom Lasteinleitungspunkt breiten sich die Spannungen über den Querschnitt aus. Hierbei entstehen Hauptdruck- und Hauptzugspannungen (**Abb. 11.4)**. Für den Nachweis eines ausreichenden Bauteilwiderstandes sind daher

- *(Haupt-)Druckspannungen* unter der Belastungsfläche *und*
- *(Haupt-)Zugspannungen* in einem gewissen Abstand von der Belastungsfläche

zu überprüfen. Ein Nachweis hierfür ist insbesondere erforderlich, wenn die beiden Bauteile unterschiedliche Druckfestigkeitsklassen aufweisen oder die Lasten sehr groß sind.

11.3.2 Nachweis der Druckspannungen

Das Tragvermögen der Flächen eines teilweise belasteten Querschnitts ist höher als bei vollständiger Belastung des Gesamtquerschnitts, da auch in nicht direkt belasteten Teilen Widerstände aktiviert werden. Der Bemessungswert der Betonfestigkeit darf daher erhöht werden.

Es ist der Nachweis zu führen, dass die einwirkende Kraft kleiner als der Bauteilwiderstand ist:

$$F_{\mathrm{Ed}} \leq F_{\mathrm{Rdu}} \tag{11.20}$$

Wenn die Flächen A_{c0} und A_{c1} geometrisch ähnlich/affin ($b_1/d_1 = b_2/d_2$) sind, gilt:

$$F_{\mathrm{Rdu}} = \sqrt{\frac{A_{\mathrm{c1}}}{A_{\mathrm{c0}}}} \cdot f_{\mathrm{cd}} \cdot A_{\mathrm{c0}} \leq 3{,}0 \cdot f_{\mathrm{cd}} \cdot A_{\mathrm{c0}} \tag{11.21}$$

Die Last breitet sich von der tatsächlichen Belastungsfläche A_{c0} auf die Fläche A_{c1} aus. Die Fläche A_{c1} ist hierbei die im Bauteil größtmögliche mit demselben Schwerpunkt wie die Belastungsfläche mit der Nebenbedingung (**Abb. 11.4**):

$$h \geq \begin{cases} b_2 - b_1 \\ d_2 - d_1 \end{cases} \tag{11.22}$$

Bei Verwendung von Gl. (11.21) ist im Allgemeinen eine Querzugbewehrung vorzusehen.

Auf eine Querzugbewehrung darf gemäß EC2-1-1/NA, 6.7(4) verzichtet werden, wenn

$$F_{\mathrm{RDu}} \leq 0{,}6 \cdot f_{\mathrm{cd}} \cdot A_{\mathrm{c0}} \tag{11.23}$$

eingehalten wird.

Sofern außer der Druckkraft noch ein Moment wirkt, die Pressungen also nicht mehr konstant sind, muss die Lasteintragungsbreite auf eine rechnerische Breite $b_{1,\mathrm{red}}$ reduziert werden (**Abb. 11.4**).

$$b_{1,\mathrm{red}} = b_1 - 2 \cdot e \qquad \text{mit} \qquad e = M/N \tag{11.24}$$

$$b_2 \leq 3 \cdot b_{1,\mathrm{red}} \tag{11.25}$$

Liegen nicht ähnliche Lastflächen vor (typischer Anwendungsfall, Einzellast auf Wandkopf), so gelten die zulässigen Bauteilwiderstände wie folgt:

$$F_{Rdu} \leq A_{c0} \cdot \sigma_{Rd,max} \tag{11.26}$$

$$\sigma_{Rd,max} = 1{,}1 \cdot \nu' \cdot f_{cd} \tag{11.27}$$

$$\nu' = \begin{cases} 1{,}0 & \text{für } f_{ck} \leq \text{C50/60} \\ 1{,}1 - f_{ck}/500 & \text{für } f_{ck} > \text{C50/60} \end{cases} \tag{11.28}$$

11.3.3 Nachweis der Zugspannungen

Aus **Abb. 11.4** ist ersichtlich, dass in einer Entfernung von 0,3-1,0 b_2 Zugspannungen auftreten, die quer zur Lastrichtung wirken. Da durch diese Spannungen eine Spaltwirkung entsteht, spricht man von Spaltzugspannungen bzw. Spaltzugkräften bei der Resultierenden. Diese Resultierende ist durch Bewehrung abzudecken, welche die Zugspannungsfläche möglichst gleichmäßig durchsetzen soll (**Abb. 11.4**). Die Zugkraft und die erforderliche Bewehrung erhält man direkt aus dem Stabwerkmodell in **Abb. 11.4**:

$$T = F_{sd} = \frac{F_{Ed}}{4} \cdot \left(1 - \frac{h_0}{h_1}\right) \tag{11.29}$$

$$A_{s,S} = \frac{F_{sd}}{f_{yd}} \tag{11.30}$$

Wenn die Teilflächenpressung nicht in der Bauteilschwerachse, sondern exzentrisch wirkt, kann man von folgendem Ersatzmodell [Grasser/Thielen – 91] ausgehen (**Abb. 11.4**). Die Spaltzugspannungen entwickeln sich in etwa so, als ob ein Ersatzprisma der Breite $2e$ zentrisch belastet wäre. Die Spaltzugbewehrung wird mit den Gln. (11.29) und (11.30) bestimmt, wobei für $h_1 = 2e$ gesetzt wird. Zusätzlich zu den Spaltzugkräften treten Randzugkräfte $F_{sd,R}$ auf, die durch eine möglichst nahe am Bauteilrand liegende Bewehrung abgedeckt werden sollen. Die weitere Ausbreitung der Druckspannung vom Ersatzprisma auf die volle Bauteilbreite bewirkt zusätzliche Spaltzugspannungen. Die hieraus erforderliche Bewehrung ist im unteren Drittel der Höhe h_1 einzulegen. Sofern in diesem Bereich bereits eine andere Querbewehrung vorhanden ist, darf diese angerechnet werden.

$$F_{sd,R} = F_{Ed} \cdot \left(\frac{e}{h} - \frac{1}{6}\right) \tag{11.31}$$

$$F_{sd,2} \approx 0{,}3\, F_{sd,R} \tag{11.32}$$

Beispiel 11.3: Nachweis für Teilflächenbelastung (Fortsetzung von Beispiel 11.2)

gegeben:
- Ergebnisse von Beispiel 11.1 und Beispiel 11.2
- Lastaufstandsfläche der Skulptur 6/7 cm

gesucht: Bemessung für Teilflächenbelastung

Lösung:

$A_{c0} = 60 \cdot 70 = 4200\ \text{mm}^2$	
$b_2 = 3 \cdot 60 = \underline{180\ \text{mm}} < 200\ \text{mm}$	**Abb. 11.4**: $b_2 \leq 3\, b_1$
$d_2 = \underline{200\ \text{mm}} > 210\ \text{mm} = 3 \cdot 70$	**Abb. 11.4**: $d_2 \leq 3\, d_1$
$A_{c1} = 180 \cdot 200 = 36000\ \text{mm}^2$	
$h = 400\ \text{mm} > \begin{cases} 120\ \text{mm} = 180 - 60 \\ \underline{140\ \text{mm}} = 200 - 70 \end{cases}$	(11.22): $h \geq \begin{cases} b_2 - b_1 \\ d_2 - d_1 \end{cases}$
$f_{cd} = 0{,}85 \cdot \frac{20}{1{,}50} = 11{,}3\ \text{MN/m}^2$	$f_{cd} = \alpha_{cc} \frac{f_{ck}}{\gamma_C}$
$F_{Rdu} = \sqrt{\frac{36\,000}{4200}} \cdot 11{,}3 \cdot 4200 = 139 \cdot 10^3\ \text{N}$	(11.21): $F_{Rdu} = \sqrt{\frac{A_{c1}}{A_{c0}}} \cdot f_{cd} \cdot A_{c0}$
$= \underline{139\ \text{kN}} \leq 3{,}0 \cdot 11{,}3 \cdot 4200 = 142 \cdot 10^3\ \text{N}$	$\leq 3{,}0 \cdot f_{cd} \cdot A_{c0}$
$F_{Ed} = 135\ \text{kN} < 139\ \text{kN} = F_{Rdu}$	(11.20): $F_{Ed} \leq F_{Rdu}$
$F_{sd} = \frac{135}{4} \cdot \left(1 - \frac{6}{20}\right) = 23{,}6\ \text{kN}$	(11.29): $F_{sd} = \frac{F_{Ed}}{4} \cdot \left(1 - \frac{h_0}{h_1}\right)$
$A_{s,S} = \frac{23{,}6}{435} \cdot 10 = 0{,}6\ \text{cm}^2$	(11.30): $A_{s,S} = \frac{F_{sd}}{f_{yd}}$
gew: 3 Bü Ø6 (2 Bü im Abstand je 5 cm, 1 Bü Abstand 10 cm)	
$A_{s,vorh} = 2 \cdot 3 \cdot 0{,}28 = 1{,}68\ \text{cm}^2 > 0{,}6\ \text{cm}^2 = A_{s,erf}$	$A_{s,vorh} \geq A_{s,erf}$

12 Fundamente

12.1 Baugrund

12.1.1 Versagensformen

Fundamente (foundation, footing) übertragen alle Bauwerkslasten auf den Baugrund. Sie müssen daher so ausgebildet sein, dass die Tragfähigkeit des Bauteils und die Tragfähigkeit des Bodens (= Baugrund, ground, soil) nicht überschritten werden. Demzufolge muss neben dem Fundament auch der Boden „bemessen" werden. Bei dicht gelagertem tragfähigem Baugrund verwendet man:

Flachgründungen (spread foundations)

- Einzelfundamente (separate bases, separate foundations);
- Streifenfundamente (strip foundations);
- Plattengründungen (slab foundations).

Bei weniger tragfähigem Baugrund und/oder hohen Gebäudelasten verwendet man:

Tiefgründungen (deep foundations)

- Pfähle (Bohr-, Rammpfähle);
- Schlitzwände;
- Brunnengründungen, Senkkästen.

Die Normen EC 7-1, EC 7-1/NA sowie die zugehörigen ergänzenden Regelungen der DIN 1054 stellen die Hauptgrundlage der Bemessung in der Geotechnik dar.

Zur Gewährleistung der Standsicherheit des Bauwerks und des Baugrunds müssen nachfolgend aufgeführte Grenzzustände (GZ) für verschiedene Bemessungssituationen (BS) nach EC 7-1 nachgewiesen werden. Hierbei handelt es sich um die Grenzzustände der Tragfähigkeit ***ULS*** (ultimate limit state):

EQU (equilibrium)

Verlust der Lagesicherheit des als starren Körper angesehenen Bauwerks oder Baugrunds, wobei die Festigkeiten des Baugrunds oder Bauwerks für den Widerstand nicht relevant sind (z.B. Kippen von Fundamenten).

STR (structural)

Inneres Versagen oder sehr große Verformung des Bauwerks oder seiner Bauteile, wobei die Festigkeit der Baustoffe für den Widerstand maßgebend ist (z.B. Versagen von Fundamenten aufgrund unzureichender Biegezugbewehrung).

GEO (geotechnical)

Versagen oder sehr große Verformung des Baugrunds, wobei die Bodenfestigkeiten für den Widerstand entscheidend sind. Hierbei werden die Nachweisverfahren GEO-2 und GEO-3 verwendet. Mit GEO-2 werden Abmessungen von Gründungsbauteilen nachgewiesen (z.B. Grundbruch- und Gleitsicherheit von Fundamenten), mit GEO-3 wird die Gesamtstandsicherheit nachgewiesen (z.B. Standsicherheiten von Böschungen infolge Bauwerkslasten).

UPL (uplift)

Verlust der Lagesicherheit des Bauwerks oder Baugrunds infolge Aufschwimmens (z. B. Nachweis der Auftriebssicherheit)

HYD (hydraulic)

Versagen durch Strömungsgradienten (z.B. hydraulischer Grundbruch)

Zusätzlich sind die Grenzzustände der Gebrauchstauglichkeit ***SLS*** (serviceabilty limit state) nachzuweisen (z.B. Setzungsberechnung von Fundamenten).

Im Folgenden sollen nur Flachgründungen betrachtet werden. Bodenseitig wird immer ein homogener tragfähiger Boden bis in ausreichender Tiefe angenommen. Die Tragfähigkeit des Baugrunds kann somit mit den Vereinfachungen für Regelfälle nach DIN 1054, A 6.10 nachgewiesen werden. Die Nachweise für die Grenzzustände Grundbruch und Gleiten (GEO-2) sowie die Gebrauchstauglichkeitsnachweise SLS (Nachweis der Setzungen) dürfen bei vereinfachten Fällen über den Bemessungswert des Sohldruckwiderstandes $\sigma_{R,d}$ geführt werden. Eine ausreichende Sicherheit ist gegeben, wenn der einwirkende Sohldruck $\sigma_{E,d}$ kleiner als der Sohldruckwiderstand ist.

Weiterhin werden nur Einwirkungen behandelt, die ständig oder während der Funktionszeit des Bauwerks regelmäßig auftreten. Diese werden der ständigen Bemessungssituation BS-P (persistent situations) zugeordnet.

12.1.2 Bemessungswerte der Beanspruchungen

Die Bemessungswerte der Beanspruchungen senkrecht (N_d) und parallel (H_d) zu und in der Höhe der Sohlfläche werden entsprechend dem Konzept der Teilsicherheitsbeiwerte (**Tafel 12.1**) bestimmt. Hierbei wird sich auf die Grenzzustände EQU, STR und GEO-2 nach Kap. 12.1.1 beschränkt, die i.d.R. für Flachgründungen ausreichend sind.

$$V_d = \gamma_G \cdot V_{G,k} \oplus \gamma_Q \cdot V_{Q,k} \tag{12.1}$$

$$H_{x,d} = \gamma_G \cdot H_{x,G,k} \oplus \gamma_Q \cdot H_{x,Q,k} \tag{12.2}$$

$$H_d = \sqrt{H_{x,d}^2 + H_{y,d}^2} \tag{12.3}$$

GZ	Einwirkungen	Zeichen	BS-P	Widerstände	Zeichen	BS-P
UPL	Stabilisierende ständige Einwirkugen	$\gamma_{G,stb}$	0,95			
	Destabilisierende ständige Einwirkungen[a]	$\gamma_{G,dst}$	1,05			
	Destabilisierende veränderl. Einwirkungen	$\gamma_{Q,dst}$	1,50			
EQU	Günstige ständige Einwirkungen	$\gamma_{G,stb}$	0,90			
	Ungünstige ständige Einwirkungen	$\gamma_{G,dst}$	1,10			
	Ungünstige veränderliche Einwirkungen	γ_Q	1,50			
STR	Ständige Einwirkungen allgemein[a]	γ_G	1,35	Erdwiderstand	$\gamma_{R,e}$	1,40
	Günstige ständige Einwirkungen	$\gamma_{G,inf}$	1,00	Grundbruchwiderstand	$\gamma_{R,v}$	1,40
GEO-2	Ständige Einwirkungen aus Erdruhedruck	$\gamma_{G,E0}$	1,20	Gleitwiderstand	$\gamma_{R,h}$	1,10
	Ungünstige veränderliche Einwirkungen	γ_Q	1,50			

[a] Einschließlich ständigem und veränderlichem Wasserdruck.

Tafel 12.1 *Teilsicherheitsbeiwerte für Einwirkungen und Widerstände für die Grenzzustände UPL, EQU, STR und GEO-2 in der Bemessungssituation BS-P (DIN 1054, Tabelle A 2.1 und Tabelle A 2.3)*

12.1.3 Setzungsunterschiede, Grundbruch

Nachfolgend wird nur der Nachweis für einfache Regelfälle nach DIN 1054, A 6.10 betrachtet. Der Nachweis erfolgt, indem der Bemessungswert der Sohldruckbeanspruchung $\sigma_{E,d}$ mit dem Bemessungswert des Sohldruckwiderstandes $\sigma_{R,d}$ (Gl. (12.4)) verglichen wird. In der Regel kann der Sohldruckwiderstand $\sigma_{R,d}$ aus dem Baugrundgutachten entnommen werden. Liegt in Ausnahmefällen kein Baugrundgutachten vor, kann $\sigma_{R,d}$ aus den Tabellen A 6.1 bis A 6.8 nach DIN 1054, A 6.10.2 und A 6.10.3 entnommen werden. Hierbei müssen die Randbedingungen für Nachweise in einfachen Regelfällen nach DIN 1054, A 6.10.1, A (1) eingehalten sein. Die Fundamentabmessungen und Einbindetiefen müssen hierzu zunächst gewählt bzw. geschätzt werden.

$$\sigma_{E,d} = \frac{V_d}{A'} \leq \sigma_{R,d} \tag{12.4}$$

$\sigma_{E,d}$ auf die reduzierte Fundamentsohlfläche A' bezogener Bemessungswert des Sohldrucks

$\sigma_{R,d}$ Bemessungswert des Sohldruckwiderstandes

Nach Umstellen der Gl. (12.4) kann aus der Belastung und dem zulässigen Sohldruck die erforderliche Fläche A' gemäß Gl. (12.5) ermittelt werden.

$$A' \geq \frac{V_d}{\sigma_{R,d}} \tag{12.5}$$

In der Sohlfläche des Fundamentes können keine Zugspannungen übertragen werden. Sofern die Resultierende der in den Baugrund einzuleitenden Lasten nicht durch den Kern der Sohlfläche geht, entsteht eine klaffende Fuge. Der Bemessungswert des Sohldrucks $\sigma_{E,d}$ wird nach DIN 1054, A 6.10.1 für zentrische Beanspruchung ermittelt. Wurden die Schnittgrößen mit charakteristischen Einwirkungen ermittelt, werden die charakteristischen Vertikalbeanspruchungen $N_{G,k}$ und $N_{Q,k}$ mit den Teilsicherheitsbeiwerten γ_G und γ_Q für den Grenzzustand GEO-2 nach **Tafel 12.1** multipliziert. Liegen die Bemessungswerte der Schnittgrößen vor, kann direkt die Vertikalbeanspruchung N_D zur Bestimmung des Bemessungswertes des Sohldrucks herangezogen werden.

Bei außermittigem Lastangriff ist die Fundamentsohlfläche A auf die reduzierte Fundamentsohlfläche A' zu verkleinern, deren Schwerpunkt der resultierende Lastangriffspunkt ist. Für Rechteckquerschnitte ergibt dies (**Abb. 12.1**):

$$A' = \left(b_x - 2\,e_x\right)\left(b_y - 2\,e_y\right) \tag{12.6}$$

Die Ermittlung der Ausmitten zur Bestimmung der reduzierten Fundamentfläche A' hat mit der Kombination der charakteristischen Einwirkungen, also ohne Teilsicherheitswerte, zu erfolgen. Ermittelt man A' bzw. die Ausmitten mit Bemessungswerten, liegt dies auf der sicheren Seite, kann aber zu unwirtschaftlichen Fundamentabmessungen führen.

$$e_x = \frac{|M_{x,s-s}|}{V} \tag{12.7}$$

$$e_y = \frac{|M_{y,s-s}|}{V} \tag{12.8}$$

$$V = N + G \tag{12.9}$$

$$M_{x,s-s} = M_x + N \cdot a_F - F_x \cdot h_F \tag{12.10}$$

Der aufnehmbare Sohldruck gemäß den Tabellen der DIN 1054 gilt, wenn sich benachbarte Fundamente nicht beeinflussen. Dies ist i.d.R. der Fall, wenn der lichte Abstand größer als die 4-fache Fundamentbreite ist. Der aufnehmbare Sohldruck darf bei Rechteckfundamenten mit einem Seitenverhältnis der rechnerischen Fundamentfläche < 2 um k_1 erhöht werden. Für die auf Grundlage des Grundbruchs ermittelten Werte gemäß DIN 1054, Tabelle A 6.1 gilt dies jedoch nur, wenn die Einbindetiefe des Fundaments größer als 60 % der kleineren Seitenlänge *b* bzw. *b'* ist.

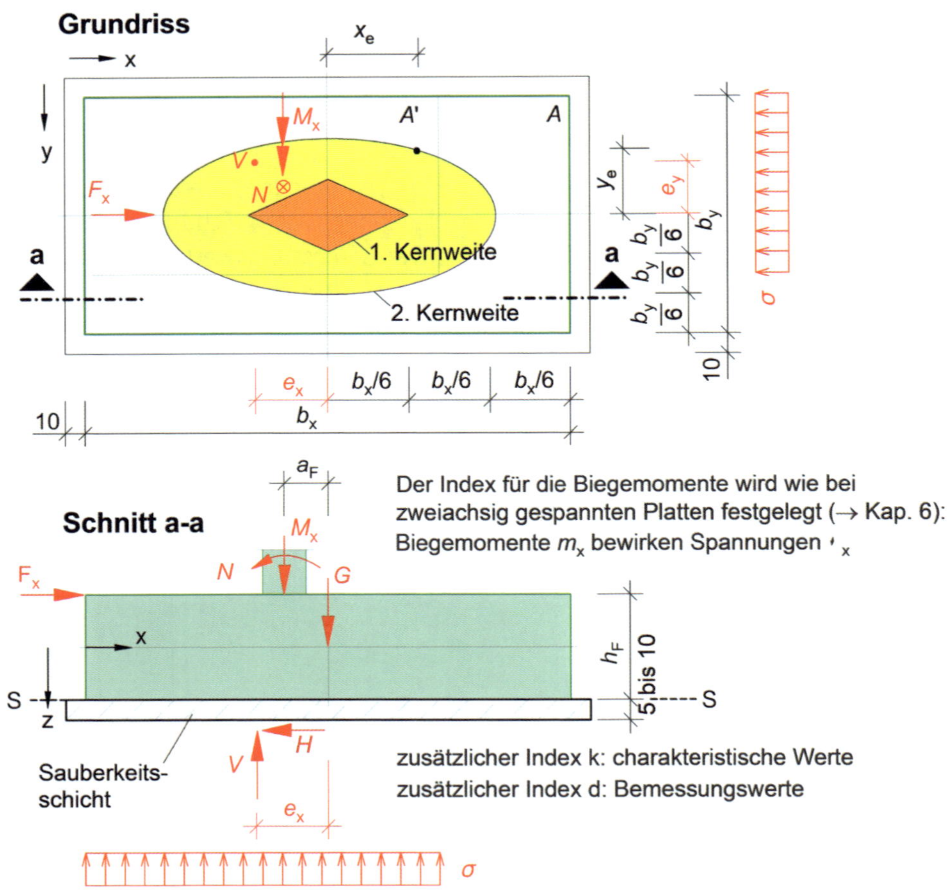

Abb. 12.1 *Bezeichnungen bei rechteckigen Flachgründungen*

$$\sigma'_{R,d} = k_1 \cdot k_2 \cdot \sigma_{R,d} \tag{12.11}$$

k_1, k_2 Korrekturbeiwerte für annähernd quadratische Fundamente und Horizontalkräfte nach **Tafel 12.2**

Bei bindigen Böden kommt nur der Korrekturbeiwert k_1 zur Anwendung. Bei Fundamentbreiten zwischen 2,00 m und 5,00 m müssen die in den Tabellen A 6.5 bis A 6.8 der DIN 1054 angegebenen Bemessungswerte des Sohlwiderstands um 10 % je zusätzlicher Fundamentbreite verringert werden.

k_1 gilt für alle Böden	k_1	k_2 gilt für nichtbindige Böden	k_2
$b_L : b_B \geq 2$ bzw. $b'_L : b'_B \geq 2$	1,00	$b_L : b_B \geq 2$ bzw. $b'_L : b'_B \geq 2$ und $H_k \parallel b_L$	$1 - \frac{H_k}{V_k}$
$b_L : b_B < 2$ bzw. $b'_L : b'_B < 2$	1,20	andere Fälle	$\left(1 - \frac{H_k}{V_k}\right)^2$

Tafel 12.2 *Korrekturbeiwerte k_1 und k_2 (DIN 1054, A 10.6.2 und A 10.6.3)*

Wirken bei nichtbindigen Böden auf einen Gründungskörper außer lotrechten Lasten auch horizontale Lasten H_k ein, so sind die Bemessungswerte des Sohlwiderstands nach DIN 1054, Tabelle A 6.1 mit dem Abminderungsfaktor k_2 zu vermindern. Die Werte in Tabelle A 6.2 der DIN 1054 brauchen aufgrund des Horizontallasteinflusses nicht abgemindert zu werden. Maßgebend ist immer der kleinere Wert. Der Grundwasserspiegel wird mit einem ausreichenden Abstand ($\geq 4 \cdot b_B$ bzw. $4 \cdot b'_B$) zur Gründungssohle angenommen. Liegt der Grundwasserspiegel in Höhe der Gründungssohle, sind die Werte in Tabelle DIN 1054, A 6.1 um 40 % zu verringern.

12.1.4 Fundamentverdrehung und Begrenzung einer klaffenden Fuge

Bei Gründungen auf bindigem oder nichtbindigem Boden darf in der Sohlfläche infolge der aus *ständigen Einwirkungen* resultierenden charakteristischen Beanspruchung keine klaffende Fuge auftreten (= Einhalten der 1. Kernweite nach DIN 1054, A 6.5.5, A (2)):

$$\frac{e_{x,k}}{b_x} + \frac{e_{y,k}}{b_y} \leq \frac{1}{6} \quad \text{(für rechteckige Fundamente nach \textbf{Abb. 12.1})} \qquad (12.12)$$

Weiterhin darf für die ungünstigste Kombination der charakteristischen *ständigen und veränderlichen Einwirkungen* die Ausmittigkeit nur so groß werden, dass die Gründungssohle des Fundaments noch bis zum Schwerpunkt unter Druck steht (= Einhalten der 2. Kernweite nach DIN 1054, A 6.5.5, A (3)):

$$\left(\frac{e_{x,k}}{b_x}\right)^2 + \left(\frac{e_{y,k}}{b_y}\right)^2 \leq \frac{1}{9} \quad \text{(für rechteckige Fundamente nach \textbf{Abb. 12.1})} \qquad (12.13)$$

Bei Einhaltung der zulässigen Ausmittigkeit nach Gl. (12.13) darf angenommen werden, dass bei Einzel- und Streifenfundamenten auf mindestens mitteldicht gelagertem nichtbindigem Boden bzw. mindestens steifem bindigem Boden keine unverträglichen Verdrehungen des Bauwerks auftreten.

12.1.5 Kippen

Bei Flach- und Flächengründungen ist die Sicherheit gegen Gleichgewichtsverlust durch Kippen im Grenzzustand EQU (Kap. 12.1.1 und **Tafel 12.1**) nachzuweisen (EC 7-1, 6.5.4 und DIN 1054, zu 6.5.4, (A 3)). Bezogen auf eine fiktive Kippkante am Fundamentrand werden durch Vergleich destabilisierende und stabilisierende Bemessungswerte der Einwirkungen gegenübergestellt. Ausreichende Sicherheit gegen Kippen ist vorhanden, wenn die nachfolgenden Gleichungen erfüllt sind:

$$\frac{e_{x,d}}{b_x} \leq \frac{1}{2} \quad \text{(für rechteckige Fundamente nach **Abb. 12.1**)} \tag{12.14}$$

$$\frac{e_{y,d}}{b_y} \leq \frac{1}{2} \quad \text{(für rechteckige Fundamente nach **Abb. 12.1**)} \tag{12.15}$$

12.1.6 Gleiten

Für Nachweise in einfachen Regelfällen nach DIN 1054, A 6.10.1, A (1) gleitet ein Fundament (rechnerisch) nicht, wenn die Neigung der resultierenden charakteristischen Beanspruchung in der Sohlfläche auf den Wert 0,2 begrenzt ist:

$$\tan\delta_E = \frac{H_k}{V_k} \leq 0{,}2 \tag{12.16}$$

H_k Horizontalkomponente des charakteristischen Sohldrucks (**Abb. 12.1**)

V_k Vertikalkomponente des charakteristischen Sohldrucks (**Abb. 12.1**)

12.2 Konstruktive Grundlagen

Die Fundamentsohle muss frostfrei liegen. Hierzu muss die Gründungstiefe mindestens t = 0,80 m betragen (EC 7-1, 6.4 und DIN 1054, zu 6.4, A (2)). Fundamente können unbewehrt als Betonfundamente oder bewehrt als Stahlbetonfundamente ausgeführt werden. Unbewehrte Fundamente sind nur dann wirtschaftlich, wenn die zu übertragenden Einwirkungen sehr gering sind. Bei hohen Einwirkungen ergeben sich große Fundamenthöhen und damit ein hoher Betonbedarf. Hierdurch werden unbewehrte Fundamente unwirtschaftlich. Unbewehrte Fundamente eignen sich aber als Bauhilfsfundamente, da sie sich leichter als Stahlbetonfundamente abbrechen lassen. Unter bewehrten Fundamenten ist eine ≥ 5 cm dicke Sauberkeitsschicht gemäß DIN 1045-3, 2.6.1 aus Magerbeton (C12/15) auszuführen (**Abb. 12.1**). Die Sauberkeitsschicht sollte umlaufend 10 cm größer als das Fundament sein.

Sofern in Gebäuden Dehnfugen angeordnet werden, gehen diese *nicht* durch die Fundamente; Doppelstützen stehen auf einem gemeinsamen Fundament (**Abb. 12.2**). Eine Dehnfuge durch das Fundament wäre sinnlos, da sich die Gründung infolge der Reibung zum Boden nicht verschieben kann. Wenn neue Gebäude neben bestehenden errichtet werden und die Fundamente der Giebelwände exzentrisch unter diesen stehen, entsteht infolge des Hebelarms a_F zwischen Sohldruckresultierender V_d und Wandlast N_d ein Versetzungsmoment. Dieses Moment muss dann in die Wand eingeleitet werden und steht im Gleichgewicht mit einem Kräftepaar zwischen Erdwiderstand und Horizontalkraft in der untersten Decke.

Bei verschiedenen Gründungstiefen sollte die Verbindungslinie der Sohlflächen benachbarter Fundamente um höchstens 30° gegen die Horizontale geneigt sein. Dies gilt in gleicher Weise für Streifenfundamente unterschiedlicher Bauteilhöhe.

Bei unbewehrten hohen Fundamenten können diese abgetreppt werden (**Abb. 12.2**): Die Möglichkeit A hat hierbei zwar den Vorteil einer einfacheren Schalung als Möglichkeit B, dafür ist jedoch infolge des Absatzes zweimaliges Betonieren erforderlich. Bei Möglichkeit B hat der Schalungsdruck eine aufwärts gerichtete Komponente. Die Schalung ist daher gegen Aufschwimmen zu sichern. In den meisten Fällen wird die Baustoffersparnis die höheren Lohnkosten nicht ausgleichen. Abgetreppte Fundamente sind nur sinnvoll, wenn eine Abtreppung aus anderen Gründen (z.B. für ein Mindest-Lichtraumprofil) erforderlich ist.

12.3 Unbewehrte Fundamente

Unbewehrte Einzel- oder Streifenfundamente können für untergeordnete Konstruktionen mit geringen Einwirkungen verwendet werden. Bei hohen Lasten ergeben sich aufgrund der geringen Lastausstrahlung große Fundamenthöhen, sodass unbewehrte Fundamente unwirtschaftlich werden.

Das Ausführen und Berechnen von unbewehrten Streifen- und Einzelfundamenten ist in EC 2-1-1, 12.9.3 geregelt. Die Fundamenthöhe h_F ermittelt man aus der zu erfüllenden Bedingung für den Winkel der zulässigen Lastausstrahlung α (**Abb. 12.3**). Die Begrenzung des Winkels der Lastausstrahlung auf $\alpha \geq 45°$ ist zwingend einzuhalten.

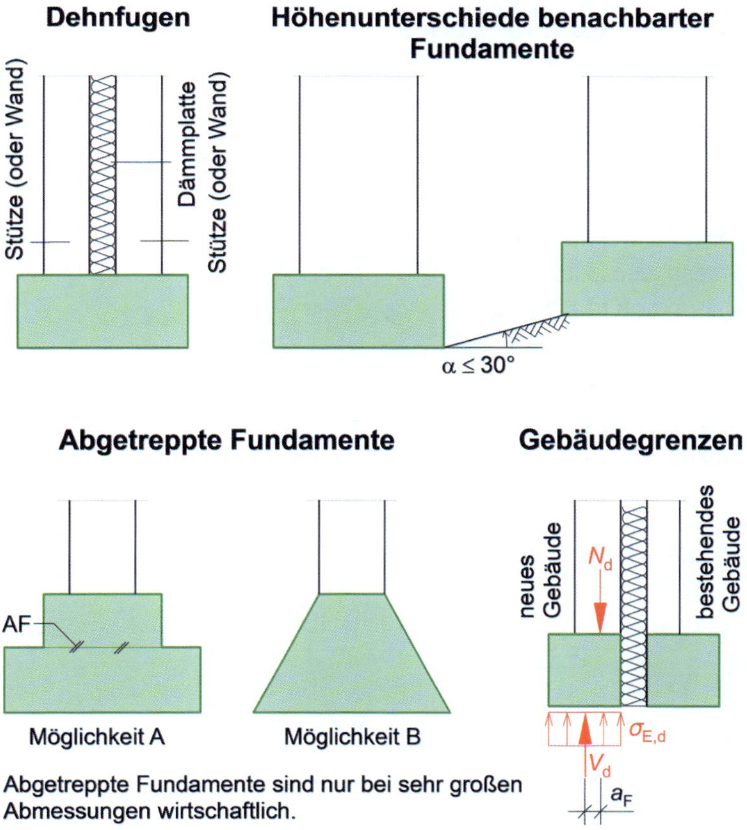

Abb. 12.2 *Ausbildung der Fundamentform bei Flachgründungen*

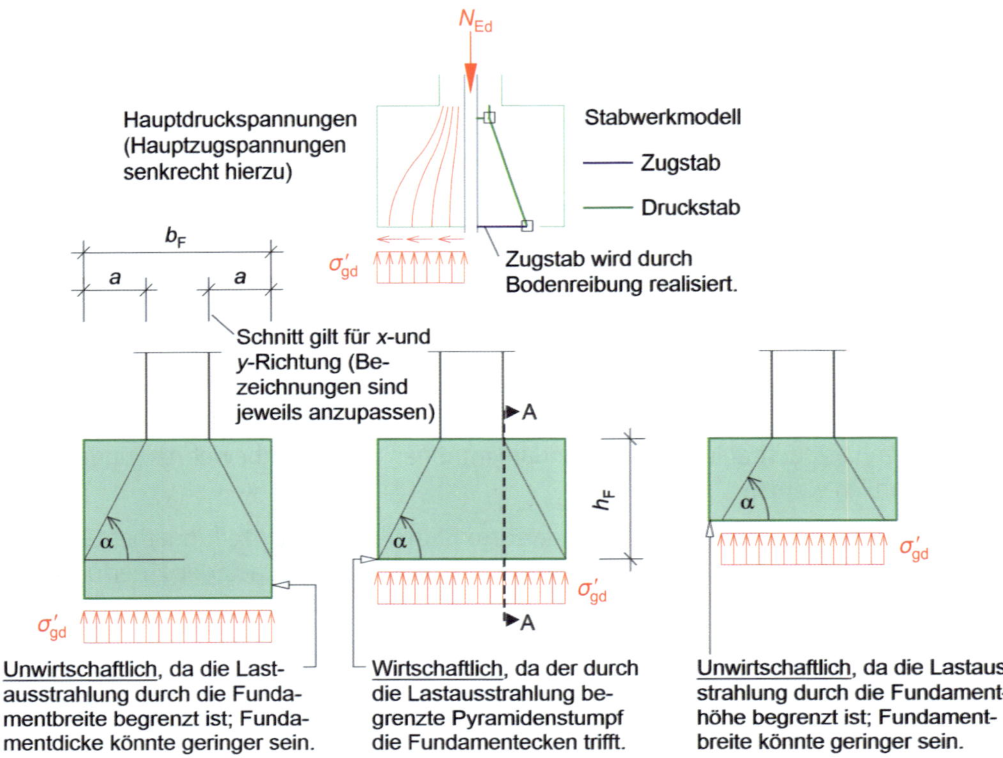

Abb. 12.3 *Tragverhalten eines unbewehrten Fundaments infolge der Lastausstrahlung*

Der Bemessungswert der Betonzugfestigkeit $f_{ctd,pl}$ wird für unbewehrte Bauteile allgemein nach Kap. 11.1, Gl. (11.2) bestimmt. Anstelle des Bemessungswertes $f_{ctd,pl}$ darf bei unbewehrten Fundamenten der höhere Bemessungswert f_{ctd} in Rechnung gestellt werden. Die Gefahr des spröden Versagens wird durch die Umlagerungsmöglichkeiten des Sohldrucks infolge Boden-Bauwerk-Interaktion reduziert.

Das Widerstandsmoment wird nur auf die reduzierte 0,85-fache Fundamenthöhe bezogen, da aufgrund der relativ kurzen Kragarmlänge *a* (**Abb. 12.3**) das Ebenbleiben des Querschnitts nicht gewährleistet ist. Das Anschnittsmoment (Schnitt A-A; **Abb. 12.3**) ergibt sich bei Betrachtung des rechts neben dem Schnitt A-A liegenden Fundamentabschnitts.

$$f_{ctd} = \alpha_{ct} \cdot f_{ctk;0,05}/\gamma_C \geq \frac{M}{W_c} = \frac{\sigma'_{gd} \cdot \frac{a^2}{2}}{\frac{(0,85 \cdot h_F)^2}{6}} = 3 \cdot \sigma'_{gd} \cdot \frac{a^2}{(0,85 \cdot h_F)^2}$$

→ Gl. (12.17)

$$\tan\alpha = \frac{h_F}{a} \geq \frac{1}{0,85} \cdot \sqrt{\frac{3 \cdot \sigma'_{gd}}{f_{ctd}}} \geq 1,0 \qquad (12.17)$$

Für σ'_{gd} ist der zu N_{Ed} gehörige Sohldruck anzusetzen, der somit ohne das Fundamenteigengewicht ermittelt wird (**Abb. 12.3**).

Vereinfachend darf ohne weiteren Nachweis immer mit tan α = 2,0 gerechnet werden.

Beispiel 12.1: Bemessung eines unbewehrten Einzelfundaments

gegeben:
- Stütze b_c / h_c = 20/30 cm
- Stützenlast N_{gk} = 185 kN; N_{qk} = 65 kN
- Fundament C12/15
- Einbindetiefe des Fundaments $t \geq 80$ cm
- Baugrund dicht gelagerter Moränenkies

gesucht:
- Abmessungen des Fundaments

Lösung:

Vorbemessung der Fundamentgröße:

est $\sigma_{R,d} \approx 420$ kN/m² — DIN 1054, Tabelle A 6.2 (geschätzt)

$$A'_{erf} \approx \frac{185 \cdot 1{,}35 + 65 \cdot 1{,}50}{420} = 0{,}83 \text{ m}^2$$

(12.4): $A'_{erf} = \dfrac{V_d}{\sigma_{R,d}}$

gew: $b_B/b_L/h_F$ = 90/100/60 cm

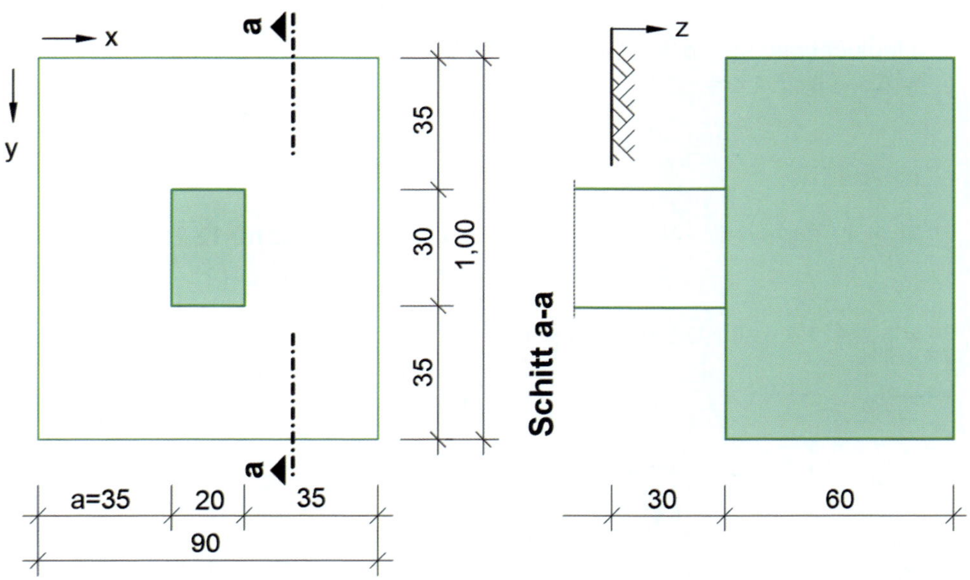

Nachweis der Bodenpressungen:

Stützenlast:		185 kN	
Bodenauflast: ~ 19 · 0,9 · 1,0 · 0,30	≈	6 kN	Die Bodenauflast könnte auch vernachlässigt werden.
Eigenlast Fundament: 24 · 0,9 · 1,0 · 0,6	=	13 kN	
	V_{gk} =	204 kN	
Nutzlast:		65 kN	
	V_{qk} =	65 kN	

$V_k = 204 + 65 = 269$ kN

$V_d = 204 \cdot 1{,}35 + 65 \cdot 1{,}5 = 373$ kN

$\sigma_{R,d,1} = 472$ kN/m² — DIN 1054, Tabelle A 6.1, interpoliert für b_B = 90 cm mit 90 cm Einbindetiefe (Grundbruchsicherheit)

$\sigma_{R,d,2} = 472$ kN/m² — DIN 1054, Tabelle A 6.2, interpoliert für b_B = 90 cm mit 90 cm Einbindetiefe (Grundbruchsicherheit und Begrenzung der Setzungen)

$\frac{b_L}{b_B} = \frac{1{,}0}{0{,}9} = 1{,}11 < 2 \Rightarrow \quad k_1 = 1{,}20$ — **Tafel 12.2**: $b_L : b_B < 2$

Einbindetiefe: 90 cm > $0{,}6 \cdot \min(100; 90)$ $= 0{,}6 \cdot 90 = 54$ cm — Bedingung für die Erhöhung der Werte gemäß DIN 1054, Tabelle A 6.1: Einbindetiefe > $0{,}6 \cdot \min(b_L; b_B)$

$k_2 = \left(1 - \frac{0}{269}\right)^2 = 1{,}0$ — **Tafel 12.2**: $k_2 = \left(1 - \frac{H_k}{V_k}\right)^2$

$\sigma'_{R,d,1} = 1{,}2 \cdot 1{,}0 \cdot 472 = 566$ kN/m² — Tabelle A 6.1, Grundbruchsicherheit (12.11): $\sigma'_{R,d} = k_1 \cdot k_2 \cdot \sigma_{R,d}$

$\sigma'_{R,d,2} = 1{,}2 \cdot 472 = 566$ kN/m² — Tabelle A 6.2, Setzungen (12.11): $\sigma'_{R,d} = k_1 \cdot \sigma_{R,d}$

$\sigma_{R,d} = \min(566; 566) = 566$ kN/m² — $\sigma_{R,d} = \min(\sigma'_{R,d,1}; \sigma'_{R,d,2})$

$\sigma_{E,d} = \frac{373}{0{,}9 \cdot 1{,}0} = 414 \text{ kN/m}^2 < 566 \text{ kN/m}^2 = \sigma_{R,d}$ — (12.4): $\sigma_{E,d} = \frac{V_d}{A'} \leq \sigma_{R,d}$

Fundamentbemessung:

$$\sigma'_{gd} = \frac{1{,}35 \cdot 185 + 1{,}5 \cdot 65}{0{,}9 \cdot 1{,}0} = \frac{347}{0{,}9 \cdot 1{,}0} = 386 \text{ kN/m}^2$$

$$\sigma = \frac{N}{A}$$

$$f_{ctd} = \frac{0{,}85 \cdot 1{,}1}{1{,}5} = 0{,}62 \text{ N/mm}^2$$

$$f_{ctd} = \frac{\alpha_{ct} \cdot f_{ctk;0,05}}{\gamma_C}$$

$$\tan\alpha = \frac{h_F}{a} \geq \frac{1}{0{,}85} \cdot \sqrt{\frac{3 \cdot 0{,}386}{0{,}62}} = 1{,}61 \geq 1{,}0$$

(12.17):

$$\tan\alpha = \frac{h_F}{a} \geq \frac{1}{0{,}85} \cdot \sqrt{\frac{3 \cdot \sigma'_{gd}}{f_{ctd}}} \geq 1{,}0$$

$$h_F \geq 0{,}35 \cdot 1{,}61 = 0{,}56 \text{ m}$$

(12.17): $h_F \geq a \cdot \tan\alpha$

gew: $h_F = 0{,}60 \text{ m}$

Teilflächenpressung:

$$b_2 \leq h + b_1 = 60 + 20 = 80 \text{ cm} \leq b_B = 90 \text{ cm}$$
$$d_2 \leq h + d_1 = 60 + 30 = 90 \text{ cm} \leq b_L = 100 \text{ cm}$$

(11.22): $h \geq \begin{cases} b_2 - b_1 \\ d_2 - d_1 \end{cases}$

$$A_{c0} = 0{,}20 \cdot 0{,}30 = 0{,}060 \text{ m}^2$$
$$A_{c1} = 0{,}80 \cdot 0{,}90 = 0{,}720 \text{ m}^2$$

$$A_{c0} = b_1 \cdot d_1$$
$$A_{c1} = b_2 \cdot d_2$$

$$f_{cd} = 0{,}85 \cdot \frac{12}{1{,}50} = 6{,}80 \text{ MN/m}^2$$

$$f_{cd} = \alpha_{cc} \frac{f_{ck}}{\gamma_C}$$

$$F_{Rdu} = \sqrt{\frac{0{,}720}{0{,}060}} \cdot 6{,}80 \cdot 0{,}060 = 1{,}41 \text{ MN}$$
$$\leq 3{,}0 \cdot 6{,}80 \cdot 0{,}060 = \underline{1{,}22 \text{ M}}$$

(11.21): $F_{Rdu} = \sqrt{\frac{A_{c1}}{A_{c0}}} \cdot f_{cd} \cdot A_{c0} \leq 3{,}0 \cdot f_{cd} \cdot A_{c0}$

$$F_{Ed} = 1{,}35 \cdot 185 + 1{,}50 \cdot 65 = 347 \text{ kN} < 1220 \text{ kN} = F_{Rdu}$$

(11.20): $F_{Ed} \leq F_{Rdu}$

Die Zugspannungen brauchen nicht (nochmals) nachgewiesen zu werden, da hierfür der Nachweis h_F/a der Lastausstrahlung erfolgt ist.

12.4 Bewehrte Einzelfundamente

12.4.1 Schnittgrößenermittlung

Bei Annahme eines steifen Bodens entstehen Schnittgrößen im Fundament lediglich aus den Auflasten, nicht jedoch durch die Fundamenteigenlast. Diese steht mit dem Sohldruck in direktem vertikalem Gleichgewicht.

Bei rechteckigen Einzelfundamenten mit ähnlichen Seitenlängen bildet sich unter zentrischer Belastung im Bereich der Stütze ein rotationssymmetrischer Spannungszustand aus. Näherungsweise werden Einzelfundamente jedoch mit randparallelen Momenten m_x und m_y bemessen. Bei zentrischer Belastung wird ein konstanter Sohldruck in der gesamten

Gründungsfläche A angesetzt, bei exzentrischer Belastung in der rechnerischen Gründungsfläche A'. Der vorhandene Sohldruck wird hierbei in voller Größe sowohl für die x-Richtung als auch für die y-Richtung angesetzt und dann für jede Richtung das größte, unter der Stütze befindliche Biegemoment bestimmt (**Abb. 12.5**):

$$\sigma'_{\mathrm{gd}} = \frac{N_{\mathrm{Ed}}}{A'} \tag{12.18}$$

$$M_{\mathrm{Edx}} = \sigma'_{\mathrm{gd}} \cdot b_{\mathrm{y}} \cdot \frac{b_{\mathrm{x}}^2}{8} \quad \text{(in } y\text{-Richtung Indizes vertauschen)} \tag{12.19}$$

Wenn das Moment bei exzentrisch belasteten Fundamenten nur ein Vorzeichen aufweist und ganz oder zum größten Teil ständig wirkt, kann durch eine ausmittige Stützenstellung für das Fundament wieder eine (nahezu) zentrische Beanspruchung erzeugt werden (**Abb. 12.4**). Dieser Fall tritt jedoch weniger bei Einzelfundamenten, mehr bei Streifenfundamenten (z.B. Winkelstützmauer) auf. Bei Einzelfundamenten treten häufiger wechselnde Vorzeichen beim Moment auf. Hierbei ist dann eine mittige Anordnung des Fundaments unter der Stütze sinnvoll.

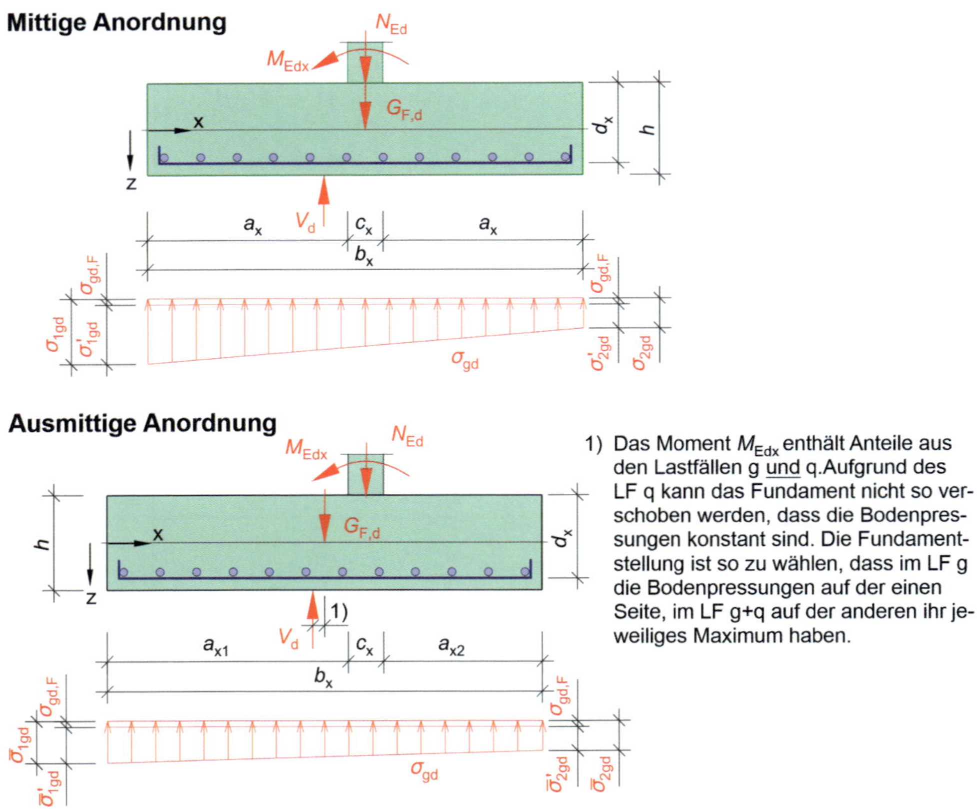

Abb. 12.4 *Wirkung einer ausmittigen Fundamentanordnung unter der Stütze*

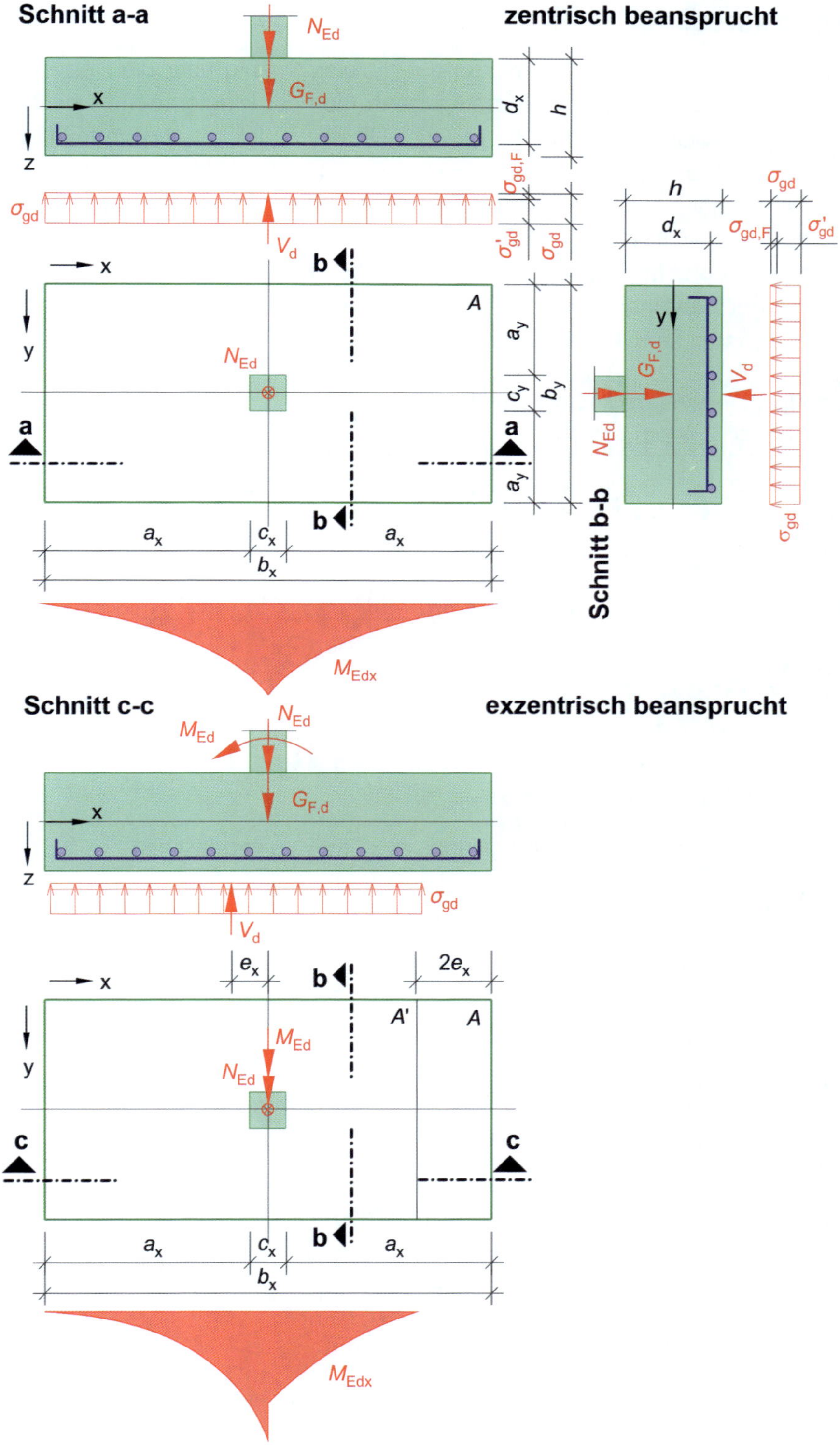

Abb. 12.5 *Beanspruchung in Einzelfundamenten*

12.4.2 Biegebemessung

Die Biegemomente verteilen sich in Querrichtung nicht gleichmäßig über die Platte. Sie treten konzentriert unter der Stütze auf. Diese Konzentration der Momente muss bei der Biegebemessung berücksichtigt werden. Hierzu gibt [Grasser/Thielen – 91] Verteilungszahlen an (**Tafel 12.3**). Die Platte wird in jeder Richtung in acht Streifen unterteilt; jedem Streifen wird ein Anteil ΔM_{Ed} des Gesamtmomentes zugewiesen. Um sicherzustellen, dass die Betondruckzone ausreicht, wird die Biegebemessung für den unter der Stütze liegenden (am stärksten beanspruchten) Streifen der Breite $b_x/8$ bzw. $b_y/8$ durchgeführt. Die sich ergebende Biegezugbewehrung für diesen Streifen ist der der Verteilungszahl entsprechende prozentuale Anteil der Gesamtbewehrung.

	Verteilungsbeiwerte k_x für Moment[a] M_x im Schnitt *1-1*			
	c_y/b_y	0,1	0,2	0,3
Ort	Streifen 1	0,07	0,08	0,09
	Streifen 2	0,10	0,10	0,11
	Streifen 3	0,14	0,14	0,14
	Streifen 4	0,19	0,18	0,16
	Σ	0,50	0,50	0,50

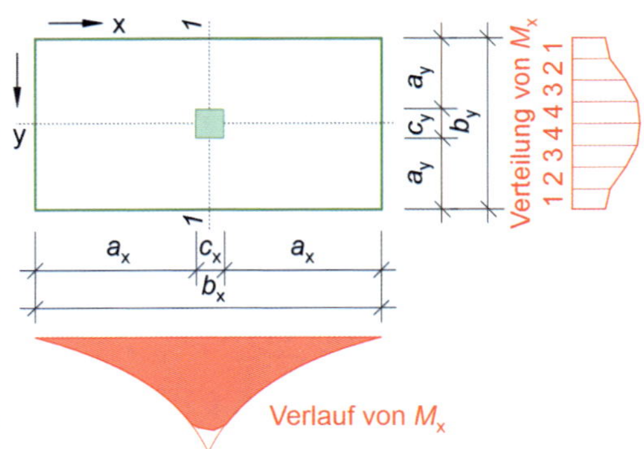

[a] Für die Verteilung der Momente M_y sind die Indizes x und y zu vertauschen

Tafel 12.3 *Verteilungszahlen für Einzelfundamente*

Moment in Streifen 4

$$\Delta M_{Edx} = k_{x4} \cdot M_{Edx} \quad \text{(in } y\text{-Richtung Indizes vertauschen)} \qquad (12.20)$$

Biegebemessung für die Breite $b_y/8$

$$\mu_{Eds} = \frac{8 \Delta M_{Edx}}{b_y \cdot d_x^2 \cdot f_{cd}} \quad \text{(in } y\text{-Richtung Indizes vertauschen)} \qquad (12.21)$$

$$A_{sx4} = \frac{\omega \cdot b_y \cdot d_x \cdot f_{cd} + N_{Ed}}{8\, \sigma_{sd}} \quad \text{(in } y\text{-Richtung Indizes vertauschen)} \qquad (12.22)$$

Erforderliche Bewehrung für die einzelnen Fundamentstreifen $i = 1;2;3$

$$A_{sxi} = \frac{k_{xi}}{k_{x4}} \cdot A_{sx4} \quad \text{(in } y\text{-Richtung Indizes vertauschen)} \qquad (12.23)$$

A_{sxi} Bewehrung der *x*-Richtung im Fundamentstreifen *i*

Bei einem Verhältnis $c_y / b_y > 0{,}3$ (gedrungenes Fundament) verteilt sich das Moment gleichmäßig über die Breite. Es ist ab diesem Verhältnis somit keine Aufteilung mehr erforderlich.

Betrachtet man die Zugkraftlinie der Momente des Einzelfundaments (in **Abb. 12.5** affin zur Momentenlinie), so fällt auf, dass die Momente zum Stützenrand schneller abfallen als beim Balken. Hierdurch entstehen im Bereich des Stützenrandes hohe Verbundspannungen. Das Fundament erreicht somit oft den Bruchzustand dadurch, dass die Verbundfestigkeit zwischen Bewehrung und Beton überschritten wird. Die Biegezugbewehrung soll deshalb möglichst aus dünnen Stäben bestehen und ohne Staffelung bis zum Fundamentrand geführt werden. Dort wird sie mit Haken verankert. Zur Überprüfung der Verbundspannungen soll Gl. (12.24) erfüllt werden.

$$\frac{s}{d_s} \leq \frac{0{,}38}{\sigma'_{gd}} \cdot \sqrt[3]{f_{ck}^2} \qquad (12.24)$$

s Stababstand der Biegezugbewehrung

12.4.3 Durchstanzbemessung (Querkraftbemessung)

Das Fundament wird wie eine punktgestützte Platte auf Durchstanzen beansprucht (**Abb. 12.6**) und auch ähnlich nachgewiesen (→ Kap. 9). Aufgrund der Lastkonzentration unter der Stütze wird ein großer Anteil der Stützenlast innerhalb eines Rundschnitts abgetragen, der sich gemäß **Abb. 12.6** im Abstand a_{crit} vom Stützenrand befindet. Entsprechend darf der Anteil ΔV_{Ed} von der rechnerisch anzusetzenden Einwirkung V_{Ed} abgezogen werden. Hierzu ist der kritische Rundschnitt a_{crit} für gedrungene Fundamente (Fall a), **Abb. 12.6**) iterativ zu bestimmen. Für schlanke Fundamente (Fall b), **Abb. 12.6**) und für Bodenplatten darf vereinfacht mit $a_{crit} = 1{,}0 \cdot d$ gerechnet werden. Der Abzugswert ΔV_{Ed} ist jedoch dann nur mit der Hälfte des Sohldrucks $0{,}5 \cdot \sigma'_{gd}$ zu berechnen. Alternativ darf auch für schlanke Fundamente und Bodenplatten der kritische Rundschnitt a_{crit} unter Berücksichtigung des Abzugswertes für den vollen Sohldruck σ'_{gd} iterativ bestimmt werden.

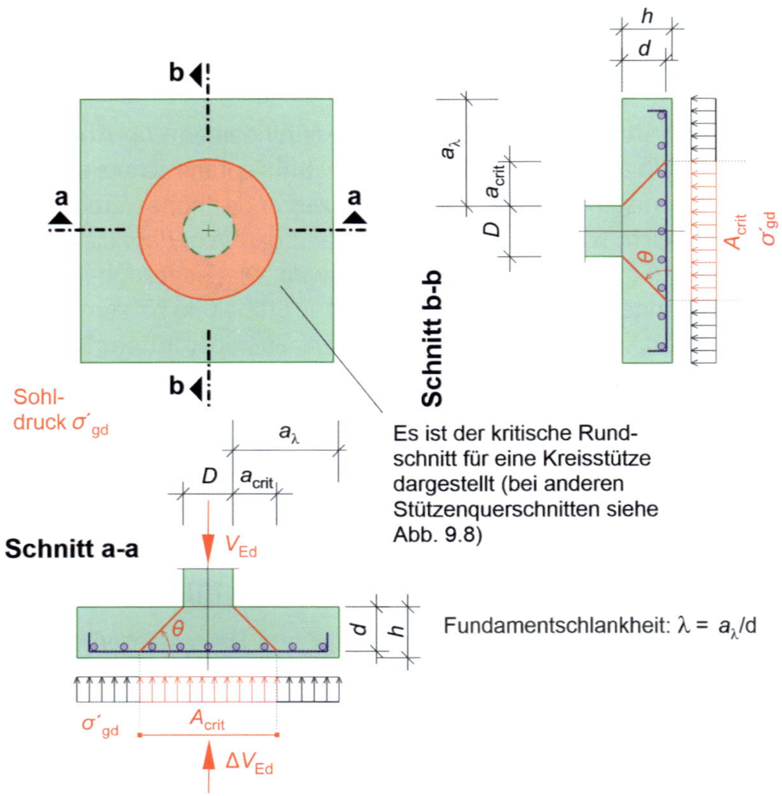

Fall a): gedrungene Fundamente mit $\lambda \leq 2$
Iterative Bestimmung von q mit
$\cot(\theta) \leq 2$ $(\theta \geq 26{,}6°)$
Berechnung ΔV_{Ed} mit $1{,}0 \cdot \sigma'_{gd}$

Fall b): schlanke Fundamente mit $\lambda > 2$ und Bodenplatten
$\cot(\theta) = 1$ $(\theta = 45°)$
Berechnung ΔV_{Ed} mit $0{,}5 \cdot \sigma'_{gd}$
alternativ: Iterative Berechnung gemäß Fall a)

Abb. 12.6 *Durchstanznachweis bei einem Fundament*

Nachfolgend werden die Gleichungen für die iterative Berechnung des kritischen Rundschnitts zusammengestellt.

Ermittlung der abgeminderten Durchstanzlast $V_{Ed,red}$:

$$V_{Ed,red} = V_{Ed} - \Delta V_{Ed} \tag{12.25}$$

V_{Ed} Einwirkende Querkraft

ΔV_{Ed} Abzugswert innerhalb des betrachteten Rundschnitts infolge des nach oben gerichteten Sohldrucks abzüglich der Fundamenteigenlast (**Abb. 12.6**)

$$\sigma'_{gd} = \frac{V_{Ed}}{A_F} \tag{12.26}$$

$$\Delta V_{Ed} = \sigma'_{gd} \cdot A_{crit} \tag{12.27}$$

A_{crit} Fläche innerhalb des kritischen Rundschnitts (**Abb. 12.6**)

Die einwirkende Durchstanzlast je Flächeneinheit kann analog zu Gl. (9.31) bestimmt werden.

$$v_{Ed} = \frac{\beta \cdot V_{Ed,red}}{u \cdot d} \tag{12.28}$$

u Umfang des kritischen Rundschnitts

β Lasterhöhungsfaktor bei ausmittiger Belastung nach **Tafel 9.2** oder Gln. (9.32) bis (9.35)

Querkrafttragfähigkeit ohne erforderliche Querkraftbewehrung:

$$v_{Rd,c} = v_{Rd,c,2,0d} \cdot 2 \cdot d/a \tag{12.29}$$

$$v_{Rd,c,2,0d} = C_{Rd,c} \cdot k \cdot \left(100 \cdot \rho_1 \cdot f_{ck}\right)^{\frac{1}{3}} \geq v_{min} \tag{12.30}$$

$C_{Rd,c} = 0{,}15/\gamma_C$ (für Bodenplatten und Fundamente)

a Abstand vom Stützenrand zum betrachteten Rundschnitt

Sonstige Bezeichnungen siehe Kap. 9.4.2, Gln. (9.39), (9.40), (9.43)

$$V_{Rd,c} = v_{Rd,c} \cdot u \cdot d \tag{12.31}$$

Da sowohl der Bauteilwiderstand als auch die Einwirkungen mit kleiner werdendem Abstand a größer werden, ist eine iterative Ermittlung von a_{crit} erforderlich

Der maßgebende Rundschnitt im Abstand a_{crit} mit dem Umfang u und der Fläche A_{crit} ist gefunden, wenn die Durchstanztragfähigkeit unter Berücksichtigung des Abzugswertes ein Minimum erreicht. Mit den Gleichungen (12.25) bis (12.31) erhält man für den Nachweis der Durchstanztragfähigkeit:

$$\beta \cdot V_{Ed,red} \leq V_{Rd,c} \tag{12.32}$$

$$V_{Ed,red} = V_{Ed} - \Delta V_{Ed} = V_{Ed} - A_{crit} \cdot \sigma'_{gd} = V_{Ed} - A_{crit} \cdot \frac{V_{Ed}}{A_F}$$

$$\beta \cdot V_{Ed} \cdot (1 - \frac{A_{crit}}{A_F}) \leq V_{Rd,c} \tag{12.33}$$

$$\beta \cdot V_{Ed} \leq \frac{V_{Rd,c}}{\left(1 - \frac{A_{crit}}{A_F}\right)} = V'_{Rd,c,i} \rightarrow V'_{Rd,c,i} = \frac{V_{Rd,c}}{\left(1 - \frac{A_{crit}}{A_F}\right)} \mapsto \min \tag{12.34}$$

Die erforderlichen Iterationsschritte zur Bestimmung des kritischen Rundschnitts sind noch einmal in **Tafel 12.4** zusammengestellt. Bei der Berechnung von $A_{crit,i}$ und $u_{crit,i}$ nach **Tafel 12.4** sind zusätzlich die Grenzabmessungen der Stütze gemäß den Gleichungen (9.12) bis (9.15) zu beachten. Wenn für Gl. (12.41) ein Minimum erreicht wird, ist die Iteration abgeschlossen. Bei exzentrisch belasteten Fundamenten darf der Nachweis der Durchstanztragfähigkeit mit den zuvor aufgeführten Gleichungen nur dann geführt werden, wenn unter Bemessungslasten keine klaffende Sohlfuge (→ Kap. 12.1.4) auftritt und sich somit am Stützenanschnitt ein mehraxialer Spannungszustand ausbilden kann. Nur in diesem Fall kann der volle Durchstanzwiderstand nach Gl. (12.29) bzw. (12.31) angesetzt werden.

Bei zweiachsigen Lastausmitten kann der Lasterhöhungsfaktor β mit Gl. (9.33) berechnet werden. Hierbei ist W_1 durch W für den zu betrachtenden Rundschnitt zu ersetzen. Alternativ und am genausten können exzentrisch belastete Fundamente mit Hilfe von Sektormodellen berechnet werden. Hinweise zur Nachweisführung befinden sich in [DAfStb Heft 00 – 20].

Liegt unter Bemessungslasten eine klaffende Sohlfuge vor, wird auf Lösungsansätze in [Fingerloos/Hegger/Zilch – 12] und [DAfStb Heft 600 – 20] verwiesen.

(1)	Schätzung Druckstrebenneigung $\cot(\theta_i)$ mit $\cot(\theta_i) \leq 2{,}0$ (**Abb. 12.6**)		
(2)	$a_i = \cot(\theta_i) \cdot d$		(12.35)
(3)	Berechnung u_i	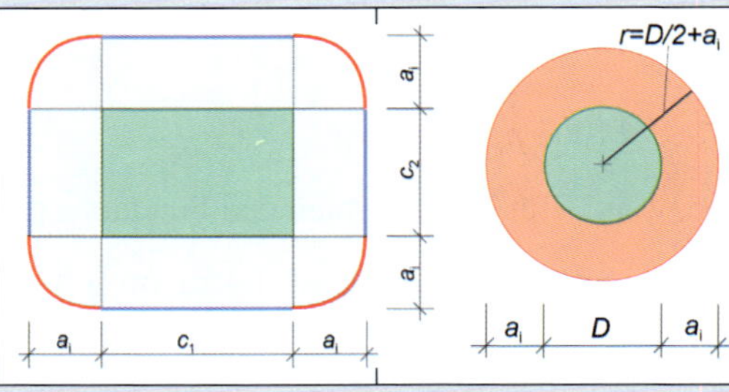 	
	Rechteckstütze:	$u_i = 2 \cdot \left(c_1 + c_2\right) + 2\pi \cdot a_i$	(12.36)
	Kreisstütze:	$u_i = \pi \cdot (D + 2a_i)$	(12.37)
(4)	Berechnung $A_{crit,i}$	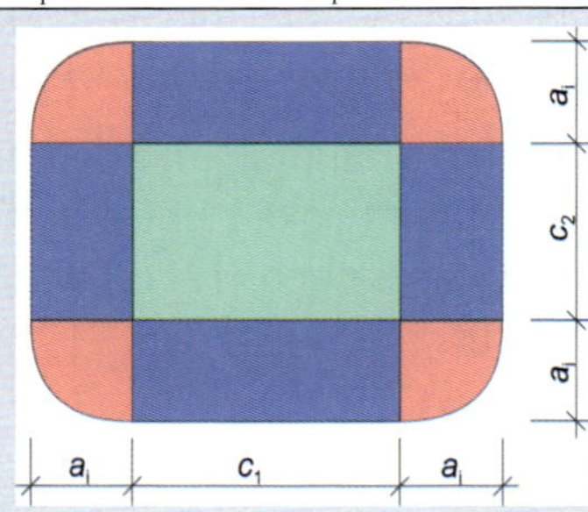	
	Rechteckstütze:	$A_{crit,i} = c_1 \cdot c_2 + 2 \cdot \left(c_1 + c_2\right) \cdot a_i + \pi \cdot a_i^2$	(12.38)
	Kreisstütze:	$A_{crit,i} = \pi \cdot (D/2 + a_i)^2$	(12.39)
(5)	Berechnung $v_{Rd,c,i}$ nach Gl. (12.29) für $a = a_i$		
(6)	$V_{Rd,c,i} = v_{Rd,c,i} \cdot u_i \cdot d$		(12.40)
(7)	$V'_{Rd,c,i} = \frac{V_{Rd,c,i}}{1 - A_{crit,i}/A_F} \mapsto \min \Rightarrow a_i = a_{crit}$		(12.41)
(8)	Berechnung β nach Gln. (9.32) bis (9.35)		
(9)	$\beta \cdot V_{Ed} \leq V'_{Rd,c}$ für $a = a_{crit}$ $\Rightarrow$ keine Durchstanzbewehrung erforderlich		(12.42)
	$\beta \cdot V_{Ed} > V'_{Rd,c}$ für $a = a_{crit}$ $\Rightarrow$ Durchstanzbewehrung erforderlich		
(10)	Berechnung Durchstanzbewehrung nach Gln. (12.43) und (12.44). Nachweis der maximalen Tragfähigkeit $v_{Rd,max}$ nach Gl. (12.45).		

Tafel 12.4 *Durchstanzwiderstand mit iterativer Bestimmung des kritischen Rundschnitts*

Sollte nach durchgeführter Iteration für Fundamente oder Bodenplatten Durchstanzbewehrung erforderlich werden, wird diese nach den Gleichungen (12.43) und (12.44) ermittelt. Hierbei wird die Bewehrungsmenge $A_{sw,1+2}$ gleichmäßig auf die ersten beiden Bewehrungsreihen verteilt, die entgegen Abb. 9.12 im Abstand von 0,3d und 0,8d vom Stützenrand anzuordnen sind. Im Gegensatz zur Ermittlung der Durchstanzbewehrung bei Deckenplatten darf bei Fundamenten kein Betontraganteil bei der Bewehrungsermittlung in Abzug gebracht werden.

Bügelbewehrung:

$$A_{sw,1+2} = \frac{\beta \cdot V_{Ed,red}}{f_{ywd,ef}} \qquad (12.43)$$

Sonstige Bezeichnungen und Mindestdurchstanzbewehrung s. Kap. 9.4.4.

Werden gegebenenfalls weitere Bewehrungsreihen erforderlich, sind je Reihe 33 % der Bewehrung $A_{sw,1+2}$ anzuordnen. Der Abstand zwischen der 2. und 3. Bewehrungsreihe ist bei gedrungenen Fundamenten auf 0,5d zu begrenzen, für alle weiteren Reihen gilt $s_r \leq 0{,}75\, d$. Der Abzugswert des Sohldrucks ΔV_{Ed} in Gl. (12.25) darf mit der Fundamentfläche innerhalb der jeweils betrachteten Bewehrungsreihe berechnet werden.

Aufgebogene Bewehrung:

$$A_{sw,1+2} = \frac{\beta \cdot V_{Ed,red}}{1{,}3 \cdot f_{ywd} \cdot \sin\alpha} \qquad (12.44)$$

α Winkel der geneigten Durchstanzbewehrung zur Plattenebene

Sonstige Bezeichnungen und Mindestdurchstanzbewehrung s. Kap. 9.4.4.

Insbesondere bei dicken Fundamentplatten kann infolge des Abzugswertes aus Sohldruck ein ausreichender Bauteilwiderstand mit geringem Längsbewehrungsgrad ρ_l nachgewiesen werden. Zur Sicherstellung der räumlichen Tragmechanismen ist eine Mindestbiegetragfähigkeit erforderlich. Diese wurde in Form von Mindestbiegemomenten nach der Plastizitätstheorie festgelegt. Die Ermittlung der Mindestbiegezugbewehrung erfolgt nach Gl. (9.10) und **Tafel 9.1**. Hierzu darf die verminderte Querkraft $V_{Ed,red}$ verwendet werden, jedoch darf nur der Sohldruck unmittelbar unter der Lasteinleitungsfläche A_{load} berücksichtigt werden und nicht der Sohldruck unter A_{crit} (**Abb. 12.6**).

Maximale Tragfähigkeit $v_{Rd,max}$ im Abstand a_{crit} vom Stützenrand zum kritischen Rundschnitt:

$$v_{Ed} \leq 1{,}4 \cdot v_{Rd,c} \qquad (12.45)$$

v_{Ed} Einwirkende Querkraft nach Gl. (12.28)

$v_{Rd,c}$ Querkrafttragfähigkeit ohne Querkraftbewehrung nach Gl. (12.29)

Bei Verwendung von Dübelleisten oder Gitterträgern anstelle von Bewehrungsformen des EC 2 sind die jeweiligen bauaufsichtlich eingeführten Zulassungen zu beachten (→ Kap. 9.4.4).

Beispiel 12.2: Bemessung eines bewehrten Einzelfundaments mit Bewehrungsplan

gegeben:

- Stütze b_c/h_c = 45/45 cm
- Stützenlast N_{gk} = 800 kN; N_{qk} = 500 kN (Druckkraft); H_{qk} = 5 kN; M_{qk} = 20 kNm

  (Die Lasten N_{qk}, H_{qk} und M_{qk} gehören zu einer veränderlichen Einwirkung und treten gleichzeitig auf.)
- Stützenlängsbewehrung 4∅12 + 4∅14
- Stützenbügelbewehrung Bügel ∅6-15 und ∅6-30
- Bemessungswert des Sohldruckwiderstandes lt. Bodengutachten: $\sigma_{R,d}$ = 365 kN/m²
- Baustoffgüten des Fundaments C20/25; B500

gesucht:

- Abmessungen des Fundaments
- Bewehrungsplan des Fundaments

Lösung:

Vorbemessung der Fundamentgröße:

$$A'_{erf} \approx \frac{800 \cdot 1{,}35 + 500 \cdot 1{,}50}{365} = 5{,}0\ \text{m}^2$$

gew: $b_x/b_y/h_F$ = 240/230/65 cm[1]

(12.5): $A'_{erf} = \dfrac{V_d}{\sigma_{R,d}}$

1 Anzustreben und wirtschaftlich ist ein quadratisches Fundament $b_x \neq b_y$ wird hier aus didaktischen Gründen gewählt.

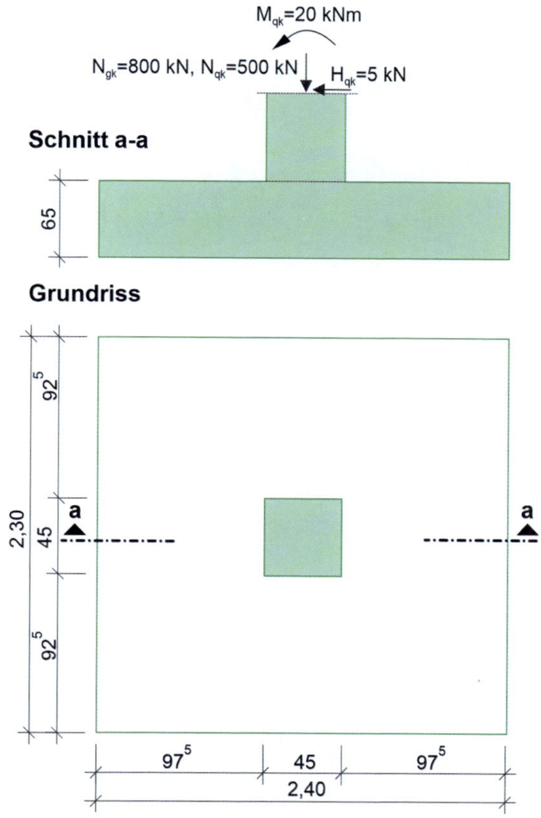

Bodenpressungen:

$N_{gk} = 800 \text{ kN} \quad N_{qk} = 500 \text{ kN}$

$G_k = 25 \cdot 2{,}40 \cdot 2{,}30 \cdot 0{,}65 = 90 \text{ kN}$

$F_{qk,x} = -5 \text{ kN}$

$M_{qk,x} = 20 \text{ kNm}$

$V_k = 800 + 500 + 90 = 1390 \text{ kN}$

$N_k = 800 + 500 = 1300 \text{ kN}$

$M_{x,s-s,k} = 20 + 1300 \cdot 0 + 5 \cdot 0{,}65 = 23{,}3 \text{ kNm}$

$V_d = 800 \cdot 1{,}35 + 500 \cdot 1{,}50 + 90 \cdot 1{,}35$
$= 1952 \text{ kN}$

$N_d = 800 \cdot 1{,}35 + 500 \cdot 1{,}50 = 1830 \text{ kN}$

Abb. 12.1

Zusammenstellung Fundamentlasten

(12.9): $V = N + G$

Abb. 12.1

(12.10):
$M_{x,s-s} = M_x + N \cdot a_F - F_x \cdot h_F$

(12.9): $V = N + G$

Abb. 12.1

(12.10):
$M_{x,s-s} = M_x + N \cdot a_F - F_x \cdot h_F$

$M_{x,s-s,d} = 20 \cdot 1{,}50 + 1830 \cdot 0 + 5 \cdot 0{,}65 \cdot 1{,}50 = 34{,}9$ kNm

$e_{x,k} = \frac{|23{,}3|}{1390} = 0{,}017$ m — (12.7): $e_x = \frac{|M_{x,s-s}|}{V}$

$A' = (2{,}40 - 2 \cdot 0{,}017) \cdot (2{,}30 - 2 \cdot 0) = 5{,}44$ m² — (12.6): $A' = (b_x - 2\,e_x)(b_y - 2\,e_y)$

$\sigma_{E,d} = \frac{1952}{5{,}44} = 359$ kN/m² < 365 kN/m² $= \sigma_{R,d}$ — (12.4): $\sigma_{E,d} = \frac{V_d}{A'} \leq \sigma_{R,d}$

Begrenzung der klaffenden Fuge:

$\left(\frac{0{,}017}{2{,}40}\right)^2 + \left(\frac{0}{2{,}30}\right)^2 = 5{,}02 \cdot 10^{-5} \leq \frac{1}{9}$ — (12.13): $\left(\frac{e_{x,k}}{b_x}\right)^2 + \left(\frac{e_{y,k}}{b_y}\right)^2 \leq \frac{1}{9}$

Unter ständigen Einwirkungen wird das Fundament zentrisch beansprucht ($e_{x,k} = e_{y,k} = 0$), sodass Gl. (12.12) nicht maßgebend werden kann.

Kippen:

$e_{x,d} = \frac{|M_{x,s-s,d}|}{V_d} = \frac{|34{,}9|}{1952} = 0{,}018$ — (12.7): $e_x = \frac{|M_{x,s-s}|}{V}$

$\frac{0{,}018}{2{,}40} = 0{,}0075 \leq \frac{1}{2}$ — (12.14): $\frac{e_{x,d}}{b_x} \leq \frac{1}{2}$

$\frac{0}{2{,}30} = 0 \leq \frac{1}{2}$ — (12.15): $\frac{e_{y,d}}{b_y} \leq \frac{1}{2}$

Gleiten:

$V_k = 1390$ kN; $H_k = 5$ kN

$\tan\delta_E = \frac{5}{1390} = 0{,}004 < 0{,}2$ — (12.16): $\tan\delta_E = \frac{H_k}{V_k} \leq 0{,}2$

Schnittgrößen Fundament:

$N_{Ed} = N_d = 1830$ kN; $M_{x,s-s,d} = 34{,}9$ kNm — (12.10): $M_{x,s-s} = M_x + N \cdot a_F - F_x \cdot h_F$

$e_x = \frac{|34{,}9|}{1830} = 0{,}019$ m — (12.7): $e_x = \frac{|M_{x,s-s}|}{V}$

$A' = (2{,}40 - 2 \cdot 0{,}019) \cdot (2{,}30 - 2 \cdot 0) = 5{,}43$ m² — (12.6): $A' = (b_x - 2\,e_x)(b_y - 2\,e_y)$

$\sigma'_{gd} = \frac{1830}{5{,}43} = 337$ kN/m² — (12.18): $\sigma'_{gd} = \frac{N_{Ed}}{A'}$

$M_{Edx} = 337 \cdot 2{,}30 \cdot \frac{2{,}40^2}{8} = 558$ kNm — (12.19): $M_{Edx} = \sigma'_{gd} \cdot b_y \cdot \frac{b_x^2}{8}$

$M_{Edy} = 337 \cdot 2{,}40 \cdot \frac{2{,}30^2}{8} = 535$ kNm

Biegebemessung in *x*-Richtung:

$\frac{c_y}{b_y} = \frac{0{,}45}{2{,}30} = 0{,}196 \approx 0{,}2$ — Eingangswert für **Tafel 12.3**

$k_{x4} = 0{,}18$

$\Delta M_{Edx} = 0{,}18 \cdot 558 = 100\ \text{kNm}$

(12.20): $\Delta M_{Edx} = k_{x4} \cdot M_{Edx}$

$c_{min} = 20\ \text{mm}$

XC2

$\Delta c_{dev} = 15 + 20 = 35\ \text{mm}$

Es wird auf unebener Sauberkeitsschicht betoniert, EC 2-1-1/NA, 4.4.1.3 (4).

$c_{nom} = 20 + 35 = 55\ \text{mm} = c_{v,l}$

$c_{nom} = c_{min} + \Delta c_{dev}$

$d_x = 65 - 5{,}5 - \frac{1{,}6}{2} = 59\ \text{cm}$

$d_x = h_F - c_{v,l} - \frac{\varnothing_l}{2}$ Annahme $\varnothing_l = 16\ \text{mm}$

$\mu_{Eds} = \frac{8 \cdot 0{,}100}{2{,}30 \cdot 0{,}59^2 \cdot 11{,}3} = 0{,}088$

(12.21): $\mu_{Eds} = \frac{8 \Delta M_{Edx}}{b_y \cdot d_x^2 \cdot f_{cd}}$

$\omega = 0{,}0924;\ \sigma_s = 457\ \text{N/mm}^2$

Teil 1, **Tafel 7.1** (interpoliert)

$A_{sx4} = \frac{0{,}0924 \cdot 230 \cdot 59 \cdot 11{,}3 + 0}{8 \cdot 457} = 3{,}9\ \text{cm}^2$

(12.22): $A_{sx4} = \frac{\omega \cdot b_y \cdot d_x \cdot f_{cd} + N_{Ed}}{8\,\sigma_{sd}}$

$A_{sx3} = \frac{0{,}14}{0{,}18} \cdot 3{,}9 = 3{,}1\ \text{cm}^2$

(12.23): $A_{sxi} = \frac{k_{xi}}{k_{x4}} \cdot A_{sx4}$

$A_{sx2} = \frac{0{,}10}{0{,}18} \cdot 3{,}9 = 2{,}2\ \text{cm}^2$

(12.23): $A_{sxi} = \frac{k_{xi}}{k_{x4}} \cdot A_{sx4}$

$A_{sx1} = \frac{0{,}08}{0{,}18} \cdot 3{,}9 = 1{,}8\ \text{cm}^2$

(12.23): $A_{sxi} = \frac{k_{xi}}{k_{x4}} \cdot A_{sx4}$

gew. Streifen 3 und 4: ∅ 16-15

$A_{s,vorh} = \frac{2{,}30}{8 \cdot 0{,}15} \cdot 2{,}01 = 3{,}9\ \text{cm}^2$

gew. Streifen 1 und 2: ∅ 16-25

$A_{s,vorh} = \frac{2{,}30}{8 \cdot 0{,}25} \cdot 2{,}01 = 2{,}3\ \text{cm}^2$

$\eta = 0{,}125$

Tafel 9.1:

$m_{Edx} = m_{Edy} = 0{,}125 \cdot 1830 = 229\ \text{kNm/m}$

(9.10): $m_{Edi} \geq \eta_i \cdot V_{Ed}$

$\mu_{Eds} = \frac{0{,}229}{0{,}59^2 \cdot 11{,}3} = 0{,}058 < 0{,}088$

(5.16): $\mu_{Eds} = \frac{m_{Eds}}{d^2 \cdot f_{cd}}$

Die Bewehrung ist gemäß **Abb. 9.6** auf eine Breite von $0{,}3\ l_x$ bzw. $0{,}3\ l_y$ zu verteilen.

$0{,}3 \cdot 2{,}4 = 0{,}72\ \text{m}$

(Es muss somit die Bewehrung in Streifen 3 und 4 betrachtet werden.) In diesem Bereich liegt eine Bewehrung für $\mu_{Eds} = 0{,}088$ vor. Die Mindestlängsbewehrung ist somit nicht maßgebend.

Biegebemessung in *y*-Richtung:

$\frac{c_x}{b_x} = \frac{0{,}45}{2{,}40} = 0{,}188 \approx 0{,}2$

Eingangswert für **Tafel 12.3**

$k_{y4} = 0{,}18$

$\Delta M_{Edy} = 0{,}18 \cdot 535 = 96\ \text{kNm}$	(12.20): $\Delta M_{Edy} = k_{y4} \cdot M_{Edy}$
$d_y = 59 - 1{,}6 = 57\ \text{cm}$	(6.44): $d_{y'} = d_{x'} - \frac{\varnothing_l + \varnothing_t}{2}$
$\mu_{Eds} = \frac{8 \cdot 0{,}096}{2{,}40 \cdot 0{,}57^2 \cdot 11{,}3} = 0{,}087$	(12.21): $\mu_{Eds} = \frac{8 \Delta M_{Edy}}{b_x \cdot d_y^{\,2} \cdot f_{cd}}$
$\omega = 0{,}0913;\ \sigma_s = 457\ \text{N/mm}^2$	Teil 1, **Tafel 7.1** (interpoliert)
$A_{sy4} = \frac{0{,}0913 \cdot 240 \cdot 57 \cdot 11{,}3 + 0}{8 \cdot 457} = 3{,}9\ \text{cm}^2$	(12.22): $A_{sy4} = \frac{\omega \cdot b_x \cdot d_y \cdot f_{cd} + N_{Ed}}{8\,\sigma_{sd}}$
$A_{sy3} = \frac{0{,}14}{0{,}18} \cdot 3{,}9 = 3{,}1\ \text{cm}^2$	(12.23): $A_{syi} = \frac{k_{yi}}{k_{y4}} \cdot A_{sy4}$
$A_{sy2} = \frac{0{,}10}{0{,}18} \cdot 3{,}9 = 2{,}2\ \text{cm}^2$	(12.23): $A_{syi} = \frac{k_{yi}}{k_{y4}} \cdot A_{sy4}$
$A_{sy1} = \frac{0{,}08}{0{,}18} \cdot 3{,}9 = 1{,}8\ \text{cm}^2$	(12.23): $A_{syi} = \frac{k_{yi}}{k_{y4}} \cdot A_{sy4}$

gew. Streifen 3 und 4: ∅ 16-15

$$A_{s,vorh} = \frac{2{,}40}{8 \cdot 0{,}15} \cdot 2{,}01 = 4{,}0\ \text{cm}^2$$

gew. Streifen 1 und 2: ∅ 16-25

$$A_{s,vorh} = \frac{2{,}40}{8 \cdot 0{,}25} \cdot 2{,}0 = 2{,}40\ \text{cm}^2$$

Durchstanzbemessung:

$d_m = d = \frac{59 + 57}{2} = 58\ \text{cm}$	(9.11): $d_m = \frac{d_x + d_y}{2}$
	Fundamentschlankheit (**Abb. 12.6**):
$\lambda_x = \frac{a_{\lambda,x}}{d} = \frac{b_x/2 - c_x/2}{d} = \frac{2{,}40/2 - 0{,}45/2}{0{,}58} = 1{,}68 \le 2$	$\lambda = a_\lambda / d \le 2{,}0$
$\lambda_y = \frac{a_{\lambda,y}}{d} = \frac{b_y/2 - c_y/2}{d} = \frac{2{,}30/2 - 0{,}45/2}{0{,}58} = 1{,}59 \le 2$	$\lambda = a_\lambda / d \le 2{,}0$
Es liegt ein gedrungenes Fundament vor. Der kritische Rundschnitt muss iterativ bestimmt werden.	**Abb. 12.6**, Fall a)
Klaffende Sohlfuge unter Bemessungslasten?	
$e_{x,d} = \frac{\lvert M_{x,s-s,d} \rvert}{V_d} = \frac{\lvert 34{,}9 \rvert}{1952} = 0{,}018$	s. *Kippen*
	(12.12) mit Bemessungslasten:
$\frac{0{,}018}{2{,}40} + \frac{0}{2{,}30} = 0{,}0075 \le \frac{1}{6}$	$\frac{e_{x,d}}{b_x} + \frac{e_{y,d}}{b_y} \le \frac{1}{6}$

Es liegt keine klaffende Sohlfuge vor. Der Nachweis der Durchstanztragfähigkeit mit iterativer Bestimmung des kritischen Rundschnitts kann somit nach **Tafel 12.5** erfolgen.

Streifen 3 und 4: ∅16-15; Streifen 1 und 2: ∅16-25

$$\rho_{lx,3+4} = \frac{2{,}01}{0{,}15 \cdot 59} \cdot 10^{-2} = 0{,}00227$$

$$\rho_{ly,3+4} = \frac{2{,}01}{0{,}15 \cdot 57} \cdot 10^{-2} = 0{,}00235$$

$$\rho_{lx,1+2} = \frac{2{,}01}{0{,}25 \cdot 59} \cdot 10^{-2} = 0{,}00136$$

$$\rho_{ly,1+2} = \frac{2{,}01}{0{,}25 \cdot 57} \cdot 10^{-2} = 0{,}00141$$

$$\rho_{lx} = 0{,}5 \cdot \left(0{,}00227 + 0{,}00136\right) = 0{,}00182$$

$$\rho_{ly} = 0{,}5 \cdot \left(0{,}00235 + 0{,}00141\right) = 0{,}00188$$

$$\rho = \frac{a_s}{d}$$

Der Bewehrungsgrad wird auf einer Breite entsprechend der Stützenabmessung zuzüglich 3d pro Seite betrachtet.

$$b_c + 6d = 0{,}45 + 6 \cdot 0{,}58 = 3{,}93 \text{ m} > b_x$$

Es wird somit die Bewehrung über die gesamte Fundamentbreite betrachtet.

$$\rho_l = \sqrt{0{,}00182 \cdot 0{,}00188} = \underline{0{,}00185} < \begin{cases} 0{,}50 \, \frac{11{,}3}{435} = 0{,}0130 \\ 0{,}02 \end{cases}$$

(9.40): $\rho_l = \sqrt{\rho_{lx} \cdot \rho_{ly}} \leq \begin{cases} 0{,}50 \cdot \frac{f_{cd}}{f_{yd}} \\ 0{,}02 \end{cases}$

$$k = 1 + \sqrt{\frac{200}{580}} = \underline{1{,}59} \leq 2{,}0$$

(9.39): $k = 1 + \sqrt{\frac{200}{d}} \leq 2{,}0$

(9.43) für $d = 580 \text{ mm} \leq 600 \text{ mm}$

$$v_{min} = 0{,}0525/1{,}50 \cdot 1{,}59^{3/2} \cdot 20^{1/2} = 0{,}314 \text{ MN/m}^2$$

$v_{min} = 0{,}0525/\gamma_C \cdot k^{3/2} \cdot f_{ck}^{\ 1/2}$

$$v_{Rd,c,2,0d} = 0{,}15/1{,}50 \cdot 1{,}59 \cdot (100 \cdot 0{,}00185 \cdot 20)^{\frac{1}{3}} = 0{,}246 \text{ MN/m}^2 \geq \underline{0{,}314} \text{ MN/m}^2$$

(12.30): $v_{Rd,c,2,0d} = C_{Rd,c} \cdot k \cdot \left(100 \cdot \rho_l \cdot f_{ck}\right)^{\frac{1}{3}} \geq v_{min}$

Iterative Bestimmung des kritischen Rundschnitts:

Stütze 45/45 cm

Grenzabmessungen der Stütze gemäß Gln. (9.13) bis (9.15) sind offensichtlich erfüllt (s. a. **Abb. 9.7**).

Startwert (geschätzt):

$\cot(\theta_i) = 0{,}70$

Tafel 12.4, (1)

Tafel 12.4, (2), (12.35):

$a_i = \cot(\theta_i) \cdot d$

$a_i = 0{,}7 \cdot 0{,}58 = 0{,}406$ m

Tafel 12.4, (3), (12.36):

$u_i = 2 \cdot (c_1 + c_2) + 2\pi \cdot a_i$

$u_i = 2 \cdot (0{,}45 + 0{,}45) + 2\pi \cdot 0{,}406 = 4{,}351$ m

Tafel 12.4, (4), (12.38):

$A_{crit,i} = c_1 \cdot c_2 + 2 \cdot (c_1 + c_2) \cdot a_i + \pi \cdot a_i^2$

$A_{crit,i} = 0{,}45 \cdot 0{,}45 + 2 \cdot (0{,}45 + 0{,}45) \cdot 0{,}406 + \pi \cdot 0{,}406^2 = 1{,}451$ m²

Tafel 12.4, (5), (12.29):

$v_{Rd,c,i} = v_{Rd,c,2,0d} \cdot 2 \cdot d / a_i$

$v_{Rd,c,i} = 0{,}314 \cdot 2 \cdot 0{,}58 / 0{,}406 = 0{,}897$ MN/m²

Tafel 12.4, (6), (12.40):

$V_{Rd,c,i} = v_{Rd,c,i} \cdot u_i \cdot d$

$V_{Rd,c,i} = 0{,}897 \cdot 4{,}351 \cdot 0{,}58 = 2{,}264$ MN $= 2264$ kN

Tafel 12.4, (7), (12.41):

$V'_{Rd,c,i} = \dfrac{V_{Rd,c,i}}{1 - A_{crit,i}/A_F}$

$$V'_{Rd,c,i} = \frac{2264}{1 - 1{,}451/(2{,}40 \cdot 2{,}30)} = 3071 \text{ kN}$$

Die Schritte (1) bis (7) aus **Tafel 12.4** werden für weitere Werte $\cot(\theta_i)$ wiederholt:

$\cot(\theta_i) = 0{,}60 \Rightarrow V'_{Rd,c,i} = 3099$ kN

$\cot(\theta_i) = 0{,}80 \Rightarrow V'_{Rd,c,i} = 3114$ kN

Tafel 12.4, (7), (12.41):

$V'_{Rd,c,i} = \dfrac{V_{Rd,c,i}}{1 - A_{crit,i}/A_F} \mapsto \min$

Für $\cot(\theta) = 0{,}70$ ergibt sich mit $V'_{Rd,c} = 3071$ kN das gesuchte Minimum. Die Iteration ist abgeschlossen.

Ergebnisse Iteration

$\Rightarrow a_{crit} = 0{,}406$ m; $u_{crit} = 4{,}351$ m; $A_{crit} = 1{,}451$ m²

$\Rightarrow V'_{Rd,c} = 3071$ kN

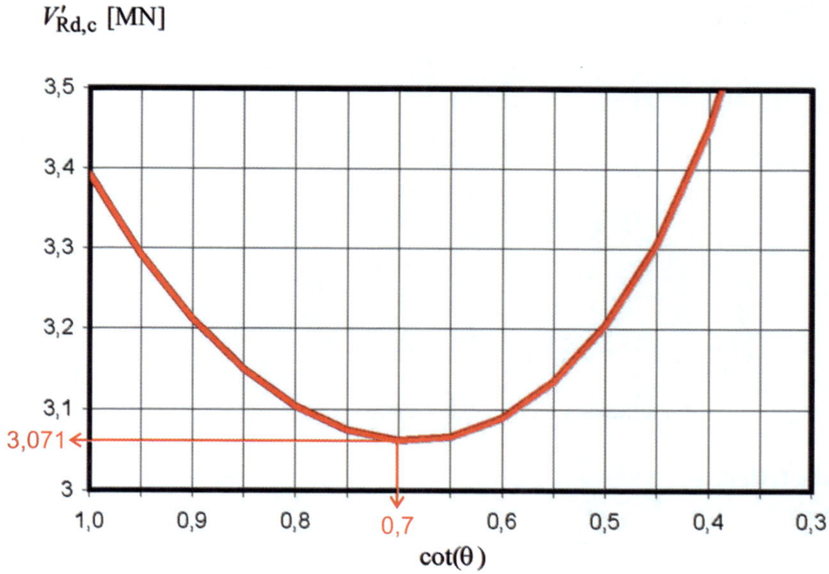

Graphische Darstellung der Iteration nach **Tafel 12.4**

Bestimmung Lasterhöhungsfaktor β:

Tafel 12.4, (8), (9.34):

$$W = 0{,}45^2/2 + 0{,}45 \cdot 0{,}45 + 2 \cdot 0{,}45 \cdot 0{,}406 + 4 \cdot 0{,}406^2 + \pi \cdot 0{,}406 \cdot 0{,}45 = 1{,}902 \text{ m}^2$$

$$W = c_1{}^2/2 + c_1 \cdot c_2 + 2 \cdot c_2 \cdot a_{\text{crit}} + 4 \cdot a_{\text{crit}}{}^2 + \pi \cdot a_{\text{crit}} \cdot c_1$$

Tafel 9.3

$$c_1/c_2 = 0{,}45/0{,}45 = 1{,}0 \Rightarrow k = 0{,}6$$

Moment Stütze: $M_{\text{qk,x}} = 20 \text{ kNm}$

$$M_{\text{Ed}} = 20 \cdot 1{,}5 = 30$$

Normalkraft Stütze

$$V_{\text{Ed}} = N_{\text{Ed}} = 1830 \text{ kN}$$

(12.26): $\sigma'_{\text{gd}} = \dfrac{V_{\text{Ed}}}{A_{\text{F}}}$

$$\sigma'_{\text{gd}} = \frac{1830}{2{,}40 \cdot 2{,}30} = 331{,}5 \text{ kN/m}^2$$

(12.27): $\Delta V_{\text{Ed}} = \sigma'_{\text{gd}} \cdot A_{\text{crit}}$

$$\Delta V_{\text{Ed}} = 331{,}5 \cdot 1{,}451 = 481 \text{ kN}$$

(12.25): $V_{\text{Ed,red}} = V_{\text{Ed}} - \Delta V_{\text{Ed}}$

$$V_{\text{Ed,red}} = 1830 - 481 = 1349 \text{ kN}$$

(9.32): $\beta = 1 + k \cdot \dfrac{M_{\text{Ed}} \cdot u}{V_{\text{Ed,red}} \cdot W} \geq 1{,}10$

$$\beta = 1 + 0{,}6 \cdot \frac{30 \cdot 4{,}351}{1349 \cdot 1{,}902} = 1{,}03 \geq \underline{1{,}10}$$

Tafel 12.4, (9), (12.42):

$\beta \cdot V_{\text{Ed}} \leq V'_{\text{Rd,c}}$

$$1{,}10 \cdot 1830 = 2013 \text{ kN} \leq 3071 \text{ kN}$$

$\Rightarrow$ Durchstanzbewehrung nicht erforderlich

Schnitt a-a

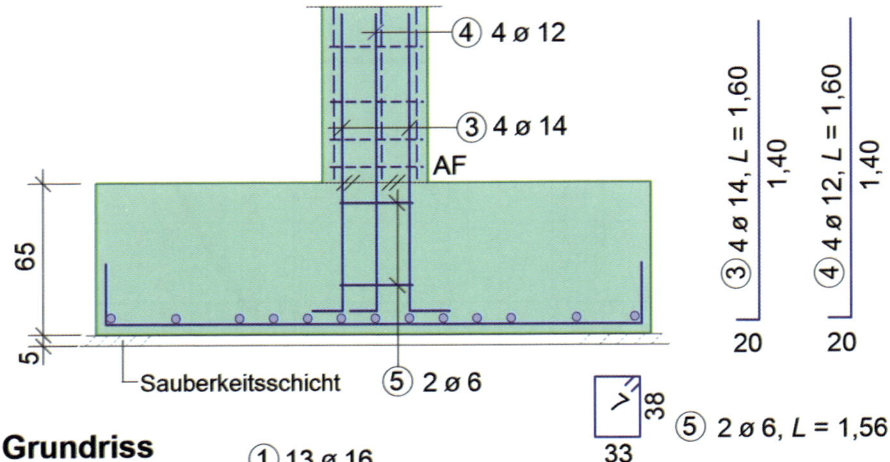

Grundriss

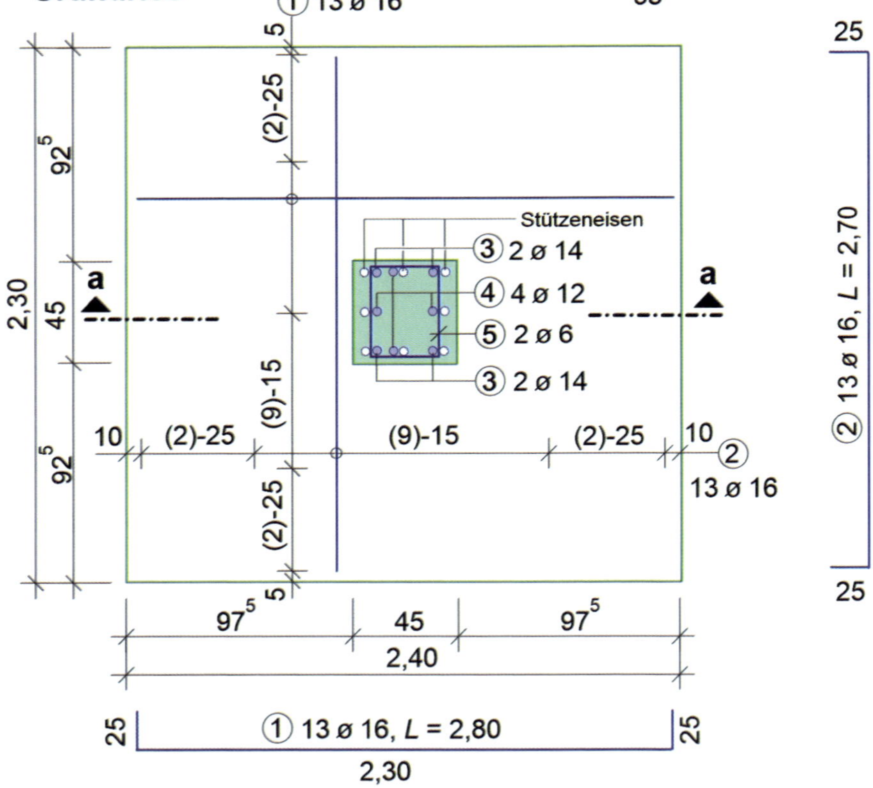

Anmerkungen zum Bewehrungsplan:

Pos. 1 Die Winkelhaken wurden konstruktiv ergänzt und dienen gleichzeitig als Verankerung

Pos. 3
Pos. 4 Dies ist die Anfängerbewehrung für die Stütze. Ihr Querschnitt ist gleich der erforderlichen Stützenlängsbewehrung. Über der Arbeitsfuge (AF) wird die Bewehrung in einem 100 %-Stoß mit der später zu verlegenden Stützenbewehrung (gestrichelt) gestoßen. Das über die AF hinausschauende Stabende muss somit $\geq l_0$ sein. Der untere Winkelhaken wurde zur Montageerleichterung vorgesehen, andernfalls kann die Betondeckung an der Sohle schlecht eingehalten werden.

Pos. 5 Die Bügel sind eine Montagebewehrung für Pos. 4 und Pos. 5. Die Bügel wurden hier kleiner ausgeführt als die Bügel der Stahlbetonstütze. So kann der Bügelkorb der Stahlbetonstütze problemlos eingebaut werden. Die Darstellung im Grundriss soll dies verdeutlichen.

Beispiel 12.3: Durchstanzbemessung eines bewehrten Einzelfundaments (schlankes Fundament)

gegeben:
- Fundament gemäß Skizze
- Kreisstütze D= 50 cm
- Bemessungslast der Stütze N_{Ed} = 1800 kN
- Baustoffgüten des Fundaments C35/45; B500
- Verlegemaß: $c_{v,l} = 5$ cm
- statische Höhe: $d_x = 44$ cm; $d_y = 42$ cm
- Bewehrungsmengen:
- Streifen 1+2: ∅ 16-25; Streifen 3+4: ∅ 20-22

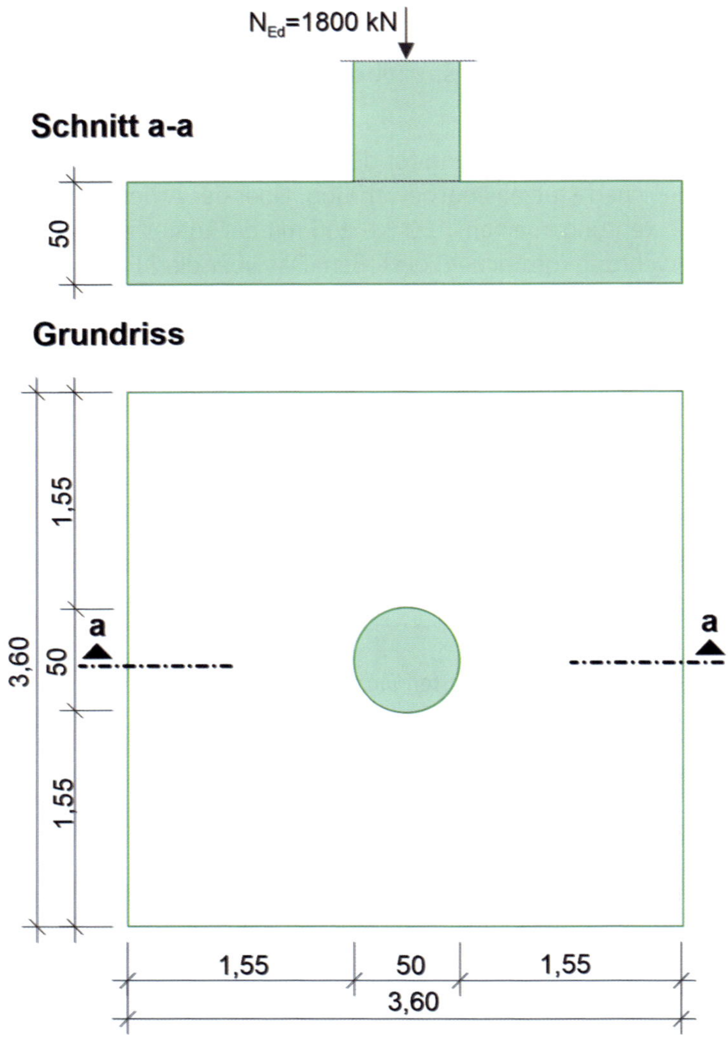

gesucht: • Durchstanzbemessung des Fundaments

Lösung:

Mindestbiegezugbewehrung zur Sicherstellung der Durchstanztragfähigkeit:

$$\eta = 0{,}125$$

$$V_{\text{Ed,red}} = 1{,}8 \cdot \left(1 - \frac{\pi \cdot 0{,}25^2}{3{,}6^2}\right) = 1{,}773 \text{ MN}$$

$$m_{\text{Edx}} = m_{\text{Edy}} = 0{,}125 \cdot 1773 = 222 \text{ kNm/m}$$

Tafel 9.1:

Die Querkraft darf um den Sohldruck, der innerhalb der Lasteinleitungsfläche liegt, abgemindert werden.

(9.10): $m_{\text{Edi}} \geq \eta_i \cdot V_{\text{Ed,red}}$

$$\mu_{Eds} = \frac{0,229}{0,42^2 \cdot 19,8} = 0,0656$$

(5.16): $\mu_{Eds} = \frac{m_{Eds}}{d^2 \cdot f_{cd}}$

$\omega = 0,0681;\ \sigma_{sd} = 457\ N/mm^2$

Band 1, **Tafel 7.1** interpoliert

$$a_{s,erf} = \frac{0,0681 \cdot 0,42 \cdot 19,8}{457} \cdot 10^4 = 12,4\ cm^2/m$$

$a_{s,erf} = \frac{\omega \cdot d \cdot f_{cd} + N_{Ed}}{\sigma_{sd}}$

Die Bewehrung ist gemäß **Abb. 9.6** auf eine Breite von $0,3\ l_x$ bzw. $0,3\ l_y$ zu verteilen.

$0,3 \cdot 3,6 = 1,08\ m$

(Es muss somit die Bewehrung in Streifen 3 und 4 betrachtet werden.) In diesem Bereich liegt eine Bewehrung von $A_s = 14,28\ cm^2/m$ vor. Die Mindestlängsbewehrung ist somit nicht maßgebend.

Durchstanzbemessung:

$$d_m = d = \frac{44 + 42}{2} = 43\ cm$$

(9.11): $d_m = \frac{d_x + d_y}{2}$

Fundamentschlankheit (**Abb. 12.6**):

$$\lambda_x = \frac{a_{\lambda,x}}{d} = \frac{1,55}{0,44} = 3,5 > 2$$

$\lambda = a_\lambda / d$

$$\lambda_y = \frac{a_{\lambda,y}}{d} = \frac{1,55}{0,42} = 3,69 > 2$$

$\lambda = a_\lambda / d$

Es liegt ein schlankes Fundament vor. Der kritische Rundschnitt darf vereinfacht bei $1,0d$ angenommen werden.

Abb. 12.6, Fall b)

Ermittlung des Durchstanzwiderstandes

Streifen 3 und 4: ∅20-22; Streifen 1 und 2: ∅16-25

$\rho = \frac{a_s}{d}$

$$\rho_{lx,3+4} = \frac{3,14}{0,22 \cdot 44} \cdot 10^{-2} = 0,00324$$

$$\rho_{ly,3+4} = \frac{3,14}{0,22 \cdot 42} \cdot 10^{-2} = 0,00340$$

$$\rho_{lx,1+2} = \frac{2,01}{0,25 \cdot 44} \cdot 10^{-2} = 0,00183$$

$$\rho_{ly,1+2} = \frac{2,01}{0,25 \cdot 42} \cdot 10^{-2} = 0,00191$$

Der Bewehrungsgrad wird auf einer Breite entsprechend der Stützenabmessung zuzüglich 3d pro Seite betrachtet.

$D + 6d = 0,5 + 6 \cdot 0,43 = 3,08\ m < b_x$

Es wird die Bewehrung über eine Fundamentbreite von 3,08 m betrachtet.

$$\rho_{lx} = \left(1,8 \cdot 0,00324 + 1,28 \cdot 0,00183\right)/3,08 = 0,00265$$

$$\rho_{ly} = \left(1,8 \cdot 0,00340 + 1,28 \cdot 0,00191\right)/= 0,00278$$

$$\rho_l = \sqrt{0,00265 \cdot 0,00278}$$

$$= \underline{0,00271} < \begin{cases} 0,50 \frac{19,8}{435} = 0,0228 \\ 0,02 \end{cases}$$

(9.40):

$$\rho_l = \sqrt{\rho_{lx} \cdot \rho_{ly}} \le \begin{cases} 0,50 \cdot \frac{f_{cd}}{f_{yd}} \\ 0,02 \end{cases}$$

$$k = 1 + \sqrt{\frac{200}{430}} = \underline{1{,}68} \leq 2{,}0$$

(9.39): $k = 1 + \sqrt{\frac{200}{d}} \leq 2{,}0$

(9.40) für
$d = 430 \text{ mm} \leq 600 \text{ mm}$

$$v_{\min} = 0{,}0525/1{,}50 \cdot 1{,}68^{3/2} \cdot 35^{1/2} = 0{,}451 \text{ MN/m}^2$$

$v_{\min} = 0{,}0525/\gamma_C \cdot k^{3/2} \cdot f_{ck}^{\ 1/2}$

$$v_{Rd,c} = 0{,}15/1{,}5 \cdot 1{,}68 \cdot (100 \cdot 0{,}00271 \cdot 35)^{\frac{1}{3}} \cdot \frac{2d}{1d}$$
$$= 0{,}711 \text{ MN/m}^2 \geq \underline{0{,}902} \text{ MN/m}^2 = 0{,}451 \cdot \frac{2d}{1d}$$

(12.29):
$v_{Rd,c} = C_{Rd,c} \cdot k \cdot \left(100 \cdot \rho_l \cdot f_{ck}\right)^{\frac{1}{3}} \cdot \frac{2d}{a}$
$\geq v_{\min} \cdot \frac{2d}{a}$

Bestimmung der einwirkenden Durchstanzkraft entlang des krtischen Rundschnitts

Tafel 12.4 , (3), (12.37):

$$u_i = \pi \cdot \left(0{,}5 + 2 \cdot 0{,}43\right) = 4{,}273 \text{ m}$$

$u_i = \pi \cdot (D + 2a_i)$

Tafel 12.4 , (4), (12.39):

$$A_{crit,i} = \pi \cdot (0{,}5/2 + 0{,}43)^2 = 1{,}453 \text{ m}^2$$

$A_{crit,i} = \pi \cdot \left(D/2 + a_i\right)^2$

$$\sigma'_{gd} = \frac{1{,}8}{3{,}6 \cdot 3{,}6} = 0{,}139 \text{ MN/m}^2$$

(12.26): $\sigma'_{gd} = \frac{V_{Ed}}{A_F}$

Aufgrund der vereinfachten Annahme $a_{crit} = 1{,}0d$ darf nur um den halben Wert des Sohldrucks innerhalb der Fläche des kritischen Rundschnitts abgemindert werden.

$$\Delta V_{Ed} = 0{,}5 \cdot 0{,}139 \cdot 1{,}453 = 0{,}101 \text{ MN}$$

(12.27): $\Delta V_{Ed} = 0{,}5 \cdot \sigma'_{gd} \cdot A_{crit}$

$$V_{Ed,red} = 1{,}8 - 0{,}101 = 1{,}699 \text{ MN}$$

(12.25): $V_{Ed,red} = V_{Ed} - \Delta V_{Ed}$

Lasterhöhungsfaktor

$\beta = 1{,}10$

Mittig belastetes Fundament

$$v_{Ed} = \frac{1{,}1 \cdot 1{,}699}{4{,}273 \cdot 0{,}43} = 1{,}017 \text{ MN/m}^2$$

(12.28): $v_{Ed} = \frac{\beta \cdot V_{Ed,red}}{u \cdot d}$

$$v_{Rd,c} = 0{,}902 \text{ MN/m}^2 < 1{,}017 \text{ MN/m}^2 = v_{Ed}$$

(9.36): $v_{Ed} \leq v_{Rd,c}$

⇒ Durchstanzbewehrung erforderlich

Nachweis der Maximaltragfähigkeit

$$1{,}017 \text{ MN/m}^2 \leq 1{,}4 \cdot 0{,}902 = 1{,}263 \text{ MN/m}^2$$

(12.45): $v_{Ed} \leq 1{,}4 \cdot v_{Rd,c}$

⇒ Nachweis der Maximaltragfähigkeit erbracht.

Ermittlung der erforderlichen Bügelbewehrung

$$f_{ywd,ef} = 250 + 0{,}25 \cdot 430 = 357{,}5 \text{ N/mm}^2$$
$$\leq 435 \text{ N/mm}^2$$

(9.48):
$f_{ywd,ef} = 250 + 0{,}25 \cdot d \leq f_{ywd}$

$$A_{sw,1+2} = \frac{1{,}1 \cdot 1{,}699}{357{,}5} \cdot 10^4 = 52{,}3 \text{ cm}^2$$

(12.43): $A_{sw,1+2} = \frac{\beta \cdot V_{Ed,red}}{f_{ywd,ef}}$

1. Bewehrungsreihe im Abstand
$a_1 = 0{,}3d = 0{,}3 \cdot 43 = 12{,}9 \text{ cm}$

$A_{sw,1} = 52{,}3/2 = 26{,}2\ \text{cm}^2$

$u_{0,3d} = \pi \cdot (0{,}5 + 2 \cdot 0{,}129) = 2{,}381\ \text{m}$ — (12.37): $u_i = \pi \cdot (D + 2a_i)$

Bügel: $\varnothing_{sw} \leq 0{,}05 \cdot 430 = 21{,}5\ \text{mm}$ — (9.52):

Bügel: $\varnothing_{sw} \leq 0{,}05 \cdot d$

Schrägaufbiegung: $\varnothing_{sw} \leq 0{,}08 \cdot d$

$s_{t,max} = 1{,}5 \cdot 0{,}430 = 0{,}645\ \text{m}$ — $s_{t,max} = 1{,}5\,d_m$

$n = \frac{u_{0,3d}}{s_{t,max}} = \frac{2{,}381}{0{,}645} = 3{,}69$

mindestens 4 Bügelschenkel erforderlich

1. Reihe gew: 7Bü Ø16 2-schenklig

$A_{s,vorh} = 2 \cdot 7 \cdot 2{,}01 = 28{,}14\ \text{cm}^2 > 26{,}2\ \text{cm}^2 = A_{s,erf}$ — $A_{s,vorh} \geq A_{s,erf}$

Mindestquerschnittsfläche eines Bewehrungsstabs:

Maximalabstände $s_r = 0{,}5\,d_m = 0{,}5 \cdot 0{,}43 = 0{,}215\ \text{m}$ und $s_{t,max} = 0{,}645\ \text{m}$ sind einzuhalten.

(9.51): $A_{sw,min} = \frac{0{,}08}{1{,}5} \cdot \frac{\sqrt{f_{ck}}}{f_{yk}} \cdot s_r \cdot s_t = \rho_{w,min} \cdot s_r \cdot s_t$

$A_{sw,min} = 0{,}63/1000 \cdot 21{,}5 \cdot 64{,}5 = 0{,}87\ \text{cm}^2$

vorhanden: Ø16; $A_{sw} = 2{,}01\ \text{cm}^2$

2. Bewehrungsreihe im Abstand

$a_1 = 0{,}8d = 0{,}8 \cdot 43 = 34{,}4\ \text{cm}$

$A_{sw,2} = 52{,}3/2 = 26{,}2\ \text{cm}^2$

$u_{0,8d} = \pi \cdot (0{,}5 + 2 \cdot 0{,}344) = 3{,}732\ \text{m}$ — (12.37): $u_i = \pi \cdot (D + 2a_i)$

$n = \frac{u_{0,8d}}{s_{t,max}} = \frac{3{,}732}{0{,}645} = 5{,}8$

mindestens 6 Bügelschenkel erforderlich

2. Reihe gew: 7Bü Ø16 2-schenklig

$A_{s,vorh} = 2 \cdot 7 \cdot 2{,}01 = 28{,}14\ \text{cm}^2 > 26{,}2\ \text{cm}^2 = A_{s,erf}$ — $A_{s,vorh} \geq A_{s,erf}$

Ist eine 3 Bewehrungsreihe erforderlich?

Überprüfung im Abstand $1{,}5d$ zur zweiten Bewehrungsreihe

$a_{out} = (0{,}8 + 1{,}5)d = 2{,}3 \cdot 43 = 98{,}9\ \text{cm}$

$A_{out} = \pi \cdot (0{,}5/2 + 0{,}989)^2 = 4{,}823\ \text{m}^2$ — (12.39): $A_{crit,i} = \pi \cdot (D/2 + a_i)^2$

$u_{out} = \pi \cdot (0{,}5 + 2 \cdot 0{,}989) = 7{,}785\ \text{m}$ — (12.37): $u_i = \pi \cdot (D + 2a_i)$

$\Delta V_{Ed,out} = 0{,}139 \cdot 4{,}823 = 0{,}670\ \text{MN}$ — (12.27): $\Delta V_{Ed} = \sigma'_{gd} \cdot A_{crit}$

$V_{Ed,red,out} = 1{,}8 - 0{,}670 = 1{,}130 \text{ MN}$

$v_{Ed,out} = \dfrac{1{,}1 \cdot 1{,}130}{7{,}785 \cdot 0{,}43} = 0{,}371 \text{ MN/m}^2$

$v_{Rd,c} = 0{,}15/1{,}5 \cdot 1{,}68 \cdot (100 \cdot 0{,}00271 \cdot 35)^{\frac{1}{3}}$
$= 0{,}356 \text{ MN/m}^2 \geq \underline{0{,}451} \text{ MN/m}^2$

$v_{Ed} = 0{,}371 \text{ MN/m}^2 \leq 0{,}451 \text{ MN/m}^2 = v_{Rd,c}$

$\Rightarrow$ Keine weitere Bewehrungsreihe erforderlich.

(12.25): $V_{Ed,red} = V_{Ed} - \Delta V_{Ed}$

(12.28): $v_{Ed} = \dfrac{\beta \cdot V_{Ed,red}}{u \cdot d}$

(12.30):
$v_{Rd,c,2,0d} = C_{Rd,c} \cdot k \cdot \left(100 \cdot \rho_l \cdot f_{ck}\right)^{\frac{1}{3}}$
$\geq v_{min}$

(9.36): $v_{Ed} \leq v_{Rd,c}$

12.5 Streifenfundamente

12.5.1 Allgemeines

Streifenfundamente sind im Prinzip einachsig gespannte Platten (→ Kap. 5), wobei hier die Spannrichtung quer zur Längsachse des Fundaments verläuft (**Abb. 12.7**). Streifenfundamente werden berechnet und bemessen, indem wie bei Platten ein Streifen der Breite 1 m betrachtet wird.

Streifenfundamente können bewehrt oder unbewehrt ausgeführt werden. Unbewehrte Streifenfundamente werden analog zu den unbewehrten Einzelfundamenten bemessen, indem die erforderliche Höhe nach Gl. (12.17) bestimmt wird. Unbewehrte Streifenfundamente eignen sich besonders bei standfestem Boden, da hier ohne Schalung betoniert werden kann.

Bewehrte Fundamente werden angeordnet, wenn weniger tragfähiger Boden ansteht und damit breite Fundamente erforderlich werden. Im Allg. werden Streifenfundamente bei Hochbauten zentrisch unter die Wände platziert. Wenn jedoch ein Moment aus ständigen Lasten vorhanden ist (wie bei Winkelstützmauern infolge des Erddrucks), können Streifenfundamente auch ausmittig unter den Wänden stehen.

12.5.2 Schnittgrößenermittlung

Die Schnittgrößen werden für konstanten Sohldruck ermittelt (**Abb. 12.7**), wobei für exzentrisch belastete Fundamente die Fundamentbreite analog Gl. (12.6) zu reduzieren ist. Bei nichtbindigen Böden darf die Biegebemessung am Anschnitt zur Wand erfolgen (das Biegemoment wird ausgerundet); bei bindigen Böden muss die Bemessung in der Wandachse erfolgen. Dementsprechend ergeben sich folgende Schnittgrößen:

nichtbindiger Boden:

$$m_{\mathrm{Edy}} = \sigma'_{\mathrm{gd}} \cdot \frac{a^2}{2} \qquad \sigma'_{\mathrm{gd}} = \text{Sohldruck ohne Fundamenteigenlast} \qquad (12.46)$$

bindiger Boden:

$$m_{\mathrm{Edy}} = \sigma'_{\mathrm{gd}} \cdot \frac{b^2}{8} \qquad (12.47)$$

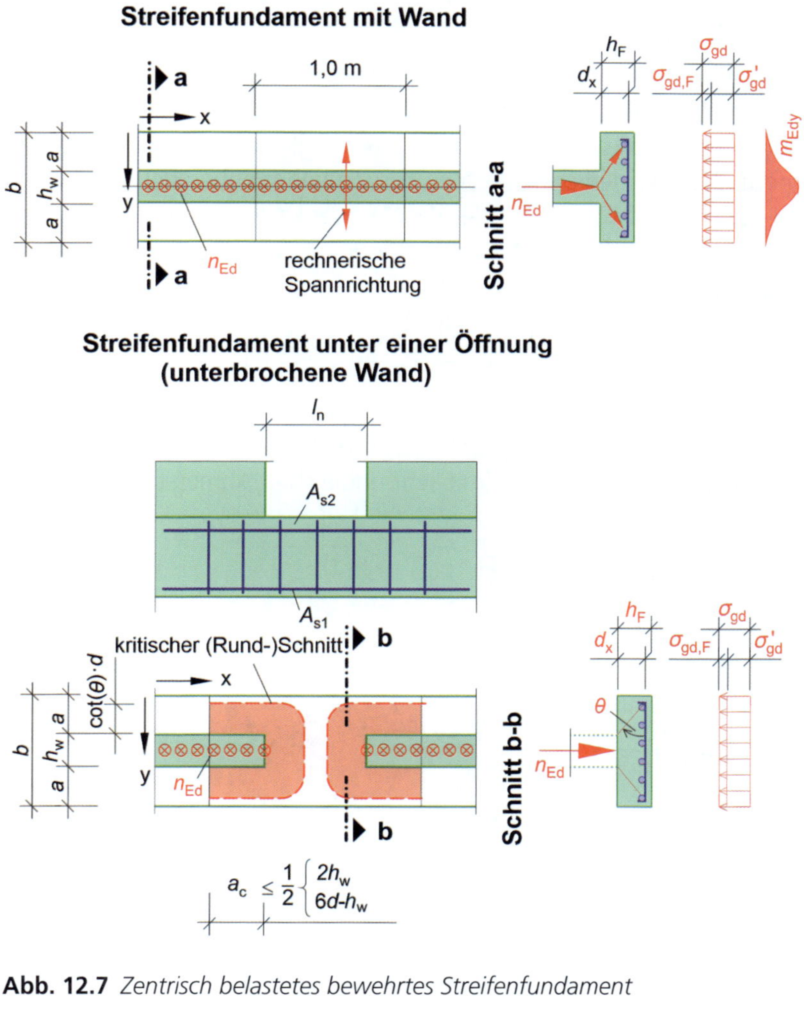

Abb. 12.7 *Zentrisch belastetes bewehrtes Streifenfundament*

Bei Streifenfundamenten unter Innenwänden können diese infolge von Türöffnungen unterbrochen sein (**Abb. 12.7**). Der auf das Fundament im Bereich der Öffnung wirkende Sohldruck erzeugt Biegemomente und Querkräfte. Mit den folgenden Gln. können näherungsweise die Schnittgrößen ermittelt werden. Die Bemessung kann dann nach Kap. 12.5.3 erfolgen.

$$M_{\text{Edx2}} \approx -\frac{n_{\text{Ed}} \cdot (1{,}05\, l_{\text{n}})^2}{12} \approx -0{,}1\, n_{\text{Ed}} \cdot l_{\text{n}}^2 \text{ (Bewehrung an der Fundamentoberkante)} \quad (12.48)$$

$$M_{\text{Edx1}} \approx \frac{n_{\text{Ed}} \cdot (1{,}05\, l_{\text{n}})^2}{16} \approx 0{,}07\, n_{\text{Ed}} \cdot l_{\text{n}}^2 \text{ (Bewehrung an der Fundamentunterkante)} \quad (12.49)$$

$$V_{\text{Edx}} \approx \frac{1{,}05\, n_{\text{Ed}} \cdot l_{\text{n}}}{2} \approx 0{,}525\, n_{\text{Ed}} \cdot l_{\text{n}} \quad (12.50)$$

12.5.3 Bemessung

Die Biegebemessung erfolgt mit dem Bemessungsmoment m_{Edy} wie für eine einachsig gespannte Platte. Die Biegezugbewehrung wird nicht gestaffelt und an den beiden Fundamentseiten mit Winkelhaken verankert.

In der *x*-Richtung muss eine Querbewehrung von mindestens 20 % von a_{sy} vorgesehen werden. Um Setzungsunterschiede längs des Streifenfundaments ausgleichen zu können und innerhalb des Fundaments eine Lastumlagerung zu ermöglichen, wird diese Bewehrung in der Regel erhöht. Die erforderliche Längsbewehrung hängt neben den Lasten und dem Baugrund davon ab, ob sich die aufgehende Wand an der Lastumlagerung beteiligen kann (Stahlbetonwand) oder nicht (Beton-, Mauerwerkswand).

In der *y*-Richtung ist eine Querkraftbemessung i. Allg. nicht erforderlich, da vorab ersichtlich ist, dass der Wert $v_{\text{Rd,c}}$ unterschritten wird. Sofern Zweifel bestehen sollten, kann der Querkraftnachweis nach Kap. 5.6.2 geführt werden.

Bei längeren Fundamentüberständen am Wandende oder bei unter Türöffnungen durchlaufenden Fundamenten tritt ein Durchstanzproblem auf (**Abb. 12.7**). Hier ist ein Durchstanznachweis analog zu einer Rechteckstütze mit sehr ungleichen Abmessungen zu führen (**Abb. 9.8**).

$$a_{\text{c}} \le \begin{cases} 2\, h_{\text{w}} \\ 6{,}0\, d - h_{\text{w}} \end{cases} \quad (12.51)$$

$$u = a_{\text{c}} + h_{\text{w}} + \pi \cdot \cot(\theta) \cdot d \quad (12.52)$$

Voraussetzung: $h_{\text{w}} \le 3 \cdot d$

Bestimmung von θ nach **Abb. 12.6**

Beispiel 12.4: Bemessung eines Streifenfundaments

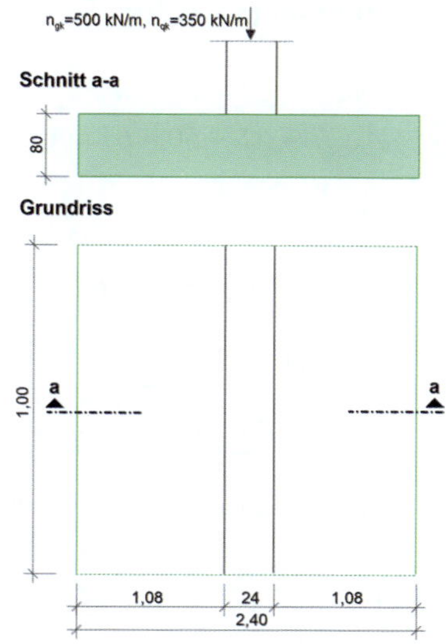

gegeben:
- Mauerwerkswand h_w = 24 cm eines Kellers
- zentrische Wandlast n_{gk} = 500 kN/m; n_{qk} = 350 kN/m
- rolliger Boden, dicht gelagert
- Einbindetiefe des Fundaments in den Baugrund t = 80 cm
- Bemessungswert des Sohldruckwiderstandes lt. Bodengutachten: $\sigma_{R,d}$ = 560 kN/m²
- Baustoffgüten des Fundaments C20/25; B500

gesucht:
- Bemessung des Fundaments bei durchlaufender Wand
- Zusatzbemessung über einer Türöffnung l_n = 1,01 m

Lösung:

Vorbemessung der Fundamentbreite:

$$A'_{erf} \approx \frac{500 \cdot 1{,}35 + 350 \cdot 1{,}50}{560} = 2{,}14\ \mathrm{m^2/m}$$

(12.4): $A'_{erf} = \frac{V_d}{\sigma_{R,d}}$

gew.: b/h_F = 240/80 cm

Nachweis der Bodenpressungen:

Wandlast	500 kN/m
Eigenlast Fundament 25 · 2,40 · 0,80 =	48 kN/m
n_{gk}=	548 kN/m
Verkehrslast n_{qk}=	350 kN/m

$$V_d = 548 \cdot 1{,}35 + 350 \cdot 1{,}5 = 1265\ \mathrm{kN/m}$$

$$\sigma_{E,d} = \frac{1265}{2{,}4} = 527\ \mathrm{kN/m^2} < 560\ \mathrm{kN/m^2} = \sigma_{R,d}$$

(12.4): $\sigma_{E,d} = \frac{V_d}{A'} \leq \sigma_{R,d}$

Schnittgrößen:

$$n_{Ed} = 1{,}35 \cdot 500 + 1{,}50 \cdot 350 = 1200\ \mathrm{kN/m}$$

Abb. 12.7

$$\sigma'_{gd} = \frac{1200}{2{,}40 \cdot 1{,}00} = 500\ \mathrm{kN/m^2}$$

(12.18): $\sigma'_{gd} = \frac{N_{Ed}}{A'}$

$$a_\lambda = \frac{2{,}4 - 0{,}24}{2} = 1{,}08\ \mathrm{m}$$

$a_\lambda = \frac{b_F - h_w}{2} = 1{,}08\ \mathrm{m}$

$m_{\text{Edy}} = 500 \cdot \frac{1{,}08^2}{2} = 292$ kNm/m	(12.46): $m_{\text{Edy}} = \sigma'_{\text{gd}} \cdot \frac{a^2}{2}$
Biegebemessung:	
$c_{\text{min}} = 20$ mm	XC2
$\Delta c_{\text{dev}} = 15 + 50 = 65$ mm	Es wird ohne Sauberkeitsschicht betoniert, EC 2-1-1/NA, 4.4.1.3 (4).
$c_{\text{nom}} = 20 + 65 = 85 \text{ mm} = c_{\text{v,l}}$	$c_{\text{nom}} = c_{\text{min}} + \Delta c_{\text{dev}}$
$d_{\text{x}} = 80 - 8{,}5 - \frac{1{,}2}{2} = 70{,}9$ cm	$d_{\text{x}} = h_{\text{F}} - c_{\text{v,l}} - \frac{\varnothing_{\text{l}}}{2}$
$\mu_{\text{Eds}} = \frac{292 \cdot 10^{-3}}{0{,}709^2 \cdot 11{,}3} = 0{,}051$	(5.16): $\mu_{\text{Eds}} = \frac{m_{\text{Eds}}}{d^2 \cdot f_{\text{cd}}}$
$\omega \approx 0{,}0526;\ \sigma_{\text{sd}} = 457 \text{ N/mm}^2$	Teil 1, **Tafel 7.1** (interpoliert)
$a_{\text{s}} = \frac{0{,}0526 \cdot 70{,}9 \cdot 11{,}3 + 0}{457} \cdot 10^2 = 9{,}2 \text{ cm}^2/\text{m}$	(5.17): $a_{\text{s}} = \frac{\omega \cdot d \cdot f_{\text{cd}} + n_{\text{Ed}}}{\sigma_{\text{sd}}}$
gew: ∅ 12-12	
$a_{\text{s,vorh}} = \frac{100}{12} \cdot 1{,}13 = 9{,}42 \text{ cm}^2/\text{m}$	$a_{\text{s,vorh}} = \frac{l_{\text{B}}}{s} \cdot A_{\text{s,ds}}$
$a_{\text{s,vorh}} = 9{,}42 \text{ cm}^2/\text{m} \geq 9{,}2 \text{ cm}^2/\text{m} = a_{\text{s,erf}}$	$a_{\text{s,vorh}} \geq a_{\text{s,erf}}$
In Fundamentlängsrichtung konstruktiv :	Mindestens 20 % der *x*-Richtung
gew: ∅ 10-25	
$a_{\text{s,vorh}} = \frac{100}{25} \cdot 0{,}785 = 3{,}14 \text{ cm}^2/\text{m}$	$a_{\text{s,vorh}} = \frac{l_{\text{B}}}{s} \cdot A_{\text{s,ds}}$
$a_{\text{s,vorh}} = 3{,}14 \text{ cm}^2/\text{m} > 1{,}84 \text{ cm}^2/\text{m} = 0{,}20 \cdot 9{,}2 = a_{\text{s,erf}}$	$a_{\text{s,vorh}} \geq a_{\text{s,erf}}$
Türöffnung	Bemessung auf der sicheren Seite liegend für einen Streifen von *b* = 1,00 m
$m_{\text{Edx1}} \approx 0{,}07 \cdot 1200 \cdot 1{,}01^2/1{,}00 = 85{,}7$ kNm/m	(12.48): $M_{\text{Edx1}} \approx 0{,}07\, n_{\text{Ed}} \cdot l_{\text{n}}^2$
$d_{\text{y}} = 70{,}9 - \frac{1{,}2 + 1{,}0}{2} \approx 69{,}8$ cm	(6.44): $d_{\text{y'}} = d_{\text{x'}} - \frac{\varnothing_{\text{l}} + \varnothing_{\text{t}}}{2}$
$\mu_{\text{Eds}} = \frac{85{,}7 \cdot 10^{-3}}{0{,}698^2 \cdot 11{,}3} = 0{,}0156$	(5.16): $\mu_{\text{Eds}} = \frac{m_{\text{Eds}}}{d^2 \cdot f_{\text{cd}}}$
$\omega \approx 0{,}0158;\ \sigma_{\text{sd}} = 457 \text{ N/mm}^2$	Teil 1, **Tafel 7.1** (interpoliert)
$a_{\text{s}} = \frac{0{,}0158 \cdot 70 \cdot 11{,}3 + 0}{457} \cdot 10^2 = 2{,}73 \text{ cm}^2/\text{m} < 3{,}14 \text{ cm}^2/\text{m}$	(5.17): $a_{\text{s}} = \frac{\omega \cdot d \cdot f_{\text{cd}} + n_{\text{Ed}}}{\sigma_{\text{sd}}}$
Unten liegende Bewehrung reicht aus.	
$\lvert m_{\text{Edx2}} \rvert \approx 0{,}10 \cdot 1200 \cdot 1{,}01^2/1{,}00 = 122$ kNm/m	(12.48): $M_{\text{Edx2}} \approx -0{,}1\, n_{\text{Ed}} \cdot l_{\text{n}}^2$

$$d_2 = 80 - 3{,}5 - \frac{1{,}0}{2} = 76\ \text{cm}$$

$$d_2 = h - c_{\text{v,l}} - \frac{\varnothing_l}{2}$$

$$\mu_{\text{Eds}} = \frac{122 \cdot 10^{-3}}{0{,}76^2 \cdot 11{,}3} = 0{,}019$$

(5.16): $\mu_{\text{Eds}} = \dfrac{m_{\text{Eds}}}{d^2 \cdot f_{\text{cd}}}$

$$\omega \approx 0{,}0193;\ \sigma_{\text{sd}} = 457\ \text{N/mm}^2$$

Teil 1 **Tafel 7.1** (interpoliert)

$$a_{\text{s}} = \frac{0{,}0193 \cdot 76 \cdot 11{,}3 + 0}{457} \cdot 10^2 = 3{,}6\ \text{cm}^2/\text{m}$$

(5.17): $a_{\text{s}} = \dfrac{\omega \cdot d \cdot f_{\text{cd}} + n_{\text{Ed}}}{\sigma_{\text{sd}}}$

gew: ∅10-20

$$a_{\text{s,vorh}} = \frac{100}{20} \cdot 0{,}785 = 3{,}9\ \text{cm}^2/\text{m}$$

$$a_{\text{s,vorh}} = \frac{l_{\text{B}}}{s} \cdot A_{\text{s,ds}}$$

$$a_{\text{s,vorh}} = 3{,}9\ \text{cm}^2/\text{m} > 3{,}6\ \text{cm}^2/\text{m} = a_{\text{s,erf}}$$

$$a_{\text{s,vorh}} \geq a_{\text{s,erf}}$$

Durchstanzbemessung:

$$d_{\text{m}} = \frac{70{,}9 + 69{,}8}{2} = 70{,}4\ \text{cm}$$

(9.11): $d_{\text{m}} = \dfrac{d_{\text{x}} + d_{\text{y}}}{2}$

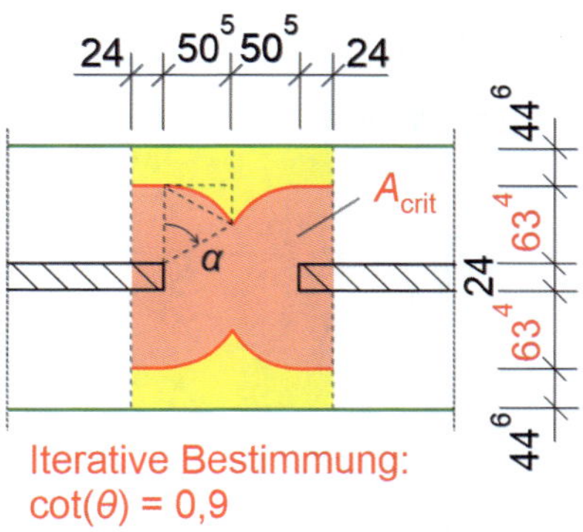

Der kritische Rundschnitt im Abstand 0,9 d = 63,4 cm muss iterativ bestimmt werden, sodass die Durchstanztragfähigkeit ein Minimum erreicht. Unter der Öffnung überschneiden sich die Rundschnitte der beiden Wandenden. Der Überschneidungsbereich ist vom kritischen Umfang abzuziehen.

Iteration:

Abb. 12.7

Durchstanztragfähigkeit $\mapsto$ min $\Rightarrow \dfrac{v_{\text{Ed,i}}}{v_{\text{Rd,c,i}}} \mapsto$ max

$$\alpha_{\text{i}} = \arcsin\frac{0{,}5\ l_{\text{n}}}{d \cdot \cot(\theta_{\text{i}})}$$

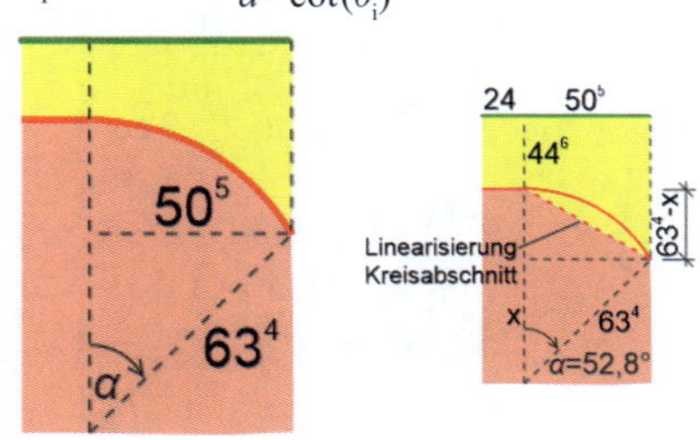

$$\cot(\theta_{\text{i}}) = 0{,}90$$

$$d \cdot \cot(\theta_{\text{i}}) = 0{,}704 \cdot 0{,}90 = 0{,}634\ \text{m}$$

$$\alpha_{\text{i}} = \arcsin\frac{0{,}505}{0{,}634} = 52{,}8°$$

$$a_{\text{c}} \leq \begin{cases} \underline{0{,}48\ \text{m}} = 2 \cdot 0{,}24 \\ 3{,}98\ \text{m} = 6{,}0 \cdot 0{,}704 - 0{,}24 \end{cases}$$

(12.51): $a_{\text{c}} \leq \begin{cases} 2\ h_{\text{w}} \\ 6{,}0 d - h_{\text{w}} \end{cases}$

$$u_{\text{i}} = 0{,}24 + 2\pi \cdot 0{,}635 \cdot \frac{52{,}8}{360} = 0{,}825\ \text{m}$$

Berechnung Rundschnitt u_{i}

Begrenzungslinie zwischen roter und gelber Fläche gemäß obiger Skizze (nur oberes linkes Viertel).

$$\left(A - A_{\text{crit}}\right)_{\text{i}} \approx 0{,}446 \cdot (0{,}505 + 0{,}24) + 0{,}505 \cdot \frac{0{,}634 \cdot (1 - \cos 52{,}8°)}{2} = 0{,}396\ \text{m}^2$$

Berechnung Flächeninhalt der gelben Fläche gemäß obiger Skizze (nur oberes linkes Viertel). Der Kreisabschnitt wird linearisiert (Dreieck).

V_{Ed} wird gemäß obiger Skizze aus dem Sohldruck unter der gelben Fläche berechnet (nur oberes Viertel):

$$V_{\text{Ed}} = \sigma'_{\text{gd}} \cdot \left(A - A_{\text{crit}}\right)$$

$$V_{\text{Ed,i}} = 500 \cdot 0{,}396 = 198\ \text{kN}$$

Tafel 9.2: Innenstütze

$$\beta = 1{,}10$$

(9.31): $v_{\text{Ed}} = \dfrac{\beta \cdot V_{\text{Ed}}}{u \cdot d_{\text{eff}}}$

$$v_{\text{Ed,i}} = \frac{1{,}10 \cdot 0{,}198}{0{,}825 \cdot 0{,}704} = 0{,}375\ \text{MN/m}^2$$

Tafel 9.1:

$$\eta = 0{,}125$$

(9.10): $m_{\text{Edi}} \geq \eta_{\text{i}} \cdot V_{\text{Ed}}$

linke Hälfte gemäß obiger Skizze:

$$m_{\text{Edx}} = 0{,}125 \cdot 198 \cdot 2 = 49{,}5\ \text{kNm/m} < 85{,}7\ \text{kNm/m}$$

$\rho = \dfrac{a_{\text{s}}}{d}$

$$\rho_{\text{lx}} = \frac{9{,}42}{70{,}9} \cdot 10^{-2} = 0{,}00133$$

$$\rho_{\text{ly}} = \frac{3{,}14}{69{,}8} \cdot 10^{-2} = 0{,}00045$$

$$\rho_{\text{l}} = \sqrt{0{,}00133 \cdot 0{,}00045} = \underline{0{,}00076} < \begin{cases} 0{,}50\ \dfrac{11{,}3}{435} = 0{,}0130 \\ 0{,}02 \end{cases}$$

(9.40): $\rho_{\text{l}} = \sqrt{\rho_{\text{lx}} \cdot \rho_{\text{ly}}} \leq \begin{cases} 0{,}50 \cdot \dfrac{f_{\text{cd}}}{f_{\text{yd}}} \\ 0{,}02 \end{cases}$

$$k = 1 + \sqrt{\frac{200}{704}} = \underline{1{,}53} \leq 2{,}0$$

(9.39): $k = 1 + \sqrt{\dfrac{200}{d}} \leq 2{,}0$

Interpolation Gl. (9.43) für

d = 704 mm

$v_{\text{min}} = 0{,}0446/\gamma_{\text{C}} \cdot k^{3/2} \cdot f_{\text{ck}}^{\ 1/2}$

$$v_{\text{min}} = 0{,}0447/1{,}50 \cdot 1{,}53^{3/2} \cdot 20^{1/2} = 0{,}252\ \text{MN/m}^2$$

(12.30): $v_{\text{Rd,}c\text{,2,0d}} = C_{\text{Rd,c}} \cdot k \cdot \left(100 \cdot \rho_{\text{l}} \cdot f_{\text{ck}}\right)^{\frac{1}{3}} \geq v_{\text{min}}$

$$v_{\text{Rd,c,2,0d}} = 0{,}15/1{,}50 \cdot 1{,}53 \cdot (100 \cdot 0{,}00076 \cdot 20)^{\frac{1}{3}} = 0{,}176\ \text{MN/m}^2 \geq \underline{0{,}252}\ \text{MN/m}^2$$

$$v_{\text{Rd,c,i}} = 0{,}252 \cdot 2 \cdot 0{,}704/0{,}634 = 0{,}560\ \text{MN/m}^2$$

(12.29): $v_{\text{Rd,c,i}} = v_{\text{Rd,c,2,0d}} \cdot 2 \cdot d/a_{\text{i}}$

$$\frac{v_{\text{Ed,i}}}{v_{\text{Rd,c,i}}} = 0{,}375/0{,}560 = 0{,}67$$

$\cot(\theta_i) = 0{,}90 \rightarrow \frac{v_{Ed,i}}{v_{Rd,c,i}} = 0{,}375/0{,}560 = 0{,}67$

$\cot(\theta_i) = 0{,}80 \rightarrow \frac{v_{Ed,i}}{v_{Rd,c,i}} = 0{,}418/0{,}630 = 0{,}66$

$\cot(\theta_i) = 1{,}00 \rightarrow \frac{v_{Ed,i}}{v_{Rd,c,i}} = 0{,}324/0{,}504 = 0{,}64$

$\Rightarrow$ Für $\cot(\theta_i) = 0{,}90$ ergibt sich die maximale Ausnutzung der Durchstanztragfähigkeit.

$v_{Ed} = 0{,}375 \text{ MN/m}^2 < 0{,}560 \text{ MN/m}^2 = v_{Rd,c}$

$\Rightarrow$ Durchstanzbewehrung nicht erforderlich

$\frac{v_{Ed,i}}{v_{Rd,c,i}} \mapsto \max$

Weitere Iterationsschritte werden in analoger Berechnung durchgeführt. Nachfolgend werden nur die Ergebnisse angegeben.

(9.36): $v_{Ed} \leq v_{Rd,c}$

12.6 Elastisch gebettete Platten

Alternativ zu Einzel- und Streifenfundamenten kann auch eine durchgehende Bodenplatte ausgeführt werden. Dies ist sinnvoll bei schlechtem Baugrund oder bei über der Kellersohle anstehendem Grundwasser (WU-Beton).

Die Schnittgrößen einer elastisch gebetteten Platte hängen im Wesentlichen vom Verhältnis der Steifigkeiten zwischen Fundamentplatte und Boden ab. Dieses Verhältnis wird durch die charakteristische Länge *l* beschrieben.

$$l = \sqrt[4]{\frac{E_F \cdot h_F^3}{12 \cdot k}} \qquad (12.53)$$

E_F Elastizitätsmodul des Fundaments

k Bettungsziffer in MN/m³

Die charakteristische Länge kennzeichnet die Verteilungslänge (Fläche) der Lasten. Je höher das Fundament (h_F >) und je weicher der Baugrund (k <), desto größer ist die Verteilungsfläche. Die Schnittgrößen elastisch gebetteter Platten werden entweder bei regelmäßig berandeten Fundamenten analytisch aus bekannten Lösungen von Differentialgleichungen gewonnen [Stiglat/Wippel – 00] oder bei unregelmäßigen Gründungskörpern durch die FEM. Im Folgenden wird zur überschlägigen Berechnung ein Näherungsverfahren angegeben.

Näherungsweise kann angenommen werden, dass die Verteilungsbreite der Auflast das ca. 6fache der Fundamenthöhe gemessen vom Rand der Lasteintragungsfläche beträgt. Wenn weiterhin ein dreieckförmiger Sohldruck angenommen wird, können die Schnittgrößen in der Fundamentplatte abgeschätzt werden (**Abb. 12.8**).

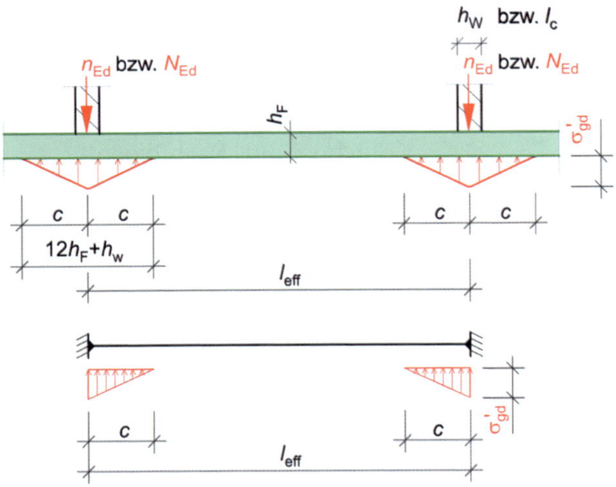

Abb. 12.8 *Ersatzsystem für eine regelmäßig belastete Bodenplatte*

Wand: $$c = 6\,h_F + \frac{h_w}{2} \tag{12.54}$$

$$n_{Ed} = \frac{1}{2} \cdot (2\,c) \cdot \sigma'_{gd} \quad \Leftrightarrow \quad \sigma'_{gd} = \frac{n_{Ed}}{c} \tag{12.55}$$

Stütze: $$c = 6\,h_F + \frac{l_c}{2} \tag{12.56}$$

$$N_{Ed} = \frac{1}{3} \cdot \pi \cdot c^2 \cdot \sigma'_{gd} \quad \Leftrightarrow \quad \sigma'_{gd} = \frac{3\,N_{Ed}}{\pi \cdot c^2}$$

kegelförmige Schnittgrößenverteilung unterhalb der Stütze (12.57)

Innenfeld: $$m_{Ed,S} \approx \frac{\sigma'_{gd} \cdot c^2}{12\,l_{eff}} \cdot \left(2\,l_{eff} - c\right) \tag{12.58}$$

$$m_{Ed,F} \approx -\frac{\sigma'_{gd} \cdot c^3}{12\,l_{eff}} \tag{12.59}$$

Randfeld: $$m_{Ed,S} \approx \frac{\sigma'_{gd} \cdot c^2}{8\,l_{eff}} \cdot \left(2\,l_{eff} - c\right) \tag{12.60}$$

$$m_{Ed,F} \approx -\frac{\sigma'_{gd} \cdot c^2}{24\,l_{eff}} \cdot \left(l_{eff} - \frac{3}{2} \cdot c\right) \tag{12.61}$$

Beispiel 12.5: Bemessung einer Fundamentplatte mit Durchstanzbewehrung aus aufgebogenen Stäben

gegeben:
- Stütze b_c/h_c = 45/45 cm
- Stützenlast N_{gk} = 800 kN; N_{qk} = 500 kN (Druckkraft)
- Bodenplatte h_F = 0,60 m; Stützenraster 8,00/8,00 m
- Bemessungswert des Sohldruckwiderstandes lt. Bodengutachten: $\sigma_{R,d}$ = 365 kN/m²
- Baustoffgüten des Fundaments C20/25; B500

gesucht:
- Biegebemessung für eine Innenstützung
- Durchstanznachweis für eine Innenstützung

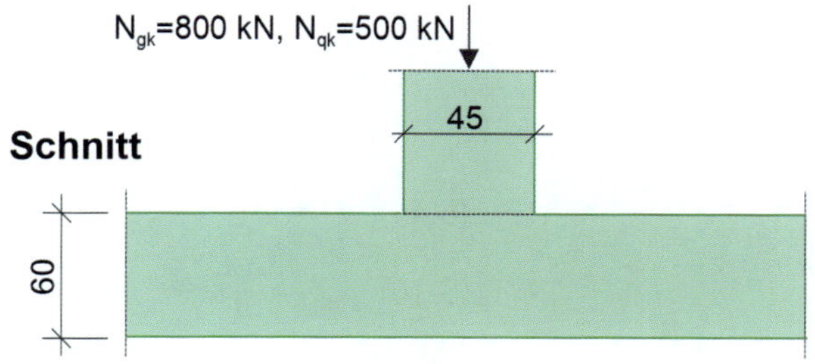

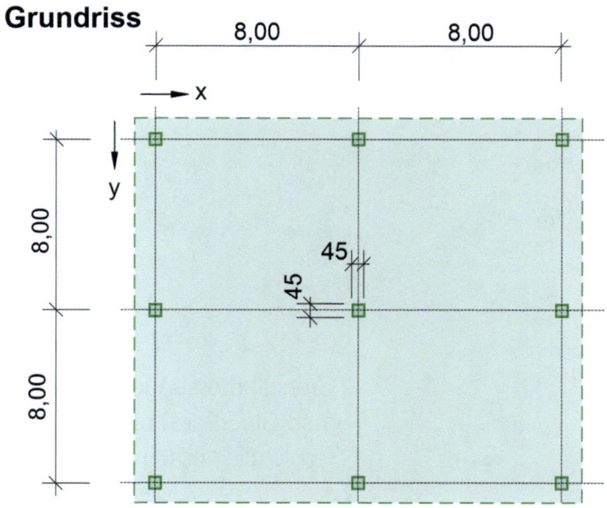

Lösung:

Schnittgrößen:

$$N_{Ed} = 1{,}35 \cdot 800 + 1{,}50 \cdot 500 = 1830 \text{ kN}$$

$$c = 6 \cdot 0{,}60 + \frac{0{,}45}{2} = 3{,}83 \text{ m}$$

(12.56): $c = 6\, h_F + \frac{l_c}{2}$

$$\sigma'_{gd} = \frac{3 \cdot 1830}{\pi \cdot 3{,}83^2} = 119 \text{ kN/m}^2$$

(12.57): $\sigma'_{gd} = \frac{3\,N_{Ed}}{\pi \cdot c^2}$

$$m_{Edx,S} = m_{Edy,S} \approx \frac{119 \cdot 3{,}83^2}{12 \cdot 8} \cdot (2 \cdot 8{,}00 - 3{,}83) = 221 \text{ kNm/m}$$

(12.58): $m_{Ed,S} \approx \frac{\sigma'_{gd} \cdot c^2}{12\,l_{eff}} \cdot \left(2\,l_{eff} - c\right)$

$\eta = 0{,}125$

Tafel 9.1:

$m_{Edx} = m_{Edy} = 0{,}125 \cdot 1830 = 229 \text{ kNm/m} > 221 \text{ kNm/m}$

(9.10): $m_{Edi} \geq \eta_i \cdot V_{Ed}$

Biegebemessung:

$c_{min} = 20$ mm

XC2

$\Delta c_{dev} = 15$ mm

Keine Erhöhung nach EC 2-1-1/NA, 4.4.1.3 (4), da auf ebener Sauberkeitsschicht betoniert wird.

$c_{nom} = 20 + 15 = 35$ mm

$c_{nom} = c_{min} + \Delta c_{dev}$

$d_x = 60 - 3{,}5 - \frac{1{,}4}{2} \approx 56$ cm

$d_x = h - c_{v,l} - \frac{\varnothing_l}{2}$

$d_y = 56 - \frac{1{,}4 + 1{,}4}{2} \approx 54$ cm

(6.44): $d_{y'} = d_{x'} - \frac{\varnothing_l + \varnothing_t}{2}$

$\mu_{Eds} = \frac{229 \cdot 10^{-3}}{0{,}54^2 \cdot 11{,}3} = 0{,}070$

(5.16): $\mu_{Eds} = \frac{m_{Eds}}{d^2 \cdot f_{cd}}$

$\omega \approx 0{,}0728$; $\sigma_{sd} = 457 \text{ N/mm}^2$

Teil 1 **Tafel 7.1** (interpoliert)

$a_s = \frac{0{,}0728 \cdot 54 \cdot 11{,}3 + 0}{457} \cdot 10^2 = 9{,}7 \text{ cm}^2\text{/m}$

(5.17): $a_s = \frac{\omega \cdot d \cdot f_{cd} + n_{Ed}}{\sigma_{sd}}$

gew: ∅14-15

$a_{s,vorh} = \frac{100}{15} \cdot 1{,}54 = 10{,}3 \text{ cm}^2\text{/m}$

$a_{s,vorh} = \frac{l_B}{s} \cdot A_{s,ds}$

$A_{s,vorh} = 10{,}3 \text{ cm}^2\text{/m} > 9{,}7 \text{ cm}^2\text{/m} = A_{s,erf}$

$A_{s,vorh} \geq A_{s,erf}$

Durchstanzbemessung:

$d_m = d = \frac{56 + 54}{2} = 55$ cm

(9.11): $d_m = \frac{d_x + d_y}{2}$

Stütze 45/45 cm

Grenzabmessungen der Stütze gemäß Gln. (9.13) bis (9.15) sind offensichtlich erfüllt (s. a. **Abb. 9.7**).

$\cot(\theta) = 1{,}0$

Vereinfachte Berechnung für Bodenplatten, Fall b) nach **Abb. 12.6**

$a_{crit} = 1{,}0 \cdot 0{,}55 = 0{,}55$ m

(12.35): $a_i = \cot(\theta_i) \cdot d$

$u_{crit} = 2 \cdot (0{,}45 + 0{,}45) + 2\pi \cdot 0{,}55 = 5{,}26$ m

(12.36): $u_i = 2 \cdot (c_1 + c_2) + 2\pi \cdot a_i$

$A_{crit} = 0{,}45 \cdot 0{,}45 + 2 \cdot (0{,}45 + 0{,}45) \cdot 0{,}55 + \pi \cdot 0{,}55^2 = 2{,}14 \text{ m}^2$

(12.38): $A_{crit,i} = c_1 \cdot c_2 + 2 \cdot (c_1 + c_2) \cdot a_i + \pi \cdot a_i^2$

$\sigma'_{gd,crit} = \left(1 - \frac{0{,}45/2 + 0{,}55}{3{,}83}\right) \cdot 119 = 95 \text{ kN/m}^2$

Strahlensatz für Sohldruck im kritischen Rundschnitt (c = 3,83 m, s. vorher)

$\int_{A_{crit}} \sigma'_{gd} \mathrm{d}A \approx \frac{1}{3} \cdot 2{,}14 \cdot (119 - 95) + 2{,}14 \cdot 95 = 220 \text{ kN}$

Näherung: Volumen eines Zylinders und eines Kegels

Abb. 12.6, Fall b):

$\Delta V_{Ed} = 0{,}5 \cdot 220 = 110 \text{ kN}$

$\Delta V_{Ed} = 0{,}5 \cdot \int_{A_{crit}} \sigma'_{gd} \mathrm{d}A$

$V_{Ed,red} = 1830 - 110 = 1720 \text{ kN}$

(12.25): $V_{Ed,red} = V_{Ed} - \Delta V_{Ed}$

$\beta = 1{,}10$

Tafel 9.2: Innenstütze

$v_{Ed} = \frac{1{,}10 \cdot 1{,}720}{5{,}26 \cdot 0{,}55} = 0{,}654 \text{ MN/m}^2$

(9.31): $v_{Ed} = \frac{\beta \cdot V_{Ed}}{u \cdot d_m}$

$\rho_{lx} = \frac{10{,}3}{54} \cdot 10^{-2} = 0{,}00191$

$\rho = \frac{a_s}{d}$

$\rho_{ly} = \frac{10{,}3}{56} \cdot 10^{-2} = 0{,}00184$

$\rho_l = \sqrt{0{,}00191 \cdot 0{,}00184}$

$= \underline{0{,}00187} < \begin{cases} 0{,}50 \frac{11{,}3}{435} = 0{,}0130 \\ 0{,}02 \end{cases}$

(9.40): $\rho_l = \sqrt{\rho_{lx} \cdot \rho_{ly}} \le \begin{cases} 0{,}50 \cdot \frac{f_{cd}}{f_{yd}} \\ 0{,}02 \end{cases}$

$k = 1 + \sqrt{\frac{200}{550}} = \underline{1{,}60} \le 2{,}0$

(9.39): $k = 1 + \sqrt{\frac{200}{d}} \le 2{,}0$

(9.43): für $d = 550 \text{ mm} \le 600 \text{ mm}$

$v_{min} = 0{,}0525/1{,}50 \cdot 1{,}60^{3/2} \cdot 20^{1/2} = 0{,}317 \text{ MN/m}^2$

$v_{min} = 0{,}0525/\gamma_C \cdot k^{3/2} \cdot f_{ck}^{\ 1/2}$

$v_{Rd,c,2,0d} = 0{,}15/1{,}50 \cdot 1{,}60 \cdot (100 \cdot 0{,}00187 \cdot 20)^{\frac{1}{3}} = 0{,}248 \text{ MN/m}^2 \ge \underline{0{,}317} \text{ MN/m}^2$

(12.30): $v_{Rd,c,2,0d} = C_{Rd,c} \cdot k \cdot \left(100 \cdot \rho_l \cdot f_{ck}\right)^{\frac{1}{3}} \ge v_{min}$

$v_{Rd,c} = 0{,}317 \cdot 2 \cdot 0{,}55/0{,}55 = 0{,}634 \text{ MN/m}^2$

(12.29): $v_{Rd,c,i} = v_{Rd,c,2,0d} \cdot 2 \cdot d/a_i$

$v_{Ed} = 0{,}654 \text{ MN/m}^2 > 0{,}634 \text{ MN/m}^2 = v_{Rd,c}$

(9.36): $v_{Ed} \le v_{Rd,c}$

⇒ Durchstanzbewehrung erforderlich

Durch die Erhöhung der Betongüte von C20/25 auf C25/30 wäre Durchstanzbewehrung vermeidbar. Aus didaktischen Gründen wird die Betongüte beibehalten und Durchstanzbewehrung aus aufgebogenen Stäben angeordnet.

Maximaltragfähigkeit:

$\alpha_{max} = 1{,}4$

Bewehrungsformen nach EC 2

$v_{Ed} = 0{,}654 \text{ MN/m}^2 \le 0{,}888 \text{ MN/m}^2 = 1{,}4 \cdot 0{,}634$

(9.44): $v_{Ed,ul} \le v_{Rd,max} = \alpha_{max} \cdot v_{Rd,c,ul}$

$\Rightarrow$ Ausführung mit Durchstanzbewehrung möglich

Ermittlung Durchstanzbewehrung:

Bei aufgebogenen Stäben ist im Gegensatz zu Bügeln eine einzige Bewehrungsreihe möglich.

EC 2-1-1, 9.4.3

$\rightarrow$ Bewehrungsskizze

$\leq 0{,}25 \cdot d = 0{,}25 \cdot 55 = 14 \text{ cm}$

Maximal möglicher Abstand der aufgebogenen Stäbe zum Stützenrand nach EC 2-1-1, 9.4.3.

$\rightarrow$ Bewehrungsskizze

$\leq 0{,}3 \cdot d = 0{,}3 \cdot 55 = 16{,}5 \text{ cm}$

Maximaler Abstand des Anfangs der Aufbiegung vom Stützenrand nach [Fingerloos/Hegger/Zilch – 12].

$\rightarrow$ Bewehrungsskizze

$\leq 1{,}0 \cdot d = 1{,}0 \cdot 55 = 55 \text{ cm}$

Maximaler Abstand des Endes der Aufbiegung vom Stützenrand bei nur einer Bewehrungsreihe nach [Fingerloos/Hegger/Zilch – 12].

$\rightarrow$ Bewehrungsskizze

$45° \leq \alpha = 52° \leq 60°$

Neigung der Aufbiegung gegen Plattenebene nach EC 2-1-1/NA, 9.4.3

$\rightarrow$ Bewehrungsskizze

$a_\text{i} = 0{,}5 \cdot (0{,}165 + 0{,}55) = 0{,}36 \text{ m}$

Mittlerer Abstand der Bewehrungsreihe (Aufbiegung) vom Stützenrand.

$\rightarrow$ Bewehrungsskizze

$u_\text{i} = 2 \cdot (0{,}45 + 0{,}45) + 2\pi \cdot 0{,}36 = 4{,}06 \text{ m}$

(12.36): $u_\text{i} = 2 \cdot (c_1 + c_2) + 2\pi \cdot a_\text{i}$

$A_\text{i} = 0{,}45 \cdot 0{,}45 + 2 \cdot (0{,}45 + 0{,}45) \cdot 0{,}36 + \pi \cdot 0{,}36^2$
$= 1{,}26 \text{ m}^2$

(12.38):
$A_\text{crit,i} = c_1 \cdot c_2 + 2 \cdot (c_1 + c_2) \cdot a_\text{i} + \pi \cdot a_\text{i}^2$

$\sigma'_\text{gd,i} = \left(1 - \frac{0{,}45/2 + 0{,}36}{3{,}83}\right) \cdot 119 = 101 \text{ kN/m}^2$

Strahlensatz für Sohldruck im betrachteten Rundschnitt (c = 3,83 m, s. vorher)

$\int_{A_i} \sigma'_\text{gd} \text{d}A \approx \frac{1}{3} \cdot 1{,}26 \cdot (119 - 101)$
$+ 1{,}26 \cdot 101 = 135 \text{ kN}$

Näherung: Volumen eines Zylinders und eines Kegels

	Abb. 12.6, Fall b):
$\Delta V_{Ed} = 0{,}5 \cdot 135 = 67{,}5\ \text{kN}$	$\Delta V_{Ed} = 0{,}5 \cdot \int_{A_{crit}} \sigma'_{gd}\,dA$

Obwohl die Bewehrungsreihe innerhalb des kritischen Rundschnitts liegt, wird auf der sicheren Seite liegend zur Bestimmung von $V_{Ed,red}$ nur 50 % der Bodenpressung σ'_{gd} entlastend angenommen (a_i = 0,36 m < 0,55 m = a_{crit}).

$V_{Ed,red} = 1830 - 67{,}5 = 1763\ \text{kN}$	(12.25): $V_{Ed,red} = V_{Ed} - \Delta V_{Ed}$
$A_{sw,1+2} = \dfrac{1{,}1 \cdot 1763}{1{,}3 \cdot 43{,}5 \cdot \sin 52°} = 43{,}5\ \text{cm}^2$	(12.44): $A_{sw,1+2} = \dfrac{\beta \cdot V_{Ed,red}}{1{,}3 \cdot f_{ywd} \cdot \sin\alpha}$
$\varnothing \leq 0{,}08 \cdot 550 = 44\ \text{mm} \Rightarrow$ gew: ∅16	(9.52): $\varnothing \leq 0{,}08\, d_m$
gew: 2 · 6 = 12 Schrägaufbiegungen ∅ 16 je Richtung	Pos. 1 → Bewehrungsskizze
$A_{s,vorh} = 2 \cdot 12 \cdot 2{,}01 = 48{,}2\ \text{cm}^2 > 43{,}5\ \text{cm}^2 = A_{s,erf}$	$A_{s,vorh} \geq A_{s,erf}$
Mindestbewehrungsgrad:	$A_{sw,min}$ nach Gl. (9.51)
$s_r = 1{,}0 \cdot d = 1{,}0 \cdot 0{,}55 = 0{,}55\ \text{m}$	Bei nur einer Bewehrungsreihe wird für den radialen Abstand der Bewehrungsreihen s_r der Abstand des Endes der Aufbiegung vom Stützenrand angesetzt.
	→ Bewehrungsskizze
$s_t \approx u_i/n = 4{,}06/(12 \cdot 2) = 0{,}17\ \text{m}$	Tangentialer Abstand s_t
$\rho_{w,min} = 0{,}48\ ‰$	$\rho_{w,min}$ für C20/25 nach **Tafel 9.4**
$A_{sw,min} = 0{,}00048 \cdot 55 \cdot 17 = 0{,}45\ \text{cm}^2$	$A_{sw,min} = \rho_{w,min} \cdot s_r \cdot s_t$
$0{,}45\ \text{cm}^2 \leq 2{,}01 \cdot \sin(52°) = 1{,}58\ \text{cm}^2$	$A_{sw,min} \leq A_{sw} \cdot \sin(\alpha)$
Nachweis Rundschnitt u_{out}:	**Abb. 9.12**:
	Abstand ≤ 1,5*d* von der letzten Bewehrungsreihe entfernt
$a_i = (1{,}0 + 1{,}5) \cdot d = 2{,}5 \cdot 0{,}55 = 1{,}375\ \text{m}$	→ Bewehrungsskizze
$u_i = 2 \cdot (0{,}45 + 0{,}45) + 2\pi \cdot 1{,}375 = 10{,}44\ \text{m}$	(12.36): $u_i = 2 \cdot (c_1 + c_2) + 2\pi \cdot a_i$
$A_i = 0{,}45 \cdot 0{,}45 + 2 \cdot (0{,}45 + 0{,}45) \cdot 1{,}375 + \pi \cdot 1{,}375^2 = 8{,}62\ \text{m}^2$	(12.38): $A_{crit,i} = c_1 \cdot c_2 + 2 \cdot (c_1 + c_2) \cdot a_i + \pi \cdot a_i^2$
$\sigma'_{gd,i} = \left(1 - \dfrac{0{,}45/2 + 1{,}375}{3{,}83}\right) \cdot 119 = 69\ \text{kN/m}^2$	Strahlensatz für Sohldruck im betrachteten Rundschnitt (c = 3,83 m, s. vorher)

$$\int_{A_i} \sigma'_{gd} \, dA \approx \frac{1}{3} \cdot 8{,}62 \cdot (119 - 69) + 8{,}62 \cdot 69$$
$$= 738 \text{ kN}$$

Näherung: Volumen eines Zylinders und eines Kegels

Abb. 12.6, Fall b):

$$\Delta V_{Ed} = 0{,}5 \cdot 738 = 369 \text{ kN}$$

$\Delta V_{Ed} = 0{,}5 \cdot \int_{A_{crit}} \sigma'_{gd} \, dA$

$$V_{Ed,red} = 1830 - 369 = 1461 \text{ kN}$$

(12.25): $V_{Ed,red} = V_{Ed} - \Delta V_{Ed}$

$$v_{Rd,c} = v_{Rd,c,2,0d} = 0{,}317 \text{ MN/m}^2$$

$v_{Rd,c}$ nach Gl. (5.31) für $a_i = 2{,}5d > 2{,}0d$

$$v_{Ed} = \frac{1{,}10 \cdot 1{,}461}{10{,}44 \cdot 0{,}55} = 0{,}280 \text{ MN/m}^2$$

(9.31): $v_{Ed} = \dfrac{\beta \cdot V_{Ed}}{u \cdot d_m}$

$$v_{Ed} = 0{,}280 \text{ MN/m}^2 \leq 0{,}317 \text{ MN/m}^2 = v_{Rd,c}$$

(9.36): $v_{Ed} \leq v_{Rd,c}$

Die Bewehrungsanordnung mit einer Bewehrungsreihe ist ausreichend.

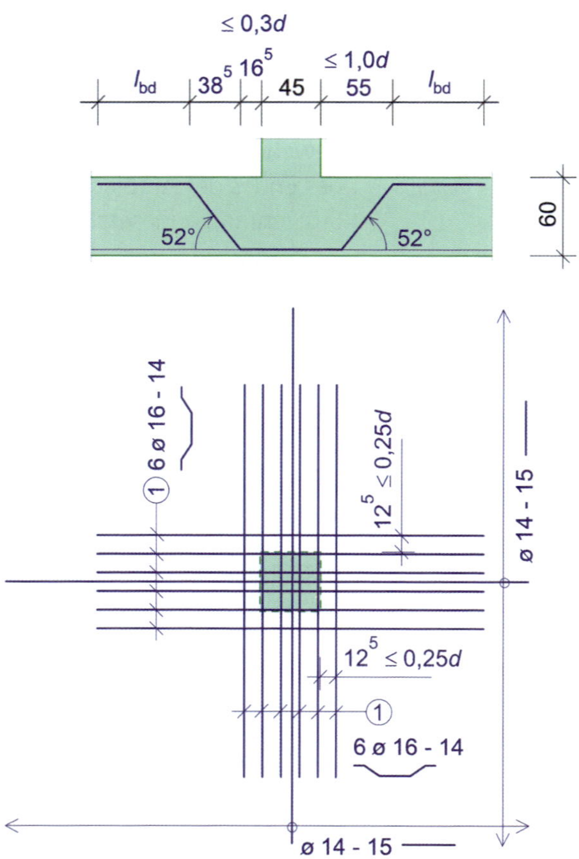

13 Wände

13.1 Definition

Wände (walls) sind Flächentragwerke, die *in ihrer Ebene vorwiegend vertikal auf Druck* beansprucht werden. Als Unterscheidung zu Stützen gilt für die Wandlänge $l_h \geq 4h_w$ (h_w = Dicke der Wand → **Abb. 13.2**). Wände sind im Gegensatz zu wandartigen Trägern (→ Kap. 15) kontinuierlich gestützt und damit nicht auf Biegung beansprucht. Sofern wesentliche Belastungen quer zur Wandrichtung auftreten, liegt rechnerisch eine Platte vor (→ Kap. 5).

13.2 Konstruktive Grundlagen

Der EC 2-1-1 fordert von Wänden Mindestmaße (**Tafel 13.1**). Bei der Wahl der Dicke darf jedoch nicht nur vom notwendigen Bauteilwiderstand ausgegangen werden. Es müssen bautechnische Aspekte wie die Möglichkeit der Betoneinbringung und Betonverdichtung und z.B. Passungsprobleme bei der Verwendung von Fertigteildecken berücksichtigt werden.

Mindestwanddicke min h_w in cm		**Stahlbetonwände**		**Unbewehrte Wände**	
		Decken nicht durchlaufend	**Decken durchlaufend**	**Decken nicht durchlaufend**	**Decken durchlaufend**
C12/15	Ortbeton[a)]	–	–	20	14
≥ C16/20	Ortbeton[a)]	12	10	14	12
	Fertigteil	10	8	12	10

[a)] Für die Betonierbarkeit sollte bei Ortbetonwänden $h_w \geq 20$ cm ausgeführt werden.

Tafel 13.1 *Mindestwanddicken h_w für tragende Wände (EC 2-1-1/NA, Tabelle NA.9.3 und NA.12.2)*

Schlitze und Aussparungen sind nur zulässig, wenn nachweislich eine ausreichende Festigkeit und Stabilität gesichert ist (EC 2-1-1/NA, 12.9.1 (2)). Stahlbetonwände müssen eine Mindestbewehrung gemäß (**Tafel 13.2**) aufweisen. Wenn die Mindestbewehrung $A_{s,vmin}$ maßgebend wird, muss i.d.R. die Hälfte dieser Bewehrung an jeder Außenseite liegen. Andernfalls handelt es sich um (rechnerisch) unbewehrte Wände.

Beanspruchungs-kriterium	Schlankheit	Bewehrung Gesamtquerschnitt $A_{s,vmin}$ (lotrecht)	Bewehrung Gesamtquerschnitt $A_{s,hmin}$ (horizontal)
$N_{Ed} < 0{,}3 f_{cd} \cdot A_c$	$\lambda \leq \lambda_{max} = \left\{\begin{matrix} \frac{16}{\sqrt{\lvert\nu_{Ed}\rvert}} \\ 25 \end{matrix}\right.$	$\geq 0{,}0015 \cdot A_c$ $\geq 0{,}15 \cdot \frac{\lvert N_{Ed}\rvert}{f_{yd}}$	$\geq 0{,}2\, A_{s,v}$
	$\lambda > \lambda_{max} = \left\{\begin{matrix} \frac{16}{\sqrt{\lvert\nu_{Ed}\rvert}} \\ 25 \end{matrix}\right.$	$\geq 0{,}003 \cdot A_c$	$\geq 0{,}5\, A_{s,v}$
$N_{Ed} \geq 0{,}3 f_{cd} \cdot A_c$	Immer		

Tafel 13.2 *Mindestbewehrung $A_{s,min}$ für Stahlbetonwände*

Allgemein darf die lotrechte Mindestbewehrung für alle Beanspruchungskriterien und Schlankheiten (**Tafel 13.2**) immer belastungsabhängig nach Gleichung (13.1) ermittelt werden.

$$A_{s,vmin} = 0{,}15 \cdot \frac{\lvert N_{Ed}\rvert}{f_{yd}} \geq 0{,}0015 \cdot A_c \tag{13.1}$$

Die Maximalbewehrung des Gesamtquerschnitts beträgt:

$$A_{s,vmax} = 0{,}04\, A_c \tag{13.2}$$

Dieser Wert darf innerhalb von Stoßbereichen verdoppelt werden.

Die druckbeanspruchte Vertikalbewehrung in Wänden ist wie bei Stützen gegen Ausknicken zu sichern. Wenn die Querschnittsfläche der lastabtragenden lotrechten Bewehrung 0,02 A_c übersteigt, muss diese durch eine Bügelbewehrung umschlossen werden. Hinsichtlich der Anordnung der Bügel gelten die Bestimmungen für Stützen (→ Teil 1, Kap. 15.2.1).

Bei geringerer Druckbeanspruchung mit Bewehrungsgehalten der lastabtragenden lotrechten Bewehrung ≤ 0,02 A_c reichen i.d.R. 4 S-Haken je m² Wandfläche aus, welche die auf beiden Seiten außenliegende horizontale Wandbewehrung verbinden (EC 2-1-1/NA, 9.6.4 (2)). Liegen vertikale Tragstäbe Ø ≤ 16 mm mit einer Betondeckung ≥ 2Ø vor, darf die Anordnung von S-Haken entfallen. In diesem Fall und stets bei Betonstahlmatten dürfen die druckbeanspruchten Vertikalstäbe auch außen angeordnet werden. Um die beiden Wandbewehrungen zu fixieren, ist die Anordnung von S-Haken in den meisten Fällen empfehlenswert.

Die wesentlichen Konstruktionsregeln sind in **Abb. 13.1** zusammengefasst.

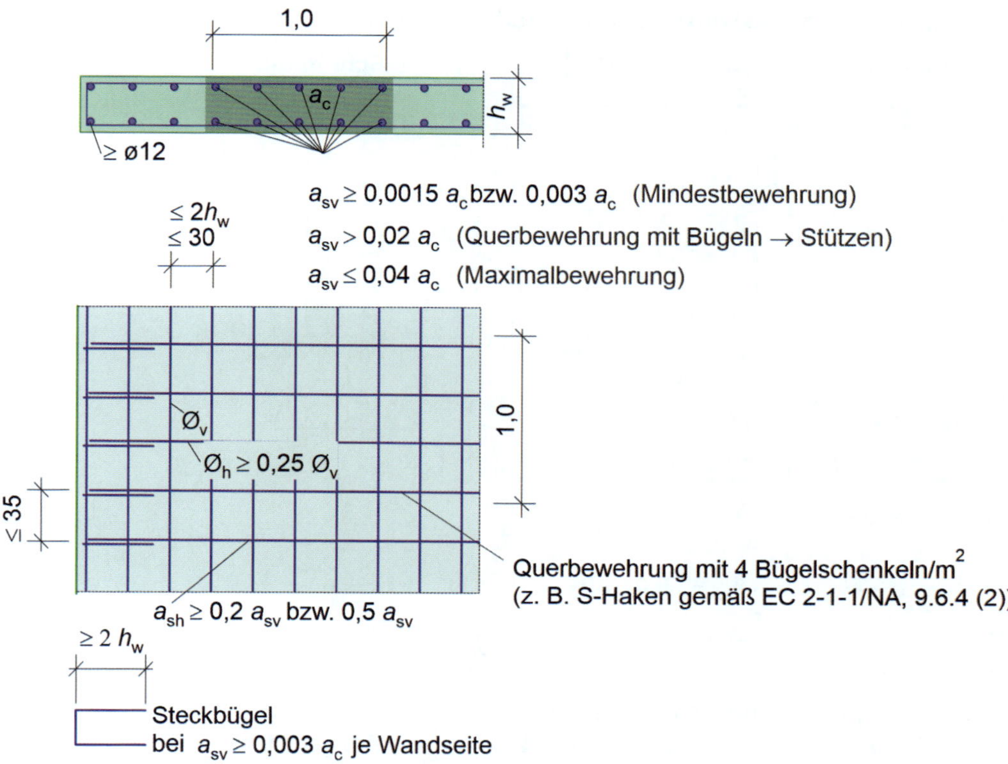

Abb. 13.1 *Konstruktionsregeln für Wände*

Weiterhin wird zwischen tragenden und nichttragenden Wänden unterschieden. Nichttragende Wände sind überwiegend durch ihre Eigenlast und evtl. durch Wind beansprucht. Querwände dürfen als aussteifende Wände angesehen werden, wenn (**Abb. 13.2**):

- ihre Gesamtdicke den Wert 0,5 h_w nicht unterschreitet (h_w Gesamtdicke der auszusteifenden Wand);
- sie die gleiche Höhe l_w besitzen wie die jeweilige auszusteifende Wand;
- ihre Länge l_{ht} mindestens ein Fünftel der lichten Höhe l_w der auszusteifenden Wand beträgt;
- innerhalb der Länge $l_w/5$ der Querwand keine Öffnungen vorhanden sind.

Sofern Öffnungen in einer Wand bestimmte Maximalhöhen ($> l_w/3$) oder Maximalflächen ($A > 0{,}1 \cdot l_w \cdot l_h$) überschreiten, liegen rechnerisch mehrere Wände nebeneinander vor (**Abb. 13.2**).

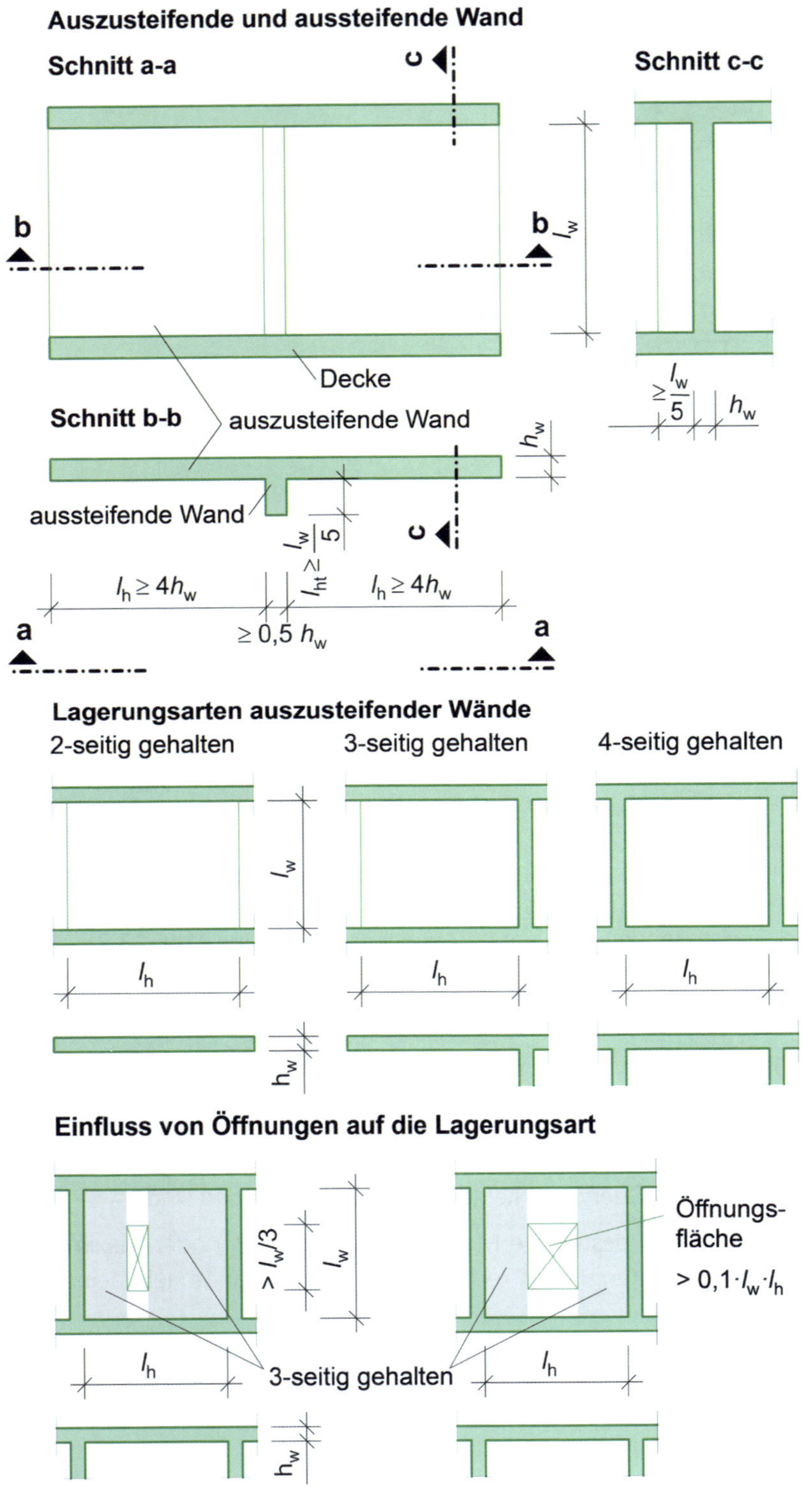

Abb. 13.2 *Auszusteifende und aussteifende Wand und deren mögliche Lagerungsarten unter Berücksichtigung von Öffnungen*

13.3 Schnittgrößenermittlung und Bemessung von Wänden

13.3.1 Systemannahmen und Belastung

Bei Wänden, die beidseitig durch Decken belastet sind, darf die Ausmitte von Lasten bei der Bemessung unberücksichtigt bleiben (**Abb. 13.3**). Dies gilt auch bei Fertigteildecken, solange die maximale Auflagerkraft aus Decken auf einer Wandseite nicht größer ist als das Dreifache der minimalen Auflagerkraft auf der anderen Wandseite. Bei Wänden, die einseitig durch Decken belastet sind (z.B. Außenwände), ist bei

- *biegesteifem Anschluss* das Kopfmoment zu berücksichtigen;
- *biegeweichem Anschluss* eine dreieckförmige Spannungsverteilung unter der Auflagerfläche der Decke in Rechnung zu stellen, sofern keine speziellen Auflagerkonstruktionen wie Zentrierleisten eingesetzt werden.

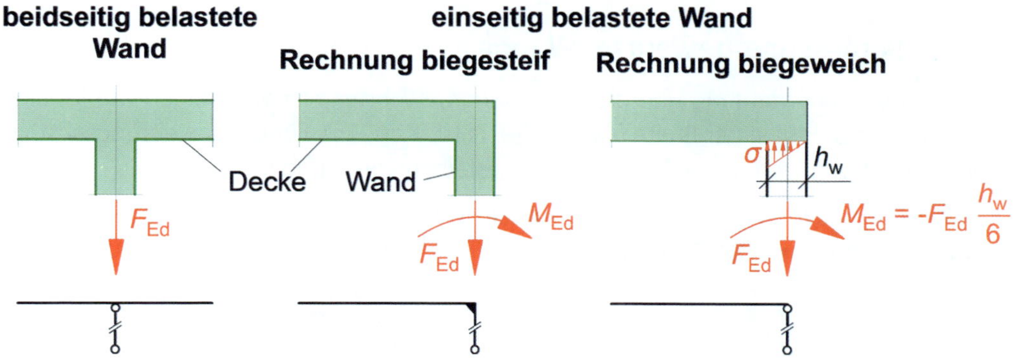

Abb. 13.3 *Ausmitte bei unterschiedlich belasteten Wänden*

13.3.2 Ersatzlänge

Wände stellen Druckglieder dar. Daher sind die Auswirkungen der Tragwerksverformung auf die Schnittgrößen streng genommen zu berücksichtigen. Der Nachweis erfolgt nach dem Nennkrümmungsverfahren (→ Teil 1, Kap. 15) für einen 1 m breiten Ersatzstab. Die Anzahl der Querwände und damit der Halterungen (**Abb. 13.2**) bestimmt maßgeblich die Ersatzlänge der Wand. Es wird weiterhin angenommen, dass die auszusteifende Wand keine Öffnungen aufweist, deren Höhe 1/3 der lichten Wandhöhe oder deren Fläche 1/10 der Wandfläche überschreitet. Werden diese Grenzen nicht eingehalten, sollten bei 3- oder 4-seitig gehaltenen Wänden die zwischen den Öffnungen liegenden Teile als nur an zwei Seiten gehalten betrachtet und entsprechend bemessen werden (**Abb. 13.2**). Genauere Angaben zu Ersatzlängen enthält EC 2-1-1, Tabelle 12.1. Die Schlankheit λ der Wände wird aus der Ersatzlänge l_0 ermittelt. Die β-Werte sind angemessen zu vergrößern, wenn die Quertragfähigkeit durch Schlitze oder Aussparungen beeinträchtigt wird.

$$l_0 = \beta \cdot l_w \tag{13.3}$$

- Kragwände $\beta = 2$ (13.4)
- 2-seitig gelenkig gehalten (**Abb. 13.2**) $\beta = 1{,}0$ (13.5)
- 2-seitig biegesteif gehalten (**Abb. 13.2**) $\beta = 0{,}85$ (13.6)
- 3-seitig gehalten (**Abb. 13.2**) $\beta = \dfrac{1}{1+\left(\dfrac{l_w}{3\,l_h}\right)^2}$ (13.7)
- 4-seitig gehalten (**Abb. 13.2**) und

$l_w \le l_h$ $\quad \beta = \dfrac{1}{1+\left(\dfrac{l_w}{l_h}\right)^2}$ (13.8)

$l_w > l_h$ $\quad \beta = \dfrac{1}{2 \cdot \dfrac{l_w}{l_h}}$ (13.9)

13.3.3 Bemessung bewehrter Wände

Die Schnittgrößenermittlung und die Bemessung bewehrter Wände erfolgen wie für eine (bügelbewehrte) Stütze der Breite $b = 1$ m (→ Teil 1, Kap. 15). Für die Bewehrungsabstände von Wänden gelten die in **Abb. 13.1** dargestellten Forderungen.

Die Bewehrung kann mit Einzelstäben, aber auch mit Betonstahlmatten erfolgen. Sofern Eckverbindungen hergestellt werden sollen, eignen sich besonders HS-Matten (**Abb. 13.4**).

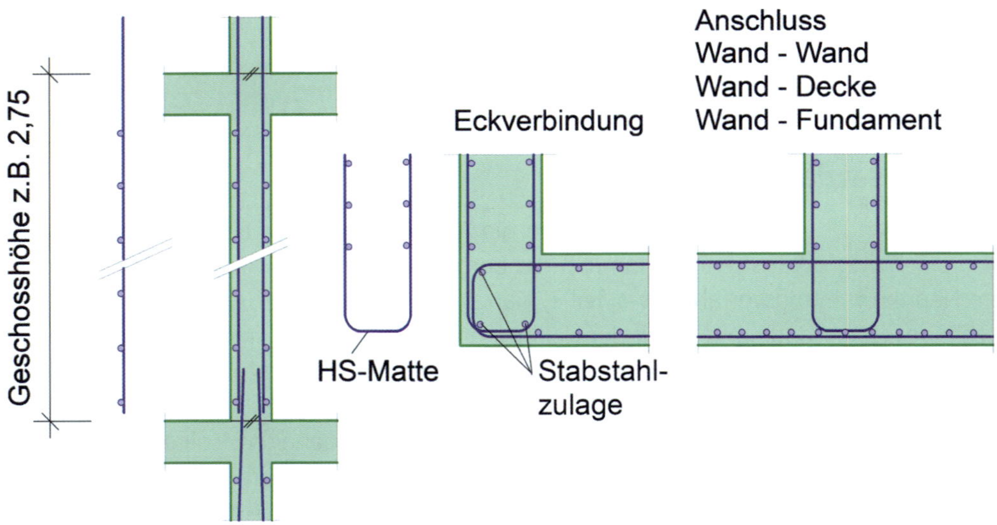

Abb. 13.4 *Einbau von Betonstahlmatten und Ausbildung der Anschlusspunkte*

Beispiel 13.1: Bemessung einer bewehrten Wand

gegeben:
- Innenwand lt. Skizze
- Baustoffe C25/30; B500

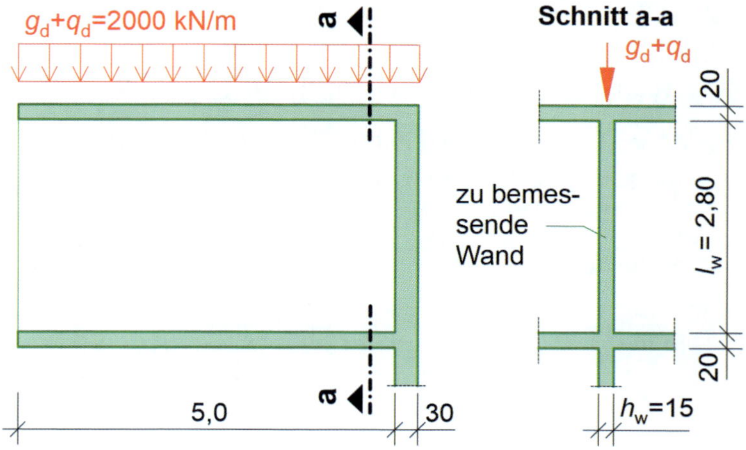

gesucht: Bemessung der Wand

Lösung:

Die Wand ist dreiseitig gehalten.

$$\beta = \frac{1}{1+\left[\frac{2{,}80}{3\cdot 5{,}0}\right]^2} = 0{,}97 \approx 1{,}00 \qquad (13.7):\ \beta = \frac{1}{1+\left(\frac{l_w}{3\,l_h}\right)^2}$$

$$l_0 = 1{,}00\cdot 2{,}80 = 2{,}80\text{ m} \qquad (13.3):\ l_0 = \beta\cdot l_w$$

$$i = 0{,}289\cdot 0{,}15 = 0{,}043\text{ m} \qquad i = 0{,}289\,h_w$$

$$\lambda = \frac{2{,}80}{0{,}043} = 65{,}1 \qquad \lambda = \frac{l_0}{i}$$

$$f_{cd} = \frac{0{,}85\cdot 25}{1{,}5} = 14{,}2\text{ N/mm}^2 \qquad f_{cd} = \frac{\alpha_{cc}\cdot f_{ck}}{\gamma_C}$$

$$n_{Ed} = -2000 - 1{,}35\cdot 25\cdot 2{,}80\cdot 0{,}15 = -2014\text{ kN/m}$$ Bemessung am Wandfuß

→ Teil 1, Kap. 15.4.4: *Schlanke und gedrungene Druckglieder*

$$\nu_{Ed} = \frac{-2014\cdot 10^{-3}}{0{,}15\cdot 14{,}2} = -0{,}95 \qquad \nu_{Ed} = \frac{N_{Ed}}{A_c\cdot f_{cd}}$$

$$\lambda_{max} = 25 \qquad \lambda_{max} = \begin{cases}\frac{16}{\sqrt{|\nu_{Ed}|}} & \text{für } |\nu_{Ed}| < 0{,}41\\ 25 & \text{für } |\nu_{Ed}| \geq 0{,}41\end{cases}$$

$$\lambda = 65{,}1 > 25{,}0 = \lambda_{max} \qquad \lambda \leq \lambda_{max}$$

Stabilitätsnachweis ist zu führen.

→ Teil 1, Kap. 15.5.2: *Stabilitätsnachweis für den Einzelstab*

$\theta_i = \frac{1}{100 \cdot \sqrt{2{,}8}} = \frac{1}{167} \geq \frac{1}{200}$	$\theta_i = \frac{1}{100 \cdot \sqrt{l}} \geq \frac{1}{200}$
$e_i = \frac{1}{200} \cdot \frac{2{,}80}{2} = 0{,}007 \text{ m}$	$e_i = \theta_i \cdot \frac{l_0}{2}$
Die vereinfachte Berechnung mit $K_r = 1{,}0$ liefert zu große Bewehrungsgrade.	$K_r \approx \frac{\lvert n_{ud}\rvert - \lvert n_{Ed}\rvert}{\lvert n_{ud}\rvert - \lvert n_{bal}\rvert} \leq 1{,}0$

Die maximale erforderliche Bewehrung wird mit 0,02 A_c abgeschätzt (**Abb. 13.1**). Eine erforderliche Verbügelung der vertikalen Wandbewehrung soll vermieden werden.

$A_{s,v} = 0{,}02 \cdot 100 \cdot 15 = 30{,}0 \text{ cm}^2/\text{m}$	Schätzwert Vertikalbewehrung
$\lvert n_{ud}\rvert = 1{,}0 + \frac{30{,}0 \cdot 10^{-4} \cdot 435}{0{,}15 \cdot 1{,}00 \cdot 14{,}2} = 1{,}61$	$\lvert n_{ud}\rvert = 1{,}0 + \frac{A_s \cdot f_{yd}}{A_c \cdot f_{cd}}$
$\lvert n_{bal}\rvert \approx 0{,}40$	Rechteckquerschnitt mit symmetrischer Bewehrung
$\lvert n_{Ed}\rvert = 0{,}95$	$\lvert n_{Ed}\rvert = \lvert \nu_{Ed}\rvert$
$K_r \approx \frac{1{,}61 - 0{,}95}{1{,}61 - 0{,}40} = 0{,}55$	$K_r \approx \frac{\lvert n_{ud}\rvert - \lvert n_{Ed}\rvert}{\lvert n_{ud}\rvert - \lvert n_{bal}\rvert}$
$d = 11 \text{ cm}$	Schätzwert
$\frac{1}{r_0} = 0{,}55 \cdot \frac{435}{200000} \cdot \frac{1}{0{,}45 \cdot 0{,}11} = 24{,}2 \cdot 10^{-3} \text{ m}^{-1}$	$\frac{1}{r_0} = K_r \cdot K_\varphi \cdot \frac{\varepsilon_{yd}}{0{,}45 d}$ $K_\varphi = 1{,}0$ (Annahme)
$K_1 = 1$	$K_1 = \begin{cases} \frac{\lambda}{10} - 2{,}5 & \text{für } 25 \leq \lambda \leq 35 \\ 1 & \lambda > 35 \end{cases}$
$e_2 = 1{,}0 \cdot 24{,}2 \cdot 10^{-3} \cdot \frac{2{,}80^2}{10} = 0{,}019 \text{ m}$	$e_2 = K_1 \cdot \left(\frac{1}{r_0}\right) \cdot \frac{l_0^2}{10}$
$e_{tot} = 0 + 0{,}007 + 0{,}019 = 0{,}026 \text{ m}$	$e_{tot} = e_e + e_i + e_2 \geq e_0$
$M_{Ed2} = -2014 \cdot 0{,}026 = -52{,}4 \text{ kNm}$	$M_{Ed2} = N_{Ed} \cdot e_{tot}$
$\frac{d_1}{h} = \frac{0{,}04}{0{,}15} = 0{,}27$	Wahl des Interaktionsdiagramms → z.B.: [Schmitz/Goris – 01]
$\nu_{Ed} = \frac{-2{,}014}{1{,}0 \cdot 0{,}15 \cdot 14{,}2} = -0{,}95$	$\nu_{Ed} = \frac{N_{Ed}}{b \cdot h \cdot f_{cd}}$
$\mu_{Ed} = \frac{\lvert -0{,}0524\rvert}{1{,}0 \cdot 0{,}15^2 \cdot 14{,}2} = 0{,}164$	$\mu_{Ed} = \frac{\lvert M_{Ed}\rvert}{b \cdot h^2 \cdot f_{cd}}$
$\omega_{tot} \approx 0{,}55$	Ablesung aus Nomogramm (s.o.)
$A_{s1} = A_{s2} = \frac{0{,}55}{2} \cdot \frac{100 \cdot 15}{435/14{,}2} = 13{,}5 \text{ cm}^2/\text{m}$	$A_{stot} = \omega_{tot} \frac{b \cdot h}{f_{yd}/f_{cd}}$

$A_{s1} + A_{s2} = 2 \cdot 13{,}5 = 27{,}0\ \text{cm}^2/\text{m} < 30{,}0\ \text{cm}^2/\text{m}$	Überprüfung Schätzwert. Wert liegt auf der sicheren Seite.
$A_{s,vmin} = 0{,}15 \cdot \frac{\lvert N_{Ed}\rvert}{f_{yd}} = 0{,}15 \cdot \frac{2014}{43{,}5} = \underline{6{,}94}\ \text{cm}^2/\text{m}$ $\geq 0{,}003 \cdot 100 \cdot 15 = 4{,}50\ \text{cm}^2/\text{m}$	(13.1): $A_{s,vmin} = 0{,}15 \cdot \frac{\lvert N_{Ed}\rvert}{f_{yd}} \geq 0{,}003 \cdot A_c$
$A_{s,vmin} = 6{,}94\ \text{cm}^2/\text{m} < 2 \cdot 13{,}5 = 27{,}0\ \text{cm}^2/\text{m}$	Mindestbewehrung nicht maßgebend
gew.: Ø16-14 mit $a_{s,vorh} = 14{,}4\ \text{cm}^2/\text{m}$	Vertikalbewehrung Pos. 1
$a_{s1,vorh} = a_{s2,vorh} = 14{,}4\ \text{cm}^2/\text{m} >$ $13{,}5\ \text{cm}^2/\text{m} = a_{s1,erf}$	$A_{s,vorh} \geq A_{s,erf}$
$A_{s,vmax} = 0{,}04 \cdot 100 \cdot 15 = 60\ \text{cm}^2/\text{m} > 2 \cdot 14{,}4$ $= 28{,}8\ \text{cm}^2/\text{m}$	(13.2): $A_{s,vmax} = 0{,}04\ A_c$
$\varnothing_{h,min} = 0{,}25 \cdot 16 = 4\ \text{mm} \Rightarrow$ gew: Ø12	**Abb. 13.1**: $\varnothing_h \geq 0{,}25 \cdot \varnothing_v$
$A_{s,hmin} = 0{,}5 \cdot 27{,}0 = 13{,}5\ \text{cm}^2/\text{m}$	**Tafel 13.2**: $A_{s,hmin} \geq 0{,}5\ A_{s,v}$
gew.: Ø12-15 mit $a_{s,vorh} = 7{,}5\ \text{cm}^2/\text{m} \geq 13{,}5 \cdot 0{,}5 = 6{,}8\ \text{cm}^2/\text{m}$	Horizontalbewehrung Pos. 2+3
$d_1 = d_2 = 20 + 12 + \frac{16}{2} = 40\ \text{mm} \Rightarrow d = 11\ \text{cm}$ richtig geschätzt	$d_1 = d_2 = c_{nom} + \varnothing_h + e$
$A_{s,v} = 2 \cdot 13{,}5 = 27{,}0\ \text{cm}^2/\text{m} < 0{,}02 \cdot 100 \cdot 15$ $= 30\ \text{cm}^2/\text{m}$	**Abb. 13.1**: $A_{s,v} \leq 0{,}02\ A_c$
Verbügelung der vertikalen Wandbewehrung nicht erforderlich.	
Anordnung S-Haken:	Kap. 13.2
$\varnothing_v = 16\ \text{mm} \leq 16\ \text{mm}$	Durchmesser Vertikalbewehrung
$c_{nom,v} = c_{nom} + \varnothing_h = 20 + 12 = 32\ \text{mm}$	Betondeckung Vertikalbewehrung
$2 \cdot \varnothing_v = 2 \cdot 16 = 32\ \text{mm} \leq c_{nom,v} = 32\ \text{mm}$	$2 \cdot \varnothing_v \leq c_{nom,v}$
S-Haken sind nicht erforderlich, werden aber zur Fixierung der Wandbewehrungen empfohlen.	
gew.: 4 S-Haken Ø6 / m²	

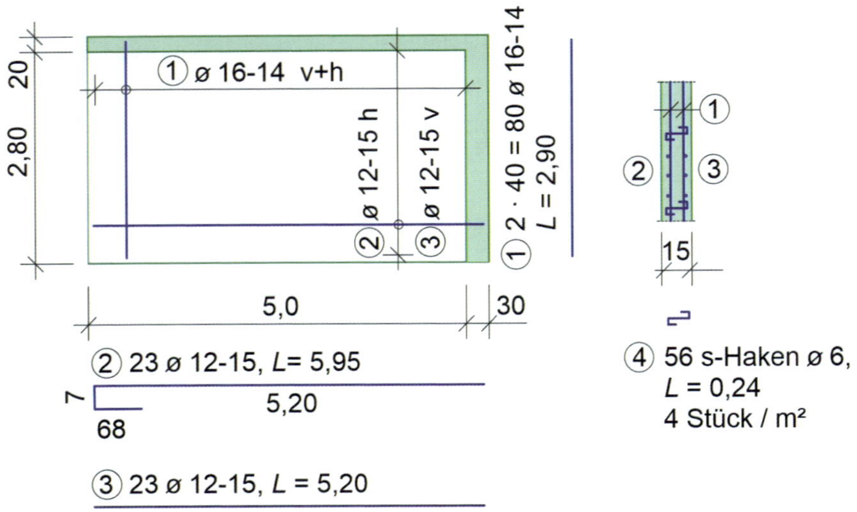

Der Nachweis ist rechnerisch erfüllt, jedoch sollte beachtet werden, dass bei der gewählten Bauteilhöhe ein Bewehrungsabstand zwischen vorderer und hinterer Lage von $s = 15 - 2 \cdot 4{,}0 - 2 \cdot 0{,}5 \cdot 1{,}6 = 5{,}4 \text{ cm}$ resultiert. Der Betoneinbau ist nicht mehr fachgerecht möglich (Schüttrohr und Rüttler), wenn die Wand nicht als Fertigteil hergestellt wird.

13.3.4 Bemessung unbewehrter Wände

Unbewehrte Betonwände stellen eine Alternative zu Mauerwerkswänden dar. Ihre Tragfähigkeit liegt in ähnlicher Größenordnung, auch in Bemessung und konstruktiver Durchbildung gibt es Parallelen zur gemauerten Wand. Die Entscheidung, ob eine Wand wirtschaftlicher gemauert oder betoniert werden soll, ist eine für den allgemeinen Fall nicht zu beantwortende baubetriebliche Frage.

Die Bemessung unbewehrter Wände erfolgt wie in Kap. 11.2.2 beschrieben. Die Mindestdicken unbewehrter Ortbetonwände sind in **Tafel 13.1** angegeben. Schlitze und Aussparungen sind nur bei einer nachgewiesenen Stabilität zulässig. Am Wandkopf sollte ein Ringanker (analog dem Mauerwerksbau) z.B. 2 ∅10 B500 vorgesehen werden, um Lastumlagerung zu erleichtern bzw. bei außergewöhnlichen Einwirkungen (Explosion, Erdbeben) eine Scheibenwirkung zu ermöglichen.

Beispiel 13.2: Bemessung einer unbewehrten Wand

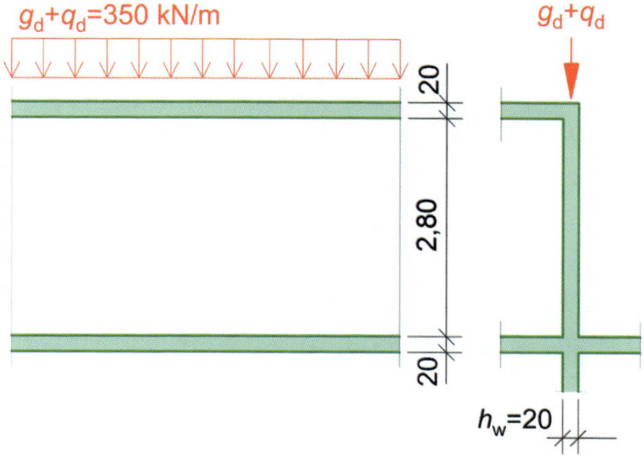

gegeben:
- Innenwand lt. Skizze
- Baustoffe C25/30

gesucht: Ist die Ausführung als unbewehrte Wand möglich?

Lösung:

$n_{Ed} = 350 + 1{,}35 \cdot 24 \cdot 2{,}80 \cdot 0{,}20 = 369 \text{ kN/m}$	Bemessung am Wandfuß
$m_{Ed} = 369 \cdot \frac{0{,}2}{6} = 12{,}3 \text{ kN/m}$	**Abb. 13.3**: $m_{Ed} = \lvert n_{Ed} \rvert \cdot \frac{1}{6} h_w$
$e_0 = \frac{12{,}3}{369} = 0{,}033 \text{ m}$	$e_0 = \frac{m_{Ed}}{n_{Ed}}$
	Wand ist zweiseitig gehalten
$\beta = 1{,}0$	(13.5): $\beta = 1{,}0$
$l_0 = 1{,}0 \cdot 2{,}80 = 2{,}80 \text{ m}$	(13.3): $l_0 = \beta \cdot l_w$
$i = 0{,}289 \cdot 0{,}20 = 0{,}058 \text{ m}$	$i = 0{,}289\, h_w$
$\lambda = \frac{2{,}80}{0{,}058} = 48{,}3 < 86$	$\lambda = \frac{l_0}{i}$
$\rightarrow$ Ausführung unbewehrt zulässig	$\lambda_{max} = 86$ (siehe Kapitel 11.2.2)
$\bar{\lambda} = \frac{2{,}80}{0{,}20} = 14 \geq 2{,}5 = \bar{\lambda}_{crit}$	(11.11): $\bar{\lambda} = \frac{l_{col}}{h_w} < 2{,}5 = \bar{\lambda}_{crit}$
Stabilitätsnachweis ist zu führen.	(11.14):
$e_{tot} = 0{,}033 + \frac{2{,}80}{400} = 0{,}040 \text{ m}$	$e_{tot} = e_0 + e_i = \frac{\lvert M_{Ed0} \rvert}{\lvert N_{Ed} \rvert} + \frac{l_0}{400}$
$\frac{e_d}{h} = \frac{0{,}040}{0{,}2} = 0{,}20 < 0{,}4$	(11.5): $\frac{e_d}{h} = \frac{M_{Ed}}{N_{Ed} \cdot h} \leq 0{,}4$

Beiwert Φ zur Berücksichtigung der Theorie II. Ordnung:

$$\Phi = \min \begin{cases} 0 \leq \Phi \leq 1 - 2 \cdot \frac{0{,}040}{0{,}20} = 0{,}600 \\ 1{,}14 \cdot \left(1 - 2 \cdot \frac{0{,}040}{0{,}20}\right) - 0{,}020 \cdot \frac{2{,}80}{0{,}20} \\ = \underline{0{,}404} \end{cases}$$

(11.13): $$\Phi = \min \begin{cases} 0 \leq \Phi \leq 1 - 2\frac{e_{\text{tot}}}{h_{\text{w}}} \\ 1{,}14 \cdot \left(1 - 2\frac{e_{\text{tot}}}{h_{\text{w}}}\right) - 0{,}020\frac{l_0}{h_{\text{w}}} \end{cases}$$

$$f_{\text{cd,pl}} = 0{,}70 \cdot \frac{25}{1{,}50} = 11{,}7 \text{ MN/m}^2$$

(11.1): $f_{\text{cd,pl}} = \alpha_{\text{cc,pl}} \frac{f_{\text{ck}}}{\gamma_{\text{C}}}$

$$|n_{\text{Rd}}| = 0{,}404 \cdot 0{,}20 \cdot 11{,}7 = 0{,}945 \text{ MN/m}$$

(11.12): $|N_{\text{Rd}}| = \Phi \cdot b \cdot h_{\text{w}} \cdot f_{\text{cd,pl}}$

$$n_{\text{Ed}} = 369 \text{ kN/m} < 945 \text{ kN/m} = n_{\text{Rd}}$$

(11.3): $N_{\text{Ed}} \leq N_{\text{Rd}}$

Wand ist unbewehrt ausführbar.

13.4 Teilfertigwand

Analog zu Teilfertigdecken (→ Kap. 5.7) sind auch Teilfertigwände[1] (semi finished walls) herstellbar. Hierzu werden zwei Elementplatten in definiertem Abstand unverschieblich verbunden, indem ein erhärtetes Seitenteil um 180° gewendet wird und in das zweite gerade betonierte Seitenteil gedrückt wird. Den Abstand und die Verbindung der beiden Fertigteile ermöglichen spezielle Gitterträger für Wände. Die vorgefertigten Elementplatten der Wand enthalten die Bewehrung für den Endzustand und dienen als Schalung beim Ausbetonieren der Wand (**Abb. 13.5**). Um ein Ausreißen der Gitterträger aus den Elementplatten infolge des Betonierdrucks zu verhindern, sind diese mit „Ohren" am Unter- und Obergurt versehen. Je nach Abstand der Gitterträger sind Betoniergeschwindigkeiten bis zu ca. 3 m/h möglich (Angabe in den allgemeinen bauaufsichtlichen Zulassungen für die Wand). Somit ist es möglich, normale Geschosse des Hochbaus ohne Pause über die volle Geschosshöhe zu betonieren. Je nach Gitterträgertyp können die Wandbewehrungen außerhalb oder innerhalb der Schalung vorgefertigt werden. Es können Betonstahlmatten oder Stabstahl verwendet werden. Da die lichte Raumhöhe der meisten Wohn-/Geschäftsbauten ≤ 3,0 m beträgt, kann diese, um die maximale Transportbreite auf dem LKW einzuhalten, als Fertigteilbreite verwendet werden. Die Fertigteillänge kann dementsprechend größer ausgeführt werden und entspricht der Raumabmessung. Die erforderlichen Wandquerschnitte sind in **Abb. 13.5** angegeben, um den Ortbeton ordnungsgemäß einbringen zu können. In die Teilfertigwände können auch Stützen integriert werden. Da die für Stützen erforderlichen Bügel im Fertigteilwerk nicht wirtschaftlich ausführbar sind, werden stattdessen Gitterträger verwendet [Schwarzkopf – 97].

1 Für diese Ausführungsart werden wie bei Teilfertigdecken auch andere Bezeichnungen verwendet: Elementwand; Dreifachwand; Hohlwand.

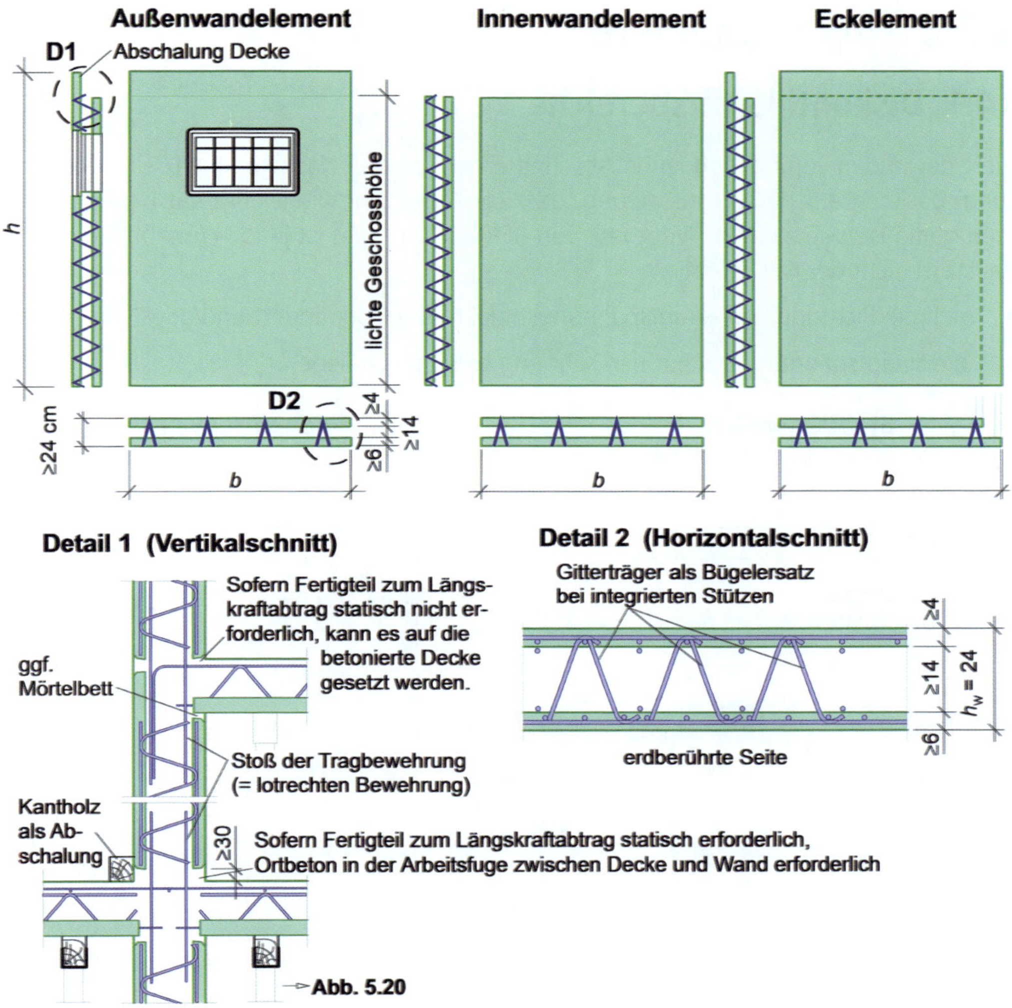

Abb. 13.5 *Ausbildung verschiedener Teilfertigwände*

Kellerwände im Wohnungsbau sind das Haupteinsatzgebiet für Teilfertigwände. Hiermit wird es (bei den insbesondere in Süddeutschland hauptsächlich in Stahlbeton ausgeführten Kellern) bei gleichzeitigem Einsatz von Teilfertigdecken für die Bauunternehmen möglich, einfache Bauvorhaben des Hochbaus ohne (wesentliches) Schalmaterial auszuführen. Da die Kellerwände Oberflächen aus Sichtbeton aufweisen, kann ein Verputzen entfallen. Teilfertigwände können auch als WU-Beton ausgeführt werden. Angaben zur Ausführung werden in [WU-Richtlinie – 17] dargelegt.

Sofern auch Teilfertigdecken verwendet werden, können diese (Voraussetzung Teilfertigwand in der horizontalen Fuge Decke-Wand statisch nicht erforderlich, vgl. **Abb. 13.5**) direkt auf die gestellten Wände (ohne Randjoch) aufgesetzt und Kellerwände und -decke in einem Zug betoniert werden.

14 Stabwerkmodelle

14.1 Diskontinuitätsbereiche

Viele der in den vorangegangenen Abschnitten erläuterten Nachweise (z.B. Biegebemessung) basieren auf der Voraussetzung, dass die Technische Biegelehre mit ihren Annahmen gültig ist (wie z.B. die Hypothese von BERNOULLI). Dies ist jedoch (unabhängig vom Baustoff) nicht der Fall, wenn

- sich die Richtung von Hauptspannungstrajektorien stark ändert und/oder
- die Hauptspannungstrajektorien sehr eng beieinander liegen.

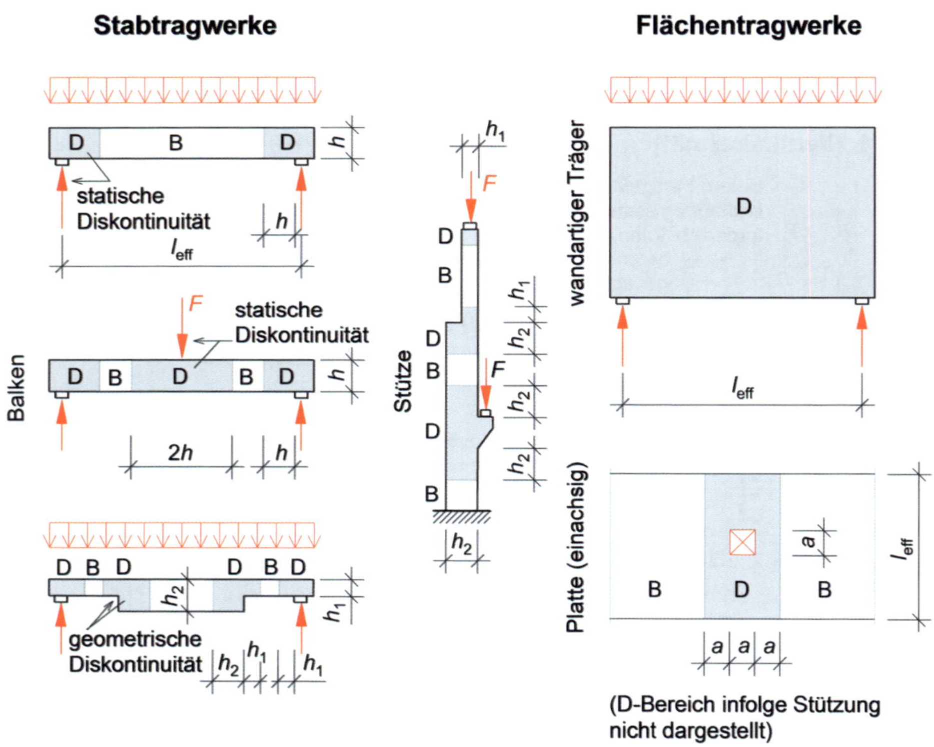

statische Diskontinuitäten:	**Einzellasten, Auflagerkräfte, Ankerkräfte von Spanngliedern, Einbauteile etc.**
geometrische Diskontinuitäten:	**Abmessungssprünge (z.B. Bauteilhöhe, Öffnungen), Knicke in der Systemachse (z. B. Rahmenecken, Firstpunkt bei Trapezbindern)**

Abb. 14.1 *Beispiele für B- und D-Bereiche*

Hier liegen sogenannte Diskontinuitätsbereiche vor. Im Weiteren werden die Kontinuitätsbereiche mit „**B**" (für Biegelehre oder BERNOULLI) und die Diskontinuitätsbereiche mit „**D**" bezeichnet. Diskontinuitätsbereiche können durch Einwirkungen (statische Diskontinuität) oder durch sprungartige Querschnittsänderungen (geometrische Diskontinuität) verursacht werden (**Abb. 14.1**). Hinsichtlich der Größe der D-Bereiche gilt das Prinzip von

St. VENANT. Für den Ingenieur ist es wichtig, neben den B-Bereichen auch alle D-Bereiche zu erkennen, zu bemessen und die Bewehrungsführung zu konstruieren. SCHLAICH und SCHÄFER haben für diese Aufgabe das Fachwerkmodell zu einem *Stabwerkmodell* (strut and tie model) weiterentwickelt und eine systematische Vorgehensweise zur Bemessung unterschiedlichster D-Bereiche vorgeschlagen [Schlaich/Schäfer – 01]. Stabwerkmodelle bestehen wie Fachwerkmodelle aus Betondruckstreben, aus Zugstreben (in Form der Bewehrung) und den verbindenden Knoten. Im Unterschied zu Fachwerkmodellen dürfen Stabwerkmodelle kinematisch sein (labiles System). Das Verfahren der Stabwerkmodelle wird auch in EC 2-1-1, 6.5 behandelt.

Das Tragwerk und dessen Beanspruchung wird durch die Überlagerung von mehreren Teilsystemen berechnet (**Abb. 14.2**). Es gibt das Kontinuitätssystem (im Folgenden mit B-System bezeichnet) und mindestens einen Diskontinuitätsbereich. Im B-System sind alle Einwirkungen und Randbedingungen so idealisiert, dass im ganzen System die Technische Biegelehre gilt. Beispielsweise sind die Auflagerkräfte bei einem Rechteckquerschnitt durch einen parabelförmigen Schubspannungsverlauf zu ersetzen (**Abb. 14.2**). Die D-Bereiche werden so gebildet, dass sie in Überlagerung mit dem B-System das tatsächliche Tragwerk bilden und die Lasten jedes Teilbereichs für sich einen Gleichgewichtszustand bilden. Die Größe der D-Bereiche ist entsprechend dem St. VENANTschen Prinzip durch die jeweilige Bauteilhöhe definiert.

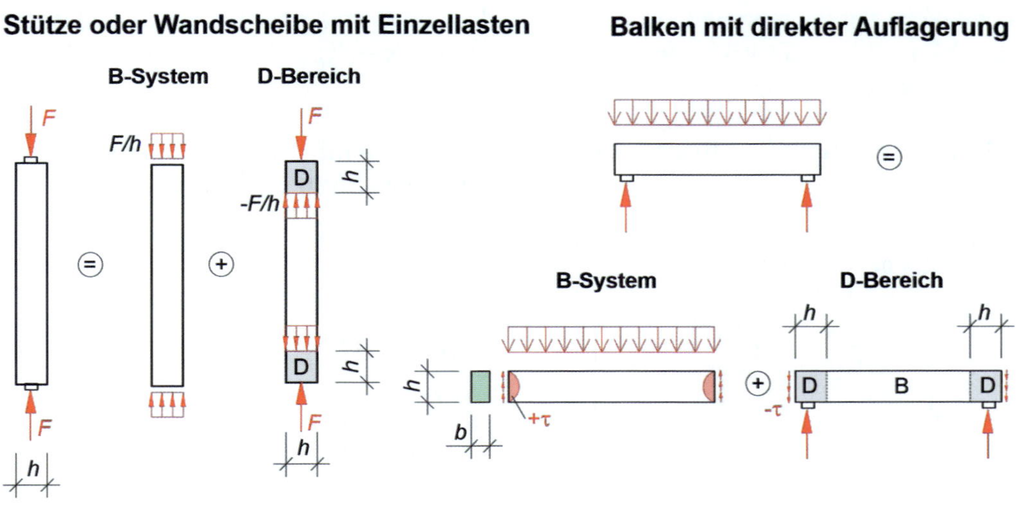

Abb. 14.2 *Aufteilung von Tragwerken in B-Systeme und D-Bereiche*

14.2 Modellieren von Tragwerken in Stabwerkmodellen

14.2.1 Vorgehensweise

Für das Bilden des Stabwerkmodells kann in folgender Reihenfolge vorgegangen werden. Die Teilschritte 1, 2, 4 und 5 sind dabei mit dem bisher gezeigten Vorgehen identisch.

1. Festlegen von Geometrie, System und Belastung des Tragelements (→ Teil 1, Kap. 5.2)
2. Ermitteln der Auflagerkräfte

3. Einteilung des Tragwerks in ein B-System und D-Bereiche
4. Ermitteln der Schnittgrößen für das B-System. Die Schnittgrößen im B-System können mit den bisher dargestellten Verfahren bestimmt werden (→ Teil 1, Kap. 5) oder auch mit typischen Modellen für B-Systeme [Schlaich/Schäfer – 01].
5. Bemessen der B-Systeme
6. Bilden des Gleichgewichts für jeden D-Bereich
7. Bemessen jedes D-Bereichs
8. Superposition der Bewehrungen aus B- und D-Bereichen.

14.2.2 Modellbildung mit der Lastpfadmethode

Der Lastabtrag innerhalb eines Bauteils erfolgt analog zu den Gesetzen einer strömenden Flüssigkeit. Sie legt einen Weg von der Quelle (Lasteinleitung) zur Mündung (Lastausleitung, Lager) zurück. Dabei strömt sie an Engstellen schnell (hohe Spannungen, dicht nebeneinander liegende Trajektorien), an breiten Stellen langsam. Sie sucht den direkten Weg (möglichst geradliniger Verlauf), nur an Hindernissen (im Bauteil z.B. Aussparungen) nimmt sie Umwege, wobei die Strömung kontinuierlich die Richtung ändert. Es gibt keine sich kreuzenden Flüsse. Diese Gedanken lassen sich auf Tragwerke übertragen, man erhält dann die „Lastpfadmethode“ (**Abb. 14.3**). Jedes Tragwerk trägt die Lasten so ab, dass die innere Arbeit im Tragwerk minimal ist. Aufgrund dieses Prinzips gelten bestimmte Regeln für alle Tragwerke. Diese sind:

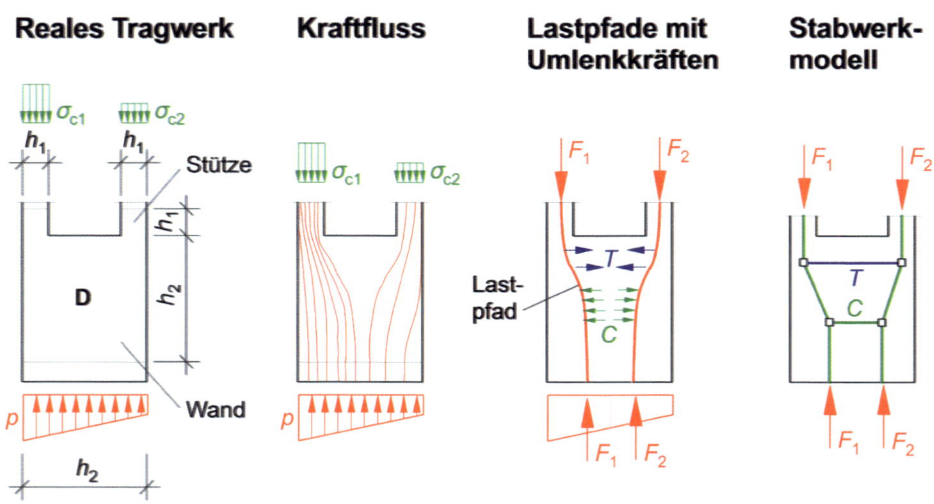

Abb. 14.3 *Lastpfadmethode für zwei auf einer Wand stehende Stützen*

1. Lasten werden auf möglichst direktem Weg zu den Lagern abgetragen. Für Vertikallasten heißt dies möglichst direkt nach unten. Die Lastpfade beginnen in der Last und enden im Auflager bzw. münden in einen anderen Lastpfad.
2. Hieraus ergibt sich, dass sich Lastpfade gleichgerichteter Lasten nicht kreuzen.
3. Der volle Querschnitt wird genutzt, d.h., Lasten breiten sich aus (St. VENANT).

4. Der Lastpfad ist hierbei stromlinienförmig, Knicke entstehen nicht. Durch Richtungsänderungen entstehen Umlenkkräfte. Diese stehen mit (Umlenk-)Kräften eines anderen Lastpfades im Gleichgewicht. Die Lastpfade werden zu Polygonzügen idealisiert, an deren Knickpunkten Knotenpunkte liegen. Hinweise für die Lastpfade lassen sich aus dem Verhalten eines linear elastischen Werkstoffs gewinnen.
5. Knotenpunkte sind punktförmig idealisierte Bereiche, in denen Kräfte umgelenkt, mit anderen gekoppelt oder verankert werden.[1]
6. Aufgrund der Steifigkeit werden in Stahlbetontragwerken (nach Rissbildung) vornehmlich Druckspannungen (und als Resultierende Druckkräfte *C* = COMPRESSION) aktiviert und Zugkräfte nur, wenn sie zum Gleichgewicht unbedingt erforderlich sind. Zur Aufnahme der Zugkräfte muss Bewehrung vorhanden sein!
7. Die Zugstäbe im Stabwerkmodell sollen in ihrer Form einfach, d.h. möglichst gerade sein. Die Geometrie muss baupraktisch möglich sein (einfache Biegeformen). Für die Optimierung zwischen möglichen Modellen kann im Zweifelsfall das Produkt aus Zugkraft *T* (TENSION) und Stablänge ermittelt werden. Das Modell mit der minimalen Arbeit (Summe über alle Produkte) ist das geeignetste!

$$\sum_{\mathrm{i}} T_{\mathrm{i}} \cdot l_{\mathrm{i}} \rightarrow \text{Minimum} \tag{14.1}$$

8. Bei Flächentragwerken ist eine orthogonale Bewehrungsführung baupraktisch sinnvoll. Zumindest schwach beanspruchte Zugstäbe sind auf dieses Raster auszurichten.

14.2.3 Modelle für D-Bereiche

Es sollen zunächst Beispiele für drei D-Bereiche gegeben werden, für die schon Bemessungsmöglichkeiten bereitgestellt wurden.

D1-Bereich:[2]

Der D1-Bereich stellt die Wirkung einer konzentrierten Lasteinleitung dar, die sich auf die gesamte Bauteilbreite h_1 gleichmäßig ausbreitet (**Abb. 14.4**). Er ist identisch mit der bereits in Kap. 11.3 behandelten Teilflächenpressung (**Abb. 11.4**). Im dortigen Fall war $h > h_1$. Das Modell kann prinzipiell auch bei $h < h_1$ beibehalten werden, bis der Hebelarm der inneren Kräfte z in denjenigen des B-Bereiches übergeht.

$$z = \min \begin{cases} 0{,}5\, h_1 \\ 0{,}8\, h \end{cases} \tag{14.2}$$

1 Knotenpunkte sind keine Gelenke. Daher wird anstatt des Kreissymbols ein Quadrat verwendet.

2 Die Nummerierung orientiert sich an der vollständigen Darstellung in [Schlaich/Schäfer – 01]. In diesem Kapitel und in Kap. 15 werden exemplarisch nur einige besonders wichtige D-Bereiche vorgestellt.

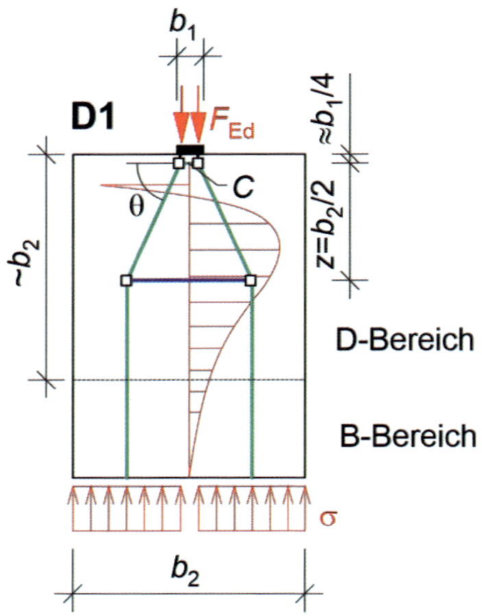

Abb. 14.4 *D1-Bereich*

D11-Bereich:

Der D11-Bereich ist typisch für Einzellasten, die in Balken eingeleitet werden. Dies können Auflagerkräfte oder äußere Lasten sein (**Abb. 14.5**). Dieser Bereich kommt weiterhin in Rahmenecken (→ Kap. 14.6) in Kombination mit D12 vor. Wenn zwei D11-Bereiche aus einer Einzellast und der Auflagerkraft aufgrund der Lage der Einzellast immer weiter zusammenrücken und sich schließlich teilweise überdecken, entsteht der D12-Bereich.

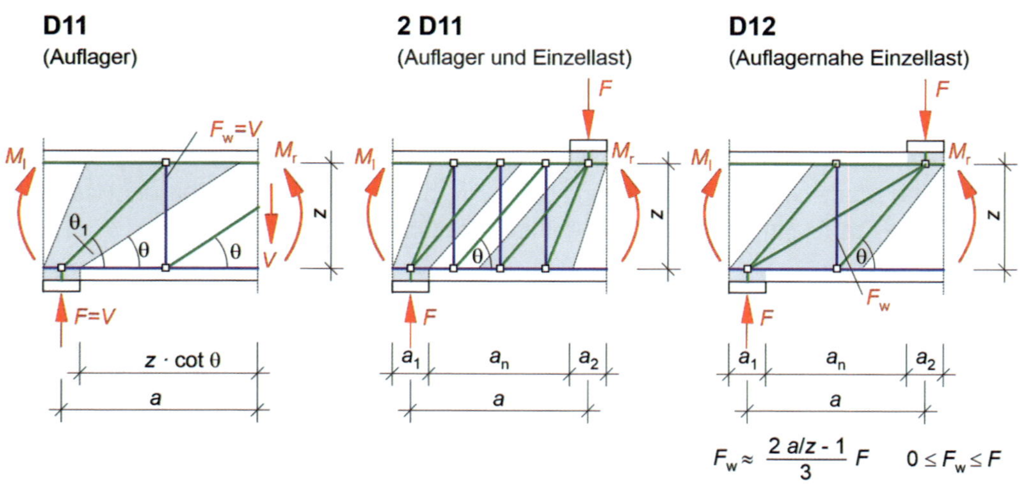

Abb. 14.5 *Beispiele für D11- und D12-Bereiche*

D12-Bereich:

Neben auflagernahen Einzellasten kommt dieser D-Bereich bei Rahmenknoten, Rahmenecken und Konsolen vor. Kennzeichen ist ein direkter Lastpfad in Form einer Druckstrebe zwischen zwei Einzellasten. Daneben existiert ein indirekter Lastabtrag über mehrere Druck- und Zugstäbe. Die Zugstäbe sind hierbei Bügel, die für die Zugkraft F_w (Teil 1, Kap. 8.2 und 8.4) bemessen werden.

14.3 Bemessen von Stabwerkmodellen

14.3.1 Teilsicherheitsbeiwerte

Bei den Stabwerkmodellen handelt es sich zunächst um eine Idealisierungs- und Modellbildungsmethode. Sie ist normübergreifend anwendbar. Um konkret mit dem Verfahren arbeiten zu können, werden nachfolgend die Teilsicherheitsbeiwerte entsprechend den Regelungen des EC2-1-1 eingeführt. Die Stabkräfte sind somit im Grenzzustand der Tragfähigkeit aus den charakteristischen Einwirkungen unter Berücksichtigung der Teilsicherheitsbeiwerte γ_F und der Kombinationsbeiwerte Ψ zu errechnen (Teil 1, Kap. 6). Die Bemessungswerte der Bauteilwiderstände sind aus der charakteristischen Festigkeit durch Division mit dem entsprechenden Teilsicherheitsbeiwert γ_M zu bestimmen.

Die Bemessung der Stabwerkmodelle erfolgt entsprechend der üblichen Praxis des Stahlbetonbaus: Für Druckstäbe ist der Nachweis zu führen, dass die Betonquerschnitte ausreichen. Für Zugstäbe wird die erforderliche Bewehrung bestimmt. In den Knoten sind die aus der Kraftumlenkung resultierenden Spannungsfelder nachzuweisen.

14.3.2 Betondruckstäbe

Betondruckstäbe weiten sich zwischen den Knotenpunkten auf (**Abb. 14.6**). Hierdurch entstehen zwei- oder dreidimensionale Spannungsfelder.

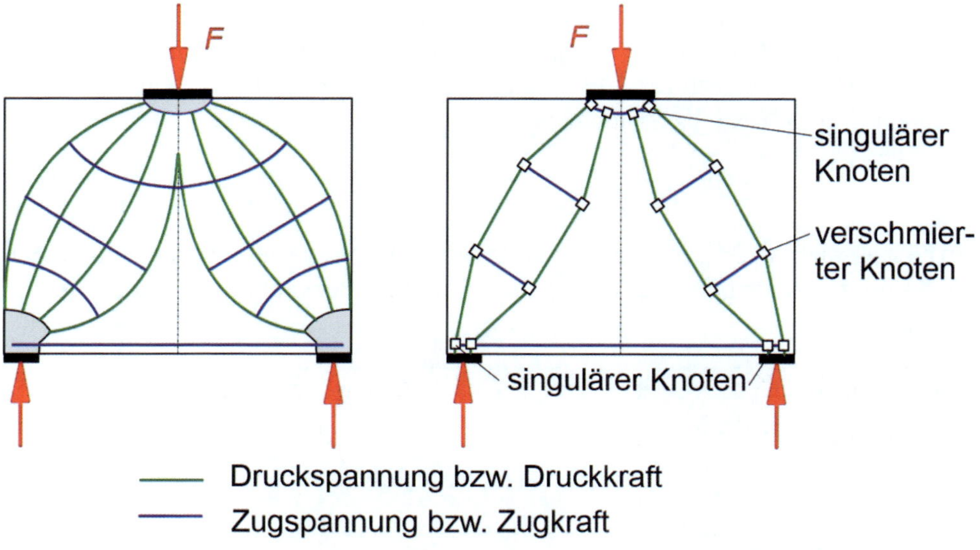

Abb. 14.6 *Spannungsfelder in Betondruckstäben und deren Modellierung als Unterstabwerkmodell*

Die Spannungsfelder können fächerförmig, flaschenhalsförmig oder prismatisch sein (**Abb. 14.7**). Sie bewirken in den Querrichtungen Spannungen aus der Umlenkung. Diese sind bei der Bemessung zu berücksichtigen. Hierzu gibt es zwei gleichwertige Möglichkeiten: Die Querzugspannungen sind in das Versagenskriterium einzuarbeiten oder der Druckstab selbst ist als Stabwerkmodell mit zusätzlichen Zugstäben zu modellieren (**Abb. 14.6**). Oftmals erübrigt sich ein Nachweis der Betondruckspannungen im Betondruckstab, da in den Knoten durch die fächer- und flaschenhalsförmige Konzentration eine ungünstigere Situation vorliegt.

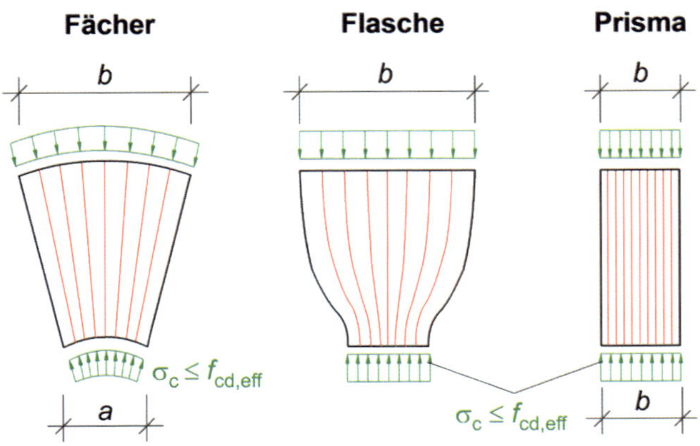

Abb. 14.7 *Arten von (Druck-)Spannungsfeldern*

Die Betondruckfestigkeit wird zwar auf die einaxiale Zylinderdruckfestigkeit bezogen, sie ist jedoch bei genauerer Betrachtung ein Wert, der maßgeblich von dem dreiaxialen Spannungsverhältnis abhängt. Bei Querdruckspannungen steigt die Festigkeit über den Wert der Zylinderfestigkeit an, bei Querzugspannungen und damit einhergehenden Rissen fällt die Spannung unter den Wert der einaxialen Zylinderfestigkeit ab. Hieraus ergeben sich Bemessungsfestigkeiten nach **Tafel 14.1**. Mit diesen Bemessungswerten kann der Bauteilwiderstand in der Druckstrebe bestimmt werden.

$$C_{Rd} = f_{cd,eff} \cdot A_c \tag{14.3}$$

Sofern eine zusätzliche Druckbewehrung A_s angeordnet wird, lassen sich die aufnehmbaren Kräfte um $f_{yd} \cdot A_s$ steigern. Auf eine Umschnürung der Bewehrung zur Knicksicherung ist zu achten.

Beanspruchungszustand und Rissrichtung	**Bemessungswert $f_{cd,eff}$ für die Druckstrebe**	
Beton einaxial ohne Risse	$f_{cd} = \frac{\alpha_{cc} f_{ck}}{\gamma_C}$	(14.4)
Beton mehraxial unter Druck	$1{,}10 \cdot f_{cd}$	(14.5)
Risse parallel zu Druckstrebe	$0{,}75 \cdot f_{cd}$	(14.6)

Beanspruchungszustand und Rissrichtung	Bemessungswert $f_{cd,eff}$ für die Druckstrebe	
Wenige Risse schräg zur Druckstrebe	$0{,}60 \cdot f_{cd}$	(14.7)
Viele Risse schräg zur Druckstrebe	$0{,}525 \cdot f_{cd}$	(14.8)
Für Betonfestigkeitsklassen ≥ C55/67 sind die Bemessungswerte der Druckstrebentragfähigkeit zusätzlich mit dem Faktor $\nu_2 = 1{,}1 - f_{ck}/500$ abzumindern.		

Tafel 14.1 *Bemessungswerte $f_{cd,eff}$ der Druckstrebentragfähigkeit für Normalbeton (EC 2-1-1, 6.5.2 und 6.5.4)*

14.3.3 Zugstäbe

In den Zugstäben *T* sind die Zugkräfte durch Bewehrung aufzunehmen. Die Schwerachse der Bewehrung ist die Schwerachse des Zugstabes.

$$T_{Rd} = f_{yd} \cdot A_s \qquad (14.9)$$

Wenn sich das Modell und der Zugstab am elastischen Verhalten orientieren, wird durch diese statisch erforderliche Bewehrung (und die Mindestbewehrung nach Norm) auch gleichzeitig die Rissbreite beschränkt.

Sofern Sekundärtragwirkungen (wie z.B. die Verankerung von Stäben) mit Stabwerkmodellen berechnet werden, sind unbewehrte Betonzugstäbe T_c denkbar.[3]

14.3.4 Knoten

D-Bereiche können singuläre oder verschmierte Knoten enthalten (**Abb. 14.6**). Bei singulären Knoten werden die aus den einmündenden Stäben resultierenden Kräfte in einem kleinen Bereich ausgeglichen. Verschmierte Knoten entstehen dagegen aus der allmählichen Umlenkung der Lastpfade. Singuläre Knoten entstehen infolge Einzellasten, Auflagerkräften, verankerter und umgelenkter Bewehrung sowie geometrischer Diskontinuitäten (z.B. Aussparungen, Querschnittssprünge). Sie sind aufgrund ihrer hohen Beanspruchung zu bemessen. Hierzu sind drei Knotentypen zu unterscheiden:

- *Druckknoten*

  Hier wird das Gleichgewicht zwischen drei oder mehr Druckstäben gebildet.

- *Druck-Zug-Knoten mit Verankerung eines Zugstabes*

  Hier greifen drei oder mehr Stäbe an, von denen einer ein Zugstab ist. Ein typisches Beispiel ist das Endauflager eines Balkens.

3 Wird hier nicht dargestellt → [Schlaich/Schäfer – 01].

- *Druck-Zug-Knoten mit mindestens zwei Zugstäben*

  Hier greifen mindestens zwei Zugstäbe an, die oftmals durch einen gemeinsamen Bewehrungsstrang verbunden werden. Ein typisches Beispiel ist eine Rahmenecke.

Nachfolgend werden einige typische Knoten vorgestellt.

Druckknoten:

Typische Beispiele für diesen Knoten sind der Typ K1 (Endauflager seitlich gestützt oder unter Vorspannung), der Typ K2 (z.B. Einzellast auf einer Scheibe) aus der Verdoppelung von K1 und der Typ K4 (z.B. Innenstütze eines Durchlaufträgers). Bei diesen Knoten sind die Betondruckspannungen an den Knotenrändern (bzw. alternativ im Inneren) nachzuweisen.

$$\sigma_c \leq f_{cd,eff} \tag{14.10}$$

Die zulässige Druckspannung erhält man aus Gl. (14.5). Die vorhandene Druckspannung σ_c kann mit den Gln. in **Tafel 14.2** bestimmt werden.

Druck-Zug-Knoten mit Verankerung eines Zugstabes:

Als typisches Beispiel für diesen Knoten wird hier der Typ K6 (Endauflager eines Balkens) betrachtet. Bei Druck-Zug-Knoten sind die Betondruckspannungen an den Knotenrändern im Bereich der Druckstäbe mit Gl. (14.10) nachzuweisen. Die zulässige Druckspannung erhält man aus Gl. (14.5) bis (14.7). Die vorhandene Druckspannung σ_c kann mit den Gln. in **Tafel 14.3** bestimmt werden. Die Höhe des Zugstabes *u* ergibt sich aus der Anzahl der Bewehrungslagen:

- Einlagige Bewehrung, die nicht über die Lasteinleitungshinterkante übersteht (**Tafel 14.3**: K6a):

  $$u = 0 \tag{14.11}$$

- Einlagige Bewehrung, die mindestens 2 s_0 über die Lasteinleitungshinterkante übersteht (**Tafel 14.3**: K6b):

  $$u = \varnothing + 2\,s_0 \tag{14.12}$$

- *n*-lagige Bewehrung, die mindestens 0,5 $s \geq 2\,s_0$ über die Lasteinleitungshinterkante übersteht (**Tafel 14.3**: K6c):

  $$u = \varnothing + 2\,s_0 + (n-1) \cdot s \tag{14.13}$$

Für wandartige Träger gilt für *u* weiterhin (→ Kap. 15):

$$u \begin{cases} \approx 0{,}15\,h \\ \leq 0{,}20\,h_{\text{D-Bereich}} \\ \leq 0{,}10\,l_{\text{eff}} \end{cases} \tag{14.14}$$

Sofern mehrlagige Bewehrung gewählt wird, soll die der Lasteinleitung nächstgelegene Lage die meiste Bewehrung aufweisen.

Nr.	Beispiel	Nachweis
K1	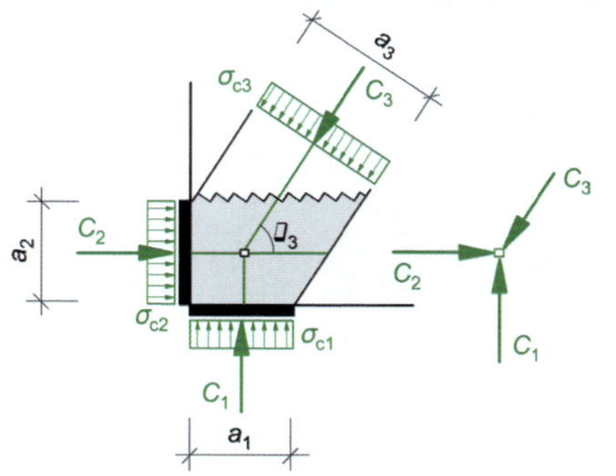	1. $\sigma_{ci} = \frac{C_i}{a_i \cdot b}$ $i = 1,2$ (14.15) c_3 ist automatisch für $a_1 \perp a_2$ erfüllt und ergibt sich zu: 2. $\sigma_{c3} = \frac{\sigma_1^2 + \sigma_2^2 \cdot \left(\frac{a_2}{a_1}\right)^2}{\sigma_1 + \sigma_2 \cdot \left(\frac{a_2}{a_1}\right)^2}$ (14.16)
K2	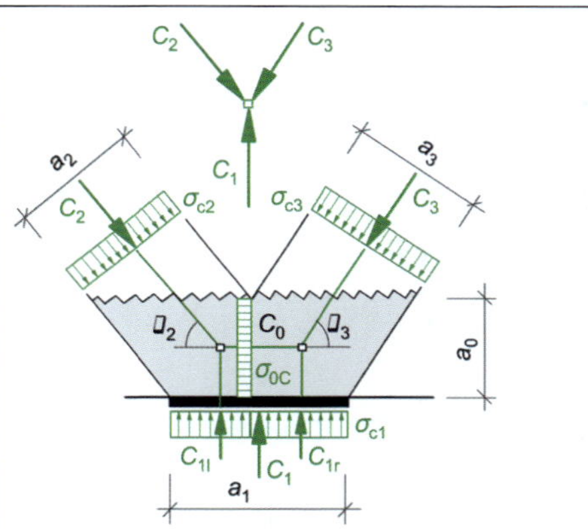	$\sigma_{ci} = \frac{C_i}{a_i \cdot b}$ $i = 0,1$[4] (14.17) a_0 ist so groß zu wählen, dass σ_{c2} und σ_{c3} nicht maßgebend werden. Dies ist der Fall, wenn $a_0 \geq \frac{a_1}{\tan\theta_2 + \tan\theta_3}$ (14.18)
K4	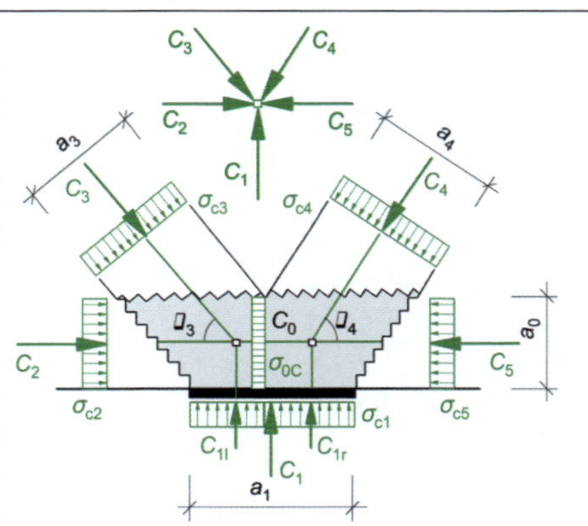	$\sigma_{ci} = \frac{C_i}{a_i \cdot b}$ $i = 0,1$[5] (14.19)

Tafel 14.2 *Typische Druckknoten und die Spannungen in den Druckstreben*

Druck-Zug-Knoten mit mindestens 2 Zugstäben:

Typische Beispiele für diesen Knoten sind der Typ K9 (indirektes Endauflager) und der Typ K10 (Rahmenecke). Die Druckstäbe sind mit Gl. (14.10) nachzuweisen. Die zulässige Druckspannung erhält man aus Gl. (14.6). Die vorhandene Druckspannung σ_c kann mit den Gln. in **Tafel 14.4** bestimmt werden.

4 Wenn σ_{c0} und σ_{c1} erfüllt sind, werden die restlichen Streben nicht maßgebend.

5 Wenn σ_{c0} und σ_{c1} erfüllt sind, werden die restlichen Streben nicht maßgebend.

Nr.	Beispiel		Nachweis	
K6	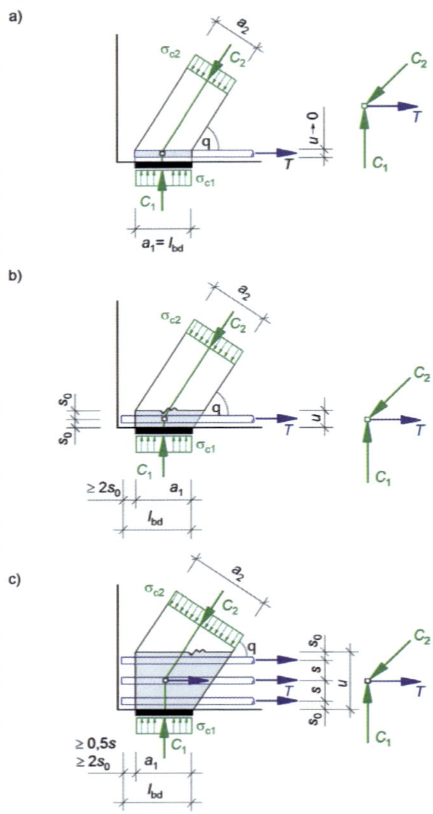	1.	$\sigma_{c1} = \dfrac{C_1}{a_1 \cdot b}$	(14.20)
		2.	$\sigma_{c2} = \dfrac{C_2}{a_2 \cdot b} = \dfrac{\sigma_{c1}}{\left(1 + \frac{u}{a_1} \cot\theta\right) \cdot \sin^2\theta}$	(14.21)
		3.	Verankerungslänge l_{bd} nach Norm (→ Teil 1, Kap. 4.3)	
		4.	Querzugbewehrung konstruktiv	

Tafel 14.3 *Typischer Druck-Zug-Knoten mit einem Zugstab und die Spannungen in den Druckstreben*

Nr.	Beispiel		Nachweis	
K9	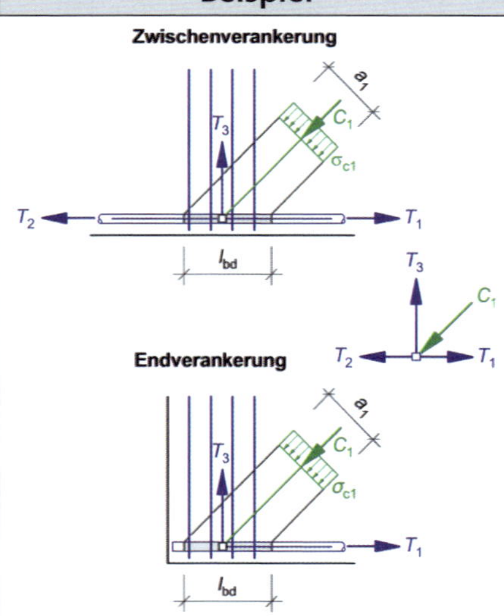	1.	$\sigma_{c1} = \dfrac{C_1}{a_1 \cdot b}$	(14.22)
		2.	Verankerungslänge l_{bd} nach Norm für die Differenzkraft $T_1 - T_2$	
		3.	Die Bewehrung für T_3 ist über die Verankerungslänge nach 2. zu verteilen.	
		4.	Verankerung der Bewehrung für T_3. Bei dünnen Stäben sind Schlaufen möglich.	
		5.	Querzugbewehrung konstruktiv	

Nr.	Beispiel		Nachweis	
K10	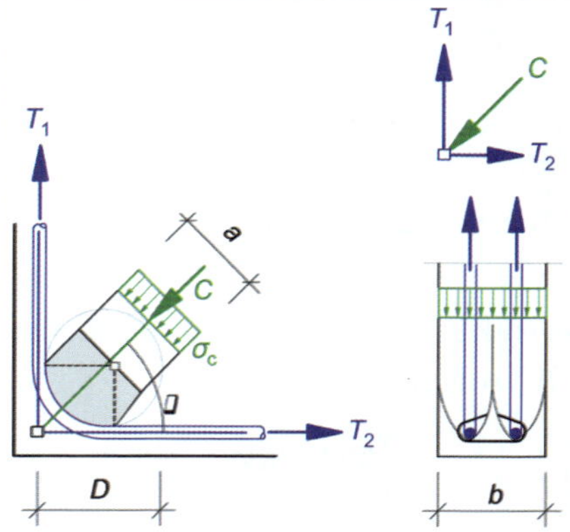	1.	Biegerollendurchmesser D (Mindestwerte D_{min} nach Norm → Teil 1, Kap. 4.2)	
		2.	$\sigma_c = \frac{C}{a \cdot b}$	(14.23)
			Für Knoten mit orthogonalen Zugstreben ergibt sich direkt für die größere der beiden Stabzugkräfte T_1 und T_2:	
			$\sigma_c = \frac{T_{max}}{D \cdot b \cdot \sin\theta \cdot \cos\theta}$	(14.24)
		3.	Querzugbewehrung konstruktiv	

Tafel 14.4 *Typische Druck-Zug-Knoten mit mindestens zwei Zugstäben und die zugehörigen Spannungen*

14.4 Konsolen und ausgeklinkte Auflager

14.4.1 Aufgabe

Während im Ortbetonbau Decken, Unterzüge und Stützen monolithisch miteinander verbunden werden, sind im Fertigteilbau definierte Auflager zu schaffen, um ein lastgebendes auf ein lastabtragendes Bauteil montieren zu können. Hierzu dienen Konsolen (**Abb. 14.8**). Sofern die Stapelhöhe minimiert werden soll, wird beim lastabgebenden Bauteil ein ausgeklinktes Auflager (notched support) ausgeführt.

Konsolen (corbels) sind hoch beanspruchte Bauteile, da die Abmessungen möglichst gering sein sollen, um Stapelhöhe und Eingriff in die lichte Weite zu begrenzen. Daher sind eine sorgfältige Bemessung und eine geeignete Bewehrungsführung besonders wichtig.

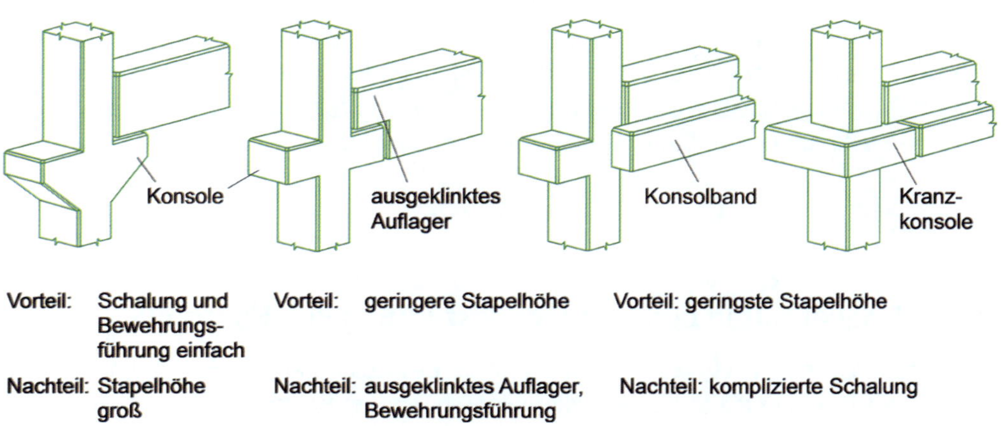

Abb. 14.8 *Ausführungsmöglichkeiten für Konsolen und ausgeklinkte Auflager*

Konsolen werden über den bezogenen Lastwirkungspunkt *a/h* von Kragträgern abgegrenzt:

Kragträger: $\frac{a}{h} > \frac{3}{2}$ (14.25)

Konsole: $0{,}4 \leq \frac{a}{h} \leq \frac{3}{2}$ (14.26)

Sehr kurze Konsolen mit $\frac{a}{h} < 0{,}4$ können wie wandartige Träger behandelt werden (→ Kap. 15).

Alternativ zur Berechnung mit Stabwerkmodellen können Konsolen mit einfachen Bemessungsvorschriften nach [DAfStb Heft 600 – 20] bemessen werden.

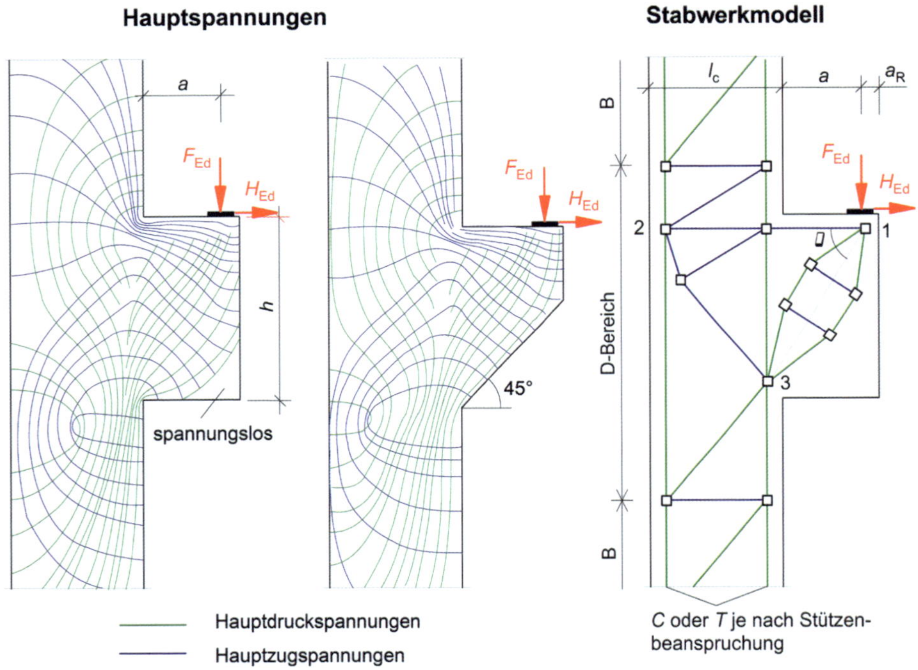

Abb. 14.9 *Beanspruchung in einer Konsole mit oben angreifender Last*

Auch wenn auf die Konsole aus dem auf ihr liegenden Balken *rechnerisch* nur eine Vertikalkraft F_{Ed} wirkt, sollte die Lagerreibung konstruktiv mit folgender Abschätzung erfasst und in die Bestimmung der Bewehrung einbezogen werden:

$$H_{Ed} = \max \begin{cases} H_{Ed,statisch} \\ 0{,}2\, F_{Ed} \end{cases} \tag{14.27}$$

14.4.2 Tragverhalten und Bewehrungsführung von Konsolen

Die Konsole leitet eine Vertikalkraft und infolge des ausmittigen Angriffs ein Moment $M \approx F_{Ed} \cdot (a + 0{,}5\, l_c)$ in die Stütze ein. Exemplarisch wird im Folgenden der am häufigsten auftretende Fall einer oben angreifenden Last behandelt. In analoger Weise kann für eine unten angehängte Last ein Stabwerkmodell entwickelt werden.

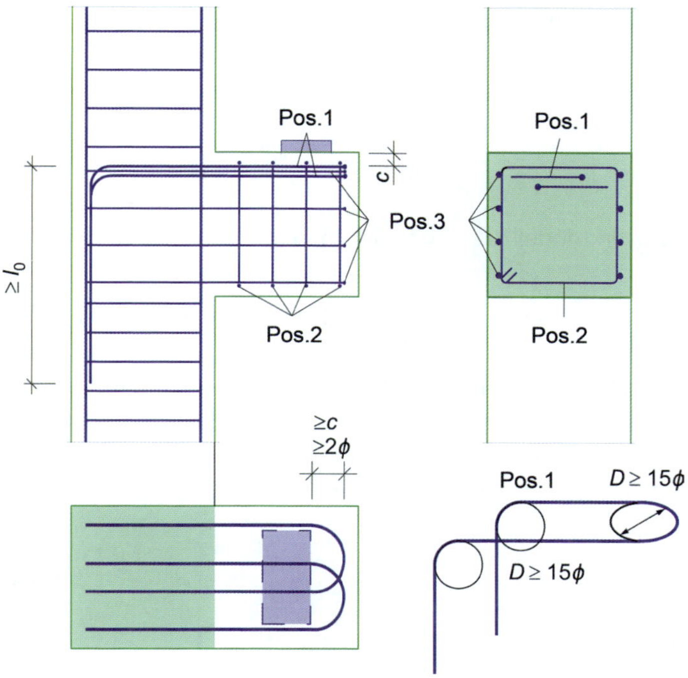

Abb. 14.10 *Sinnvolle Bewehrungsführung einer von oben belasteten Konsole*

Für ein elastisches Materialverhalten sind die Hauptspannungen in **Abb. 14.9** dargestellt. Hieraus ist ersichtlich, dass die untere Konsolecke der rechteckigen Ausführungsform nahezu spannungslos ist. Die Konsole kann daher ohne wesentliche Änderung des Tragverhaltens auch mit einer schrägen unteren Kante ausgeführt werden. Aus dem Hauptspannungsbild kann das zugehörige Stabwerkmodell entwickelt werden. Aus diesem Stabwerkmodell lassen sich sofort folgende Regeln zur Bewehrungsführung (**Abb. 14.10**) erkennen:

1. Die Auflagerlasten werden durch eine nahezu horizontal verlaufende Zugstrebe und eine schräg nach unten verlaufende, sich auffächernde Druckstrebe in die Stütze übertragen.
2. Durch die Horizontalkraft H_{Ed} liegt der Knoten 1 (**Abb. 14.9**) etwas seitwärts und nicht direkt in der Wirkungslinie von F_{Ed}. Ein Umfassen dieses Punktes mit horizontal liegenden Schlaufen ist sinnvoll. Die Konsole muss daher mit einem ausreichenden Überstand a_R ausgeführt werden.
3. Die Zugstrebe geht durch die Stütze durch und ist an der Rückseite im Knoten 2 (**Abb. 14.9**) mit der Stützenbewehrung zu koppeln, d.h. in vertikaler Richtung zu verankern (Pos. 1 in **Abb. 14.10**).
4. Die Richtung des Druckstabes θ ergibt sich aus der Lage des Knotens 3. Seine Fläche muss ausreichen, um die Druckspannungen übertragen zu können.
5. Aus der sich zwischen Knoten 1 und 3 auffächernden Druckstrebe entstehen schräg gerichtete Zugkräfte, die durch horizontal *und* vertikal liegende Bügel aufzunehmen sind (Pos. 2 und Pos. 3 in **Abb. 14.10**).

6. In den Knoten 2 und 3 sind die Anschlüsse an die Stäbe der Stütze herzustellen, die je nach Beanspruchung derselben Zug- oder Druckstäbe sein können. Hier sind ober- und unterhalb der Konsole in der Stütze zusätzliche Bügel für die horizontalen Zugkräfte sinnvoll.

14.4.3 Bemessung

Die Konsole wird mit dem Stabwerkmodell der **Abb. 14.11** bemessen. Die Bemessung umfasst folgende Teilschritte:

1. *Bemessen von Knoten 3*. Dieser ist vom Typ K1 (Gl. (14.15) in **Tafel 14.2**). Sofern Beanspruchungen aus einer durchlaufenden Stütze vorhanden sind, wären diese zwar streng genommen in dem Stabwerkmodell zu erfassen. Wenn die überlagerte Beanspruchung im Rahmen eines B-Nachweises an der maßgebenden Stelle geprüft wird, kann die Stützenbeanspruchung ignoriert werden. Dies gilt auch im Hinblick auf die nur äußerst geringe Abmessung von a_1. Es wird lediglich ein Gleichgewichtszustand für den D-Bereich modelliert.

$$\sigma_{c1} = \frac{F_{Ed}}{b \cdot a_1} \leq f_{cd} \quad \Rightarrow \quad a_1 = \frac{F_{Ed}}{b \cdot f_{cd}} \tag{14.28}$$

$$a_2 = \frac{a_1}{\tan\theta} = \frac{a_1 \cdot (a + 0{,}5\, a_1)}{d - 0{,}5\, a_2}$$ aufgelöst nach a_2:

$$a_2^2 - 2d \cdot a_2 + 2a_1 \cdot (a + 0{,}5\, a_1) = 0$$

$$a_2 = d - \sqrt{d^2 - 2\, a_1 \cdot (a + 0{,}5\, a_1)} \tag{14.29}$$

2. Bestimmen der Bewehrung für T_1:

$$d = h - c_{Rand} \tag{14.30}$$

$$\tan\theta = \frac{d - 0{,}5\, a_2}{a + 0{,}5\, a_1} \tag{14.31}$$

$$z = (a + 0{,}5\, a_1) \cdot \tan\theta \tag{14.32}$$

$$F_{sd} = F_{Ed} \cdot \frac{a + 0{,}5\, a_1}{z} + H_{Ed} \cdot \frac{a_H + z}{z} \tag{14.33}$$

Mit Gl. (14.9) kann dann der erforderliche Bewehrungsquerschnitt bestimmt werden.

3. Die zusätzlichen *Bügel zur Aufnahme der Querzugspannungen* (Pos. 2 + 3 in **Abb. 14.10**) im Druckstab werden gemäß den Gleichungen (14.34) und (14.35) ausgelegt.

$$\frac{a}{h} \leq 0{,}5: \qquad F_{sd,bü} = 0{,}5\, F_{Ed} \tag{14.34}$$

Für $a/h \leq 0{,}5$ werden geschlossene horizontale oder geneigte Bügel erforderlich, die für 50 % der Kraft nach Gl. (14.33) bemessen werden. Zusätzlich sollten konstruktiv vertikale Bügel angeordnet werden.

$$\frac{a}{h} > 0{,}5: \qquad F_{sd,bü} = 0{,}7\, F_{Ed} \tag{14.35}$$

Bei $a/h > 0{,}5$ sind geschlossene vertikale Bügel erforderlich, die für Bügelkräfte nach Gl. (14.35) zu bemessen sind. Horizontale Bügel sollten konstruktiv angeordnet werden.

4. *Bemessen von Knoten 1*. Dieser ist vom Typ K6 (**Tafel 14.3**). Da die Größe der Lagerplatte bekannt ist (somit a_1), kann a_2 mit der Höhe der Zugstrebe u bestimmt und der Nachweis der Druckstrebe C entsprechend Gl. (14.21) geführt werden. Die Bewehrung (Pos. 1 in **Abb. 14.10**) wird nicht gerade verankert, sondern als Schlaufe ausgebildet. Die Verankerungslänge beginnt an dem zur Stütze liegenden Lagerplattenrand (**Tafel 14.3**). Weitere Nachweise sind daher in diesem Knoten nicht zu führen.
5. *Bemessen von Knoten 2*. Der Typ hängt davon ab, ob die gezogene oder gedrückte Seite der Stütze hier anliegt. Im Fall der gezogenen Seite ist es der Typ K9, andernfalls K10 (**Tafel 14.4**). Es sind der Biegerollendurchmesser D_{min} und die Verankerungslänge l_{bd} nach Norm zu bestimmen.
6. Der D-Bereich erstreckt sich in die Stütze hinein (**Abb. 14.11**). Hier befinden sich je ein horizontal liegender Zugstab ober- und unterhalb der Konsole. Sofern diese nicht gesondert bemessen werden, sollten konstruktiv *oben und unten je 2 zusätzliche Bügel* der Stützenbügelposition angeordnet werden.

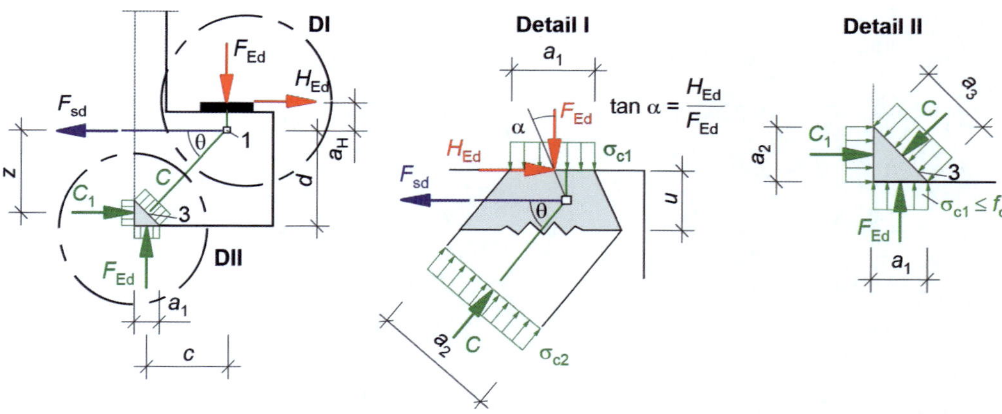

Abb. 14.11 *Abmessungen von Stabwerkmodell und Knoten der von oben belasteten Konsole*

Beispiel 14.1: Bemessung einer Konsole

gegeben:
- Konsole lt. Skizze
- Betondeckung $c_{nom} = 35$ mm
- Baustoffe C35/45; B500
- Abmessungen Elastomerlager $b_{el,1}/b_{el,2}/h_{el} = 20/18/1$ cm (siehe Skizze)

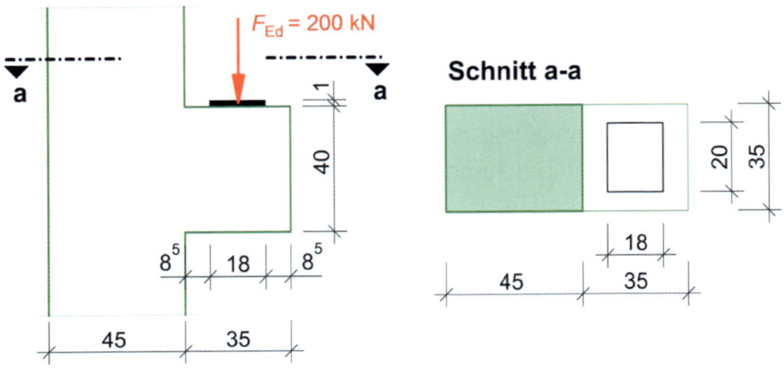

gesucht: Bemessung der Konsole

Lösung:

$$0{,}4 \leq \frac{85 + 0{,}5 \cdot 180}{400} = 0{,}44 \leq \frac{3}{2}$$

(14.26): $0{,}4 \leq \frac{a}{h} \leq \frac{3}{2}$

$\Rightarrow$ Konsole

$$H_{Ed} = \max \begin{cases} 0 \\ 0{,}2 \cdot 200 = \underline{40\text{ kN}} \end{cases}$$

(14.27): $H_{Ed} = \max \begin{cases} H_{Ed,statisch} \\ 0{,}2\, F_{Ed} \end{cases}$

$$f_{cd} = \frac{0{,}85 \cdot 35}{1{,}5} = 19{,}8\text{ N/mm}^2$$

$f_{cd} = \frac{\alpha_{cc} \cdot f_{ck}}{\gamma_C}$

Knoten 3:

$$a_1 = \frac{0{,}200}{0{,}35 \cdot 19{,}8} = 0{,}029\text{ m}$$

(14.28): $a_1 = \frac{F_{Ed}}{b \cdot f_{cd}}$

$$c_{Rand} = 60\text{ mm}$$

zunächst Schätzwert

$$d = 400 - 60 = 340\text{ mm}$$

(14.30): $d = h - c_{Rand}$

$$a_2 = 340 - \sqrt{340^2 - 2 \cdot 29 \cdot (85 + 0{,}5 \cdot 180 + 0{,}5 \cdot 29)} = 16{,}6 \approx 17\text{ mm}$$

(14.29): $a_2 = d - \sqrt{d^2 - 2\, a_1 \cdot (a + 0{,}5\, a_1)}$

$$\tan\theta = \frac{340 - 0{,}5 \cdot 17}{85 + 0{,}5 \cdot 180 + 0{,}5 \cdot 29} = 1{,}75$$

(14.31): $\tan\theta = \frac{d - 0{,}5\, a_2}{a + 0{,}5\, a_1}$

$\Rightarrow \theta = 60°$

Zugstab:

$$z = (85 + 0{,}5 \cdot 180 + 0{,}5 \cdot 29) \cdot \tan 60° = 328\text{ mm}$$

(14.32): $z = (a + 0{,}5\, a_1) \cdot \tan\theta$

$$F_{sd} = 200 \cdot \frac{85 + 0{,}5 \cdot 180 + 0{,}5 \cdot 29}{328} + 40 \cdot \frac{60 + 10 + 328}{328} = 164 \text{ kN}$$

(14.33): $F_{sd} = F_{Ed} \cdot \frac{a + 0{,}5\, a_1}{z} + H_{Ed} \cdot \frac{a_H + z}{z}$

mit $a_H = c_{Rand} + h_{ec}$

$A_s = \frac{164}{435} \cdot 10 = 3{,}8 \text{ cm}^2$

(14.9): $T_{Rd} = f_{yd} \cdot A_s \triangleq F_{sd} \Rightarrow A_s = \frac{F_{sd}}{f_{yd}}$

gew: 2 Schlaufen ∅12

$A_{s,vorh} = 4{,}5 \text{ cm}^2 > 3{,}8 \text{ cm}^2 = A_{s,erf}$

$A_{s,vorh} \geq A_{s,erf}$

$\frac{a}{h} = 0{,}4 < 0{,}5:$

$A_{s,bü} = 0{,}5 \cdot 3{,}8 = 1{,}9 \text{ cm}^2$

(14.34): $F_{sd,bü} = 0{,}5\, F_{sd}$

gew: 4 Bügel ∅8 zweischnittig, horizontal (erforderlich)

4 Bügel ∅8 zweischnittig, vertikal (konstruktiv)

$A_{s,vorh} = 4{,}0 \text{ cm}^2 > 1{,}9 \text{ cm}^2 = A_{s,erf}$

$A_{s,vorh} \geq A_{s,erf}$

$c_{Rand} = 35 + 8 + 12 = 55 \text{ mm} \approx 60 \text{ mm}$

Überprüfen des Schätzwertes

$c_{Rand} = c_{nom} + \varnothing_{Schlaufe} + \varnothing_{bü}$

Knoten 1:

$s_0 = 35 + 8 + 12 = 55 \text{ mm}$

$s_0 = c_{nom} + \varnothing_{bü} + \varnothing$

$u = 12 + 2 \cdot 55 = 122 \text{ mm}$

(14.12): $u = \varnothing + 2\, s_0$

$\sigma_{c1} = \frac{0{,}200}{0{,}18 \cdot 0{,}20} = 5{,}56 \text{ N/mm}^2$

(14.20): $\sigma_{c1} = \frac{C_1}{a_1 \cdot b} \triangleq \frac{C_1}{b_{el,1} \cdot b_{el,2}}$

$f_{cd,eff} = 0{,}60 \cdot 1{,}0 \cdot 19{,}8 = 11{,}9 \text{ N/mm}^2$

(14.7): $f_{cd,eff} = 0{,}60 \cdot f_{cd}$

$\sigma_{c1} = 5{,}56 \text{ N/mm}^2 < 11{,}9 \text{ N/mm}^2$

(14.3): $C_{Rd} = f_{cd,eff} \cdot A_c$

Lastausstrahlung infolge Neigung der Resultierenden wird vernachlässigt.

$$\sigma_{c2} = \frac{5{,}56}{\left(1 + \frac{122}{180} \cdot \cot 60°\right) \cdot \sin^2 60°} = 5{,}33 \text{ N/mm}^2$$

(14.21): $\sigma_{c2} = \frac{\sigma_{c1}}{\left(1 + \frac{u}{a_1} \cdot \cot\theta\right) \cdot \sin^2\theta}$

$\sigma_{c2} = 5{,}33 \text{ N/mm}^2 < 11{,}9 \text{ N/mm}^2$

(14.3): $C_{Rd} = f_{cd,eff} \cdot A_c$

Verankerung des Zugstabes:

$l_{b,rqd} = 55 \text{ cm}$ (für: $\sigma_{sd} = f_{yd}$)

∅12 und mäßiger Verbundbereich, s. z.B. [Schneider/Albert – 20]

$\alpha_1 = 0{,}7;\ \alpha_4 = 1{,}0;\ \alpha_5 = \frac{2}{3}$

Schlaufe, kein angeschweißter Querstab, direkte Lasteinleitung (Querdruck)

$l_{b,min} = 0{,}3 \cdot 0{,}7 \cdot 1{,}0 \cdot 54 = \underline{11{,}6\ \text{cm}} \geq 8{,}0\ \text{cm} = 6{,}7 \cdot 1{,}2$	$l_{b,min} = 0{,}3\ \alpha_1 \cdot \alpha_4 \cdot l_{b,rqd} \geq 6{,}7\,Ø$ (Querdruck analog direkter Lagerung)
$\frac{a_{s,erf}}{a_{s,vorh}} = \frac{3{,}7}{4{,}5} = 0{,}82$	$\frac{a_{s,erf}}{a_{s,vorh}}$
$l_{bd} = 0{,}7 \cdot 1{,}0 \cdot \frac{2}{3} \cdot 55 \cdot 0{,}82 = \underline{21{,}0\ \text{cm}} \geq 11{,}6\ \text{cm}$	$l_{bd} = \alpha_1 \cdot \alpha_4 \cdot \alpha_5 \cdot l_{b,rqd} \cdot \frac{a_{s,erf}}{a_{s,vorh}}$
$l_{bd} = 21{,}0\ \text{cm} \leq 23{,}0\ \text{cm} = 18 + 8{,}5 - 3{,}5 = l_{bd,vorh}$	**Tafel 14.3**
$D_{min} = 15 \cdot 12 = 180\ \text{mm}$	$D_{min} = 15\,Ø$
Knoten 2:	
$D_{min} = 15 \cdot 12 = 180\ \text{mm}$	$D_{min} = 15\,Ø$
Übergreifung des Zugstabes: $l_{b,rqd} = 39\ \text{cm}$ (für: $\sigma_{sd} = f_{yd}$)	Ø12 und guter Verbundbereich, s. z.B. [Schneider/Albert – 20]
$\alpha_1 = 1{,}0;\ \alpha_4 = 1{,}0;\ \alpha_5 = 1{,}0$	gerades Stabende, grundsätzlich $\alpha_4 = 1$
$l_{b,min} = 0{,}3 \cdot 1{,}0 \cdot 1{,}0 \cdot 39 = 11{,}7\ \text{cm} < \underline{12{,}0\ \text{cm}} = 10 \cdot 1{,}2$	$l_{b,min} = 0{,}3\ \alpha_1 \cdot \alpha_4 \cdot l_{b,rqd} \geq 10\phi$
$l_{bd} = 1{,}0 \cdot 1{,}0 \cdot 1{,}0 \cdot 39 \cdot 0{,}82 = \underline{32{,}0\ \text{cm}} \geq 12{,}0\ \text{cm}$	$l_{bd} = \alpha_1 \cdot \alpha_4 \cdot \alpha_5 \cdot l_{b,rqd} \cdot \frac{a_{s,erf}}{a_{s,vorh}}$
$\alpha_6 \leq 1{,}4$	Ø < 16 mm und Stoßanteil > 33 %
$l_{0,min} = 0{,}3 \cdot 1{,}0 \cdot 1{,}4 \cdot 39 = 16{,}4\ \text{cm} < \max \begin{cases} 18{,}0\ \text{cm} = 15 \cdot 1{,}2 \\ \underline{20\ \text{cm}} \end{cases}$	$l_{0,min} = 0{,}3 \cdot \alpha_1 \cdot \alpha_6 \cdot l_{b,rqd} \geq \max \begin{cases} 15\,Ø \\ 20\ \text{cm} \end{cases}$
$\alpha_6 \leq 1{,}4$	Ø < 16 mm und Stoßanteil > 33 %
$l_0 = 1{,}4 \cdot 32 = \underline{44{,}8\ \text{cm}} > 20\ \text{cm} = l_{s,min}$	$l_0 = \alpha_6 \cdot l_{bd} \geq l_{0,min}$
	gewählt: $l_0 = 70\ \text{cm}$
$l_{0,vorh} = 70\ \text{cm} > 44{,}8\ \text{cm}$	$l_{0,vorh} \geq l_0$

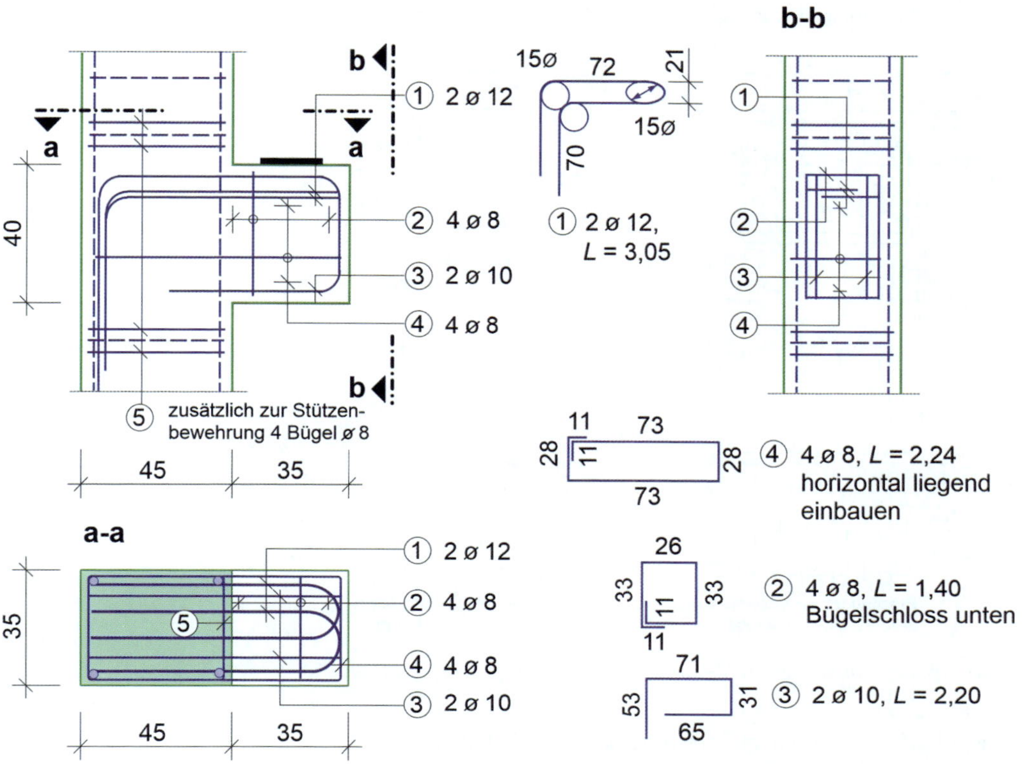

14.4.4 Ausgeklinkte Auflager

Ausgeklinkte Auflager (notched supports) als Gegenstück zur Konsole sind noch mehr als Konsolen auf tragfähige Zugstreben angewiesen. Daher sollte die Ausklinkung nicht mehr als die halbe Bauteilhöhe betragen.[6] Um die Querkraft sicher in das Auflager übertragen zu können, ist zusätzliche Bewehrung für die Zugstäbe T_1, T_2 und T_4 erforderlich (**Abb. 14.12**). Bei einer Beanspruchung unter 33 % der Druckstrebentragfähigkeit im nicht ausgeklinkten Bereich genügen alleine Bügel zum Hochhängen der Querkraft (Bewehrungsführung A), bei größerer Beanspruchung sollte zusätzlich eine schräge Zugstrebe vorgesehen werden (Bewehrungsführung B). Die mit Gl. (14.37) vorgeschlagene Lastaufteilung gilt, sofern für die Schrägstäbe keine Ankerplatte als Verankerungselement eingesetzt wird. Bei Verankerung der Schrägaufbiegung mit Ankerkörpern können der schrägen Zugstrebe bis zu 70 % der gesamten Auflagerkraft zugewiesen werden.

$$V_{\mathrm{Ed}} \leq \frac{1}{3} V_{\mathrm{Rd,max}}: \quad T_1 = F_{\mathrm{Ed}} \quad \text{(Bewehrungsführung A)} \tag{14.36}$$

$$V_{\mathrm{Ed}} > \frac{1}{3} V_{\mathrm{Rd,max}}: \quad T_1 = 0{,}5 \text{ bis } 0{,}7\, F_{\mathrm{Ed}} \quad \text{(Bewehrungsführung B)} \tag{14.37}$$

$$T_4 = \frac{F_{\mathrm{Ed}} - T_1}{\sin\alpha} \tag{14.38}$$

6 Bei größeren Ausklinkungen sollte eine Stahlkonstruktion für die „Nase" verwendet werden.

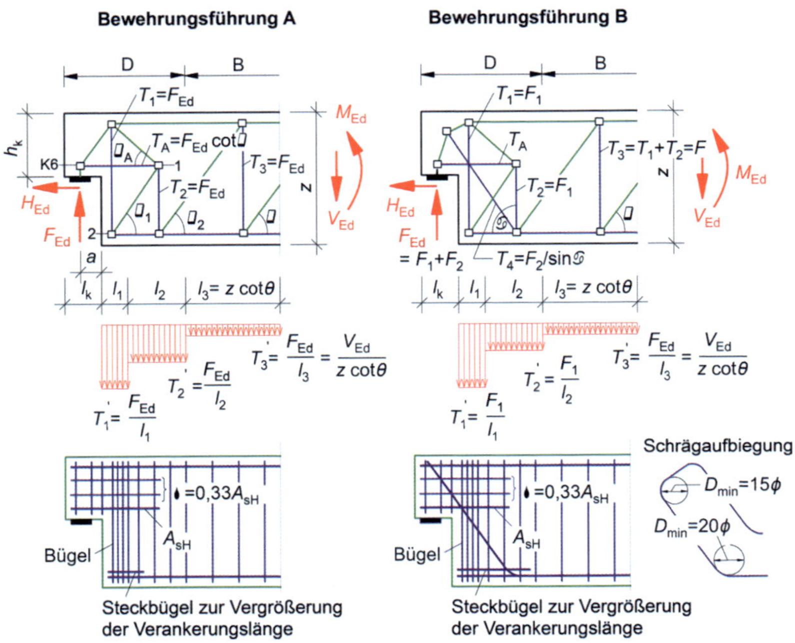

Abb. 14.12 *Stabwerkmodelle und Bewehrungsführung für ein ausgeklinktes Auflager*

Beispiel 14.2: Bemessung eines ausgeklinkten Auflagers

gegeben:

- ausgeklinktes Auflager lt. Skizze
- Biegezugbewehrung des Balkens 6 ∅16
- Betondeckung c_{nom} = 35 mm
- Baustoffe C35/45; B500

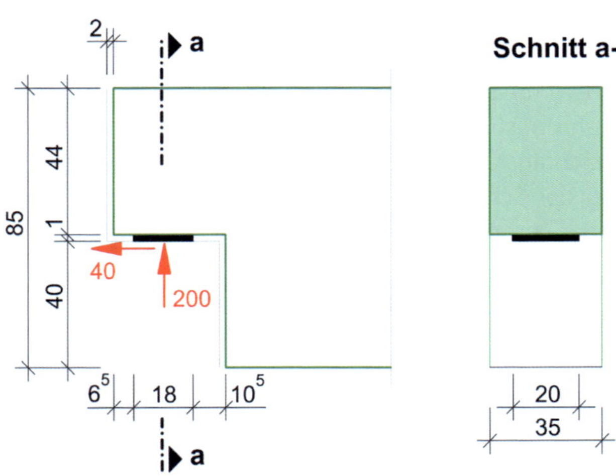

gesucht: Bemessung des ausgeklinkten Auflagers

Lösung:

$$f_{cd} = \frac{0{,}85 \cdot 35}{1{,}5} = 19{,}8 \text{ N/mm}^2$$

$$f_{cd} = \frac{\alpha_{cc} \cdot f_{ck}}{\gamma_C}$$

$$V_{Rd,max} \geq 0{,}35 \cdot 0{,}9 \cdot 0{,}78 \cdot 0{,}75 \cdot 19{,}8 \cdot \frac{(3{,}0 + 0)}{1 + 3{,}0^2} = 1{,}095 \text{ MN}$$

$$V_{Rd,max} = b_w \cdot z \cdot \nu_1 \cdot f_{cd} \cdot \frac{(\cot\theta + \cot\alpha)}{1 + \cot^2\theta}$$

$$V_{Ed} = 200 \text{ kN} < 365 \text{ kN} = \frac{1095}{3}$$

(14.36): $V_{Ed} \leq \frac{1}{3} V_{Rd,max}$

Bewehrungsführung A

Stabwerkmodell:

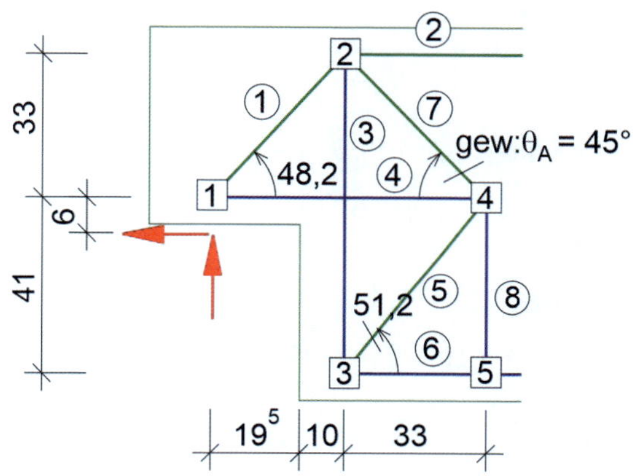

Die Lage des Knotens 1 ist durch das Auflager bestimmt. Die Randabstände der Stäbe 3 und 4 sind zunächst zu schätzen. Die Lage des Stabes 2 wird mit 0,15 h_k geschätzt. Damit liegt der Knoten 2 fest. Die Lage von Knoten 4 ergibt sich bei Wahl von θ_A = 45°. Die Winkel lassen sich dann berechnen.

Die Stabkräfte können mit beliebigen Verfahren der Stabstatik ermittelt werden.

Stab	**1**	**2**	**3**	**4**	**5**	**6**	**7**	**8**
C_{Ed} bzw. T_{Ed} [kN]	–268	–142	237	226	–304	190	–52	200

Stab 4:

$$A_s = \frac{226}{435} \cdot 10 = 5{,}2 \text{ cm}^2$$

(14.9): $T_{Rd} = f_{yd} \cdot A_s$

gew: 2 Schlaufen ∅ 14

$$A_{s,vorh} = 6{,}2 \text{ cm}^2 > 5{,}2 \text{ cm}^2 = A_{s,erf}$$

$A_{s,vorh} \geq A_{s,erf}$

Stab 3:

$$A_s = \frac{237}{435} \cdot 10 = 5{,}5 \text{ cm}^2$$

(14.9): $T_{Rd} = f_{yd} \cdot A_s$

gew: 4 Bügel ∅ 10-4⁵

$A_{s,vorh} = 6{,}3\ cm^2 > 5{,}5\ cm^2 = A_{s,erf}$	$A_{s,vorh} \geq A_{s,erf}$
$s_R = 35 + \frac{10 + 3 \cdot 45}{2} = 107{,}5\ mm \approx 100\ mm$	Überprüfen des Randabstandes von Stab 3: $s_R = c_{nom} + \frac{\varnothing_{bü} + 3 \cdot s_{max}}{2}$
Stab 8:	
$A_s = \frac{200}{435} \cdot 10 = 4{,}6\ cm^2$	(14.9): $T_{Rd} = f_{yd} \cdot A_s$
gew: 3 Bügel ∅10	
$A_{s,vorh} = 4{,}7\ cm^2 > 4{,}6\ cm^2 = A_{s,erf}$	$A_{s,vorh} \geq A_{s,erf}$
Stab 6:	
vorh: 6 ∅16	
$T_{Rd} = 435 \cdot 12{,}06 \cdot 10^{-1} = 525\ kN > 190\ kN$	(14.9): $T_{Rd} = f_{yd} \cdot A_s$
Knoten 1:	Typ K6
$\sigma_{c1} = \frac{0{,}200}{0{,}18 \cdot 0{,}20} = 5{,}56\ N/mm^2$	(14.20): $\sigma_{c1} = \frac{C_1}{a_1 \cdot b}$
$f_{cd,eff} = 0{,}75 \cdot 19{,}8 = 14{,}9\ N/mm^2$	(14.6): $0{,}75 \cdot f_{cd}$
$\sigma_{c1} = 5{,}56\ N/mm^2 < 14{,}9\ N/mm^2$	(14.3): $C_{Rd} = f_{cd,eff} \cdot A_c$
$u = 14 + 2 \cdot (65 - 35) = 74\ mm$	(14.12): $u = \varnothing + 2\ s_0$
	Lastausstrahlung infolge Neigung der Resultierenden wird vernachlässigt.
$\sigma_{c2} = \frac{5{,}56}{\left(1 + \frac{74}{180} \cdot \cot 48{,}2°\right) \cdot \sin^2 48{,}2°} = 7{,}32\ N/mm^2$	(14.21): $\sigma_{c2} = \frac{\sigma_{c1}}{\left(1 + \frac{u}{a_1} \cdot \cot\theta\right) \cdot \sin^2\theta}$
$\sigma_{c1} = 7{,}32\ N/mm^2 < 14{,}9\ N/mm^2$	(14.3): $C_{Rd} = f_{cd,eff} \cdot A_c$
Verankerung des Zugstabes:	∅14 und guter Verbundbereich (z.B. [Schneider/Albert – 20])
$l_{b,rqd} = 45\ cm \quad$ (für: $\sigma_{sd} = f_{yd}$)	
$\alpha_1 = 0{,}7;\ \alpha_4 = 1{,}0;\ \alpha_5 = \frac{2}{3}$	Schlaufe, kein angeschweißter Querstab, direkte Lasteinleitung (Querdruck)
$l_{b,min} = 0{,}3 \cdot 0{,}7 \cdot 1{,}0 \cdot 45 = \underline{9{,}5\ cm} \geq 9{,}4\ cm = 6{,}7 \cdot 1{,}4$	$l_{b,min} = 0{,}3\ \alpha_1 \cdot \alpha_4 \cdot l_{b,rqd} \geq 6{,}7\,\phi$ (Querdruck analog direkter Lagerung)
$\frac{a_{s,erf}}{a_{s,vorh}} = \frac{5{,}2}{6{,}2} = 0{,}84$	$\frac{a_{s,erf}}{a_{s,vorh}}$
$l_{bd} = 0{,}7 \cdot 1{,}0 \cdot \frac{2}{3} \cdot 45 \cdot 0{,}84 = \underline{17{,}6\ cm} \geq 9{,}5\ cm$	$l_{bd} = \alpha_1 \cdot \alpha_4 \cdot \alpha_5 \cdot l_{b,rqd} \cdot \frac{a_{s,erf}}{a_{s,vorh}}$

$l_{bd} = 17{,}6 \text{ cm} \leq 21{,}0 \text{ cm} = 18 + 6{,}5 - 3{,}5$
$= l_{bd,vorh}$

$D_{min} = 15 \cdot 14 = 210 \text{ mm}$

Knoten 3:

Verankerung des Zugstabes:

$l_{b,rqd} = 52 \text{ cm} \quad (\text{für: } \sigma_{sd} = f_{yd})$

$l_{b,eq} = 0{,}5 \cdot l_{b,rqd}$

$l_{b,min} = 0{,}3 \cdot 0{,}5 \cdot 52 = 7{,}8 \text{ cm}$
$< \underline{16{,}0 \text{ cm}} = 10 \cdot 1{,}6$

$\frac{a_{s,erf}}{a_{s,vorh}} = \frac{190}{525} = 0{,}36$

$l_{b,eq} = 0{,}5 \cdot 52 \cdot 0{,}36 = 9{,}4 \text{ cm} < \underline{16{,}0 \text{ cm}}$

$l_{b,eq,vorh} = 1{,}0 + 3 \cdot 4{,}5 = 14{,}5 \text{ cm} < 16{,}0 \text{ cm}$

Tafel 14.3

$D_{min} = 15\varnothing$

Typ K9

Ø16 und guter Verbundbereich (z.B. [Schneider/Albert – 20])

Ermittlung der Ersatzverankerungslänge $l_{b,eq}$ für ein gerades Stabende mit 2 aufgeschweißten Querstäben

$l_{b,min} = 0{,}3 \cdot 0{,}5 \cdot l_{b,rqd} \geq 10\phi$

$\frac{a_{s,erf}}{a_{s,vorh}}$

$l_{b,eq} = 0{,}5 \cdot l_{b,rqd} \cdot \frac{a_{s,erf}}{a_{s,vorh}}$

Hier tritt ein typisches Problem für den Knoten 3 auf. Der Stabdurchmesser der Biegezugbewehrung ist zu groß aufgrund der Mindestverankerungslänge. Abhilfe kann entweder über einen kleineren Stabdurchmesser erfolgen oder über einen größeren Abstand für die Stäbe für T_3 in **Tafel 14.4**. Für diesen Fall wären die Kräfte des Stabwerkmodells neu zu ermitteln. Hier wird ein zusätzlicher Bügel Ø10-4[5] gewählt.

$l_{b,eq,vorh} = 1{,}0 + 4 \cdot 4{,}5 = 19{,}0 \text{ cm} > 16{,}0 \text{ cm}$

$A_{s,vorh} = 7{,}9 \text{ cm}^2$

$> 7{,}2 \text{ cm}^2 = 5{,}5 \cdot \frac{3{,}5 + 0{,}5 \cdot 19{,}0}{10} = A_{s,erf}$

$a_1 = \frac{19}{\sin 51{,}2°} = 24{,}4 \text{ cm}$

$\sigma_{c1} = \frac{0{,}304}{0{,}244 \cdot 0{,}35} = 3{,}6 \text{ N/mm}^2$

$\sigma_{c1} = 3{,}6 \text{ N/mm}^2 < 14{,}9 \text{ N/mm}^2$

$A_{s,vorh} \geq A_{s,erf}$

Erhöhung der Zugkraft von T_3 in **Tafel 14.4** infolge des größeren Randabstands von Stab 3

$a_1 = \frac{l_{bd,vorh}}{\sin\theta}$

(14.22): $\sigma_{c1} = \frac{C_1}{a_1 \cdot b}$

(14.3): $C_{Rd} = f_{cd,eff} \cdot A_c$

Die weiteren Knoten werden für die Bemessung nicht mehr maßgebend.

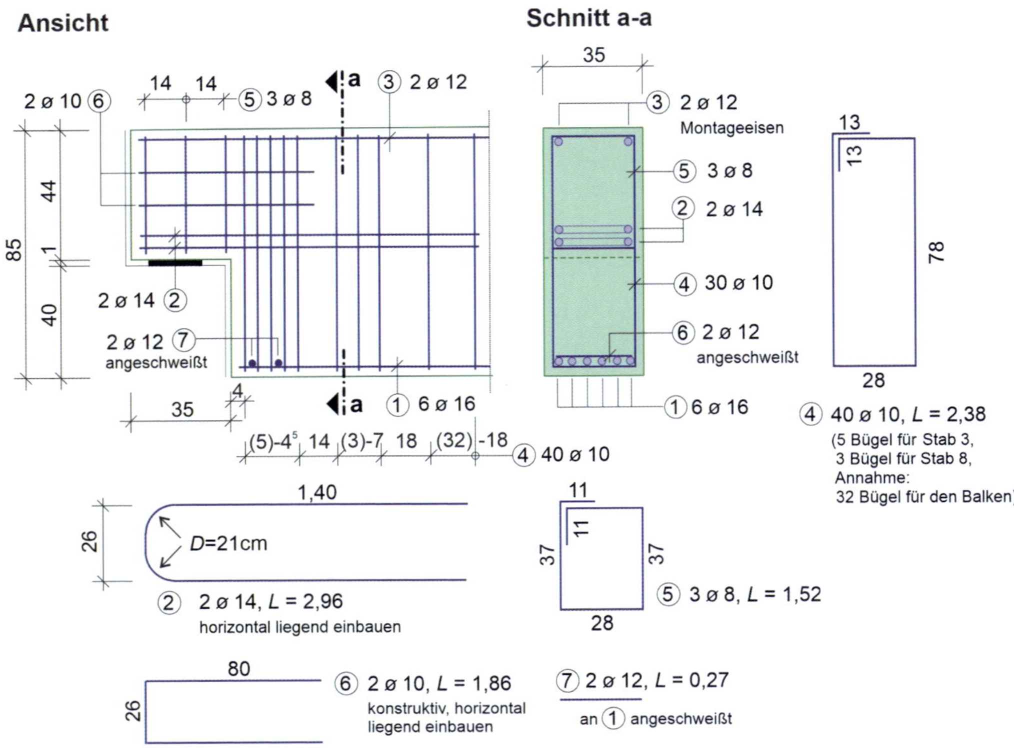

14.5 Bauteile mit geknickter Systemachse

An geknickten Systemachsen entsteht durch die Richtungsänderung der Schnittgrößen eine Diskontinuität. Auch hier lässt sich mit einem Stabwerkmodell die Beanspruchung im Diskontinuitätsbereich darstellen (**Abb. 14.13**). Es entsteht in Richtung der Winkelhalbierenden des Ergänzungswinkels zum Knickwinkel α je eine Zugkraft folgender Größe:

$$T_1 = T \cdot \sin\frac{\alpha}{2} = F_{sd} \cdot \sin\frac{\alpha}{2} \qquad (14.39)$$

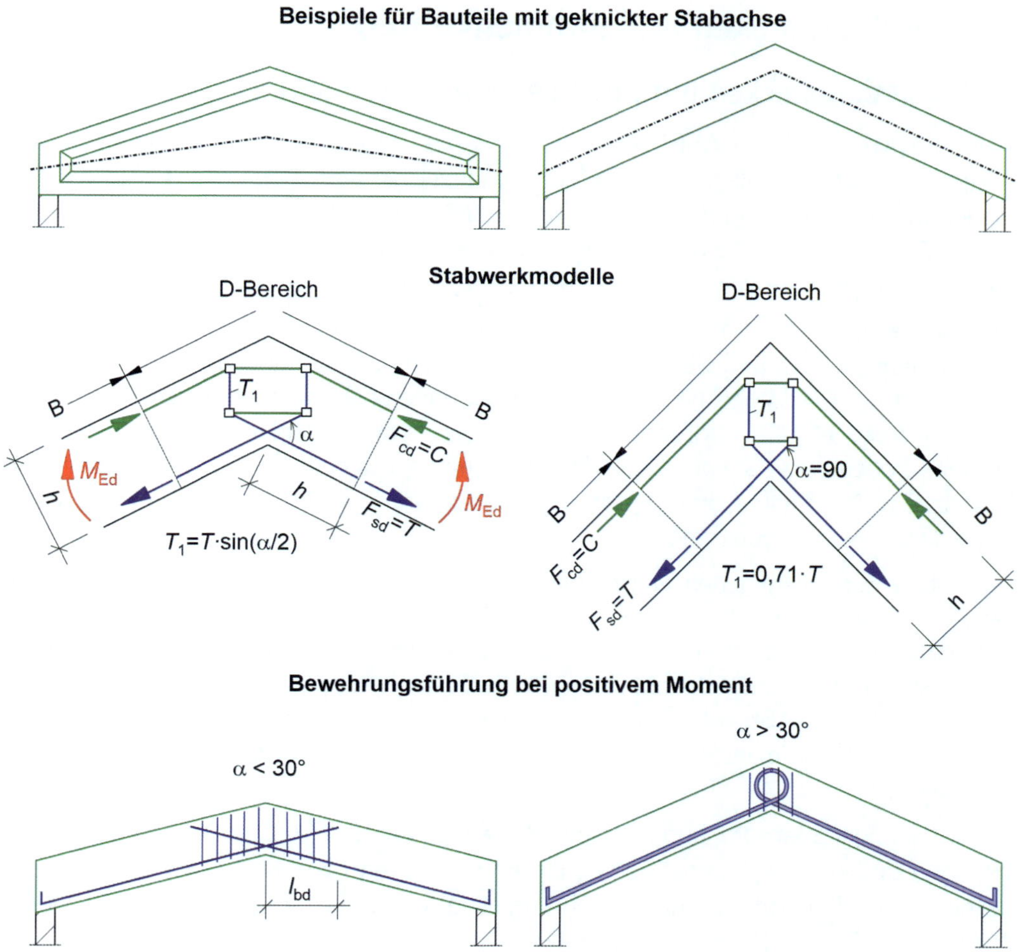

Abb. 14.13 *Stabwerkmodelle und Bewehrungsführung für geknickte Systemachsen*

Dies ist genau die Umlenkkraft, die die Betonpressungen im Umlenkbereich des Betonstahls bewirkt (Teil 1, Kap. 4.2.1). Hierfür ist beiderseits des Knickpunktes auf der Länge h eine Zusatzbewehrung in Form von Bügeln vorzusehen (**Abb. 14.13**).

Weiterhin ist aus dem Stabwerkmodell deutlich sichtbar, dass die resultierende Kraft in der Biegedruckzone absinkt. Der Hebelarm der inneren Kräfte wird im Bereich der Knickstelle geringer. Mit zunehmend größer werdendem Knickwinkel α bedeutet dies ein früheres Bauteilversagen (= Versagen der Druckzone) als bei gerader Systemachse. Dies muss die Bewehrungsführung berücksichtigen.

Sofern der Knickwinkel nur gering ist und ein positives Moment vorliegt, wird die Bewehrung gestoßen. Bei größeren Knickwinkeln wird eine Schlaufe ausgeführt (**Abb. 14.13**). Der Beton wird umschnürt, es kann sich ein mehraxialer Druckspannungszustand innerhalb der Schlaufe ausbilden und die aufnehmbare Spannung steigt an. Hierdurch kann der geringere Hebelarm z (zum Teil) kompensiert werden.

14.6 Rahmenecken und Rahmenknoten

14.6.1 Rahmenecken mit positiven Momenten

Wenn der Knickwinkel in **Abb. 14.13** $\alpha = 90°$ beträgt, handelt es sich um eine Rahmenecke, an die zwei Bauteile (Riegel und Stütze) mit gleichen Abmessungen anschließen. Der Riegel und die Stütze wurden mit den für die B-Bereiche üblichen Verfahren bemessen. Für die Rahmenecke ist die Umlenkung der inneren Kräfte über ein Stabwerkmodell nachweisbar.

Bei Rahmenecken mit positiven Momenten müssen die Biegezugkräfte an der inneren einspringenden Ecke umgeleitet werden. Eine wirkungsvolle Biegeform der Bewehrung umschnürt die Druckzone der Rahmenecke und erzeugt einen zweiaxialen Spannungszustand (**Abb. 14.14**). Aufgrund der Erkenntnisse an der vorangehend behandelten geknickten Systemachse ist sofort klar, dass die Rahmenecke der Schwachpunkt in der Konstruktion ist. Es ist daher sinnvoll, Momentenumlagerungen (Teil 1, Kap. 5.4.3) im Riegel in das Feld hinein vorzunehmen.

Die nachfolgend gegebenen Empfehlungen zur Bewehrungsführung basieren auf umfangreichen Versuchen [Kordina et al. – 86]. Für die Bewehrungsführung ist gleichzeitig zu beachten, dass sich meistens unterhalb des Rahmenriegels eine Arbeitsfuge befindet. Die Umschnürung besteht daher aus zwei Halbschlaufen, die zusammengesetzt die Druckzone umschließen (**Abb. 14.14**). Die Biegerollendurchmesser der Schlaufen sind möglichst groß auszubilden. Die Betondeckung senkrecht zur Krümmungsebene soll mindestens 3Ø betragen.

Bei nur geringer Beanspruchung der anschließenden Bauteile ($\rho_s \leq 0{,}4$ %) oder einem nur geringen Umlenkwinkel an der Rahmenecke ($\alpha < 45°$) darf auf die Schrägbewehrung A_{sS} verzichtet werden. Mit schräger Bewehrung steigt der Bauteilwiderstand, wie die Versuche von [Kordina et al. – 86] gezeigt haben.

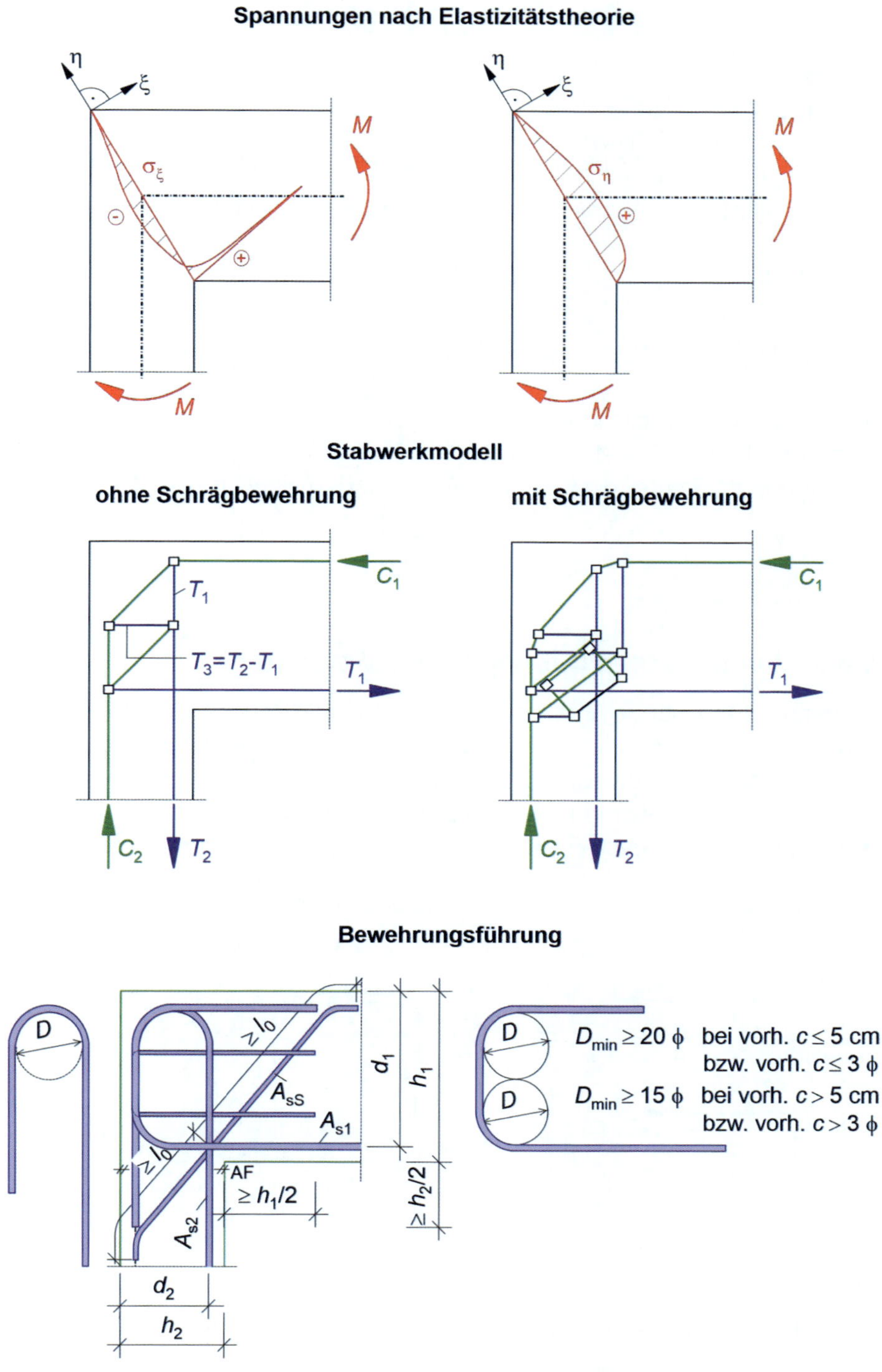

Abb. 14.14 *Stabwerkmodelle und Bewehrungsführung für die Rahmenecke mit positivem Moment*

$$\rho_s = \max\begin{cases}\dfrac{A_{s1}}{b \cdot d_1} \\ \dfrac{A_{s2}}{b \cdot d_2}\end{cases} \tag{14.40}$$

$\rho_s < 0{,}004$ keine Schrägbewehrung in der Rahmenecke erforderlich

$\rho_s \geq 0{,}004$ Schrägbewehrung mit dem Querschnitt A_{sS} erforderlich

$\rho_s \leq 0{,}01$ $$A_{sS} = \frac{1}{2} \cdot \max\begin{cases}A_{s1} \\ A_{s2}\end{cases} \tag{14.41}$$

$\rho_s > 0{,}01$ $$A_{sS} = \max\begin{cases}A_{s1} \\ A_{s2}\end{cases} \tag{14.42}$$

Üblich sind unterschiedliche Abmessungen der anschließenden Bauteile. Der Riegel hat eine größere Bauteilhöhe als die Stütze. Das Stabwerkmodell zeigt, dass dann horizontale Steckbügel in das Bauteil der größeren Abmessung einzulegen sind, deren Querschnitt für

$$T_3 = T_2 - T_1 \tag{14.43}$$

bemessen werden kann.

14.6.2 Rahmenecken mit negativen Momenten

Die Spannungen nach der Elastizitätstheorie wechseln gegenüber dem Fall des positiven Momentes nur das Vorzeichen von **Abb. 14.14**. Wird eine Rahmenecke durch ein negatives Biegemoment beansprucht, bleibt die ausspringende Ecke nahezu spannungslos. Die Biegezugbewehrung ist mit einem großen Biegerollendurchmesser zu biegen (**Abb. 14.15**), um ein Spalten des Betons in Querrichtung zu vermeiden.

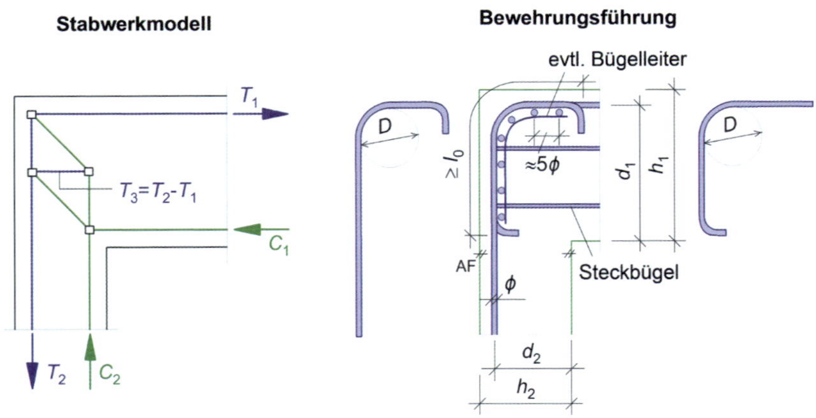

Abb. 14.15 *Stabwerkmodell und Bewehrungsführung für die Rahmenecke mit negativem Moment*

Wenn ein Bewehrungsstab den Randabstand s_R hat, erhält man aus der Bedingung, dass in der Randzone die Betonzugfestigkeit nicht überschritten werden soll (vgl. auch Teil 1, Kap. 4.2.1), folgenden Zusammenhang:

$$U_h = \int_{\varphi=0}^{\pi/2} P_u \cdot \sin\varphi \cdot \cos\varphi \mathrm{d}\varphi = \frac{P_u}{2} = \frac{\pi \cdot d_s^2 \cdot f_{yk}}{2 \cdot 4 \cdot \frac{D}{2}} \leq f_{ctm} \cdot 2 \cdot s_R = 0{,}30 \cdot f_{ck}^{2/3} \cdot 2 \cdot s_R$$

$$D \geq 1{,}3 \cdot \frac{\varnothing^2 \cdot f_{yk}}{s_R \cdot f_{ck}^{2/3}} \tag{14.44}$$

Bei einem minimalen Randabstand $s_R = 3\varnothing$ und C20/25 ergibt dies $D \approx 30\varnothing$, bei $s_R = 5\varnothing$ und C30/37 ergibt dies $D \approx 13\varnothing$. Sofern diese Werte unterschritten und die Mindestwerte des Biegerollendurchmessers nach EC 2-1-1 verwendet werden, ist ein Aufspalten durch eine Umklammerung senkrecht zur Zeichenebene von **Abb. 14.15** zu verhindern. Dies geschieht durch die zusätzliche Anordnung einer Bügelleitermatte auf der Innenseite der gekrümmten Stäbe. Es ist auch zu überprüfen, dass nicht ein zu großer Biegerollendurchmesser schon vor dem Stützen- bzw. Riegelanschnitt beginnt und damit der Hebelarm der inneren Kräfte zu klein wird.

Bei ungleichen Abmessungen der anschließenden Bauteile sind wie im Fall des positiven Biegemoments Steckbügel nach Gl. (14.43) erforderlich. An der einspringenden Ecke wirken große Druckspannungen. Sofern für das Riegeleinspannmoment bei der Bemessung des B-Bereichs der Wert in der Systemachse (und nicht am Anschnitt) verwendet wurde, brauchen diese Druckspannungen nicht gesondert nachgewiesen zu werden.

14.6.3 Rahmenknoten

Rahmenknoten mit durchlaufender Stütze:

Das Stabwerkmodell für diesen Fall kann direkt aus demjenigen für die Rahmenecke mit negativem Moment gewonnen werden (**Abb. 14.16**). Zusätzlich entsteht in der durchlaufenden Stütze ein Momentenwechsel. Bei hoch beanspruchten Stützen mit ausgenutzter Druckbewehrung ist in Ergänzung zu **Abb. 14.16** zu beachten, dass aufgrund des Vorzeichenwechsels der Spannungen in den Stahlsträngen innerhalb des Durchdringungsbereiches $2l_{bd}$ zur Verfügung stehen muss. Die Bewehrung für den Zugstab T_1 ist wie bei der Rahmenecke auszubilden. Sofern die Verankerungslänge nicht zur Verfügung steht, kann sie über Stabzulagen für die Riegelbewehrung reduziert werden. Aus dem Momentenvorzeichenwechsel in den anschließenden Stützen entstehen schräge Druckkräfte. Sie erzeugen Horizontalkräfte, die durch Bügel aufzunehmen sind.

$$T_4 = T_2 + T_3 \tag{14.45}$$

Rahmenknoten mit Kreuzung Stütze und Riegel:

Hier sind zwei Fälle denkbar. In einem üblichen Hochbau mit (rechnerisch) als Pendelstäbe ausgeführten Stützen und Durchlaufträgern tritt im Knotenpunkt kein Momentensprung auf. Die Bewehrungsstränge für Stützen und Riegel werden daher geradlinig durch den Knoten geführt.

Sofern in den angrenzenden Stützen und Riegeln die Vorzeichen wechseln (**Abb. 14.16**), entsteht der Knoten und die Bewehrungsführung aus der Überlagerung einer Rahmenecke mit negativem und einer gespiegelten Rahmenecke mit positivem Moment. Auch bei diesem Knoten wird die Bewehrung üblicherweise geradlinig durch den Knoten geführt. Die erforderliche Größe des Knotens sollte über die Verankerungslängen nachgewiesen werden (**Abb. 14.16**).

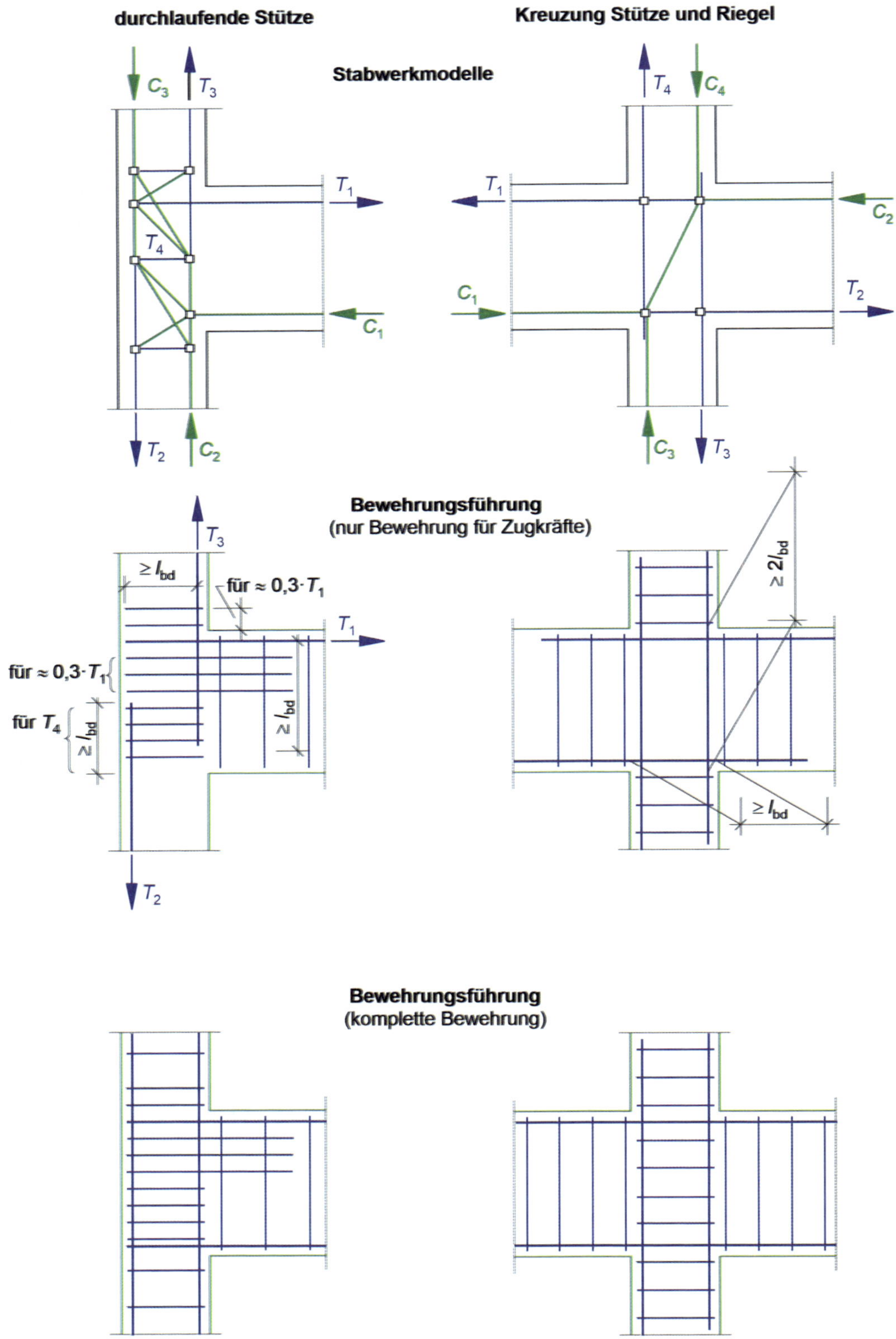

Abb. 14.16 *Stabwerkmodell und Bewehrungsführung im Rahmenknoten*

Rahmenknoten mit durchlaufendem Riegel:

Sofern es sich um die Innenstütze eines üblichen Hochbaus handelt und der Riegel durchläuft, hat die Stütze nur kleine (rechnerisch keine) Momente aufzunehmen. Im unteren Teil des Riegels wirken Druckspannungen aus dem negativen Biegemoment, die hinsichtlich der Verbundspannungen des Stützenstabes günstig wirken. Die Stützenbewehrung wird daher im Durchdringungsbereich gerade verankert (**Abb. 14.17**). Sofern im Riegel die anschließenden Momente unterschiedliche Vorzeichen haben, entsteht das Stabwerkmodell durch Überlagerung einer Rahmenecke mit positivem und einer mit negativem Moment. Die Stützenbewehrung wird daher gegenläufig so in die Riegelebene gebogen, dass eine Schlaufe entsteht, die den Beton umschließt.

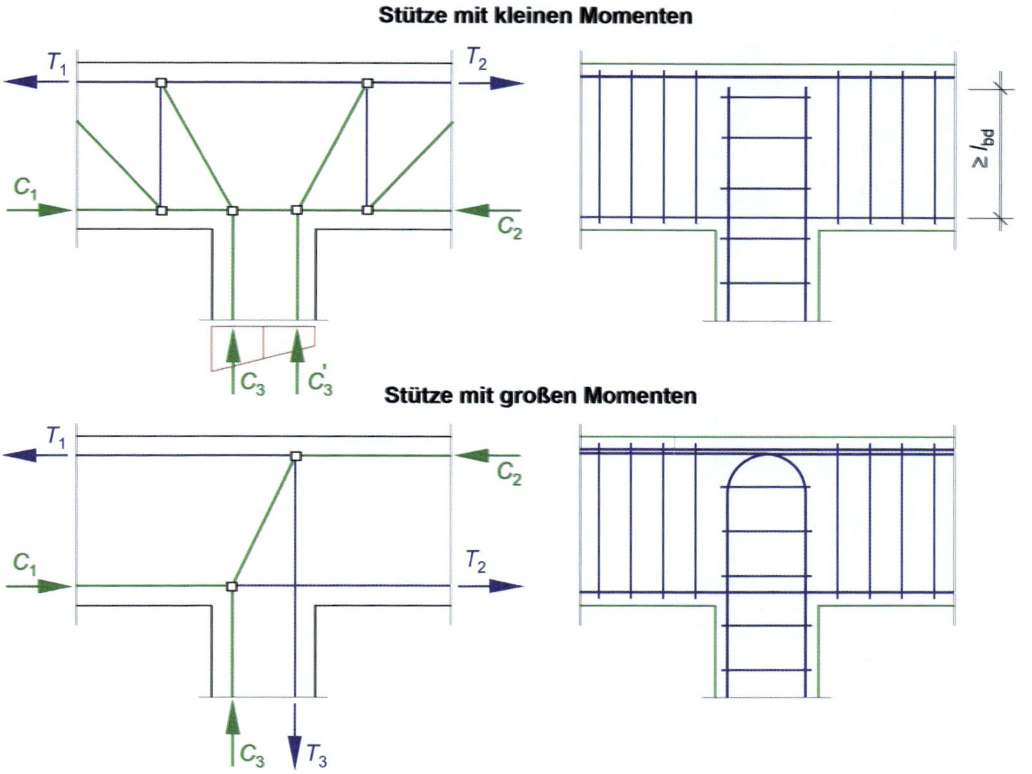

Abb. 14.17 *Stabwerkmodell und Bewehrungsführung für Rahmenknoten mit durchlaufendem Riegel*

15 Wandartige Träger

15.1 Kennzeichen eines wandartigen Trägers

Bei der Berechnung von Balken wird die Hypothese von BERNOULLI (Hypothese vom Ebenbleiben der Querschnitte → Teil 1, Kap. 7.1) vorausgesetzt. Bei steigendem Verhältnis h/l_{eff} trifft diese Hypothese jedoch immer weniger zu (**Abb. 15.1**). Sofern die vor einer Belastung ebenen Querschnitte bei einer Belastung nicht mehr eben sind, liegt ein wandartiger Träger[1] vor. Hier gelten nicht mehr die Regelbemessungsverfahren für B-Bereiche. Der wandartige Träger ist ein D-Bereich (**Abb. 14.1**).

Definition:

Wandartige Träger (deep beams) sind in Richtung ihrer Mittelebene belastete ebene Flächentragwerke, bei denen die Hypothese vom Ebenbleiben der Querschnitte nicht gilt.

Für die praktische Berechnung sind Balken und wandartige Träger gegeneinander abzugrenzen. Nach EC 2-1-1, 5.3.1 liegt ein Balken vor, wenn die Stützweite l_{eff} nicht kleiner als die 3-fache Querschnittshöhe h ist. Der Einfluss des statischen Systems wird dort nicht berücksichtigt.

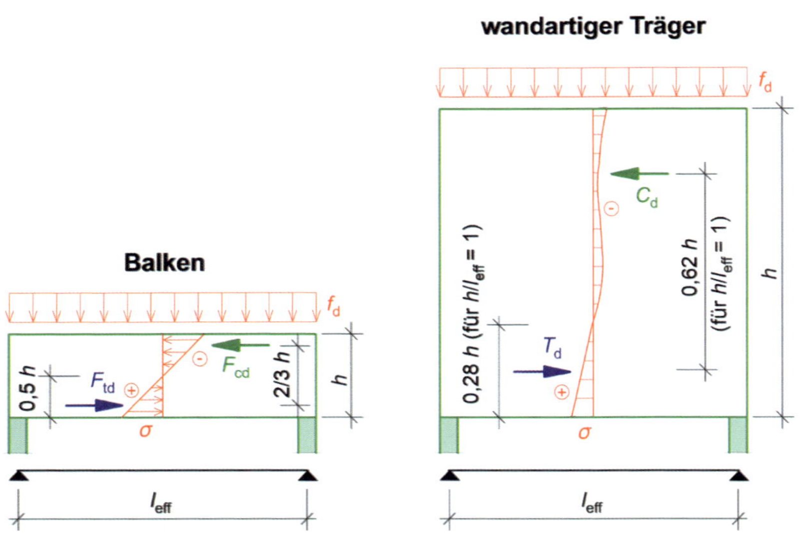

Abb. 15.1 *Spannungsverläufe bei unterschiedlichen Biegeschlankheiten h/l_{eff} und linear elastischem Materialverhalten (Zustand I)*

Nachfolgend werden weiterhin die vom statischen System abhängigen Abgrenzungskriterien nach [DAfStb 631 – 19] verwendet. Diese werden näherungsweise (mit genügender Genauigkeit für den Stahlbetonbau) in Abhängigkeit von der Biegeschlankheit h/l_{eff} definiert.

1 Im allgemeinen Sprachgebrauch der Statik werden diese Bauteile als „Scheiben" bezeichnet. Ein wandartiger Träger ist somit eine aus dem Werkstoff Stahlbeton hergestellte Scheibe.

- Einfeldsysteme $\frac{h}{l_{\mathrm{eff}}} > \frac{1}{3}$ (15.1)
- Zweifeldsysteme *und* Endfelder von Durchlaufsystemen $\frac{h}{l_{\mathrm{eff}}} > 0{,}3$ (15.2)
- Innenfelder von Durchlaufsystemen $\frac{h}{l_{\mathrm{eff}}} > 0{,}2$ (15.3)
- Kragsysteme $\frac{h}{l_{\mathrm{eff}}} > \frac{2}{3}$ (15.4)

15.2 Tragverhalten

15.2.1 Einfeldsysteme

Im Folgenden werden einige charakteristische Ergebnisse über das Tragverhalten von wandartigen Trägern (bei linear elastischem Werkstoffgesetz) wiedergegeben. Zunächst wird der Fall eines unmittelbar gestützten einfeldrigen wandartigen Trägers betrachtet. Die Belastung besteht aus einer oben bzw. unten angreifenden Streckenlast (**Abb. 15.2**). Betrachtet man die Spannungen σ_x in Feldmitte, liegt kaum ein Unterschied vor. Die Bewehrung im Zugstab ist dort in beiden Fällen gleich. Bei Betrachtung der Hauptspannungstrajektorien sind jedoch größere Unterschiede erkennbar. Im Fall der unten angehängten Last weist der wandartige Träger fast senkrecht verlaufende Hauptzugspannungen auf. In einem Stahlbetonbauteil müssen diese durch eine Bewehrung, die „Aufhängebewehrung", abgedeckt werden. Weiterhin treten im unteren Bereich des wandartigen Trägers nahezu waagerecht verlaufende Hauptzugspannungen auf. Für den Fall des oben belasteten wandartigen Trägers sind die Unterschiede in der Größe der Hauptzugspannungen[2] in Feldmitte und über dem Auflager nicht sehr groß. Im Gegensatz zu Balken wird die zum Abdecken dieser Spannungen erforderliche Bewehrung daher ungestaffelt von Auflager bis Auflager geführt. Sie stellt ein Zugband dar.

2 Die Größe der Hauptzugspannungen kann aus dem Abstand der Trajektorien abgelesen werden.

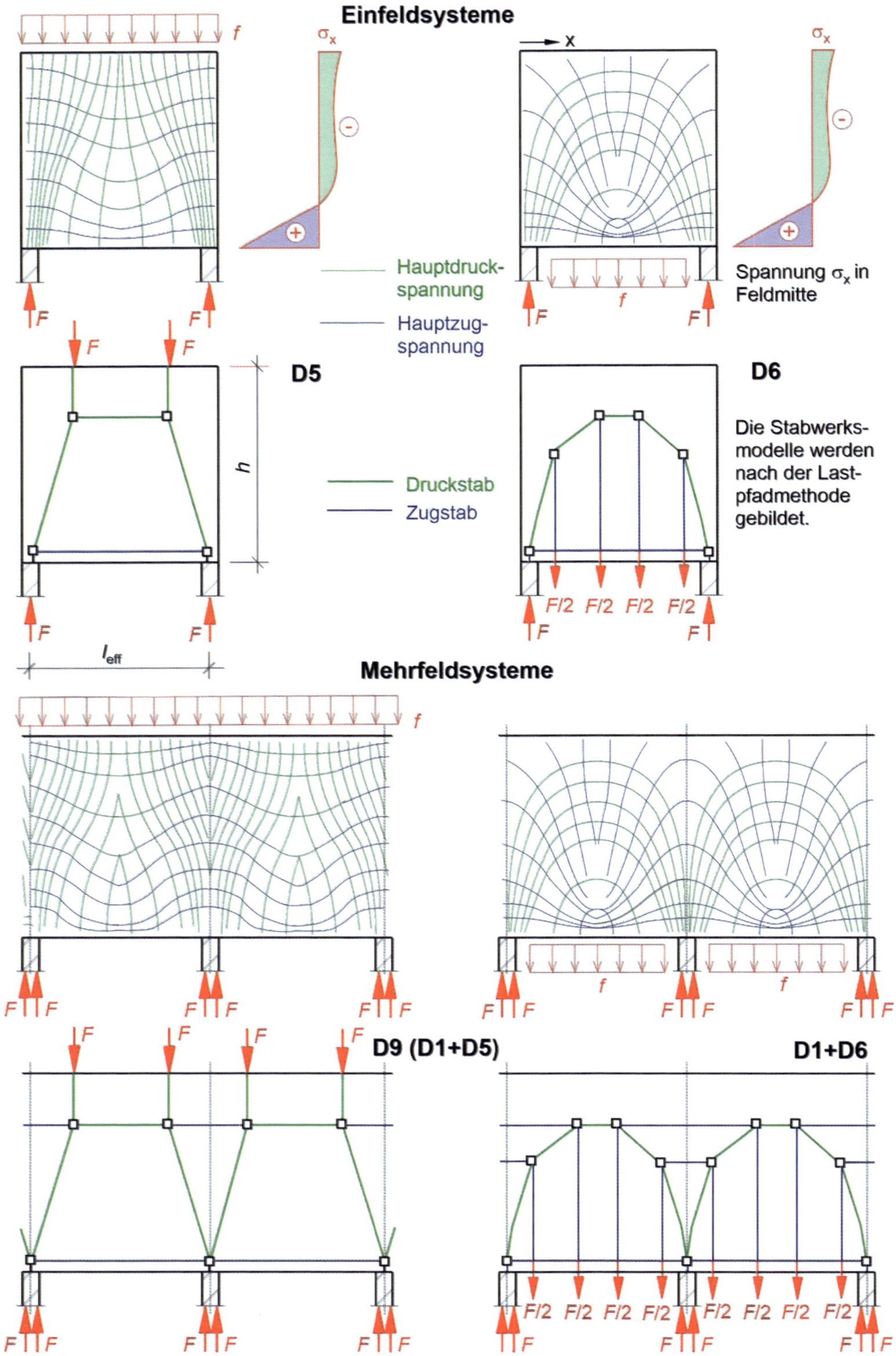

Abb. 15.2 *Tragverhalten von wandartigen Trägern mit den zugehörigen Stabwerkmodellen*

In jeder Stahlbetonbemessung muss neben der Bestimmung der erforderlichen Bewehrung auch überprüft werden, dass die auftretenden Druckspannungen vom Beton aufgenommen werden können. Aus dem Trajektorienverlauf ist ersichtlich, dass die Hauptdruckspannungen direkt über dem (direkten) Auflager am größten sind. An dieser Stelle ist der Nachweis zu führen. Bei unten angreifender Last verlaufen die Drucktrajektorien vom Auflager mit einem etwas kleineren Winkel θ.

Der (bezogene) Hebelarm der inneren Kräfte bleibt gegenüber dem Stahlbetonbalken kleiner und ist auch kleiner als für einen linear elastischen Werkstoff nach der Technischen Biegelehre zu erwarten (**Abb. 15.5**).

15.2.2 Mehrfeldsysteme

Bei mehrfeldrigen wandartigen Trägern ergibt sich ein ähnlicher Verlauf der Hauptspannungstrajektorien wie bei einfeldrigen gleichartig belasteten Scheiben. Der Hebelarm der inneren Kräfte ist kleiner als bei einem wandartigen Einfeldträger gleicher Abmessungen.

Über der Stütze zeigt sich jedoch eine mit abnehmender Biegeschlankheit zunehmende Konzentration der Hauptdruckspannungen am unteren Rand. Der Nachweis der Hauptdruckspannungen über der Stütze ist somit hier besonders wichtig. Die Zugzone erstreckt sich über der Stütze sehr viel höher als bei Balken. Die einzulegende Bewehrung wird nicht am oberen Rand konzentriert, sondern über die Höhe verteilt angeordnet. Die unten liegende Bewehrung wird ungestaffelt bis über die Innenstützen geführt und dort gestoßen.

15.2.3 Einzellasten

Oben wirkende Einzellasten erzeugen unterhalb der Einleitungsstelle Spaltzugkräfte. Diese werden direkt unter der Last vom Druckgewölbe überdrückt, das sich im wandartigen Träger ausbildet. Weiter darunter bleiben jedoch resultierende Zugkräfte, sodass sich dort eine lokale Zugzone ausbildet (**Abb. 15.3**). Die für unten wirkende Gleichlasten gewonnenen Erkenntnisse können auf unten wirkende Einzellasten übertragen werden. Die Aufhängebewehrung wird hierbei konzentriert angeordnet.

15.2.4 Auflagerverstärkungen

Auflagerverstärkungen können z.B. in vertikaler Richtung durchlaufende Stützen sein. Auflagerverstärkungen beeinflussen das Tragverhalten. Die Lasten des wandartigen Trägers werden dann schon über die Höhe des Bauteils in die Verstärkung eingeleitet. Damit verteilen sich die Zugkräfte des unten liegenden Zugbandes über eine größere Höhe, die maximalen Zugspannungen werden kleiner. Allerdings muss stattdessen die Bewehrung über eine größere Höhe verteilt werden und zusätzlich sind horizontale Steckbügel über die gesamte Auflagerverstärkung anzuordnen, um die Horizontalkomponente der schrägen Druckstabkraft aufnehmen zu können.

Die großen Hauptdruckspannungen direkt über der Stütze werden sehr stark vermindert. Bei unten angehängten Lasten bewirken die Randstützen eine Verlagerung der Druckgewölbe nach oben.

15.2.5 Lagerungsart

Wenn wandartige Träger nicht von unten gestützt, sondern durch in selber Höhe liegende quer verlaufende wandartige Träger gestützt werden, liegt eine mittelbare Lagerung vor (→ Teil 1, Kap. 8.2). Der Lastabtrag in die Querscheibe erfolgt hier vornehmlich im unteren Drittel. Die Zugspannungen an der Unterseite verteilen sich über einen größeren Bereich als bei unmittelbarer Lagerung (**Abb. 15.3**). Im unteren Drittel sollte eine deutlich erhöhte Horizontalbewehrung im Auflagerbereich vorgesehen werden.

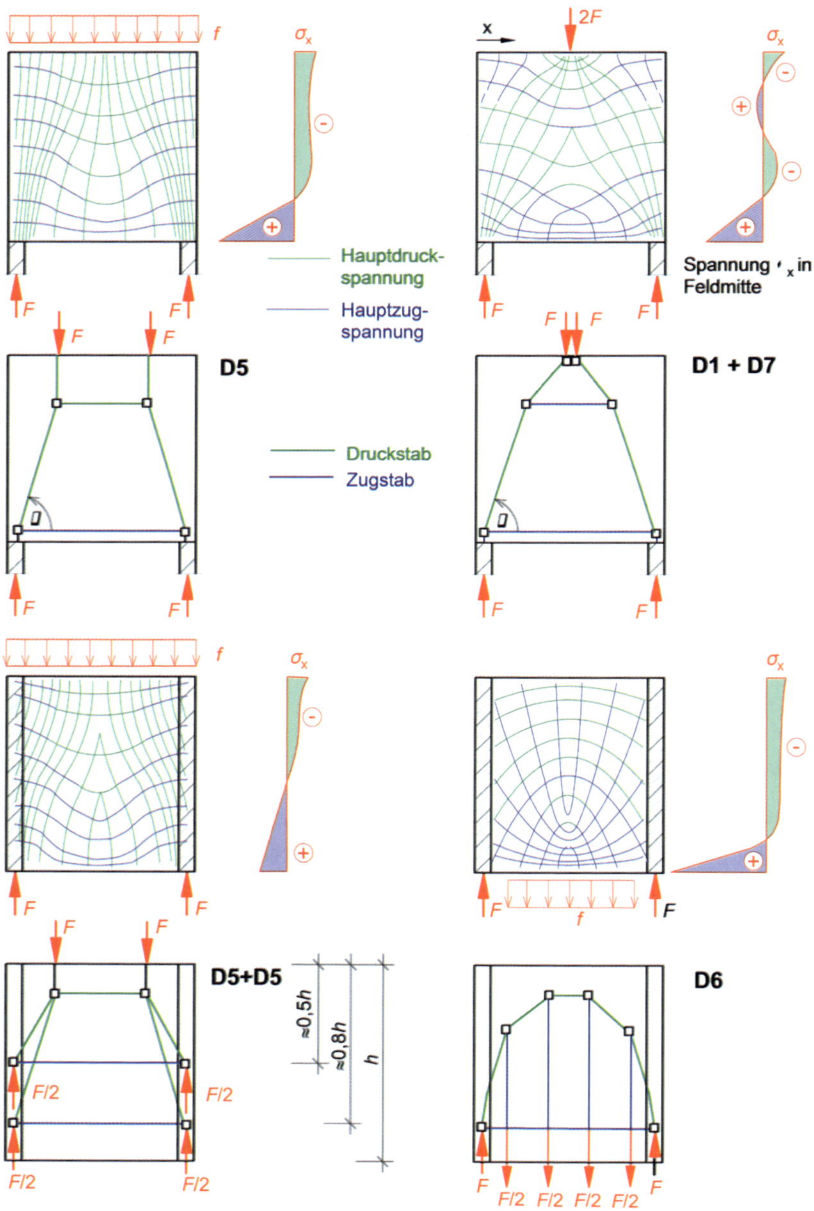

Abb. 15.3 *Tragverhalten verschiedener einfeldriger wandartiger Träger*

15.3 Berechnungsmöglichkeiten zur Schnittgrößenermittlung

15.3.1 Bauteile mit linear elastischem Werkstoffgesetz

Der Spannungszustand einer Scheibe mit linear elastischem Werkstoffverhalten ergibt sich aus der Differentialgleichung für Scheiben mit der AIRYschen Spannungsfunktion F.

$$\frac{\partial^4 F}{\partial x^4} + 2\frac{\partial^4 F}{\partial x^2 \partial z^2} + \frac{\partial^4 F}{\partial z^4} = 0 \tag{15.5}$$

$$\sigma_x = \frac{\partial^2 F}{\partial z^2} \tag{15.6}$$

$$\sigma_z = \frac{\partial^2 F}{\partial x^2} \tag{15.7}$$

$$\tau_{xz} = -\frac{\partial^2 F}{\partial x \, \partial z} \tag{15.8}$$

Die Lösung dieser Differentialgleichung ist für allgemeine Fälle schwierig. Eine theoretisch exakte Berechnung nach der Elastizitätstheorie ist jedoch für Stahlbetonbauteile nicht erforderlich und auch nicht sinnvoll, da infolge des nichtlinearen Werkstoffgesetzes und der Rissbildung des Betons ein verändertes Tragverhalten vorliegt. Die Kenntnis des Tragverhaltens eines Bauteils für linear elastisches Materialverhalten kann für die Lösung des Tragverhaltens eines gleichartigen Stahlbetonbauteils (im Gebrauchszustand) sinnvoll sein. Zweckmäßig wird die FEM verwendet, um die Hauptspannungen nach der Elastizitätstheorie zu bestimmen.

Andere Lösungsmöglichkeiten zur Erfassung des Tragverhaltens bei linear elastischem Materialgesetz sind experimentelle Methoden (z.B.: spannungsoptische Untersuchungen). Aufgrund ihres Aufwandes und der guten Möglichkeiten der FEM verlieren experimentelle Methoden jedoch ihre Bedeutung.

15.3.2 Stahlbetonbauteile

Aufgrund der Rissbildung verhalten sich Stahlbetonbauteile nicht wie linear elastische Scheiben. Die in Kap. 15.2 gezeigten Hauptspannungsverläufe sind daher nur ein erster Hinweis, wie sich Stahlbetonbauteile im Grenzzustand der Gebrauchstauglichkeit verhalten. Die Kenntnis der Hauptspannungsverläufe ist jedoch ein guter Ausgangspunkt für das Bilden von Stabwerkmodellen.

15.3.3 Weitere Modelle für D-Bereiche

Zusätzlich zu den bereits in Kap. 14.2.3 vorgestellten D-Bereichen werden nachfolgend weitere typische Modelle vorgestellt.

D2-Bereich[3]

Im Unterschied zum D1-Bereich wirkt die Last exzentrisch. Hierbei nehmen die Querzugkräfte direkt unter der Last ab. Dafür entstehen Randzugkräfte T_1 (**Abb. 15.4**). Sie sind durch Bewehrung abzudecken. Bei einer Last ganz am Rand beträgt $T_1 = \frac{F}{3}$.

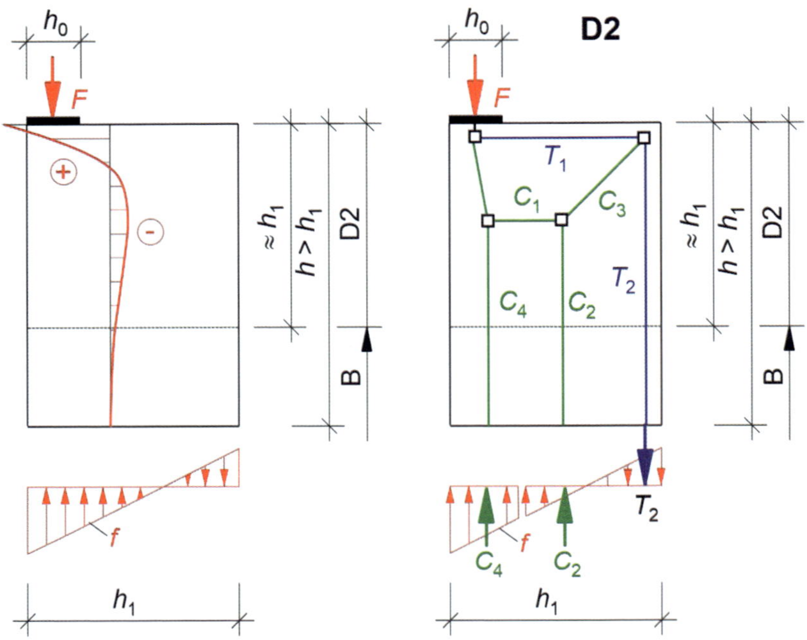

Abb. 15.4 *D2-Bereich*

D5- und D6-Bereiche:

Dies sind die bei wandartigen Trägern am häufigsten vorkommenden Fälle. Daher wurden hierfür in [Grasser/Thielen — 91] Bemessungsgleichungen angegeben, die in **Abb. 15.5** grafisch dargestellt sind. Im D6-Bereich ist die unten angehängte Last über eine Aufhängebewehrung nach oben zu hängen. Da sich die Lasten in einen Druckbogen einhängen, ergibt sich für das Stabwerkmodell des D6-Bereiches ein polygonaler Verlauf (**Abb. 15.2**). Näherungsweise kann mit dem Trapezverlauf der **Abb. 15.5** gearbeitet werden.

3 Die Nummerierung orientiert sich an der vollständigen Darstellung in [Schlaich/Schäfer – 01].

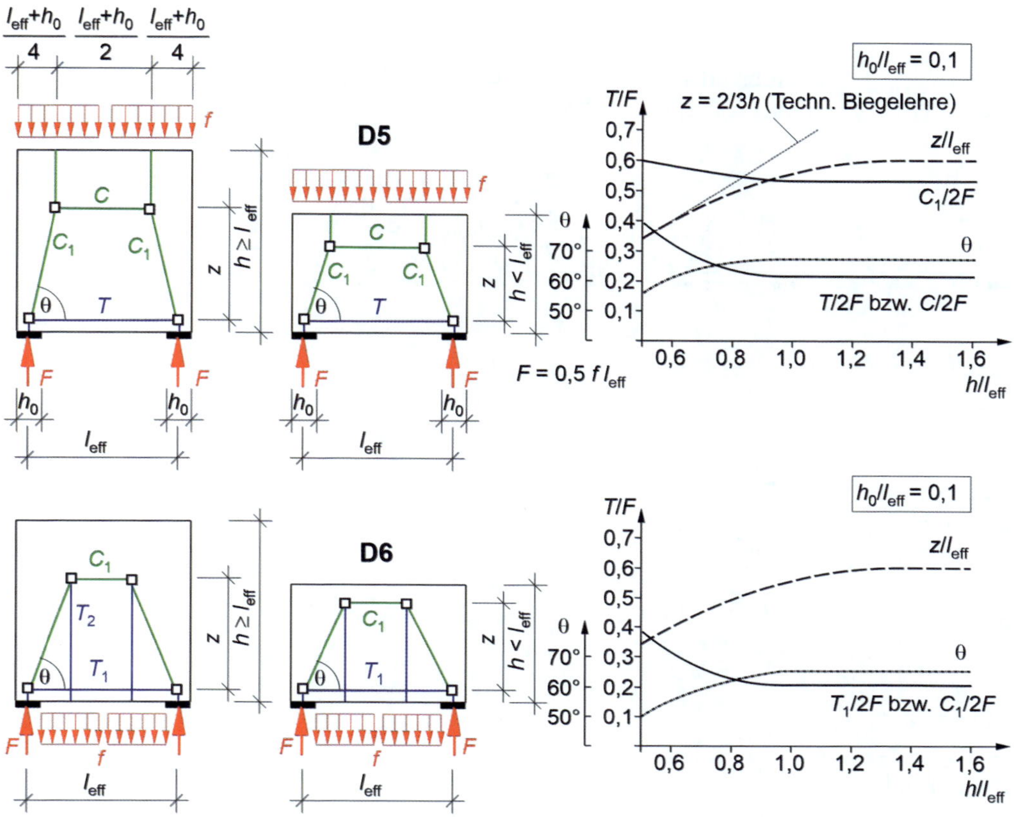

Abb. 15.5 *D5- und D6-Bereich mit bezogenem inneren Hebelarm und Stabkräften nach [Grasser/Thielen — 91]*

D7-Bereich

Im Unterschied zum D1-Bereich trägt der D7-Bereich die Lasten konzentriert wieder aus. Es ist sofort ersichtlich, dass bei sehr hohen wandartigen Trägern $h > 2\,l_{eff}$ ein Übergang zum D1- und D5-Bereich mit dazwischen liegendem B-Bereich stattfindet (**Abb. 15.6**).

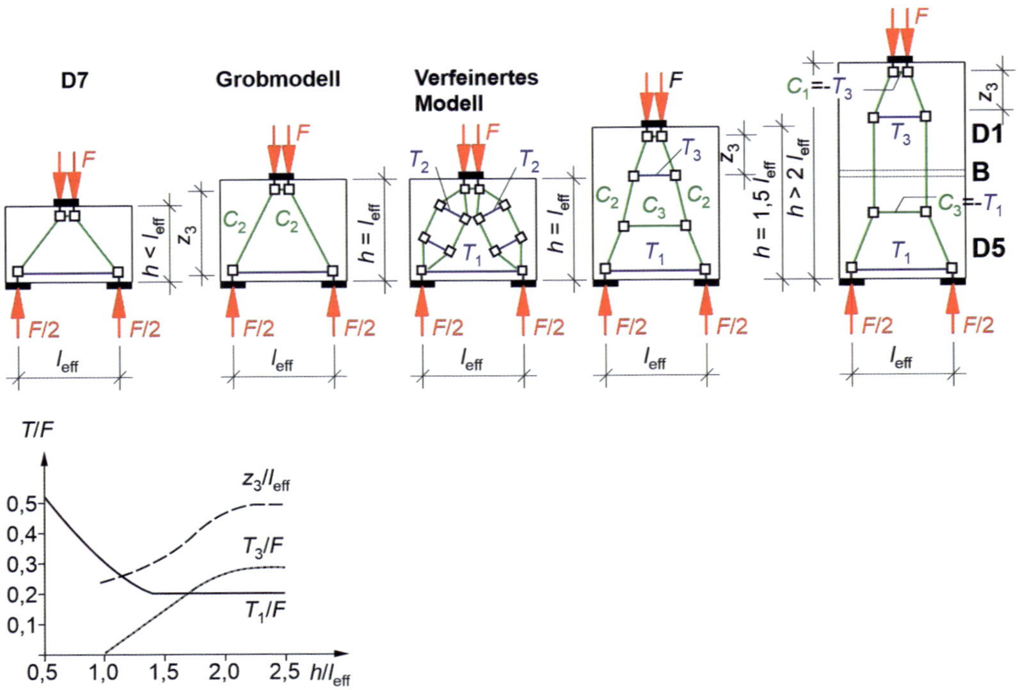

Abb. 15.6 *D7-Bereich*

D9-Bereich

Der D9-Bereich ist die Kombination von D1 und D5 und kennzeichnet die Stabwerkmodelle für Innenfelder durchlaufender Systeme.

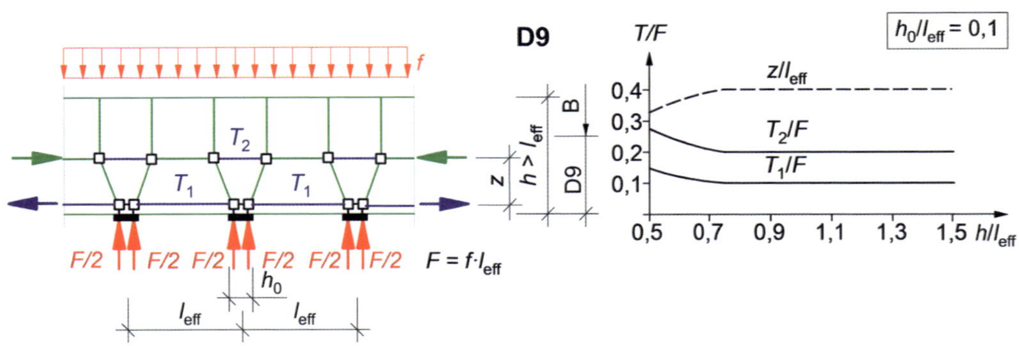

Abb. 15.7 *D9-Bereich*

15.3.4 Auflagerkräfte wandartiger Träger

Die Auflagerkräfte bei statisch bestimmten wandartigen Trägern erhält man aus den Gleichgewichtsbedingungen (wie bei Stabtragwerken). Aufgrund der hohen Steifigkeit von wandartigen Trägern führen bei statisch unbestimmten Systemen schon geringe Nachgiebigkeiten in der Stützung zu großen Momentenumlagerungen und Änderungen in den Auflagerreaktionen. Hierauf ist besonders zu achten.

Die Auflagerkräfte von mehrfeldrigen statisch unbestimmten wandartigen Trägern dürfen (nach Ansicht des Verfassers) *näherungsweise* nach der Balkenstatik ermittelt werden, indem für Innenstützungen der Mittelwert der Auflagerkräfte eines Durchlaufträgers und zweier identisch belasteter Einfeldträger bestimmt wird. Die Auflagerkräfte an den Endauflagern ergeben sich dann aus den Gleichgewichtsbedingungen. Alternativ können die Auflagerkräfte an den Endauflagern mit den Faktoren aus **Tafel 15.1** vergrößert werden.

$$C_V = \frac{1}{2}\left(\sum_{i=1}^{2} C_{V,i}^{EFT} + C_V^{DLT}\right) \quad \text{für Innenstützungen} \qquad (15.9)$$

$C_{V,i}^{EFT}$ Auflagerkraft eines Einfeldträgers (i = 1,2)

C_V^{DLT} Auflagerkraft eines Durchlaufträgers

$\frac{h}{l}$	0,25	0,4	0,7	$\geq 1{,}0$
Erhöhungsfaktor	1,0	1,08	1,13	1,15

Tafel 15.1 *Erhöhungsfaktor für die Auflagerkräfte am Endauflager von Durchlaufträgern in Abhängigkeit von den Abmessungen nach [DAfStb 240 – 91]*

15.4 Bemessung

15.4.1 Verwenden von Stabwerkmodellen

Alle wandartigen Träger im Stahlbetonbau können bemessen werden, indem zunächst das aufgrund der Geometrie und Belastung vorliegende Stabwerkmodell bestimmt wird. An diesem werden die Stabkräfte ermittelt. Die Bemessung erfolgt für die Zugstäbe, Knoten und ggf. für die Druckstäbe nach der in Kap. 14.3 gezeigten Vorgehensweise.

Zugstab *T*: $A_s = \frac{T_{Rd}}{\sigma_{sd}} = \frac{F_{td}}{f_{yd}}$ (15.10)

Druckstab *C*: $F_{Ed} \leq C_{Rd} = f_{cd,eff} \cdot A_c$ (15.11)

Die inneren Hebelarme z_F und z_S können entweder mit Hilfe der **Abb. 15.5** bis **15.7** oder mittels **Tafel 15.2** bestimmt werden.

Statisches System	Geometrie	Hebelarm der inneren Kräfte	
Einfeldträger	$\frac{1}{3} < \frac{h}{l} < 1{,}0$	$z_F = 0{,}3 \cdot h \cdot \left(3 - \frac{h}{l}\right)$	(15.12)
	$\frac{h}{l} \geq 1{,}0$	$z_F = 0{,}6 \cdot l$	(15.13)
Zweifeldträger / Endfeldträger Durchlaufträger	$0{,}3 < \frac{h}{l} < 1{,}0$	$z_F = z_S = 0{,}5 \cdot h \cdot \left(1{,}9 - \frac{h}{l}\right)$	(15.14)
	$\frac{h}{l} \geq 1{,}0$	$z_F = z_S = 0{,}6 \cdot l$	(15.15)

Statisches System	Geometrie	Hebelarm der inneren Kräfte	
Innenfeld Durchlaufträger	$0{,}2 < \frac{h}{l} < 1{,}0$	$z_F = z_S = 0{,}5 \cdot h \cdot \left(1{,}8 - \frac{h}{l}\right)$	(15.16)
	$\frac{h}{l} \geq 1{,}0$	$z_F = z_S = 0{,}4 \cdot l$	(15.17)
Kragträger	$\frac{2}{3} < \frac{h}{l} < 2{,}0$	$z_S = 0{,}65 \cdot l_k + 0{,}1 \cdot h$	(15.18)
	$\frac{h}{l} \geq 2{,}0$	$z_S = 0{,}6 \cdot l_k$	(15.19)

Tafel 15.2 *Hebelarm der inneren Kräfte z_F und z_S*

Weiterhin ist die Mindestbewehrung $a_{s',min}$ zu beachten.

15.4.2 Mindestbewehrung

Neben den rechnerisch bestimmten Zugstäben treten im Beton Zugspannungen aus Zwang oder aus einer veränderlichen Breite der Druckstreben auf. Diese Zugspannungen werden durch eine an beiden Oberflächenseiten liegende orthogonale Netzbewehrung abgedeckt. Für jede Netzebene und jede der orthogonalen Richtungen ist der Mindestquerschnitt $a_{s',min}$ einzulegen (EC 2-1-1/NA, 9.7 (1)):

$$a_{s,min} = \max \begin{cases} 0{,}75 \cdot 10^{-3} \cdot a_c \\ 1{,}5\ \mathrm{cm^2/m} \end{cases} \quad (15.20)$$

Die Maschenweite s der einzulegenden Bewehrungsnetze ist hierbei beschränkt auf:

$$s_{max} \leq 2\,b_w \leq 0{,}30\ \mathrm{m} \quad (15.21)$$

Die Mindestwanddicken für tragende Stahlbetonwände nach **Tafel 13.1** sind ebenfalls einzuhalten.

Alle Lasten F_d in einem wandartigen Träger, die in einem zwischen den Auflagern gedachten Halbkreis mit dem Radius $l_{eff}/2$ angreifen, gelten als unten angreifend. Sie sind mit Hilfe einer Aufhängebewehrung nach oben (in die Druckzone) zu hängen. Die Lasten sind bis auf eine Höhe $d = l_{eff} \leq h$ hochzuhängen und dort entsprechend der Verankerungslänge des Bewehrungsstabes zu verankern.

$$a_{sv} = \frac{F_d}{f_{yd}} \quad (15.22)$$

Beispiel 15.1: Schnittgrößenermittlung und Bemessung eines wandartigen 2-Feld-Trägers

gegeben:
- wandartiger Träger lt. Skizze
- Baustoffe C40/50; B500

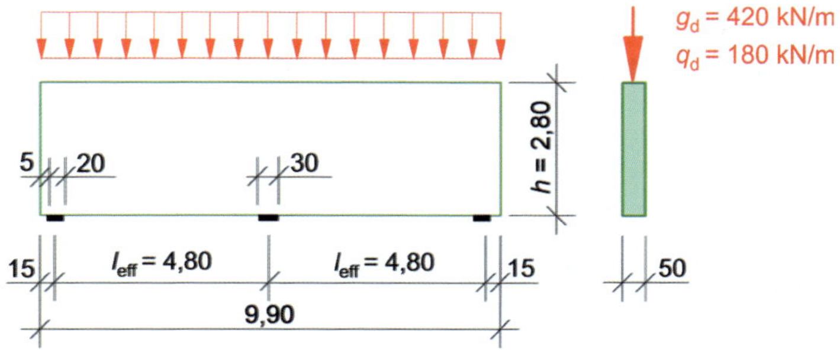

gesucht:
- Stabwerkmodell
- Stabkräfte und Bemessung des Bauteils
- Bewehrungsführung

Lösung:

Festlegen des statischen Systems für das Gesamttragwerk

Es handelt sich um einen zweifeldrigen Durchlaufträger.

$$\frac{h}{l_{eff}} = \frac{2,80}{4,80} = 0,58 > 0,3$$

| (15.2): $\frac{h}{l_{eff}} > 0,3$

⇒ wandartiger Träger liegt vor

Ermittlung der Auflagerkräfte am gewählten statischen System

Zur Sicherung der Summe der Vertikalkräfte wird die äußere Last auf die Länge zwischen den äußeren Lagerachsen verteilt.

$$F_d = (420 + 180) \cdot \frac{9,90}{9,60} = 619 \text{ kN/m}$$

| $F_d = \left(g_d + q_d\right) \cdot \frac{l_{Ges}}{2\,l_{eff}}$

Bei dem zu findenden Stabwerkmodell handelt es sich hier um einen Standardfall. Die Verhältnisse im Feld entsprechen einem D5-Bereich, über der Innenstütze einem D9-Bereich. Der Abstand zwischen dem Druck- und dem Zuggurt wird im Feld etwas größer als über der Stütze sein, wobei der Unterschied gering sein wird und daher für die weitere Bemessung vernachlässigt werden kann.

Die Stabkräfte können bei statisch unbestimmten Systemen erst nach Größe und Richtung berechnet werden, wenn die Auflagerkräfte bekannt sind. Die Auflagerkraft der Innenstütze wird als Mittelwert eines 2-Feld-Trägers und zweier 1-Feld-Träger bestimmt.

Einfeldträger: $C_V^{EFT} = 0{,}5 \cdot 619 \cdot 4{,}80 = 1486$ kN	$B = 05 \cdot F_d \cdot l_{eff}$
Zweifeldträger: $C_V^{DLT} = 1{,}25 \cdot 619 \cdot 4{,}80 = 3714$ kN	$B = 1{,}25 \cdot F_d \cdot l_{eff}$
$B = \frac{1}{2}(2 \cdot 1486 + 3714) = 3343$ kN	(15.9): $C_V = \frac{1}{2}\left(\sum_{i=1}^{2} C_{V,i}^{EFT} + C_V^{DLT}\right)$
$A = \frac{1}{2}(619 \cdot 9{,}60 - 3343) = 1300$ kN	Summe der Vertikalkräfte
$F_1 = 1300$ kN	$F_1 = A$
$x_1 = \frac{1}{2} \cdot \frac{1300}{420 + 180} = 1{,}083$ m	$x_1 = \frac{1}{2} \cdot \frac{F_1}{F}$
$F_2 = \frac{3340}{2} = 1670$ kN	$F_2 = \frac{B}{2}$
$x_2 = \frac{1}{2} \cdot \frac{1670}{420 + 180} = 1{,}392$ m	$x_2 = \frac{1}{2} \cdot \frac{F_2}{F}$ von der Innenstütze
$\frac{h}{l_{eff}} = \frac{2{,}80}{4{,}80} = 0{,}58 < 1{,}0$	
$z_F = z_S = 0{,}5 \cdot 2{,}8 \cdot \left(1{,}9 - \frac{2{,}8}{4{,}8}\right) = 1{,}84$ m	(15.14): $z_F = z_S = 0{,}5 \cdot h \cdot \left(1{,}9 - \frac{h}{l}\right)$

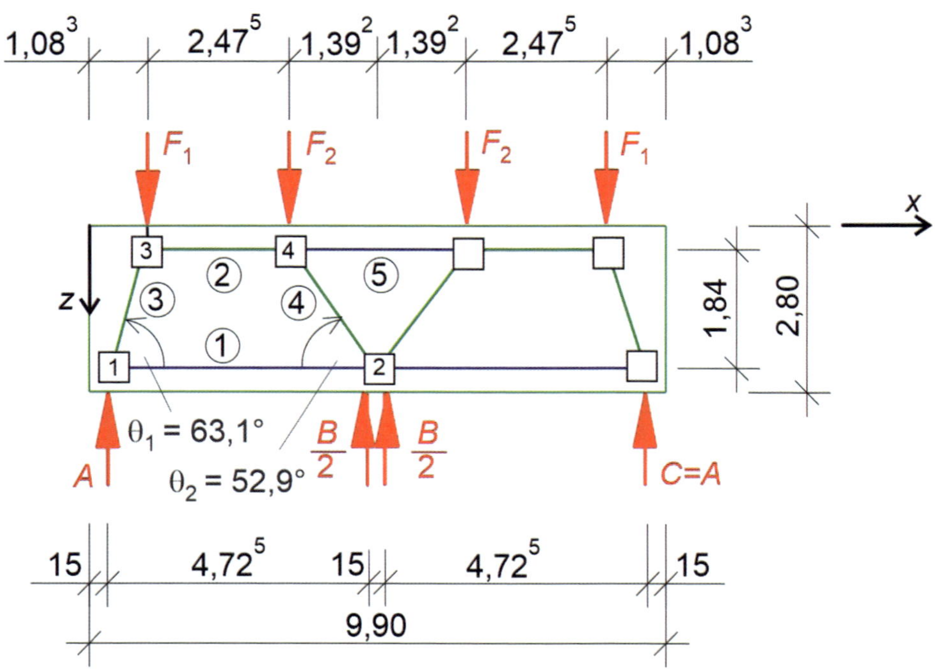

Ermittlung der Stabkräfte und -richtungen:

Stab	1	2	3	4	5	Mit einem beliebigen Verfahren der Stabstatik zu berechnen
Kraft in kN	660	–660	–1458	–2094	603	

Bemessung:

Stab 1: $A_s = \frac{660}{435} \cdot 10 = 15{,}2 \text{ cm}^2$

gew: 2 · 8 ∅12

$A_{s,vorh} = 18{,}1 \text{ cm}^2 > 15{,}2 \text{ cm}^2$

(15.10): $A_s = \frac{T_{Rd}}{\sigma_{sd}} = \frac{F_{td}}{f_{yd}}$

Stab 5: $A_s = \frac{603}{435} \cdot 10 = 13{,}9 \text{ cm}^2$

gew: 2 · 5 ∅14

$A_{s,vorh} = 15{,}4 \text{ cm}^2 > 13{,}9 \text{ cm}^2$

Mindestbewehrung:

$$a_{s,min} = \max\begin{cases} 0{,}75 \cdot 10^{-3} \cdot 100 \cdot 50 = \underline{3{,}75 \text{ cm}^2/\text{m}} \\ 1{,}5 \text{ cm}^2/\text{m} \end{cases}$$

(15.20): $a_{s,min} = \max\begin{cases} 0{,}75 \cdot 10^{-3} \cdot a_c \\ 1{,}5 \text{ cm}^2/\text{m} \end{cases}$

gew: Q 424 A beidseitig

Die Druckstäbe 3 und 4 werden nicht nachgewiesen, da sie beim Nachweis der singulären Knoten überprüft werden. Ohne Nachweis ist ersichtlich, dass Druckstab 2 nicht maßgebend ist. Die Zugkräfte aus der flaschenhalsförmigen Spannungsausstrahlung in den Druckstäben werden durch die (hier große) Mindestbewehrung ohne Nachweis abgedeckt. Knoten 1 ist ein Druck-Zug-Knoten mit Verankerung eines Zugstabes. Knoten 2 ist ein Druck-Zug-Knoten mit mindestens zwei Zugstäben.

Knoten 1:

K6 (vgl. **Tafel 14.3**)

Verankerung des Zugstabes:

$l_{b,rqd} = 35 \text{ cm} \quad (\text{für: } \sigma_{sd} = f_{yd})$

∅12 und mäßiger Verbundbereich, s. z.B. [Schneider/Albert – 20]

$\alpha_1 = 1{,}0;\ \alpha_4 = 1{,}0;\ \alpha_5 = \frac{2}{3}$

gerades Stabende, direkte Lagerung (Querdruck)

$l_{b,min} = 0{,}3 \cdot 1{,}0 \cdot 1{,}0 \cdot 35$
$= \underline{10{,}5 \text{ cm}} \geq 8{,}0 \text{ cm} = 6{,}7 \cdot 1{,}2$

$l_{b,min} = 0{,}3\, \alpha_1 \cdot \alpha_4 \cdot l_{b,rqd} \geq 6{,}7\,\varnothing$
(direkte Lagerung)

$\frac{a_{s,erf}}{a_{s,vorh}} = \frac{15{,}2}{18{,}1} = 0{,}84$

$\frac{a_{s,erf}}{a_{s,vorh}}$

$l_{bd} = 1{,}0 \cdot 1{,}0 \cdot \frac{2}{3} \cdot 35 \cdot 0{,}84$
$= \underline{19{,}6 \text{ cm}} \geq 10{,}5 \text{ cm}$

$l_{bd} = \alpha_1 \cdot \alpha_4 \cdot \alpha_5 \cdot l_{b,rqd} \cdot \frac{a_{s,erf}}{a_{s,vorh}}$

$l_{bd,vorh} = 25 - 2{,}5 = 22{,}5 \text{ cm} > 19{,}6 \text{ cm}$	$l_{bd,vorh} = 20 \text{ cm} + 5 \text{ cm} - c_{nom}$
$s_0 = 2{,}5 + \frac{1{,}2}{2} = 3{,}1 \text{ cm}$	**Tafel 14.3**, Z3: $s_0 = c_{v,l} + \frac{Ø}{2}$
$s = 5{,}0 \text{ cm}$	
$s_{Überstand} = 5{,}0 - 2{,}5 = 2{,}5 \text{ cm} = \frac{s}{2}$	**Tafel 14.3**, Z3: Der erforderliche Überstand von 2 s_0 reicht nicht aus, es werden daher zusätzliche Steckbügel vorgesehen. In Gl. (14.13) wird anstatt 2 s_0 der tatsächliche Wert eingesetzt.
$u = 1{,}2 + 2{,}5 + (8-1) \cdot 5 = 38{,}7 \text{ cm}$	(14.13): $u = Ø + 2\,s_0 + (n-1) \cdot s$
$u = 38{,}7 \text{ cm} \begin{cases} \approx 42 \text{ cm} = 0{,}15 \cdot 280 = 0{,}15\,h \\ < 56 \text{ cm} = 0{,}20 \cdot 280 = 0{,}20\,h_{D-Bereich} \\ < 96 \text{ cm} = 0{,}20 \cdot 480 = 0{,}20\,l_{eff} \end{cases}$	(14.14): $u \begin{cases} \approx 0{,}15\,h \\ \leq 0{,}20\,h_{D-Bereich} \\ \leq 0{,}20\,l_{eff} \end{cases}$
$\sigma_{c1} = \frac{1{,}300}{0{,}20 \cdot 0{,}50} = 13{,}0 \text{ N/mm}^2$	(14.20): $\sigma_{c1} = \frac{C_1}{a_1 \cdot b}$
$f_{cd} = \frac{0{,}85 \cdot 40}{1{,}5} = 22{,}7 \text{ N/mm}^2$	$f_{cd} = \frac{\alpha_{cc} \cdot f_{ck}}{\gamma_C}$
$f_{cd,eff} = 0{,}75 \cdot 1{,}0 \cdot 22{,}7 = 17{,}0 \text{ N/mm}^2$	(14.6): $f_{cd,eff} = 0{,}75 \cdot f_{cd}$
$\sigma_c = 13{,}0 \text{ N/mm}^2 < 17{,}0 \text{ N/mm}^2 = f_{cd,eff}$	(14.10): $\sigma_c \leq f_{cd,eff}$
$\sigma_{c2} = \frac{13{,}0}{\left(1 + \frac{0{,}387}{0{,}20} \cdot \cot 63{,}1°\right) \cdot \sin^2 63{,}1°} = 8{,}2 \text{ N/mm}^2$	(14.21): $\sigma_{c2} = \frac{\sigma_{c1}}{\left(1 + \frac{u}{a_1} \cdot \cot\theta\right) \cdot \sin^2\theta}$
$\sigma_c = 8{,}2 \text{ N/mm}^2 < 17{,}0 \text{ N/mm}^2 = f_{cd,eff}$	(14.10): $\sigma_c \leq f_{cd,eff}$
Knoten 2:	K4 (vgl. **Tafel 14.2**)
$\sigma_{c1} = \frac{3{,}340}{0{,}30 \cdot 0{,}50} = 22{,}3 \text{ N/mm}^2$	(14.19): $\sigma_{c1} = \frac{C_1}{a_1 \cdot b}$
$f_{cd,eff} = 1{,}1 \cdot 22{,}7 = 25{,}0 \text{ N/mm}^2$	(14.5): $1{,}10 \cdot f_{cd}$
$\sigma_c = 22{,}3 \text{ N/mm}^2 < 25{,}0 \text{ N/mm}^2 = f_{cd,eff}$	(14.10): $\sigma_c \leq f_{cd,eff}$
$C_0 = -603 \text{ kN}$	C_0 ist identisch – T_5
$a_0 = \frac{0{,}30}{2} \cdot \cot 52{,}9° = 0{,}11 \text{ m}$	$a_0 = \frac{a_1}{2} \cdot \cot \theta_2$
$\sigma_{c0} = \frac{0{,}603}{0{,}11 \cdot 0{,}50} = 11{,}0 \text{ N/mm}^2$	(14.19): $\sigma_{c0} = \frac{C_0}{a_0 \cdot b}$
$\sigma_c = 11{,}0 \text{ N/mm}^2 < 25{,}0 \text{ N/mm}^2 = f_{cd,eff}$	(14.10): $\sigma_c \leq f_{cd,eff}$

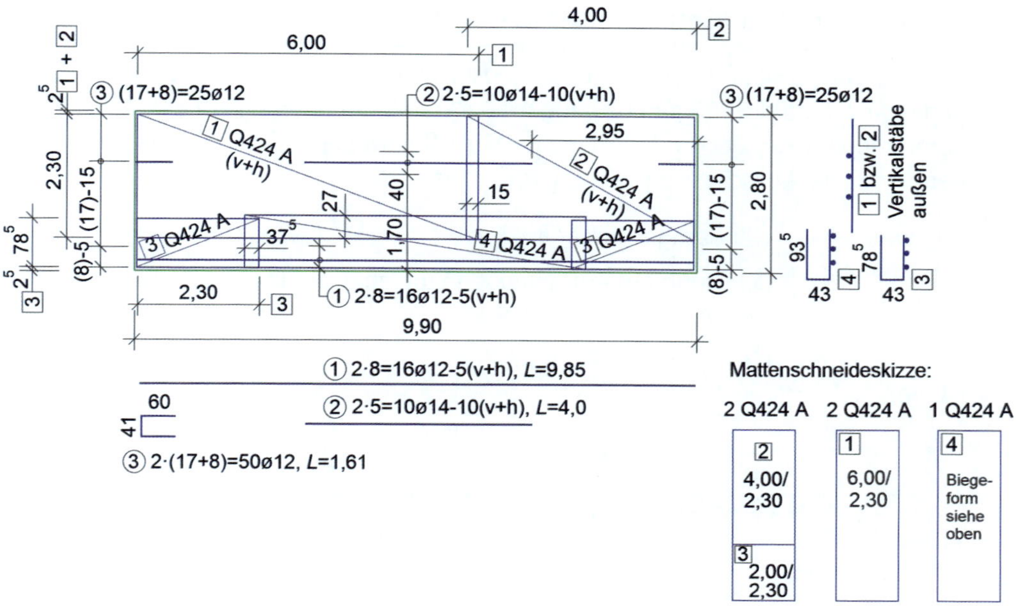

15.5 Bewehrungsführung

Die Hauptbewehrung im Feld ist über die Höhe c' zu verteilen. Die Feldbewehrung wird vollständig über die Auflager geführt und dort verankert.

$$c' = \min \begin{cases} 0{,}1\, l_{\text{eff}} \\ 0{,}15\, h \end{cases} \qquad (15.23)$$

Wenn Stützen an wandartige Träger biegesteif angeschlossen werden, ist die Bewehrung der Stütze bis in die Höhe der Hauptzugbewehrung (über der Stützung) zu führen. Die Stützenbewehrung ist auch im Bereich des wandartigen Trägers zu verbügeln.

Die horizontale Netzbewehrung wird an beiden Seiten eingelegt. Hierbei ist besonders an den Stirnseiten auf eine ausreichende Verankerung zu achten. Die Frage, ob die vertikale Bewehrung in die äußere Lage und die horizontale in die innere Lage gehören, oder ob die Bewehrungen umgekehrt anzuordnen sind, wird nach folgenden Kriterien entschieden:

- Bei schlanken wandartigen Trägern ($h/l_{\text{eff}} \leq 0{,}7$) ist der Biegeeinfluss groß. Hier wird die vertikale Bewehrung (wie beim Balken der Bügel) nach außen gelegt.
- Bei wandartigen Trägern mit überwiegender Lasteintragung von unten wird die Vertikalbewehrung auf Zug beansprucht. Sie ist daher nach außen zu legen.
- Hohe wandartige Träger, die zudem noch große Vertikalstreckenlasten von oben aufweisen, haben eine innen liegende Vertikalbewehrung, da diese vornehmlich auf Druck beansprucht wird und somit durch die Horizontalbewehrung gegen Knicken gesichert wird.

Beispiel 15.2: Wandartiger Träger mit Auskragung und Öffnung

In einem Bürogebäude sind die oberen Stockwerke durch über zwei Stockwerke gehende wandartige Träger abzufangen. Die Träger befinden sich in den Achsen der Raumtrennwände. Der zu erschließende Mittelflur im Bürogeschoss sowie ein Durchgang im Technikgeschoss erfordern Öffnungen.

gegeben:
- wandartiger Träger lt. Skizze
- Belastung aus aufgehenden Stützen (Geschossdecken sind nicht Gegenstand des Beispiels)
- Baustoffe C30/37; B500

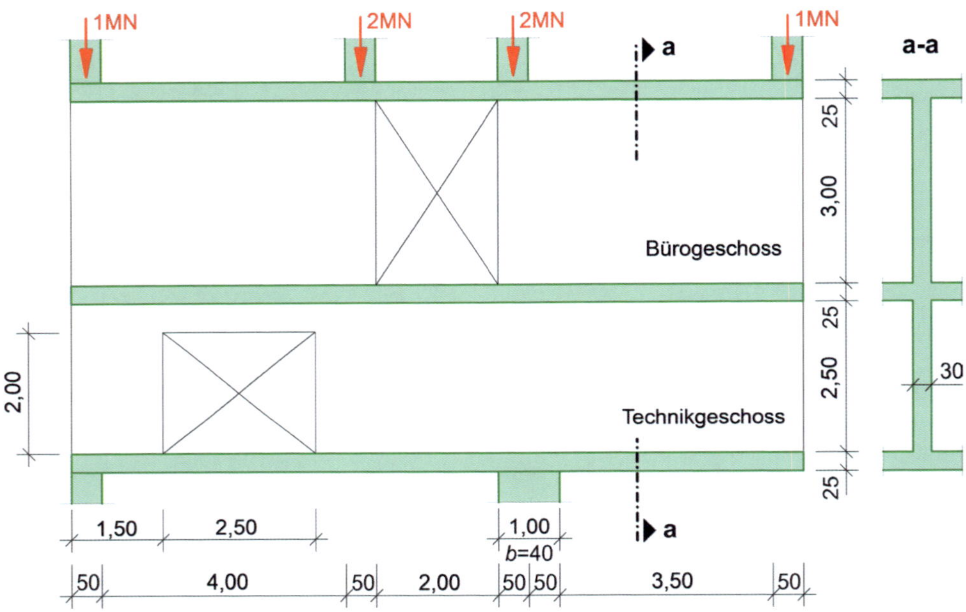

gesucht:
- FE-Berechnung nach Elastizitätstheorie
- Stabwerkmodell
- Stabkräfte und Bemessung des Bauteils in den wesentlichen Punkten
- Bewehrungsführung

Lösung:

Festlegen des statischen Systems für das Gesamttragwerk

Es handelt sich um einen Einfeldträger mit Kragarm:

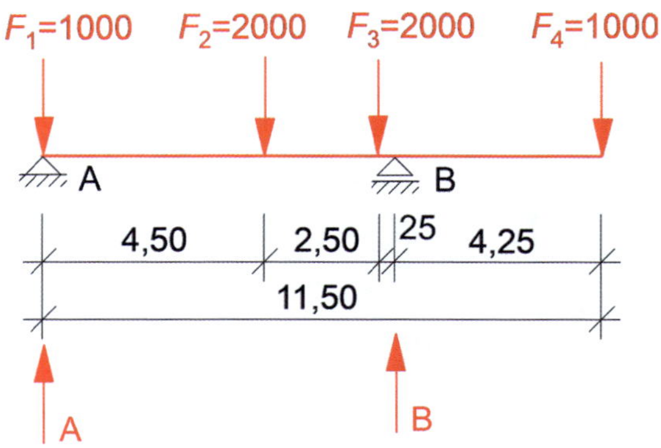

$$\frac{h}{l_{\mathrm{eff}}} = \frac{3 \cdot 0{,}25 + 2{,}50 + 3{,}0}{0{,}5 \cdot 0{,}50 + 4{,}00 + 2{,}50 + 0{,}5 \cdot 1{,}00}$$

$$= \frac{6{,}25}{7{,}25} = 0{,}86 > \frac{1}{3}$$

$$\frac{h}{l_{\mathrm{eff}}} = \frac{6{,}25}{3{,}50 + 0{,}50 + 0{,}5 \cdot 1{,}00} = 1{,}39 > \frac{2}{3}$$

$\Rightarrow$ wandartiger Träger liegt für beide Felder vor

(15.1): $\frac{h}{l_{\mathrm{eff}}} > \frac{1}{3}$

(15.4): $\frac{h}{l_{\mathrm{eff}}} > \frac{2}{3}$

Aus der Systemskizze ist sofort ersichtlich, dass die Last F_1 in voller Höhe in das Auflager A und die Last F_3 zum überwiegenden Teil in das Auflager B fließen wird.

$$\sum M^{B} = 0 = 1000 \cdot 4{,}25 - 2000 \cdot 0{,}25 - 2000 \cdot 2{,}75 - 1000 \cdot 7{,}25 + A \cdot 7{,}25$$

$$\Rightarrow \quad A = 1240 \text{ kN}$$

$$\sum V = 0 = B + A - 2 \cdot 1000 - 2 \cdot 2000 \quad \Rightarrow \quad B = 4760 \text{ kN}$$

FE-Berechnung nach Elastizitätstheorie

Die Berechnung mit den in der Aufgabenstellung angegebenen Abmessungen und Lasten ergibt folgende Hauptspannungstrajektorien:

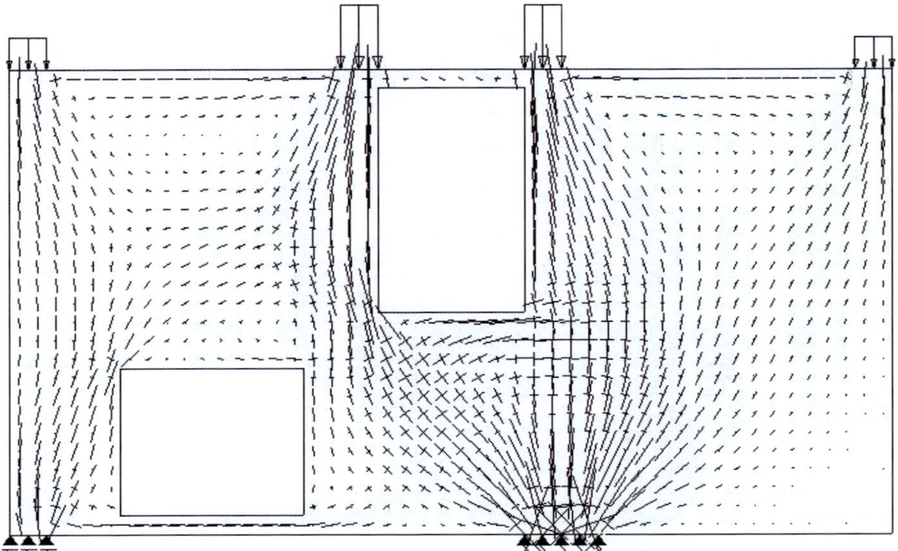

Stabwerkmodell

Aus der FE-Berechnung lässt sich das Stabwerk direkt ablesen:[4]

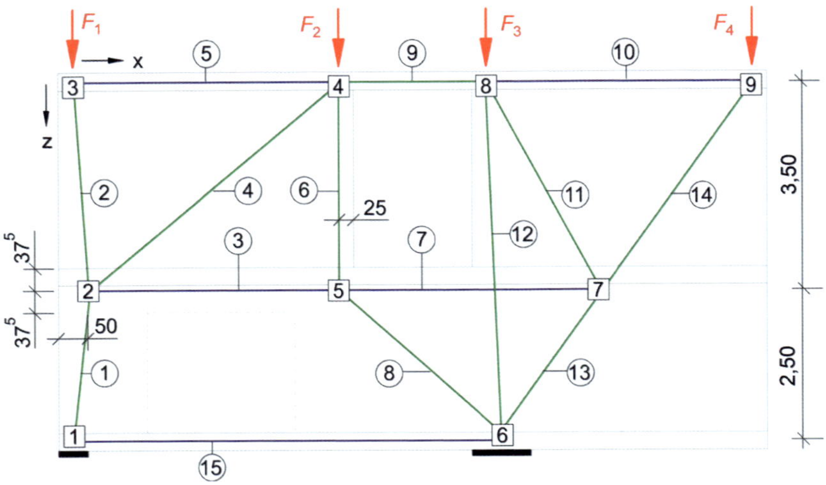

1. *Knoten 1, 3, 4, 6, 8, 9*: Die Lage ist durch Last bzw. Lager vorgegeben.
2. *Knoten 2*: Der wesentliche Anteil der Auflagerkraft A rührt aus der Last F_1 her. Ihr Lastpfad wird in *x*-Richtung in den wandartigen Träger gelenkt. Der Knoten 2 wird daher unter dem Gedanken einer dreieckförmigen Spannungsverteilung bei 1/3 der Breite 1,50 m festgelegt ($x = 0{,}50$ m). In *z*-Richtung liegt der Knoten über der Öffnung. Um eine orthogonale Bewehrung zu erzeugen, wird der Knoten näherungsweise auf dieselbe Höhe wie Knoten 5 gelegt. Hinsichtlich der Bewehrungsanordnung von Stab 3 wird diese über der Öffnung verteilt.
3. *Knoten 5*: Er liegt in *x*-Richtung unter Knoten 4. In *z*-Richtung bestimmen die Öffnungen seine Lage. Der Knoten liegt auf der Schwerachse des geradlinig über/unter den Öffnungen befindlichen Betonstreifens der Höhe 75 cm.
4. *Knoten 7*: Aufgrund der gewünschten orthogonalen Bewehrung in horizontaler und vertikaler Richtung wird der Knoten auf dieselbe Höhe in *z*-Richtung wie Knoten 5 gelegt. Die Lage in *x*-Richtung ergibt sich aus der geradlinigen Verbindung von Knoten 6 und Knoten 9 (Druckstab aus Knoten 9, der ins Auflager B führt).

   Die Stabkräfte können z.B. mit dem Ritterschnittverfahren ermittelt werden:

Stab	1	2	3	4	5	6	7	8
F_{Ed} [kN]	–1248	–1003	98	–380	71	–1759	2032	–2615
Stab	9	10	11	12	13	14	15	
F_{Ed} [kN]	–222	709	–1826	–209	–3163	–1226	124	

4 Es ist auch ein verfeinertes Stabwerk mit sich auffächernden Druckstäben denkbar. Da die Betonquerschnitte hier nicht bemessungsrelevant werden, wie die spätere Bemessung von Knoten 6 als höchst beanspruchtem Knoten zeigt, wird auf Unterstabwerke verzichtet.

Bemessung:

Mindestbewehrung:

$$a_{s,min} = \max \begin{cases} 0{,}75 \cdot 10^{-3} \cdot 100 \cdot 30 = \underline{2{,}25\ cm^2/m} \\ 1{,}5\ cm^2/m \end{cases}$$

(15.20): $a_{s,min} = \max \begin{cases} 0{,}75 \cdot 10^{-3} \cdot a_c \\ 1{,}5\ cm^2/m \end{cases}$

gew: Q257 A beidseitig

Stab 3: $A_s = \frac{98}{435} \cdot 10 = 2{,}3\ cm^2$

(15.10): $A_s = \frac{T_{Rd}}{\sigma_{sd}} = \frac{F_{td}}{f_{yd}}$

$A_{s,vorh} \geq A_{s,erf}$

gew: 2 · 2 ∅10

$A_{s,vorh} = 3{,}1\ cm^2 > 2{,}3\ cm^2$

Stab 7: $A_s = \frac{2032}{435} \cdot 10 = 46{,}7\ cm^2$

gew: 2 · 8 ∅20-5gew: 2 · 8 ∅20-5

$A_{s,vorh} = 50{,}2\ cm^2 > 46{,}7\ cm^2$

Stab 10: $A_s = \frac{709}{435} \cdot 10 = 16{,}3\ cm^2$

gew: 2 · 5 ∅16-4

$A_{s,vorh} = 20{,}1\ cm^2 > 16{,}3\ cm^2$

Stab 15: $A_s = \frac{124}{435} \cdot 10 = 2{,}9\ cm^2$

gew: 2 · 2 ∅10

$A_{s,vorh} = 3{,}1\ cm^2 > 2{,}9\ cm^2$

Druckstäbe werden in singulären Knoten bemessen

Knoten 1:

K6 (vgl. **Tafel 14.3**)

Verankerung des Zugstabes:

$l_{b,rqd} = 36\ cm \quad (\text{für: } \sigma_{sd} = f_{yd})$

C30/37: ∅10, guter Verbundbereich, z.B. [Schneider/Albert – 20]

$\alpha_1 = 1{,}0;\ \alpha_4 = 1{,}0;\ \alpha_5 = \frac{2}{3}$

gerades Stabende, direkte Lagerung (Querdruck)

$l_{b,min} = 0{,}3 \cdot 1{,}0 \cdot 1{,}0 \cdot 36 = \underline{10{,}8\ cm} \geq 6{,}7\ cm = 6{,}7 \cdot 1{,}0$

$l_{b,min} = 0{,}3\ \alpha_1 \cdot \alpha_4 \cdot l_{b,rqd} \geq 6{,}7\,\varnothing$ (direkte Lagerung)

$\frac{a_{s,erf}}{a_{s,vorh}} = \frac{2{,}9}{3{,}1} = 0{,}94$

$\frac{a_{s,erf}}{a_{s,vorh}}$

$l_{bd} = 1{,}0 \cdot 1{,}0 \cdot \frac{2}{3} \cdot 36 \cdot 0{,}94 = \underline{22{,}6\ cm} \geq 10{,}8\ cm$

$l_{bd} = \alpha_1 \cdot \alpha_4 \cdot \alpha_5 \cdot l_{b,rqd} \cdot \frac{a_{s,erf}}{a_{s,vorh}}$

$l_{bd,vorh} = 50 - 3{,}5 = 46{,}5\ cm > 22{,}6\ cm$

$l_{b,vorh} = 50\ cm - c_{nom}$

$s_0 = 0\ mm$

Bewehrung steht nicht über das Druckfeld über.

$u = 0$	(14.11): $u = 0$
$\sigma_{c1} = \dfrac{1{,}240}{0{,}50 \cdot 0{,}30} = 8{,}3\ \text{N/mm}^2$	(14.20): $\sigma_{c1} = \dfrac{C_1}{a_1 \cdot b}$
$f_{cd} = \dfrac{0{,}85 \cdot 30}{1{,}5} = 17{,}0\ \text{N/mm}^2$	$f_{cd} = \dfrac{\alpha_{cc} \cdot f_{ck}}{\gamma_C}$
$f_{cd,eff} = 0{,}75 \cdot 17{,}0 = 12{,}8\ \text{N/mm}^2$	(14.6): $f_{cd,eff} = 0{,}75 \cdot f_{cd}$
$\sigma_c = 8{,}3\ \text{N/mm}^2 < 12{,}8\ \text{N/mm}^2 = f_{cd,eff}$	(14.10): $\sigma_c \leq f_{cd,eff}$
$\tan\theta = \dfrac{0{,}5 \cdot 0{,}25 + 2{,}00 + 0{,}375}{0{,}25} = 10$ $\Rightarrow \theta = 84{,}3°$	
$\sigma_{c2} = \dfrac{8{,}3}{\left(1 + \frac{0}{0{,}50} \cdot \cot 84{,}3°\right) \cdot \sin^2 84{,}3°} = 8{,}4\ \text{N/mm}^2$	(14.21): $\sigma_{c2} = \dfrac{\sigma_{c1}}{\left(1 + \frac{u}{a_1} \cdot \cot\theta\right) \cdot \sin^2\theta}$
$\sigma_c = 8{,}4\ \text{N/mm}^2 < 12{,}8\ \text{N/mm}^2 = f_{cd,eff}$	(14.10): $\sigma_c \leq f_{cd,eff}$

Knoten 6:

Der Knoten 6 ist eine Kombination von K2 (vgl. **Tafel 14.2**) und K6 (vgl. **Tafel 14.3**). Maßgeblich ist die Lagerpressung. Für die zulässige Pressung ergeben K2 und K6 unterschiedliche Werte, die der entsprechenden jeweiligen Wirkungsbreite a'_1 bzw. a''_1 zuzuordnen sind. Die Wirkungsbreite wird ermittelt, indem die gesamte Lagerbreite 1 m entsprechend dem Anteil der Vertikalkräfte der Stäbe 8, 12 und 13 aufgeteilt wird.

$\tan\theta = \dfrac{2 \cdot 0{,}5 \cdot 0{,}25 + 3{,}25 + 2{,}5}{4{,}25} = 1{,}41$ $\Rightarrow \theta = 54{,}7°$	Stab 13
$\tan\theta = \dfrac{2{,}5}{0{,}5 \cdot 0{,}50 + 2{,}00 + 0{,}5 \cdot 1{,}00} = 0{,}91$ $\Rightarrow \theta = 42{,}3°$	Stab 8
Rechter Lagerbereich	Anteil Knoten K2
$B' \approx 209 + 3163 \cdot \sin 54{,}7° = 2790\ \text{kN}$	Vertikalkraft:
	$B' \approx C_{12} + C_{13}$
$a'_1 = \dfrac{2790}{4760} \cdot 1{,}0 = 0{,}586\ \text{m}$	$a'_1 = \dfrac{B'}{B} \cdot a_1$
$a''_1 = 1{,}00 - 0{,}586 = 0{,}414\ \text{m}$	$a''_1 = a_1 - a'_1$
$b = 0{,}30 + 2 \cdot \dfrac{0{,}25}{3} = 0{,}467\ \text{m} > 0{,}40\ \text{m}$	Lastausstrahlung senkrecht zur Scheibenebene
$\sigma_{c1} = \dfrac{2{,}79}{0{,}586 \cdot 0{,}40} = 11{,}9\ \text{N/mm}^2$	(14.17): $\sigma_{c1} = \dfrac{C_1}{a_1 \cdot b}$
$f_{cd,eff} = 1{,}1 \cdot 17{,}0 = 18{,}7\ \text{N/mm}^2$	(14.5): $1{,}10 \cdot f_{cd}$
$\sigma_c = 11{,}9\ \text{N/mm}^2 < 18{,}7\ \text{N/mm}^2 = f_{cd,eff}$	(14.10): $\sigma_c \leq f_{cd,eff}$

Kontaktkraft zwischen Knoten K2 und K6; der nahezu senkrechte Stab 12 ist hier nicht zu berücksichtigen.

$a'''_1 \approx 1{,}0 \cdot \frac{4760 - 209}{4760} = 0{,}956 \text{ m}$

$a'''_1 \approx a_1 \cdot \frac{B - C_{12}}{B}$

$a_0 = \frac{0{,}956}{\tan 42{,}3° + \tan 54{,}7°} = 0{,}412 \text{ m}$[5]

(14.18): $a_0 \geq \frac{a'''_1}{\tan\theta_2 + \tan\theta_3}$

$\sigma_{c2} = \frac{3{,}163 \cdot \cos 54{,}7°}{0{,}412 \cdot 0{,}30} = 14{,}8 \text{ N/mm}^2$

$\sigma_{c2} = \frac{C_1 \cdot \cos\theta}{a_2 \cdot b}$

$\sigma_c = 14{,}8 \text{ N/mm}^2 < 18{,}7 \text{ N/mm}^2 = f_{cd,eff}$

(14.10): $\sigma_c \leq f_{cd,eff}$

Linker Lagerbereich

Anteil Knoten K6

$\sigma_{c1} = \frac{4{,}76 - 2{,}79}{0{,}414 \cdot 0{,}40} = 11{,}9 \text{ N/mm}^2$

(14.20): $\sigma_{c1} = \frac{C_1}{a_1 \cdot b}$

$f_{cd,eff} = 0{,}75 \cdot 17{,}0 = 12{,}8 \text{ N/mm}^2$

(14.6): $f_{cd,eff} = 0{,}75 \cdot f_{cd}$

$\sigma_c = 11{,}9 \text{ N/mm}^2 < 12{,}8 \text{ N/mm}^2 = f_{cd,eff}$

(14.10): $\sigma_c \leq f_{cd,eff}$

$l_{bd,vorh} = 41{,}4 \text{ cm} > 22{,}6 \text{ cm}$

Die Verankerungslänge der Bewehrung des Zugstabes 15 reicht aus, wie der Vergleich mit Knoten 1 zeigt.

Knoten 9:

K6 (vgl. **Tafel 14.3**)

Verankerung des Zugstabes:

$l_{b,rqd} = 82 \text{ cm} \quad (\text{für: } \sigma_{sd} = f_{yd})$

C30/37: ∅16, mäßiger Verbundbereich, z.B. [Schneider/Albert – 20]

$\alpha_1 = 1{,}0;\ \alpha_4 = 1{,}0;\ \alpha_5 = \frac{2}{3}$

gerades Stabende, direkte Lasteinleitung (Querdruck)

$l_{b,min} = 0{,}3 \cdot 1{,}0 \cdot 1{,}0 \cdot 82$
$= \underline{24{,}6 \text{ cm}} \geq 10{,}7 \text{ cm} = 6{,}7 \cdot 1{,}6$

$l_{b,min} = 0{,}3\, \alpha_1 \cdot \alpha_4 \cdot l_{b,rqd} \geq 6{,}7\phi$

(Querdruck analog direkter Lagerung)

$\frac{a_{s,erf}}{a_{s,vorh}} = \frac{16{,}3}{20{,}1} = 0{,}81$

$\frac{a_{s,erf}}{a_{s,vorh}}$

$l_{bd} = 1{,}0 \cdot 1{,}0 \cdot \frac{2}{3} \cdot 82 \cdot 0{,}81 = \underline{44{,}3 \text{ cm}} \geq 24{,}6 \text{ cm}$

$l_{bd} = \alpha_1 \cdot \alpha_4 \cdot \alpha_5 \cdot l_{b,rqd} \cdot \frac{a_{s,erf}}{a_{s,vorh}}$

$l_{bd,vorh} = 50 - 3{,}5 = 46{,}5 \text{ cm} > 44{,}3 \text{ cm}$

$l_{b,vorh} = 50 \text{ cm} - c_{nom}$

5 Die Höhe des Knotens ist etwas größer als in dem Stabwerkmodell angesetzt. Die Winkel θ der Druckstrebenneigungen werden damit etwas ungünstiger. Diese geringe Abweichung ist vernachlässigbar, solange die zulässigen Werte für σ_c nicht voll ausgenutzt werden.

$s_0 = 0 \text{ mm}$

Bewehrung steht nicht über das Druckfeld über.

$u = 0$

(14.11): $u = 0$

$\sigma_{c1} = \frac{1{,}000}{0{,}50 \cdot 0{,}30} = 6{,}7 \text{ N/mm}^2$

(14.20): $\sigma_{c1} = \frac{C_1}{a_1 \cdot b}$

$\sigma_c = 6{,}7 \text{ N/mm}^2 < 12{,}8 \text{ N/mm}^2 = f_{cd,eff}$

(14.10): $\sigma_c \leq f_{cd,eff}$

(14.21): $\sigma_{c2} = \frac{\sigma_{c1}}{\left(1 + \frac{u}{a_1} \cdot \cot\theta\right) \cdot \sin^2\theta}$

$\sigma_{c2} = \frac{6{,}7}{\left(1 + \frac{0}{0{,}50} \cdot \cot 54{,}7°\right) \cdot \sin^2 54{,}7°} = 10{,}0 \text{ N/mm}^2$

$\sigma_c = 10{,}0 \text{ N/mm}^2 < 12{,}8 \text{ N/mm}^2 = f_{cd,eff}$

(14.10): $\sigma_c \leq f_{cd,eff}$

Die restlichen Knoten könnten in analoger Vorgehensweise bemessen werden. Es ist aufgrund der bisher vorliegenden Ergebnisse jedoch klar erkennbar, dass diese nicht maßgebend werden.

Bewehrungsskizze

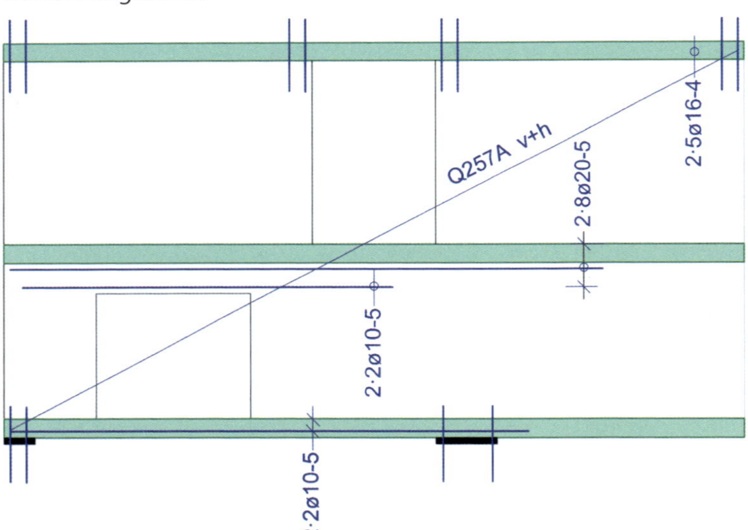

Es wurde nur die berechnete Bewehrung dargestellt. Die Bewehrung aus den Stützen und anschließenden Decken ist zu ergänzen.

16 Literatur

16.1 Vorschriften, Richtlinien, Merkblätter

[DIN EN 1992-1-1 – 11] DIN EN 1992-1-1 (= EC 2-1-1) Bemessung und Konstruktion von Stahlbeton- und Spannbetontragwerken; Teil 1-1: Allgemeine Bemessungsregeln und Regeln für den Hochbau; 2011-01.

[DIN EN 1992-1-1/NA – 13] DIN EN 1992-1-1/NA (= EC 2-1-1/NA), Nationaler Anhang Bemessung und Konstruktion von Stahlbeton- und Spannbetontragwerken; Teil 1-1: Allgemeine Bemessungsregeln und Regeln für den Hochbau; 2013-04.

[DIN EN 1992-1-2 – 10] DIN EN 1992-1-1 (= EC 2-1-2) Bemessung und Konstruktion von Stahlbeton- und Spannbetontragwerken; Teil 1-2: Allgemeine Regeln – Tragwerksbemessung für den Brandfall; 2010-12.

[DIN EN 1992-1-2/NA – 10] DIN EN 1992-1-2/NA (= EC 2-1-2/NA), Nationaler Anhang Bemessung und Konstruktion von Stahlbeton- und Spannbetontragwerken; Teil 1-2: Allgemeine Regeln – Tragwerksbemessung für den Brandfall; 2010-12.

[DIN EN 206-1 – 01] DIN EN 206: Beton; Teil 1: Festlegung, Eigenschaften, Herstellung und Konformität (Deutsche Fassung EN 206-1: 2000); 2001-07.

[DIN 1045-2 – 08] DIN 1045: Tragwerke aus Beton, Stahlbeton und Spannbeton; Teil 2: Beton; Festlegung, Eigenschaften, Herstellung und Konformität – Anwendungsregeln zu DIN EN 206-1; 2008-08.

[DIN EN 13670 – 11] Ausführung von Tragwerken aus Beton; Deutsche Fassung EN 13670:2009; 2011-03.

[DIN 1045-3 – 12] DIN 1045: Tragwerke aus Beton, Stahlbeton und Spannbeton; Teil 3: Bauausführung – Anwendungsregeln zu DIN EN 13670; 2012-03.

[DIN 1045 – 88] DIN 1045: Beton und Stahlbeton; Bemessung und Ausführung; 1988-07.

[DIN 1045-1 – 08] DIN 1045: Tragwerke aus Beton, Stahlbeton und Spannbeton; Teil 1: Bemessung und Konstruktion; 2008-08.

[DIN 488-1 – 09] DIN 488: Betonstahl; Teil 1: Sorten, Eigenschaften, Kennzeichen; 2009-08.

[DIN 488-2 – 09] DIN 488: Betonstahl; Teil 2: Betonstabstahl; 2009-08.

[DIN 488-3 – 09]	DIN 488: Betonstahl; Teil 3: Betonstahl in Ringen, Bewehrungsdraht; 2009-08.
[DIN 488-4 – 09]	DIN 488: Betonstahl; Teil 4: Betonstahlmatten; 2009-08.
[DIN EN 1991-1-1 – 10]	DIN EN 1991-1-1 (= EC 1-1-1) Einwirkungen auf Tragwerke; Teil 1-1: Allgemeine Einwirkungen auf Tragwerke – Wichten, Eigengewicht und Nutzlasten im Hochbau; 2010-12.
[DIN EN 1991-1-1/NA – 10]	DIN EN 1991-1-1/NA (= EC 1-1-1/NA), Nationaler Anhang Einwirkungen auf Tragwerke; Teil 1-1: Allgemeine Einwirkungen auf Tragwerke – Wichten, Eigengewicht und Nutzlasten im Hochbau; 2010-12.
[DIN 1356-1 – 18]	DIN 1356: Bauzeichnungen; Teil 1: Grundregeln der Darstellung; 2018-03
[DIN 1356-10 – 91]	DIN 1356: Bauzeichnungen; Teil 10: Bewehrungszeichnungen; 1991-02. Zurückziehungsdatum: 1996-06
[DIN 18065 – 20]	DIN 18065: Gebäudetreppen, Definitionen, Maßregeln, Hauptmaße; 2020-08.
[DIN 18202 – 19]	DIN 18202: Toleranzen im Hochbau; Bauwerke; 2019-07.
[DIN 18203-1 – 97]	DIN 18203: Toleranzen im Hochbau; Teil 1: Vorgefertigte Teile aus Beton, Stahlbeton und Spannbeton; 1997-04. Zurückziehungsdatum: 2014-03
[DIN EN ISO 3766 – 04]	DIN EN ISO 3766: Zeichnungen für das Bauwesen – Vereinfachte Darstellung von Bewehrungen (ISO 3766:2003); Deutsche Fassung EN ISO 3766:2003; 2004-05.
[DIN ISO 7519 – 92]	DIN ISO 7519: Zeichnungen für das Bauwesen – Allgemeine Grundlagen für Anordnungspläne und Zusammenbauzeichnungen; 1992-09.
[Ri-EDV-AP – 01]	Richtlinie für das Aufstellen und Prüfen EDV-gestützter Standsicherheitsnachweise, Bundesvereinigung der Prüfingenieure für Bautechnik e. V., 2001-04. (auch abgedruckt in: Der Prüfingenieur, Heft 18, April 2001. Zeitschrift der Bundesvereinigung der Prüfingenieure für Bautechnik).
[DBV – 16]	Deutscher Beton- und Bautechnik Verein e. V.: Merkblatt Begrenzung der Rissbildung im Stahlbeton- und Spannbetonbau; 2016-03.
[DBV – 13]	Deutscher Beton- und Bautechnik Verein e. V.: Merkblatt Betonschalungen und Ausschalfristen; 2013-06.

[DBV – 15] Deutscher Beton- und Bautechnik-Verein e. V.: Merkblatt Betondeckung und Bewehrung nach Eurocode 2, 2015-12.

[DBV – 19] Deutscher Beton- und Bautechnik-Verein e. V.: Merkblatt Abstandhalter nach Eurocode 2, 2019 -11.

[DBV – 11] Deutscher Beton- und Bautechnik-Verein e. V.: Merkblatt Rückbiegen von Betonstahl und Anforderung an Verwahrkästen nach Eurocode 2; 2011-01.

[DBV – 11/2] Deutscher Beton- und Bautechnik-Verein e. V.: Merkblatt Unterstützungen nach Eurocode 2; 2011-01.

[Z–15.1-1] Kaiser-Gitterträger KT 800 für Fertigplatten mit statisch mitwirkender Ortbetonschicht: Deutsches Institut für Bautechnik, Zulassungsnummer: Z–15.1-1 vom 13.03.2015.

16.2 Bücher, Aufsätze, sonstiges Schrifttum

[Ahner/Kliver – 98] Part I: Development of a New Concept for the Rotation Capacity in DIN 1045, Part 1. In: Leipzig Annual Civil Engineering Report 3.1998.

[Ahner/Kliver – 99] Part II: Development of a New Concept for the Rotation Capacity in DIN 1045, Part 1. In: Leipzig Annual Civil Engineering Report 4.1999.

[Andrä – 81] Andrä, H.-P.:
Zum Tragverhalten von Flachdecken mit Dübelleistenbewehrung im Auflagerbereich. In: Beton- und Stahlbetonbau; 76.1981 S. 53–57 und S. 100–104, Berlin, Ernst & Sohn.

[Andrä et al. – 84] Andrä, H.-P.; Baur, H.; Stiglat, K.:
Zum Tragverhalten, Konstruieren und Bemessen von Flachdecken.
In: Beton- und Stahlbetonbau; 79.1984 S. 258-263, S. 303-310 und S. 328-334, Berlin, Ernst & Sohn.

[Avak – 04] Avak, R.:
Stahlbetonbau in Beispielen: DIN 1045 und europäische Normung; Teil 1: Bemessung von Stabtragwerken; 4. Auflage, Düsseldorf, Werner, 2004. (in diesem Buch bezeichnet mit **Teil 1**)

[Avak – 83] Avak, R.:
Störung des Spannungszustandes in Kreiszylinderschalen infolge kleiner quadratischer Öffnungen, berechnet mit einem degenerierten Stahlbeton-Schalenelement, Diss., TU Berlin, 1983.

[Avak/Goris – 94] Avak, R.; Goris; A.:
Bemessungspraxis nach EUROCODE 2: Zahlen- und Konstruktionsbeispiele; Düsseldorf, Werner, 1994.

[Avak/Scheck – 04] Avak, R.; Scheck, L.:
Berechnen und Konstruieren mit Finiten Elementen im Stahlbetonbau. In: Stahlbetonbau aktuell – Praxishandbuch 2004, Berlin, Bauwerk, 2004.

[Baustahlgewebe – 12] Baustahlgewebe Konstruktionspraxis nach DIN 1045, Ausgabe Juli 1988; Düsseldorf, Eigenverlag Baustahlgewebe GmbH, Neuauflage April 1988.

[Bechert/Furche – 93] Bechert, H.; Furche, J.:
Bemessung von Elementdecken mit der Methode der Finite Elemente. In: Betonwerk+Fertigteiltechnik, 59.1993, Heft 5 S. 47-51.

[Beutel/Hegger – 03] Beutel, R.; Hegger; J.:
Nachweise gegen Durchstanzen nach DIN 1045-1. In: Stahlbetonbau aktuell; 6.2003 Abschn. G, Berlin, Bauwerk, 2003.

[Bludau et al. – 02] Bludau, H.; Ertl, R.; Weber, D.:
Maßgerechtes Bauen – Toleranzen im Hochbau; 5., aktualisierte Auflage, Köln, Verlagsges. Rudolf Müller, 2002.

[Czerny – 99] Czerny, F.:
Tafeln für Rechteckplatten. In: Beton-Kalender 88.1998, Teil 1 S. 277-339; Berlin, Ernst & Sohn.

[DAfStb 240 – 91] Deutscher Ausschuss für Stahlbeton DAfStb: Hilfsmittel zur Berechnung der Schnittgrößen und Formveränderungen von Stahlbetontragwerken nach DIN 1045, Ausgabe Juli 1988; Beuth, 1991 (Deutscher Ausschuss für Stahlbeton, Heft 240).

[DAfStb Heft 525 – 03] Deutscher Ausschuss für Stahlbeton DAfStb: Erläuterungen zu DIN 1045-1; Beuth, 2003 (Deutscher Ausschuss für Stahlbeton, Heft 525).

[DAfStb Heft 599 – 13] Deutscher Ausschuss für Stahlbeton DAfStb:
Bewehren nach Eurocode 2; Beuth, 2013 (Deutscher Ausschuss für Stahlbeton, Heft 599).

[DAfStb Heft 600 – 20] Deutscher Ausschuss für Stahlbeton DAfStb: Erläuterungen zu DIN EN 1992-1-1 und DIN EN 1992-1-1/NA (Eurocode 2); Beuth, 2020 (Deutscher Ausschuss für Stahlbeton, Heft 600).

[DAfStb Heft 631 – 19] Deutscher Ausschuss für Stahlbeton DAfStb: Hilfsmittel zur Schnittgrößenermittlung und zu besonderen Detailnachweisen bei Stahlbetontragwerken Ausgabe 2019; Beuth, 2019 (Deutscher Ausschuss für Stahlbeton, Heft 631).

[Daschner – 86] Daschner, F.:
Versuche zur notwendigen Schubbewehrung zwischen Betonfertigteilen und Ortbeton. Berlin, Beuth, 1986 (Deutscher Ausschuss für Stahlbeton Heft 372)

[Dörken/Dehne – 00] Dörken, W.; Dehne, E.:
Grundbau in Beispielen; Teil 2: Kippen, Gleiten, Grundbruch, Setzungen, Fundamente, Stützwände, Neues Sicherheitskonzept, Anhang: Risse im Bauwerk; 2. überarbeitete und erw. Auflage, Düsseldorf, Werner, 2000.

[Eligehausen et al. – 99] Eligehausen, R.; Vocke, H.; Hegger, J.; Beutel, R.:
Zum Tragverhalten von Flachdecken mit Dübelleisten oder Doppelkopfankern im Auflagerbereich. In: Bauingenieur 74.1999, S. 202-209, Springer.

[Eisenbiegler – 81] Eisenbiegler, G.:
Zur Biegebeanspruchung in durchlaufenden Treppenspindeln. In: Beton- und Stahlbetonbau; 76.1981 S. 86-89; Ernst & Sohn.

[Ertl-08] Ertl, R.:
Toleranzen im Hochbau, Kommentar zur DIN 18202, Verlagsgesellschaft Rudolf Müller, 2. Auflage, 2005.

[Fachverband – 96] Fachverband Beton- und Fertigteilwerke Baden-Württemberg e. V.: Technische Information Elementdecken, Eigenverlag 1996.

[Fingerloos/Hegger/Zilch – 16] EUROCODE 2 für Deutschland, DIN EN 1992-1-1 Bemessung und Konstruktion von Stahlbeton- und Spannbetontragwerken – Teil 1-1: Allgemeine Bemessungsregeln und Regeln für den Hochbau mit Nationalem Anhang, Kommentierte Fassung, 2. Auflage 2016, Beuth 2016, Wilhelm Ernst & Sohn 2016.

[Fuchssteiner – 65] Fuchssteiner, W.:
Treppen. In: Beton-Kalender 54.1965, Teil 2 S. 51-82; Ernst & Sohn (Reprint in Beton-Kalender 89.2000).

[Girkmann – 86] Girkmann, K.:
Flächentragwerke: Einführung in die Elastostatik der Scheiben, Platten, Schalen und Faltwerke; 6. Auflage (unveränderter Nachdruck 1986), Wien, Springer, 1986.

[Goldberg et al. – 93] Goldberg, G.; Schmitz, M.; Land, H.: Zweiachsige Lastabtragung bei Elementdecken. In: Betonwerk+Fertigteiltechnik, 59.1993, Heft 7 S. 86-89.

[Grasser/Thielen – 91] Grasser, E.; Thielen, G.: Hilfsmittel zur Berechnung der Schnittgrößen und Formänderungen von Stahlbetontragwerken nach DIN 1045 Ausgabe Juli 1988; 3., überarbeitete Auflage; Berlin, Beuth, 1991 (Deutscher Ausschuss für Stahlbeton Heft 240).

[Hegger/Beutel – 99] Hegger, J.; Beutel, R.: Durchstanzen – Versuche und Bemessung. In: Der Prüfingenieur, Heft 15, Oktober 1999, S. 16-33. Zeitschrift der Bundesvereinigung der Prüfingenieure für Bautechnik.

[Hillerborg – 75] Hillerborg, A.: Strip Method of Design. Viewpoint, London, 1975.

[Holschemacher - 19] Holschemacher, K.: Entwurfs- und Berechnungstafeln für Bauingenieure, 8. Auflage, Beuth, 2019.

[IFA – 75] IFA (Institut für Arbeits- und Baubetriebswissenschaft Dr. Dressel KG): Arbeitszeitrichtwerte für das Verlegen von Betonstahlmatten in Decken und Zeit- und Kostenvergleiche für das Schneiden von Betonstahlmatten und das Biegen zu Körben; Prüfberichte Nr. 116 und Nr. 105.

[Kerkeni et al. – 02] Kerkeni, N.; Hegger, J.; Kahmer, H.: Mindestbewehrung von weißen Wannen aus Doppelwänden. In: Beton- und Stahlbetonbau; 97.2002 S. 1-7, Ernst & Sohn.

[Köseoglu – 80] Köseoglu , S.: Treppen. In: Beton-Kalender 69.1980, Teil 2 S.901-1031; Ernst & Sohn.

[König – 99] König, G.; Pommering, D.; Tue, N.: Nichtlineares Last-Verformungs-Verhalten von Stahlbeton- und Spannbetonbauteilen, Verformungsverhalten und Schnittgrößenermittlung; Berlin, Beuth, 1990 (Deutscher Ausschuss für Stahlbeton Heft 492).

[Kordina – 94] Kordina, K.: Zur Berechnung und Bemessung von Einzel-Fundamentplatten nach EC 2 Teil 1. In: Beton- und Stahlbetonbau; 89.1994 S. 224-226, Ernst & Sohn.

[Kordina et al. – 86] Kordina, K.; u. a:
Empfehlungen für die Bewehrungsführung in Rahmenecken und -knoten; Berlin, Beuth, 1986 (Deutscher Ausschuss für Stahlbeton Heft 373).

[Kordina et al. – 92] Kordina, K.; u. a.:
Bemessungshilfsmittel zu Eurocode 2 Teil 1 (DIN V ENV 1992 Teil 1-1, Ausgabe 06/92): Planung von Stahlbeton- und Spannbetontragwerken; Berlin, Beuth, 1992 (Deutscher Ausschuss für Stahlbeton Heft 425).

[Krüger/Mertzsch – 00] Krüger, W.; Mertzsch, O.:
Durchbiegungsberechnung im Betonbau. In: Stahlbetonbau aktuell; 3.2000 S. G.5-G.24, Düsseldorf, Werner/Beuth, 2000.

[Krüger/Mertzsch – 03] Krüger, W.; Mertzsch, O.:
Verformungsnachweise – Erweiterte Tafeln zur Begrenzung der Biegeschlankheit. In: Stahlbetonbau aktuell; 6.2003 S. G.3-G.22, Berlin, Bauwerk, 2003.

[Land – 94] Land, H.:
Teilfertigdecken, Besondere Punkte der Schnittgrößenermittlung, Bemessung und Konstruktion. In: Betonwerk+Fertigteiltechnik, 60.1994, Heft 5 S. 108-118.

[Lang et al. – 00] Lang, Chr.; Meiswinkel, R.; Wittek, U.:
Bemessung von Stahlbetonplatten mit dem nichtlinearen Verfahren nach DIN 1045-1. In.: Beton- und Stahlbetonbau; 95.2000 S. 270-278, Ernst & Sohn.

[Leonhardt – 75] Leonhardt, F.:
Vorlesungen über Massivbau
2. Teil: Sonderfälle der Bemessung im Stahlbetonbau; Berlin, Springer, 1975.

[Leonhardt – 77/1] Leonhardt, F.:
Vorlesungen über Massivbau
1. Teil: Grundlagen zur Bemessung im Stahlbetonbau; 2. Auflage, Berlin, Springer, 1977.

[Leonhardt – 77/2] Leonhardt, F.:
Vorlesungen über Massivbau
3. Teil: Grundlagen zum Bewehren im Stahlbetonbau; 3. Auflage, Berlin, Springer, 1977.

[Leonhardt – 78] Leonhardt, F.:
Vorlesungen über Massivbau
4. Teil: Nachweis der Gebrauchsfähigkeit; 2. Auflage, Berlin, Springer, 1978.

[Link – 14]	Link, M.: Finite Elemente in der Statik und Dynamik, 4. Auflage, Teubner, Stuttgart, Leipzig, Wiesbaden, 2014.
[Marcus – 29]	Marcus, H.: Vereinfachte Berechnung biegsamer Platten, 2. Auflage, Berlin, Springer, 1929.
[Meiner – 92]	Meiner, U.; u. a.: CAD im Bauwesen: Entscheidungshilfen zur Einführung; Berlin, Heidelberg, New York; Springer, 1992.
[Müller – 97]	Müller, H.: Musterkalkulation für Elementdecken (Gitterträgerdecken). In: Betonwerk+Fertigteiltechnik, 63.1997, Heft 8 S. 98-102.
[Nölting – 01]	Nölting, D.: Durchstanzbemessung bei ausmittiger Stützenlast. In: Beton- und Stahlbetonbau; 96.2001 S. 548-551, Berlin, Ernst & Sohn.
[Pieper/Martens – 66]	Pieper, K.; Martens, P.: Näherungsberechnung vierseitig gestützter durchlaufender Platten im Hochbau. In: Beton- und Stahlbetonbau; 63.1966 S. 158-162 und 64.1967 S. 150-151; Berlin, Ernst & Sohn.
[Schießl – 96]	Schießl, P.: Drillsteifigkeit von Fertigplatten mit statisch wirksamer Ortbetonschicht. In: Beton- und Stahlbetonbau 91.1996 S. 62-67 und 86-89; Berlin, Ernst & Sohn.
[Schlaich/Schäfer – 01]	Schlaich, J.; Schäfer, K.: Konstruieren im Stahlbetonbau. In: Betonkalender 90.2001 Teil 2 S. 311-492; Berlin, Ernst & Sohn, 2001.
[Schmitz – 02]	Schmitz, U.: Statik. In: Stahlbetonbau aktuell; 5.2002 S. C.3-C.52, Berlin, Bauwerk, 2002.
[Schmitz/Goris – 01]	Schmitz, U.; Goris, A.: Bemessungstafeln nach DIN 1045-1 / Mit Berücksichtigung des DIN-Fachberichts 102 – Betonbrücken. Normalbeton – Hochfester Beton – Leichtbeton; Düsseldorf, Werner, 2001.
[Schmidt/Seitz – 98]	Schmidt, H.-G.; Seitz, J.: Grundbau. In: Betonkalender 87.1998. Teil 2 S. 469-719; Berlin, Ernst & Sohn, 1998.

[Schneider/Albert – 20] Albert, A. (Hrsg.):
Bautabellen für Ingenieure: mit Berechnungshinweisen und Beispielen; 25. Auflage; Köln, Reguvis Fachmedien, 2022.

[Schwarzkopf – 94] Schwarzkopf, M.:
Bauen mit Elementdecken – Teilfertigdecken mit statisch mitwirkender Ortbetonschicht. In: Betonwerk+Fertigteil-Jahrbuch 42.1994 S. 253-264. Bauverlag, Wiesbaden/Berlin, 1993.

[Schwarzkopf – 97] Schwarzkopf, M.:
Das zweischalige Teilfertigwandsystem (Elementwand) mit erweitertem Einsatzbereich. In: Betonwerk+Fertigteil-Jahrbuch 45(1997) S. 77-85. Bauverlag, Wiesbaden/Berlin, 1997.

[Stempniewski/Eibl – 96] Stempniewski; L.; Eibl, J.:
Finite Elemente im Stahlbeton. In: Beton-Kalender 85.1996, Teil 2 S. 577-647.

[Stiglat/Wippel – 83] Stiglat, K.; Wippel, H.:
Platten; 3. Auflage, Berlin, Ernst & Sohn, 1983.

[Stiglat/Wippel – 00] Stiglat, K.; Wippel, H.:
Massive Platten. In: Beton-Kalender 89.2000, Teil 2 S. 211-290; Berlin, Ernst & Sohn.

[Weiler – 89] Weiler, W.:
40 Jahre Filigran – 25 Jahre Filigran-Elementdecke. Entwicklung der Halbfertigteilbauweise. In: Betonwerk+Fertigteiltechnik, 55.1989, Heft 10 S. 67-71.

[Werkle – 00] Werkle, H.:
Konsistente Modellierung von Stützen bei der Finite-Elemente-Berechnung von Flachdecken. In: Bautechnik, 77.2000, S. 416-425; Berlin, Ernst & Sohn.

[Werkle – 01] Werkle, H.:
Finite Elemente in der Baustatik – Statik und Dynamik der Stab- und Flächentragwerke. 2. Auflage, Braunschweig/Wiesbaden, Vieweg, 2001.

[WU-Richtlinie – 17] DAfStb-Richtlinie „Wasserundurchlässige Bauwerke aus Beton (WU-Richtlinie)", Beuth Verlag, Berlin 2017-12.

[Zienkiewicz – 84] Zienkiewicz, O.:
Methode der Finiten Elemente; Wien, Hanser, 1984.

16.3 Prospektunterlagen von Bauproduktenanbietern

Prospektunterlagen können aktuell über das Internet eingesehen, heruntergeladen oder angefordert werden. Daher werden nachfolgend (Internet-)Adressen bedeutender Anbieter von Bewehrungselementen genannt.

[BAUSTAHLGEWEBE] http://www.baustahlgewebe.com/Baustahlgewebe
Baustahlgewebe GmbH, Friedrichstraße 16, 69412 Eberbach

[FILIGRAN] http://www.filigran.de/
Filigran Trägersysteme GmbH & Co KG, Zappenberg 6, 31633 Leese

[HALFEN] http://www.halfen.de/
Halfen GmbH & Co. KG, Liebigstr. 14, 40764 Langenfeld/Rhld.

[mb AEC Software] http://www.mbaec.de/
mb AEC Software GmbH, Europaallee 14, 67657 Kaiserslautern

[NEMETSCHEK] http://www.nemetschek-allplan.de
cs concept GmbH, Konrad-Zuse-Platz 1, 81829 München

[SCHÖCK] http://www.schoeck.de/
Schöck Bauteile GmbH, Vimbucher Straße 2, 76534 Baden-Baden

[SOFISTIK] http://www.sofistik.de/
Sofistik AG, Bruckmannring 38, 85764 Oberschleissheim

17 Bezeichnungen

17.1 Allgemeines

Alle betonspezifischen Bezeichnungen werden zumindest an der Stelle erklärt, an der sie innerhalb dieses Buches zum ersten Mal benutzt werden. Darüber hinaus sind die Bezeichnungen in den folgenden Unterkapiteln nochmals stichpunktartig erklärt. Die innerhalb der Zahlenbeispiele aufgeführten allgemeinen Gln. sind unter der angegebenen Nummer in der theoretischen Abhandlung des Themas zu finden. Die Bezeichnungen orientieren sich an den EC 2. Sofern eine Bezeichnung nur für eine der Normen gilt, ist dies in Klammern angegeben. Die Zuordnung von Farben ist in **Tafel 17.1** erklärt:

Farbe	Erläuterung
	Lasten und Schnittgrößen, Spannungen
	Baustoff Beton, Spannungen im Beton, Integral der Spannungen im Beton (innere Kraft), sofern eine Unterscheidung zum Betonstahl oder zu anderen Spannungen erfolgen soll
	Baustoff Betonstahl, Spannungen im Betonstahl, Integral der Spannungen im Betonstahl (innere Kraft), sofern eine Unterscheidung zum Beton oder zu anderen Spannungen erfolgen soll
	für Beispielrechnungen relevante Linien und Werte
	hervorgehobene Linien, Verformungen
	hervorgehobene Linien in Diagrammen
	Füllfarbe für Risse

Tafel 17.1 *Bedeutung der Farben im Buch*

17.2 Verwendete Abkürzungen

Anf.	Anfang
aufn	aufnehmbar
bem	Bemessung
ca.	cirka
cal	Berechnung [calculation]
crit	kritisch [critical]
dir	direkt
est	geschätzt [estimated]
extr	Größt- oder Kleinstwert [extremal value]
evtl.	eventuell
FEM	Finite-Elemente-Methode
Gl(n).	Gleichung(en)
ggf.	gegebenenfalls
Hrsg.	Herausgeber
i. Allg.	im Allgemeinen
ind	indirekt
inf	unterer (Grenzwert) [inferior]
i.d.R.	in der Regel
Kap	Kapitel
li	links
lim	Grenz- [limit]
max	maximal [maximal]
min	minimal [minimal]
mod	modifiziert [modified]
nom	nominal [nominal]
re	rechts
red	reduziert [reduced]
SLS	serviceability limite state(s)
sup	oberer (Grenzwert) [superior]
tot	Gesamt- [total]
TW	Tafelwert
ULS	ultimate limit state(s)
u.a.	unter anderem
u.U.	unter Umständen
usw.	und so weiter
vgl.	vergleiche
vorh	vorhanden
z.B.	zum Beispiel
zul	zulässig
→	siehe

17.3 Fachspezifische Abkürzungen

17.3.1 Geometrische Größen

A	Fläche
A'	reduzierte Fundamentsohlfläche
A^{I}	Fläche im Zustand I (im Zusammenhang mit E-Modul $E\,A^{I}$: Dehnsteifigkeit im Zustand I)
A^{II}	Fläche im Zustand II (analog Zustand I)
A_0	Fläche eines Prüfkörpers
A_A	Auftragsfläche beim Einschneiden in den Querkraftverlauf

A_c Betonfläche

A_{cc} Gesamte Fläche der Biegedruckzone [2. Index: compression zone]

$A_{c,eff}$ wirksame Zugzone

A_{cf} Betonfläche des Flansches eines Plattenbalkens [2. Index: flange]

$A_{c,n}$ Nettofläche des Betonquerschnitts

A_{ct} Betonfläche der Zugzone (Zustand I)

A_{c0} belastete Fläche

A_{c1} Querschnittsfläche (vgl. A_{c0}, sonst A_c)

A_E Einschnittsfläche beim Einschneiden in den Querkraftverlauf

A_i ideelle Querschnittsfläche

A_K Abstand der kurzen Längsstäbe (Feldsparmatte) vom Mattenanfang

A_k Ersatzfläche für Torsionsbemessung (Kernquerschnitt)

A_{load} belastete Teilfläche

A_s Stahlfläche (evtl. weiterer Index zur Angabe der Lage im Querschnitt)

A_{sc} Fläche der Bewehrungsstäbe in der Druckzone

$A_{s,\phi}$ Stahlfläche eines Stabes

A_{sl} Fläche der Längsbewehrung

A_{s1} Fläche der (gesamten) Biegezugbewehrung

A_{sf} Fläche der in den Gurt ausgelagerten Biegezugbewehrung

A_{sR} Fläche der Bewehrung am Auflager

$A_{s,s}$ Fläche der Aufhängebewehrung aus Schrägstäben (slant)

$A_{s,st}$ Fläche der Aufhängebewehrung aus Bügeln (stirrup)

A_{st} Fläche der Querbewehrung (transverse)

A_{sw} Fläche der Querkraftbewehrung

a Abstand zwischen Schweißstelle und Krümmungsbeginn eines Betonstahls .... *oder*
Schenkelmaß einer Bewehrung *oder*
Auftrittsbreite .... *oder*
Abstand einer Konsollast .... *oder*
Abstand der inneren Betondruckkraft F_{cd} vom (stärker) gedrückten Rand

a_c Betonfläche (in cm²/m) .... *oder*
Abmessung beim Durchstanznachweis

a_{HT} Länge des Kreuzungsbereichs im Hauptträger

a_i Abmessung eines Stabes......... *oder*
rechnerische Auflagertiefe (allgemein)

a_l Versatzmaß

a_{NT} Länge des Kreuzungsbereichs im Nebenträger

a_{out} Abstand des äußeren Rundschnitts vom Stützenrand

a_s Fläche der Biegezugbewehrung (cm²/m) evtl. mit zus. Index x oder y zur Richtungsangabe

$a_{s,bü}$ erforderliche Bügelfläche in cm²/m

a_{sf} Fläche der Querkraftbewehrung im Gurt (cm²/m)

a_{sl} Fläche der Längsbewehrung (cm²/m)

a_{st} Fläche der Querbewehrung (cm²/m)

a_{sw} Fläche der Querkraftbewehrung (in cm²/m); bei Querkraft plus Torsion kann ein zusätzlicher Index (V bzw. T) zur Unterscheidung angefügt werden.

$a_{sw,s}$ Fläche der Querkraftbewehrung aus Schrägstäben [slant]

a_V Bezugsabstand zweier Punkte in Längsrichtung

a_0 Abmessung eines Stabes

a_1 rechnerische Auflagertiefe links .... *oder*
Abmessung eines Stabes

a_2 rechnerische Auflagertiefe rechts .... *oder*
Abmessung eines Stabes

B Betonstahlmattenbreite........... *oder*
bezogene Biegesteifigkeit

B_b Breite des durch Matten abzudeckenden Bereichs

b Bauteilbreite .... *oder*
Schenkelmaß einer Bewehrung

b_c Seitenlänge einer Rechteckstütze

b_{eff} mitwirkende Plattenbreite....... *oder*
Lastverteilungsbreite

$b_{eff,i}$ anteilige mitwirkende Plattenbreite der Platte i

b_F Breite der Lastfläche .... *oder*
Breite des Feldstreifens

b_f Flanschbreite eines Plattenbalkens (flange)

b_G Breite des Gurtstreifens

b_{HT} Breite des Hauptträgers

b_i Teilbreite einer Platte i .... *oder*
ideelle Breite

b_j Breite einer Arbeitsfuge [joint]

b_k Bauteilbreite eines Ersatzquerschnitts

b_{NT} Breite des Nebenträgers

b_P Podestbreite

b_{sup} Unterstützungsbreite

b_t (mittlere) Breite der Zugzone [tension]

b_x Verteilungsbreite von Bewehrung .... *oder*
Fundamentabmessung in x-Richtung

b_y Fundamentabmessung in y-Richtung

b_w Stegbreite [web]

b_0 tatsächliche Aufstandbreite einer Last

b_1; b_2 Teilbreiten von Platten .... *oder*
Breite einer lastverteilenden Schicht .... *oder*
Randabstand der Bewehrung in Richtung *b*

C_d ein festgelegter Grenzwert (z.B. zulässige Durchbiegung, zulässige Rissbreite)

$C_{Rd,c}$ statistisch ermittelter Abminderungsbeiwert zur Ermittlung der Beton-Querkrafttragfähigkeit

c Betondeckung (allgemein)...... *oder*
Schenkelmaß einer Bewehrung .... *oder*
Größe eines Fachwerkfeldes bei der Querkraftbemessung

c_i Abstandsmaße (i = 1, 2, 3, 4, 5) .... *oder*
Öffnungsgröße in Koordinatenrichtung x bzw. y

c_k Karbonatisierungstiefe

c_{min} Mindestmaß der Betondeckung

c_{nom} Nennmaß der Betondeckung

c_v Verlegemaß

c_{vorh} vorhandene Betondeckung

c' Verteilungsbreite von Bewehrung .... *oder*
Projektion der Länge eines Fachwerkfeldes in Richtung der Betondruckstrebe

D Biegerollendurchmesser

d statische Höhe [effective depth] evtl. mit Richtungsangabe der Bewehrung für x- oder y-Richtung .... oder

Schenkelmaß einer Bewehrung

d_g Größtkorn des Zuschlags (aggregate)

d_k Dicke des Kernquerschnitts

d_{eff} mittlere statische Höhe

d_1 Randabstand der Bewehrung

E_d durch Einwirkungen verursachte Größe (z.B. Durchbiegungen, Rissbreite)

e allgemeiner Schwerpunktabstand .... oder

Schenkelmaß einer Bewehrung

e_i Zusatzausmitte

e_{iz} Zusatzausmitte in Koordinatenachse z (bei schiefer Biegung)

e_e Ersatzausmitte

e_{tot} Gesamtausmitte

e_x Ausmitte in Koordinatenachse x

e_y Ausmitte in Koordinatenachse y

e_z Ausmitte in Koordinatenachse z

e_φ Ausmitte infolge Kriechen

e_0 Exzentrizität nach Theorie I. Ordnung (bei schiefer Biegung zus. Index y bzw. z für Koordinatenachse)

e_{01}; e_{02} Stabendausmitte

e_2 Ausmitte infolge Theorie II. Ordnung

F_R Rippenfläche des Betonstahls

F_S Schaftfläche des Betonstahls

f (maximale) Durchbiegung

f_d Durchhang

f_R bezogene Rippenfläche des Betonstahls

f_1; f_2 Durchbiegung in verschiedenen Feldern

f_I unterer Rechenwert der Durchbiegung

f_{II} oberer Rechenwert der Durchbiegung

h Bauteilhöhe [overall depth]..... oder

Gebäudehöhe über der Einspannebene für ein lotrechtes aussteifendes Bauteil

h_{eff} Höhe der wirksamen Zugzone

h_F Fundamenthöhe

h_f Flanschhöhe (-dicke) eines Plattenbalkens (flange)

h_H Höhe einer Stützenkopfverstärkung

h_k Bauteilhöhe eines Ersatzquerschnitts

h_R Rippenhöhe des Betonstahls

h_{red} reduzierte Bauteilhöhe

h_t Höhe der Zugzone im Querschnitt unmittelbar vor Erstrissbildung

h_{tot} Höhe eines Bauteils

h_w Wanddicke

h_0 belastete Fläche bei Teilflächenlast

h_1 Abmessung einer lastverteilenden Schicht

I Flächenmoment 2. Grades

I^{I} Flächenmoment 2. Grades eines Betonquerschnitts im Zustand I

I^{II} Flächenmoment 2. Grades eines Betonquerschnitts im Zustand II

I_c Flächenmoment 2. Grades des Betonquerschnitts

$I_{col,o}$ Flächenmoment 2. Grades der oberen Randstütze

$I_{col,u}$ Flächenmoment 2. Grades der unteren Randstütze

I_b Flächenmoment 2. Grades eines Balkens (beam)

I_i Ideelles Flächenmoment 2. Grades

I_T Torsionsflächenmoment 2. Grades

$l_{T,i}$ Torsionsflächenmoment 2. Grades des Teilquerschnitts i

I_ω Wölbflächenmoment 2. Grades

i Trägheitsradius

L Betonstahlmattenlänge

L_K Länge der kurzen Längsstäbe einer Feldsparmatte

l_A Auftragslänge beim Einschneiden in den Querkraftverlauf

l_B Bezugslänge, auf die die Bewehrung verteilt wird

$l_{b,rqd}$ Grundmaß der Verankerungslänge

$l_{b,min}$ Mindestverankerungslänge

l_{bd} erforderliche Verankerungslänge

l_c Stützenseitenlänge

l_{col} Stützenlänge (column)

h' Bezugshöhe

l_E Einschnittslänge beim Einschneiden in den Querkraftverlauf

l_{eff} Stützweite [span] evtl. mit zusätzlicher Zahl im Index für das betreffende Feld

l_d lichter Abstand der Rippen des Betonstahls

l_H Länge einer Stützenkopfverstärkung

l_h Länge einer Wand

l_{ht} Länge einer aussteifenden Wand

l_i Stützweite der Platte in Koordinatenrichtung x bzw. y

l_L Lauflänge

l_n lichte Weite

l_{pl} Länge des plastischen Bereichs

l_{Rand} Achsabstand von zwei Rahmen beim c_o-c_u-Verfahren

l_0 Übergreifungslänge

$l_{0,min}$ Mindestübergreifungslänge

l_t Einleitungslänge (transfer)

l_x Stützweite in x-Richtung (Kurzform für $l_{eff,x}$)

l_y Stützweite in y-Richtung (Kurzform für $l_{eff,y}$)

l_0 Abstand der Momentennullpunkte

l_{0t} Länge des Druckgurts zwischen den seitlichen Abstützungen

l' tatsächliche Länge von gebogenen Stäben

N Plattensteifigkeit

P_L Abstand der Längsstäbe bei Matten

P_c Abstand der Querstäbe bei Matten

$r_{cont,int}$ Kontrollschnitt innerhalb einer Stützenkopfverstärkung

$r_{cont,ext}$ Kontrollschnitt außerhalb einer Stützenkopfverstärkung

S statisches Moment

s Stababstand ....*oder*
Stufenhöhe.............................*oder*
lokale Koordinate

$s_{bü}$ Bügelabstand

s_{cr} Rissabstand

s_{crm} mittlerer Rissabstand bei Erstrissbildung

s_l Abstand der Längsbewehrung ....*oder*
Rippenabstand

s_{ln} lichter Rippenabstand

s_{max} maximal zulässiger (möglicher) Bewehrungsabstand

s_{Rand} Randabstand

s_t Querstababstand

s_{rm} mittlerer Rissabstand

s_w Abstand der Stäbe der Querkraftbewehrung in Bauteillängsrichtung.........................*oder*
Ganghöhe einer Wendel

s_0 Randabstand eines Bewehrungsstabes

t (tatsächliche) Auflagertiefe ..... *oder*

Gründungstiefe

t_{eff} effektive Wanddicke

t_P Podesttiefe

t_x; t_y rechnerische Aufstandsbreite einer Last in x- (y-) Richtung

u Relativverschiebung zwischen Beton und Betonstahl .... *oder*

Höhe eines Zugstabes .... *oder*

Umfang des Querschnitts .... *oder*

Umfang eines Rundschnitts

u_0 Umfang der Lastfläche

u_1 Umfang im kritischen Rundschnitt

$u_{1,5d}$ Umfang im Rundschnitt im Abstand 1,5d vom Stützenanschnitt

$u_{2,0d}$ Umfang im Rundschnitt im Abstand 2,0d vom Stützenanschnitt

u_{out} Umfang des äußeren Rundschnitts

u_k Umfang des Kernquerschnitts

u_i Stabüberstand bei Matten (i = 1, 2, 3, 4)

W Widerstandsmoment

W_T Torsionsflächenmoment 1. Grades

w Rissbreite .... *oder*

Biegelinie

w' erste Ableitung der Biegelinie (Neigung)

w'' zweite Ableitung der Biegelinie (Krümmung)

w_k charakteristische Rissbreite

w_m mittlere Rissbreite

x Koordinatenrichtung (eines lokalen Systems) .... *oder*

Höhe der Betondruckzone [neutral axis depth]

x lokale Koordinatenrichtung

$\bar{x}$ Koordinatenachse

x_C Abstand des Drehpunktes C vom stärker gedrückten Rand

x_V Stelle der maßgebenden Querkraft

s_R Randabstand

s_r Rippenabstand beim Betonstahl

y Koordinatenrichtung .... *oder*

Punkt des Bewehrungsfließens

y lokale Koordinatenrichtung

z Hebelarm der inneren Kräfte .... *oder*

Koordinatenrichtung .... *oder*

Schenkelmaß einer Bewehrung

z_c Abstand zwischen der Schwerachse des Bauteils und der resultierenden Kraft in der Druckzone

z_{SP} Schwerpunktabstand

z_s; z_{s1} Abstand zwischen der Schwerachse des Bauteils und der Schwerachse der Biegezugbewehrung

z_{s2} Abstand zwischen der Schwerachse des Bauteils und der Schwerachse der Druckbewehrung

α Neigung der Fachwerkzugstrebe (Querkraftbewehrung) .... *oder*

Umlenkwinkel am Betonstahl .... *oder*

Neigungswinkel des Treppenlaufs .... *oder*

allgemeiner Winkel

α^I Winkel im Zustand I

α^{II} Winkel im Zustand II

β_r Neigung der Schubrisse

Δc_{dev} Vorhaltemaß der Betondeckung

$\Delta\varepsilon_s$ Dehnungssprung im Betonstahl

Δl Grenzabmaß .... *oder*

Differenzmaß beim Biegen von Matten

δ_E Winkel der schräg wirkenden Sohldruckkraft

ε_c Betondehnung (oder -stauchung) (evtl. weiterer Index zur Beschreibung der Lage)

$\varepsilon_{ca,\infty}$ Schrumpfdehnung des Betons

ε_{cc} Stauchung des Betons infolge Kriechen

$\varepsilon_{cd,\infty}$ Trocknungsschwinddehnung des Betons

ε_{cm} mittlere Betondehnung

$\varepsilon_{cs,\infty}$ Schwinddehnung des Betons

ε_{c2} Stauchung an der Übergangsstelle Parabel und Rechteck im Parabel-Rechteck-Diagramm ....*oder*

Betonstauchung am Rand 2

ε_{c3} Stauchung an der Übergangsstelle im bilinearen Diagramm ....*oder*

Betonstauchung an der Unterkante des Flansches eines Plattenbalkens

x^I Höhe der Betondruckzone im Zustand I

ε_{cu2} Bruchstauchung im Parabel-Rechteck-Diagramm

ε_s Stahldehnung (-stauchung) (evtl. weiterer Index zur Beschreibung der Lage)

ε_{sm} mittlere Stahldehnung bei Berücksichtigung der Zugversteifung..*oder*

Bruchdehnung

ε_{smI} mittlere Stahldehnung bei Auftreten des 1. Risses

ε_{smII} mittlere Stahldehnung beim Übergang zwischen Erstrissbildung und abgeschlossener Rissbildung

$\varepsilon_{sm,fyk}$ mittlere Stahldehnung bei Erreichen der Fließgrenze im Betonstahl

ε_u Bruchdehnung

ε_{uk} charakteristische Dehnung unter Höchstlast (charakteristische Bruchdehnung)

ε_y Fließdehnung

κ (Ver-)Krümmung

$1/r$ (Ver-)Krümmung

$1/r_m$ mittlere Krümmung infolge Lasten unter Berücksichtigung des Kriechens an der Stelle des Maximalmomentes

$1/r_{cs,m}$ (Ver-)Krümmung infolge Schwindens

λ Schlankheit (einer Stütze)

λ_b Biegeschlankηeit......................*oder*

Beiwert zur Bestimmung der Ersatzbreite der Druckzone in einem Plattenbalken

λ_{crit} kritische Schlankheit

λ_m mittlere Schlankheit

ρ geometrischer Bewehrungsgrad

ρ_{eff} effektiver Bewehrungsgrad

ρ_0 Referenzbewehrungsgrad

$\rho_{w,min}$ Mindestquerkraftbewehrungsgrad

ρ_1 geometrischer Bewehrungsgrad der Längsbewehrung

ρ_2 geometrischer Bewehrungsgrad der Druckbewehrung

φ Winkel

φ_o, φ_u Neigung der Bauteilober- (-unter-) seite

θ Winkel der Betondruckstrebe

$\theta_{2,lim}$ flachestzulässiger Winkel einer Betondruckstrebe im Fachwerk am Auflager

θ_{opt} optimaler Winkel der Betondruckstrebe im Fachwerk (führt zum größten aufnehmbarem Schubfluss)

ε_{cu} Bruchdehnung (-stauchung) von Beton

θ_i Schiefstellung gegen die Sollachse

$\varnothing$ Durchmesser

ϕ Stabdurchmesser des Betonstahls (Nenndurchmesser)

ϕ^* Grenzdurchmesser

$\phi_{bü}$ Stabdurchmesser eines Bügelschenkels

ϕ_l Durchmesser der Längsbewehrung

ϕ_n Vergleichsdurchmesser eines Betonstahlbündels

ϑ Verdrillung der Stablängsachse (infolge Torsion)

ξ_{lim} maximal zulässige bezogene Druckzonenhöhe

ξ bezogene Druckzonenhöhe

ζ bezogener Hebelarm der inneren Kräfte

17.3.2 Baustoffkenngrößen

B Kennbuchstabe für Betonstahl mit anschließender Angabe der Fließgrenze

C Kennbuchstabe für Betonfestigkeitsklasse (mit nachfolgender Festigkeitsangabe $f_{ck}/f_{ck,cube}$) [concrete]

CEM Zementfestigkeitsklasse eines CEN-Zementes [cement]

D_{Sd} Schädigungssumme

E_c Tangentenwert des Elastizitätsmoduls für Normalbeton im Ursprung (Druckspannung Null)

$E_{c,eff}$ Wirksamer Elastizitätsmodul des Betons unter Beachtung der Auswirkungen aus Kriechen

E_{cm} Sekantenwert des Elastizitätsmoduls für Normalbeton

E_s Elastizitätsmodul des Stahls [steel]

f_c allgemein für Druckfestigkeit des Betons (concrete)

f_{cd} Bemessungswert der Zylinderdruckfestigkeit des Betons (design)

$f_{cd,eff}$ Bemessungswert der Betondruckfestigkeit

$f_{cd,fat}$ Bemessungswert der Zylinderdruckfestigkeit des Betons beim Ermüdungsnachweis

f_{ck} charakteristische (Zylinder-) Druckfestigkeit des Betons

$f_{ck,cube}$ charakteristische Würfeldruckfestigkeit des Betons (cube)

$f_{ck,\theta}$ charakteristische Druckfestigkeit des Betons bei der Temperatur θ

f_{cm} Mittelwert der Zylinderdruckfestigkeit des Betons (concrete medium)

f_{cm2} Mittelwert der Zylinderdruckfestigkeit des Betons im Alter von 2 Tagen

f_{cm28} Mittelwert der Zylinderdruckfestigkeit des Betons im Alter von 28 Tagen

f_{ct} zentrische Zugfestigkeit des Betons (concrete tension)

$f_{ct,eff}$ wirksame Zugfestigkeit des Betons

$f_{ctk;0.95}$ ($f_{tk;0.05}$) charakteristischer Wert des 95 %- (bzw. 5 %-) Quantils der Betonzugfestigkeit

f_{cR} Rechenwert der Druckfestigkeit des Betons bei nichtlinearer Berechnung

f_{lcd} Bemessungswert der Zylinderdruckfestigkeit von Leichtbeton

f_t Zugfestigkeit (tension)

f_{tk} charakteristischer Wert der Zugfestigkeit des Betonstahls

$f_{tk,cal}$ rechnerischer Wert der Zugfestigkeit des Betonstahls bei Ausnutzen des Verfestigungsbereichs (BSt 500: 525 N/mm²)

f_{tR} Rechenwert der Festigkeit des Betonstahls bei nichtlinearer Berechnung

f_y Streckgrenze (to yield)

f_{yk} charakteristischer Wert der Streckgrenze des Betonstahls

f_{tyR} Rechenwert der Fließgrenze des Betonstahls bei nichtlinearer Berechnung

G_{cm} Schubmodul

k Bettungsziffer

r Festigkeitsverhältnis des erhärtenden Betons bei 2 und 28 Tagen

w Wassergehalt

w/z Wasserzementwert

z Zementgehalt

z_{eq} Bindemittelgehalt

α_C Beiwert zur Berücksichtigung der Betonfestigkeitsklasse

α_{CEM} Beiwert zur Berücksichtigung der Zementart

α_{cc} Beiwert zur Berücksichtigung von Langzeitauswirkungen auf die Betondruckfestigkeit bewehrter Betone

$\alpha_{cc,pl}$ Beiwert zur Berücksichtigung von Langzeitauswirkungen auf die Betondruckfestigkeit unbewehrter Betone

$\alpha_{ct,pl}$ Beiwert zur Berücksichtigung von Langzeitauswirkungen auf die Betonzugfestigkeit unbewehrter Betone

μ Querdehnzahl

ρ Trockenrohdichte

17.3.3 Kraftbezogene Kenngrößen

$A_{k,i}$ Außergewöhnliche Einwirkung [accidential action]

C Auflagerkraft............................*oder*
Druckkraft in einem Stabwerk

C_{NT} Auflagerkraft des Nebenträgers

C_V vertikale Auflagerkraft

E_d allgemeiner Bemessungswert einer Last

F Einzellast oder Kraft (allgemein)
....*oder*
AIRYscheSpannungsfunktion

F_c Kraft im Beton

F_{cd} Bemessungswert der Druckkraft im Beton

F_{cdw} Bemessungswert der Betondruckstrebenkraft im Fachwerk

F_{cr} Risslast (crack)

F_{ctd} Bemessungswert der Biegezugkraft des Betons im Zustand I

F_d Bemessungswert der Streckenlast

F_{dx}; F_{dy} anteilige Last des x- (y-) Streifens beim Streifenkreuzverfahren

F_{Ed} Bemessungswert einer Kraft

$F_{Ed,sup}$ Auflagerkraft für die Momentenausrundung

F_k charakteristische Einwirkung

F_s Kraft im Betonstahl

F_{sd} Bemessungswert der Kraft im Betonstahl

F_{sdl} Bemessungswert der Längszugkraft im räumlichen Fachwerk bei Torsion

F_{sdw} Bemessungswert der Zugstrebenkraft im Fachwerk

$F_{s,cr}$ Kraft im Betonstahl bei Risslast

F_{td} Bemessungswert der Biegezugkraft im Zustand I

F_u Bruchlast

F_v vertikale Kraft

F_w Kraft im Pfosten eines Fachwerks

F'_d, F''_d Lastgruppe beim Lastumordnungsverfahren

f_b Verbundspannung

f_{bd} Bemessungswert der Verbundspannung

f_{cd} Bemessungswert der Zylinderdruckfestigkeit des Betons

f_{dm}; f_{dn} Lastordinate im Feld *m* bzw. *n*

G Nenngewicht eines Bewehrungsstahls

$G_{k,i}$ ständige Einwirkung

g ständige Einwirkung (streckenbezogen = Streckenlast) evtl. mit Index k oder d

H Horizontalkraft

H_{Ed} Bemessungswert einer Horizontalkraft

M Biegemoment (evtl. mit Index zur Beschreibung der Bemessungssituation, Lage oder Koordinatenrichtung)

M_b Stützmoment des Riegels am Endauflager

$M_b^{(0)}$ Stützmoment des Endfeldes unter Annahme einer beidseitigen Volleinspannung und Volllast

M_{cr} Rissmoment (crack)

M_{Ed} Bemessungswert des Biegemoments (zusätzlicher Index 0 = Th. I. O.; 2 = Th. II. O.)

M_{Ed1} Bemessungswert des Biegemoments inkl. Auswirkungen aus Zusatzausmitte nach Th. I. O.

M_{el} Moment (nach der Elastizitätstheorie berechnet)

M_F Moment im Feld

M_k charakteristischer Wert des Moments

M_{Rd} Bemessungswert des aufnehmbaren Moments

F_{yk} Kraft im Betonstahl bei Erreichen der Streckgrenze

M_{yk} Biegemoment bei Erreichen der Streckgrenze im Betonstahl

m_x oder m_{xx}; m_y oder m_{yy} Biegemoment in kNm/m in x- bzw. y-Richtung

m_{xy} Drillmoment

m_{Si} maßgebendes Stützmoment

m_1; m_2 bezogenes Biegemoment über einer Stütze

n_{bal} Bemessungswert der bezogenen Längskraft im balance point

N_{Ed} Bemessungswert der Längskraft

N_k charakteristischer Wert der Längskraft

N_{Rd} Bemessungswert der aufnehmbaren Längskraft

n_{ud} Bemessungswert der bezogenen Längskraft bei zentrischer Beanspruchung

n_x; n_y Längskraft (Membrankraft) in x- (y-) Richtung

n_{xy} Schubkraft

P Vorspannung

p Querdruck

p_u Umlenkpressung

$Q_{k,i}$ Veränderliche Einwirkung

q Streckenlast (-einwirkung) aus Verkehr evtl. mit Index k oder d

R Einzelkraft in der Ecke einer zweiachsig gespannten Platte

R_d allgemeiner Bemessungswert des Bauteilwiderstands

R_{equ} Bauteilwiderstand unter der schadensäquivalenten Spannung

R_{d1}^{Q} Querschnittswiderstand des Bauteils ohne Ansatz der Verformungen

R_{d2}^{BW} Bauwerkswiderstand bei Ansatz der Verformungen

S Schnittgröße (allgemein); Beanspruchung

T Torsionsmoment [torsional moment]..*oder*

Zugkraft in einem Stabwerk

T_{Ed} Bemessungswert des Torsionsmoments

T_{Rd} Bemessungswert des aufnehmbaren Torsionsmoments ....*oder*

Bauteilwiderstand eines Zugstabes

$T_{Rd,max}$ Bemessungswert des aufnehmbaren Torsionsmoments, der von den Betondruckstreben erreicht wird

M_u Biegemoment im Bruchzustand

$T_{Rd,sy}$ Bemessungswert des infolge Bewehrung aufnehmbaren Torsionsmoments

t_{Rd} Bemessungswiderstand des Schubflusses

U_h; U_v Horizontale (bzw. vertikale) Umlenkkraft

V Querkraft

V_{ccd} Querkraftanteil der gegen die Systemachse geneigten Kraft der Druckzone

v_{cd} Querkrafttraganteil des Betons im Flansch (Dimension kN/m)

V_d allgemeiner Bemessungswert der Querkraft

V_{df} Querkraftanteil aus Rissverzahnung (-reibung) [friction]

V_{d1} Querkraftanteil aus Dübelwirkung der Bewehrung

V_{Ed} maßgebende Querkraft

V_{Ed0} Bemessungswert der bezogenen Längskraft nach Statik

$V_{Ed,T}$ Schubkraft aus Torsion in der Wandseite

V_{Rd} Bemessungswert der aufnehmbaren Querkraft

$V_{Rd,c}$ Bemessungswert der aufnehmbaren Querkraft ohne Querkraftbewehrung (Platte)

$V_{Rd,cc}$ Bemessungswert der aufnehmbaren Querkraft ohne Querkraftbewehrung (Balken)

$V_{Rd,max}$ Bemessungswert der aufnehmbaren Querkraft, der von den Betondruckstreben erreicht wird

$V_{Rd,sy}$ Bemessungswert der aufnehmbaren Querkraft infolge Querkraftbewehrung (evtl. zusätzlicher Index st für Bügelbewehrung)

V_{td} Querkraftanteil der gegen die Systemachse geneigten Kraft der Bewehrung

v Querkraft in kN/m

v_{Ed} maßgebende Querkraft in kN/m ....*oder*

Bemessungswert des Schubflusses aus Torsion

$v_{Rd,c}$ Querkrafttraganteil des Betons in kN/m

$v_{Rd,max}$ Bemessungswert der aufnehmbaren Querkraft in kN/m, der von den Betondruckstreben erreicht wird

$v_{Rd,s}$ Bemessungswert der aufnehmbaren Querkraft infolge Querkraftbewehrung in kN/m

$v_{Rd,c,1,5d}$ Querkrafttraganteil des Betons im Abstand 1,5*d* vom Stützenanschnitt

ΔF Differenzkraft

ΔF_{cc} Veränderung der Kraft im Beton infolge Kriechen

ΔF_d Bemessungswert der Differenzkraft in der Druckzone eines Plattenflansches

ΔF_{d2} Bemessungswert der Differenzkraft in der Druckzone eines Steges

$\Delta F_{d,tot}$ Veränderung der Biegedruckkraft (bei Zuggurten der Biegezugkraft) zwischen zwei Punkten in Längsrichtung, deren Abstand a_v beträgt

ΔM Ausrundungsanteil des Biegemoments

ΔM_{Ed} Momentendifferenz zwischen zwei Punkten im Abstand a_v

$\Delta\sigma_s$ Spannungssprung im Betonstahl

μ_{Ed} bezogenes Biegemoment

μ_{Eds} bezogenes Biegemoment in Höhe der Bewehrung

μ_u bezogenes Versagensmoment

μ_{y1}; μ_{y2} bezogenes Moment bei Erreichen der Streckgrenze in Bewehrungsstrang 1 bzw. 2

ν_{Ed} Bemessungswert der bezogenen Längkraft .... *oder*

Bemessungswert der Schubspannung aus Torsion

ν_u bezogene Längskraft

σ_a halbe Amplitude einer Spannungsschwankung

σ_m Mittelwert einer Spannung

σ_c (Druck-)Spannung im Beton (evtl. zus. Index für Randbezeichnung)

σ_{cd} Bemessungswert der Betonlängsspannung

σ_{ci} Druckspannung im Stab *i*

σ_{cp} Längsspannung (infolge Lastbeanspruchung oder Vorspannung)

$\sigma_{cp,eff}$ mittlere effektive Betondruckspannung infolge der Längskraft

σ_{ct} (Biege-)Zugspannung im Beton

σ_{dyn} dynamischer Spannungsanteil

$\sigma_{E,d}$ Bemessungswert des Sohldrucks

$v_{Rd,c,2,0d}$ Querkrafttraganteil des Betons im Abstand 2,0*d* vom Stützenanschnitt

σ'_{gd} Sohldruck ohne Fundamenteigenlast

$\sigma_{R,d}$ Bemessungswert des Sohldruckwiderstandes

σ_n Spannung infolge einer äußeren Kraft senkrecht zur Fugenfläche

σ_s Stahlspannung (evtl. zusätzlicher Index für Lage der Bewehrung im Querschnitt)

$\sigma_{s,cr}$ Stahlspannung bei Auftreten des 1. Risses

$\sigma_{s,freq}$ Bemessungswert der Betonstahlspannung unter der häufigen Lastkombination [frequent]

$\sigma_{s,lim}$ Grenzwert der Betonstahlspannung beim Ermüdungsnachweis

$\sigma_{s,perm}$ Stahlspannung bei quasi-ständiger Einwirkungskombination [permanent]

σ_{stat} statischer Spannungsanteil

σ_t Quer-(zug-)spannung

σ_x Spannung in x-Richtung

σ_y Spannung in y-Richtung

σ_1; σ_2 Hauptspannung

τ Schubspannung

τ_{adh} infolge Adhäsion aufnehmbare Schubspannung in einer Kontaktfuge

τ_{Ed} Bemessungswert der Schubspannung aus Torsion

τ_{fr} infolge Reibung [friction] aufnehmbare Schubspannung in einer Kontaktfuge

τ_{s} infolge kreuzender Bewehrung aufnehmbare Schubspannung in einer Kontaktfuge

τ_{sm} mittlere Verbundspannung innerhalb der Eintragungslänge

τ_{T} Torsionsschubspannung

τ_{yz} Schubspannung in Flächentragwerk

Ψ_{0} Kombinationsbeiwert für seltene Einwirkungen

Ψ_{1} Kombinationsbeiwert für häufige Einwirkungen

Ψ_{2} Kombinationsbeiwert für quasiständige Einwirkungen

17.3.4 Sonstige Größen

AF Arbeitsfuge

BM Bügelmatte

c_o; c_u Steifigkeitsverhältnis

cr Punkt der Rissbildung

d Kennzeichen für Doppelstab bei Matten

dz Kennzeichen für Mattentyp „dz"

E rechnerisches Ende der Bewehrung

F als Index: Hinweis auf „Feld"

FeMa Feldsparmatte

f_k Quantilenwert

f_x; f_y Tafelwert bei PIEPER/MARTENS

HT Hauptträger

i Zählvariable

K Beiwert zur Berücksichtigung des statischen Systems

K_1; K_r Beiwerte des Nennkrümmungsverfahrens

K_{φ} Beiwert zur Berücksichtigung des Kriechens

k Beiwert zur Berücksichtigung nichtlinear über den Querschnitt verteilter Eigenspannungen ....*oder*
Beiwert zur Berücksichtigung der Bauteilhöhe

k_A; k_B Steifigkeitsbeiwert

k_a bezogener Randabstand der Kraft in der Druckzone

k_c Beiwert zur Berücksichtigung des Einflusses der Spannungsverteilung innerhalb der Zugzone A_{ct} ......*oder*
Beiwert zur Berücksichtigung der Betonfestigkeitsklasse beim Nachweis der Biegeschlankheit

$k_{c,\theta}$ Verhältniswert der Betonfestigkeit bei Hochtemperatur/Normaltemperatur

k_d Tafelwert bei der Biegebemessung mit dimensionsbehafteten Beiwerten (abhängig von Betonfestigkeitsklasse)

k_{dc} Tafelwert bei der Biegebemessung mit dimensionsbehafteten Beiwerten (unabhängig von Betonfestigkeitsklasse)

k_p Quantilenfaktor

k_s dimensionsbehafteter Tafelwert zur Bestimmung von A_s

k_T Rauigkeitsbeiwert

k_{λ} Beiwert zur Schubschlankheit

k_1 allgemein für Beiwert

k_2 allgemein für Beiwert

M Kennzeichen für Betonstahlmatten .... *oder* Schubmittelpunkt

MS Montagestab

m bestimmte Anzahl

$m_{Anf.}$, m_{Ende} Anzahl Randsparstäbe in Querrichtung am Mattenanfang (-ende)

N Lastspielzahl

N^* Lastspielzahl beim Übergang vom Zeitfestigkeits- in den Dauerfestigkeitsbereich

N_i Anzahl der ertragbaren Lastzyklen innerhalb eines Kollektivs

NT Nebenträger

n bestimmte Anzahl................... *oder* (als Exponent) Formänderungskennwert (Potenz) im Materialgesetz.......................... *oder* Schnittigkeit des Bewehrungselementes

n_{links}, n_{rechts} Anzahl der linken (rechten) Randsparstäbe in Längsrichtung von Matten

n_i Anzahl der einwirkenden Lastzyklen innerhalb eines Kollektivs

n_1 Anzahl der Bewehrungslagen

n_2 Anzahl der Bewehrungsstäbe

OK Oberkante

p_f Versagenswahrscheinlichkeit

R Feuerwiderstandsklasse

R_i Beiwerte mit Indizes

r Verhältniswert zur Festigkeitsentwicklung des Betons

rel F relative Luftfeuchte

S Kennzeichen für Stabstähle

SA Systemachse

SP Schwerpunkt

s_x; s_y Tafelwert bei PIEPER/MARTENS

t Zeit

t_0 bestimmter Zeitpunkt............. *oder* wirksames Betonalter

t_1 bestimmter Zeitpunkt

u Punkt des Versagens

v Geschwindigkeit

WU wasserundurchlässig

y Punkt der Streckgrenze (bei beidseitger Bewehrung mit zus. Index)

α Beiwert (evtl. mit weiteren Indizes)

α_c Völligkeitsbeiwert .... *oder* Abminderungsbeiwert für die Druckstrebenfestigkeit infolge schiefwinklig kreuzender Risse

$\alpha_{c,red}$ reduzierter Abminderungsbeiwert für die Druckstrebenfestigkeit bei Torsion

α_e Verhältnis der Elastizitätsmoduln von Betonstahl und Beton

α_I unterer Rechenwert einer Verformungsgröße

α_{II} oberer Rechenwert einer Verformungsgröße

β Beiwert.................................... *oder* rechnerische Steigung im σ-ε-Diagramm des Betonstahls

$\beta_{cc}(t_0)$ Erhärtungsfunktion des Betons

β_{ct} Rauigkeitsbeiwert für Betontragfähigkeit

β_t Völligkeitsbeiwert infolge Spannungsänderung aus Zugversteifung

β_1 Beiwert zur Berücksichtigung des Einflusses eines Bewehrungsstabes auf die mittlere Dehnung

β_2 Beiwert zur Berücksichtigung der Belastungsdauer auf die mittlere Dehnung

γ Sicherheitsbeiwert

γ_C Teilsicherheitsbeiwert für Beton

$\gamma_{C,fat}$ Teilsicherheitsbeiwert für Beton im Rahmen des Ermüdungsnachweises

γ_E Ersatzsicherheitsbeiwert

γ_F Teilsicherheitsbeiwert für eine Einwirkung

$\gamma_{F,fat}$ Teilsicherheitsbeiwert für Einwirkungen beim Ermüdungsnachweis

γ_G Teilsicherheitsbeiwert für eine ständige Einwirkung

$\gamma_{G,stb}$ Teilsicherheitsbeiwert für eine stabilisierende ständige Einwirkung

$\gamma_{G,dstb}$ Teilsicherheitsbeiwert für eine destabilisierende ständige Einwirkung

$\gamma_{G,inf}$ Teilsicherheitsbeiwert für eine günstige ständige Einwirkung

γ_P Teilsicherheitsbeiwert für Vorspannung

γ_Q Teilsicherheitsbeiwert für eine veränderliche Einwirkung

γ_S Teilsicherheitsbeiwert für Stahl

$\gamma_{S,fat}$ Teilsicherheitsbeiwert für Betonstahl im Rahmen des Ermüdungsnachweises

Δt Zeitdifferenz

δ Anteil gestoßener Stäbe.......... *oder* Umlagerungsbeiwert

δ_{lim} Grenzwert der bezogenen Momentenumlagerung

λ_s Betriebslastfaktor zur Bestimmung der schädigungsäquivalenten Schwingbreite

ν_{red} reduzierter Wirksamkeitsfaktor ν bei Torsion

η Dehnungsverhältnis

η_1 Beiwert für Betonart (Normal- oder Leichtbeton)

μ Reibbeiwert .... *oder* Ermüdungsbeiwert

μ_{fi} Ausnutzungsgrad im Brandfall

ν Wirksamkeitsfaktor (Abminderungsfaktor, der die verminderte Druckfestigkeit des Betons infolge unregelmäßig verlaufender Risse zwischen den Druckstreben berücksichtigt)

φ Kriechzahl des Betons

θ Temperatur

ρ_1; ρ_2 Hilfsfaktor für Bemessungshilfsmittel

σ Standardabweichung

ω mechanischer Bewehrungsgrad

ω_w mechanischer Bewehrungsgrad der Querkraftbewehrung

$1/k_{II}$ Steifigkeitsbeiwert für Zustand II

Stichwortverzeichnis

A

B

C

D

E

F

G

H

I

K

L

M

N

O

P

T

U

V

W

Z